教育部高等学校电子信息类专业教学指导委员会规划教材

高等学校电子信息类专业系列教材

Principles of Electric Circuits, Second Edition

电路原理教程

（第2版）

汪建　程汉湘　编著

Wang Jian　Cheng Hanxiang

清華大學出版社

北京

内 容 简 介

本书系统地介绍电路的基本原理和基本分析方法。全书共 14 章,内容包括电路的基本定律和电路元件,电路分析方法——等效变换法、电路方程法、运用电路定理法,含运算放大器的电阻电路,动态元件,正弦稳态分析,谐振电路与互感耦合电路,三相电路,非正弦周期性稳态电路分析,暂态分析方法——经典分析法、复频域分析法,双口网络,网络图论基础与电路方程的矩阵形式。

本书从培养学生分析、解决电路问题的能力出发,通过对电路原理课程中重点、难点及解题方法的详细论述,将基本内容的叙述和学习方法的指导有机融合。本书例题丰富,十分便于自学。

本书可作为高等院校电气、电子信息类专业"电路理论"课程的教材,也可供有关科技人员参考。

图书在版编目(CIP)数据

电路原理教程/汪建,程汉湘编著. —2 版. —北京:清华大学出版社,2020.9(2025.2 重印)
高等学校电子信息类专业系列教材
ISBN 978-7-302-56084-5

Ⅰ. ①电… Ⅱ. ①汪… ②程… Ⅲ. ①电路理论—高等学校—教材 Ⅳ. ①TM13

中国版本图书馆 CIP 数据核字(2020)第 136992 号

责任编辑:盛东亮
封面设计:李召霞
责任校对:白 蕾
责任印制:刘海龙

出版发行:清华大学出版社
   网   址:https://www.tup.com.cn,https://www.wqxuetang.com
   地   址:北京清华大学学研大厦 A 座   邮   编:100084
   社 总 机:010-83470000   邮   购:010-62786544
   投稿与读者服务:010-62776969,c-service@tup.tsinghua.edu.cn
   质量反馈:010-62772015,zhiliang@tup.tsinghua.edu.cn
   课件下载:https://www.tup.com.cn,010-83470236
印 装 者:三河市龙大印装有限公司
经   销:全国新华书店
开   本:185mm×260mm 印   张:37.25   字   数:902 千字
版   次:2017 年 9 月第 1 版 2020 年 9 月第 2 版 印   次:2025 年 2 月第 4 次印刷
印   数:2201~2500
定   价:99.00 元

产品编号:088576-01

高等学校电子信息类专业系列教材

我国电子信息产业销售收入总规模在 2013 年已经突破 12 万亿元,行业收入占工业总体比重已经超过 9％。电子信息产业在工业经济中的支撑作用凸显,更加促进了信息化和工业化的高层次深度融合。随着移动互联网、云计算、物联网、大数据和石墨烯等新兴产业的爆发式增长,电子信息产业的发展呈现了新的特点,电子信息产业的人才培养面临着新的挑战。

(1)随着控制、通信、人机交互和网络互联等新兴电子信息技术的不断发展,传统工业设备融合了大量最新的电子信息技术,它们一起构成了庞大而复杂的系统,派生出大量新兴的电子信息技术应用需求。这些"系统级"的应用需求,迫切要求具有系统级设计能力的电子信息技术人才。

(2)电子信息系统设备的功能越来越复杂,系统的集成度越来越高。因此,要求未来的设计者应该具备更扎实的理论基础知识和更宽广的专业视野。未来电子信息系统的设计越来越要求软件和硬件的协同规划、协同设计和协同调试。

(3)新兴电子信息技术的发展依赖于半导体产业的不断推动,半导体厂商为设计者提供了越来越丰富的生态资源,系统集成厂商的全方位配合又加速了这种生态资源的进一步完善。半导体厂商和系统集成厂商所建立的这种生态系统,为未来的设计者提供了更加便捷却又必须依赖的设计资源。

教育部 2012 年颁布了新版《高等学校本科专业目录》,将电子信息类专业进行了整合,为各高校建立系统化的人才培养体系,培养具有扎实理论基础和宽广专业技能的、兼顾"基础"和"系统"的高层次电子信息人才给出了指引。

传统的电子信息学科专业课程体系呈现"自底向上"的特点,这种课程体系偏重对底层元器件的分析与设计,较少涉及系统级的集成与设计。近年来,国内很多高校对电子信息类专业课程体系进行了大力度的改革,这些改革顺应时代潮流,从系统集成的角度,更加科学合理地构建了课程体系。

为了进一步提高普通高校电子信息类专业教育与教学质量,贯彻落实《国家中长期教育改革和发展规划纲要(2010—2020 年)》和《教育部关于全面提高高等教育质量若干意见》(教高〔2012〕4 号)的精神,教育部高等学校电子信息类专业教学指导委员会开展了"高等学校电子信息类专业课程体系"的立项研究工作,并于 2014 年 5 月启动了《高等学校电子信息类专业系列教材》(教育部高等学校电子信息类专业教学指导委员会规划教材)的建设工作。其目的是为推进高等教育内涵式发展,提高教学水平,满足高等学校对电子信息类专业人才培养、教学改革与课程改革的需要。

本系列教材定位于高等学校电子信息类专业的专业课程,适用于电子信息类的电子信息工程、电子科学与技术、通信工程、微电子科学与工程、光电信息科学与工程、信息工程及其相近专业。经过编审委员会与众多高校多次沟通，初步拟定分批次(2014—2017 年)建设约 100 门课程教材。本系列教材将力求在保证基础的前提下，突出技术的先进性和科学的前沿性，体现创新教学和工程实践教学；将重视系统集成思想在教学中的体现，鼓励推陈出新，采用"自顶向下"的方法编写教材；将注重反映优秀的教学改革成果，推广优秀的教学经验与理念。

为了保证本系列教材的科学性、系统性及编写质量，本系列教材设立顾问委员会及编审委员会。顾问委员会由教指委高级顾问、特约高级顾问和国家级教学名师担任，编审委员会由教育部高等学校电子信息类专业教学指导委员会委员和一线教学名师组成。同时，清华大学出版社为本系列教材配置优秀的编辑团队，力求高水准出版。本系列教材的建设，不仅有众多高校教师参与，也有大量知名的电子信息类企业支持。在此，谨向参与本系列教材策划、组织、编写与出版的广大教师、企业代表及出版人员致以诚挚的感谢，并殷切希望本系列教材在我国高等学校电子信息类专业人才培养与课程体系建设中发挥切实的作用。

吕志伟　教授

第2版前言

PREFACE

  本书第 1 版出版后在华中科技大学使用并被国内多所高校选为电路课程教材。教学实践表明,该教材能够适应理工科院校对基础电路课程的教学需求。根据第 1 版教材的使用情况并广泛征求教师和学生的意见与建议,对教材的第 1 版进行了修订。修订的内容主要有:①为反映近现代电路理论的内容和成果,增加了网络图论知识的相关内容,并编为"网络图论基础与电路方程的矩阵形式"一章,通过介绍建立电路方程的系统方法,为今后学习计算机辅助电路分析和设计的相关知识打下必要的理论基础。同时这一章也是第 3 章的扩展与补充;②改写了"双口网络"一章,从更一般的角度考虑,在 s 域中讨论双口网络,并将双口网络的内容移至暂态分析方法之后,同时增加了针对双口网络暂态分析的内容,以使学生扩展视野,从新的视角去更好地理解相关知识体系;③对各章的习题进行了修订,适当调整了综合题并增加或删减了部分习题,使习题在难度上更富有层次感,更好地起到锻炼学生思维能力及分析解决问题能力的作用。

  全书共 14 章,修订、编写工作由汪建和程汉湘共同完成。其中,程汉湘负责修订第 3、5、7、9、10 章,其余各章的编写、修订工作由汪建完成。全书由汪建统稿。

  因编者水平有限,书中错误和不妥之处在所难免,敬请读者提出宝贵意见以便再版时改进。

编者

2020 年 3 月于华中科技大学

广州理工学院

第1版前言
PREFACE

　　"电路原理"是高等学校电子类专业的学科基础课程。本课程的教学目的是使学习者深入了解和掌握电路的基础理论,能熟练地运用电路分析的基本方法,为后续课程的学习及今后从事电类各学科领域的研究和专业技术工作打下坚实的基础。毋庸置疑,在电类专业领域的学习及研究中,电路理论知识的掌握程度至关重要,因此,学好这门课程的重要性不容低估。

　　电路原理的内容丰富、知识点多、概念性强,学习上有一定的难度。学习者除了重视课堂教学外,还应特别注意加强课后练习。课后通过独立思考完成作业,并尽可能地多做习题是学好本课程的一个关键环节。为此,本书的各章均配有数量较丰富的习题和练习题供读者选用。可以说,各章习题的练习过程是对教材和课堂所授知识加深理解并熟练掌握、灵活运用的重要且必要的步骤和环节,而能否顺利完成各种类型的习题则是检验学习效果的一个重要标志。

　　学生对本课程内容的掌握,可归结为综合运用所学知识分析求解具体电路的能力。而这一能力的培养和提高,有赖于对基本概念、基本原理的准确理解,对基本方法的熟练掌握。因此,在本书的编写中,除参照教育部高等学校电工电子基础课程教学指导委员会对"电路原理"课程教学的基本要求,兼顾电子信息类和电气类及自动控制类专业的需要,突出对基本内容的叙述外,还刻意加强了对学习方法包括解题方法的指导。具体的做法是:

　　(1) 强调对基本概念的准确理解。对重点、难点内容用注释方式予以较详尽的说明和讨论;对在理解和掌握上易出错之处给予必要的提示。

　　(2) 重视对基本分析方法的训练和掌握。对各种解题方法给出了具体步骤,并用实例说明这些解题方法的具体应用,且许多例题同时给出多种解法供读者比较。

　　(3) 注意培养学生独立思考、善于灵活运用基本概念和方法分析解决各种电路问题的能力。通过对一些典型的或综合性较强且有一定难度的例题的讲解,进一步讨论各种电路分析方法的灵活应用,以启迪思维,开阔思路,达到融会贯通、举一反三的效果。

　　本书内容翔实、叙述深入浅出、语言通俗易懂、例题丰富,十分便于自学。

　　全书共 13 章,汪泉负责编写第 2、3、9 章,其余各章由汪建编写,全书由汪建统稿。

　　本书的出版得到了清华大学出版社的大力支持,在此深表谢意。

　　由于编者的水平以及时间有限,书中的缺点和错误在所难免,敬请读者批评指正,以便今后修订完善。

编者

2017 年 5 月于华中科技大学

目 录
CONTENTS

第1章 电路定律和电路元件

CHAPTER 1

本章提要

本章介绍电路的基本概念、基本定律以及几种理想电路元件。主要内容有电路和电路模型,电流、电压及其参考方向,基尔霍夫电流定律和电压定律,电阻元件,独立电压源和独立电流源,受控电源。应特别强调,电路的基本定律和电路元件的特性是分析、求解电路的两个基本依据。

1.1 电路的基本概念

1.1.1 电路

电能是人类的基本能源之一。电与现代社会息息相关,它在人们的日常生产、生活和科学研究工作中得到了极为广泛的应用。电的作用是通过具体的实际电路实现的。所谓实际电路,是由用电设备或电工器件用导线按一定的方式连接而成的电流的通路。

实际的电路千差万别,种类繁多。尽管各种电路的复杂程度相异,完成的功能亦不相同,但它们都可看成由电源或信号源、用电设备(又称负载)和中间环节这三部分构成的。电路中电源或信号源的作用是将其他形式的能量转化为电能或产生信号向负载输出;用电设备(负载)的作用是将电能转化为人们需要的其他形式的能量或信号;而中间环节(包括连接导线、开关等)用于将电源和负载相连,并加以控制,构成电流的通路以传输电能或电信号。如一个简单的手电筒电路,其电源为干电池,它将化学能转化为电能并提供给负载;手电筒的负载为小灯泡,它将电能转化为光能供人们使用;手电筒的金属外壳或金属连线起着连接导线的作用并附有开关,以便根据需要形成电流的通路使电能从电池传送到灯泡。

电路也称为电网络或网络。

不同的电路具有不同的功能。实际电路可实现如下功能:完成能量的转换、传输和分配,例如电力系统;实现对某种对象的控制,如电机运行控制电路;对信号进行加工处理,以获取所需的信号,例如通信网络;实现信息的存储及数学运算,典型的例子是计算机电路等。无论何种电路,它们都遵循着相同的电路定律,可以按照共同的理论加以研究。

1.1.2　电路模型

1. 理想电路元件

实际电路中的电气设备或元器件称为实际器件。当电路工作时,任何一个实际器件都将呈现出复杂的电磁特性,其内部一般包含有能量的损耗、电场能量的产生与储存和磁场能量的产生与储存等三种基本效应。并且这些效应交织在一起,使得直接对实际电路的分析计算变得十分困难。例如一个电感线圈,当绕组通以电流后,将储存磁场能量;同时还因绕线电阻存在,出现发热损耗;以及因有匝间电容及层间电容而储存电场能量。

为便于对实际电路进行分析研究,有必要对实际器件进行理想化处理。事实上,在一定的条件下,一个实际器件中的某些电磁效应处于次要地位,将其忽略不计也可使理论分析结果与实际情况十分近似,不会有本质的差异。鉴于此,提出了理想化电路元件的概念,用它们或它们的组合来近似模拟实际器件。

所谓理想化的电路元件是指具有单一电磁性质的电路元件,并且通常可用数学式子予以严格定义。例如用理想电阻元件表征能量损耗的作用,用理想电感元件表示磁场能量的产生和储存作用,用理想电容元件表现电场能量的产生和储存作用,用理想电源元件体现实际电源将其他形式的能量转换成电能的作用等。理想化的电路元件也称为理想元件或电路元件。应注意,实际中并不存在只呈现单一电磁性质的元器件,电路元件是理想化的元件模型,是一种科学抽象。

2. 电路模型

电路理论所研究的并非是实际电路,而是由理想元件构成的电路模型。例如图 1-1(a)所示为手电筒的实际电路,它由干电池、灯泡、开关和手电筒壳(连接导体)组成。图 1-1(b)是手电筒的电路模型,其中干电池由一个电压为 U_s 的电源和一个与它串联的电阻 R_s 表示,灯泡由一个电阻 R 表示。电路模型体现为电路图,在电路图中各种电路元件采用规定的图形符号。

将实际电路或实际器件转化为电路模型的基本出发点是,必须客观地反映实际元器件的基本特性,即按照电路的工作条件,依据实际发生的能量效应和电磁现象,突出主要矛盾,忽略次要因素,用一些恰当的理想元件按一定方式连接所构成的电路模型去模拟、逼近实际情况。例如对一个实际的电感线圈,在低频的情况下,其电容效应相对较弱,可予以忽略,因此它的电路模型是一个电阻元件和一个电感元件串联而成的电路,如图 1-2(a)所示。而在高频时,线圈的匝间和层间电容将增大,这样就必须考虑电容效应,其电路模型需由电阻、电感和电容三个元件组合而成,如图 1-2(b)所示。

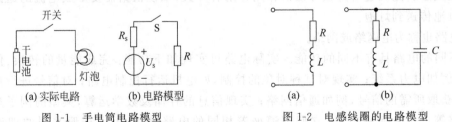

(a) 实际电路　　(b) 电路模型　　　　(a)　　　　　　(b)

图 1-1　手电筒电路模型　　　　　　图 1-2　电感线圈的电路模型

由上述可见,对实际电路建立电路模型是理论分析所必需的,同时也是一种满足一定准确度的近似方法。对大多数的实际电路而言,通常需要深入分析其中的物理过程、电路现象

才能作出其电路模型,而这是相应的专门课程的内容。

1.1.3 集中参数电路和分布参数电路

任何电路中都存在能量损耗、电场储能和磁场储能这些基本电磁效应。人们用电阻参数反映能量损耗,用电容参数和电感参数表征电路的电场储能及磁场储能性质。严格地讲,实际电路中的上述三种基本效应具有连续分布的特性,因此反映这些能量过程的电路参数也是连续分布的,或者说电路的各处既有电阻,也有电容和电感,这样的电路称为分布参数电路。从数学的观点看,分布参数电路中的电磁量是时间和空间坐标的函数,因而描述电路的是偏微分方程。

实际电路及其元器件中的电磁现象及过程与其几何尺寸密切相关。当电路中电压和电流的最高频率所对应的波长远大于电路器件及电路的各向尺寸时,电路参数的分布性对电路性能的影响程度很小,可认为能量损耗、电场储能和磁场储能分别集中在电阻元件、电容元件和电感元件中进行,并将电路元件赋以确切的参数,这样的电路元件称为集中参数元件,对应的电路称为集中参数电路。在集中参数电路中,每一元件的端钮通过的电流以及任意两个端钮间的电压是完全确定的。描述一般集中参数电路的是常微分方程,对于电阻性电路,其对应的则是实数代数方程。采用集中参数电路的概念也是一种近似方法,它给大多数实际电路的理论分析与计算带来了便利。同时,分布参数电路的研究也可借助于集中参数电路的分析方法。

若用 l 表示电路的最大几何尺寸,λ 表示电路中电流波或电压波的最高频率对应的波长,则当式(1-1)成立时,所研究的电路便可视为集中参数电路:

$$\lambda > 100l \tag{1-1}$$

式中,$\lambda = c/f$,f 为电路的最高工作频率,$c = 3 \times 10^5 \, \mathrm{km/s}$,为电磁波的传播速度。

如频率 $f = 50\,\mathrm{Hz}$ 的工频正弦交流电,其波长 $\lambda = c/f = 6000\,\mathrm{km}$,而一般用电设备及电路的尺寸远小于这个数值,因而相应的电路视为集中参数电路处理是完全可行的。但对于电力传输线(高压输电线路)而言,其长度可达几百千米甚至数千千米,与电路工作频率的波长处于同一数量级,若将其当作集中参数电路,将导致不良或是错误的结果。又如在高频电子电路中,信号频率的波长为米,甚至是毫米数量级,与电路和元器件的尺寸相当或更小,这样的电路只能按照分布参数电路来处理。本书只讨论集中参数电路。

1.1.4 电路理论的研究内容

电路理论是所有电类专业的基础理论学科,其研究所涉及的内容十分广泛。概括起来,这一学科对电路问题的研究可分为两类。一类称为电路分析,是在已知电路的结构和元件特性时,分析电路的特性,求解电路中各元件的电压、电流及电功率等物理量。另一类称为电路设计或网络综合,这是与电路分析相反的问题,是在已知电路特性要求的情况下来设计电路的结构及确定电路元件的参数。电路原理是电路理论的入门课程,重点讨论电路分析问题,同时也涉及一些电路设计的初步知识。

1.1.5 电路中的几个术语

下面结合图 1-3 所示的电路,介绍电路中几个表述电路结构用的重要名词。

1. 支路

电路中的每一个分支称为一条支路。如图 1-3 电路中的分支 baf、bd、df、bce 等均为支路。这样，该电路共有六条支路。此外，亦可将每一个二端元件(具有两个端钮的元件)，甚至一对开路端钮或者一段短接线视为一条支路。

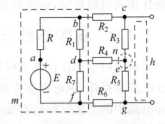

图 1-3　用以说明电路术语的电路

2. 节点和割集

电路中两条或两条以上支路的连接点被称为节点。节点的数量与电路中支路的认定有关。若认为图 1-3 电路中的每一个二端元件为一条支路，则该电路共有 7 个节点；若将电路中的每一个分支视为一条支路，则该电路只有 b、d、e、f 4 个节点。

电路中亦有"广义节点"的概念。所谓"广义节点"是指电路中的任一封闭面，如图 1-3 中由虚线构成的闭合路径 m、n 表示两个封闭面。"汇集"于每一个广义节点的支路为虚线(即封闭面)所切割的支路，如"汇集"于广义节点 m 的有 bc、de、fg 等三条支路。要注意表示广义节点的虚线(即封闭面)只能对任一支路切割一次。显然，"节点"是"广义节点"的特例，其封闭面只包围一个节点，仅切割与该节点相连的支路，如广义节点 n 就是节点 e。

在图 1-3 中，表示封闭面的虚线也称为割线，每一割线所切割的支路集合称为电路的一个"割集"，因此，广义节点即是割集。

3. 回路

电路中从任一节点出发，经过某些支路和节点，又回到原来的起始节点(所有的节点和支路只能通过一次)的任一闭合路径被称为回路。如图 1-3 所示电路中的路径 $bcedb$、$degfd$、$bcegfdb$ 等均是回路，该电路共有 7 个回路。

回路不一定要全部由支路构成，也可以包括虚拟路径，如在图 1-3 中的回路 $chgec$ 便包括了虚拟路径 chg，这种回路称为虚拟回路。

回路的特例是"网孔"。所谓"网孔"是指在回路内部不含有支路的回路。如图 1-3 中的回路 $bcedb$ 便是一个网孔；但回路 $bcegfdb$ 不是网孔，因为在该回路内部有一条 de 支路。网孔又分为"内网孔"和"外网孔"。外网孔是指由电路最外沿的支路所形成的闭合路径。如图 1-3 中的路径 $abcegfa$ 构成一个外网孔，该电路有三个内网孔和一个外网孔。网孔的概念只适用于所谓的"平面"电路。

4. 平面电路和非平面电路

若一个电路能画在平面上且不致有任何两条支路在非节点处交叉(即交叉而不相连的情况)，这种电路被称为平面电路，否则称为非平面电路。图 1-4(a)所示的电路是一个非平面电路。在该电路中出现了 R_8 支路和 R_9 支路交叉而不连接的情况。但图 1-4(b)所示电路不是非平面电路，这是因为它能被改画为图 1-4(c)所示的电路，在此电路中，R_5 和 R_6 支路不再交叉。

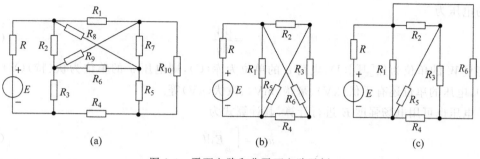

图 1-4　平面电路和非平面电路示例

1.2　电流、电压及其参考方向

电流和电压是电路中的两个基本物理量,它们也是电路分析的主要求解对象。这两个物理量在物理学中已有论述,下面对它们作简要的回顾,并重点介绍电流和电压的参考方向。

1.2.1　电流

带电粒子(电子、离子)的定向运动形成电流。为表征电流的强弱,引入电流强度的概念,它被定义为单位时间内通过导体横截面的电量,用符号 i 表示,即

$$i = \frac{\mathrm{d}q}{\mathrm{d}t} \tag{1-2}$$

式中,电荷量 q 的单位为库[仑](C),时间 t 的单位为秒(s),电流强度 i 的单位为安[培](A)。实用中电流强度的单位还有千安(kA)、毫安(mA)和微安(μA)等。

电流强度通常简称为电流。这样,电流这一术语既表示一种物理现象,同时也代表一种物理量。

电流是有流向的,习惯规定正电荷的运动方向为电流的正方向。一般情况下,电流是时间 t 的函数,以小写字母 i 表示,称为瞬时电流。当电流的大小和方向为恒定时,称为直流电流,并可用大写字母 I 表示。

实际中的电流有传导电流、徙动电流和位移电流三种类型。电流是按其形成方式的不同来分类的。传导电流是导电媒质中的自由电子或离子在电场作用下有规则地运动而形成的,如金属导体或电解液中的电流。徙动电流是由带电粒子在自由空间(真空或稀薄气体中)运动而形成的电流,典型的例子是电晕现象和真空电子管中的电流。徙动电流也称作对流电流或运流电流。位移电流是因电场的变化使得电介质内部的束缚电荷位移而形成的电流,例如电容器内部的电流。

1.2.2　电压和电位

电荷在电场中会受到电场力的作用。为衡量电场力作功的能力,引入"电压"这一物理量。电场中任意两点 a、b 间的电压被定义为库仑电场力将单位正电荷从 a 点移动至 b 点所作的功。设电量为 $\mathrm{d}q$ 的电荷由 a 点移动至 b 点时电场力作的功为 $\mathrm{d}W$,则 a、b 两点

间的电压为

$$u_{ab} = \frac{\mathrm{d}W}{\mathrm{d}q} \tag{1-3}$$

设能量 W 的单位为焦[耳](J),电荷 q 的单位为库(C),则电压 u 的单位为伏(特)(V)。实用中,电压的单位还有千伏(kV)、毫伏(mV)、微伏(μV)等。

电压也可用电场强度 $\boldsymbol{E}$ 进行计算,其计算式为

$$u_{ab} = \int_{alb} \boldsymbol{E}\,\mathrm{d}\boldsymbol{l} \tag{1-4}$$

该积分式中的 alb 表示由 a 点经路径 l 至 b 点的线积分。式(1-4)是电压的又一定义式,由该式可见,电压 u_{ab} 的值只取决于点 a、b 的位置,与积分路径的选取无关。

电压是有极性的。若单位正电荷从 a 点移动至 b 点时电场力作了正功,则 a 点为正极性,b 点为负极性,$u_{ab} > 0$,此时 a、b 之间的这段电路将吸收能量。若单位正电荷从 a 点移动至 b 点时电场力作了负功,则 a 点为负极性,b 点为正极性,$u_{ab} < 0$,此时 a、b 间的这段电路将释放能量。电压 u_{ab} 采用的是双下标表示法,其前一个下标代表电压的起点,后一个下标为电压的终点,且 $u_{ab} = -u_{ba}$,表明两个下标的位置不可随意颠倒,需特别予以注意。

电场中任意两点间电压的大小与计算时所选取的路径无关,这是一个重要的结论。与此结论对应的实际应用是,当用电压表测量电路中两点的电压时,无论连接电压表的导线如何弯曲,只要电压表所连接的电路中两点的位置不变,则表的读数不变。在进行理论计算时,若求解电压有多个路径,则应选取计算最便利的路径。

电压一般是时间 t 的函数,应以小写字母 u 表示,称为瞬时电压。当电压为恒定值时称为直流电压,可用大写字母 U 表示。

在电路分析中,常用到"电位"的概念。电路中某点的电位被定义为该点与电路中参考点之间的电压,因此在谈到电位的同时必须指出电路的参考点。参考点的电位显然为零。电位的单位与电压的单位相同。

电位的表示符号为 U 或 φ,并常用单下标作为点的标记。例如若选电路中的某点 O 为参考点,则 a 点的电位可记为 U_a 或 φ_a,这也意味着 $U_a = \varphi_a = U_{aO}$。

设电路中 a、b 两点的电位为 φ_a 和 φ_b,则

$$\varphi_a - \varphi_b = U_{aO} - U_{bO} = U_{aO} - (-U_{Ob}) = U_{aO} + U_{Ob} = U$$

这个电压 U 是电场力移动单位正电荷从 a 点经 O 点至 b 点所作的功。前已指出,电路中两点间的电压与电荷移动的路径无关,因此 U 便是 a、b 两点间的电压。于是有

$$\varphi_a - \varphi_b = U_{ab} \tag{1-5}$$

这表明,电路中任两点间的电压等于这两点的电位之差,故电压又称为电位差。

若选择不同的参考点,则电场中某点的电位将具有不同的值,这表明电位是一个相对的量。但两点间的电压(电位差)却与参考点的选择无关,它是一个确定的值。

在分析实际的电磁场或电路问题时,往往需选择一个参考点。原则上讲,参考点可任意选择,但许多情况下应根据具体研究对象,从便于分析的角度出发选择参考点。如在电磁场问题中,通常是将无穷远处作为电位参考点;而在电力系统中一般以大地为电位参考点;在电子线路中往往把设备的外壳或公共接线端作为电位参考点。

1.2.3 电流和电压的参考方向

电流有流向,习惯上规定正电荷的运动方向为电流的实际方向。电压有极性(方向),电压的实际方向是指由实际高电位点指向实际低电位点的方向。

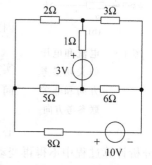

但除了结构极简单的电路可以较容易地确定电流、电压的实际方向外,对于结构稍复杂的电路,如图 1-5 所示的电路,则很难不通过分析计算而直接判断出每一元件中的电流和大多数元件两端电压的实际方向。另外在交流电路中,电流和电压的方向随时间而不断变化,它们的实际方向在电路中不便于标示,即便标示也无实际意义。

图 1-5 电路示例

为了分析计算电路,从而确定电流、电压的实际方向和数值的大小,需建立电路的数学模型,即列写出必要的电路方程。当电流和电压的方向不确定时,因无依据而不能列写电路方程。考虑到电流、电压的实际方向只有两种可能,我们给各元件的电流和电压人为地假设一个方向,并按此方向来建立电路方程。这一假设的方向称为"参考方向"。

应强调指出,在电路理论中,参考方向是一个极为重要的概念,须予以特别重视。

1. 电流的参考方向

在电路图中,电流的参考方向用箭头表示,如图 1-6 所示。在图 1-6(a)中,i 为正值,表明电流的实际方向与图中标示的方向(即参考方向)

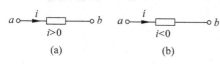

(a)　　　　　　　(b)

图 1-6 电流的参考方向

一致,即电流确实从 a 端流入,从 b 端流出;在图 1-6(b)中,i 为负值,表明电流的实际方向与标示的方向相反,即电流实际是从 b 端流入,从 a 端流出。尽管图 1-6(b)中电流的实际流向与假定方向不一致,也无须将电流的参考方向予以改变,因为参考方向和电流数值负号的结合便明确地指明了电流的实际方向。

图 1-6 中的矩形方框代表电路中的一个任意的元件或多个元件的组合,这是一种常用的表示方法。这种具有两个引出端钮(端子)的一段电路称为"二端电路"或"二端网络"。

2. 电压的参考方向

电压的参考极性称为电压的参考方向。在电路图中,电压的参考方向有两种标示法。一种是用＋、－符号表示,即参考高电位端标以符号＋表示,参考低电位端标以符号－表示。另一种是用箭头表示,箭头由高电位端指向低电位端。两种表示法示于图 1-7 中。在该图中,若 $u>0$,表明电压的实际极性和参考方向一致,即 a 为高电位端,b 为低电位端;若 $u<0$,则情形与上面的刚好相反。

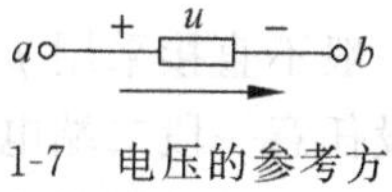

图 1-7 电压的参考方向

3. 电流和电压的关联参考方向

一般而言,电流和电压的参考方向可以独立地任意指定。若在选取两者的参考方向时,使电流从电压的"＋"极流入,从"－"极流出,如图 1-8(a)所示,这种情形称为电流电压的关联参考方向,或称一致的参考方向。相反的情形称为电流电压的非关联参考方向,如图 1-8(b)所示。关联参考方向也可简称作"关联正向"。

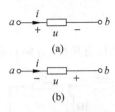

图 1-8 电流和电压的关联参考方向和非关联参考方向

4. 关于参考方向的说明

参考方向的概念虽然简单,但极为重要,它的应用贯穿在电路原理课程的始终,必须予以特别重视。

(1) 对电路进行分析计算有赖于电流、电压参考方向的指定,因此在求解电路时,必须首先给出相关电流及电压的参考方向。

(2) 参考方向是假设的方向,它不代表真实方向,但电量的真实方向是根据它和电量数值的正负号共同决定的。离开了参考方向,电量的实际方向将无从确定,电量数值的符号亦失去意义。

(3) 参考方向的给定具有任意性,这意味着标示参考方向可随心所欲。但应注意,参考方向一经指定并在电路图中标示后,则在分析计算过程中不得再变动。

(4) 在电路分析中,电流电压参考方向的标示可采用关联参考方向,这样做,可使问题的讨论更为方便。此时可在电路图中只标示电流的参考方向,或者只标示电压的参考方向。一般地,在仅标示某一电流(或电压)的参考方向而不加说明的情况下,可默认采用的是关联参考方向。

(5) 应当注意,关联或非关联参考方向是一个相对的概念,它是针对某段二端电路而言的。如在图 1-9 中,对二端电路 N_1 来说,电流和电压是关联参考方向,但对二端电路 N_2 而言,电流和电压是非关联参考方向。

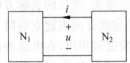

图 1-9 关联或非关联参考方向是一个相对的概念

1.3 功率和能量

1.3.1 电功率的定义

当任意一段二端电路通以电流后,该段电路将和外部电路发生能量的交换,或从外部电路吸收电能,或向外部电路送出电能。设在时间 dt 内吸收或送出的电能为 dW,则把在单位时间内吸收或送出的电能定义为电功率,简称为功率,并用符号 p 表示,即

$$p = \frac{dW}{dt} \tag{1-6}$$

功率的单位为瓦[特](W),其他常用的单位有千瓦(kW)、毫瓦(mW)等。

1.3.2 电功率的计算

一般不直接采用 p 的定义式(1-6)计算功率,而转化用电压、电流计算。

设任意一段二端电路上的电压、电流取关联的参考方向,在电场力的作用下,电量 dq 从高电位端移动至低电位端,电场力所作的功为

$$dW = u\,dq$$

将上式代入式(1-6),有

$$p = \frac{dW}{dt} = \frac{u\,dq}{dt}$$

但 $i = \frac{dq}{dt}$,于是得

$$p = ui \tag{1-7}$$

式中，u、i、p 均为时间 t 的函数，p 称为瞬时功率。上式表明，功率为电压与电流的乘积。若电压、电流的单位分别为伏和安，则功率的单位为瓦。

在直流的情况下，式(1-7)又可写为

$$P = UI \tag{1-8}$$

在电压、电流为关联参考方向的情况下，正电荷是从高电位端转移至低电位端，库仑电场力要作正功，这意味着是将电能转化为了其他形式的能量，因此式(1-7)表示二端电路吸收的(电)功率。由于电压和电流均为代数量，则按式(1-7)计算所得功率值可正可负。若 p 值为正，则表明电路确为吸收功率；若 p 值为负，则表明该段电路实为发出功率，即产生(电)功率向外部输出。

不难理解，若电压、电流为非关联参考方向，且仍约定 $p > 0$ 时为吸收功率，$p < 0$ 时为产生功率，则功率的计算式前应冠一负号，即

$$p = -ui \tag{1-9}$$

或

$$P = -UI \tag{1-10}$$

例 1-1　(1) 在图 1-10(a)中，已知 $U_1 = 10\text{V}$，$I_1 = -3\text{A}$，求此二端电路的功率，并说明是吸收功率还是发出功率；

(2) 在图 1-10(b)中，已知二端电路产生的功率为 -12W，$I_2 = 3\text{A}$，求电压 U_2。

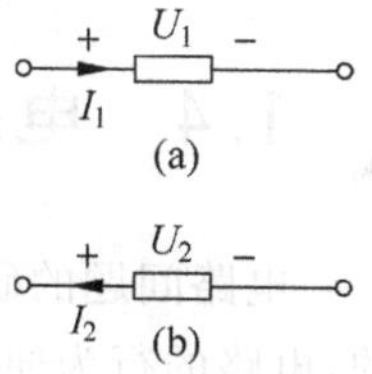

解　(1) 因图 1-1(a)中电压、电流为关联参考方向，则功率的计算式为

图 1-10　例 1-1 图

$$P_1 = U_1 I_1 = 10 \times (-3)\text{W} = -30\text{W}$$

该二端电路吸收的功率为 -30W，表明实为发出(产生)功率 30W。

(2) 在图 1-1(b)中，电压、电流为非关联参考方向，则功率的计算式为

$$P_2 = -U_2 I_2$$

电路产生的功率为 -12W，即吸收功率 12W，或 $P_2 = 12\text{W}$，于是有

$$U_2 = -\frac{P_2}{I_2} = -\frac{12}{3}\text{V} = -4\text{V}$$

由例题可见，计算功率时需注意以下两点：

(1) 应正确地选用功率计算式。采用公式 $p = ui$ 或 $p = -ui$ 中的哪一个是根据电压、电流的参考方向来决定的。当 u、i 为关联参考方向时，用公式 $p = ui$；当 u、i 为非关联参考方向时，用公式 $p = -ui$。

(2) 应正确地确定 p 值的正负号。当电路吸收正功率(或发出负功率)时，p 取正值；当电路产生正功率(或吸收负功率)时，p 为负值。

前述功率的计算是以电路吸收功率(即 p 为正值时，元件实为吸收功率)为前提。若以发出功率(即约定 p 值为正时实为产生功率)为前提进行计算，则功率的计算式为

$$p = ui \quad \text{(非关联参考方向时)}$$

$$p = -ui \quad \text{(关联参考方向时)}$$

为避免混乱，在本书中约定按吸收功率这一前提进行计算，与此相对应，约定在不予以说明

时，$p>0$ 时一律表示电路实际吸收正功率，$p<0$ 时一律表示电路实际发出正功率。

1.3.3　能量及电路的无源性、有源性

设任意二端电路的电压、电流为关联参考方向，由式(1-6)和式(1-7)可得该电路从 t_1 到 t_2 的时间段内吸收的电能为

$$W=\int_{t_1}^{t_2}p\,\mathrm{d}t=\int_{t_1}^{t_2}ui\,\mathrm{d}t \tag{1-11}$$

式中，电压的单位为伏(V)，电流的单位为安(A)，功率的单位为瓦(W)，则电能的单位为焦(J)。实用中电能的一个常用单位为 $1\mathrm{kW}\cdot\mathrm{h}$(千瓦时)，且 $1\mathrm{kW}\cdot\mathrm{h}=3600\mathrm{kJ}$。1 千瓦时又称为 1 度(电)。

若式(1-11)中积分下限取为 $-\infty$，"$-\infty$"表示电路能量为零的一个抽象时刻，则电路在任一时刻 t 所吸收的电能为

$$W=\int_{-\infty}^{t}p\,\mathrm{d}\tau=\int_{-\infty}^{t}ui\,\mathrm{d}\tau \tag{1-12}$$

若对于所有时间 t 和 u、i 的可能组合，式(1-12)的积分值恒大于或等于零，则称该电路是无源的，否则电路就是有源的。

1.4　电路的基本定律——基尔霍夫定律

电路问题的研究依赖于对电路基本规律的认识和把握。电路是由元件相互连接而成的，电路的行为便取决于元件之间的连接关系或电路结构的总体情况以及各元件自身的特性。基尔霍夫定律体现的是电路结构关系的电路基本定律，它反映了电路中各支路电压、电流之间的约束关系。基尔霍夫定律是整个电路理论的基础，是分析计算电路的基本依据。该定律由基尔霍夫电流定律和基尔霍夫电压定律组成。

1.4.1　基尔霍夫电流定律

基尔霍夫电流定律(Kirchhoff's Current Law)又称为基尔霍夫第一定律，简写为 KCL，它说明的是电路中任一封闭面或任一节点上各支路电流间的约束关系，其具体内容是：在任一瞬时，流入电路中任一封闭面(或节点)的电流必等于流出该封闭面(或节点)的电流；或表述为：在任一瞬时，流出任一封闭面(或节点)的电流的代数和恒等于零。KCL 的数学表达式为

$$\sum_{k=1}^{b}i_k=0 \tag{1-13}$$

式中，b 为所讨论的封闭面(或节点)相关联的支路数。若以流入封闭面(或节点)的电流为正，则流出封闭面(或节点)的电流为负；或以流出的电流为正，则流入的电流为负。如对图 1-11(a)所示的电路，写出节点 N 的 KCL 方程为

$$i_1+i_2+i_3-i_4=0$$

对图 1-11(b)所示的电路，写出封闭面的 KCL 方程为

$$i_1+i_2+i_3+i_4=0$$

KCL 是电荷守恒原理在电路中的具体体现，是电流连续性原理的必然结果。

KCL 也可叙述为：电路中任一割集的支路电流的代数和为零。

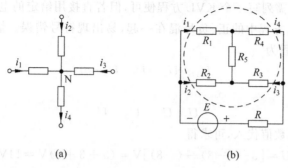

(a)　　　　　　　　　(b)

图 1-11　基尔霍夫电流定律的说明

1.4.2　基尔霍夫电压定律

基尔霍夫电压定律(Kirchhoff's Voltage Law)又称为基尔霍夫第二定律,简写为 KVL,它说明的是电路中任一回路的各支路电压间的约束关系,其具体内容是：在任一瞬时,沿电路中任一闭合回路的绕行方向,各支路电压降的代数和等于零。KVL 的数学表达式为

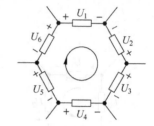

图 1-12　基尔霍夫电压定律的说明

$$\sum_{k=1}^{b} u_k = 0 \qquad (1\text{-}14)$$

式中,b 为所讨论的回路含有的支路数,与回路绕行方向一致的支路电压取正号,反之则取负号。在图 1-12 所示的电路中,回路的绕行方向(简称为回路方向)用箭头表示,写出该回路的 KVL 方程为

$$U_1 - U_2 + U_3 - U_4 - U_5 - U_6 = 0$$

基尔霍夫电压定律是能量守恒原理在电路中的具体体现。

1.4.3　关于基尔霍夫定律的说明

(1) 基尔霍夫定律体现了集中参数电路中各支路电流、电压间的相互约束关系,它在本质上揭示的是网络结构上的内在规律性。换句话说,基尔霍夫定律的应用只决定于网络的具体结构,而与各支路元件的电特性无关。因此,只要是集中参数电路,无论电路由什么样的元件构成,基尔霍夫定律都是适用的。

(2) 电路分析中的任一方程式均对应着一定的参考方向,故在列写 KCL 或 KVL 方程时,必须首先给定各支路电流和电压的参考方向。

(3) 在确定 KCL 和 KVL 方程式中各项的符号时,只需遵循这一基本原则：即各项电压或电流前取正号或负号取决于参考方向与选定的"基准方向"的相对关系。所谓选定"基准方向"指的是在列写 KCL 方程时应指定流入节点的电流为正或为负；列写 KVL 方程时应选定回路的绕行方向(或为顺时针方向,或为逆时针方向)。选定基准方向后,参考方向与基准方向一致的电压、电流冠以正号,反之冠以负号。

例 1-2 在图 1-13 所示的电路中,已知 $U_1=3\text{V}, U_2=-3\text{V}, U_3=-8\text{V}$,求 U。

解 求解此题只需列写一个 KVL 方程便可,但若直接用给定的电压数值列写,则因数值的正、负号与 KVL 方程中的正、负号混在一起,易出现符号错误。恰当的方法是先写出代数形式的 KVL 方程为

$$U_1 - U_2 - U - U_3 = 0$$

则

$$U = U_1 - U_2 - U_3$$

再将给定的电压数值代入,可求得

$$U = [3-(-3)-(-8)]\text{V} = (3+3+8)\text{V} = 14\text{V}$$

(4) 对任一网络,可对所有的节点写出 KCL 方程,对所有的回路写出 KVL 方程,但这些方程中有不独立的方程。如图 1-14 所示的电路,共有四个节点,这些节点的 KCL 方程为

$$N_1: \quad i_1 + i_2 - i = 0 \tag{1}$$

$$N_2: \quad i_3 + i_4 - i_2 = 0 \tag{2}$$

$$N_3: \quad i_1 + i_4 - i_5 = 0 \tag{3}$$

$$N_4: \quad i_3 + i_5 - i = 0 \tag{4}$$

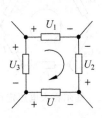

图 1-13 例 1-2 图

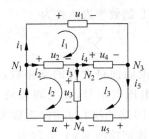

图 1-14 关于独立的 KCL、KVL 方程的说明

不难验证,上述四个方程中的任意一个可由另外三个方程的线性组合而得到,例如(4)=(1)-(3)+(2)。这表明,上述四个 KCL 方程中有一个是不独立的。

该电路共有七个回路,现只对三个网孔和外回路(由电路最外沿的支路构成的回路)列写 KVL 方程为

$$l_1: \quad u_1 - u_2 - u_4 = 0 \tag{5}$$

$$l_2: \quad u_2 + u_3 + u = 0 \tag{6}$$

$$l_3: \quad u_4 + u_5 - u_3 = 0 \tag{7}$$

$$外回路: \quad u_1 + u_5 + u = 0 \tag{8}$$

不难验证,四个方程中仅有三个方程是独立的,如(8)=(5)+(6)+(7)。

如何确定任意一个网络独立的 KCL 和 KVL 方程的数目呢?这里不加证明地给出结论:若某网络有 n 个节点,b 条支路,则独立的 KCL 方程的数目为 $n-1$ 个(或说独立节点数为 $n-1$ 个),独立的 KVL 方程的数目为 $b-(n-1)=b-n+1$ 个(或说独立回路数为 $b-n+1$ 个)。

对网络中的任意 $n-1$ 个节点写出的 KCL 方程为独立的 KCL 方程;对平面网络中的网孔写出的 KVL 方程为独立的 KVL 方程。第 3 章将给出列写一般网络(包括平面的和非

平面的网络)独立的 KCL 及 KVL 方程的方法。

练习题

1-1 如图 1-15 所示电路。

(1) 在图 1-15(a)中,若设 $i_1=-2\mathrm{A}$,$i_2=3\mathrm{A}$,$i_3=-1\mathrm{A}$,问是否满足 KCL;

(2) 在图 1-15(a)中,若设 $i_1=-2\mathrm{e}^{-2t}\mathrm{A}$,$i_2=-3\mathrm{e}^{-2t}\mathrm{A}$,求 i_3;

(3) 在图 1-15(b)中,电路仅有一处接地,求电流 i_1 和 i_2 值为多少;

(4) 在图 1-15(c)中,电路有两处接地,求电流 i_1 和 i_2 的关系。

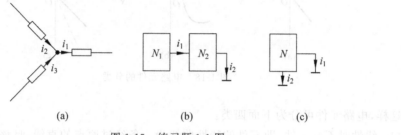

图 1-15　练习题 1-1 图

1-2　电路如图 1-16 所示。

(1) 若设 $i_5=2\mathrm{A}$,$i_6=-3\mathrm{A}$,$i_9=-2\mathrm{A}$,能否求出 i_7? 若能求得 i_7,其值是多少?

(2) 若已知条件仍如(1),又设 $i_4=-1\mathrm{A}$,$i_8=2\mathrm{A}$,能否求出全部的电流? 试求出尽可能多的电流。

1-3　电路仍如图 1-17 所示。

(1) 设 $u_1=10\mathrm{V}$,$u_7=2\mathrm{V}$,$u_9=-6\mathrm{V}$,$u_{11}=3\mathrm{V}$,求 u_8;

(2) 若 u_2 和 u_4 的波形如图 1-17 所示,试画出 $u_1(t)$ 的波形。

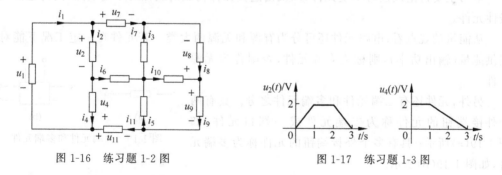

图 1-16　练习题 1-2 图　　　　　　图 1-17　练习题 1-3 图

1.5　电路元件的分类

前已指出,电路理论所研究的具体对象是电路模型,电路模型由理想化的电路元件构成,各种电路元件都能用数学加以严格定义。对于常见的具有两个外部端钮的二端元件而言,其定义式是两种电量(变量)间的函数关系式,以这两个电量为坐标构成的定义平面通常称为元件的特性平面,作于特性平面上的定义曲线也称为元件的特性曲线。

通常依照电路元件定义式的特性对其进行分类。更直观地,可以按其特性曲线的形状和在特性平面上的位置予以分类。

若元件的特性曲线为一条经过坐标原点的直线,如图 1-18(a)所示,则称为线性元件,否则为非线性元件,如图 1-18(b)所示。若元件的特性曲线在坐标平面上的位置不随时间而变,则称为时不变元件,否则称为时变元件。时变元件的特性曲线如图 1-18(c)所示。

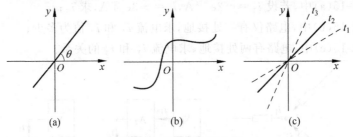

图 1-18　电路元件的分类

这样,电路元件可分为下面四类:

(1) 线性时不变元件,即元件的特性曲线为一条经过原点的直线,且该直线在特性平面上的位置不随时间而变。

(2) 线性时变元件,即元件的特性曲线为一条经过原点的直线,但该直线在特性平面上的位置随时间而变化。

(3) 非线性时不变元件,即元件的特性曲线是非线性的,且曲线在特性平面上的位置不随时间变化。

(4) 非线性时变元件,即元件的特性曲线为非线性的,且曲线在特性平面上的位置随时间变化。

本书主要讨论线性时不变元件,以及由这类元件构成的线性时不变电路,同时也涉及非线性元件。

从能量的观点看,电路元件还可分为有源和无源两大类。若元件在一定工况下能对外提供能量(输出功率),则称为有源元件,否则称为无源元件。

另外,元件还有二端元件和多端元件之分。具有两个外接端钮的元件称为二端元件或一端口元件,如图 1-19(a)所示;具有多个外接端钮的元件称为多端元件,如图 1-19(b)所示。

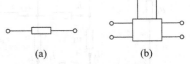

图 1-19　二端元件和多端元件

1.6　电阻元件

电阻器是最基本的电路器件之一。电阻元件是一种理想化的模型,用它来模拟电阻器和其他器件的电阻特性,即能量损耗特性。

1.6.1　电阻元件的定义及分类

电阻元件的基本特征是当其通以电流时，在其两端便会建立起电压。电阻元件的定义可表述为：一个二端元件，如果在任何瞬时 t，其两端的电压 $u(t)$ 与通过的电流 $i(t)$ 间的关系可用 u-i 平面（或 i-u 平面）上的一条曲线来描述，该二端元件就称为电阻元件。电阻元件通常简称为电阻。

按照前述元件分类的方法，根据特性曲线在定义平面上的具体情况，电阻元件可分为线性时不变的、线性时变的、非线性时不变的，非线性时变的四种类型。本书讨论所涉及的主要是线性时不变电阻元件和非线性时不变电阻元件，并且以前者为主。

1.6.2　线性时不变电阻元件

若电阻元件的特性曲线是一条通过原点的直线，则称为线性电阻元件，否则称为非线性电阻元件。若线性电阻元件的特性曲线在 u-i 平面上的位置不随时间而变，则为线性时不变电阻元件。图 1-20 为线性时不变电阻元件的电路符号及其特性曲线。在电压 $u(t)$ 和电流 $i(t)$ 为关联参考方向的前提下，线性时不变电阻元件的定义式为

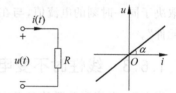

图 1-20　线性时不变电阻元件的
电路符号及其特性曲线

$$u(t) = Ri(t) \tag{1-15}$$

上式是大家熟知的欧姆定律，式中 R 为比例常数，它是特性曲线的斜率，即 $R = \tan\alpha$。R 称为电阻元件的电阻值，也称为电阻，其 SI 单位为欧［姆］（Ω）。欧姆定律也可表示为

$$i(t) = Gu(t) \tag{1-16}$$

式中，$G = \dfrac{1}{R}$。G 称为电导，其单位称为西［门子］（S）。

线性时不变电阻元件的相关说明如下：

（1）必须指出，各种元件的特性方程均与电路变量参考方向的选取有关。若电压、电流为非关联参考方向，则式（1-15）和式（1-16）的右边均应冠以负号，即

$$u(t) = -Ri(t) \tag{1-17}$$

$$i(t) = -Gu(t) \tag{1-18}$$

相应地，电阻元件的特性曲线如图 1-21 所示。

（2）一般地，电阻元件的电阻值恒为正值（$R > 0$），这种电阻元件中的电流和电压的真实方向总是一致的。在电压、电流为关联参考方向时，其特性曲线位于第一、三象限，如图 1-20 所示；而在电压、电流为非关联参考方向时，其特性曲线位于第二、四象限，如图 1-21 所示。若电阻元件在其电压、电流为关联参考方向时，其特性曲线位于第二、四象限，如图 1-22 所示，其特性方程为

$$u(t) = Ri(t)$$

式中，$R < 0$，这种电阻被称为负电阻，它是一种有源元件，可通过电子器件的组合予以实现。

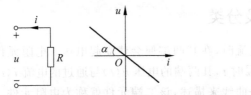
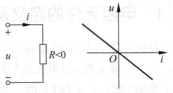

图 1-21　非关联参考方向时电阻元件的特性曲线　　　图 1-22　负电阻及其特性曲线

（3）电阻值和电导值是反映同一电阻元件性能且互为倒数的两个参数。电阻体现的是电阻元件对电流的阻力,而电导则反映电阻元件导电能力的强弱。

（4）线性电阻元件有两种极端情况。当 $R=0$（或 $G=\infty$）时,特性曲线将与 i 轴重合。此时只要电流为有限值,总有端电压恒为零,此种情形与一根无阻短接线相当,称之为"短路"。当 $R=\infty$（或 $G=0$）时,特性曲线将与 u 轴重合,此时只要电压为有限值,总有通过的电流恒为零,此种情形与断路相当,称之为"开路"。

（5）由线性时不变电阻元件的特性方程 $u(t)=Ri(t)$ 可知,元件在任一时刻的电压值只取决于同一时刻的电流值,与在此之前的电流值无关。具有这种特性的元件被称为"无记忆元件"。

1.6.3　线性时不变电阻元件的功率和能量

当电压、电流取关联的参考方向时,线性时不变电阻元件吸收的瞬时功率为

$$p(t)=u(t)i(t)=Ri^2(t)=Gu^2(t) \tag{1-19}$$

在时间段 $[t_0,t]$ 内,其吸收的能量为

$$W[t_0,t]=\int_{t_0}^{t}p(t')\mathrm{d}t'=R\int_{t_0}^{t}i^2(t')\mathrm{d}t'=G\int_{t_0}^{t}u^2(t')\mathrm{d}t' \tag{1-20}$$

由上式可见,对于正电阻（$R>0$）,在任意时间段内,其吸收的能量 $W[t_0,t]\geqslant0$。根据电路有源性无源性的概念,正电阻是一无源元件。在任一瞬时 t,正电阻吸收的功率 $p(t)\geqslant0$,它总是从外界吸收功率并消耗掉,即它是一个纯耗能元件。类似地可以得出结论,负电阻（$R<0$）是有源元件,它总是向外界输出能量。

例 1-3　在图 1-23 所示的电路中,已知 $i=-2\mathrm{A}$,电阻元件产生 $8\mathrm{W}$ 的功率,求 u 和 R 的大小。

解　电阻元件产生 $8\mathrm{W}$ 的功率,即 $p_R=-8\mathrm{W}$。因电压、电流为关联参考方向,有

$$p_R=ui$$

$$u=\frac{p_R}{i}=\frac{-8}{-2}=4\mathrm{V}$$

$$R=\frac{u}{i}=\frac{4}{-2}=-2\Omega$$

例 1-4　求图 1-24 所示电路中的电流 i_1、i_2、i_3 和 i_4。

解　图中虚线所示为一封闭面,对该封闭面写出 KCL 方程为

$$i_4+8-2=0$$

得　　　　　　　　　　　　　　　　　$$i_4=-6\mathrm{A}$$

图 1-23 例 1-3 电路

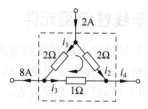

图 1-24 例 1-4 图

此时再用 KCL 无法求出其余电流。对图示回路按箭头所示绕行方向写出 KVL 方程为

$$u_2 - u_3 - u_1 = 0$$

（注意 u_1、u_2、u_3 分别与 i_1、i_2、i_3 为关联参考方向）。又令 $i_2 = x$，因图中每一节点均有三条支路，且有一支路的电流为已知，于是 i_1 和 i_3 均可用 x 表示，即

$$i_1 = 2 - x, \quad i_3 = -8 + i_1 = -6 - x$$

将电阻元件的伏安关系式代入 KVL 方程，有

$$2x - (-6 - x) - 2(2 - x) = 0$$

解之，得

$$x = -0.4\text{A}$$

则

$$i_1 = 2 - x = 2.4\text{A}, \quad i_2 = x = -0.4\text{A}, \quad i_3 = -6 - x = -5.6\text{A}$$

1.6.4 线性时变电阻元件

若电阻元件的特性曲线是经过原点的直线，且直线的斜率随时间而变化，则称为线性时变电阻元件。取电压、电流为关联参考方向，线性时变电阻元件的特性曲线如图 1-25 所示，其特性方程为

$$u(t) = R(t)i(t) \tag{1-21}$$

或

$$i(t) = G(t)u(t) \tag{1-22}$$

线性时变电阻具有变换信号频率的作用，这一特点在通信工程的调制、倍频技术中得到了应用。

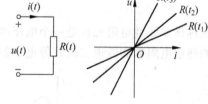

图 1-25 线性时变电阻元件及其特性曲线

例 1-5 电工、电信技术中常用的电位器是一种线性时变电阻器，当其滑动触点运动时，在 t 时刻的电阻可用下式表示：

$$R(t) = R_1 + R_2 \sin\omega_1 t$$

若通过电位器的电流是角频率为 ω_2 的正弦波，即 $i(t) = K\sin\omega_2 t$，求电位器端电压 $u(t)$ 的表达式。

解 设电位器的电压、电流为关联参考方向，则

$$u(t) = R(t)i(t) = (R_1 + R_2\sin\omega_1 t)K\sin\omega_2 t$$

$$= KR_1\sin\omega_2 t + \frac{KR_2}{2}\cos(\omega_1 - \omega_2)t - \frac{KR_2}{2}\cos(\omega_1 + \omega_2)t$$

由此可见，在电位器端电压中出现了两个新的（角）频率 $(\omega_1 + \omega_2)$ 和 $(\omega_1 - \omega_2)$。

1.6.5 非线性电阻元件

特性曲线不是经过原点的直线的电阻元件为非线性电阻元件。非线性电阻元件包括时不变的和时变的两类,下面主要讨论非线性时不变电阻元件,其表示符号如图 1-26 所示。

一般地,电阻元件的特性方程可表示为

$$f(u,i)=0 \tag{1-23}$$

若是非线性电阻元件,则上式为非线性方程。如果非线性电阻元件的端电压 u 可表示为端电流 i 的单值函数,即

$$u=f_1(i)$$

则称该非线性电阻元件是一个电流控制型的元件。这类元件的实际例子是具有负温度系数的热敏电阻器和充气二极管等电子器件,它们的特性曲线如图 1-27 所示。

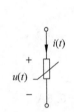

图 1-26　非线性电阻
元件的符号

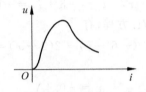

(a) 具有负温度系数的热敏
电阻器的特性曲线

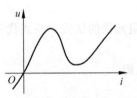

(b) 充气二极管的特性曲线

图 1-27　电流控制型非线性电阻元件的特性曲线

若非线性电阻元件的端电流 i 可表示为端电压 u 的单值函数,即

$$i=f_2(u)$$

则称该非线性电阻元件是一个电压控制型的元件。这类元件的实际例子是具有正温度系数的热敏电阻器和隧道二极管等电子器件,它们的特性曲线如图 1-28 所示。

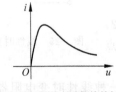

(a) 具有正温度系数的热敏
电阻器的特性曲线

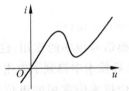

(b) 隧道二极管的特性曲线

图 1-28　电压控制型非线性电阻元件的特性曲线

如果非线性电阻元件的端电压 u 可以表示为端电流 i 的单值函数,同时电流 i 也可表示为电压 u 的单值函数,即

$$u=f(i) \quad 或 \quad i=g(u)$$

且 f 和 g 互为反函数,这样的非线性电阻元件既是电流控制型的又是电压控制型的,典型的例子是普通二极管和压敏电阻器等电子器件,它们的特性曲线示于图 1-29 中。

值得一提的是普通二极管,它是电工应用中常见的一种电子器件。PN 结二极管的特性方程为

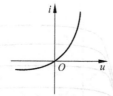

(a) 普通二极管的特性曲线

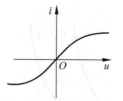

(b) 压敏电阻器的特性曲线

图 1-29 既是流控型又是压控型的非线性电阻元件的特性曲线

$$i = I_0(e^{au} - 1)$$

式中，u、i 是二极管的电压、电流，I_0 为二极管的反向饱和电流，a 为一正常数。当元件的特性曲线对称于坐标原点时，称之为双向元件，它的一个重要特点是在实际使用中不必区分它的两个端钮，例如线性电阻元件。从图 1-29(a)可见，二极管是非双向性元件，使用中必须注意区分它的两个端钮。图 1-30(a)为二极管的电路符号，图中 a 端为正极，b 端为负极。当二极管承受正向电压(图中 $u > 0$ 时)，其处于导通状态，端电压较小，电流很大；当二极管被施加反向电压($u < 0$)时，其处于截止状态，电流很小。

在电路理论中，用理想二极管作为实际二极管的电路模型，理想二极管的电路符号(与实际二极管的符号相同)及其特性曲线示于图 1-30 中。由图中的特性曲线可见，当理想二极管导通时，其端电压为零，相当于短路；当理想二极管截止时，其通过的电流为零，相当于断路(或开路)。由特性曲线也可知，理想二极管为既不是电流控制型的也不是电压控制型的非线性时不变电阻元件。

除了前面所介绍的二端电阻性元件外，工程实际中还经常用到一些具有三个或三个以上端钮的电阻性器件，通常将它们称为多端电阻性元件，其中最为常见和典型的是晶体三极管，它是组成电子电路的最基本的元件。从电路的角度看，这是一种三端非线性电阻性元件。它包括 NPN 和 PNP 两种类型(视内部结构的不同)，其电路符号如图 1-31 所示。图中 b 称作基极，c 称作集电极，e 称作发射极。

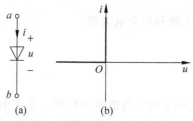

(a)　　　　(b)

图 1-30 理想二极管的电路符号及其特性曲线

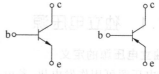

(a) NPN 型三极管　(b) PNP 型三极管

图 1-31 晶体管的电路符号

在实际应用中，晶体管的基本功能是放大信号。人们所关心的是晶体管各极的电压、电流间的关系，这些关系用晶体管的输入特性和输出特性表示。图 1-32 给出了某种 PNP 型晶体管在一定接法下的输入特性和输出特性曲线。输入特性是指在固定集电极电压 U_{ce} 的条件下，基极与发射极间的电压 U_{be} 和基极电流 I_b 之间的关系；而输出特性是指在一定的基极电流 I_b 时，集电极电流 I_c 和集电极与发射极间的电压 U_{ce} 间的关系。

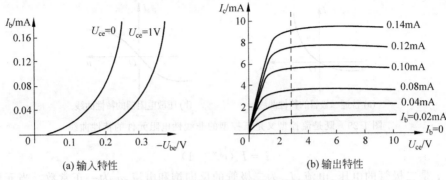

(a) 输入特性　　　　　　　　(b) 输出特性

图 1-32　晶体管的输入特性和输出特性曲线示例

在输出特性图上,虚线的右侧部分为晶体管的放大区域。在放大区中,当基极电流 I_b 变化时,集电极电流随之而变并与电压 U_{ce} 基本无关,且 I_c 的变化比 I_b 的变化要大得多,这样就起到了放大电流的作用。

练习题

1-4　说明下列电阻元件是线性的还是非线性的,是时不变的还是时变的,是有源的还是无源的。设电压 u 和电流 i 为关联参考方向。

(1) $i = 2e^{-t} + 1$　　(2) $u = 3e^{-2u} + 5i$　　(3) $u = (5e^{-t} + 2\sin 2t)i$　　(4) $i = -3e^{-t}u$

1.7　独立电源

电路中的电源或信号源的作用是向负载提供电能或输出信号。在电路理论中,通常将电源和信号源都称为电源,并且将电源称作激励源,简称为"激励"。由电源在电路的任一部分引起的电压或电流称为"响应"。

实际电源的理想化模型有两种,分别是独立电压源和独立电流源。

1.7.1　独立电压源

1. 独立电压源的定义

独立电压源可用作发电机、蓄电池、干电池等实际电源装置的电路模型。独立电压源的定义可表述为:一个二端元件,若在与任意的外部电路相连接时,总能维持其端电压为确定的波形或量值,而与流过它的电流无关,则此二端元件称为独立电压源。独立电压源也称为理想电压源,通常简称为电压源。电压源的电路符号及特性曲线如图 1-33 所示。

应注意,电压源符号中的电压极性为参考极性(参考方向)。当电压源的输出 $u_s(t)$ 为恒定值时,称为直流电压源;当 $u_s(t)$ 为一特定的时间函数时,称为时变电压源。例如当 $u_s(t)$

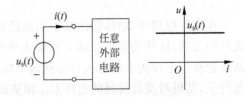

图 1-33　独立电压源的电路符号与特性曲线

是一正弦函数时,就是一个正弦电压源,这是工程应用中最常见的一种电源类型。

2. 独立电压源的有关说明

(1) 电压源的特性曲线位于 u-i 平面上,按电阻元件的定义,它应是一种电阻性元件,且是一种有源的、非线性的、电流控制型的电阻元件。

(2) 电压源的输出若为零,则特性曲线与 i 轴重合,表明此时的电压源与一个 $R=0$ 的线性电阻相当,即它等同于短路,与一根无阻导线相当,如图 1-34 所示。这一结论在电路分析中常被用到。需注意,当 $u_s \neq 0$ 时,电压源不能短路,否则流经电压源的电流将为无穷大。

(3) 电压源的特性曲线是平行于 i 轴的直线,其输出的电压与外部电路无关,但通过电压源的电流完全取决于它所连接的外部电路。

(4) 由于电压源的电流是由外部电路决定的,故电压源可工作于两种状态,即吸收功率状态(称为负载状态)和产生功率状态(称为电源状态)。可由特性曲线结合电压、电流的参考方向来判断电压源的工作状态。如在图 1-35 所示的 u-i 平面上,若设电压、电流为非关联的参考方向,则当电压源工作于第一象限时,$p<0$,为产生功率;而工作于第二象限时,$p>0$,为吸收功率。

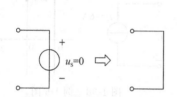

图 1-34　输出为零的电压源与短路相当

图 1-35　电压源工作状态的说明

顺便指出,因电压源的电流可在无限范围内变化,故它的功率变化范围也是无限的。但这样的电源在实际中是不可能存在的。实际电源的功率范围总是有限的。

1.7.2　独立电流源

1. 独立电流源的定义

在实际应用中,用电子器件可构成恒流源,它能独立地向外部电路输出电流。独立电流源可作为这类电源装置的电路模型。独立电流源的定义可表述为:一个二端元件,若在与任意的外部电路相连接时,总能维持其输出的电流为确定的波形或量值,而与其端电压无关,则此二端元件称为独立电流源。独立电流源也称为理想电流源,通常简称为电流源。电流源的电路符号及特性曲线如图 1-36 所示。

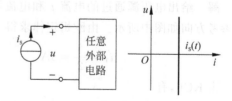

图 1-36　独立电流源的电路符号及其特性曲线

应注意,电流源电路符号中的箭头为其电流的参考方向。当电流源的电流 $i_s(t)$ 为恒定值时,称为直流电流源;当 $i_s(t)$ 为一特定的时间函数时,称为时变电流源。

2. 独立电流源的有关说明

(1) 电流源的特性曲线位于 u-i 平面上,它是一种有源的、非线性的、非双向的、电压控制型的电阻元件。

(2) 电流源的输出若为零,则特性曲线与 u 轴重合,表明此时的电流源和一个 $G=0$ 或 $R=\infty$ 的电阻相当,即它等同于断路(开路),如图 1-37 所示。这一结论在电路分析中常被用到。需指出,当 $i_s \neq 0$ 时,电流源不能置为开路,否则相当于一个电流源与一个 $R=\infty$ 的电阻相接而导致电流源的端电压为无穷大。

(3) 因电流源的特性曲线是平行于 u 轴的直线,所以它的输出电流与外部电路无关,但其两端的电压完全取决于它所连接的外部电路。应注意,电路中的电流源的两端具有电压,初学者易忽视这一点。

(4) 和电压源类似,电流源既可工作于电源状态(向外电路输出功率),也可工作于负载状态(从外电路吸收功率),其工作状态由外部电路决定。

需指出的是,虽然理想电流源的功率范围是无限的,但实际中并不存在这样的电源装置,实际电流源的功率范围是有限的。

例 1-6 图 1-38 所示为一电流源及其特性曲线。试说明该电流源的工作状态。若电流源的端电压 $U=5\mathrm{V}$,求它输出的功率。

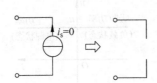

图 1-37 输出为零的电流源与断路相当

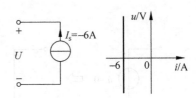

图 1-38 例 1-6 图

解 电流源的工作状态由给定的参考方向和特性曲线共同决定。因 U 和 I_s 为非关联的参考方向,故电流源的功率计算式为 $P_s = -UI_s$。当电流源工作于第二象限时,$P_s > 0$ 为吸收功率(负载状态);当其工作于第三象限时,$P_s < 0$ 为输出功率。

若 $U=5\mathrm{V}$,有

$$P_s = -UI_s = -5 \times (-6)\mathrm{W} = 30\mathrm{W}$$

计算结果表明电流源吸收 30W 的功率,或输出的功率为 $-30\mathrm{W}$。

例 1-7 求图 1-39 所示电路中两个电源的功率。

解 给出电压源通过的电流 i 和电流源两端的电压 U 的参考方向如图中所示。由欧姆定律求得

$$i_1 = \frac{6}{2} = 3\mathrm{A}$$

由 KCL,有

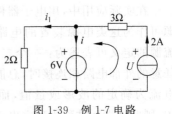

图 1-39 例 1-7 电路

$$i = 2 - i_1 = 2 - 3 = -1\mathrm{A}$$

由图中所示的回路,根据 KVL,有

$$U = 2 \times 3 + 6 = 12\mathrm{V}$$

于是求出两个电源的功率为

$$P_{6\mathrm{V}} = 6i = 6 \times (-1) = -6\mathrm{W}(\text{发出})$$

$$P_{2\mathrm{A}} = -2U = -2 \times 12 = -24\mathrm{W}(\text{发出})$$

练习题

1-5　求图 1-40 所示电路中两个电源的功率。

1-6　求图 1-41 所示电路中两个电压源的功率。

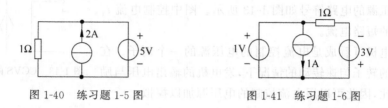

图 1-40　练习题 1-5 图　　　　　　图 1-41　练习题 1-6 图

1.8　受控电源

在电路中存在某条支路的电压或电流受另外一条支路的电压或电流影响（控制）的情况。例如当晶体三极管工作于放大区时，集电极电流的大小受基极电流的控制。基极电流称为控制量，集电极电流称为被控制量。现代电路特别是电子电路中大量存在着类似的情况。为了模拟这样的现象，人们提出了一类称为"受控电源"的电路元件，这是一种将控制量和被控制量之间的关系加以理想化以后的具有两条支路或四个端子的理想元件，其中一条是控制量所在的控制支路，也称为受控源的输入支路，另一条是被控制量所在的受控支路，也称为受控源的输出支路。控制量（输入量）可以是电压，也可以是电流；同样，被控制量（输出量）既可以是电压，亦可以是电流。这样，按照输入量和输出量的组合关系分类，共有四种形式的受控电源。为区别于独立电源，受控电源的输出支路用菱形符号表示。受控电源通常简称为受控源。

当受控源的控制量和被控制量之间为线性关系时，称为线性受控源，否则称为非线性受控源。本书只讨论线性受控源。

1.8.1　四种形式的受控电源

1. 电流控制的电流源（CCCS）

这种受控源的控制量为电流，被控制量也为电流。若控制电流用 i_1 表示，被控制电流用 i_2 表示，则两者间的关系式为

$$i_2 = \alpha i_1$$

式中，$\alpha = i_2/i_1$，是一无量纲的常数，称为转移电流比或电流增益。电流控制的电流源的电路符号如图 1-42 所示。图中控制电流 i_1 为输入端口的短路电流。

工作在放大区的晶体三极管的集电极电流（输出电流）正比于基极电流（输入电流），可以用电流控制的电流源来模拟这一器件。

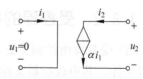

图 1-42　CCCS 的电路符号

2. 电流控制的电压源(CCVS)

这种受控源的控制量是电流,被控量是电压。若控制量用 i_1 表示,被控制量用 u_2 表示,则两者间的关系式为

$$u_2 = r_m i_1$$

式中,$r_m = u_2/i_1$ 是一常数,具有电阻的量纲,称为转移电阻。电流控制电压源的电路符号如图 1-43 所示。图中控制电流 i_1 为输入端口的短路电流。

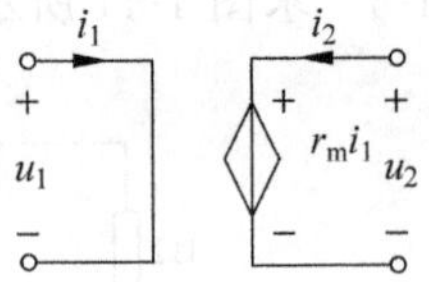

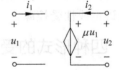

图 1-43 CCVS 的电路符号

直流发电机可看成是电流控制的电压源的一个例子。在直流发电机的转子匀速转动的情况下,发电机的输出电压与励磁电流成正比,因此可以用电流控制的电压源加以模拟。

3. 电压控制的电流源(VCCS)

这种受控源的控制量是电压,被控量是电流。控制量若用 u_1 表示,被控制量用 i_2 表示,则两者之间的关系为

$$i_2 = g_m u_1$$

式中,$g_m = i_2/u_1$ 是一常数,具有电导的量纲,称为转移电导。电压控制的电流源的电路符号如图 1-44 所示。图中 u_1 为输入端口的开路电压。

当场效应管工作于线性区内时,其输出电流正比于其输入电压,可以用电压控制的电流源来模拟这一电子器件。

4. 电压控制的电压源(VCVS)

这种受控源的控制量是电压,被控量也是电压。若控制量是 u_1,被控制量为 u_2,则两者的关系为

$$u_2 = \mu u_1$$

式中,$\mu = u_2/u_1$ 是一无量纲的常数,称为转移电压比或电压增益。电压控制的电压源的电路符号如图 1-45 所示。图中 u_1 为输入端口的开路电压。

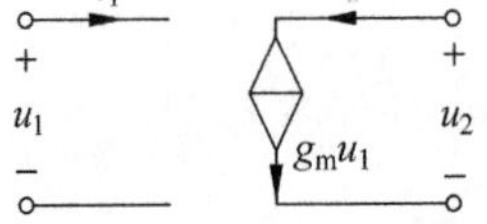

图 1-44 VCCS 的电路符号   图 1-45 VCVS 的电路符号

电压控制的电压源的一个典型实例是三极电子管,该器件的输出电压正比于输入电压,因此可用电压控制的电压源对其进行模拟。

1.8.2 受控源的相关说明

(1)受控源由控制支路和被控制支路这两条支路构成,因此它是一种四端元件或二端口元件。其中被控制支路的电量受控制支路电量的影响(控制),这种一条支路对另一条支路产生影响或者双方相互影响的情况(现象)称为"耦合"。因此受控源也是一种耦合元件。

(2)因受控源的输出只受一个输入变量的控制,所以为了体现这一输入变量的控制作

用,将另一个输入变量置为零。所以每一受控源的控制支路或为短路(输入电压为零),或为开路(输入电流为零)。

（3）受控电源虽然称为电源,但它与独立电源有着本质的不同。独立电源是电路中能量的来源,能单独在电路中引起电压和电流。但受控源主要体现电路中的一条支路对另一条支路的控制关系,它并不能单独在电路中产生电压和电流,因此它实际上并不是电源。受控源与独立电源也有相似之处,就受控源的输出支路的特性而言,受控电流源被控制支路的电流与该支路的电压无关,受控电压源被控制支路的电压与该支路的电流无关。

（4）在电路分析中,含有受控源的电路在处理方法上常有特殊之处,需要特别予以注意。

例 1-8　图 1-46 展示了一个场效应管放大器的简化电路模型。设 $u_i = 5.4$V,场效应管的转移电导为 $g_m = 850 \times 10^{-6}$ s。

（1）求负载电阻上的输出电压 u_o;

（2）求电压传输比(电压增益)u_o / u_i。

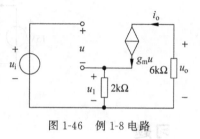

图 1-46　例 1-8 电路

解　（1）根据受控电流源的特性及欧姆定律,有

$$u_o = -6 \times 10^3 \times g_m u$$

$$= -6 \times 10^3 \times 850 \times 10^{-6} u = -5.1u$$

又由 KVL,有

$$u_i = u + u_1 = u + 2 \times 10^3 \times 850 \times 10^{-6} u = 2.7u$$

可求得

$$u = \frac{u_i}{2.7} = \frac{5.4}{2.7} = 2\text{V}$$

于是

$$u_o = -5.1u = -5.1 \times 2 = -10.2\text{V}$$

（2）电压增益为

$$\frac{u_o}{u_i} = \frac{-10.2}{5.4} = -\frac{17}{9} = -1.89$$

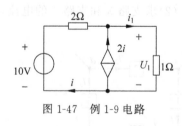

图 1-47　例 1-9 电路

例 1-9　求图 1-47 所示电路中独立电压源和受控源的功率。

解　为求独立源和受控源的功率,需先求出通过独立电压源的电流 i 和受控电流源两端的电压 U_1。

由 KCL,有

$$i_1 = i + 2i = 3i$$

又由 KVL,有

$$2i + i_1 = 10$$

即

$$2i + 3i = 10$$

于是求得

$$i = 2\text{A}$$

$$U_1 = i_1 = 3i = 6\text{V}$$

进而可求得电压源的功率为

$$P_s = -10i = -10 \times 2 = -20\text{W}$$

受控源的功率为

$$P_c = -2iU_1 = -2 \times 2 \times 6 = -24\text{W}$$

练习题

1-7 求图 1-48 所示电路中的电压 U_o 及两受控源的功率。

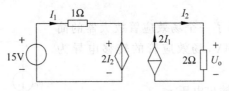

图 1-48 练习题 1-7 电路

习题

1-1 二端电路如题 1-1 图所示,求当 u、i 为下列各值时电路的功率,并说明是吸收功率还是发出功率。

(1) $u = -3\text{V}, i = -5\text{A}$

(2) $u = 3\text{V}, i = -2\text{A}$

题 1-1 图

(3) $u = 2\text{e}^{-t}\text{V}, i = 100\text{e}^{-t}\text{mA}$

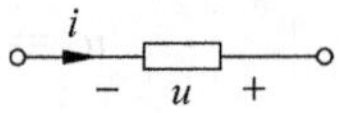

1-2 电路如题 1-2 图所示,已知 $U = -200\text{V}, I = 3\text{A}$,试分别计算二端电路 N_1 和 N_2 的功率,并说明是发出功率还是吸收功率。

1-3 题 1-3 图所示的电路为某复杂电路的一部分。已知 $I_1 = 2\text{A}, I_2 = -3\text{A}$,支路 3 发出功率 15W,支路 4 吸收功率 30W;各点电位 $\varphi_a = 10\text{V}, \varphi_b = -20\text{V}, \varphi_c = 5\text{V}, \varphi_d = -25\text{V}$。(1)求支路 1 和支路 2 的功率,并说明是吸收还是发出功率;(2)求支路 3 和支路 4 的电流,并说明各电流的真实方向。

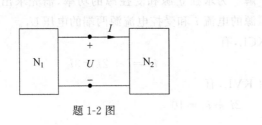

题 1-2 图

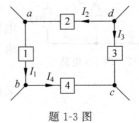

题 1-3 图

1-4 题 1-4 图所示的电路是某电路的一部分,试根据给定的电流求出尽可能多的其他支路电流。

1-5 (1)在上一题(题 1-4)中,为何根据已知条件不能求得全部的支路电流?(2)若再给出 $I_3 = 2\text{A}$,是否能求出全部的支路电流?若能,试求之。

1-6 电路如题 1-6 图所示。(1)求出各未知电压;(2)以节点③为电位参考点,求出其余各节点电位值。

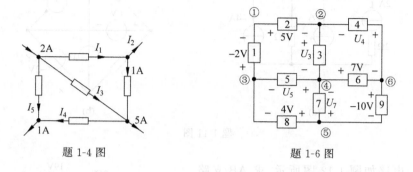

题 1-4 图   题 1-6 图

1-7 电路如题 1-7 图所示,已知 $I=2A$,$R_1=1\Omega$,$R_2=2\Omega$,$R_3=3\Omega$,于是端口电压 $U=U_1+U_2+U_3=12V$。

(1)若将电流的参考方向反向,如图中的 I',于是 $I'=-2A$,这时 $U=-12V$ 吗?为什么?

(2)若电流的参考方向不变,但改变 U_3 的参考方向,如图中的 U'_3,那么端口电压为 $U=U_1+U_2-U_3=0$,对吗?为什么?

1-8 (1)电路如题 1-8 图(a)所示,已知 R 吸收 $-8W$ 的功率,且 $i=-2A$,求电阻 R 的值;

(2)电路如题 1-8 图(b)所示,已知 R 产生 $-8W$ 的功率,且 $u=2V$,求电阻 R 的值。

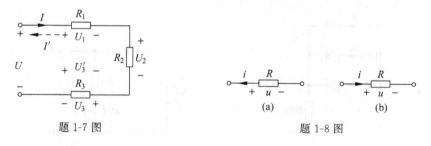

题 1-7 图   题 1-8 图

1-9 求一个电阻值为 5000Ω,功率为 $0.5W$ 的电阻在使用时所能施加的最大端电压和所能通过的最大电流各为多少。

1-10 求题 1-10 图所示各电路中各电源的功率,并说明是吸收功率还是发出功率。

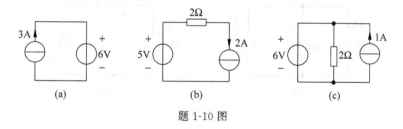

题 1-10 图

1-11 求题 1-11 图所示两电路中各电阻元件的功率及每一电路中全部元件的功率之和。

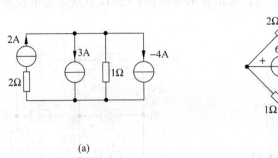

题 1-11 图

1-12　电路如题 1-12 图所示,求 AB 支路的电流 I_{AB} 及功率 P_{AB}。

1-13　题 1-13 图所示为用二极管构成的应用于数字电路的一种门电路。试求下面三组情况下的 Q 点电位值及电流 I、I_A、I_B、I_C。

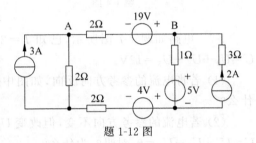

题 1-12 图

(1) A 点的电位值为 $+3V$,B、C 两点的电位值均为 0V;

(2) A、B、C 三点的电位值分别为 $\varphi_A = -5V$,$\varphi_B = 0V$,$\varphi_C = -3V$;

(3) A、B、C 三点的电位值分别为 $\varphi_A = 0$,$\varphi_B = \varphi_C = 5V$。

1-14　试求题 1-14 图所示含理想二极管电路的端口电压 u_{AB}。

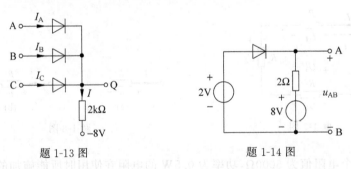

题 1-13 图　　　　　　　　　题 1-14 图

1-15　求题 1-15 图所示两电路中的电压 U_1 及受控电源的功率。

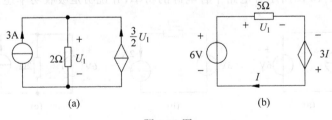

题 1-15 图

1-16　求题 1-16 图所示电路中两个独立电源的功率。

1-17　计算题 1-17 图所示电路中的电压 U_1、U_2 和 U_3。

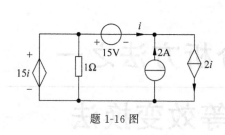

题 1-16 图

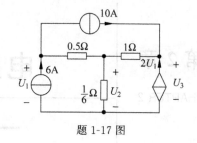

题 1-17 图

1-18　求题 1-18 图所示电路中的电阻 R 的值。

1-19　计算题 1-19 图所示电路中各电源的功率。

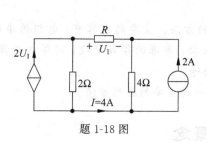

题 1-18 图

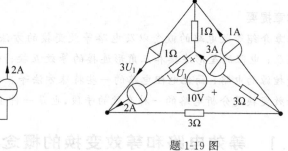

题 1-19 图

第2章
CHAPTER 2

电路分析方法之一
——等效变换法

本章提要

本章介绍等效电路的概念以及电路等效变换的方法。主要的内容有：电阻的串联、并联和混联；电阻的星形连接和三角形连接的等效互换；电源的等效变换；用等效变换法分析含受控源的电路；简化电阻电路的一些特殊方法等。

等效变换是分析电路的一种有效的手段，也是一种重要的思想方法。

2.1 等效电路和等效变换的概念

在电路理论中，等效电路是一个重要的概念，等效变换是一种常用的电路分析方法。等效变换既可针对二端电路，也可应用于多端电路。本节主要讨论二端电路的等效变换，同时也涉及三端电路的等效变换。

2.1.1 二端电路及端口的概念

如果一个电路只有两个引出端钮（端子）与外部电路相连，如图 2-1 所示，则称为二端电路。

根据 KCL，流入二端电路一个端钮的电流必定等于流出另一端钮的电流。这样的两个端钮就构成了一个所谓的"端口"，因此二端电路也称为单口电路。二端电路的两个端钮间的电压 $u(t)$ 和流经端钮的电流 $i(t)$ 分别称为端口电压和端口电流，它们之间的关系式 $u=f(i)$ 或 $i=f(u)$ 称为端口伏安关系式或端口特性。

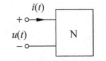

图 2-1 二端电路（单口电路）

一般情况下，人们总能根据需要将网络的一部分抽取出来作为一个二端电路加以分析研究，这个二端电路结构的复杂程度可以有很大的差异。最简单的二端电路是一个任意的二端元件，例如是一个电阻元件或是一个电压源。在许多情况下，人们感兴趣的是二端电路的端口特性以及它对其所连接的外部电路的影响，而并不关心它的内部情况。这样，可将二端电路的内部视为一个所谓的"黑匣子"。

端口的概念也可推广至多端电路。对具有多个引出端钮的电路而言，并非任意一对端钮都能称作一个端口。仅当满足在任意时刻都有进出两个端钮的电流相等这一条件时，这一对端钮才构成一个端口。

2.1.2 等效电路

若有两个二端电路 N_1 和 N_2,无论两者内部的结构怎样不同,只要它们的端口伏安关系(端口特性)完全相同,此时两者对同一任意外部电路的影响效果完全相同,则称 N_1 和 N_2 是等效的。于是称 N_1 是 N_2 的等效电路,反之亦然。这一"等效"定义还可推广至多端电路,即对两个多端电路而言,只要它们对应的每一对端钮的伏安关系式相同,便称两个电路是等效的。

"等效"的核心在于两个电路对外效果的一致,即它们对任意外部电路的影响完全相同,而不问两者之间内部结构的差异。按定义,若 N_1 和 N_2 等效,便表明当 N_1 和 N_2 分别和相同的任意外部电路相接时,两者端口上的电压、电流是完全相同的,如图 2-2 所示。应注意,"任意外部电路"中的"任意"二字是关键,即"两个电

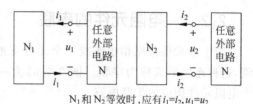

N_1 和 N_2 等效时,应有 $i_1=i_2$,$u_1=u_2$

图 2-2 N_1 和 N_2 等效的说明

路对外电路的效果一致"不能有例外。倘有例外,便不能算作等效。例如设 N_1 为一个 1A 的电流源,其端口特性为 $i_1=1A$;N_2 为一个 1V 的电压源,其端口特性为 $u_2=1V$,显然两者不等效。但它们和某些外部电路相接时,会出现两个端口上电压和电流相等的情况,但这并不能说明 N_1 和 N_2 是等效的,如图 2-3 所示。

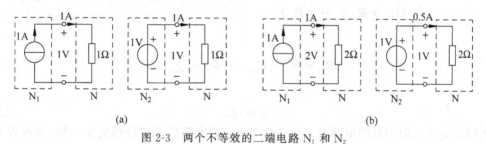

(a)   (b)

图 2-3 两个不等效的二端电路 N_1 和 N_2

2.1.3 等效变换

将一个网络(电路)用一个与之等效的网络(电路)代替,称为等效变换。

应注意,一个电路的等效电路不止一个,通常有任意多个。例如一个由两个 3Ω 电阻串联而成的电路,其等效电路可以是一个 6Ω 电阻的电路,也可以是三个 2Ω 电阻串联的电路等,如图 2-4 所示。

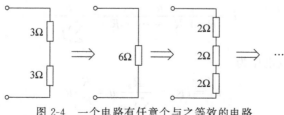

图 2-4 一个电路有任意个与之等效的电路

通常所说的等效变换是指将一个电路用一个最简单的等效电路来替代。如前述两个 3Ω 电阻串联的电路,其最简单的等效电路为一个 6Ω 的电阻。

2.2 电阻元件的串联和并联

串联、并联电路被称为简单电路。对线性简单电阻电路的分析,主要考虑两个方面的问题:

(1) 求电路端口的等值参数,即求等效电路的参数 R_{eq}。

(2) 各元件上电压、电流的分配关系。

2.2.1 电阻元件的串联

若干个元件首尾相接连成一个无分支的二端电路,若通以电流,各元件将通过同一电流,这种连接形式称为串联。图 2-5(a)为一个由 n 个电阻元件构成的串联电路。

1. 串联电阻电路的等效电阻 R_{eq}

对图 2-5(a)所示的串联电路应用 KVL,有

$$u = u_1 + u_2 + \cdots + u_n$$

根据 KCL,各电阻通过同一电流。将电阻元件的特性方程代入上式,有

$$u = iR_1 + iR_2 + \cdots + iR_n$$
$$= i(R_1 + R_2 + \cdots + R_n)$$

令

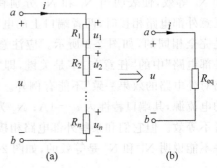

图 2-5 电阻元件的串联

$$R_{eq} = R_1 + R_2 + \cdots R_n = \sum_{k=1}^{n} R_k \tag{2-1}$$

则

$$u = iR_{eq} \tag{2-2}$$

这表明此 n 个电阻串联的电路和一个参数为 R_{eq} 的电阻的端口特性完全一样,即两者互为等效电路,因此可用后者代替前者,如图 2-5(b)所示。参数 R_{eq} 称为串联电阻电路的等效电阻,也称为 ab 端口的入端电阻。由式(2-2),有

$$R_{eq} = u/i \tag{2-3}$$

即等效电阻为端口电压和端口电流之比。

结论:串联电阻电路的等效电阻等于各串联电阻之和。

2. 串联电阻的分压公式

图 2-5 所示串联电路中的电流为

$$i = \frac{u}{R_1 + R_2 + \cdots + R_n} = \frac{u}{\sum\limits_{k=1}^{n} R_k}$$

则第 k 个电阻 R_k 上的电压为

$$u_k = iR_k = \frac{R_k}{\sum\limits_{k=1}^{n} R_k} u = \frac{R_k}{R_{eq}} u \tag{2-4}$$

式(2-4)称为串联电阻的分压公式。因此有如下结论：串联电阻电路中任一电阻上的电压等于该电阻与等效电阻的比值乘以端口电压。显然电阻值越大的电阻分配到的电压值越高。

例2-1 电路如图2-6所示，已知$U = 12\text{V}$，$R_1 = 2\Omega$，$R_2 = 4\Omega$。

(1) 求U_1和U_2；

(2) 在U和R_1不变的情况下，若使$U_1 = 3\text{V}$，求R_2的值。

解 (1) 由分压公式，有

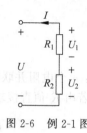

图2-6 例2-1图

$$U_1 = \frac{R_1}{R_1 + R_2}U = \frac{2}{2+4} \times 12 = 4\text{V}$$

$$U_2 = \frac{R_2}{R_1 + R_2}U = \frac{4}{2+4} \times 12 = 8\text{V}$$

或由KVL，有

$$U_2 = U - U_1 = 12 - 4 = 8\text{V}$$

(2) 由欧姆定律，有

$$R_2 = -\frac{U_2}{I}$$

应注意此时R_2上的电压、电流为非关联参考方向，故上式中有一负号。

$$U_2 = U - U_1 = 12 - 3 = 9\text{V}$$

I也是R_1中流过的电流，故

$$I = \frac{-U_1}{R_1} = -1.5\text{A}$$

$$R_2 = -\frac{U_2}{I} = -\frac{9}{-1.5} = 6\Omega$$

2.2.2 电阻元件的并联

若干个元件的首尾两端分别连在一起构成一个二端电路，若在端口施加电压，则每一元件承受同一电压，这种连接方式称为并联。

1. 并联电阻电路的等效电导G_{eq}和等效电阻R_{eq}

图2-7(a)所示为n个电阻元件的并联。应用KCL，有

$$i = i_1 + i_2 + \cdots + i_n$$

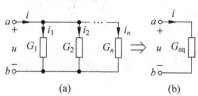

图2-7 电阻元件的并联

根据KVL，各电阻承受同一电压。将电阻元件的特性方程代入上式，有

$$i = G_1 u + G_2 u + \cdots + G_n u = (G_1 + G_2 + \cdots + G_n)u$$

令

$$G_{eq} = G_1 + G_2 + \cdots + G_n = \sum_{k=1}^{n} G_k \tag{2-5}$$

则

$$i = G_{eq}u$$

这表明n个电阻并联的电路与一个参数为G_{eq}的电阻的端口特性完全一样，因此可用后者代替前者，如图2-7(b)所示。参数G_{eq}称为并联电路的等效电导。因电导和电阻互为倒数关系，则式(2-5)可写为

$$\frac{1}{R_{eq}} = \sum_{k=1}^{n} \frac{1}{R_k} \tag{2-6}$$

其中

$$\left.\begin{array}{c} R_{eq} = 1/G_{eq} \\ R_k = 1/G_k \end{array}\right\}$$

结论：n 个电阻并联时，其端口等效电导为各并联电导之和。

若由 R 值直接求等效电阻 R_{eq}，则有

$$R_{eq} = \frac{R_1 R_2 \cdots R_n}{R_2 R_3 \cdots R_n + R_1 R_3 \cdots R_n + \cdots + R_1 R_2 \cdots R_{n-1}} \tag{2-7}$$

式中，分子为 n 个电阻的乘积，分母共有 n 项，每项为 $n-1$ 个电阻的乘积。特别当两个电阻并联时，有

$$R_{eq} = \frac{R_1 R_2}{R_1 + R_2} \tag{2-8}$$

式(2-8)是一个常用的公式。

当 n 个并联电阻的参数相等且均为 R 时，有

$$R_{eq} = \frac{1}{n} R$$

一般而言，n 个电阻并联之等效电阻值总小于 n 个电阻中最小的电阻值，即

$$R_{eq} < R_{min}$$

2. 并联电阻的分流公式

在并联电路中，每一支路两端的电压相同。图 2-8 所示电路中的电压为

$$u = \frac{i}{G_1 + G_2 + \cdots + G_n} = \frac{i}{\sum\limits_{k=1}^{n} G_k}$$

则 G_k 中的电流为

$$i_k = G_k u = \frac{G_k}{\sum\limits_{k=1}^{n} G_k} i = \frac{G_k}{G_{eq}} i \tag{2-9}$$

式(2-9)称为并联电阻的分流公式。因此有如下的结论：在并联电阻电路中，任一电阻中的电流等于该电阻的电导值与等效电导的比值乘以端口电流。显然，电导值越大(即电阻值越小)，电阻通过的电流就越大。

若用电阻值而不是用电导值时，分流公式为

$$i_k = \frac{R_{eq}}{R_k} i \tag{2-10}$$

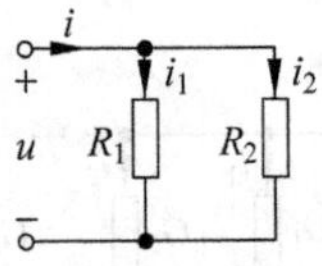

图 2-8　两电阻的并联电路

对图 2-8 所示两电阻的并联电路，分流公式为

$$i_1 = \frac{R_{eq}}{R_1} i = \frac{R_2}{R_1 + R_2} i$$

$$i_2 = \frac{R_{eq}}{R_2} i = \frac{R_1}{R_1 + R_2} i$$

这两个式子也是常用的公式。

在实际中，可用符号 // 表示元件的并联关系。如电阻 R_1 和 R_2 并联，可记为 $R_1 // R_2$。

练习题

2-1 有人将额定电压为 110V、功率分别为 40W 和 100W 的两只灯泡串联后接到 220V 的电源上作应急照明用，这样做可行吗？为什么？

2-2 在图 2-9 所示的电路中，已知电导值为 0.5S 的电阻消耗的功率为 32W，求电流 i_1, i_2, i_3, i 及三个电阻消耗的总功率。

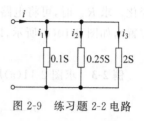

图 2-9 练习题 2-2 电路

2.3 电阻元件的混联

电路中既有串联亦有并联的连接方式称为混联。

2.3.1 混联电阻电路的等效电阻

对于指定的端口而言，电阻元件混联的电路也等效于一个电阻元件。计算混联电路等效电阻的基本方法，是根据各电阻间的相互连接关系（即是串联还是并联关系），交替运用串、并联等效电阻的计算公式求得指定端口的等效电阻。

例 2-2 求图 2-10(a) 所示电路的等效电阻 R_{ab} 和 R_{ac}。

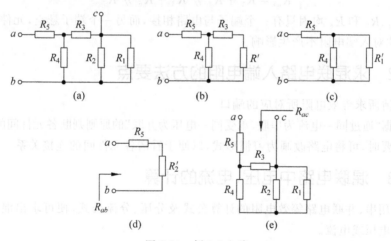

图 2-10 例 2-2 电路

$$R' = R_1 /\!/ R_2;\ R_1' = R_3 + R';\ R_2' = R_4 /\!/ R_1'$$

解 应特别注意，等效电阻都是针对一定的端口而言的，因此在求等效电阻之前，必须明确所指定的端口。

(1) 求 R_{ab}。R_{ab} 是指从 ab 端口看进去的等效电阻。判断元件间的连接关系可根据"通过同一电流为串联，承受同一电压为并联"的基本原则来进行。每当看清某几个元件间的连接关系后，就将它们用一个等效的电阻替代，具体步骤见图 2-10(b)～(d)所示。于是可求得

$$R_{ab} = R_5 + R'_2 = R_5 + R_4 /\!/ R'_1$$
$$= R_5 + R_4 /\!/ (R_3 + R') = R_5 + R_4 /\!/ [R_3 + (R_1 /\!/ R_2)]$$

（2）求 R_{ac}。此时指定的是 ac 端口。一般而言，端口变化，各元件间的连接关系亦随之变化。求 R_{ac} 时，可将电路重画为较习惯的形式（将构成端口的端钮放在一起并置于平行的位置），如图 2-10(e)所示，以便于看清各元件间的连接关系，于是求得

$$R_{ac} = R_5 + R_3 /\!/ [R_4 + (R_1 /\!/ R_2)]$$

例 2-3 求图 2-11(a)所示电路的入端电阻 R_{ab}。

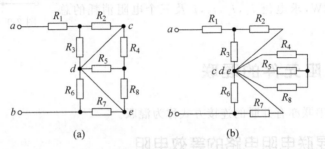

图 2-11 例 2-3 图

解 此例不像例 2-2 那样易于看清各元件间的连接关系，原因是电路中有两根短路线。为清晰起见，将每一短路线所连接的两节点合并为一个节点，如图 2-11(b)所示。由图可见，原电路中的 c、d、e 三点变成为一点。由此可看清各电阻间的连接关系。可求得

$$R_{ab} = R_1 + R_2 /\!/ R_3 + R_6 /\!/ R_7$$

电阻 R_4、R_5 和 R_8 均因只有一个端子与电路相接，而另一个端子悬空，元件中不会有电流通过，因此对入端电阻不产生影响。

2.3.2 求混联电路入端电阻的方法要点

（1）弄清所求等效电阻所对应的端口。

（2）根据"通过同一电流为串联，承受同一电压为并联"的原则判断各元件间的连接关系。

（3）必要时，可将电路改画为习惯形式，以便于看清各元件间的连接关系。

2.3.3 混联电路中电压、电流的计算

交替运用串、并联电路等效电阻的计算公式及分压、分流公式，便可求出混联电路中待求支路上的电压或电流。

例 2-4 求图 2-12(a)所示电路中的电流 I 和 I_6。已知 $U_s = 10\text{V}$，$R = 3\Omega$，$R_1 = 3\Omega$，$R_2 = 2\Omega$，$R_3 = 8\Omega$，$R_4 = 6\Omega$，$R_5 = 6\Omega$，$R_6 = 3\Omega$。

解 用两种方法求解。将电路中联有电源的一侧称为电路的前部，另一侧称为后部。

方法一："由前向后"法

此法的特点是先对电路作等效变换，求出电路前部（ab 端口）的电流，然后依次向后部算出各支路的电流。具体做法如下：

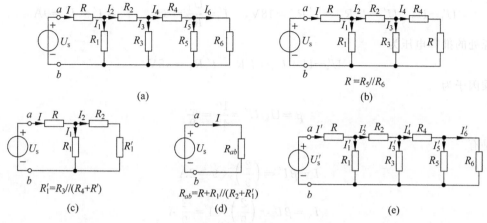

图 2-12　例 2-4 图

（1）求出等效电阻 R_{ab}，步骤见图 2-12（b）~（d），可得

$$R_{ab} = [(R_5 /\!/ R_6 + R_4) /\!/ R_3 + R_2] /\!/ R_1 + R = 5\Omega$$

（2）求出 ab 端口的电流后，由前向后算出各支路的电流。这一过程实际上是将简化后的电路逐步还原的过程。计算用图的顺序是图 2-12（d）~（a）。由图 2-12（d），得

$$I = \frac{U_s}{R_{ab}} = \frac{10}{5} = 2\text{A}$$

由图 2-12（c），有

$$I_2 = \frac{R_1}{R_1 + (R_2 + R_1')} I = \frac{3}{3 + (2 + 4)} \times 2 = \frac{2}{3}\text{A}$$

由图 2-12（b），有

$$I_4 = \frac{R_3}{R_3 + (R_4 + R')} I_2 = \frac{8}{8 + (6 + 2)} \times \frac{2}{3} = \frac{1}{3}\text{A}$$

由图 2-12（a），有

$$I_5 = \frac{R_5}{R_5 + R_6} I_4 = \frac{6}{6 + 3} \times \frac{1}{3} = \frac{2}{9}\text{A}$$

即所求为

$$I = 2\text{A}, \quad I_6 = \frac{2}{9}\text{A}$$

方法二："由后向前"法

此法的特点是不需对电路作任何简化，直接对原电路进行计算。具体做法是先假定电路后部任一支路的电流为任一数值，然后据此向电路前部推算至电源处。若设推算至电源处所得电压为 U_s'，而电源真实电压为 U_s，则称 $\beta = U_s/U_s'$ 为倍乘因子。将各支路电压、电流的推算值乘以 β 便得各电压、电流的真实值。根据图 2-12（e），具体计算如下：

设 $I_6 = 1\text{A}$（为任意数值均可），则

$$U_6' = I_6' R_6 = 3\text{V}, \quad I_5' = \frac{U_5'}{R_5} = \frac{U_6'}{R_5} = \frac{1}{2}\text{A}, I_4' = I_5' + I_6' = \frac{3}{2}\text{A}$$

$$U_3' = U_4' + U_5' = I_4' R_4 + I_5' R_5 = 12\text{V}, \quad I_3' = \frac{U_3'}{R_3} = \frac{3}{2}\text{A}, \quad I_2' = I_3' + I_4' = 3\text{A}$$

$$U'_1=U'_2+U'_3=I'_2R_2+I'_3R_6=18\text{V}, \quad I'_1=\frac{U'_1}{R_1}=6\text{A}, \quad I'=I'_1+I'_2=9\text{A}$$

电源处的推算电压为

$$U'_s=U+U'_1=I'R+I'_1R_1=45\text{V}$$

倍乘因子为

$$\beta=U_s/U'_s=\frac{10}{45}=\frac{2}{9}$$

于是有

$$I=\beta I'=\left(\frac{2}{9}\right)\times 9=2\text{A}$$

$$I_6=\beta I'_6=\left(\frac{2}{9}\right)\times 1=\frac{2}{9}\text{A}$$

推算值乘以 β 实际上是利用了线性电路的线性特性(齐次性),即激励增加 β 倍,响应亦相应增加 β 倍。这一性质在电路分析中经常用到。

在计算的过程中,应注意在电路图中给出计算中涉及的各支路电压或电流的参考方向。

练习题

2-3 求图 2-13 所示电路的入端等效电阻 R_{ab}。

2-4 求图 2-14 所示电路中电流源 I_s 的值。

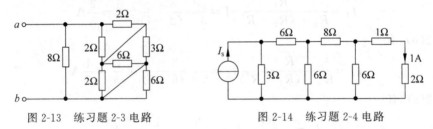

图 2-13　练习题 2-3 电路　　　　图 2-14　练习题 2-4 电路

2.4　线性电阻的丫形连接和△形连接的等效变换

2.4.1　元件的丫形连接和△形连接

在许多电路中可以见到丫形连接和△形连接这两种结构形式。将三个元件(或支路)的一端连在一起形成一个公共点,而将元件(或支路)的另一端分别引出连向外部电路,就形成了元件(或支路)的丫形(星形)连接,也称为星形电路。图 2-15(a)是由三个电阻元件构成的丫形电路。将三个元件(或支路)的首尾端依次相连,从两个元件(或支路)的连接处分别引出端子连向外部,就构成了元件(或支路)的△形(三角形)连接,也称为三角形连接。图 2-15(b)是由三个电阻元件构成的△形电路。在图 2-16 所示的所谓电桥电路中就同时存在着这两种结构形式。如 r_1、r_2、r_3 为丫形连接,而 r_1、r_3、r_4 为△形连接;同样地,r_3、r_4、r_5 为丫形连接,而 r_2、r_3、r_5 为△形连接。

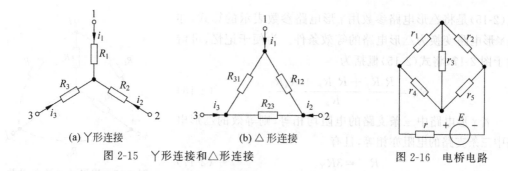

(a) Y形连接　　　　　　　(b) △形连接

图 2-15　Y形连接和△形连接　　　　　　图 2-16　电桥电路

2.4.2　电阻电路的Y-△等效变换

Y形电路和△形电路均是三端电路,一般可对这两种电路施行等效变换,例如将Y形电路等效变换为△形电路,或者反之。下面讨论电阻电路Y-△等效变换的条件。

1. Y→△变换

根据等效电路的定义,两个三端网络等效的条件是它们的端部特性(外特性)应当完全相同。对图 2-15 所示的Y形电路和△形电路,写出它们端部的 KCL 和 KVL 方程均为

$$\left.\begin{array}{l} i_1 + i_2 + i_3 = 0 \\ u_{12} + u_{23} + u_{31} = 0 \end{array}\right\} \tag{2-11}$$

由此可见,端部的三个电流变量和三个电压变量都只有两个是独立的,因此每一电路的三个端部特性(端部电压和电流的关系)方程只需写出其中的两个便可。

对图 2-15(a)所示的Y形电路,其端部特性方程为

$$\left.\begin{array}{l} u_{12} = R_1 i_1 - R_2 i_2 \\ u_{23} = R_2 i_2 - R_3 i_3 \end{array}\right\} \tag{2-12}$$

对图 2-15(b)所示的△形电路,其端部特性方程为

$$i_1 = \frac{u_{12}}{R_{12}} - \frac{u_{31}}{R_{31}}$$

$$i_2 = \frac{u_{23}}{R_{23}} - \frac{u_{12}}{R_{12}} \tag{2-13}$$

联立式(2-11)和式(2-12),解出电流 i_1 和 i_2:

$$\left.\begin{array}{l} i_1 = \dfrac{R_3}{R_1 R_2 + R_2 R_3 + R_3 R_1} u_{12} - \dfrac{R_2}{R_1 R_2 + R_2 R_3 + R_3 R_1} u_{31} \\[3mm] i_2 = \dfrac{R_1}{R_1 R_2 + R_2 R_3 + R_3 R_1} u_{23} - \dfrac{R_3}{R_1 R_2 + R_2 R_3 + R_3 R_1} u_{12} \end{array}\right\} \tag{2-14}$$

式(2-14)是Y形电路端部特性的另一种形式。若要Y形电路和△形电路等效,则两者的端部特性须完全一致,即式(2-13)和式(2-14)相同。比较这两式可得

$$\left.\begin{array}{l} R_{12} = \dfrac{R_1 R_2 + R_2 R_3 + R_3 R_1}{R_3} \\[3mm] R_{23} = \dfrac{R_1 R_2 + R_2 R_3 + R_3 R_1}{R_1} \\[3mm] R_{31} = \dfrac{R_1 R_2 + R_2 R_3 + R_3 R_1}{R_2} \end{array}\right\} \tag{2-15}$$

式(2-15)是将△形电路参数用丫形电路参数表示的算式,亦是丫形电路变换为△形电路的等效条件。为便于记忆,可借助于图 2-17,将式(2-15)概括为

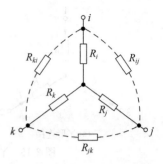

$$R_{ij} = \frac{R_i R_j + R_j R_k + R_k R_i}{R_k} \qquad (2\text{-}16)$$

若丫形电路中三条支路的电阻均相等,则等效的△形电路中三条支路的电阻亦相等,且有

$$R_\triangle = 3R_\curlyvee \qquad (2\text{-}17)$$

当丫形或△形电路中三条支路上的电阻相等时,也称该电路是对称的。

图 2-17　记忆丫-△变换参数计算公式用图

2. △→丫变换

与前述过程相似,为得到将△形电路变换为丫形电路的等效条件,将式(2-11)和式(2-13)联立,解出电压 u_{12} 和 u_{23}:

$$\left.\begin{array}{l} u_{12} = \dfrac{R_{12}R_{31}}{R_{12}+R_{23}+R_{31}} i_1 - \dfrac{R_{12}R_{23}}{R_{12}+R_{23}+R_{31}} i_2 \\[4mm] u_{23} = \dfrac{R_{12}R_{23}}{R_{12}+R_{23}+R_{31}} i_2 - \dfrac{R_{23}R_{31}}{R_{12}+R_{23}+R_{31}} i_3 \end{array}\right\} \qquad (2\text{-}18)$$

与式(2-12)作系数比较,可得

$$\left.\begin{array}{l} R_1 = \dfrac{R_{12}R_{31}}{R_{12}+R_{23}+R_{31}} \\[4mm] R_2 = \dfrac{R_{12}R_{23}}{R_{12}+R_{23}+R_{31}} \\[4mm] R_3 = \dfrac{R_{23}R_{31}}{R_{12}+R_{23}+R_{31}} \end{array}\right\} \qquad (2\text{-}19)$$

式(2-19)是将△形电路等效变换为丫形电路的参数计算式。当电路为对称时,有

$$R_\curlyvee = \frac{1}{3} R_\triangle$$

为便于记忆,借助于图 2-17,式(2-19)可概括为

$$R_i = \frac{R_{ij}R_{ki}}{R_{ij}+R_{jk}+R_{ki}} \qquad (2\text{-}20)$$

例 2-5　求图 2-18(a)所示电路中的电流 I。

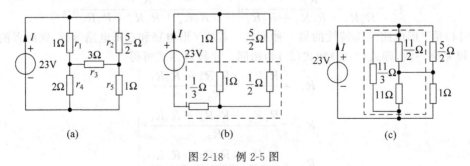

图 2-18　例 2-5 图

解　这是一非串、并联的电桥电路,可利用丫-△变换将它变换为串、并联电路。有两种解法。

解法一:进行△→丫变换

r_3、r_4 和 r_5 构成△形电路,将它变换为丫形电路如图 2-18(b)中虚线框所示。图 2-18(b)为一混联电路,求得

$$I = \frac{23}{\dfrac{1}{3} + \dfrac{2 \times 3}{2 + 3}} = \frac{23}{\dfrac{23}{15}} = 15\text{A}$$

当然,亦可将 r_1、r_2 和 r_3 构成的△形电路化为等效的丫形电路进行计算。

解法二:进行丫→△变换

r_1、r_3 和 r_4 构成丫形电路,将它等效为△形电路如图 2-18(c)中虚线框所示。图 2-18(c)亦为一混联电路,可求得

$$I = \frac{23}{\dfrac{11}{3} \,/\!/\, \left(11 \,/\!/\, 1 + \dfrac{5}{2} \,/\!/\, \dfrac{11}{2}\right)} = \frac{23}{\dfrac{23}{15}} = 15\text{A}$$

练习题

2-5　求图 2-19 所示电路的入端电阻 R_{in}。

2-6　用丫-△变换法求图 2-20 所示电路中电压源的功率。

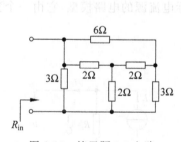

图 2-19　练习题 2-5 电路

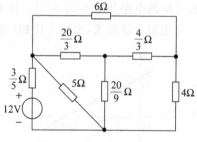

图 2-20　练习题 2-6 电路

2.5　电源的等效变换

2.5.1　实际电源的电路模型

独立(理想)电压源和电流源的输出不受它所连接的外电路的影响,但实际电源(如发电机、电池)的输出却是随着外部电路的变化而改变。为了研究实际的情况,必须建立实际电源的电路模型。

1. 实际电压源的电路模型

实际电压源的输出电压会随输出电流的增加而减小,其端口特性如图 2-21 所示,即特性曲线不是一条平行于电流轴的直线。这一端口特性的方程为

$$u = E_s - R_e i \tag{2-21}$$

与此方程对应的电路如图 2-22 所示,这一电路就是实际直流电压源的电路模型,它由一个独立电压源和一个电阻串联而成,也称为戴维宁(等效)电路。

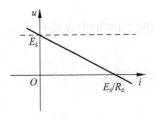

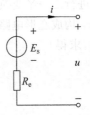

图 2-21　实际电压源的端口特性曲线　　　　图 2-22　实际电压源的电路模型

2. 实际电压源电路模型的说明

(1) 实际电压源的端电压随端口电流而变化,当端口电流为零时(即端口开路),有 $u = E_s$。因此把电压源的电压 E_s 称为开路电压。

(2) 电路模型中的电阻 R_e 是端口特性曲线的斜率。R_e 称为实际电压源的内(电)阻。可以看出,R_e 越小,特性曲线越接近一条平行于 i 轴的直线。当 $R_e = 0$ 时,实际电压源的输出电压为 E_s,成为一个理想电压源。对实际电压源而言,内阻越小越好。

3. 实际电流源的电路模型

实际电流源的输出电流将随输出电压的增加而减小,其端口特性如图 2-23 所示,即特性曲线不是一条平行于电压轴的直线。这一端口特性的方程为

$$i = I_s - G_i u \tag{2-22}$$

与此方程对应的电路如图 2-24 所示。该电路就是实际电流源的电路模型,它由一个独立电流源和一个电阻并联而成,也称为诺顿(等效)电路。

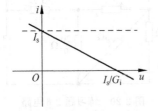

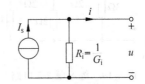

图 2-23　实际电流源的端口特性曲线　　　　图 2-24　实际电流源的电路模型

4. 实际电流源电路模型的说明

(1) 实际电流源的端口电流随端口电压而变化,当端口电压为零时(即端口短路),有 $i = I_s$。因此将理想电流源的电流 I_s 称为短路电流。

(2) 电路模型中电阻的电导为端口特性曲线的斜率,若用电阻参数表示,则 $R_i = 1/G_i$,R_i 称为实际电流源的内(电)阻。可以看出,R_i 越大,特性曲线越接近一条平行于 u 轴的直线。当 $R_i = \infty$ 时,实际电流源的输出电流为 I_s 而成为一个理想电流源。对实际电流源而言,内阻越大越好。

2.5.2　实际电源的两种电路模型的等效变换

作为实际电源电路模型的戴维宁电路和诺顿电路具有不同的结构,它们是否可以作为

同一实际电源的电路模型呢？答案是肯定的。

1. 戴维宁电路和诺顿电路等效变换的条件

如果戴维宁电路和诺顿电路可模拟同一实际电源，就意味着它们互为等效电路。根据等效电路的概念，两者应对任意相同的外部电路的作用效果相同，或者说它们应有完全相同的端口特性。由图2-22所示的戴维宁电路，它的端口特性为

$$u = E_s - R_e i$$

或

$$i = \frac{E_s}{R_e} - \frac{u}{R_e}$$

图2-24所示的诺顿电路的端口特性为

$$i = I_s - \frac{u}{R_i}$$

或

$$u = R_i I_s - R_i i$$

比较上述两个电路的端口特性方程，可知当戴维宁电路和诺顿电路互为等效电路时，电路的参数应满足下面的关系式：

$$\left. \begin{array}{l} I_s = \dfrac{E_s}{R_e} \\ R_i = R_e \end{array} \right\} \tag{2-23}$$

和

$$\left. \begin{array}{l} E_s = R_i I_s \\ R_e = R_i \end{array} \right\} \tag{2-24}$$

将戴维宁电路等效为诺顿电路时用式(2-23)，将诺顿电路等效为戴维宁电路时用式(2-24)。这两种等效变换示于图2-25中。

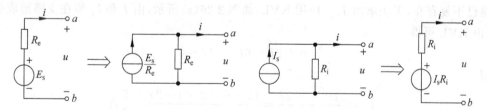

(a) 戴维宁电路等效为诺顿电路　　　　　　(b) 诺顿电路等效为戴维宁电路

图2-25　戴维宁电路和诺顿电路的等效变换

2. 戴维宁电路和诺顿电路等效变换的说明

(1) 两种电路的内阻连接方式不同。戴维宁电路中电压源与内阻串联，而诺顿电路中电流源与内阻并联。

(2) 需注意等效变换时电压源的电压正、负极性和电流源的电流正向的首、末端相对应，即电流源的电流正向为电压源的电压极性由负到正的方向。

(3) 这种变换的"等效"是对电路端口的外特性而言的，对电路内部来说，这种变换并非是等效的。如当戴维宁电路端口开路时，因流过内阻的电流为零，其内部损耗也为零；当诺

顿电路端口开路时,流过内阻的电流不为零,其内部存在损耗。

(4) 在求解电路时,可根据需要,应用这两种电路等效变换的方法,将戴维宁电路转换为诺顿电路,或反之。

例 2-6 求图 2-26(a)所示电路中的电流 I 和 I_1。

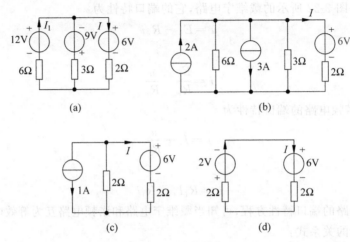

图 2-26 例 2-6 图

解 (1) 先求 I。这是一个由三条戴维宁支路并联而成的电路。为求 I,应将 I 所在支路予以保留,将另外两条戴维宁支路用一条戴维宁支路等效,变换过程如图 2-26(b)～(d)所示。这样,原电路变为一串联电路,应用 KVL,有

$$6 + (2+2)I + 2 = 0$$

$$I = \frac{-2-6}{4} = -2A$$

(2) 求 I_1。在求得 I 后,必须回到原电路求 I_1,这是因为等效变换后的电路中,I_1 所在支路已不复存在,无法求出 I_1。应用 KVL,如图 2-26(a)所示,由 I 和 I_1 所在支路形成的回路,由 KVL 可得

$$6 + 2I + 6I_1 - 12 = 0$$

求得

$$I_1 = \frac{12 - 6 - 2I}{6} = \frac{12 - 6 - 2 \times (-2)}{6} = \frac{5}{3}A$$

应用等效变换的方法求解电路时,需注意如下两点:

(1) 应注意区分电路的变换部分和非变换部分。一般地讲,应把感兴趣的支路(即需求解的支路或待求量所在的支路)置于非变换部分,将非求解部分尽可能地加以变换,用等效电路代替。

(2) 若需求解的支路已被变换,则应返回该支路未被变换时的电路,进而求出这一支路中的电压或电流。

2.5.3 任意支路与理想电源连接时的等效电路

这里所说的任意支路与理想电源的连接是指支路与理想电压源的并联及支路与理想电

流源的串联这两类特殊情况。

1. 任意支路与电压源的并联

图 2-27(a)为任意一条支路与电压源并联的电路。图中的任意支路可以是任何一种二端元件,也可以是一个二端电路。根据电压源的特性,这一电路的端口电压 u 总等于电压源的电压 e_s,而端口电流 i 取决于所连接的外部电路,与并联于电压源两端的任意支路无关,这样将该任意支路断开移去后也不会影响端口的特性,于是可得图 2-27(b)所示的等效电路。因此有下面的结论:在求解含有电压源与支路并联的电路时,若不需要计算电压源电流以及与电压源并联的支路的电量时,可将与电压源并联的支路从电路中移去(即断开)从而简化电路。

电压源与支路的并联有一种特殊情况,即电压源与电压源的并联,如图 2-28(a)所示,这种并联要求各电压源的电压数值与极性必须完全一致,否则将违反 KVL。这样多个电压源的并联对外部电路而言也可等效为一个电压源,如图 2-28(b)所示。

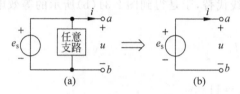

图 2-27 任意支路与电压源并联时的等效电路 　　　　图 2-28 电压源的并联及其等效电路

2. 任意支路与电流源的串联

图 2-29(a)为任意一条支路与电流源串联的电路。图中的任意支路可为一个二端元件或是一个二端电路。根据电流源的特性,这一电路的端口电流 i 总等于电流源的电流 i_s,而端口电压 u 取决于所连接的外部电路,与串联于电流源的任意支路无关。这样可将该任意支路短接移去后而不会对端口特性产生任何影响,于是可得图 2-29(b)所示的等效电路。因此有下述结论:在求解含有电流源与支路串联的电路时,若不需要计算电流源电压以及与电流源串联的支路的电量时,可将与电流源串联的支路从电路中移去(即用短路线代替),从而简化电路。

电流源与支路的串联有一种特殊情况,即电流源与电流源的串联,如图 2-30(a)所示。这种串联要求各电流源的电流数值与电流方向必须完全一致,否则将违反 KCL。这样,多个电流源的串联对外部电路而言等效于一个电流源,如图 2-30(b)所示。

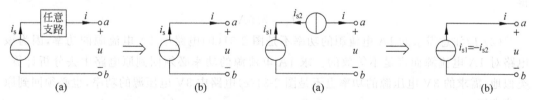

图 2-29 任意支路与电流源串联时的等效电路 　　 图 2-30 电流源的串联及其等效电路

例 2-7 电路如图 2-31(a)所示。(1)求电流 I_1 和 I_2;(2)求 1A 电流源和 3V 电压源的功率。

解 (1)求 I_1 时,1A 电流源右侧的部分可视为一个整体,当作是与 1A 电流源串联的

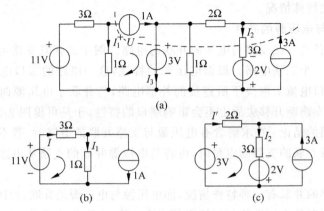

图 2-31 例 2-7 图

一个二端电路,这样该二端电路可移去并用短路线代替,于是得到图 2-31(b)所示的等效电路。在这一电路中,有

$$I = 1 + I_1$$

列写图示回路的 KVL 方程

$$3I + 1 \times I_1 = 11$$

即

$$3(1 + I_1) + I_1 = 11$$

得

$$I_1 = 2A$$

求 I_2 时,3V 电压源左侧的部分可视为一个整体,当作是与 3V 电压源并联的一个二端电路,这样该二端电路以及与 3V 电压源并联的 1Ω 的电阻均可移去并用断路代替,于是可得图 2-31(c)所示的等效电路。在这一电路中,有

$$I' = I_2 - 3$$

列写图示回路的 KVL 方程

$$2I' + 3I_2 = 3 + 2$$

即

$$2(I_2 - 3) + 3I_2 = 5$$

得

$$I_2 = 5.5A$$

(2) 应注意需求的 1A 电流源的功率不是图 2-31(b)电路中 1A 电流源的功率,因为该电路对 1A 电流源而言是不等效的。求 1A 电流源的功率必须回到原电路中去分析计算。类似地,需求的 3V 电压源的功率也不是图 2-31(c)电路中 3V 电压源的功率,也必须回到原电路求解。

对图 2-31(a)电路,设 1A 电流源两端的电压为 U,3V 电压源中的电流为 I_3。列写图示回路的 KVL 方程

$$U + 3 - 1 \times I_1 = 0$$

得

$$U = I_1 - 3 = 2 - 3 = -1V$$

于是求得 1A 电流源的功率为

$$P_{1A} = 1 \times U = -1W$$

又对虚线所示的封闭面列写 KCL 方程

$$-1 + I_3 + 3/1 + I_2 - 3 = 0$$

得

$$I_3 = 1 - I_2 = 1 - 5.5 = -4.5A$$

则 3V 电压源的功率为

$$P_{3V} = 3I_3 = 3 \times (-4.5) = -13.5W$$

练习题

2-7 求图 2-32 所示各电路的最简等效电路。

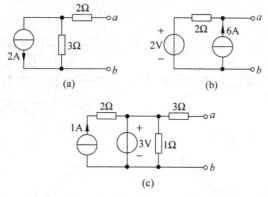

图 2-32 练习题 2-7 电路

2-8 求图 2-33 所示两电路中各电源的功率。

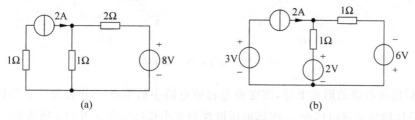

图 2-33 练习题 2-8 电路

2.6 无伴电源的转移

2.6.1 无伴电源的概念

当电路中的某条支路上仅有电压源,而无其他无源元件(如电阻)与其串联时,称该支路为无伴电压源。当某条支路上仅有电流源,而无其他无源元件(如电阻)与其并联时,称该支

路为无伴电流源。无伴电源可以是独立源,也可以是受控
源。如在图 2-34 所示的电路中,就含有一个无伴独立电压源
和一个无伴受控电流源。在分析电路时,有些情况下可能需
要通过等效变换来消除无伴电源支路,这可以采用无伴电源
转移的方法达到目的。

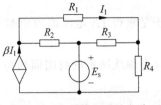

图 2-34　含无伴电源的电路

2.6.2　无伴电压源的转移

在图 2-35(a)所示的电路中含有一无伴电压源支路。按照电压源的特性,若在其两端并
联两个完全相同的电压源 e_s,如图 2-35(b)所示,则除了电压源支路外,这种并联对其他支
路的电压、电流不会有任何影响。图中的 n_1、n_2 和 n_3 点又是等位点,则连线 $n_1 n_2$,$n_2 n_3$ 中
无电流通过,将这两根连线断开后,对整个电路(除电压源 e_s 支路外)的工作状态亦不会有
任何影响,如图 2-35(c)所示。至此,电路中已不存在无伴电压源支路。

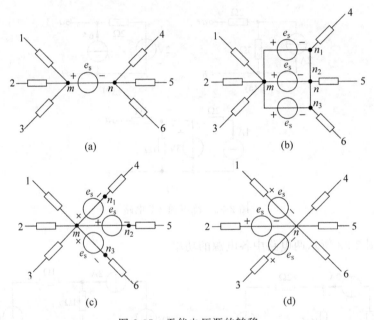

图 2-35　无伴电压源的转移

从最后所得电路的形式上看,该变换是将原电路中的节点 n 分裂为三个等位点 n_1、n_2
和 n_3,其具体做法是将电压源 e_s 按其电压极性和大小移过节点 n 并与 n 所连接的全部支路
相串联。这一变换过程也称为将无伴电压源按节点 n 转移。同样,也可将无伴电压源 e_s 按
节点 m 转移,如图 2-35(d)所示。

2.6.3　无伴电流源的转移

在图 2-36(a)所示的电路中含有一无伴电流源支路。现选择其右侧的回路 l_1,该回路
的绕行方向与无伴电流源的方向取为一致,在构成该回路的每一支路上均并联一个大小为
i_s、正向与回路绕行方向相反的电流源,如图 2-36(b)所示。由于与此回路相关联的各节点
在并联电流源后均有一数值相同的电流流进和流出,因此各节点的 KCL 方程与原电路相

同,这表明采用了这种并联方式后,除了无伴电流源支路外,对整个电路的工作状态不产生任何影响。

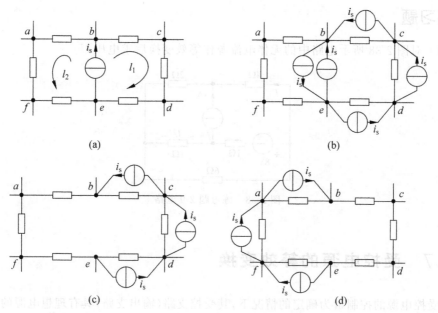

图 2-36 无伴电流源的转移

在图 2-36(b)中,并联在节点 b、e 间的两电流源的代数和为零,这等同于断路,于是可得图 2-36(c)所示的等效电路。在此电路中,已消除了无伴电流源支路。从最后所得电路的形式上看,这一变换的具体做法是将无伴电流源按其电流的正向和大小转移至含无伴电流源的任一回路的全部支路上去,且与每一支路并联,原无伴电流源支路则代之以开路。上述变换过程也称为将无伴电流源按回路 l_1 转移。同样,也可将无伴电流源按回路 l_2 转移,所得等效电路如图 2-36(d)所示。

例 2-8 用无伴电源转移的方法求图 2-37(a)所示电路中的电流 I。

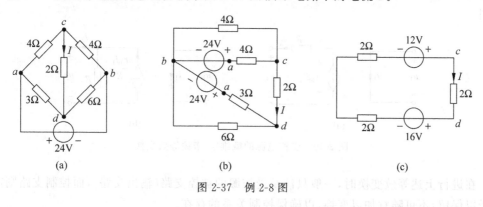

图 2-37 例 2-8 图

解 将电路中的无伴电压源按节点 a 转移,可得图 2-37(b)所示的等效电路,对该电路作等效变换,又得图 2-37(c)所示等效电路。注意在变换的过程中保持待求支路即 c、d 间的 2Ω 支路不变。于是求得

$$I = \frac{12-16}{2+2+2} = -\frac{2}{3}\text{A}$$

练习题

2-9 对图 2-38 所示电路中的无伴电流源作等效变换后求电压 U。

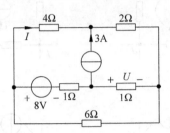

图 2-38 练习题 2-9 电路

2.7 受控电源的等效变换

在受控电源的控制量为确定的情况下,其受控支路(输出支路)具有理想电源的特性,即受控电压源不受外部电路的影响而输出一个确定的电压;受控电流源不受外部电路的影响而输出一个确定的电流。因此,对含受控源的电路也能进行类似于含独立电源的电路那样的等效变换。

2.7.1 受控电源的戴维宁-诺顿等效变换

当一个受控电压源的被控支路与一个电阻串联时,如图 2-39(a)所示,也称其为戴维宁支路,它可等效变换为一个受控电流源的被控支路与一个电阻的并联,如图 2-39(b)所示,也称为诺顿支路。这种等效变换的方法与独立电源的戴维宁-诺顿等效变换的方法完全相同。

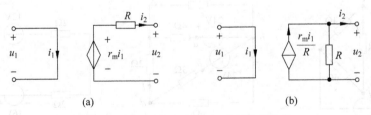

(a)   (b)

图 2-39 受控电源的戴维宁-诺顿等效变换

在进行上述等效变换时,一般只涉及受控源的被控支路(输出支路),而控制支路则需注意予以保留,不可随意加以变换,以确保控制关系的存在。

例 2-9 用等效变换的方法求图 2-40(a)所示电路中独立电压源的功率。

解 先将图 2-40(a)所示电路中的受控源诺顿支路等效变换为戴维宁支路,如图 2-40(b)所示;再将受控源戴维宁支路变换为诺顿支路,如图 2-40(c)所示;又将受控源诺顿支路变

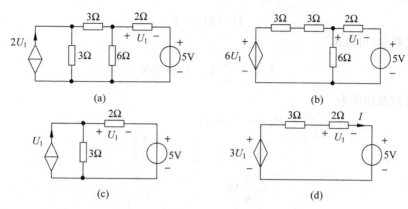

图 2-40　例 2-9 电路

换为戴维宁支路，如图 2-40(d)所示。对图 2-40(d)电路列写 KVL 方程

$$3I + U_1 + 5 - 3U_1 = 0$$

但 $U_1 = 2I_1$ 于是可求得

$$I = 5\text{A}$$

则所求独立电压源功率为

$$P_v = 5I = 5 \times 5 = 25\text{W}$$

应注意到在解题的过程中，受控源的控制支路一直被保留而未予变换，这是十分重要的。例如在图 2-40(d)所示的电路中，不能将 3Ω 的电阻和 2Ω 的电阻合并为一个 5Ω 的电阻，否则控制量将不复存在。

对受控源的控制支路并非不能进行变换，只不过在变换之前需要对受控源的控制量作"转移"的处理，即把控制量转移为电路非变换部分的电压和电流。

例 2-10　用等效变换的方法求图 2-41(a)所示电路中受控电压源的功率。

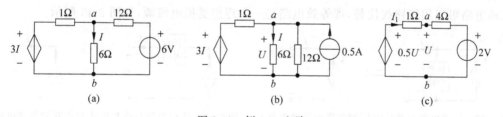

图 2-41　例 2-10 电路

解　因求解的是受控源的功率，则在变换的过程中保留受控源支路不变。先对独立电压源支路作等效变换，得图 2-41(b)所示的电路。为将受控源的控制支路即电流 I 所在 6Ω 电阻支路予以变换，需先进行受控源控制量的转移。因图中的 ab 端口在后面的变换中保持不变，可将受控源的控制量转换为 ab 端口的电压 U。显然有 $U = 6I$，于是 $I = U/6$，则受控源的输出为 $3I = 3 \times \dfrac{U}{6} = 0.5U$。将受控源的控制量由 I 变为 U 后，便可对原控制支路施行等效变换，得到图 2-41(c)所示的电路。对该电路列写 KVL 方程

$$5I_1 + 2 - 0.5U = 0$$

又由该电路，有

$$U = 4I_1 + 2$$

将上述两式联立,可解出

$$I_1 = -\frac{1}{3}A, \quad U = \frac{2}{3}V$$

于是所求受控源功率为

$$P_c = -0.5UI_1$$
$$= -0.5 \times \frac{2}{3} \times \left(-\frac{1}{3}\right)$$
$$= \frac{1}{9}W$$

受控源的控制量可转换为非变换部分任意支路的电压或电流,但为简便起见,通常是转换为变换端口处的电压或电流,如本例所做的那样。在例 2-10 中,也可将受控源的控制量转换为端口处的电流 I_1。

2.7.2 其他连接形式的受控源的等效变换

下面的讨论,一般只涉及受控源被控支路(输出支路)的变换,因此在许多电路中未画出受控源的控制支路及控制量。

1. 任意支路与理想受控电压源的并联

当任意一条支路或一个二端电路与受控电压源并联时,若该支路不是受控源的控制支路或该二端电路中不含受控源的控制支路,则对外部电路而言,与受控电压源并联的支路或二端电路可以断开,即等效电路是一个理想受控电压源,如图 2-42 所示。

2. 任意支路与理想受控电流源的串联

当任意一条支路或一个二端电路与受控电流源串联时,若该支路不是受控源的控制支路或该二端电路中不含受控源的控制支路,则对外部电路而言,与受控电流源串联的支路或二端电路可以用短路线代替,即等效电路是一个理想受控电流源,如图 2-43 所示。

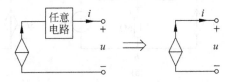

图 2-42 任意电路与受控电压源并联的等效电路　　图 2-43 任意电路与受控电流源串联的等效电路

3. 无伴受控源的转移

对于无伴受控源的处理,其方法与无伴独立电源等效变换的方法相同。无伴受控电压源按节点转移,即将它转移至它所连接的任一节点所关联的全部支路上去。无伴受控电流源则按回路转移,即把它转移到包含它的任一回路中的所有其他支路上去。

2.7.3 含受控源电路的去耦等效变换

在第 1 章中已说明受控源是一种耦合元件。一些含有受控源的电路,当受控源的被控支路和控制支路均在该电路内部时,可通过适当的处理和变换,得到一个不含受控源的等效电路,称为去耦等效变换法。

例 2-11 求图 2-44(a)所示电路的去耦等效电路。

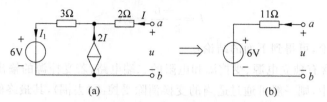

图 2-44　例 2-11 电路

解　为得到图 2-44(a)电路 ab 端口的电压-电流方程,列写出 KVL 方程为
$$u = 2I + 3I_1 + 6$$
又有 KCL 方程
$$I_1 = 2I + I = 3I$$
于是得端口特性方程
$$u = 2I + 3 \times 3I + 6 = 11I + 6$$
与该方程对应的电路如图 2-44(b)所示,在这一电路中不再含有受控源,因此它是原电路的去耦等效电路。

例 2-12　先将图 2-45(a)所示电路中虚线框内的部分进行等效变换,再求电流 I。

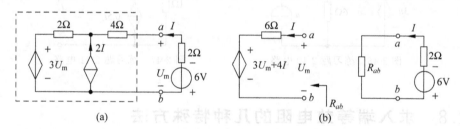

图 2-45　例 2-12 电路

解　虚线框内的电路只含受控源和电阻,且两个受控源的控制量均为端口处的电量。在进行等效变换时,端钮处的电量根据需要,既可视为需变换电路内部的电量,也可视作外部电路的电量。

首先将虚线框内的电路等效变换为一个含受控电压源的支路,该受控源的控制量为两个电量,如图 2-45(b)所示。由于受控源的输出和控制量在同一支路上,因此它可等效为一个电阻元件,具体推导过程如下。

列写图 2-45(b)电路的端口电压-电流方程
$$U_m = 6I + 4I + 3U_m$$
即
$$U_m = -5I$$
按端口等效电阻的定义,有
$$R_{ab} = \frac{U_m}{I} = -5\Omega$$
这表明原电路中虚线框内的部分可等效为一个 -5Ω 的电阻。将 R_{ab} 与外电路相接,如

图 2-45(c)所示,求得

$$I = \frac{-6}{2-5} = 2\mathrm{A}$$

根据上述讨论,可得到下面的结论:

(1) 对一个含有独立电源、受控源和电阻的二端电路,若受控源的输出支路和控制支路均在电路内部之中,则一般可通过适当的变换消除受控源(去耦),其最终的等效电路是一个独立电源的戴维宁支路或诺顿支路。

(2) 对一个仅含受控源和电阻而不含有独立电源的二端电路,若受控源的输出支路和控制支路均在该电路内部之中,则一般可通过适当的变换,使该电路与一个电阻等效。

练习题

2-10　用等效变换法求图 2-46 所示电路中独立电流源的功率。

2-11　求图 2-47 所示电路的最简等效电路。

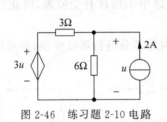

图 2-46　练习题 2-10 电路

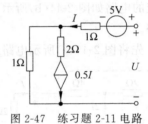

图 2-47　练习题 2-11 电路

2.8　求入端等效电阻的几种特殊方法

当一个电路中不含独立电源而只含无源元件和受控源时,称为无源电路或无源网络,否则称为有源网络。回顾前面的讨论,对于一个无源二端电阻网络,无论其内部结构如何,总可以用某种方法求得其端口的等效电阻。这个从指定端口看进去的等效电阻也称为入端电阻。在电路理论中,入端电阻是一个十分重要的概念,在电子技术中,入端电阻也称为输入电阻。本节首先给出入端电阻的一般定义,再介绍几种求入端电阻的特殊方法。

2.8.1　入端电阻的定义

图 2-48 表示一个无源二端电阻电路 $N_{\circ}$,设电路端口的电压 u 和电流 i 的参考方向在从端口向电路看进去时为关联的参考方向,则该电路的入端电阻 R_{in} 的定义式为

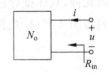

图 2-48　无源二端电阻电路

$$R_{\mathrm{in}} = \frac{u}{i} \qquad (2\text{-}25)$$

这表明入端电阻为端口电压、电流之比。若端口电压、电流为非关联参考方向,则式(2-25)的右边应冠一负号。

式(2-25)也提供了一种求入端电阻的方法,即可在无源电阻网络的端口施加一电压源 u,求得在此电压源激励下的端口电流 i,则 u 和 i 的比值即为入端电阻或端口等效电阻。

2.8.2 电位的相关特性

电路中某点的电位就是该点与电路的参考点之间的电压,因此在谈到电位时,必须先指明电路中的参考点。在电路分析包括对电路进行等效变换时,经常会涉及电位的概念,下面通过示例对电位的一些重要相关特性予以说明。

例 2-13 如图 2-49(a)所示的电路。

(1) 以 a 点为参考点求各点的电位及电压 U_{bd};(2) 以 c 点为参考点,求各点的电位及电压 U_{bd}。

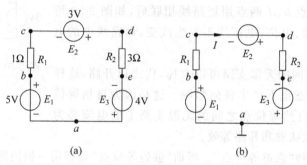

图 2-49 例 2-13 电路

解 (1) 以 a 点为参考点即令 a 点的电位为零:$\varphi_a = 0$,在 a 处标明接地符号,如图 2-49(b)所示。求各点的电位即是求各点和参考点间的电压,先求出电路中的电流

$$I = \frac{E_1 + E_2 + E_3}{R_1 + R_2} = 3\text{A}$$

则各点电位为

$$\varphi_b = U_{ba} = E_1 = 5\text{V}$$

$$\varphi_c = U_{ca} = U_{cb} + U_{ba} = -IR_1 + \varphi_b = -3 \times 1 + 5 = 2\text{V}$$

$$\varphi_d = U_{da} = U_{dc} + U_{ea} = E_2 + \varphi_c = 3 + 2 = 5\text{V}$$

$$\varphi_e = U_{ea} = -E_3 = -4\text{V}$$

b、d 两点间的电压为两点间的电位之差,即

$$U_{bd} = \varphi_b - \varphi_d = 5 - 5 = 0\text{V}$$

(2) 以 c 为参考点,则 $\varphi_c = 0$。电路中的电流与参考点无关,仍为 $I = 3\text{A}$,电路中各点的电位为

$$\varphi_d = E_2 = 3\text{V}$$

$$\varphi_e = -IR_2 + \varphi_d = -9 + 3 = -6\text{V}$$

$$\varphi_a = E_3 + \varphi_e = 4 - 6 = -2\text{V}$$

$$\varphi_b = IR_1 = 3 \times 1 = 3\text{V}$$

b、d 两点间的电压为

$$U_{bd} = \varphi_b - \varphi_d = 3 - 3 = 0\text{V}$$

根据上例的分析计算,可得到下述的一些重要结论。

(1) 电路中各点的电位与参考点的选择有关。这表明若参考点改变,各点的电位亦随之变化。这一特性称为电位的相对性。

(2) 电路中任意两点间的电压不随参考点的改变而变化,即电压与参考点的选择无关。

(3) 在例 2-13 中,无论选 a 点还是选 c 点作参考点,b、d 两点的电位均相等,与参考点的选择无关。这两点称为自然等位点。

自然等位点有两条重要的特性:

① 自然等位点之间可以用一根无阻导线(即短路线)相联,这样做对电路的工作状态不产生任何影响。这是因为自然等位点间的电压为零,而电压为零意味着与短路线等效。例 2-13 电路中的自然等位点 b、d 两点用短路线相联后,如图 2-50 所示,电路中的各电流、电位、电压均不发生改变,短路线中的电流为零。

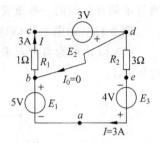

图 2-50 自然等位点用短路线相联,不改变电路的工作状态

② 自然等位点间的无源支路可以拿掉,代之以开路,这样做对电路的工作状态也不产生任何影响。这是因为自然等位点间的电压为零,自然等位点之间的无源支路上的电流必为零,而电流为零便意味着和开路等效。

电路中还有一种"强迫等位点"。所谓"强迫等位点"是指用一根短路线将电位不等的两点相联,使电路的工作状况发生改变,短路线中的电流不为零。通常所说的短路事故实际上是强迫等位现象。

2.8.3 电桥平衡法

1. 电桥电路

图 2-51 所示的电路称为电桥电路(简称为电桥)。平行于 ab 端口的那些支路被称为"桥臂",跨接在桥臂之间的支路被称为"桥"。电路如图 2-51 所示,R_1、R_2、R_3、R_4 等支路为桥臂,R 支路为桥。

电桥电路在一定条件下存在自然等位点,即桥支路的两个端点为等位点,此时称"电桥平衡"。利用自然等位点的特性,可将等位点用短路线相联,也可将等位点之间的支路断开,从而将电路转换为串并联形式,如图 2-52 所示,使电路得以简化。

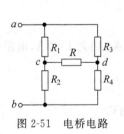

图 2-51 电桥电路

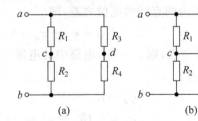

(a)　　　　　　(b)

图 2-52 平衡电桥的等效电路

2. 电桥平衡条件

当电桥平衡时,在图 2-52(a)所示的等效电路中,有 $u_{cd}=0$,即

$$u_{cd} = u_{ad} - u_{ac} = \frac{R_1}{R_1+R_2}u_{ab} - \frac{R_3}{R_3+R_4}u_{ab} = 0$$

即

$$\frac{R_1}{R_1+R_2}-\frac{R_3}{R_3+R_4}=0$$

化简得

$$R_1R_4=R_2R_3 \qquad\qquad (2\text{-}26)$$

这就是电桥的平衡条件。

  需注意的是,电桥平衡条件是针对"桥"支路为无源支路这一特定情况而言的。若"桥"为有源支路,则在一般情况下,即使桥臂的参数满足平衡条件,"桥"的两个端点也不是等电位点。如图 2-53 所示的桥式电路,电路参数满足 $R_1R_4=R_2R_3$,现因"桥"支路是有源支路,故 c、d 两点不是等位点。

  例 2-14 求图 2-54(a)所示四面体电路中任意两顶点间的等效电阻。

  解 仔细分析后可发现,该电路无论从哪一对端钮看,均为一桥式结构。求 R_{ab} 时,将电路改画为图 2-54(b),图中的桥式结构是非常明显的,即虚线的右边部分为一电桥,它显然是平衡的,即 c、d 两点是等位点。将 c、d 间的 3Ω 电阻支路断开后,所得电路如图 2-54(c)所示,求得

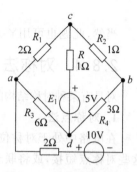

图 2-53 桥为有源支路的桥式电路

$$R_{ab}=1\ /\!/\ 4\ /\!/\ 4=\frac{2}{3}\ \Omega$$

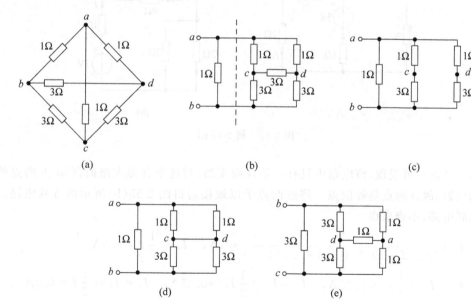

图 2-54 例 2-14 图

也可将 c、d 两点用短路线相联如图 2-54(d)所示,则有

$$R_{ab}=1\ /\!/\ (1\ /\!/\ 1+3\ /\!/\ 3)=\frac{2}{3}\ \Omega$$

同样可求得

$$R_{ad} = R_{ac} = R_{ab} = \frac{2}{3}\Omega$$

求 R_{bc} 时,将电路改画为图 2-54(e),求得

$$R_{bc} = 3 /\!/ 6 /\!/ 2 = 1\Omega$$

同样可求得

$$R_{cd} = R_{bd} = R_{bc} = 1\Omega$$

当然,此题也可用丫-△变换法求解,但无疑计算要烦琐一些。

2.8.4 对称法

对具有某种对称结构的电路,往往可采用适当的方法予以简化。这些方法也属于等效变换。

1. 对称点法

在电路中处于对称位置的点通常是自然等位点。于是可利用自然等位点的性质,或将这些对称点短接,或将联于对称点间的支路断开,从而达到化简网络的目的。

例 2-15 对图 2-55(a)所示的电路,能否用串、并联方法求出各支路电流? 若能,试求之。

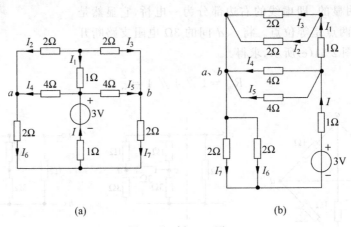

(a)　　　　　　　　(b)

图 2-55　例 2-15 图

解 经观察可发现,该电路中只有一条含源支路,对这条含源支路而言,a、b 两点处于对称的位置,故这两点是等位点。将这两点予以短接后得图 2-55(b)所示的等效电路。这是一混联电路,不难求得

$$I = \frac{3}{(2 /\!/ 2 + 1) /\!/ 4 /\!/ 4 + 2 /\!/ 2 + 1} = 1\text{A}, \quad I_1 = \frac{1}{2}I = 0.5\text{A}$$

$$I_2 = I_3 = \frac{1}{2}I_1 = 0.25\text{A}, \quad I_4 = I_5 = \frac{1}{2}I_1 = 0.25\text{A}, \quad I_6 = I_7 = \frac{1}{2}I = 0.5\text{A}$$

应用"对称点法"时,需注意所谓的"对称"都是相对于一定的"基准"而言的。例如无源二端电路的对称点是关于两个端钮对称,两个端钮便是"基准";仅含一条有源支路的电路的对称点是关于该有源支路对称;而在有多条含源支路的电路中的对称点则是同时关于这些有源支路对称。

2. 平衡对称法

该法适用于平衡对称电路。

（1）平衡对称电路。

如果垂直于端口的直线能将二端电路分成两个完全相同的部分，如图 2-56 所示，且两部分之间无交叉连接的支路，则此电路是平衡对称电路。

（2）平衡对称电路的特点。

平衡对称电路中的平分线所经过的点为自然等位点。

（3）关于平衡对称电路的说明。

① 在图 2-56 所示的电路中，平分线的上、下部分为两个完全相同的电路。"完全相同"的含义是指平分线上、下的电路互为镜像，即沿平分线折叠，上、下两部分将完全重合。

② 关于"交叉连接"。两个相同的电路相联时，端钮的连接有"对接"和"叉接"（即交叉连接）两种方式，可用图 2-57 予以说明。"对接"是指两个网络中编号相同的端钮相接，如图 2-57 中端钮 1 和 $1'$、n 和 n' 相接便是对接。"叉接"是指网络中编号不同的对应端钮相接，如图 2-57 中端钮 i 和 j'、j 和 i' 相接即是叉接。叉接总是成对出现的。

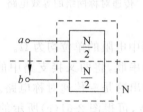

图 2-56 平衡对称电路

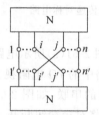

图 2-57 "对接"和"叉接"的
概念说明用图

例 2-16 如图 2-58(a)所示的电路，试求入端电阻 R_{ab}。

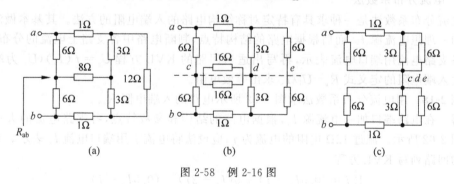

图 2-58 例 2-16 图

解 将电路中的 8Ω 电阻视为两个 16Ω 电阻的并联，将 12Ω 电阻视为两个 6Ω 电阻的串联，如图 2-58(b)所示，则可见这一电路为平衡对称电路。于是平分线经过的 c、d、e 三点同为等位点，可用短路线予以短接，所得电路如图 2-59(c)所示。求出入端电阻为

$$R_{ab} = 2R_{ac} = 2 \times [6 \mathbin{/\mkern-5mu/} (1 + 3 \mathbin{/\mkern-5mu/} 6)] = 4\Omega$$

3. 传递对称法

传递对称法适用于传递对称电路。

（1）传递对称电路。

若一个通过两个端钮的平面能将二端网络平分为左、右完全相同的两个部分，如图 2-59

所示,则该网络为传递对称电路。

（2）传递对称网络的特点。

平分线经过的对接端钮上的电流为零,叉接端钮间的电压为零,于是可将对接端钮断开、叉接端钮短接。如图 2-60 所示。图中端钮 1 和 1′,n 和 n′为对接端钮,i 和 j′、i′和 j 为叉接端钮。

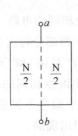

图 2-59　传递对称电路

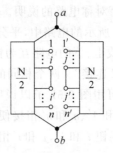

图 2-60　传递对称网络的等效电路

例 2-17　求图 2-61(a)所示电路的入端电阻 R_{ab},图中电阻的单位均为 Ω。

解　将该电路中的 7Ω 电阻视为两个 3.5Ω 电阻的串联,将两叉接支路中的 12Ω 电阻视为两个 6Ω 电阻的串联,如图 2-61(b)所示,则不难看出这是一传递对称电路。利用传递对称电路的特点,将对接端钮断开,每侧的叉接端钮短接,可得图 2-61(c)所示的电路,这是一混联电路,不难求出入端电阻为

$$R_{ab} = \frac{1}{2} \times [2 + 18 /\!/ (8 + 12 /\!/ 12 + 4) + 5] = 8\Omega$$

4. 电流分布系数法

电流分布系数法是一种求具有特定对称结构电路的入端电阻的方法。其基本做法是在端口加一理想电流源 I_s,而后根据电路的结构特点,判断电路中各支路上电流的分布情况,并将各支路电流用端口电流表示,再写出适当回路的 KVL 方程 $U_i = f(I_s)$(U_i 为端口电压),由入端电阻的定义式 $R_i = U_i / I_s$ 求出等效电阻。

例 2-18　用电流分布系数法求图 2-62 所示电路的入端电阻 R_{ab}。

解　在电路端口加一电流源 I_s,根据电路的结构和参数特点,各支路电流的大小和流向如图 2-62 所示。流过 12Ω 电阻的电流为 j,应设法将电流 j 用端口电流 I_s 表示。对箭头所在的回路列写 KVL 方程

$$12j = (0.5I_s - j) + 5(I_s - 2j) + (0.5I_s - j)$$

解出

$$j = \frac{1}{4} I_s$$

这样电路中全部的支路电流均可用端口电流表示。再任选一包括端口在内的回路列写 KVL 方程

$$U_i = 0.5I_s + 12 \times \frac{1}{4}I_s + 0.5I_s = 4I_s$$

$$R_{ab} = \frac{U_i}{I_s} = \frac{4I_s}{I_s} = 4\Omega$$

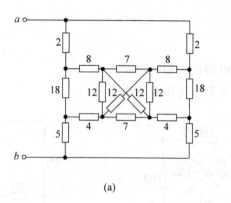

(a)

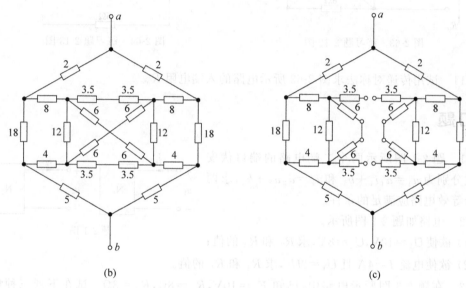

(b)   (c)

图 2-61 例 2-17 图

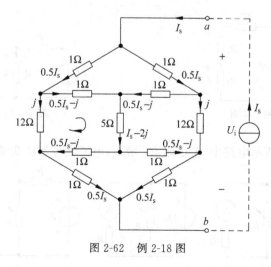

图 2-62 例 2-18 图

练习题

2-12 求图 2-63 所示电路的入端电阻 R_{in}。

2-13 求图 2-64 所示电路中电压源的功率。

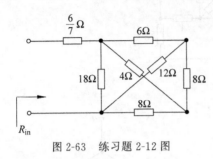

图 2-63 练习题 2-12 图

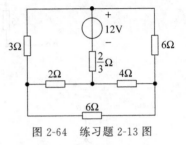

图 2-64 练习题 2-13 图

2-14 试用传递对称法求图 2-62 所示电路的入端电阻 R_{ab}。

习题

2-1 题 2-1 图所示两个二端电路的端口伏安关系式分别为 $u_1 = a_1 i_1 + b_1$ 和 $i_2 = a_2 u_2 + b_2$，求两者互为等效电路应满足的条件。

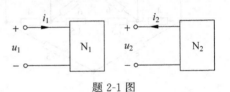

题 2-1 图

2-2 电路如题 2-2 图所示。

(1) 欲使 $U_1 = 10V$，$U_2 = 8V$，求 R_1 和 R_2 的值；

(2) 欲使电流 $I = 4A$ 且 $U_1 = 2U_2$，求 R_1 和 R_2 的值。

2-3 在题 2-3 图所示电路中，已知 $E_s = 10V$，$R_1 = 8\Omega$，$R_2 = 3\Omega$。试在下列三种情况下，分别求电压 u 和电流 i_1、i_2、i_3：(1)$R_3 = 6\Omega$；(2)$R_3 = 0$；(3)$R_3 = \infty$。

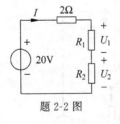

题 2-2 图

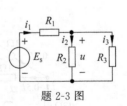

题 2-3 图

2-4 在题 2-4 图所示电路中，若电阻 R_1 增大，电流表将怎样变动？说明原因。

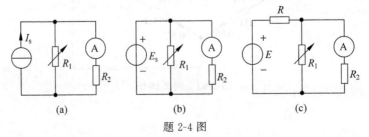

(a)   (b)   (c)

题 2-4 图

2-5　电路如题 2-5 图所示，试求等效电阻 R_{ab}、R_{ac}、R_{ad}、R_{bd}、R_{ce}。

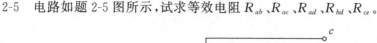

题 2-5 图

2-6　求题 2-6 图所示各电路的入端电阻 R_{ab}。

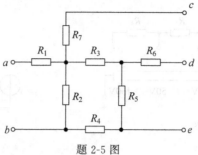

(a)　　　　　　　　(b)　　　　　　　　(c)

题 2-6 图

2-7　有一滑线电阻器作分压器使用，如题 2-7(a) 图所示，其电阻 R 为 500Ω，额定电流为 1.5A。已知外加电压为 $u=250$V，$R_1=100$Ω。

(1) 求输出电压 u_2；

(2) 用内阻为 800Ω 的电压表去测量输出电压，如题 2-7(b) 图所示，电压表的读数是多少？

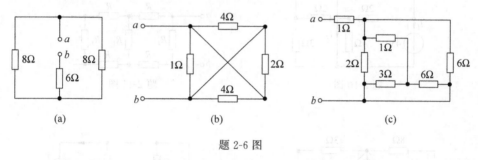

(a)　　　　　　　　(b)　　　　　　　　(c)

题 2-7 图

(3) 若误将内阻为 0.5Ω、量程为 2A 的电流表看成是电压表去测量输出电压，如题 2-7(c) 图所示，将发生什么后果？

2-8　题 2-8 图所示为用一个直流电流表的表头构成的多量程直流电压表的电路。试对该电路进行设计计算，求出应串入的电阻 R_1、R_2、R_3。

2-9　已知题 2-9 图所示电路中 $I=1$A，求电压源的电压 E。

2-10　求题 2-10 图所示电路中的电流 I_1 和 I_2。

2-11　无限长链形网络如题 2-11 图所示，且 $R_1=4R$，求 R_{ab}。

2-12　试求题 2-12 图所示两电路的入端电阻 R_{ab}。

2-13　求题 2-13 图所示电路中的电流 I_1 和 I_2。

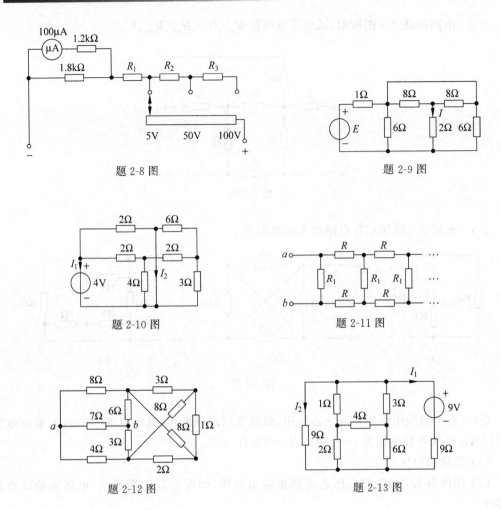

题 2-8 图

题 2-9 图

题 2-10 图

题 2-11 图

题 2-12 图

题 2-13 图

2-14 两个二端电路如题 2-14 图所示。(1)试分别绘出两个电路的端口伏安关系(VAR)曲线,并在坐标轴上标出截距;(2)欲使两电路的 VAR 完全相同,即两者互为等效电路,试确定两电路参数间的关系。

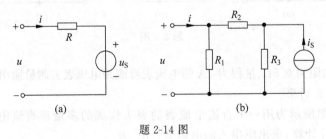

题 2-14 图

2-15 求题 2-15 图所示各电路的等效电路。

2-16 求题 2-16 图所示电路中的电压 u_{ab},并求各电源的功率。

2-17 如题 2-17 图所示电路,N 为含源电阻网络。已知开关 S 断开时 $U_{ab}=13\text{V}$,S 闭合时 $I=3.9\text{A}$,求 N 的等效电路。

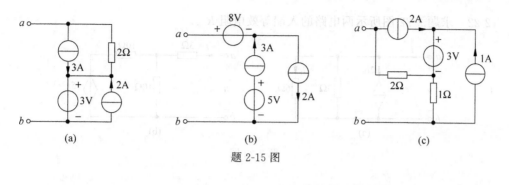

题 2-15 图

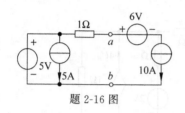

题 2-16 图

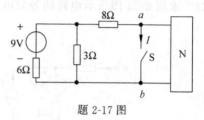

题 2-17 图

2-18 实际测量一个含源线性电阻网络的戴维宁等效电路的参数时,可用两块内阻不同的电压表进行测量,如题 2-18 图所示。若用内阻为 $5 \times 10^4 \Omega$ 的电压表测得电压为 30V,而用内阻为 $10^5 \Omega$ 的电压表测出电压为 45V,试求网络 N 的戴维宁等效电路参数。

2-19 电路如题 2-19 图所示,N 为含源线性电阻网络,已知 $U_s = 1V$,$I_s = 2A$,$U = 3I - 3$。欲使 $I_1 = 0.5A$,试确定 R_1 的值。

2-20 用电源转移的方法求题 2-20 图所示电路中的电流 I。

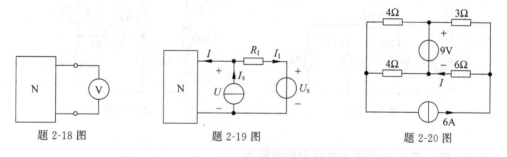

题 2-18 图

题 2-19 图

题 2-20 图

2-21 计算题 2-21 图所示电路中各电源发出的功率。

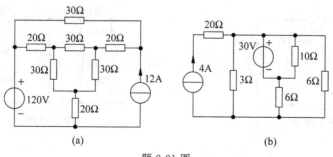

(a)

(b)

题 2-21 图

2-22　求题 2-22 图所示两电路的入端等效电阻 R_{ab} 。

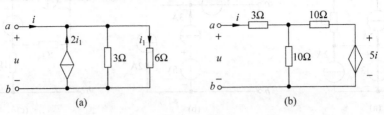

(a) 　　　　　　　　　　　　　(b)

题 2-22 图

2-23　求题 2-23 图所示电路的等效电路。

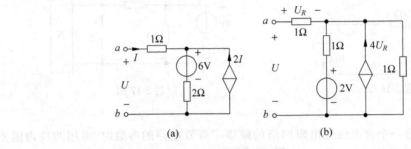

(a) 　　　　　　　　　　　　　(b)

题 2-23 图

2-24　求题 2-24 图所示电路中 2Ω 电阻消耗的功率。

2-25　求题 2-25 图所示电路中的电流 I 。

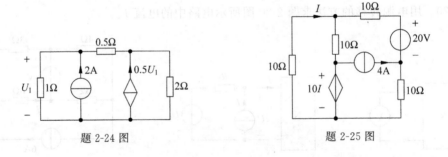

题 2-24 图 　　　　　　　　　　题 2-25 图

2-26　确定题 2-26 图所示电路中的电阻 R 。

2-27　求题 2-27 图所示电路中的电流 I 和 6V 电压源的功率。

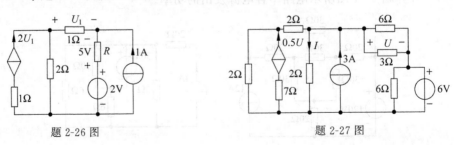

题 2-26 图 　　　　　　　　　　题 2-27 图

2-28　用等效变换的方法求题 2-28 图所示电路中的电流 I。

2-29　如题 2-29 图所示电路,求 S 打开和闭合两种情况下的电流 I 及 P 点电位。

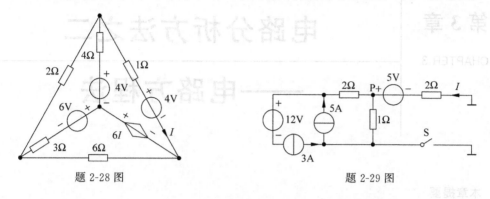

题 2-28 图　　　　　　　　　　　题 2-29 图

2-30　求题 2-30 图所示各电路 a、b 端的入端电阻 R_{ab}。每条支路的电阻均为 1Ω。其中,图(b)电路中 c、d 间为一短路线。

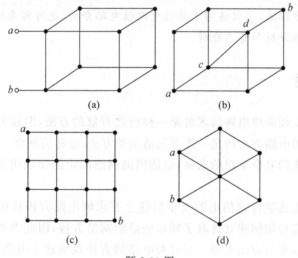

题 2-30 图

第 3 章
CHAPTER 3

电路分析方法之二
——电路方程法

本章提要

本章讨论电路分析的一般方法——电路方程法。这类方法是在选取合适的电路变量后,依据基尔霍夫定律和元件特性列写电路方程(组)求解电路。本章的主要内容有:典型支路及其特性方程、$2b$ 变量分析法、支路电流分析法、节点电压分析法、回路电流分析法等。本章所介绍的电路方程法,不仅适用于线性电阻性电路分析,也可容易地推广应用于含动态元件电路的正弦稳态分析和暂态分析。

3.1　概述

等效变换法对于较简单电路的求解是一种行之有效的方法,但这类方法具有一定的局限性。本章所介绍的电路方程法是一类普遍适用的方法,也称为网络一般分析法,它既能用于具有任意结构形式的复杂电路的求解,也能借助网络图论的知识用于计算机对电路的计算、分析。

电路方程法是在选取合适的电路变量后建立并求解电路方程从而获得电路响应的方法。这一方法的关键是如何建立选取了特定变量的网络方程,因此本章的学习重点集中于讨论如何建立电路方程的方法上面。通过对电路的直接观察建立电路方程称为视察法,应用网络图论的知识采用系统的方法建立矩阵形式的方程称为系统法。本章首先介绍常用的视察法,本书的最后一章将介绍网络图论的基础知识及用系统法列写矩阵形式的电路方程的方法。

任何电路分析方法的基本依据都是电路的两类基本约束,即基尔霍夫定律和电路元件特性(元件的电压、电流关系),电路方程法也不例外。选取了一定的电路变量后所建立的电路方程均是电路两类基本约束的特定表现形式。

建立电路方程时,所需列写的 KCL 和 KVL 方程都应是独立的方程。对应于一组独立的 KCL 方程的节点称为独立节点,对应于一组独立的 KVL 方程的回路称为独立回路。在第 1 章已述及,若一个电路有 b 条支路,n 个节点,则独立节点数为 $n-1$ 个,独立回路数为 $b-n+1$ 个。如何写出一个电路独立的 KCL 和 KVL 方程呢?下面以图 3-1 所示电路为例加以说明。

在图 3-1 所示电路中,共有 4 个节点,6 条支路。则独立节点数为 3 个,独立回路数也为

3个。选取列写 KCL 方程的独立节点的方法是选择
四个节点中的任意三个即可,例如选节点①、②、③写
出的三个 KCL 方程为一组独立的 KCL 方程。由这
三个方程可导出节点④的 KCL 方程,因此,节点④是
不独立的节点。若电路中指定了参考节点,则通常就
将参考节点之外的 $n-1$ 个节点选作独立节点。

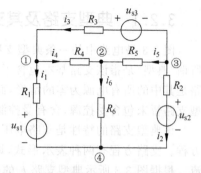

图 3-1 说明独立节点、独立回路的电路

选取列写 KVL 方程的一组独立回路时可按下面
的方法去做。在每选择一个新的回路时,使该回路至
少包含一条新的支路,即未含在已选回路中的支路,
从而使此回路的 KVL 方程中至少含有一个新的未知
支路电流。这样选取的新回路的 KVL 方程一定独立于已选取的回路的 KVL 方程。

通常一个电路按上述方法可选出多组独立回路。可以验证图 3-1 所示电路,可以选出 16
组独立回路,而每一组独立回路中的回路数都是 3 个。图 3-2 给出了其中的三组独立回路。

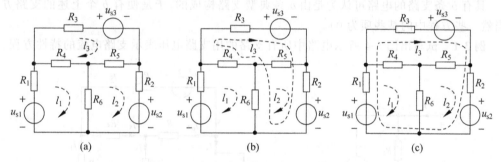

图 3-2 图 3-1 电路的三组独立回路示意

可以证明电路中各组独立回路的 KVL 方程体现的是相同的对回路电压的约束,即由
一组独立回路的各 KVL 方程可导出其他各组独立回路的 KVL 方程。例如由图 3-2(a)所
示电路的三个独立回路的 KVL 方程可得出图 3-2(b)所示三个回路的 KVL 方程;由图 3-2(b)
所示电路的三个独立回路的 KVL 方程可导出图 3-2(c)所示电路的三个独立回路的 KVL
方程等,读者可自行验证之。

电路中的求解对象通常是各支路的电压、电流,可以直接以支路电压和电流为变量来建
立电路方程而求得电路响应,但这样做往往使所建立的电路方程数目较多而增大计算工作
量。为解决这一问题,可以选取电路中的一些中间变量(电量)来建立电路方程,再由这些中
间电量来求得各支路电压、电流。这些中间电量包括节点电位(节点电压)、回路电流、网孔
电流等。选择不同的中间电量建立电路方程从而求解电路的方法就是本章所要介绍的各种
电路分析方法。

3.2 典型支路及其支路特性

元件特性(元件的电压、电流关系)是电路分析的基本依据之一。在实际计算电路的响
应时,往往将元件特性转化为用支路特性(支路的电压、电流关系)表示。

3.2.1　典型支路及其支路特性方程

图 3-3 是电路中的一条典型支路,它由独立电压源、电流源及电阻元件复合连接而成。所谓"典型"是指该支路基本包含了电路中一条支路构成所可能具有的情形。例如纯电阻电路是其中的所有电源为零的情形,而电源的戴维宁支路则是电流源为零的情形等。这条典型支路暂未包含受控源,含有受控源的情况将在稍后讨论。

该典型支路的特性是支路电压 u_k 和电流 i_k 的关系方程,也称为支路伏安关系或支路方程。支路方程有两种表示形式,即用支路电流表示支路电压,或用支路电压表示支路电流。根据图 3-3 所示典型支路 k 的电压、电流的参考方向,两种形式的支路方程为

$$u_k = R_k i_{Rk} + u_{sk} = R_k(i_k - i_{sk}) + u_{sk} = R_k i_k + u_{sk} - R_k i_{sk} \tag{3-1}$$

或

$$i_k = G_k u_k + i_{sk} - G_k u_{sk} \tag{3-2}$$

式中 $G_k = \dfrac{1}{R_k}$。

具有 b 条支路的电路可认为是由 b 条典型支路构成的,于是便有 b 个上述的支路方程(当然一些方程中的某些项为 0)。

例 3-1　试写出图 3-4 所示电路中所有支路的用支路电压表示支路电流的特性方程。

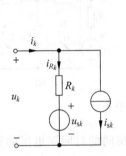

图 3-3　电路中的一条典型支路

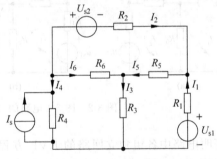

图 3-4　例 3-1 电路

解　依题意,是需写出如式(3-2)所示的支路方程。设各支路电压、电流为关联正向,且 $G_k = 1/R_k$,可写出各支路方程为

$$I_1 = G_1 U_1 + G_1 U_{s1}$$
$$I_2 = G_2 U_2 - G_2 U_{s2}$$
$$I_3 = G_3 U_3$$
$$I_4 = G_4 U_4 - I_s$$
$$I_5 = G_5 U_5$$
$$I_6 = G_6 U_6$$

3.2.2　电路含有受控源时的支路特性方程

在列写含有受控源电路的支路方程时,应注意对受控源控制量的处理,需将受控源的控制量用合适的支路电量表示,即支路方程形式为式(3-1)时,控制量应为支路电流,支路方程形式为式(3-2)时,控制量则为支路电压。

例 3-2　试写出图 3-5 所示电路的支路特性方程(支路电压用支路电流表示)。

解 所需列写的是形如式(3-1)的支路方程。设各支路电压、电流为关联正向,写出各支路特性方程为

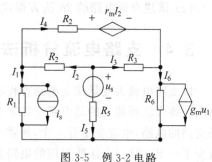

$$U_1 = R_1(I_1 - i_s) = R_1 I_1 - R_1 i_s$$

$$U_2 = R_2 I_2$$

$$U_3 = R_3 I_3$$

$$U_4 = R_4 I_4 + r_m I_2$$

$$U_5 = R_5 I_5 + u_s$$

$$U_6 = R_6(I_6 - g_m U_1) = R_6 I_6 - R_6 g_m U_1$$

$$= -R_1 R_6 g_m I_1 + R_6 I_6 + R_1 R_6 g_m i_s$$

图 3-5 例 3-2 电路

需注意的是,第 6 条支路中的受控源控制量是支路 1 的电压 U_1,应将 U_1 用支路电流 I_1 表示。

3.3 $2b$ 变量分析法

一般而言,对于具有 b 条支路的电路,就有 b 个支路电流变量和 b 个支路电压变量,于是网络变量的总数为 $2b$ 个。若电路有 n 个节点,则可写出 $n-1$ 个独立的 KCL 方程和 $b-n+1$ 个独立的 KVL 方程以及 b 个独立的支路方程。上述独立方程的总数为

$$(n-1) + (b-n+1) + b = 2b$$

这表明网络可列写的独立方程的数目与网络未知变量的数目正好是相等的,因此可用列写上述方程并联立求解的方法来求出网络中的全部 $2b$ 个支路电流、电压变量。这种方法称为 $2b$ 变量分析法(简称为 $2b$ 法),相应的方程式称为 $2b$ 方程。

电路分析的依据是基尔霍夫定律和元件特性这两类基本约束。可以看出,$2b$ 法是这两类约束的直接应用。$2b$ 法的优点是建立电路方程简单直观,且适用于任意的网络,包括线性和非线性网络。同时它也是其他电路分析方法方程的基础,即各种电路分析法的方程可视为 $2b$ 法方程演变的结果。但由于该法所需列写的方程数目较多,求解计算较为烦琐,因此,除了一些情况下用于计算机辅助电路分析外,实际中用得较少。

练习题

3-1 电路如图 3-6 所示。

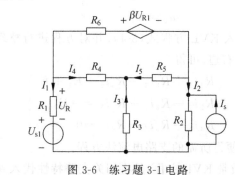

图 3-6 练习题 3-1 电路

（1）试列写两种形式的支路方程；

（2）试建立该电路的 $2b$ 法方程式。

3.4 支路电流分析法

以支路电流为变量建立电路方程求解电路的方法称为支路电流分析法，也可简称为支路法。该方法所建立的是电路中独立节点的 KCL 方程和独立回路的 KVL 方程。对于有 b 条支路的电路，电流变量有 b 个，所建立的方程的数目也是 b 个，较 $2b$ 法而言，方程的数目减少了一半。这一方法所对应的电路方程也称为支路法方程。

3.4.1 支路法方程的导出

建立支路法方程时所列写的是电路中独立节点的 KCL 方程和独立回路的 KVL 方程，所有方程中的变量均是支路电流。下面举例说明支路法方程的具体形式及导出用视察法列写支路法方程的规则。

在图 3-7 所示的电路中，选取各支路电流、电压的参考方向如图中所示。对三个独立节点①、②、③建立 KCL 方程为

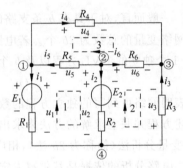

$$\left.\begin{array}{l} i_1 + i_4 - i_5 = 0 \\ i_2 + i_5 + i_6 = 0 \\ -i_3 - i_4 - i_5 = 0 \end{array}\right\} \quad (3\text{-}3)$$

又对三个独立回路（网孔）建立 KVL 方程为

$$\left.\begin{array}{l} -u_1 + u_2 - u_5 = 0 \\ -u_2 - u_3 + u_6 = 0 \\ u_4 + u_5 - u_6 = 0 \end{array}\right\} \quad (3\text{-}4)$$

图 3-7 建立支路电流法方程的用图

各支路的特性方程（伏安关系式）为

$$\left.\begin{array}{l} u_1 = R_1 i_1 + E_1 \\ u_2 = R_2 i_2 - E_2 \\ u_3 = R_3 i_3 \\ u_4 = R_4 i_4 \\ u_5 = R_5 i_5 \\ u_6 = R_6 i_6 \end{array}\right\} \quad (3\text{-}5)$$

将支路方程式（3-5）代入 KVL 方程式（3-4），并对方程进行整理，将未知量的项置于方程左边，将已知量移至方程右边，可得

$$\left.\begin{array}{l} -R_1 i_1 + R_2 i_2 - R_5 i_5 = E_1 + E_2 \\ -R_2 i_2 - R_3 i_3 + R_6 i_6 = -E_2 \\ R_4 i_4 + R_5 i_5 - R_6 i_6 = 0 \end{array}\right\} \quad (3\text{-}6)$$

将式（3-3）和式（3-6）联立，便得所需的支路电流法方程。

容易看出，式（3-6）实质是 KVL 方程，是将相关支路特性代入到各独立回路 KVL 方程

后的结果。这表明支路法方程和 $2b$ 法方程类似,是电路两类基本约束的一种体现形式。

3.4.2　视察法建立支路法方程

支路电流法的方程由两组方程构成。一组是独立节点的 KCL 方程,可任选 $n-1$ 个节点后写出。另一组是在电路中任选一组独立回路后写出的 KVL 方程,该组方程中的第 k 个方程对应于电路中的第 k 个独立回路。考察并分析式(3-6),可知其一般形式为

$$\sum R_j i_j = \sum E_{sj} \tag{3-7}$$

该方程的左边是 k 回路中所有支路的电阻电压之代数和,当支路电流的参考方向和 k 回路的绕行方向一致时,该电阻电压项前面取正号,否则取负号。式(3-7)的右边是 k 回路中所有电压源(包括由电流源等效的电压源)电压的代数和,当电源电压的参考方向和 k 回路的绕行方向一致时,该电压项前面取负号,否则取正号。

根据上述规则和方法,可由对电路的观察直接写出支路法方程,称为视察法建立电路方程。

视察法建立支路电流法方程的具体步骤归纳如下:

① 指定电路中各支路电流的参考方向。

② 指定各独立回路的绕行方向。若是平面电路,则可直接以网孔作为独立回路,并选定顺时针方向为网孔的绕行方向。

③ 任选 $n-1$ 个节点作为独立节点,列写这些节点的 KCL 方程。

④ 列写各独立回路的 KVL 方程,方程的形式为 $\sum R_j i_j = \sum E_{sj}$,即每一 KVL 方程的左边为回路中各电阻电压的代数和,且每一电阻电压均用该电阻中的电流表示;方程的右边为回路中所有电压源电压的代数和,注意需将与电阻并联的电流源等效变换为与电阻串联的电压源。

例 3-3　如图 3-8 所示电路,已知 $R_1 = R_2 = 1\Omega$,$R_3 = 2\Omega$,$E_s = 10\text{V}$,$I_s = 7.5\text{A}$。试用支路电流法求各支路电流及两电源的功率。

解　(1) 选定各支路电流的参考方向和网孔的绕行方向如图所示。

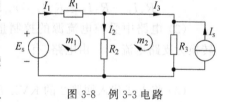

图 3-8　例 3-3 电路

(2) 该电路共有两个节点,则独立节点只有一个,可任选一个节点为独立节点。写出节点①的 KCL 方程为

$$-I_1 + I_2 + I_3 = 0 \tag{①}$$

(3) 写出各网孔的 KVL 方程为

$$m_1: \quad R_1 I_1 + R_2 I_2 = E_{s1} \tag{②}$$

$$m_2: \quad -R_2 I_2 + R_3 I_3 = -R_3 I_s \tag{③}$$

(4) 将①、②、③式联立,并代入电路参数求解,解出各支路电流为

$$I_1 = 3\text{A}, \quad I_2 = 7\text{A}, \quad I_3 = -4\text{A}$$

(5) 两电源的功率为

E_s 的功率:$P_{s1} = -E_{s1} I_1 = -10 \times 3 = -30\text{W}$

I_s 的功率:$P_{s2} = -(I_s + I_3) R_3 I_s = -(7.5 - 4) \times 2 \times 7.5 = -52.5\text{W}$

（6）验算计算结果的正确性。电路中的全部电阻吸收的总功率为

$$P_R = R_1 I_1^2 + R_2 I_2^2 + R_3 (I_3 + I_s)^2 = 1 \times 3^2 + 1 \times 7^2 + 2 \times 3.5^2 = 82.5 \mathrm{W}$$

两电源吸收的总功率为

$$P_s = P_{s1} + P_{s2} = -30 - 52.5 = -82.5 \mathrm{W}$$

例 3-3 的结果说明电源发出的功率与电阻吸收的功率相等,谓之"功率平衡",表明了电路的计算结果是正确的。

对电路进行计算后,应验证结果的正确性,验算"功率平衡"是常用方法之一。

事实上,支路分析法还包括了支路电压分析法,即以支路电压为变量列写电路的 KVL 和 KCL 方程的方法。由于支路电压法在实际中用得较少,因此不再作深入讨论。

3.4.3　电路中含受控源时的支路电流法方程

在电路中含有受控源时,若用视察法建立支路电流法方程,可根据受控源的特性,先将受控源视为独立电源列写方程,再将受控源的控制量转换用支路电流表示,然后对方程加以整理,将含有待求支路电流变量的项都移放至方程的左边。

例 3-4　试列写图 3-9 所示电路的支路电流法方程。

解　（1）先将受控源视为独立电源列写方程。列写独立节点①、②、③的 KCL 方程为

$$-I_1 - I_4 + I_6 = 0$$
$$I_2 + I_4 + I_5 = 0$$
$$I_3 - I_5 - I_6 = 0$$

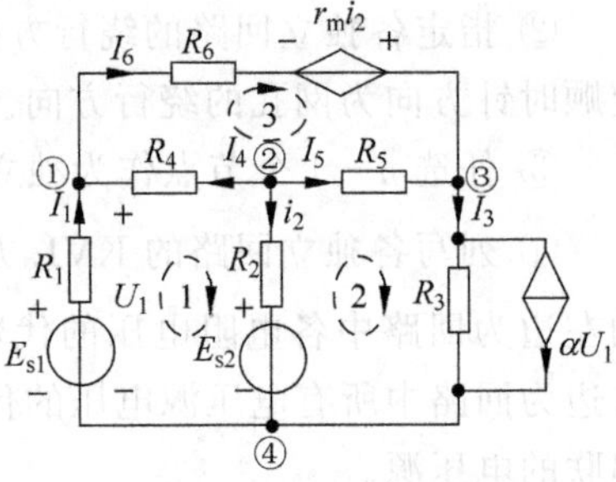

列写回路 1、2、3 的 KVL 方程为

$$R_1 I_1 + R_2 I_2 - R_4 I_4 = E_{s1} - E_{s2}$$
$$-R_2 I_2 + R_3 I_3 + R_5 I_5 = E_{s2} + R_3 \alpha U_1$$
$$R_4 I_4 - R_5 I_5 + R_6 I_6 = r_m I_2$$

图 3-9　例 3-4 电路

（2）电路中受控电流源的控制量为电压 U_1,将其转换为支路电流 I_1。由电路,有

$$U_1 = E_{s1} - R_1 I_1$$

（3）将上式代入回路 2 的 KVL 方程,并对 KVL 方程加以整理,将含未知量的项移至方程左边,则该电路的支路电流法方程为

$$\left.\begin{aligned}
-I_1 - I_4 + I_6 &= 0 \\
I_2 + I_4 + I_5 &= 0 \\
I_3 - I_5 - I_6 &= 0 \\
R_1 I_1 + R_2 I_2 - R_4 I_4 &= E_{s1} - E_{s2} \\
R_1 R_3 \alpha I_1 - R_2 I_2 + R_3 I_3 + R_5 I_5 &= R_3 \alpha E_{s1} + E_{s2} \\
-r_m I_2 + R_4 I_4 - R_5 I_5 + R_6 I_6 &= 0
\end{aligned}\right\}$$

3.4.4　应用支路电流法时对无伴电流源支路的处理方法

当电路中含有无伴电流源支路时,因该支路的端电压为未知量,且不能用其支路电流予以表示,所以在用前述方法列写回路的 KVL 方程时会遇到困难。对这种情况可有两种解

决办法。

1. 虚设电压变量法——增设无伴电流源的端电压变量

在列写 KVL 方程时,将无伴电流源两端的未知电压作为待求变量,这一新增变量并非是电流变量,因此称为"虚设变量"。由于无伴电流源支路的电流是已知的,尽管出现了一个新的电压变量,但待求变量的总数并未增加,因此方程的总数亦未增加。

例 3-5 用支路电流法求图 3-10 所示电路中各支路电流及两电源的功率。

解 设无伴电流源的端电压为 u,其参考方向如图中所示,又设各支路电流的参考方向如图示。节点①的 KCL 方程为

$$I_1 - I_2 + 6 = 0$$

回路 1 和回路 2 的 KVL 方程为

$$-R_1 I_1 + 6 R_3 + u = 0$$
$$-R_2 I_2 - R_3 \times 6 - u = -U_s$$

将电路参数代入并对方程加以整理后得

$$\left.\begin{array}{r} I_1 - I_2 = -6 \\ -6 I_1 + u = -12 \\ -3 I_2 - u = -15 \end{array}\right\}$$

解上述方程组,求得

$$I_1 = 1\text{A}, \quad I_2 = 7\text{A}, \quad u = -6\text{V}$$

两电源的功率为

$$P_{I_s} = u I_s = -6 \times 6 = -36\text{W}$$
$$P_{U_s} = -U_s I_2 = -27 \times 7 = -189\text{W}$$

2. 选合适回路法——使无伴电流源支路只和一个独立回路关联

在所选的一组独立回路中,无伴电流源支路只和一个独立回路关联,即该支路只出现在一个回路中,而不会成为两个及以上回路的公共支路。

由于该无伴电流源支路的电流为已知,未知的支路电流的数目就比支路数少一个,故该无伴电流源所在独立回路的 KVL 方程无须列写。又因在其他独立回路中不出现该无伴电流源支路,因而避开了无伴电流源的端电压不能用支路电流表示的困难。由于不引入新的变量,从而减少了方程的数目。若一个电路中有 q 个无伴电流源(包括受控电流源),则所需列写的 KVL 方程将减少 q 个。

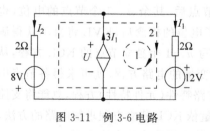

图 3-11 例 3-6 电路

例 3-6 试用支路电流法求图 3-11 所示电路中独立电源和受控源的功率。

解 该电路有两个独立回路,如果使无伴受控电流源只属于右边的独立回路 1,则不需列写该回路的 KVL。而另一不含无伴受控电流源支路的独立回路应是虚线所示的回路 2。于是所需列写的支路电流法方程为

$$KCL：\quad I_1 + I_2 - 3I_1 = 0$$
$$KVL：\quad 2I_1 - 2I_2 = -12 - 8$$

即

$$\left. \begin{array}{r} -2I_1 + I_2 = 0 \\ I_1 - I_2 = -10 \end{array} \right\}$$

解之,可得

$$I_1 = 10A, \quad I_2 = 20A$$

又可求得

$$U = 2I_1 + 12 = 32V$$

于是求出各电源的功率为

$$P_{8V} = -8I_2 = -8 \times 20 = -160W$$
$$P_{12V} = 12I_1 = 12 \times 10 = 120W$$
$$P_c = -3I_1 U = -3 \times 10 \times 32 = -960W$$

应用支路电流法时所列写的是独立节点的 KCL 方程和独立回路的 KVL 方程,其特点是电路中有多少个未知的支路电流,所需列写的方程数目就有多少个。当电路的支路数较多时,求解方程组的工作量很大。因此对支路数较少的电路适宜用此法,但对较复杂的电路,一般不用支路分析法,而选用其他方法求解。

练习题

3-2 列写图 3-12 所示电路的支路电流法方程。

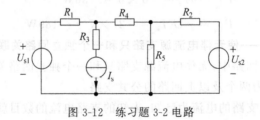

图 3-12 练习题 3-2 电路

3.5 节点分析法

在一个有 n 个节点的电路中,在指定了一个参考节点后,其余 $n-1$ 个节点的电位(也称为节点电压)可作为求解变量。由于在电路中应用了电位的概念后,KVL 将自动获得满足,因此若能将各支路电流用节点电位表示,则只需列写 $n-1$ 个独立节点的 KCL 方程,从而获得一组有 $n-1$ 个方程且正好有 $n-1$ 个节点电位变量的电路方程,就可求得各节点电位。由于每一支路是连接于两个节点之间,因此根据支路特性(元件特性)方程,总能将支路电流用节点电位予以表示。这种以节点电位为待求变量依 KCL 建立方程求解电路的方法,称为节点电位分析法或简称为节点分析法,所对应的电路方程称为节点法方程。

3.5.1　节点法方程的导出

节点法的求解对象是节点电位(也称节点电压),所建立的是独立节点的 KCL 方程。在图 3-13 所示电路中,选节点④为参考节点,指定各支路电流的参考方向如图中所示。各独立节点的节点电位为 U_1、U_2 和 U_3。写出独立节点①、②、③的 KCL 方程为

$$\left.\begin{array}{r}I_1 + I_2 + I_6 - I_s = 0 \\ -I_1 + I_3 + I_4 = 0 \\ -I_2 - I_3 - I_5 - I_6 = 0\end{array}\right\} \tag{3-8}$$

再将各支路电流用节点电位表示为

$$\left.\begin{array}{l}I_1 = \dfrac{U_1 - U_2}{R_1} \\[2mm] I_2 = \dfrac{U_1 - U_3}{R_2} \\[2mm] I_3 = \dfrac{U_2 - U_3}{R_3} \\[2mm] I_4 = \dfrac{U_2}{R_4} \\[2mm] I_5 = \dfrac{-U_3 + E_5}{R_5} \\[2mm] I_6 = \dfrac{U_1 - U_3 - E_6}{R_6}\end{array}\right\} \tag{3-9}$$

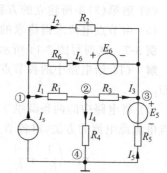

图 3-13　建立节点法方程的用图

将式(3-9)代入 KCL 方程式(3-8)并进行整理,将未知量的项置于方程左边,将已知量移至方程右边,可得

$$\left.\begin{array}{l}\left(\dfrac{1}{R_1} + \dfrac{1}{R_2} + \dfrac{1}{R_6}\right)U_1 - \dfrac{1}{R_1}U_2 - \left(\dfrac{1}{R_2} + \dfrac{1}{R_6}\right)U_3 = \dfrac{E_6}{R_6} + I_s \\[3mm] -\dfrac{1}{R_1}U_1 + \left(\dfrac{1}{R_1} + \dfrac{1}{R_3} + \dfrac{1}{R_4}\right)U_2 - \dfrac{1}{R_3}U_3 = 0 \\[3mm] -\left(\dfrac{1}{R_2} + \dfrac{1}{R_6}\right)U_1 - \dfrac{1}{R_3}U_2 + \left(\dfrac{1}{R_2} + \dfrac{1}{R_3} + \dfrac{1}{R_5} + \dfrac{1}{R_6}\right)U_3 = \dfrac{E_5}{R_5} - \dfrac{E_6}{R_6}\end{array}\right\} \tag{3-10}$$

式(3-10)即是所需的节点法方程。可以看出节点法方程实质是 KCL 方程,是把用节点电位表示的支路电流方程代入到 KCL 方程后的结果,它是 $2b$ 法方程的又一种表现形式。

3.5.2　视察法建立节点法方程

节点法方程的本质是独立节点的 KCL 方程,显然节点法方程的数目与独立节点数相同,为 $n-1$ 个。每一节点法方程都和一个独立节点对应。观察并分析式(3-10),可知与节点 k 对应的第 k 个方程的一般形式为

$$G_{kk}U_k - \sum G_{kj}U_j = I_{sk} \tag{3-11}$$

上式中的 G_{kk} 为连接于节点 k 上所有支路中电阻元件的电导之和,且 G_{kk} 恒为正值; G_{kk} 也称为节点 k 的自电导。式中的 G_{kj} 为连接于节点 k 和节点 j 之间的全部支路的电阻元件的电导之和,且 G_{kj} 前恒取负值; G_{kj} 也称为节点 k 和 j 的互电导。该式右边 I_{sk} 为连接于节

点 k 上全部支路中电流源(含由电压源等效的电流源)电流的代数和。当某个电流源的电流是流入节点 k 时,该项电流前取正号,否则取负号。

按照上述规则和方法,可通过对电路的观察直接写出节点法方程,称为视察法建立节点法方程。

用视察法建立节点电位法方程并求解电路的具体步骤如下。

(1) 给电路中的各节点编号,并指定电路的参考节点。

(2) 在电路图中标示待求电量的参考方向,例如指定各支路电流的参考方向。

(3) 按视察法建立节点法方程的规则,列写出对应于各独立节点的电路方程。

(4) 解第(3)步所建立的方程(组),求出各节点电位。

(5) 由节点电位求得待求的电量,例如支路电压、支路电流或元件的功率等。

例 3-7 试列写图 3-14 所示电路的节点电位法方程。

解 (1) 给电路中的各节点编号如图,并选节点④为参考点,则节点电位变量为 U_1、U_2 和 U_3。

(2) 将电路中的两条戴维宁支路等效变换为诺顿支路后,按前述确定自电导、互电导和节点电流源电流的方法,对各节点逐一写出该电路的节点电位法方程为

$$
\left.
\begin{aligned}
n_1: &\left(\frac{1}{R_1}+\frac{1}{R_5}+\frac{1}{R_6}\right)U_1 - \frac{1}{R_1}U_2 - \frac{1}{R_5}U_3 = -\frac{E_{s5}}{R_5}+I_s \\
n_2: &-\frac{1}{R_1}U_1 + \left(\frac{1}{R_1}+\frac{1}{R_2}+\frac{1}{R_3}\right)U_2 - \frac{1}{R_2}U_3 = 0 \\
n_3: &-\frac{1}{R_5}U_1 - \frac{1}{R_2}U_2 + \left(\frac{1}{R_2}+\frac{1}{R_4}+\frac{1}{R_5}\right)U_3 = \frac{E_{s4}}{R_4}+\frac{E_{s5}}{R_5}
\end{aligned}
\right\}
$$

例 3-8 用节点电位分析法求图 3-15 所示电路中各支路电流及电流源的功率。

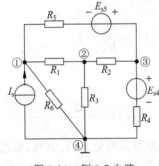 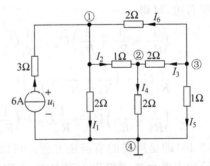

图 3-14 例 3-7 电路　　　　　图 3-15 例 3-8 电路

解 (1) 如图 3-15 所示,给各节点编号,并选定节点④为参考点。

(2) 指定各支路电流的参考方向及电流源的端电压的参考方向如图 3-15 中所示。

(3) 各独立节点电位为 U_1、U_2 和 U_3。按视察法的规则建立电路的节点法方程为

$$
\left.
\begin{aligned}
&\left(\frac{1}{2}+\frac{1}{2}+1\right)U_1 - U_2 - \frac{1}{2}U_3 = 6 \\
&-U_1 + \left(\frac{1}{2}+\frac{1}{2}+1\right)U_2 - \frac{1}{2}U_3 = 0 \\
&-\frac{1}{2}U_1 - \frac{1}{2}U_2 + \left(\frac{1}{2}+\frac{1}{2}+1\right)U_3 = 0
\end{aligned}
\right\}
$$

应注意节点①的自电导中不应包括与电流源串联的 3Ω 电阻的电导,这是因为节点法的实质是按 KCL 建立电路方程,而待求变量是节点电位,每一方程实际是相应节点的 KCL 方程。在节点①方程的右边已写入了与此节点相连的电流源的电流,而此电流与串联的 3Ω 电阻无关,因此在节点法方程中不应出现与电流源串联的电阻之电导值。

(4)将上述方程组进行整理,得

$$\left.\begin{array}{l} 2U_1 - U_2 - 0.5U_3 = 6 \\ -U_1 + 2U_2 - 0.5U_3 = 0 \\ -0.5U_1 - 0.5U_2 + 2U_3 = 0 \end{array}\right\}$$

解之,可得各节点电位为

$$U_1 = 5\text{V}, \quad U_2 = 3\text{V}, \quad U_3 = 2\text{V}$$

(5)将各支路电流用节点电位表示后,可求得

$$I_1 = \frac{U_1}{2} = 2.5\text{A}, \quad I_2 = \frac{U_1 - U_2}{1} = 2\text{A}, \quad I_3 = \frac{U_3 - U_2}{2} = -0.5\text{A}$$

$$I_4 = \frac{U_2}{2} = 1.5\text{A}, \quad I_5 = \frac{U_3}{1} = 2\text{A}, \quad I_6 = \frac{U_3 - U_1}{2} = -1.5\text{A}$$

电流源两端的电压为

$$u_i = U_1 + 3 \times 6 = 5 + 18 = 23\text{V}$$

电流源的功率为

$$P_i = -6u_i = -6 \times 23 = -138\text{W}$$

3.5.3 电路中含受控源时的节点法方程

当电路中含受控源时,若用视察法建立节点法方程,可根据受控源的特性,先将受控源视为独立电源,用规则化方法列写方程,再将其控制量用节点电位表示,然后对方程加以整理,将含有未知节点电位的项均移至方程的左边。

例 3-9 电路如图 3-16 所示,试求独立电流源和受控电流源的功率。

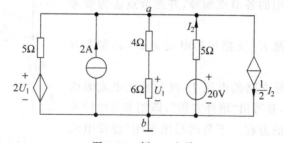

图 3-16 例 3-9 电路

解 用节点法求解。选节点 b 为参考点,先将受控源视为独立电源,控规则化方法建立节点 a 的方程为

$$\left(\frac{1}{5} + \frac{1}{10} + \frac{1}{5}\right)U_a = \frac{20}{5} + 2 - \frac{1}{2}I_2 + \frac{2U_1}{5}$$

将受控源的控制量 U_1 和 I_2 用节点电位 U_a 表示,有

$$U_1 = \frac{6}{4+6}U_a = \frac{3}{5}U_a$$

$$I_2 = \frac{20 - U_a}{5} = 4 - \frac{1}{5}U_a$$

将上述两式代入节点法方程,整理方程并求解,可求得节点电位为

$$U_a = 25\text{V}$$

又求得电流 I_2 为

$$I_2 = 4 - \frac{1}{5}U_a = 4 - \frac{1}{5} \times 25 = -1\text{A}$$

于是求出独立电流源的功率为

$$P_1 = -2U_a = -2 \times 25 = -50\text{W}$$

受控电流源的功率为

$$P_c = \frac{1}{2}I_2 U_a = \frac{1}{2} \times (-1) \times 25 = -12.5\text{W}$$

3.5.4 电路中含无伴电压源时的节点法方程

当电路中含无伴电压源支路时,因该支路的电流为未知量,且不能用其支路电压予以表示,所以在用前述方法列写节点法方程时会遇到困难。对此种情况可有三种处理方法。

1. 虚设电流变量法——增设无伴电压源支路的电流变量

在列写节点法方程时,必须计入无伴电压源支路的电流。为此将无伴电压源支路的未知电流作为新的待求变量,这一新增变量并非是节点电位变量,因此称为"虚设变量"。在增加这一变量后,为使方程可解,必须补充一个方程。由于无伴电压源支路的电压是已知的,且这一支路连接在两个节点之间,于是可用这两个节点电位之差表示无伴电压源的电压,这一关系式便是所需补充的方程,也称为"增补方程"。

在列写节点电位方程时,可将无伴电压源支路的未知电流变量视为电流源的电流写入方程。

例 3-10 试列写图 3-17 所示电路的节点电位法方程。

解 (1)给电路中的各节点编号,并选节点④为参考节点。

(2)设无伴电压源 E_2 支路中的电流为 I_e,其参考方向如图 3-17 所示。

(3)将无伴电压源支路的电流 I_e 视为独立电流源的电流写入节点法方程,并写出"增补方程",即用节点电位表示的无伴电压源电压的方程。于是列写出采用"虚设电流变量法"的节点电位法方程为

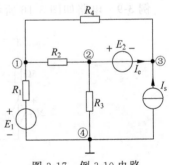

图 3-17 例 3-10 电路

$$\left(\frac{1}{R_1} + \frac{1}{R_2} + \frac{1}{R_4}\right)U_1 - \frac{1}{R_2}U_2 - \frac{1}{R_4}U_3 = \frac{E_1}{R_1}$$

$$-\frac{1}{R_2}U_1 + \left(\frac{1}{R_2} + \frac{1}{R_3}\right)U_2 = I_e$$

$$-\frac{1}{R_4}U_1 + \frac{1}{R_4}U_3 = I_s + I_e$$

增补方程为

$$U_2 - U_3 = E_2$$

（4）将上述方程中的未知量均移至方程的左边，整理后的节点法方程为

$$\left.\begin{aligned}
\left(\frac{1}{R_1}+\frac{1}{R_2}+\frac{1}{R_4}\right)U_1 - \frac{1}{R_2}U_2 - \frac{1}{R_4}U_3 &= \frac{E_1}{R_1}\\
-\frac{1}{R_2}U_1 + \left(\frac{1}{R_2}+\frac{1}{R_3}\right)U_2 + I_{\mathrm{e}} &= 0\\
-\frac{1}{R_4}U_1 + \frac{1}{R_4}U_3 - I_{\mathrm{e}} &= I_{\mathrm{s}}\\
U_2 - U_3 &= E_2
\end{aligned}\right\}$$

2. 电压源端点接地法——选择无伴电压源支路关联的节点之一为参考节点

当无伴电压源支路的一个端点与参考节点相接时，该无伴电压源支路另一个端点所接节点的电位便是已知的，其值为无伴电压源的电压值。于是这一电位为已知的节点对应的方程就不必列写，从而减少了方程的数目。

例 3-11　用节点电位法求图 3-18 所示电路中两独立电源的功率。

解　给电路中的各节点编号，并选无伴电压源的负极性端所接的节点④为参考节点。指定电压源支路的电流 I 和电流源的端电压 U 的参考方向以及各相关支路电流的参考方向如图中所示。节点①的电位为

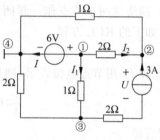

图 3-18　例 3-11 电路

$$U_1 = 6\mathrm{V}$$

对节点②和③列写的节点法方程为

$$\left.\begin{aligned}
-\frac{1}{2}\times 6 + \left(\frac{1}{2}+1\right)U_2 &= 3\\
-1\times 6 + \left(\frac{1}{2}+1\right)U_3 &= -3
\end{aligned}\right\}$$

应注意，与电流源串联的 2Ω 电阻不应出现在节点法方程中。

解上述方程组，可得

$$U_2 = 4\mathrm{V},\quad U_3 = 2\mathrm{V}$$

由此可求得各支路电流为

$$I_1 = \frac{U_1 - U_3}{1} = 6 - 2 = 4\mathrm{A}$$

$$I_2 = \frac{U_1 - U_2}{2} = \frac{6-4}{2} = 1\mathrm{A}$$

$$I = -I_1 - I_2 = -4 - 1 = -5\mathrm{A}$$

电流源的端电压为

$$U = (U_2 - U_3) + 2\times 3 = (4-2) + 6 = 8\mathrm{V}$$

于是求得两电源的功率为

$$P_{6\mathrm{V}} = 6I = 6\times(-5) = -30\mathrm{W}$$

$$P_{3\mathrm{A}} = -3U = -3\times 8 = -24\mathrm{W}$$

在例 3-11 中,两个未知的节点电位实际只需分别建立一个方程便可求出。由此可见,对含有无伴电压源支路的电路采用"电压源端点接地法"后可有效地简化计算工作。

3. 作封闭面法——围绕连接无伴电压源支路的两节点作封闭面而后建立该封闭面的 KCL 方程

前述的"电压源端点接地法"避免了对连接有无伴电压源支路的节点建立方程,在未选择某个无伴电压源的一个端点作为参考节点的情况下,可采用"作封闭面法"达到同样的目的。这一方法的步骤是先围绕连接着这一无伴电压源的两个节点作一封闭面,而后对该封闭面列写 KCL 方程。

例 3-12 求图 3-19 所示电路中各电阻支路的电流及两个电压源的功率。

解 给电路中各节点编号并指定各支路电流的参考方向如图所示。该电路中有两个无伴电压源支路,现选择 5V 电压源支路所接的节点⑤为参考节点,则节点④的电位为

$$U_4 = -5V$$

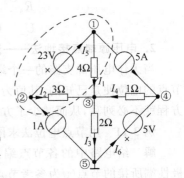

图 3-19 例 3-12 电路

另一电压为 23V 的无伴电压源支路连接在节点①和节点②之间,围绕这两个节点作一封闭面如图中所示,对此封闭面建立如下的 KCL 方程

$$I_1 + I_2 + 5 - 1 = 0$$

将 I_1 和 I_2 用节点电位表示,则封闭面的 KCL 方程为

$$\frac{1}{4}(U_1 - U_3) + \frac{1}{3}(U_2 - U_3) = -4$$

整理后得

$$\frac{1}{4}U_1 + \frac{1}{3}U_2 - \frac{7}{12}U_3 = -4 \qquad ①$$

由于 $U_2 - U_1 = 23$,因此方程①中的未知变量只有两个。再对节点③建立方程,并将 $U_4 = -5V$ 代入,有

$$-\frac{1}{4}U_1 - \frac{1}{3}U_2 + \left(\frac{1}{3} + \frac{1}{4} + \frac{1}{2} + 1\right)U_3 = -5 \qquad ②$$

将方程①和②联立,并将 $U_2 - U_1 = 23$ 代入,可解得

$$U_1 = -26V, \quad U_2 = -3V, \quad U_3 = -6V$$

由此求得各电阻支路的电流为

$$I_1 = \frac{U_1 - U_3}{4} = \frac{-26 - (-6)}{4} = -5A$$

$$I_2 = \frac{U_2 - U_3}{3} = \frac{-3 - (-6)}{3} = 1A$$

$$I_3 = \frac{U_3}{2} = \frac{-6}{2} = -3A$$

$$I_4 = \frac{U_4 - U_3}{1} = \frac{-5 - (-6)}{1} = 1A$$

两个无伴电压源支路的电流为

$$I_5 = I_1 + 5 = -5 + 5 = 0A$$
$$I_6 = I_3 - 1 = -3 - 1 = -4A$$

于是求得两电压源的功率为

$$P_{23V} = 23I_5 = 0W, \quad P_{5V} = 5I_6 = 5 \times (-4) = -20W$$

由例 3-12 可见,若电路中有 m 个无伴电压源支路,则在采用"作封闭面法"后,需列写的节点电位方程可减少 m 个。

此外,还可通过电源转移的方法,在消除无伴电压源支路后,再用通常的规则建立节点电位法方程。不过应注意,这种方法在一定的程度上改变了电路的结构。这对求解除无伴电压源支路之外的电路变量无关紧要,但若需求取该无伴电压源支路的电流或功率,则应在求得电压源转移后的电路中各节点电位后,再回到电源转移前的电路去求解。

3.5.5 节点分析法的相关说明

(1) 节点电位法以节点电位为求解对象,所建立的方程实质是独立节点的 KCL 方程。

(2) 若电路有 n 个节点,且电路不含无伴电压源(独立的或受控的)支路时,所建立的节点法方程有 $(n-1)$ 个,这比用支路法时建立的方程数目减少了 $(b-n+1)$ 个,所减少的是独立回路的 KVL 方程。

(3) 节点法既适用于平面电路,也适用于非平面电路,是分析计算电路时常用的一种方法,尤其适用于节点数较少(即节点数少于独立回路数)的电路。由于在电路中易于确认节点电位变量,所以节点法在计算机辅助电路分析中也是最常用的方法之一。

(4) 当用视察法对含有受控源的电路建立节点法方程时,可先将受控源视为独立电源,用规则化方法列写方程,再将受控源的控制量用节点电位表示后代入方程进行整理。

(5) 对含有无伴电压源的电路用视察法建立方程时,可采用"虚设变量法""电压源端点接地法"和"作封闭面法"。其中后面两种方法可减少列写的方程的数目,是实际应用中最常用的方法。当电路中有 $m(m \geqslant 2)$ 条无伴电压源支路时,通常是联合采用"电压源端点接地法"和"作封闭面法",可使所建立的方程数目减少 m 个。

练习题

3-3 试建立图 3-20 所示电路的节点电位法方程。

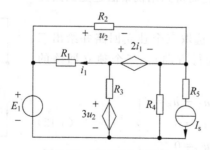

图 3-20 练习题 3-3 电路

3.6　回路分析法

在求解电路时,还可用所谓的"回路电流"为变量来建立电路方程,这一方法所列写的是独立回路的 KVL 方程,称为回路电流分析法或回路分析法,也简称为回路法,所对应的电路方程称为回路法方程。

3.6.1　回路电流的概念

回路电流是一种假想的电量,是设想的沿着一个回路的边沿或在回路内部流通的电流。图 3-21 所示电路有三个独立回路,假定每一回路都有一回路电流在其中流动,如电流 i_{l1}、i_{l2} 和 i_{l3}。可以看出,电路中的每一支路都有一个或多个回路电流通过,于是每一支路电流就是这些回路电流的代数和。例如图 3-21 中各支路电流用回路电流表示如下:

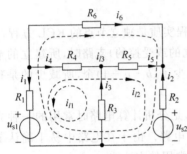

图 3-21　说明回路电流概念的电路

$$i_1 = i_{l1} - i_{l2} - i_{l3}$$
$$i_2 = -i_{l2} - i_{l3}$$
$$i_3 = i_{l1}$$
$$i_4 = -i_{l1} + i_{l2}$$
$$i_5 = i_{l2}$$
$$i_6 = i_{l3}$$

由此可见,只要求得了回路电流,就可以求出各支路电流,进而可由支路方程求得全部的支路电压。由图 3-21 电路还可以看出,有三条支路仅通过了一个回路电流,而正是这三条支路决定了这三个独立回路(由该支路决定的独立回路中不会出现另两条支路),或者说这三条支路中的电流就是回路电流,这也表明这三个独立回路的电流构成了一组独立变量。

3.6.2　回路法方程的导出

回路法的求解对象是回路电流,所建立的是独立回路的 KVL 方程。下面用图 3-22 所示电路导出其回路法方程,进而得到用视察法建立回路法方程的规则。

在图 3-22 所示电路中,选取三个独立回路并给出三个回路电流的参考方向(绕行方向)。三个独立回路的 KVL 方程为

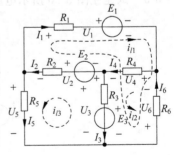

图 3-22　建立回路法方程的电路

$$\left.\begin{array}{l} u_1 + u_2 - u_3 - u_6 = 0 \\ u_3 + u_4 + u_6 = 0 \\ u_2 - u_3 + u_5 = 0 \end{array}\right\} \quad (3\text{-}12)$$

写出各支路的特性方程并将各支路电流用回路电流表示,得

$$
\left.\begin{aligned}
u_1 &= R_1 I_1 + E_1 = R_1 i_{l1} + E_1 \\
u_2 &= R_2 I_2 - E_2 = R_2 (i_{l1} + i_{l5}) - E_2 \\
u_3 &= R_3 I_3 + E_3 = R_3 (-i_{l1} + i_{l4} - i_{l5}) + E_3 \\
u_4 &= R_4 I_4 = R_4 i_{l4} \\
u_5 &= R_5 I_5 = R_5 i_{l5} \\
u_6 &= R_6 I_6 = R_6 (-i_{l1} + i_{l4})
\end{aligned}\right\} \tag{3-13}
$$

将式(3-13)代入式(3-12)并进行整理,将含未知量的项置于方程左边,把已知量的项移至方程右边,得

$$
\left.\begin{aligned}
(R_1 + R_2 + R_3 + R_6) i_{l1} - (R_3 + R_6) i_{l4} + (R_2 + R_3) i_{l5} &= -E_1 + E_2 + E_3 \\
-(R_3 + R_6) i_{l1} + (R_3 + R_4 + R_6) i_{l4} - R_3 i_{l5} &= -E_3 \\
(R_2 + R_3) i_{l1} - R_3 i_{l4} + (R_2 + R_3 + R_5) i_{l5} &= E_2 + E_3
\end{aligned}\right\} \tag{3-14}
$$

上式即是所需的回路法方程。容易看出,回路法方程是将用回路电流表示的支路电压代入到独立回路的 KVL 方程后的结果,它是 $2b$ 法方程的又一种表现形式。

3.6.3 视察法建立回路法方程

回路法方程的实质是独立回路的 KVL 方程,显然回路法方程的数目与独立回路的数目相同,为 $b-n+1$ 个。每一个回路法方程都和一个独立回路对应。考察并分析式(3-14),可知与回路 k 对应的第 k 个方程的一般形式为

$$
R_{kk} i_{lk} \pm \sum R_{kj} i_{lj} = E_{lk} \tag{3-15}
$$

式中,R_{kk} 为回路 k 中所有支路的电阻之和,且恒取正值,也称为回路 k 的自电阻;R_{kj} 为回路 k 和回路 j 所有共有支路的电阻之和,也称为 k 回路和 j 回路的互电阻,当 k 回路电流和 j 回路电流的方向关于公共支路为一致时,R_{kj} 前取正号,否则取负号;E_{lk} 为回路 k 中所有电压源(含电流源等效的电压源)电压的代数和,当某个电压源电压的参考方向与回路 k 的电流方向为一致时,该项电压前取负号,否则取正号。

按照上述规则和方法,可通过对电路的观察直接写出回路法方程,称为视察法建立回路法方程。

用视察法建立回路法方程并求解电路的具体步骤归纳如下。

① 选取一组独立回路并给出各回路电流编号、指定参考方向。通常回路电流的参考方向与决定此独立回路的那一支路的电流方向为一致。

② 按上述视察法建立回路法方程的规则,逐一写出对应于各独立回路的电路方程。

③ 解第②步所建立的回路法方程(组),求得各回路电流。

④ 由回路电流求出各支路电流。

⑤ 由支路方程求得各支路电压及功率等待求量。

例 3-13 试用回路法求图 3-23 所示电路中两个电压源及电阻 R 和 R_1 的功率。

解 选择三个独立回路并给出各回路电流的参考方向如图中所示。如此选择独立回路是因为这三个回路是由两

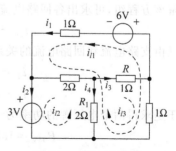

图 3-23 例 3-13 电路

个电压源支路及 R 支路所决定的,则这三条支路的电流便是三个回路的电流。由列写回路法方程的规则,可写出各回路的方程为

$$l_1:\quad (1+2+2+1)i_{l1}-(2+2)i_{l2}-(2+1)i_{l3}=-6$$
$$l_2:\quad -(2+2)i_{l1}+(2+2)i_{l2}+2i_{l3}=-3$$
$$l_3:\quad -(1+2)i_{l1}+2i_{l2}+(1+2+1)i_{l3}=0$$

将上述方程联立求解,求得

$$i_{l1}=-5.1\text{A}\quad i_{l2}=-5.25\text{A}\quad i_{l3}=-1.2\text{A}$$

于是所求各功率为

$$P_{6\text{v}}=6i_1=6i_{l1}=6\times(-5.1)=-30.6\text{W}$$
$$P_{3\text{v}}=3i_2=3i_{l2}=3\times(-5.25)=-15.75\text{W}$$
$$P_R=i_3^2R=i_{l3}^2R=(-1.2)^2\times1=1.44\text{W}$$
$$P_{R_1}=i_4^2R_1=(-i_{l2}-i_{l3})^2\times2=[-5.25-(-1.2)]^2\times2=32.805\text{W}$$

3.6.4　电路中含受控源时的回路法方程

在用视察法建立含受控源电路的回路法方程时,可先将受控源视为独立电源用规则化方法列写方程,再将其控制量用回路电流表示,然后对方程加以整理,将含有未知回路电流的项均移至方程的左边。

例 3-14　求图 3-24 所示电路中独立电压源和受控电压源的功率。

解　用回路法求解。选取三个独立回路及回路电流的参考方向如图 3-24 所示。用规则化方法列写回路法方程为

$$\left.\begin{array}{l}(2+2+1)i_{l1}+(2+2)i_{l2}+2i_{l3}=15+2i\\(2+2)i_{l1}+(2+2+1+3)i_{l2}+(2+1)i_{l3}=15\\2i_{l1}+(2+1)i_{l2}+(2+1+1)i_{l3}=0\end{array}\right\}$$

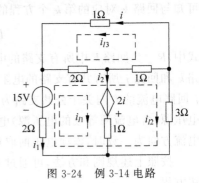

图 3-24　例 3-14 电路

将受控源的控制量 i 用回路电流表示,由电路图可见 $i=i_{l3}$,将该式代入回路法方程并对方程进行整理,可得

$$\left.\begin{array}{l}5i_{l1}+4i_{l2}=15\\4i_{l1}+8i_{l2}+3i_{l3}=15\\2i_{l1}+3i_{l2}+4i_{l3}=0\end{array}\right\}$$

解该方程组,可求出各回路电流为

$$i_{l1}=1.4\text{A},\quad i_{l2}=2\text{A},\quad i_{l3}=-2.2\text{A}$$

又由支路电流和回路电流的关系,求出两个电压源中的电流为

$$i_1=-i_{l1}-i_{l2}=-1.4-2=-3.4\text{A}$$
$$i_2=i_{l1}=1.4\text{A}$$

于是求得两个电压源的功率为

$$P_{15\text{v}}=15i_1=15\times(-3.4)=-51\text{W}$$
$$P_{2i}=-2i\cdot i_2=-2\times(-2.2)\times1.4=6.16\text{W}$$

3.6.5 电路中含无伴电流源时的回路法方程

当电路中含无伴电流源支路时,因该支路的电压为未知量,且不能用其支路电流予以表示,因此在用前述方法列写回路法方程时会遇到困难。对此可有两种解决方法。

1. 虚设电压变量法——增设无伴电流源支路的电压变量

方法是在建立方程时增设无伴电流源支路的端电压为新的电路变量并写入方程,同时增补一个用回路电流表示的无伴电流源电流的方程。

2. 选合适回路法——使无伴电流源支路只和一个回路相关联

这一方法和支路电流法中的做法是相似的,即在选择回路时,使每一无伴电流源支路只和一个回路关联,不让它成为两个及以上回路的公共支路。这样,无伴电流源所在回路的电流即是该电流源的电流,此由无伴电流源决定的回路的方程便无须列写,从而减少了方程的数目,使计算得以简化。

例 3-15 求图 3-25 所示电路中的电流 I。

解 该电路中有两个无伴电流源支路,选用回路法求解并采用选合适回路法。

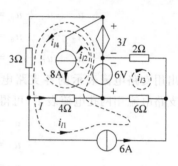

选择电路的四个独立回路并指定各回路电流的参考方向如图中所示。由两个无伴电流源决定的两个独立回路的电流为已知电流源的电流,即 $i_{l1}=6\text{A}$,$i_{l2}=8\text{A}$,这两个回路的方程不必列写。粗看起来,还有 i_{l3} 和 i_{l4} 这两个回路电流是未知的,似乎需解一个二元一次方程组,但仔细观察可发现回路 l_3 和 l_4 之间并无公共电阻支路,它们之间的互电阻为零。这样 l_4 回路的方程中将不含有未知量 i_{l3},即该方程中只有待求量 $i_{l4}=I$。因此,求 I 只需解一个方程就可以了。写出 l_4 回路的方程为

$$(3+4)I+3\times6=3I-6$$

解之,得

$$I=-6\text{A}$$

图 3-25 例 3-15 图

练习题

3-4 试列写图 3-26 所示电路的回路法方程并求独立电流源的功率。

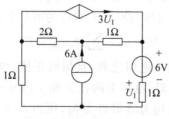

图 3-26 练习题 3-4 电路

3.6.6 网孔电流分析法

对一个平面电路,通常其所有内网孔可构成一组独立回路,此时在各网孔内部流通的假想电流称为网孔电流,可见网孔电流可视为回路电流的特例。以网孔电流为变量,建立方程求解电路的方法称为网孔电流分析法或网孔分析法,也简称为网孔法,所建立的方程亦是独立回路(网孔)的 KVL 方程,称为网孔法方程。

1. 网孔法方程

网孔法的求解对象是网孔电流,所对应的是电路中各网孔的 KVL 方程。在图 3-27 所示电路中,按惯例选顺时针方向为网孔的绕行方向,同时这也是网孔电流的参考方向。又选取各支路电流、电压的参考方向如图所示。电路中三个网孔的 KVL 方程为

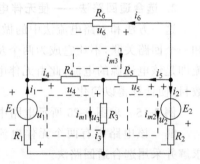

图 3-27　建立网孔法方程的一个电路

$$\left. \begin{array}{r} u_1 + u_3 + u_4 = 0 \\ u_2 - u_3 - u_5 = 0 \\ - u_4 + u_5 - u_6 = 0 \end{array} \right\} \qquad (3\text{-}16)$$

写出用支路电流表示的各支路电压的支路方程,再将各支路电流用网孔电流表示,可得

$$\left. \begin{array}{l} u_1 = R_1 i_1 - E_1 = R_1 i_{m1} - E_1 \\ u_2 = R_2 i_2 - E_2 = R_2 i_{m2} - E_2 \\ u_3 = R_3 i_3 = R_2(i_{m1} - i_{m2}) \\ u_4 = R_4 i_4 = R_4(i_{m1} - i_{m3}) \\ u_5 = R_5 i_5 = R_5(-i_{m2} + i_{m3}) \\ u_6 = R_6 i_6 = R_6(-i_{m3}) \end{array} \right\} \qquad (3\text{-}17)$$

将式(3-17)代入式(3-16),并进行整理,将含未知量的项置于方程左边,将已知量的项移至方程右边,得

$$\left. \begin{array}{l} (R_1 + R_3 + R_4)i_{m1} - R_3 i_{m2} - R_4 i_{m3} = E_1 \\ - R_3 i_{m1} + (R_2 + R_3 + R_5)i_{m2} - R_5 i_{m3} = E_2 \\ - R_4 i_{m1} - R_5 i_{m2} + (R_4 + R_5 + R_6)i_{m3} = 0 \end{array} \right\} \qquad (3\text{-}18)$$

这一方程组就是对应于图 3-27 所示电路的网孔法方程。

2. 视察法建立网孔法方程

一个平面网络的内网孔数目为 $b - n + 1$ 个。网孔法方程中的每一个方程均与一个网孔对应。考察并分析式(3-18),可知与网孔 k 对应的第 k 个方程的一般形式为

$$R_{kk} i_{mk} - \sum R_{kj} i_{mj} = E_{mk} \qquad (3\text{-}19)$$

式中,R_{kk} 为网孔 k 中所有支路的电阻之和,且恒取正值,也称为网孔 k 的自电阻;R_{kj} 为网孔 k 和网孔 j 共有支路的电阻,也称为网孔 k 和 j 的互电阻,其恒取负值,这是因为已约定所有网孔电流的参考方向均为顺时针方向,所以对于 k、j 两网孔的公共支路来说,两个网孔电流的方向必定相反,这与前述回路法中的情况有所不同,在回路法中,对两个回路的共有支路而言,两回路电流的方向可能一致,也可能相反,这导致相应的电阻项前

面可能取正号,也可能取负号;E_{mk} 为网孔 k 中所有电压源(含电流源等效的电压源)的代数和,当某个电压源的方向与网孔 k 的电流方向为一致时,该项电压前取负号,否则取正号。

　　按照上述规则和方法,可通过对电路的观察直接写出网孔法方程,称为视察法建立网孔法方程。可以看出,网孔法是回路法的特例,用网孔法求解网络时步骤和做法与回路法完全相同,且网孔法建立电路方程较回路法更为简便,这是因为平面电路的网孔一目了然,无须费力去选取,且每一网孔法方程中的互电阻项前面恒取负号。

　　例 3-16　用网孔法求图 3-28 所示电路中两个独立电源和两个受控电源的功率。

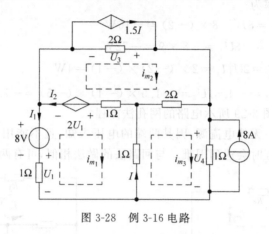

图 3-28　例 3-16 电路

　　解　用网孔法求解电路的步骤和方法与回路法相似。此电路中含有受控源,列写网孔法方程时,先将受控源视为独立电源写出初步的方程,再将受控源的控制量用网孔电流表示后代入后对方程进行整理。

　　(1) 给各网孔编号并选取顺时针方向为各网孔的绕行方向。

　　(2) 指定需计算的有关电压、电流的参考方向,如图 3-28 所示。

　　(3) 将各受控源视为独立电源按视察法的规则列写网孔法方程。在建立方程的同时将诺顿支路转换为戴维宁支路。所建立的方程为

$$\left.\begin{aligned} (1+1+1)i_{m_1} - i_{m_2} - i_{m_3} &= 8 + 2U_1 \\ -i_{m_1} + (1+2+2)i_{m_2} - 2i_{m_3} &= -2U_1 + 3I \\ -i_{m_1} - 2i_{m_2} + (1+1+2)i_{m_3} &= -8 \end{aligned}\right\}$$

　　(4) 将两个受控源的控制量 U_1 和 I 用网孔电流表示,即

$$U_1 = 1 \times I_1 = -i_{m_1}, \quad I = i_{m_3} - i_{m_1}$$

　　(5) 将用网孔电流表示的受控源的控制量代入前面所列写的网孔法方程中,并对方程进行整理,可得方程组

$$\left.\begin{aligned} 5i_{m_1} - i_{m_2} - i_{m_3} &= 8 \\ i_{m_2} - i_{m_3} &= 0 \\ i_{m_1} + 2i_{m_2} + 4i_{m_3} &= 8 \end{aligned}\right\}$$

（6）解上述方程组，求得各网孔电流为

$$i_{m_1}=2\text{A}, \quad i_{m_2}=1\text{A}, \quad i_{m_3}=1\text{A}$$

（7）由网孔电流求出各有关电量为

$$U_1=-i_{m_1}=-2\text{V}, \quad I=i_{m_3}-i_{m_1}=1-2=-1\text{A}$$

$$I_2=i_{m_2}-i_{m_1}=1-2=-1\text{A}, \quad I_1=-i_{m_1}=-2\text{A}$$

$$U_3=2(1.5I-i_{m_2})=2[1.5\times(-1)-1]=-5\text{V}$$

$$U_4=1\times(8+i_{m_3})=8+1=9\text{V}$$

由此求得各电源的功率为

$$P_{8\text{V}}=8I_1=8\times(-2)=-16\text{W}$$

$$P_{8\text{A}}=-8U_4=-8\times9=-72\text{W}$$

$$P_{2U_1}=2U_1I_2=2\times(-2)\times(-1)=4\text{W}$$

$$P_{1.5I}=-1.5IU_3=-1.5\times(-1)\times(-5)=-7.5\text{W}$$

例 3-17 试列写图 3-29 所示电路的网孔法方程。

解 该电路中有一无伴电流源，因其两端的电压未知，且不能用其支路电流予以表示，所以在按规则建立方程时会遇到困难。与回路法的做法相似，可有两种处理方法。

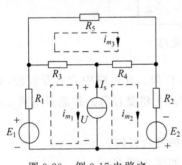

图 3-29　例 3-17 电路之一

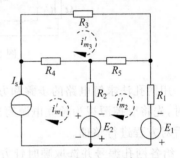

图 3-30　例 3-17 电路之二

方法一　"虚设变量法"

给电路中的各网孔编号，并选取顺时针方向为各网孔电流的参考方向。又设无伴电流源支路的端电压参考方向如图中所示。用规则化的方法写出各网孔的方程为

$$(R_1+R_3)i_{m_1}-R_3i_{m_3}=E_1-U$$

$$(R_2+R_4)i_{m_2}-R_4i_{m_3}=E_2+U$$

$$-R_3i_{m_1}-R_4i_{m_2}+(R_3+R_4+R_5)i_{m_3}=0$$

用网孔电流表示的无伴电流源电流的关系式为

$$-i_{m_1}+i_{m_2}=I_s$$

将上述方程中未知量的项移至方程的左边，则所建立的网孔法方程为

$$\left.\begin{aligned}
(R_1+R_3)i_{m_1}-R_3i_{m_3}+U&=E_1\\
(R_2+R_4)i_{m_2}-R_4i_{m_3}-U&=E_2\\
-R_3i_{m_1}-R_4i_{m_2}+(R_2+R_4+R_5)i_{m_3}&=0\\
-i_{m_1}+i_{m_2}&=I_s
\end{aligned}\right\}$$

方法二　使无伴电流源只和一个网孔关联

若无伴电流源支路只与一个网孔关联,则此网孔的电流即是无伴电流源的电流,因此该网孔的方程无须列写,这样可减少方程的数目。为此,将原电路改画如图 3-30 所示。于是 $i'_{m_1} = I_s$,另外两个网孔的方程为

$$-R_2 i'_{m_1} + (R_1 + R_2 + R_5) i'_{m_2} - R_5 i'_{m_3} = -E_1 - E_2$$

$$-R_4 i'_{m_1} - R_5 i'_{m_2} + (R_3 + R_4 + R_5) i'_{m_3} = 0$$

将 $i'_{m_1} = I_s$ 代入上面两个方程后,整理得到所需的网孔法方程为

$$(R_1 + R_2 + R_5) i'_{m_2} - R_5 i'_{m_3} = R_2 I_s - E_1 - E_2 \Big\}$$

$$-R_5 i'_{m_2} + (R_3 + R_4 + R_5) i'_{m_3} = R_4 I_s$$

练习题

3-5　试列写图 3-31 所示电路的网孔法方程。

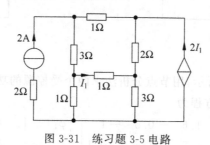

图 3-31　练习题 3-5 电路

习题

3-1　用支路电流法求题 3-1 图所示电路中的各支路电流及各电压源的功率。

3-2　用支路电流法求题 3-2 图所示电路中独立电压源和受控电流源的功率。

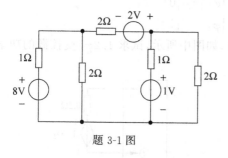

题 3-1 图

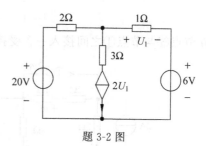

题 3-2 图

3-3　用支路电流法求题 3-3 图所示电路中各支路电流。

3-4　用节点分析法求题 3-4 图所示电路中各独立电源的功率。

3-5　电路如题 3-5 图所示,用节点分析法求各支路电流。

3-6　用节点法求题 3-6 图所示电路中的电流 I。

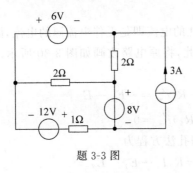

题 3-3 图

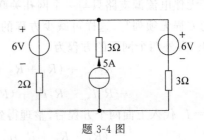

题 3-4 图

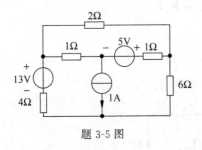

题 3-5 图

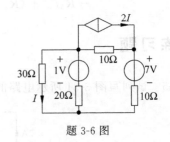

题 3-6 图

3-7　电路如题 3-7 图所示,用节点分析法求两个受控源的功率。

3-8　某网络的节点法方程为

$$\begin{bmatrix} 1.6 & -0.5 & -1 \\ -0.5 & 1.6 & -0.1 \\ -1 & -0.1 & 3.1 \end{bmatrix} \begin{bmatrix} \varphi_1 \\ \varphi_2 \\ \varphi_3 \end{bmatrix} = \begin{bmatrix} 1 \\ 2 \\ -1 \end{bmatrix}$$

试绘出电路图。

3-9　如题 3-9 图所示电路,网络 N 是具有 4 个节点的含受控源的线性时不变网络,其节点方程如下:

$$\begin{bmatrix} 4 & -2 & -1 \\ -2 & 6 & -4 \\ -1 & -2 & 3 \end{bmatrix} \begin{bmatrix} \varphi_1 \\ \varphi_2 \\ \varphi_3 \end{bmatrix} = \begin{bmatrix} 3 \\ 0 \\ 1 \end{bmatrix}$$

现在节点③与节点④之间接入一含受控源的支路,如图中所示,试求 $1.2\varphi_2$ 受控源的功率。

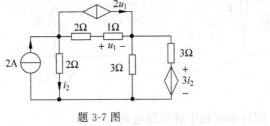

题 3-7 图

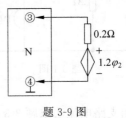

题 3-9 图

3-10　用节点法求题 3-10 图所示电路中受控电源的功率。

3-11　用回路法求题 3-11 图所示电路中的电压 U 和电流 I。

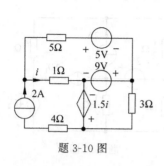

题 3-10 图

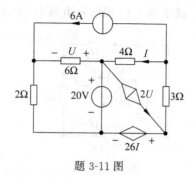

题 3-11 图

3-12 用回路法求如题 3-12 图所示电路中各电压源支路的电流 i_1、i_2、i_3 和 i_4。

3-13 电路如题 3-13 图所示,试用回路法求受控电压源的功率。

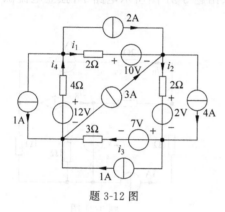

题 3-12 图

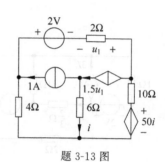

题 3-13 图

3-14 用网孔法求题 3-14 图所示电路中的各支路电流。

3-15 电路如题 3-15 图所示,用网孔法求各电源的功率。

3-16 试用网孔法求题 3-16 图所示电路中的 U 和 I。

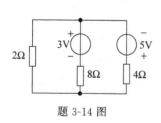

题 3-14 图

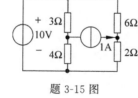

题 3-15 图

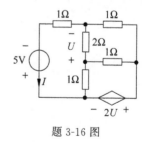

题 3-16 图

3-17 已知某电路的网孔法方程为

$$\begin{bmatrix} 1.7 & -0.5 & -0.2 \\ 1.5 & 2 & -8 \\ -2.2 & -1 & 3.4 \end{bmatrix} \begin{bmatrix} i_{m_1} \\ i_{m_2} \\ i_{m_3} \end{bmatrix} = \begin{bmatrix} 10 \\ 0 \\ 0 \end{bmatrix}$$

试构造与之对应的电路。

3-18 求题 3-18 图所示电路中的电流 i。

3-19 试求题 3-19 图所示电路中 2V 电压源及 2A 电流源的功率。

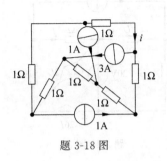

题 3-18 图

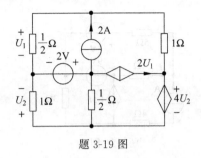

题 3-19 图

3-20 电路如题 3-20 图所示,求电流 I_1。

3-21 试用只列写一个电路方程的方法求出题 3-21 图所示电路中,独立电流源和受控源的功率。

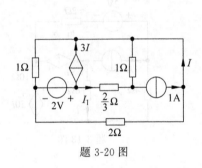

题 3-20 图

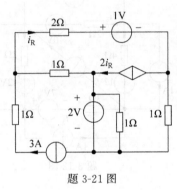

题 3-21 图

<table>
<tr><td>

第 4 章

CHAPTER 4

</td><td>

电路分析方法之三
——运用电路定理法

</td></tr>
</table>

本章提要

电路定理也称为网络定理。本章介绍几个重要的电路定理,包括叠加定理、替代定理、戴维宁定理及诺顿定理、最大功率传输定理、特勒根定理、互易定理。

电路定理是关于电路基本性质的一些结论,是网络特性的概括和总结。学习电路定理,不仅可加深对电路内在规律性的理解和认识,而且能把这些定理直接用于求解电路以及一些结论的证明。因此,和等效变换法、电路方程法一样,应用电路定理求解电路是又一类基本的电路分析方法。在实际应用中,要注意掌握需综合运用几个网络定理解决问题的方法。

4.1 叠加定理

线性电路最基本的性质是叠加性,叠加定理就是这一性质的概括与体现。

4.1.1 线性电路叠加性的示例

图 4-1 所示是一个含有两个独立电源的电路,为求 R_2 支路的电流 I_2,列写电路的节点法方程为

$$\left(\frac{1}{R_1} + \frac{1}{R_2} + \frac{1}{R_3}\right)\varphi = \frac{E_s}{R_1} + I_s$$

解之,得

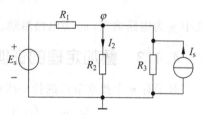

图 4-1 电路叠加性的示例用图

$$\varphi = \frac{R_2 R_3}{R_1 R_2 + R_2 R_3 + R_3 R_1}E_s + \frac{R_1 R_2 R_3}{R_1 R_2 + R_2 R_3 + R_3 R_1}I_s$$

于是求得 I_2 为

$$I_2 = \frac{\varphi}{R_2} = \frac{R_3}{R_1 R_2 + R_2 R_3 + R_3 R_1}E_s + \frac{R_1 R_3}{R_1 R_2 + R_2 R_3 + R_3 R_1}I_s$$

由上述结果可见,I_2 由两个分量组成,一个分量与电压源 E_s 有关,另一个分量与电流源 I_s 有关。下面让每一个电源单独作用于电路,即一个电源作用于电路时,另一个电源被置零。电流源置零时,电流为 0,应代之以开路,于是电压源单独作用时的电路如图 4-2(a)所示。电压源置 0 时,电压为 0,应代之以短路线,于是电流源单独作用时的电路如图 4-2(b)所示。

由图 4-2(a)所示电路求得 R_2 支路的电流为

$$I_2' = \frac{R_3}{R_1 R_2 + R_2 R_3 + R_3 R_1}E_s$$

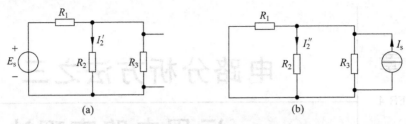

图 4-2　图 4-1 电路中各电源单独作用时的电路

由图 4-2(b)所示电路求得 R_2 支路的电流为

$$I''_2 = \frac{R_1 R_3}{R_1 R_2 + R_2 R_3 + R_3 R_1} I_s$$

将这两个电流相加,可得

$$I'_2 + I''_2 = \frac{R_3}{R_1 R_2 + R_2 R_3 + R_3 R_1} E_s + \frac{R_1 R_3}{R_1 R_2 + R_2 R_3 + R_3 R_1} I_s = I_2$$

　　由此可见,图 4-1 所示电路中 R_2 支路中的电流就是各电源分别单独作用于电路时在 R_2 支路产生的电流的叠加,这一现象和结果称为线性电路的叠加性。对电路中任一支路的电压和电流均有相同的结论。线性电路的这一性质可用叠加定理予以表述。

4.1.2　叠加定理的内容

　　叠加定理可陈述为:在任一具有唯一解的线性电路中,任一支路的电流或电压为每一独立电源单独作用于网络时(在该支路)所产生的电流或电压的叠加(代数和)。该定理的数学表达式为

$$y = k_1 x_1 + k_2 x_2 + \cdots + k_n x_n = \sum_{j=1}^{n} k_j x_j$$

式中 y 为电路响应,x_j 为电路激励。这表明电路响应为各激励的加权和。

4.1.3　叠加定理的证明

　　对于有 n 个独立节点的任一线性电阻电路,其节点电压方程为

$$\left.\begin{array}{l} G_{11} u_1 + G_{12} u_2 + \cdots + G_{1k} u_k + \cdots + G_{1n} u_n = i_{s1} \\ G_{21} u_1 + G_{22} u_2 + \cdots + G_{2k} u_k + \cdots + G_{2n} u_n = i_{s2} \\ \quad\vdots \\ G_{k1} u_1 + G_{k2} u_2 + \cdots + G_{kk} u_k + \cdots + G_{kn} u_n = i_{sk} \\ \quad\vdots \\ G_{n1} u_1 + G_{n2} u_2 + \cdots + G_{nk} u_k + \cdots + G_{nn} u_n = i_{sn} \end{array}\right\}$$

应用克莱姆法则,可解出节点 k 的电压为

$$u_k = \frac{\Delta_{1k}}{\Delta} i_{s1} + \frac{\Delta_{2k}}{\Delta} i_{s2} + \cdots + \frac{\Delta_{jk}}{\Delta} i_{sj} + \cdots + \frac{\Delta_{nk}}{\Delta} i_{sn}$$

$$j = 1, 2, \cdots, n$$

对于线性电路,上式中的 Δ 及 Δ_{jk} 都是常数,只取决于电路的结构和参数,而与电源无关。

　　由于支路电压是有关节点电压的代数和,因而任一支路 p 的支路电压 u_p 都可写成如下形式

$$u_p = \gamma_1 i_{s1} + \gamma_2 i_{s2} + \cdots + \gamma_n i_{sn}$$

又由于任一节点的等值电流源是该节点上各支路电流源(包括由电压源经等效变换而得到的电流源)的代数和,因而可将上式中各节点电流源写成各支路电流源的组合,并按各支路电流源分项整理合并,最后得出在网络中所有 q 个电流源 $i_{sm}(m=1,2,\cdots,q)$ 共同作用下任一支路电压 u_p 的解为

$$u_p = \gamma_1' i_{s1}' + \gamma_2' i_{s2}' + \cdots + \gamma_q' i_{sq}' \tag{4-1}$$

该式清楚地表明了线性电路的叠加性,即电路的响应是电路各激励的"加权和"。当电路中仅有 i_{s1}' 作用时(除 i_{s1}' 外其余的电源均等于零),式(4-1)成为 $u_{p1} = \gamma_1' i_{s1}'$,当仅有 i_{s2}' 作用时,有 $u_{p2} = \gamma_2' i_{s2}'$,…因此,当 $i_{s1}', i_{s2}', \cdots, i_{sq}'$ 共同作用时,由式(4-1)可得

$$u_p = u_{p1} + u_{p2} + \cdots + u_{pq}$$

这就是叠加定理的数学表达式。对于支路电流可得到类似的结果。

4.1.4　关于叠加定理的说明

(1) 叠加定理只适用于线性电路,对非线性电路,叠加定理不成立。

(2) 应用叠加定理解题时,需将某个或某几个电源置零。将电源置零的方法是:若置电压源为零,则用短路代替;若置电流源为零,则用开路代替。

(3) 运用叠加定理时,在单一电源作用的电路中,非电源支路应全部予以保留,且元件参数不变。受控电源既可视为独立电源,让其单独作用于电路(见例 4-3),也可视为非电源元件,在每一独立电源单独作用时均保留于电路之中。

(4) 运用叠加定理时,功率的计算与电压、电流的计算有所不同,即计算单一元件(包括电阻元件和电源元件)的功率时不可采用叠加的办法。例如电阻元件的电流为 $i_R = i_{R1} + i_{R2}$,其消耗的功率为

$$P_R = i_R^2 R = (i_{R1} + i_{R2})^2 R$$

显然有

$$P_R \neq i_{R1}^2 R + i_{R2}^2 R$$

这表明电阻元件的功率不等于各电流分量或电压分量所产生功率的叠加。

(5) 叠加定理体现的是线性电路的齐次性和可加性。所谓齐次性是指单一电源作用的电路中的响应随电源函数的增加而成比例增加;而可加性是指多电源作用的电路的响应为各电源单独作用时的响应之和。

4.1.5　运用叠加定理求解电路的步骤

(1) 在电路中标明待求支路电流和电压的参考方向。

(2) 作出单一电源作用的电路,在这一电路中也应标明待求支路电流和电压的参考方向。为避免出错,每一支路电流、电压的正向最好与原电路中相应支路电流、电压的正向保持一致。

若电路中有多个(两个以上)电源,也可根据电路特点将这些电源分成若干组,再令各组电源单独作用于电路。

(3) 计算各单一电源(或各组电源)作用的电路。

(4) 将各单一电源(或各组电源)作用的电路算出的各电流、电压分量进行叠加,求出原电路中待求的电流和电压。

4.1.6　运用叠加定理求解电路示例

1. 不含受控源的网络

例 4-1　试用叠加定理求图 4-3(a)所示电路中的各支路电流及两电源的功率。

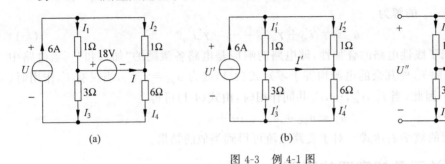

图 4-3　例 4-1 图

解　(1) 标出各支路电流及电流源端电压的参考方向如图 4-3(a)所示。

(2) 令电流源单独作用于电路,此时将电压源置零,用短路代替,所得电路如图 4-3(b)所示。根据电阻的串并联规则,可求得

$$I_1' = 6 \times \frac{1}{1+1} = 3\,\mathrm{A}, \quad I_2' = 3\,\mathrm{A}, \quad I_3' = 6 \times \frac{6}{3+6} = 4\,\mathrm{A}$$

$$I_4' = 2\,\mathrm{A}, \quad I' = I_1' - I_3' = -1\,\mathrm{A}, \quad U' = I_1' + 3I_3' = 3 + 12 = 15\,\mathrm{V}$$

(3) 令电压源单独作用于电路,此时将电流源置零,用开路代替,所得电路如图 4-3(c)所示,可求出

$$I_1'' = \frac{-18}{1+1} = -9\,\mathrm{A}, \quad I_2'' = -I_1'' = 9\,\mathrm{A}$$

$$I_3'' = \frac{18}{3+6} = 2\,\mathrm{A}, \quad I_4'' = -I_3'' = -2\,\mathrm{A}$$

$$I'' = I_1'' - I_3'' = -11\,\mathrm{A}$$

$$U'' = I_1'' + 3I_3'' = -9 + 6 = -3\,\mathrm{V}$$

(4) 将各分量进行叠加,求出原电路中各电流、电压为

$$I_1 = I_1' + I_1'' = 3 - 9 = -6\,\mathrm{A}$$

$$I_2 = I_2' + I_2'' = 3 + 9 = 12\,\mathrm{A}$$

$$I_3 = I_3' + I_3'' = 4 + 2 = 6\,\mathrm{A}$$

$$I_4 = I_4' + I_4'' = 2 - 2 = 0\,\mathrm{A}$$

$$I = I' + I'' = -1 - 11 = -12\,\mathrm{A}$$

$$U = U' + U'' = 15 - 3 = 12\,\mathrm{V}$$

两电源的功率为

电流源功率:　$P_\mathrm{I} = -6U = -6 \times 12 = -72\,\mathrm{W}$

电压源功率:　$P_\mathrm{E} = 18I = 18 \times (-12) = -216\,\mathrm{W}$

2. 含受控源的网络

运用叠加定理求解含受控源的电路时,对受控源有两种处理方法。

(1) 把受控源和电阻元件同样看待,在每一独立电源单独作用于电路时,受控源均予以

保留。

例 4-2 用叠加定理求图 4-4(a)所示电路中的各支路电流。

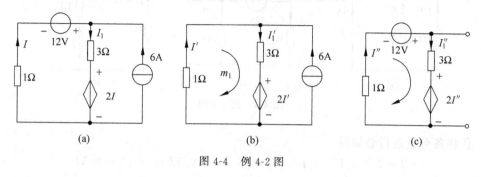

图 4-4 例 4-2 图

解 在每一独立电源单独作用时,受控源均应保留在电路中。

① 电流源单独作用的电路如图 4-4(b)所示。注意对受控源控制量的处理方法,由于此时受控电压源控制支路中的电流是 I',故受控源的控制量亦相应为 I',且正向应和原电路保持一致。

对网孔 m_1 列 KVL 方程

$$I' + 3I_1' + 2I' = 0$$

又列 KCL 方程

$$I_1' = 6 + I'$$

联立上面两式,解得

$$I' = -3\text{A}, \quad I_1' = 3\text{A}$$

② 电压源单独作用的电路如图 4-4(c)所示,注意此时受控源的控制量为 I''。不难求得

$$I_1'' = I'' = 2\text{A}$$

③ 将各电流分量叠加,求出原电路中各支路电流为

$$I = I' + I'' = -3 + 2 = -1\text{A}$$
$$I_1 = I_1' + I_1'' = 3 + 2 = 5\text{A}$$

(2)在叠加时把受控源也当作独立电源(即将控制量视为已知量),让其单独作用于电路参与叠加。

例 4-3 采用将受控源视为独立电源的做法,运用叠加定理重解例 4-2。

解 ① 电流源单独作用时的电路如图 4-5(a)所示,求得

$$I_1^{(1)} = 6 \times \frac{1}{3+1} = 1.5\text{A}, \quad I^{(1)} = -6 \times \frac{3}{4} = -4.5\text{A}$$

② 独立电压源单独作用时的电路如图 4-5(b)所示,求得

$$I_2^{(2)} = I_1^{(2)} = \frac{12}{1+3} = 3\text{A}$$

③ 受控源单独作用时的电路如图 4-5(c)所示。需指出的是应"完全"把受控源看作独立电源,将它的输出当作已知的,因此 $I^{(3)}$ 并不是它的控制量,这种处理方法和例 4-2 中的做法是不同的,请加以比较。可求得

$$I^{(3)} = I_1^{(3)} = \frac{-2I}{1+3} = -0.5I$$

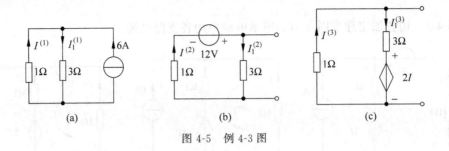

图 4-5 例 4-3 图

④ 将各分量进行叠加得

$$I = I^{(1)} + I^{(2)} + I^{(3)} = -4.5 + 3 - 0.5I = -1.5 - 0.5I$$

则

$$I = -1A$$

$$I_1 = I_1^{(1)} + I_1^{(2)} + I_1^{(3)} = 1.5 + 3 - 0.5I = 5A$$

所得结果与上例完全一样。

由解题过程可见,尽管受控源单独作用时不能求出各支路电流的具体数值,但这并不妨碍最后结果的求得。

例 4-4 电路如图 4-6 所示,N 为线性含源网络。已知 $U_s = 6V$ 时,电阻 R 的端电压 $U = 4V$;当 $U_s = 10V$ 时,$U = -8V$。求当 $U_s = 2V$ 时,电压 U 的值。

解 由线性电路的齐次性和可加性,有下式成立:

$$U = KU_s + U_N$$

式中 K 为常数,KU_s 为电压源 U_s 单独作用时所产生的
电压分量,U_N 为 N 中的独立电源作用时(U_s 置零)所产生的电压分量。根据题意可得

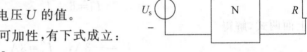

图 4-6 例 4-4 电路

$$\left. \begin{array}{l} 4 = K \times 6 + U_N \\ -8 = K \times 10 + U_N \end{array} \right\}$$

解之,得

$$K = -3, \quad U_N = 22V$$

于是求得 $U_s = 2V$ 时 U 的值为

$$U = -3 \times 2 + 22 = 16V$$

4.1.7 线性电路中的线性关系

根据叠加定理,当电路中有 p 个独立电压源和 q 个独立电流源时,k 支路电压的表达式可写为

$$u_k = a_1 u_{s1} + a_2 u_{s2} + \cdots + a_p u_{sk} + b_1 i_{s1} + b_2 i_{s2} + \cdots + b_q i_{sq} \tag{4-2}$$

若电路中仅有一个电压源 u_{sj} 发生变动,则在上式中除 $a_j u_{sj}$ 这一项外,其他各项均不会变化,于是可将其合记为一项 A_k,这样式(4-2)可表示为

$$u_k = A_k + a_j u_{sj} \tag{4-3}$$

同样地,对电路中的 l 支路,可得

$$u_l = A_l + a_l u_{sj} \tag{4-4}$$

由上式解出 u_{sj}，有

$$u_{sj} = \frac{u_l - A_l}{a_l}$$

将上式代入式(4-3)，得

$$u_k = A_k + a_j \frac{u_l - A_l}{a_l} = c_k + d_k u_l \tag{4-5}$$

式中 c_k 和 d_k 均为常数，其中

$$c_k = A_k - \frac{a_j A_l}{a_l}, \quad d_k = \frac{a_j}{a_l}$$

式(4-5)清楚地表明，当线性电路中某个独立电压源发生变化时，任意两支路 k、l 的电压变化满足线性关系。类似地可以容易地证明当电路中的某个电压源变化时，任意两条支路的电流间存在线性关系，以及一条支路的电压和另一条支路的电流间亦是线性关系，可用公式表示为

$$i_k = K_1 + K_2 i_l \tag{4-6}$$

和

$$u_k = K_3 + K_4 i_l \tag{4-7}$$

式中 K_1、K_2 和 K_3、K_4 均为常数。

综上所述，可以得出结论：当电路中的某个电源(电压源或电流源)发生变化时，任意两条支路的电量(电压或电流)间满足线性关系，即有下式成立：

$$y = m + nx \tag{4-8}$$

其中 y 为某支路的电压或电流，x 为另一支路的电压或电流；m 和 n 为与电路的结构、元件参数和激励有关的常数。这一结论称为线性电路中的线性关系。

例 4-5 在图 4-7 所示电路中，N 为线性含源直流网络，其中 u_s 为输出可调的直流电压源。已知当 $u_s = U_{s1}$ 时，$u_1 = 2\text{V}$，$i_2 = 3\text{A}$；当 $u_s = U_{s2}$ 时，$u_1 = 6\text{V}$，$i_2 = 5\text{A}$。若调节 u_s 使得 $u_1 = 3\text{V}$，求 i_2 为多少。

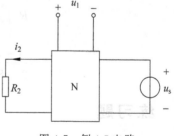

图 4-7 例 4-5 电路

解 由电路中的线性关系，有

$$i_2 = m + n u_1$$

由题给条件，可得下述方程组：

$$\left.\begin{array}{l} 3 = m + n \times 2 \\ 5 = m + n \times 6 \end{array}\right\}$$

求得两个系数为

$$m = 2, \quad n = 0.5$$

于是当 $u_1 = 3\text{V}$ 时，电流 i_2 为

$$i_2 = 2 + 0.5 \times 3 = 3.5\text{A}$$

例 4-6 图 4-8(a)所示电路中 R 为可变电阻，R_2 为未知电阻，当 $R = 2\Omega$ 时，$I = \frac{1}{4}\text{A}$。求当 $R = 10\Omega$ 时 I 的值。

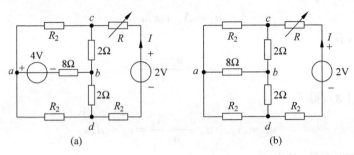

图 4-8   例 4-6 图

解   需先求出 R_2 的值,用叠加定理求解。不难看出,当 4V 的电压源单独作用时,电路为一平衡电桥,c、d 两点为等位点,R 支路的电流为零。因此,图 4-8(a)所示电路中 R 支路的电流便是 2V 的电压源单独作用时所产生的电流。2V 电压源单独作用时的电路如图 4-8(b)所示。这又是一个平衡电桥,a、b 两点为等位点。将 8Ω 电阻支路断开后,有

$$I = \cfrac{2}{R + R_2 + \cfrac{2R_2 \times 4}{2R_2 + 4}}$$

当 $R = 2\Omega$ 时,$I = \dfrac{1}{4}$A 即

$$\cfrac{2}{2 + R_2 + \cfrac{4R_2}{2 + R_2}} = \frac{1}{4}$$

解之,得

$$R_2 = \pm\sqrt{12} = \pm 2\sqrt{3}\ \Omega$$

取 $R_2 = 2\sqrt{3}\ \Omega$,则当 $R = 10\Omega$ 时,有

$$I = \cfrac{2}{R + R_2 + \cfrac{4R_2}{2 + R_2}} = \cfrac{2}{10 + 2\sqrt{3} + \cfrac{4 \times 2\sqrt{3}}{2 + 2\sqrt{3}}}$$

$$= \frac{1 + \sqrt{3}}{8 + 8\sqrt{3}} = \frac{1}{8}\text{A}$$

练习题

4-1   用叠加定理求图 4-9 所示电路中的电压 U 和电流 I。

4-2   用叠加定理求图 4-10 所示电路中的电流 I 及电流源的功率。

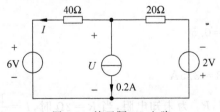

图 4-9   练习题 4-1 电路

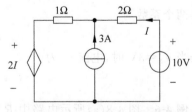

图 4-10   练习题 4-2 电路

4.2 替代定理

4.2.1 替代定理的内容

替代定理可陈述为：在任意一个电路中，若某支路 k 的电压为 u_k，电流为 i_k，且该支路与其他支路之间不存在耦合，则该支路

（1）可用一个电压为 u_k 的独立电压源替代。

（2）也可用一个电流为 i_k 的独立电流源替代。

只要原电路及替代后的电路均有唯一解，两者的解就相同。

4.2.2 替代定理的证明

定理中的第一条可证明如下：

图 4-11(a)所示电路的 AB 支路的端电压为 u_k，在该支路中串入两个电压均为 u_k、但极性相反的独立电压源，如图 4-11(b)所示。显然这两个电压源的接入并不影响整个电路的工作状态，即 A、B 间的电压仍为 u_k，k 元件的端电压也仍为 u_k。在图 4-11(c)中，A、C 两点间的电压为零，因此可用一根短路线把这两点连接起来。这样，图 4-11(d)网络和图 4-11(c)网络是等效的，此时，原电路中 AB 支路的 k 元件已被替换为一个独立电压源。于是定理的第一条得以证明，定理的第二条亦可用类似的方法予以证明，读者可自行分析。

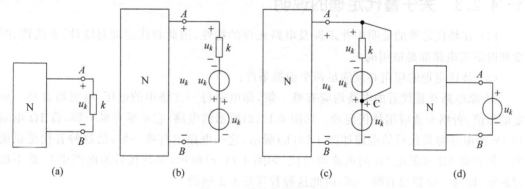

图 4-11 替代定理的证明

下面通过一实例验证替代定理的正确性。

在图 4-12(a)所示电路中，若把虚线框内的部分视为一条支路，则可求出该支路的电压、电流为

$$I_2 = \frac{E_1 - E_2}{R_1 + R_2} = \frac{-12}{6} = -2\text{A}$$

$$U_2 = R_2 I_2 + E_2 = -8 + 16 = 8\text{V}$$

R_1 的端电压及电流为

$$U_1 = R_1 I_1 = -4\text{V}, \quad I_1 = I_2 = -2\text{A}$$

（1）将虚线框内的部分用电压为 $U_s = 8\text{V}$ 的电压源替代，如图 4-12(b)所示，求得

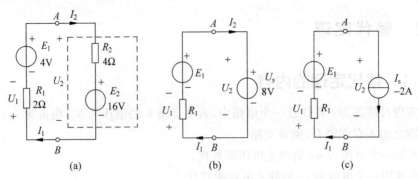

图 4-12　验证替代定理用图

$$I_1 = \frac{E_1 - U_1}{R_1} = \frac{4-8}{2} = -2\text{A}$$

$$U_1 = R_1 I_1 = -4\text{V}, \quad U_2 = U_s = 8\text{V}$$

和替代前的结果完全相同。

（2）将虚线框内的部分用 $I_s = -2\text{A}$ 的电流源替代，如图 4-12(c)所示，求得

$$I_1 = -2\text{A}, \quad U_1 = R_1 I_1 = -4\text{V}$$

$$U_2 = E_1 - U_1 = 4 - (-4) = 8\text{V}$$

和替代前的结果亦完全相同。

4.2.3　关于替代定理的说明

（1）在替代定理的证明中并未涉及电路元件的特性，因此替代定理对线性、非线性、时变和时不变电路都是适用的。

（2）替代定理的应用必须满足两个前提条件：

① 原电路及替代后的电路均应有唯一解，即电路每一支路中的电压、电流均有唯一确定的数值，否则不能应用替代定理。如图 4-13(a)所示的电路，它显然有唯一解，将 1Ω 电阻用 1V 的电压源替代后的电路如图 4-13(b)所示，这一电路也有唯一解，故这种替代是正确的。但若将 1Ω 电阻用 1A 的电流源替代，如图 4-13(c)所示，则替代后的电路中 U 是不确定的值，即这一电路没有唯一解，因此这种替代是不正确的。

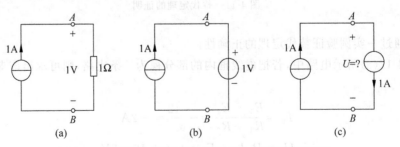

图 4-13　替代前、后的电路必须有唯一解的说明用图

② 被替代的支路与电路的其他部分应无耦合关系。

例 4-7　电路如图 4-14 所示，其中 N 为含源电阻性网络，R 为可调电阻。已知当 $R =$

R_1 时,$I_1=4\text{A}$,$I_2=1\text{A}$;当 $R=R_2$ 时,$I_1=-2\text{A}$,$I_2=3\text{A}$。求当调节 R 使得 $I_2=-1\text{A}$ 时 I_1 的值。

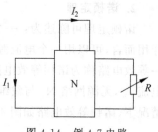

图 4-14　例 4-7 电路

解　此题所讨论的是电路中某条支路的元件参数发生变化时,电路中任意两条支路上电量之间的关系。根据替代定理,任一电阻支路可用电压源或电流源替代。于是电阻参数的变化就等价于电源输出的变化,因此当某电阻元件的参数变化时,任意两条支路上电量之间亦应满足线性关系,即有

$$I_1=K_1+K_2 I_2$$

这样,由题给条件,可得到下述关系式

$$\left.\begin{array}{l}4=K_1+K_2\times 1\\-2=K_1+K_2\times 3\end{array}\right\}$$

解之,可得

$$K_1=7,\quad K_2=-3$$

于是,当 $I_2=-1\text{A}$ 时,有

$$I_1=K_1+K_2 I_2=7+(-3)\times(-1)=10\text{A}$$

4.3　戴维宁定理和诺顿定理

戴维宁定理和诺顿定理又称为等效电源定理。在电路分析中,它是电路等效变换的一个非常重要的定理。它的重要性在于应用这一定理能简化一个复杂的线性含源二端网络。

4.3.1　等效电源定理的内容

1. 戴维宁定理

戴维宁定理可陈述为：一个线性含源二端网络 N,如图 4-15(a)所示,就其对负载电路的作用而言,可以用一个电压源和对应的无源网络相串联的电路与之等效,如图 4-15(b)所示,这一等效电路称为戴维宁等效电路(简称戴维宁电路)。等效电路中电压源的电压等于网络 N 的端口开路电压 u_{oc},无源网络 N_0 为将网络 N 中所有独立电源(包括后述的储能元件的初始储能所对应的电压源和电流源)置零后所得到的网络(这种网络又称为松弛网络)。在 N 为线性含源电阻网络的情况下,N_0 可简化为一个等效电阻 R_0,R_0 也称为戴维宁等效电阻。此时戴维宁等效电路为一个电压源与电阻的串联电路,如图 4-15(c)所示。

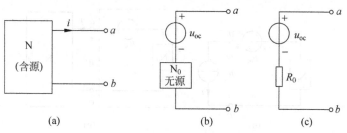

图 4-15　戴维宁等效电路

2. 诺顿定理

诺顿定理可陈述为:一个线性含源二端网络 N,如图 4-16(a)所示,就其对负载电路的作用而言,可以用一个电流源与对应的无源网络相并联的电路等效,如图 4-16(b)所示,这一等效电路称为诺顿等效电路(也简称为诺顿电路)。电流源的电流等于网络 N 端口短路电流 i_{sc},无源网络 N_0 与戴维宁等效电路中 N_0 的含义相同。在 N 为线性含源电阻网络的情况下,诺顿等效电路如图 4-16(c)所示。

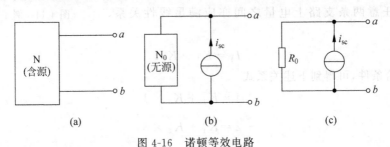

图 4-16 诺顿等效电路

4.3.2 戴维宁定理的证明

设线性含源网络 N 与任意外部网络 N′相接,如图 4-17(a)所示,整个网络应有唯一解。设端口电流为 i,根据替代定理,N′可用一个电流为 i 的电流源替代,如图 4-17(b)所示。又按叠加定理,图 4-17(b)网络可视为图 4-17(c)中两个网络的叠加。其中一个是 N 中所有独立电源单独作用的网络,这一网络的 ab 端口显然处于开路的状态下,此时 ab 端口的开路电

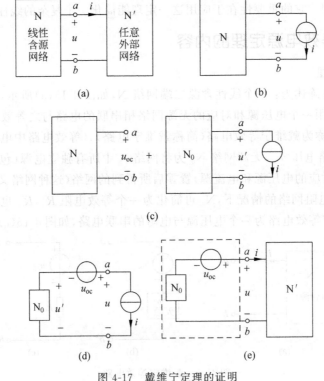

图 4-17 戴维宁定理的证明

压为 u_{oc}。另一网络为电流源 i 单独作用的网络，其中 N_0 为将 N 中所有独立电源置零后得到的松弛网络。

根据图 4-17(b)、(c)，可知图 4-17(b)中 ab 端口的电压为

$$u = u_{oc} + u'$$

按上式，图 4-17(b)网络与图 4-17(d)所示网络等效。将电流源 i 重新还原为外部网络 N'，如图 4-17(e)所示，与原网络图 4-17(a)比较，可知虚线框内的部分便是 N 的等效电路，于是戴维宁定理得证。

诺顿定理的证明与戴维宁定理的证明相仿，读者可自行证明。

4.3.3 关于等效电源定理的说明

(1) 在戴维宁定理(以及诺顿定理)的证明中，在运用替代定理后用到了叠加定理。因此，等效电源定理要求被变换的二端网络必须是线性的。但对图 4-17(a)中的外部网络 N' 则无此限制，它可以是线性的，也可以是非线性的。因此，可将非线性电路中的线性部分用戴维宁电路或诺顿电路等效，从而简化分析工作。

(2) 在应用等效电源定理时，必须注意线性含源网络 N 和外部网络 N' 之间不可存在耦合关系，例如 N 中受控源的控制支路不可在 N' 中，同样 N' 中受控源的控制支路也不可在 N 中。否则，必须按第 2 章中介绍的方法先进行控制量的转移，而后才可用等效电源定理。

(3) 戴维宁电路中的开路电压 u_{oc} 是指将含源网络 N 和外部网络 N' 断开后，N 的端口电压，如图 4-18(a)所示；诺顿电路中的短路电流 i_{sc} 是指将 N 和 N' 断开，N 的端口被短路后，在短路线中通过的电流，如图 4-18(b)所示。

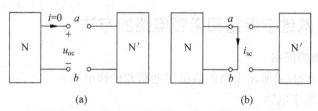

图 4-18 等效电源电路中的开路电压和短路电流

(4) 必须注意戴维宁电路中电压源的极性以及诺顿电路中电流源的正向与端钮的对应关系，如图 4-19 所示，不能搞错。

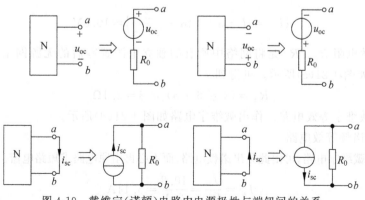

图 4-19 戴维宁(诺顿)电路中电源极性与端钮间的关系

（5）在电路分析中,等效电源定理是经常应用的一个定理,并特别便于求电路中某条支路或一部分电路中的电量。

4.3.4　戴维宁电路和诺顿电路的互换

一个线性含源电路既有戴维宁等效电路,也有诺顿等效电路。因此同一电路的两种等效电路必然也是相互等效的。根据电源的等效变换,可以从戴维宁电路导出诺顿电路,反之亦然,如图 4-20 所示。

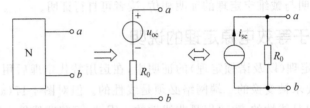

图 4-20　戴维宁电路和诺顿电路的等效互换

不难得出同一电路的两种等效电路参数间的关系为

$$R_0 = \frac{u_{oc}}{i_{sc}}$$

(4-9)

由此可见,只要知道了三个参数中的任意两个,便可导出另一个参数。例如求一个网络的戴维宁电路时,若短路电流 i_{sc} 比开路电压 u_{oc} 更易求出,则可先求得 i_{sc} 后,再根据 $u_{oc} = R_0 i_{sc}$ 求得开路电压。

4.3.5　求戴维宁电路和诺顿电路的方法

1. 不含受控源的网络

例 4-8　求图 4-21(a)所示电路的戴维宁电路和诺顿电路。

解　（1）求戴维宁电路

① 求开路电压 U_{oc}。求开路电压时,可采用求解电路的各种分析方法。本例电路用等效变换的方法解。将图 4-21(a)所示电路中的两条并联的电压源支路用图 4-21(b)中虚线框内的电流源支路等效。显然开路电压是 3Ω 电阻两端的电压,注意 3Ω 电阻和 5Ω 电阻是串联,于是可得

$$U_{oc} = 3I = 3 \times \left(18 \times \frac{2}{2+8}\right) = 10.8\text{V}$$

② 求等效电阻 R_0。R_0 是将网络中所有的独立电源置零后的无源网络从端口看进去的等效电阻,如图 4-21(c)所示。可得到

$$R_0 = (3 /\!/ 6 + 5) /\!/ 3 = 2.1\Omega$$

③ 构成戴维宁等效电路。作出戴维宁电路如图 4-21(d)所示。

（2）作出诺顿等效电路

因已求得戴维宁电路,可由此导出诺顿电路,而不必再由原电路求短路电流。由式(4-9),有

$$I_{sc} = \frac{U_{oc}}{R_0} = \frac{10.8}{2.1} = 5.14\text{A}$$

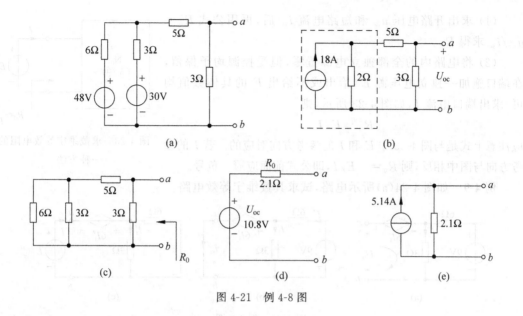

图 4-21　例 4-8 图

作出诺顿电路如图 4-20(e)所示。

在实际中,求戴维宁(或诺顿)电路时,可以采用电源等效变换法来进行。比如将例 4-8 的电路作电源的等效变换,最后得到的等效电路与戴维宁电路完全相同,如图 4-22 所示。但这种方法与用戴维宁定理求等效电路是两种不同的方法,且有一定的局限性,读者可予以比较。

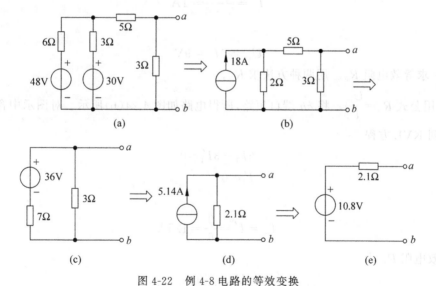

图 4-22　例 4-8 电路的等效变换

2. 含受控源的网络

无论电路是否含有受控源,求取开路电压或短路电流的方法都没有什么区别,但两种电路的等效电阻 R_0 的求法却不相同。求含受控源电路的 R_0 时,不可简单地采用将独立电源置零的做法,而应采取下面两种方法:

（1）求出开路电压 u_{oc} 和短路电流 i_{sc} 后，再用公式 $R_0 = u_{oc}/i_{sc}$ 求得 R_0。

（2）将电路内的全部独立电源置零，但受控源均予保留，在端口施加一独立电压源 E（给出或不给出 E 的具体数值均可）求出端口电流 I，如图 4-23 所示，则

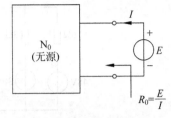

图 4-23　求戴维宁等效电阻的一种方法

$$R_0 = E/I$$

应注意上式是与图 4-23 中 E 和 I 的参考方向对应的。若 I 的参考方向与图中相反，则 $R_0 = -E/I$，即公式前面应冠一负号。

例 4-9　如图 4-24(a)所示电路，试求其戴维宁等效电路。

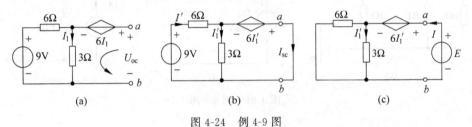

图 4-24　例 4-9 图

解　（1）求开路电压 U_{oc}。对图 4-24(a)中所示的回路列 KVL 方程

$$U_{oc} = 6I_1 + 3I_1 = 9I_1$$

电路中 3Ω 和 6Ω 的电阻为串联，可得

$$I_1 = \frac{9}{3+6} = 1\text{A}$$

则

$$U_{oc} = 9I_1 = 9\text{V}$$

（2）求等效电阻 R_0。用两种方法求 R_0。

① 用公式 $R_0 = \dfrac{U_{oc}}{I_{sc}}$。将 ab 端口短路，所得电路如图 4-24(b)所示。对图示中含受控源的网孔列 KVL 方程

$$6I_1' + 3I_1' = 0$$
$$I_1' = 0$$

则

$$I_{sc} = I' = \frac{9}{6} = 1.5\text{A}$$

于是等效电阻 R_0 为

$$R_0 = \frac{U_{oc}}{I_{sc}} = \frac{9}{1.5} = 6\Omega$$

② 将原电路中的独立电源置零，受控源予以保留，在端口加电压源 E，所得电路如图 4-24(c)所示，不难求得

$$I = E/6$$
$$R_0 = E/I = 6\Omega$$

4.3.6 用等效电源定理求解电路的方法和步骤

（1）将需求解的支路视为外部电路。

（2）将待求支路与原电路分离；求除待求支路之外的电路的戴维宁电路或诺顿电路。

（3）将待求支路与戴维宁（或诺顿）电路相联，求出待求量。

例 4-10 试用戴维宁定理求图 4-25(a)所示电路中的电压 U。

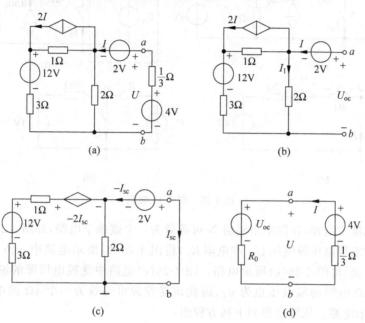

图 4-25 例 4-10 图

解 （1）将待求支路（4V 电源与 $\dfrac{1}{3}\Omega$ 电阻的串联支路）与电路分离。

（2）由图 4-25(b)所示电路求开路电压 U_{oc}，不难得到

$$U_{oc} = 2 + 2I_1$$

注意此时 $I=0$，故受控源输出为零。

$$U_{oc} = 2 + 2 \times \frac{12}{3+1+2} = 6\text{V}$$

由图 4-25(c)所示电路求短路电流 I_{sc}。列出节点方程为

$$\left(\frac{1}{4} + \frac{1}{2}\right) \times (-2) = \frac{12 + 2I_{sc}}{4} - I_{sc}$$

解之，得

$$I_{sc} = 9\text{A}$$

则戴维宁等效电阻为

$$R_0 = \frac{U_{oc}}{I_{sc}} = \frac{6}{9} = \frac{2}{3}\Omega$$

（3）将戴维宁等效电路与待求支路相联，如图 4-25(d)所示，则所求为

$$U = 4 - \frac{1}{3}I = 4 - \frac{1}{3} \times \frac{4-6}{1/3+2/3} = \frac{14}{3}\text{V}$$

例 4-11 在图 4-26(a)所示电路中,N 为含源电阻网络。开关 S 断开时测得 $U_{ab}=13\text{V}$,S 闭合时测得电流 $I_{ab}=3.9\text{A}$。求网络 N 的最简等效电路。

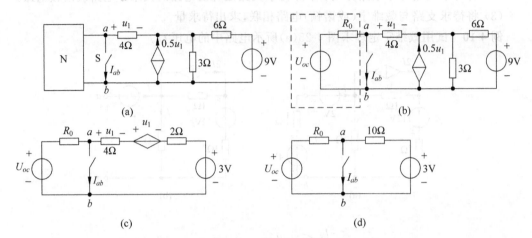

图 4-26 例 4-11 电路

解 由戴维宁定理,含源电阻网络 N 可等效为一个戴维宁电路,如图 4-26(b)中虚线框内的部分。为求得电压源电压 U_{oc} 和电阻 R_0,将图 4-26(b)所示电路中 a、b 端口右侧的部分进行等效变换,得图 4-26(c)所示电路。图 4-26(c)电路中受控电压源的输出电压为 u_1,与它串联的 4Ω 电阻的端电压也为 u_1,因此该受控源可等效为一个 4Ω 的电阻,于是可得图 4-26(d)所示电路。依题意得到下列方程组:

$$\left.\begin{array}{l} \dfrac{3-U_{oc}}{10+R_0}R_0 + U_{oc} = U_{ab} = 13 \\[3mm] \dfrac{U_{oc}}{R_0} + \dfrac{3}{10} = I_{ab} = 3.9 \end{array}\right\}$$

解之可得

$$U_{oc} = 18\text{V}, \quad R_0 = 5\Omega$$

4.3.7 关于含受控源电路的戴维宁(或诺顿)等效电路的非唯一性

(1) 对于含有受控源的有源网络 N,在一定的情况下,其可能有多个不同的戴维宁(诺顿)等效电路。当线性含源电路 N 与外部电路间不存在耦合,且电路有唯一解时,N 的戴维宁(或诺顿)等效电路是唯一的。

(2) 当线性含源网络 N 与外部网络间存在耦合关系时,欲求 N 的戴维宁电路,必须先消除 N 和外电路间的耦合。对含受控源的电路而言,去耦应通过控制量的转移来完成。当受控源的输出支路在外电路、控制支路在电路 N 中时,控制量转移后,N 的戴维宁(或诺顿)电路仍是唯一的。但当受控源的输出支路在网络 N 中、而控制支路在外电路中时,由于可用不同的关系式转移,使得 N 的戴维宁(或诺顿)电路不唯一。请看例 4-12。

例 4-12 试求图 4-27(a)所示电路中 N 的戴维宁等效电路。

解 N 中受控源的控制支路在外电路,必须去耦,即把位于外电路的控制量转移到 N

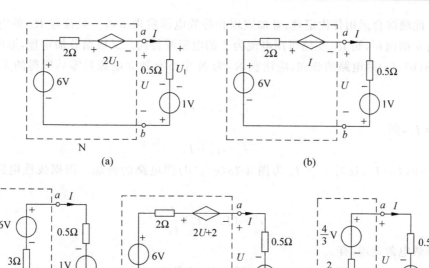

图 4-27　例 4-12 电路

中,通常转移为端口电压或端口电流便可。

(1) 将控制量转移为端口电流 I。由于 $U_1 = \dfrac{1}{2}I$,故受控源输出为

$$2U_1 = 2 \times \frac{1}{2}I = I$$

控制量转移后的电路如图 4-27(b)所示。由此求得 N 的戴维宁电路如图 4-27(c)所示。可求出电流 $I = 2\text{A}$。

(2) 将控制量转移为端口电压 U。由于 $U = U_1 - 1$,有 $U_1 = U + 1$,故受控源的输出为
$$2U_1 = 2(U+1) = 2U+2$$

控制量转移后的电路如图 4-27(d)所示,由此求得 N 的戴维宁电路如图 4-27(e)所示。亦可求出 $I = 2\text{A}$。可见由两种不同的戴维宁电路求出的 I 相同。

例 4-13　在图 4-28(a)所示电路中,N 为线性有源电阻电路。已知 $R_2 = \infty$ 时,$i_a = I_0$;$R_2 = 0$ 时,$i_a = I_s$,且端口 b-b' 左侧电路的入端电阻为 R_0。试证明当 R_2 为任意值时,$i_a = I_0 + (I_s - I_0)\dfrac{R_0}{R_0 + R_2}$。

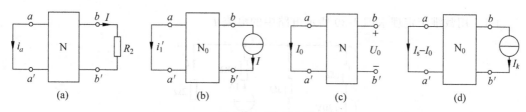

图 4-28　例 4-13 图

解 此题综合运用替代定理、叠加定理和等效电源定理求解。设流经 R_2 的电流为 I，其正向由 b 指向 b'，则 R_2 支路可用电流为 I 的电流源替代。又根据叠加定理，原电路可视为图 4-28(b)、(c)两电路的叠加，应注意 N_0 为 N 中所有独立电源置零后所得的无源电路。于是有

$$i_a = i'_1 + i''_1$$

显然，$i''_1 = I_0$，则

$$i_a = i'_1 + I_0$$

但若 $R_2 = 0$，$I = I_k$，这时 $i_a = I_s$ 为图 4-28(c)、(d)两电路的叠加。根据线性电路的均匀性，得

$$i'_1 = (I_s - I_0)\frac{I}{I_k}$$

又根据等效电源定理，有

$$I = U_0/(R_2 + R_0)$$
$$I_k = U_0/R_0$$

注意 I_k 为端口 b-b' 的短路电流。于是有

$$\frac{I}{I_k} = \frac{R_0}{R_2 + R_0}$$

故

$$i_a = I_0 + (I_s - I_0)\frac{R_0}{R_2 + R_0}$$

练习题

4-3 求图 4-29 所示两电路从 ab 端口看进去的戴维宁等效电路。

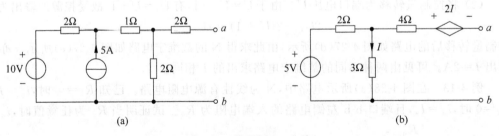

图 4-29 练习题 4-3 电路

4-4 用戴维宁定理求图 4-30 所示电路中的电流 I。

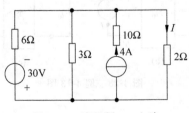

图 4-30 练习题 4-4 电路

4.4　最大功率传输定理

4.4.1　最大功率传输定理的内容

最大功率传输定理可陈述为：当负载 R_L 与一个线性有源网络 N 相联时，若 R_L 与 N 的戴维宁等效电阻 R_0 相等，则 R_L 可从 N 中获取最大功率 P_{Lmax}，且

$$P_{Lmax} = \frac{U_{oc}^2}{4R_0} \tag{4-10}$$

式中，U_{oc} 为网络 N 的端口开路电压。

4.4.2　最大功率传输定理的证明

在图 4-31(a)中，N 为线性含源网络。将 N 用戴维宁等效电路代替后，得图 4-31(b)所示电路，则通过负载 R_L 的电流为

$$I = \frac{U_{oc}}{R_0 + R_L}$$

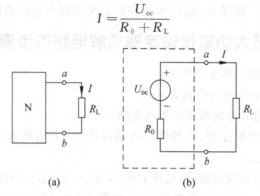

图 4-31　最大功率传输定理的证明

R_L 吸收的功率为

$$P_L = R_L I^2 = \left(\frac{U_{oc}}{R_0 + R_L}\right)^2 R_L \tag{4-11}$$

现要确定 R_L 为何值时，才能从 N 获取最大功率。为此，求式(4-11)对 R_L 的偏导数，有

$$\frac{\partial P_L}{\partial R_L} = U_{oc}^2 \frac{(R_0 + R_L)^2 - 2R_L(R_0 + R_L)}{(R_0 + R_L)^4}$$

令 $\dfrac{\partial P_L}{\partial R_L} = 0$，有

$$(R_0 + R_L)^2 - 2R_L(R_0 + R_L) = 0$$

解之，得

$$R_L = R_0 \tag{4-12}$$

这表明当负载电阻与 N 的戴维宁等效电阻相等时，负载获取的功率为最大。由式(4-11)求得这一最大功率为

$$P_{Lamx} = \left(\frac{U_{oc}}{R_0 + R_0}\right)^2 R_0 = \frac{U_{oc}^2}{4R_0}$$

定理得证。

4.4.3　关于最大功率传输定理的说明

（1）最大功率传输定理只适用于线性电路。对正弦稳态情况下的含储能元件的电路，最大功率传递定理的内容比本节的叙述有所扩展，将在第 7 章中予以介绍。

（2）在电子技术中，负载获取最大功率是一个十分重要的问题。通常是追求的目标。负载获取最大功率也称为"负载匹配"，或简称为"匹配"。

（3）电路中负载的功率 P_L 与电源的功率 P_s 之比称为传输效率，用 η 表示，即 $\eta = \left| \dfrac{P_L}{P_s} \right|$。由图 4-31(b)可见，在匹配的情况下，由于 $R_L = R_0$，故负载的功率是电源功率的一半，这表明传输效率为 50%。在电子技术中，传输效率通常是无关紧要的问题，但在电力系统中却要求有很高的传输效率，因此在匹配情况下，50% 的传输效率是不许可的。

（4）在图 4-31(b)中，传输效率是 50%，但这并不意味着图 4-31(a)中的传输效率也是 50%。因为从图 4-31(a)变为图 4-31(b)，N 的结构、参数均发生了变化，U_{oc} 的功率并非 N 中独立电源产生的功率。同样 R_0 的功率也不等于 N 中所有电阻消耗的总功率。

4.4.4　运用最大功率传输定理求解电路的步骤

用该定理计算电路的具体步骤如下：

（1）将待求支路的电阻视为负载 R_L。

（2）求除 R_L 之外的电路的戴维宁等效电路。

（3）根据最大功率传输定理，由戴维宁电路得出 R_L 获得最大功率的条件 $R_L = R_0$ 及 R_L 获取的最大功率 P_{Lmax}。

例 4-14　如图 4-32(a)所示电路，已知 $E = 3\text{V}$，$R_1 = 3\Omega$，$R_2 = 6\Omega$。（1）电阻 R 在什么条件下可获得最大功率 P_{Lmax}，P_{Lmax} 为多少？（2）如图 4-32(a)所示电路在匹配情况下的传输效率 η 是多少，电阻 R_1 和 R_2 两者消耗的功率是否等于 P_{Lmax}？

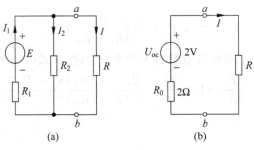

图 4-32　例 4-14 图

解　（1）此时 R 为负载，将 R 以外的电路用戴维宁电路代替，如图 4-32(b)所示。根据最大功率传输定理，不难得到 R 获取最大功率的条件为

$$R = R_0 = 2\Omega$$

获取的最大功率为

$$P_{Lmax} = \frac{U_{oc}^2}{4R_0} = \frac{2^2}{4 \times 2} = \frac{1}{2}\text{W}$$

（2）在匹配的情况下，可求出图 4-32(a) 电路中的各支路电流为

$$I_1 = \frac{2}{3}\text{A}, \quad I_2 = \frac{1}{6}\text{A}, \quad I = \frac{1}{2}\text{A}$$

电源 E 的功率为

$$P_s = -EI_1 = -3 \times \frac{2}{3} = -2\text{W}$$

传输效率为

$$\eta' = \left| \frac{P_{\text{Lmax}}}{P_s} \right| = \frac{1}{4} = 25\%$$

在图 4-32(b) 中，传输效率 $\eta = 50\%$。R_1 和 R_2 消耗的功率为

$$P_{R12} = P_{R1} + P_{R2} = R_1 I_1^2 + R_2 I_2^2 = \frac{3}{2}\text{W}$$

显然

$$P_{R12} \neq P_{\text{Lmax}}$$

由上面的计算可知，尽管图 4-32(a) 和图 4-32(b) 两电路中的 R 均获得相同的最大功率，但两电路的传输效率是不同的。

例 4-15 电路如图 4-33(a) 所示，求负载电阻 R_L 为何值时其获得最大功率，这一最大功率是多少？

解 将负载电阻从电路中移去后求 ab 端口的戴维宁等效电路。

（1）求开路电压 U_{oc}。

求 U_{oc} 的电路如图 4-33(b) 所示，用节点分析法求解。节点①的节点方程为

$$\left(\frac{1}{5} + \frac{1}{2+6} \right) \varphi_1 = 3 + 4I$$

受控源控制量为

$$I = -\frac{\varphi_1}{5}$$

解之，得

$$\varphi_1 = \frac{8}{3}\text{V}$$

则开路电压为

$$U_{oc} = \frac{6}{2+6} \varphi_1 = \frac{6}{8} \times \frac{8}{3} = 2\text{V}$$

（2）求短路电流 I_{sc}。

求 I_{sc} 的电路如图 4-33(c) 所示。仍用节点分析法。节点②的节点方程为

$$\left(\frac{1}{5} + \frac{1}{2} \right) \varphi_2 = 3 + 4I$$

$$I = -\frac{\varphi_2}{5}$$

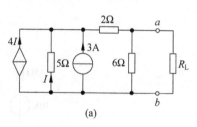

(a)

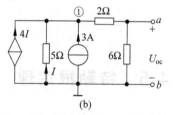

(b)

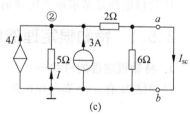

(c)

图 4-33 例 4-15 电路

由此求得

$$\varphi_2 = 2\text{V}$$

则短路电流为

$$I_{\text{sc}} = \frac{\varphi_2}{2} = 1\text{A}$$

(3) 求戴维宁等效电阻 R_0。

$$R_0 = \frac{U_{\text{oc}}}{I_{\text{sc}}} = \frac{2}{1} = 2\Omega$$

根据最大功率传输定理,当 $R_{\text{L}} = R_0 = 2\Omega$ 时,R_2 可获得最大功率 P_{Lmax},且

$$P_{\text{Lmax}} = \frac{U_{\text{oc}}^2}{4R_0} = \frac{2^2}{4 \times 2} = \frac{1}{2}\text{W}$$

练习题

4-5 电路如图 4-34 所示,求电阻 R 可获得的最大功率。

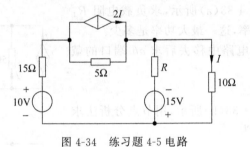

图 4-34 练习题 4-5 电路

4.5 特勒根定理

特勒根定理是基尔霍夫定律的直接结果。该定理体现为两种形式。

4.5.1 特勒根定理的内容

1. 特勒根定理的形式一

设网络 N 有 n 个节点和 b 条支路,且每条支路的电压、电流为关联参考方向,则有

$$\sum_{j=1}^{b} u_j i_j = 0 \tag{4-13}$$

式(4-13)的矩阵形式为

$$\boldsymbol{U}_b^{\text{T}} \boldsymbol{I}_b = \boldsymbol{0} \tag{4-14}$$

或

$$\boldsymbol{I}_b^{\text{T}} \boldsymbol{U}_b = \boldsymbol{0} \tag{4-15}$$

式中,u_j、i_j 分别为电路中支路 j 的电压和电流;$\boldsymbol{U}_b$ 为支路电压列向量;$\boldsymbol{I}_b$ 为支路电流列向量。

于是,特勒根定理的第一种形式可陈述为:任一网络 N 中各条支路电压和电流乘积的

代数和为零。式(4-13)、式(4-14)和式(4-15)均是它的数学表达式。

2. 特勒根定理的形式二

设有两个网络 N 和 N̂,它们均有 b 条支路,n 个节点,每一支路中电压、电流为关联参考方向,且两者具有相同的拓扑结构(两个网络中相应支路与节点的连接关系相同,对应支路的编号顺序完全一样),则特勒根定理指出:

$$\sum_{j=1}^{b} u_j \hat{i}_j = 0 \tag{4-16}$$

和

$$\sum_{j=1}^{b} \hat{u}_j i_j = 0 \tag{4-17}$$

上面两式的矩阵形式分别为

$$\boldsymbol{U}_b^{\mathrm{T}} \hat{\boldsymbol{I}}_b = \boldsymbol{0} \tag{4-18}$$

和

$$\hat{\boldsymbol{U}}_b^{\mathrm{T}} \boldsymbol{I}_b = \boldsymbol{0} \tag{4-19}$$

式中,u_j、i_j 分别为 N 中支路 j 的电压和电流,$\boldsymbol{U}_b$、$\boldsymbol{I}_b$ 分别为 N 的支路电压列向量和支路电流列向量;$\hat{u}_j$、$\hat{i}_j$ 分别为 N̂ 中支路 j 的电压和电流,$\hat{\boldsymbol{U}}_b$、$\hat{\boldsymbol{I}}_b$ 分别为 N̂ 的支路电压列向量和支路电流列向量。

于是,特勒根定理的第二种形式可叙述为:对两个具有相同拓扑结构的不同电路来说,一个电路中每一支路的电流与另一电路中对应支路的电压乘积之代数和为零。式(4-16)、式(4-17)或式(4-18)、式(4-19)为特勒根定理形式二的数学表达式。应特别注意,这些公式都是和每一支路的电压、电流为关联参考方向相对应的。

下面通过一实例说明特勒根定理形式二的正确性。

例 4-16 试根据图 4-35 中的两电路验证特勒根定理形式二的正确性。

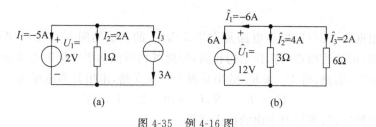

图 4-35 例 4-16 图

解 图 4-35(a)和(b)为两个不同的电路,但它们具有相同的拓扑结构,根据特勒根定理,有

$$\sum_{j=1}^{3} U_j \hat{I}_j = U_1 \hat{I}_1 + U_2 \hat{I}_2 + U_3 \hat{I}_3 = 2 \times (-6) + 2 \times 4 + 2 \times 2$$

$$= -12 + 8 + 4 = 0$$

$$\sum_{j=1}^{3} \hat{U}_j I_j = \hat{U}_1 I_1 + \hat{U}_2 I_2 + \hat{U}_3 I_3 = 12 \times (-5) + 12 \times 2 + 12 \times 3$$

$$= -60 + 24 + 36 = 0$$

于是便验证了特勒根定理形式二的正确性。

4.5.2 关于特勒根定理的说明

(1) 该定理与基尔霍夫定律类似,只决定于电路的拓扑结构,与电路元件的特性无关。因此这一定理对线性、非线性、时变和时不变电路都是适用的,是一条普遍适用的定理。

(2) 特勒根定理可用基尔霍夫定律予以证明,因此可将该定理视为基尔霍夫定律的另一种表现形式,从这个意义上可认为特勒根定理与基尔霍夫定律具有同等重要的地位和价值。

(3) 在式(4-13)中,乘积 $u_j i_j$ 是网络中支路 j 的功率,这表明特勒根定理的形式一体现了电路的功率守恒。

(4) 在式(4-16)和式(4-17)中,$u_j \hat{i}_j$ 和 $\hat{u}_j i_j$ 都是电压与电流的乘积,但每一乘积中的电压和电流却不是同一电路中的,因此这些乘积并不代表功率,无实际的意义,我们将它们称为"似功率"。特勒根定理的形式二也称为"似功率守恒定理"。

(5) 特勒根定理的形式二将电气上没有丝毫联系的两个电路中的电路变量联系起来,不仅有趣,而且有着重要的实用价值。

例 4-17 图 4-36(a)、(b)两电路中的 N 是完全相同的仅含电阻的网络。已知图 4-36(a)中 $I_1 = 1A, I_2 = 2A$;图 4-36(b)中 $\hat{U}_1 = 4V$,求 $\hat{I}_2$ 的值。

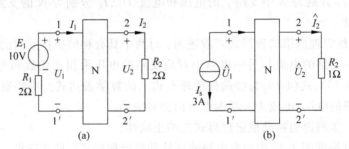

图 4-36 例 4-17 图

解 仅根据图 4-36(b)所示电路是无法求出 $\hat{I}_2$ 的。虽然图 4-36(a)和图 4-36(b)是两个不同的电路,但显然两者的拓扑结构相同,因此可利用似功率守恒定理求解。

对图 4-36(a)电路,将 E_1 和 R_1 的串联视为一条支路,求出其端电压为

$$U_1 = E_1 - R_1 I_1 = 10 - 2 \times 1 = 8V$$

根据似功率守恒定理,可写出下面的两个式子:

$$U_1 I_s + U_2 \hat{I}_2 + \sum_N U_k \hat{I}_k = 0 \qquad ①$$

$$-\hat{U}_1 I_1 + \hat{U}_2 I_2 + \sum_N \hat{U}_k I_k = 0 \qquad ②$$

②式中第一项前冠一负号是因为图 4-36(a)中 I_1 和 $\hat{U}_1$ 为非关联参考方向。

因 N 是电阻网络,在图 4-36(a)电路中,N 中第 k 条支路上的电压为

$$U_k = R_k I_k$$

在图 4-36(b)电路中,N 中第 k 条支路上的电压为

$$\hat{U}_k = R_k \hat{I}_k$$

应注意 $U_k \neq \hat{U}_k$。因此有

$$\sum_N U_k \hat{I}_k = \sum_N R_k I_k \hat{I}_k$$

$$\sum_N \hat{U}_k I_k = \sum_N R_k \hat{I}_k I_k$$

这表明

$$\sum_N U_k \hat{I}_k = \sum_N \hat{U}_k I_k \qquad \text{③}$$

根据①、②、③三式,有

$$U_1 I_s + R_2 I_2 \hat{I}_2 = -\hat{U}_1 I_1 + \hat{R}_2 I_2 \hat{I}_2$$

于是有

$$\hat{I}_2 = \frac{U_1 I_s + \hat{U}_1 I_1}{\hat{R}_2 I_2 - R_2 I_2} = \frac{8 \times 3 + 4 \times 1}{1 \times 2 - 2 \times 2} = -14\text{A}$$

在此例中,N 为电阻性电路是重要的前提条件,若非如此,则式③不成立,无法得出结果。

例 4-18 在图 4-37(a)所示电路中,N 为无源线性电阻电路。扳断任一支路 R_k,设 u_{k0} 为 R_k 支路的开路电压,R_0 为开断两点 a、b 间向 N 看进去的等效电阻(此时 e_m 短路)。现扳断 R_k 支路,如图 4-37(b)所示。若要保持电压源 e_m 支路的电流不变(即仍等于未扳断 R_k 时的电流 i_m),试求在 e_m 两端要并联多大的电阻 R_x?

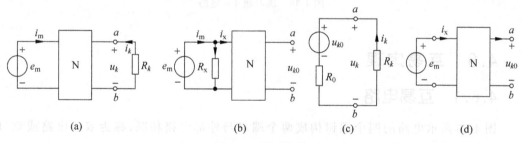

图 4-37 例 4-18 图

解 用戴维宁定理和特勒根定理求解。先求出图 4-37(a)所示电路中 R_k 支路的电流 i_k。根据题意,可得出图 4-37(c)所示的等效电路,可求得

$$i_k = -\frac{u_{k0}}{R_0 + R_k} \qquad \text{①}$$

$$u_k = \frac{u_{k0} R_k}{R_0 + R_k} \qquad \text{②}$$

注意在图 4-37(b)所示电路中,由于 R_x 与 e_m 并联,故 a、b 间的开路电压仍是 u_{k0},而电流 i_x 为

$$i_x = i_m - \frac{e_m}{R_x} \qquad \text{③}$$

则图 4-37(b)所示电路可用图 4-37(d)所示电路等效。由图 4-37(a)和图 4-37(d),根据特勒根定理,有

$$e_m i_x + u_k \times 0 = e_m i_m + u_{k0} i_k \qquad \text{④}$$

将式①、式②、式③代入式④,有

$$e_m\left(i_m - \frac{e_m}{R_x}\right) = e_m i_m - \frac{u_{k0}^2}{R_0 + R_k}$$

解之,得

$$R_x = \left(\frac{e_m}{u_{k0}}\right)^2 (R_0 + R_k)$$

练习题

4-6 图 4-38 所示两电路具有相同的拓扑结构,对两个电路进行计算,求出各支路电压、电流后,再验证特勒根定理形式一和形式二。

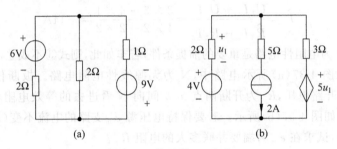

图 4-38 练习题 4-6 电路

4.6 互易定理

4.6.1 互易电路

图 4-39 所示电路的四个端钮构成两个端口与外部电路相联,称为双口电路或双口网络。

满足下列条件的双口网络 N_R 称为互易网络:

(1) N_R 由线性时不变元件构成,不含有非线性和时变元件;当 N_R 仅含线性电阻元件时,元件也可以是时变的。

(2) N_R 中不含独立电源和受控电源。

(3) 动态元件(将在第 6 章介绍)的初始储能为零。

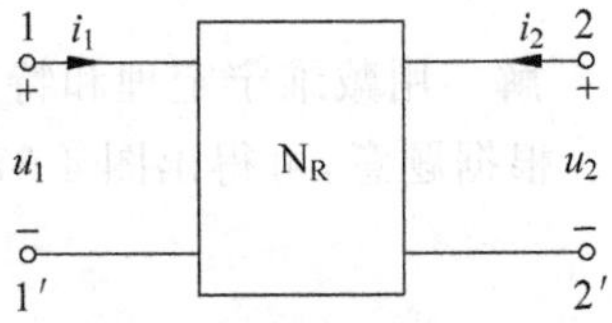

我们将连接于互易网络某一端口的独立电源称为互易网络的激励,将激励引起的另一端口的电压或电流称为互易网络的响应。在下面的讨论中,互易网络的响应特指端口开路电压或端口短路电流。

图 4-39 互易双口网络

4.6.2 互易定理的内容

互易定理体现为三种电路情况,即互易网络的激励和响应互换位置前后,有

情况一:激励电压和响应电流的比值不变。对图 4-40 所示的两电路而言,有下式成立:

$$\frac{e_{s1}}{i_1} = \frac{e_{s2}}{i_2} \tag{4-20}$$

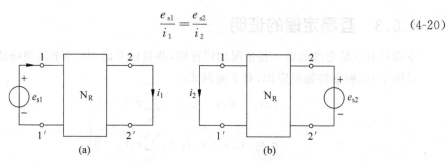

图 4-40 互易定理情况一的说明用图

当 $e_{s1} = e_{s2}$ 时,便有 $i_1 = i_2$,这一特殊情况可形象地表述为:在互易网络中,电压源和电流表的位置互换后,电流表的读数保持不变。

情况二:激励电流和响应电压的比值不变。对图 4-41 所示的两电路而言,有下式成立:

$$\frac{i_{s1}}{u_1} = \frac{i_{s2}}{u_2} \tag{4-21}$$

当 $i_{s1} = i_{s2}$ 时,便有 $u_1 = u_2$。这一特殊情况可形象地表述为:在互易网络中,电流源和电压表的位置互换后,电压表的读数不变。

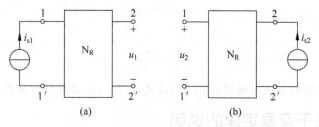

图 4-41 互易定理情况二的说明用图

情况三:激励电流与响应电流的比值等于激励电压与响应电压的比值。对图 4-42 所示的两电路而言,有下式成立:

$$\frac{i_{s1}}{i_1} = \frac{e_{s2}}{u_2} \tag{4-22}$$

当电压源 e_{s2} 与电流源 i_{s2} 的波形相同时,便有 i_1 与 u_2 的波形相同。这一特殊情况也可形象地表述为:在互易网络中,若把电流源换为电压表,电流表换为电压源(与电流源有相同波形),则两种电表的读数相同。

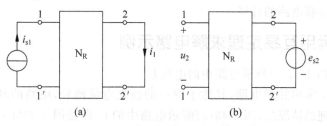

图 4-42 互易定理情况三的说明用图

4.6.3 互易定理的证明

下面只对互易定理的第一种情况加以证明,并且仅考虑 N_R 为电阻网络的情况。

对图 4-40,根据特勒根定理,有下面两式:

$$\left.\begin{array}{l} e_{s1}i_2 + u_1(-i_{s2}) + \sum_{N_R} \hat{u}_k i_k = 0 \\ u_2(-i_{s1}) + e_{s2}i_1 + \sum_{N_R} u_k \hat{i}_k = 0 \end{array}\right\}$$

因 $u_1 = u_2 = 0$,故有

$$\left.\begin{array}{l} e_{s1}i_2 + \sum_{N_R} \hat{u}_k i_k = 0 \\ e_{s2}i_1 + \sum_{N_R} u_k \hat{i}_k = 0 \end{array}\right\}$$

式中,u_k、i_k 分别为图 4-40(a)N_R 中第 k 条支路的电压和电流,$\hat{u}_k$、$\hat{i}_k$ 分别为图 4-40(b)N_R 中第 k 条支路的电压和电流。根据例 4-17 可知

$$\sum_{N_R} u_k \hat{i}_k = \sum_{N_R} \hat{u}_k i_k$$

于是有

即

$$e_{s1}i_s = e_{s2}i_1$$

$$\frac{e_{s1}}{i_1} = \frac{e_{s2}}{i_2}$$

式(4-20)得证。按类似方法可证明式(4-21)及式(4-22),读者可自行分析。

4.6.4 关于互易定理的说明

(1) 必须注意互易定理的适用范围。根据互易定理的三种情况,可得出结论:能直接应用互易定理的电路中只能有一个独立电源,且除了这一独立电源之外,电路的其余部分必须是互易网络。

(2) 互易定理三种电路情况的数学表达式(4-20)、式(4-21)、式(4-22)跟激励与响应特定的参考方向相对应。因此在运用互易定理时,必须对确定响应电流或电压的参考方向予以注意,避免出错。

(3) 在线性电路的分析中,互易定理是一个十分有用的定理,它既能使某些具体电路的计算得到简化,也能用于一些结论的证明。例如应用互易定理,有时可把一个非串并联电路的计算转化为串并联电路的计算。

4.6.5 运用互易定理求解电路示例

例 4-19 求图 4-43(a)所示电路中的电压 U。

解 这是一个非串并联电路,且除了唯一的独立电流源外,电路的其余部分为互易网络。根据互易定理的情况二,图 4-43(a)所示电路中的 U 即是图 4-43(b)所示电路中的 U。而图 4-43(b)为一串并联电路,于是求出

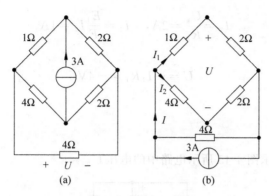

图 4-43 例 4-19 图

$$I = 3 \times \frac{4}{4 + (3 \times 6)/(3 + 6)} = 3 \times \frac{4}{6} = 2\text{A}$$

$$I_1 = \frac{6}{3 + 6}I = \frac{4}{3}\text{A}, \quad I_2 = \frac{6}{3 + 6}I = \frac{2}{3}\text{A}$$

$$U = 4I_2 - I_1 = 4 \times \frac{2}{3} - \frac{4}{3} = \frac{4}{3}\text{V}$$

需特别注意图 4-43(b)中电压 U 和电流源正向的正确确定,确定的方法是先任意指定图 4-43(b)中 U 的参考方向,将此方向与图 4-43(a)中电流源的方向对比;若两者为非关联参考方向,则图 4-43(b)中电流源的方向与图 4-43(a)中 U 的方向两者间也应为非关联参考方向,反之亦然,于是容易确定图 4-43(b)中电流源的方向。互易定理另外两种情况中各响应和激励的正向也按类似的方法予以确定。

例 4-20 电路如图 4-44(a)所示,N_R 为互易电阻网络。若将该电路中的电压源用短路线代替,R_2 和一电压源 E_1 相串联,如图 4-44(b)所示,求图 4-44(b)电路中的电压 U。

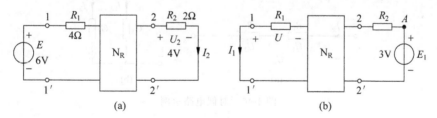

图 4-44 例 4-20 图

解 由图 4-44(a)电路变为图 4-44(b)电路,就 1-1′,A-2′而言,正好和互易定理的第一种情况相符。因此下式成立:

$$\frac{E_1}{I_1} = \frac{E}{I_2}$$

故

$$I_1 = \frac{E_1}{E}I_2$$

由图 4-44(a)电路,有

$$I_2 = \frac{U_2}{R_2} = 2\text{A}, \quad I_1 = \frac{E_1}{E}I_2 = 1\text{A}$$

则所求为

$$U = -I_1R_1 = -4\text{V}$$

练习题

4-7　用互易定理求图 4-45 所示电路中的电压 U。

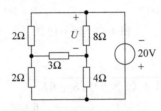

图 4-45　练习题 4-7 电路

4.7　对偶原理和对偶电路

4.7.1　电路中的对偶现象

电路中存在着许多成对出现的类比关系或对应关系,例如图 4-46(a)所示的两电阻元件的串联电路,其等效电阻为

$$R_{eq} = R_1 + R_2$$

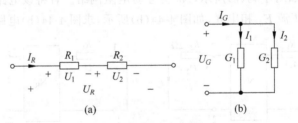

图 4-46　对偶电路示例

将上式中的 R 用 G 代替,可得

$$G_{eq} = G_1 + G_2$$

而上式正好是图 4-46(b)所示两电阻并联电路的等效电导的计算式,在串联电路中

$$U_1 = \frac{R_1}{R_1 + R_2}U_R$$

将该式中的 U 用 I 代替,R 用 G 代替,便可得到

$$I_1 = \frac{G_1}{G_1 + G_2}I_G$$

而上式正好是并联电路中 G_1 支路中电流的计算式。上述对应关系称为对偶关系,又称为电路的对偶性。将 R 和 G 称为对偶参数;U 和 I 称为对偶变量;等效电阻 R_{eq} 和等效电导

G_{eq} 的算式以及串联分压公式和并联分流公式称为对偶关系式；串联和并联称为对偶结构。电路中的一些对偶关系见表 4-1。

表 4-1　电路中的若干对偶关系

电路中的对偶关系式	
基尔霍夫电流定律 $\sum i_k(t) = 0$	基尔霍夫电压定律 $\sum u_k(t) = 0$
欧姆定律 $u = Ri$	欧姆定律 $i = Gu$
串联等效电阻 $R_{\text{eq}} = \sum R_k$	并联等效电导 $G_{\text{eq}} = \sum G_k$
串联分压公式 $u_k = \dfrac{R_k}{R_{\text{eq}}}$	并联分流公式 $i_k = \dfrac{G_k}{G_{\text{eq}}}$
网孔法方程	节点法方程
电路中的对偶元件	
电阻	电导
电压源	电流源
电容	电感
电路的对偶参数	
电阻 R	电导 G
电感 L	电容 C
网孔自电阻	节点自电导
网孔电阻矩阵	节点电导矩阵
回路电阻矩阵	割集电导矩阵
网孔互电阻	节点互电导
电路的对偶变量	
电压 u	电流 i
磁链 Ψ	电荷 q
网孔电流	节点电压
电路的对偶变量	
u_L	i_C
i_L	u_C
电路的对偶结构	
网孔	节点
回路	割集
外网孔	参考点
串联	并联
电路的对偶状态	
开路	短路

4.7.2　对偶原理

具有对偶性的两个电路称为对偶电路。如图 4-45 所示的串联电阻电路和并联电阻电路便互为对偶电路。

对偶原理揭示了对偶电路间的内在联系。这一原理可叙述为：若 N 和 $\hat{\text{N}}$ 互为对偶电路,则在 N 中成立的一切定理、方程和公式,在用对偶量替代之后,在对偶电路 $\hat{N}$ 中必然成立,反之亦然。

根据对偶原理,在已知一电路的方程式后,可立即写出其对偶电路的方程式并作出对偶电路;当两个对偶电路的对偶参数的值相等时,两个电路对偶响应的表达式也必定相同。这表明,根据电路的对偶性,全部的电路问题只需研究一半就行了。例如由电阻串联电路的相关关系式或算式,根据对偶性,就可写出与之对偶的电阻并联电路的对应关系式或算式。

4.7.3 对偶电路的做法

可采用图解法(也称"打点法")作出一个平面电路 N 的对偶电路 $\hat{N}$,其步骤和方法为:

(1) 在 N 中的每一网孔内打点,即得对偶电路 $\hat{N}$ 的节点;在 N 的外网孔中打点得 $\hat{N}$ 的参考节点。

(2) 用虚线把属于 $\hat{N}$ 的节点连接起来,每条虚线必须穿过一个且只能穿过一个 N 中两网孔间公共支路上的元件。

(3) 将上述每条虚线换成一个被它穿过的元件的对偶元件并决定参数。

(4) 将 N 中电压源电压降的方向逆时针旋转 90°得 $\hat{N}$ 中对偶电流源电流的方向,将 N 中电流源电流的方向逆时针旋转 90°得 $\hat{N}$ 中电压源电压降的方向。

(5) 将所得对偶电路 $\hat{N}$ 加以整理。

例 4-21 试作出图 4-47(a)所示电路 N 的对偶电路 $\hat{N}$。

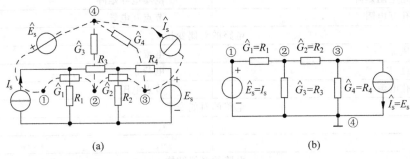

图 4-47 例 4-21 图

解 (1) 在 N 的每一网孔(包括外网孔)中打点,得 $\hat{N}$ 中的四个节点①、②、③和④。

(2) 用通过 N 中每一元件的虚线把 $\hat{N}$ 中的节点连接起来。

(3) 将每一虚线换成它通过的 N 中元件的对偶元件。如连接节点②和④的虚线穿过的是 N 中的电阻元件,故此虚线应换为电导;连接①和④的虚线穿过的是电流源,则该虚线应换为电压源;等等。$\hat{N}$ 中每一元件的参数应和 N 中对偶元件的参数数值上相等。

(4) 决定电源的方向。设想每一虚线垂直于它所穿过的支路,则 N 中电流源电流的方向逆时针旋转 90°后得 $\hat{N}$ 中电压源电压降的方向,这一方向显然是由节点①指向④;将 N 中电压源电压降的方向逆时针旋转 90°后便得 $\hat{N}$ 中电流源电流的方向,这一方向是由节点③指向④。

(5) 将所得对偶电路加以整理,按习惯翻转 180°后画为图 4-47(b)。

习题

4-1 用叠加定理求题 4-1(a)图所示电路中的电流 I 及题 4-1(b)图所示电路中各电源的功率。

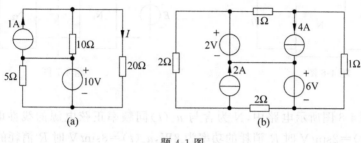

题 4-1 图

4-2 用叠加定理求题 4-2 图所示电路中各支路电流。

4-3 用叠加定理求题 4-3 图所示电路中两受控源的功率。

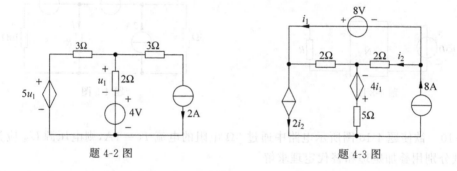

题 4-2 图　　　　　　　　题 4-3 图

4-4 用叠加定理求题 4-4 图所示电路中的电压 U 和电流 I。

4-5 电路如题 4-5 图所示,试用叠加定理求当功率比 $\dfrac{P_{R1}}{P_{R2}}=2$ 时电压源 U_S 的取值。

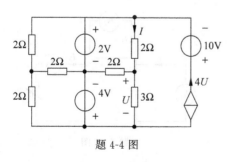

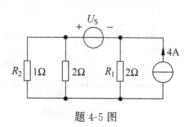

题 4-4 图　　　　　　　　题 4-5 图

4-6 在题 4-6 图所示电路中,N 为线性含源网络。当 $u_{s1}=u_{s2}=2V$ 时,$i=3A$；当 $u_{s1}=u_{s2}=-2V$ 时,$i=-5A$；当 $u_{s1}=1V,u_{s2}=2V$ 时,$i=-2A$。求当 $u_{s1}=u_{s2}=5V$ 时电流 i 的值。

4-7 题 4-7 图所示电路中的 N_1 和 N_2 均为无源电阻网络,且电路结构除电源支路外以虚线为轴线对称,即 N_1 和 N_2 对轴线形成镜像。已知电流 $i_1 = I_1$ 和 $i_2 = I_2$。现沿虚线将电路切断,问切断后的电流 i_1 和 i_2 各为多少?

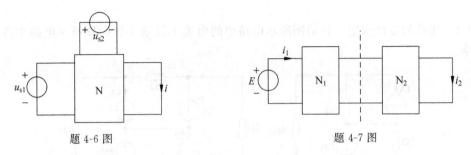

题 4-6 图　　　　　　　　　　题 4-7 图

4-8　在题 4-8 图所示电路中,N 为含与 $u_s(t)$ 同频率正弦电源的线性电阻网络,$R = 2\Omega$。已知 $u_s(t) = 2\sin t$ V 时 R 消耗的功率为 8W,$u_s(t) = 3\sin t$ V 时 R 消耗的功率为 50W。求 $u_s(t) = 4\sin t$ V 时 R 消耗的功率。

4-9　在题 4-9 图所示电路中,已知电流 $i = -5$A,试用替代定理求电阻 R 的值。

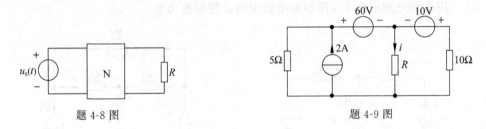

题 4-8 图　　　　　　　　　　题 4-9 图

4-10　欲使题 4-10 图所示电路中通过 3Ω 电阻的电流 $I_X = 1$A,则电压源 U_X 应为多少伏? 试分别用叠加定理和替代定理求解。

4-11　如题 4-11 图所示电路,N 为有源线性电路。当调节 $R_3 = 8\Omega$ 时,电流表读数 $\Lambda_1 = 11$A,$A_2 = 4$A,$A_3 = 20$A;当 $R_3 = 2\Omega$ 时,电流表读数 $A'_1 = 5$A,$A'_2 = 10$A,$A'_3 = 50$A。今欲使 $A_1 = 0$,问 R_3 应调为何值? 此时 A_2 的读数是多少?

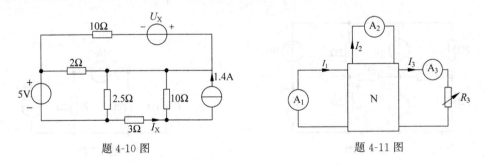

题 4-10 图　　　　　　　　　　题 4-11 图

4-12　电路如题 4-12 图所示,欲使负载电阻 R_L 的电流为含源网络 N 的端口电流 I 的 $\dfrac{1}{3}$,求 R_L 的值。

4-13　求题 4-13 图所示二端电路的戴维宁等效电路。

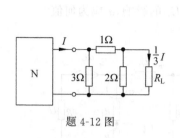

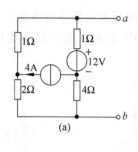

题 4-13 图 (a)

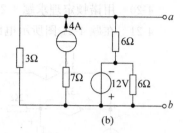

(b)

题 4-12 图

4-14 求题 4-14 图所示二端电路的戴维宁等效电路。

4-15 电路如题 4-15 图所示，求戴维宁等效电路和诺顿等效电路。

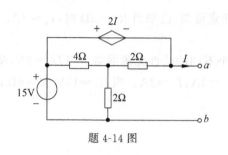

题 4-14 图

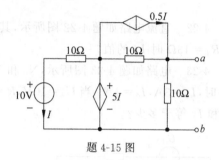

题 4-15 图

4-16 用戴维宁定理求题 4-16 图所示电路中的电流 I。

4-17 用戴维宁定理求题 4-17 图所示电路中的电压 U。

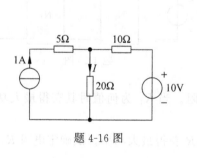

题 4-16 图

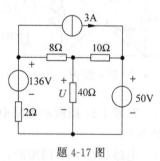

题 4-17 图

4-18 用诺顿定理求题 4-18 图所示电路中的电阻 R 的功率。

4-19 用戴维宁定理求题 4-19 图所示电路中 4V 电压源的功率。

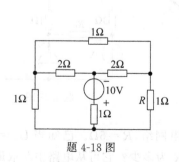

题 4-18 图

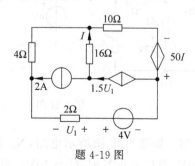

题 4-19 图

4-20　用诺顿定理求题 4-20 图所示电路中的电流 I。

4-21　在题 4-21 图所示电路中,若要求电压 U 不受电源 E_s 的影响,α 应为何值?

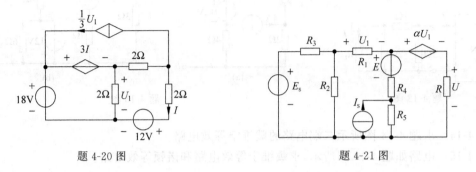

题 4-20 图　　　　　　　　　　　　题 4-21 图

4-22　直流电路如题 4-22 图所示,其中 R_L 任意可调,已知当 $R_L=3\Omega$ 时,$I_L=3A$。求当 $R_L=13\Omega$ 时 I_L 的值。

4-23　电路如题 4-23 图所示,N_1 和 N_2 是两个不同的线性无源网络。当 $U_s=9V$,$R=3\Omega$ 时,$I_1=3A$,$I_2=1A$;当 $U_s=10V$,$R=0$ 时,$I_1=4A$,$I_2=2A$。当 $U_s=13V$,$R=6\Omega$ 时,I_1 和 I_2 等于多少?

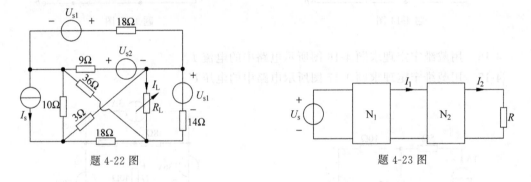

题 4-22 图　　　　　　　　　　　　题 4-23 图

4-24　在题 4-24 图所示电路中,R_L 为可变电阻。当 R_L 为何值时其获得最大功率,最大功率是多少?

4-25　电路如题 4-25 图所示,当 $R=1.5\Omega$ 时,R 获得最大功率。试确定电阻 R_1 的值。

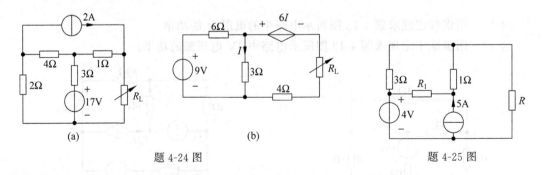

(a)　　　　　　　　　　(b)

题 4-24 图　　　　　　　　　　　　题 4-25 图

4-26　如题 4-26 图所示电路,N_0 为无源线性电阻网络,$R=5\Omega$。已知当 $U_s=0$ 时,$U_1=10V$,当 $U_s=60V$ 时,$U_1=40V$。当 $U_s=30V$ 时,R 为多少? 它可从电路中获取最大功

率,最大功率是多少?

4-27 在题 4-27 图所示电路中,N 为线性含源电阻网络。当开关 S 断开时,$I_1=1$A,$I_2=5$A,$U=10$V;当 $R=6\Omega$ 且开关 S 合上时,$I_1=2$A,$I_2=4$A;当调节 $R=4\Omega$ 时其获得最大功率。求当调节电阻 R 为何值时,可使两个电流表的读数相等,这一读数为多少?

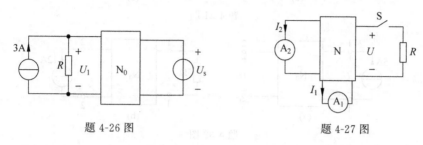

题 4-26 图   题 4-27 图

4-28 题 4-28(a)图和(b)图中的电路 N 完全相同,且 N 为无源线性电阻电路。若 $E_s=12$V,$I_s=1$A,$R_a=1\Omega$,$R_b=2\Omega$,$I_1=2$A,$U_2=5$V,$\hat{U}_1=3$V,试确定 $\hat{U}_2$。

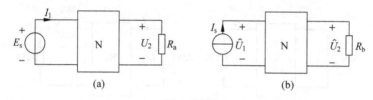

(a)   (b)

题 4-28 图

4-29 题 4-29(a)图为互易网络,已知 $U_s=100$V,$U_2=20$V,$R_1=10\Omega$,$R_2=5\Omega$,现将电压源置零,并在 R_2 两端并联一个电流源 I_s,如题 4-29(b)图所示,求电流 I_1。

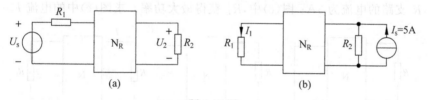

(a)   (b)

题 4-29 图

4-30 题 4-30 图所示电路中的 N_R 为线性电阻电路,当 a-a' 端口的电流源 I_{s1} 单独作用时,电路消耗的功率为 28W,此时 b-b' 端口的开路电压为 8V。又当 b-b' 端口的电流源 I_{s2} 单独作用时,电路消耗的功率为 54W。试计算 I_{s1} 和 I_{s2} 同时作用时,两电流源各自产生的功率是多少。

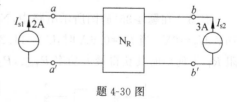

题 4-30 图

4-31 如图 4-31(a)图所示电路,N 为有源线性电阻电路。已知 $I_s=0$ 时,$U_1=2$V,$I_2=1$A;$I_s=4$A 时,$I_2=3$A。现将电流源 I_s 与 R_2 并联,如题 4-31(b)图所示,且 $I_s=2$A,此时 U_1 为多少?

4-32 在题 4-32 图所示电路中,N_0 为无源电阻网络。在 4-32 图(a)电路中,已知 $U_1=15$V,$U_2=5$V。求题 4-30(b)图电路中的电流 I_1。

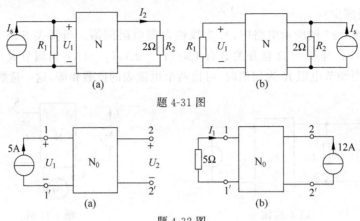

题 4-31 图

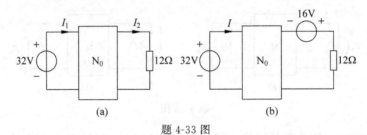

题 4-32 图

4-33 电路如题 4-33 图(a)所示，N_0 为无源线性电阻网络，已知 $I_1 = 6A$，$I_2 = 4A$。求题 4-33 图(b)所示电路中的电流 I。

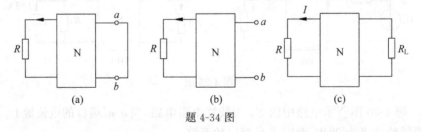

题 4-33 图

4-34 题 4-34 图所示电路中 N 为含源线性电阻网络。图(a)中，R 支路的电流为 2A；图(b)中，R 支路的电流为 3A；图(c)中，R_L 获得最大功率。求图(c)中的电流 I。

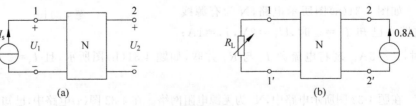

题 4-34 图

4-35 在题 4-35(a)图所示电路中，N 为线性含源电阻网络。已知当 $I_s = 1A$ 时，$U_1 = 16V$，$U_2 = 6V$；当 $I_s = 0.6A$ 时，$U_1 = 11.2V$，$U_2 = 2V$。求题 4-35(b)图所示电路中的可调电阻 R_L 为何值时其获得最大功率 P_{Lmax}，P_{Lmax} 为多少。

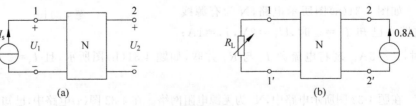

题 4-35 图

第 5 章

含运算放大器的电阻电路

本章提要

运算放大器是一种多端电子器件,在工程中获得了非常广泛的应用。在电路理论中,运算放大器被视为一种基本的多端电路元件。本章介绍运算放大器的特性以及含有理想运算放大器的线性电阻电路的分析方法。

5.1 运算放大器及其特性

运算放大器是一种具有较复杂结构的多端集成电路,它通常由数十个晶体管和许多电阻构成,其本质上是一种具有高放大倍数的直接耦合的放大器。由于早期主要将它用于模拟量的加法、减法、微分、积分、对数等运算,因此称之为运算放大器,也简称为"运放"。现在运算放大器的应用已远远超出了模拟量运算的范围,在各种不同功能的电路、装置中都能看到它的应用,例如广泛地使用于控制、通信、测量等领域中。人们已将运算放大器视为一种常用电路元件。

5.1.1 实际运算放大器及其特性

实际运算放大器有多个外部端钮,其中包括为保证其正常工作所需连接的外部直流电源的端钮以及为改善其性能而在外部采取一定措施的端钮。而在电路分析中人们关心的是它的外部特性,而将它看作为一种具有四个端钮的元件,其电路符号如图 5-1 所示。图中的三角形符号表示它为放大器。它的四个端钮是反相输入端 1,同相输入端 2,输出端 3 以及接地端 4。图中的 u_1 和 u_2 分别为反相输入端和同相输入端的对地电压;i_1 和 i_2 分别为自反相输入端和同相输入端流入运算放大器的电流;u_o 为输出端的对地电压。A 称为运算放大器的开环放大倍数。当运算放大器工作在放大区时,其输出电压与两个输入端的电压间的关系式为

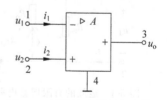

图 5-1 运算放大器的电路符号

$$u_o = A(u_2 - u_1) = Au_d \tag{5-1}$$

式中 $u_d = u_2 - u_1$,u_d 称为差动电压,为同相输入端电压与反相输入端电压之差,即两个输入端子间的电压。

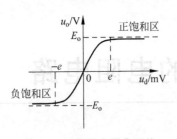

图 5-2 运算放大器典型的
转移特性

输出电压 u_o 与差动电压 u_d 的关系曲线称为运放的转移特性(输入-输出特性)。运算放大器典型的转移特性如图 5-2 所示。图中 E_o 称为运放的输出饱和电压。显而易见,实际运算放大器是一种非线性器件。

实际运算放大器有如下特性:

(1) 其开环放大倍数 A 很高,一般可达 $10^5 \sim 10^8$。

(2) 由转移特性可见,当 $-e < u_d < e$ 时,输出电压随输入差动电压的增加而增长,这一区域称为运放的放大区。e 一般很小,为 mV 级。

(3) 当 $u_d < -e$ 及 $u_d > e$ 时,输出电压 $|u_o| \approx |E_o|$,即输出电压几乎保持不变,一般比运放外加直流电源的电压小 2V 左右。这一区域称为运放的饱和区。

(4) 流入实际运算放大器的电流 i_1 和 i_2 很小,近似为零。

(5) 由运放的输入-输出关系式(5-1),当 $u_1 = 0$ 时,$u_o = Au_2$,即输出电压 u_o 与输入电压 u_2 具有相同的符号,因此把端钮 2 称为同相输入端,并在运放的电路符号中用"+"标识。当 $u_2 = 0$ 时,$u_o = -Au_1$,即输出电压 u_o 与输入电压 u_1 的符号相反,因此把端钮 1 称为反相输入端,并在运放的电路符号中用"−"标识。

(6) 无论是由运放的两个输入端观察,还是由各输入端与接地端观察,电阻 R_{in}(称输入电阻)均很大,一般为 $10^6 \sim 10^{13}\ \Omega$。而从运放的输出端与接地端观察的电阻 R_o(称输出电阻)很小,通常在 100Ω 以下。

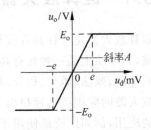

实际运算放大器有一种常用的近似处理方法,即将运放的转移特性分段线性化,如图 5-3 所示。图中,当 $-e \leq u_d \leq e$ 时,运放的转移特性用一条过原点的斜率为 A 的直线段表示,这一区域称为线性放大

图 5-3 运放的分段线性化的转移特性

区。在直流和低频的情况下,实际运算放大器的有限增益电路模型如图 5-4 所示,这一电路可用于含运算放大器电路的定量分析计算。该电路的简化模型如图 5-5 所示。

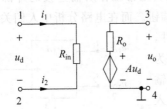

图 5-4 运放的有限增益电路模型

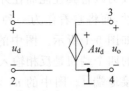

图 5-5 运算放大器的简化电路模型

5.1.2 理想运算放大器及其特性

1. 理想运放的条件

在电路理论中作为电路元件的运算放大器是实际运算放大器的理想化模型,理想化的条件为:

（1）具有理想化的转移特性，如图 5-6 所示。由图可见，其线性区域中的转移特性位于纵轴上，该直线的斜率为无穷大，这也表明理想运放的开环放大倍数 $A = \infty$。

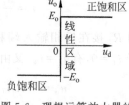

（2）具有无穷大的输入电阻，即 $R_{in} = \infty$。

（3）输出电阻为零，即 $R_o = 0$。

2. 理想运放的特性

图 5-6　理想运算放大器的转移特性

由理想运放的条件，可导出该元件的如下重要特性：

（1）因输入电阻 $R_{in} = \infty$，则从理想运放两输入端观察相当于断路，因此有 $i_1 = 0$ 和 $i_2 = 0$，即流入两输入端钮的电流均为零。这一特性称为"虚断路"。

（2）输出电压 $u_o = A u_d$，但 $A = \infty$，而 u_o 总为有限值，因此必有 $u_d = 0$，这表明理想运放的两输入端之间的电压为零，或两输入端的对地电位相等，或两输入端之间等同于短路。这一特性称为"虚短路"。

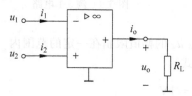

（3）理想运算放大器是有源元件，它能向外电路提供能量。在如图 5-7 所示的电路中，运算放大器吸收的功率为

$$p = u_1 i_1 + u_2 i_2 - u_o i_o$$

因 $i_1 = 0, i_2 = 0$，且 $u_o = R_L i_o$，则

图 5-7　运算放大器是有源元件的说明图

$$p = -u_o i_o = -R_L i_o^2 < 0$$

上述结果表明运算放大器向外接电阻输出功率。

需说明的是，分析计算含理想运放的电路时，并不使用理想运放的输入-输出关系式即式（5-1），这是因为式中 $A = \infty, u_d = 0$，显然用该式不能求得输出电压。实际计算时，需根据连接于运放的外部电路，利用运放的基本特性（即"虚断路""虚短路"特性）并结合 KCL 和 KVL 进行求解。

在后面的讨论中，若不特别说明，所涉及的均是理想运算放大器，其电路符号中的开环放大倍数用 ∞ 表示。

5.2　含运算放大器的电阻电路分析

对含理想运算放大器的电路进行分析时，依据的是其"虚短路"和"虚断路"这两个基本特性。"虚短路"是指它的两个输入端子间的电压为零，或两个输入端子的电位相等；"虚断路"是指流入它的两个端子的电流为零。

需特别说明的是，运算放大器在实际应用中需引入"负反馈"以构成闭环电路（系统），如图 5-8 所示。图中反馈电路应接于运算放大器的输出端和反相输入端之间。

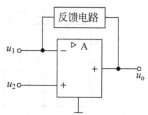

1. 反相放大器

例 5-1　求如图 5-9(a)所示电路中的输出电压 u_o。

解　电路中运放的同相输入端直接接地，按运放的"虚短路"特性，a 点也相当于接地，即 $u_a = 0$。于是流过电阻 R 的电流为

图 5-8　引入负反馈的运放电路

$$i = \frac{u_s - u_a}{R} = \frac{u_s}{R}$$

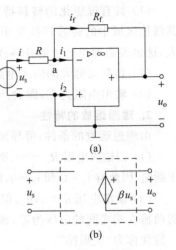

电阻 R_f 接在反相输入端和输出端之间,称为反馈电阻。由于 $i_1 = 0$,有 $i_f = i$。又由 KVL,得

$$u_o = -R_f i_f = -\frac{R}{R_f} u_s = \beta u_s$$

这表明该电路的输出电压与输入电压成正比。显然这一电路与一电压控制电压源相当,如图 5-9(b)所示。该电路的输出电压 u_o 与输入电压 u_s 极性相反,故称为反相放大器。

在图 5-9(a)所示电路中,若 $R = 1\text{k}\Omega$,$R_f = 12\text{k}\Omega$,$u_s(t) = 50\sin\omega t \, \text{mV}$,则输出电压为

图 5-9   例 5-1 电路

$$u_o(t) = -\frac{R_f}{R} u_s(t) = -12 u_s(t) = -600\sin\omega t \, \text{mV}$$

为保证运算放大器工作在线性放大区,应将输入电压 u_s 的幅值限制在一定的范围内。若该运放的饱和电压 $E_o = 12\text{V}$,则输入 u_s 的幅值应满足下式

$$|u_s| < \frac{R}{R_f} E_o = \frac{1}{12} \times 12 = 1\text{V}$$

2. 同相放大器

例 5-2   电路如图 5-10 所示,求输出电压 u_o。

解   由运放的"虚短路"特性,有

$$u_a = u_s$$

又有

$$i = \frac{u_a}{R_1} = \frac{u_s}{R_1}$$

根据"虚断路"特性,得到 $i_f = i$,于是由 KVL,有

$$u_o = R_f i_f + u_s = \left(1 + \frac{R_f}{R_1}\right) u_s$$

由此可以看出,这一电路的输出电压幅度大于输入电压幅度,且两者极性相同,因此称为同相放大器。

3. 电压跟随器

例 5-3   图 5-11 所示电路称为"电压跟随器",求其输出电压 u_o。

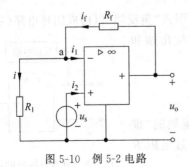

图 5-10   例 5-2 电路

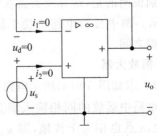

图 5-11   例 5-3 电路

解　根据运放的"虚断路""虚短路"特性,有

$$i_1 = 0, \quad i_2 = 0, \quad u_d = 0$$

又由 KVL,有

$$u_o = u_s - u_d$$

于是可得

$$u_o = u_s$$

可见该电路的输出电压 u_o 与输入电压 u_s 的变化规律完全相同,即输出跟随输入变化,因此称之为"电压跟随器"。此电路的输入电阻为无限大,而输出电阻为零,输出电压 u_o 与外接负载无关,即使电源 u_s 含有内阻时也是如此,即它的输出具有理想电压源的特性。这表明该电路能实现信号源与负载的"隔离"作用,因此又称它为"缓冲器"。

在图 5-12(a)所示的分压电路中,输出电压 u_o 将随负载 R_L 的变化而变化。当在电阻 R_o 与负载电阻 R_L 之间接入电压跟随器之后,如图 5-12(b)所示,则负载电阻 R_L 上得到不变的电压 u_o,且

$$u_o = \frac{R_o}{R_s + R_o} u_s$$

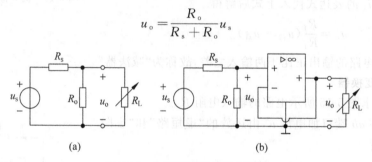

图 5-12　电压跟随器的隔离作用

4. 加法器

例 5-4　求图 5-13 所示电路的输出电压 u_o 和各输入电压间的关系。

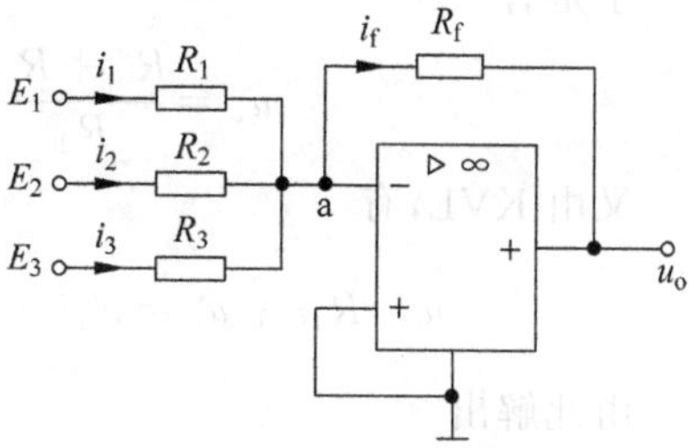

解　因运放的同相输入端直接接地,由"虚短路"特性,可知

$$u_a = 0$$

又由"虚断路"特性及 KCL,有

$$i_1 + i_2 + i_3 = i_f \qquad ①$$

图 5-13　例 5-4 电路

又有

$$i_1 = \frac{E_1}{R_1}, i_2 = \frac{E_2}{R_2}, i_3 = \frac{E_3}{R_3}, i_f = -\frac{u_o}{R_f}$$

将各电流代入式①,得

$$-\frac{u_o}{R_f} = \frac{E_1}{R_1} + \frac{E_2}{R_2} + \frac{E_3}{R_3}$$

$$u_o = -\left(\frac{R_f}{R_1} E_1 + \frac{R_f}{R_2} E_2 + \frac{R_f}{R_3} E_3 \right)$$

若有 $R_1 = R_2 = R_3 = R$,则

$$u_o = -\frac{R_f}{R}(E_1 + E_2 + E_3)$$

可见该电路能实现各输入电压的求和运算,故称为加法器。

5. 减法器

例 5-5 电路如图 5-14 所示,求输出电压 u_o 和两个输入电压 u_{s1} 和 u_{s2} 间的关系。

解 由"虚断路",有

$$i_2 = i_3 = \frac{u_{s2}}{R_1 + R_f}, \quad u_b = R_f i_3 = \frac{R_f}{R_1 + R_f} u_{s2}$$

由"虚短路",知 $u_a = u_b$。又由"虚断路",得

$$i_f = i_1 = \frac{u_{s1} - u_a}{R_1}$$

根据 KVL,有

$$u_o = -R_f i_f + u_a$$

将 u_a 及 i_f 的表达式代入上式后解得

$$u_o = \frac{R_f}{R_1}(u_{s2} - u_{s1})$$

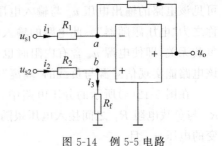

图 5-14 例 5-5 电路

由此可见,该电路的输出正比于两输入之差,故称为"减法器"。

6. 负阻变换器

例 5-6 求图 5-15 所示电路的输入电阻 R_{ab}。

解 设在 ab 端口加电压 u,由运放的"虚短路"和"虚断路"特性,可得

$$u = u_c = \frac{R_2}{R_1 + R_2} u_o$$

于是有

$$u_o = \frac{R_1 + R_2}{R_2} u$$

又由 KVL,有

$$u = R_f i + u_o = R_f i + \frac{R_1 + R_2}{R_2} u$$

由此解出

$$R_{ab} = \frac{u}{i} = -\frac{R_2 R_f}{R_1}$$

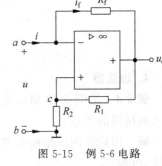

图 5-15 例 5-6 电路

这一结果表明,从 ab 端口看进去,该电路为一负电阻。例如当 $R_1 = R_2 = 2\text{k}\Omega, R_f = 20\text{k}\Omega$ 时,则 $R_{ab} = -20\text{k}\Omega$。这一电路称为"负阻变换器"。

7. 回转器

回转器是现代网络理论中使用的一种双口电路器件,它可由运算放大器予以实现。回转器的电路符号如图 5-16 所示,其端口伏安关系式为

$$\left. \begin{array}{l} i_1 = gu_2 \\ i_2 = -gu_1 \end{array} \right\}$$

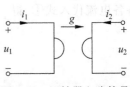

图 5-16 回转器电路符号

或

$$
\left.\begin{array}{r}
u_1 = -ri_2 \\
u_2 = ri_1
\end{array}\right\}
$$

式中的 g 为回转电导，$r = 1/g$ 为回转电阻。由上述关系式可见，回转器具有转换端口电压、电流的特性，即能将一个端口的电压转换为另一端口的电流，或将一个端口的电流转换为另一端口的电压。

在工程应用中，可利用回转器的特性，将电容元件"回转"为电感元件。当在回转器的输出端口接一电容元件后，从回转器的输入端口看进去则相当于一电感元件。这一结果可用于在集成电路制造中实现不易集成的电感元件。

例 5-7　图 5-17 所示的电路可用于实现回转器。试求该电路的输入、输出端口电压、电流间的关系式。

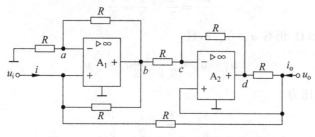

图 5-17　例 5-7 电路——实现回转器的电路

解　对运算放大器 A_1，有

$$
u_a = u_i = \frac{R}{R+R} u_b = \frac{1}{2} u_b
$$

于是可得

$$
i = \frac{u_a - u_b}{R} + \frac{u_a - u_o}{R} = \frac{u_i - 2u_i}{R} + \frac{u_i - u_o}{R}
$$

$$
= -\frac{u_o}{R}
$$

对运算放大器 A_2，有

$$
u_d = \frac{u_c - u_b}{R} R + u_c = u_o - 2u_i + u_o = 2u_o - 2u_i
$$

又得到

$$
i_o = \frac{u_o - u_d}{R} + \frac{u_o - u_i}{R} = \frac{2u_i - u_o}{R} + \frac{u_o - u_i}{R} = \frac{u_i}{R}
$$

若令 $u_o = u_1, i_o = i_1, u_i = u_2, i = i_2, g = 1/R$，则可得到 $i_1 = gu_2, i_2 = -gu_1$，可见该电路为一回转器。

例 5-8　电路如图 5-18 所示。（1）当两个开关接在 a 和 a' 位置时，分别求 $R_1 = R_2 = 1\text{k}\Omega$ 和 $R_1 = R_2 = 2\text{k}\Omega$ 时的电路输出电压和输入电压之比（转移电压比）u_o/u_i；（2）当两个开关接在 b 和 b' 位置时，再求上述两种参数条件下的转移电压比 u_o/u_i。

解　（1）当开关 S_1、S_2 接在 a、a' 位置时，若 $R_1 = R_2 = 1\text{k}\Omega$，有 $u_o = u_2/2$，又求出

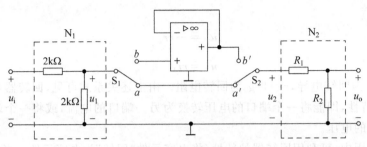

图 5-18 例 5-8 电路

$$u_2 = u_1 = \frac{1}{2+1} u_i = \frac{1}{3} u_i$$

于是转移电压比为

$$\frac{u_o}{i_i} = \frac{1}{3} \times \frac{1}{2} = \frac{1}{6}$$

若 $R_1 = R_2 = 2\text{k}\Omega$，仍有 $u_o = u_i/2$，且

$$u_2 = u_1 = \frac{4/3}{2+4/3} u_i = \frac{2}{5} u_i$$

于是转移电压比为

$$\frac{u_o}{u_i} = \frac{2}{5} \times \frac{1}{2} = \frac{1}{5}$$

由上述分析计算可知，N_1 的转移电压比受 N_2 的影响，从而电路的整体转移电压比（或输出电压）将随 N_2 的变化而变化。

（2）当开关 S_1、S_2 接在 b、b' 位置时，是在 N_1 和 N_2 之间插入电压跟随器。由于跟随器的输入电阻为无限大，因此 N_2 的接入不会对 N_1 的转移电压比和输出 u_1 产生影响。这表明电压跟随器起到了隔离 N_1 和 N_2 的作用，避免了两者的相互影响。于是电路的总体转移电压比是两个电路 N_1 和 N_2 转移电压比的乘积。对 N_1 其转移电压比为

$$\frac{u_1}{u_i} = \frac{2}{2+2} = \frac{1}{2}$$

对 N_2，在两组 R_1、R_2 参数时，均有转移电压比为

$$\frac{u_o}{u_2} = \frac{u_o}{u_1} = \frac{1}{2}$$

于是在 R_1、R_2 两组参数下的电路总体转移电压比为

$$\frac{u_o}{u_i} = \frac{u_1}{u_i} \cdot \frac{u_o}{u_2} = \frac{1}{2} \times \frac{1}{2} = \frac{1}{4}$$

由此可见，在插入了电压跟随器后，可使电路的分析、设计得到简化。

例 5-9 电路如图 5-19 所示，求输出电压 U_o。

解 先求电路左边运放的输出 U_a。由"虚断路"及"虚短路"特性，知 $U_b = 5\text{V}$，由此可得

$$U_a = U_b + \frac{U_b}{5} \times 3 = 5 + 1 \times 3 = 8\text{V}$$

又知 $U_c = 2\text{V}$，且有

$$i = \frac{U_a - U_c}{3 \times 10^3} = \frac{8-2}{3 \times 10^3} = 2\text{mA}$$

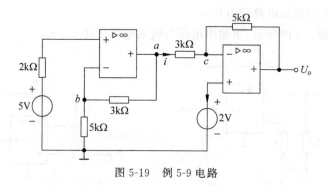

图 5-19 例 5-9 电路

于是求出

$$U_o = -5 \times 10^3 i + U_c = -10 + 2 = -8\text{V}$$

练习题

5-1 在图 5-20 所示的电路中，运放的开环放大倍数 A 为有限值，求该电路的电压增益 $K = \dfrac{u_o}{u_i}$。

5-2 求图 5-21 所示理想运放电路的输出电压 u_o。

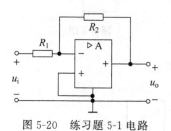

图 5-20 练习题 5-1 电路

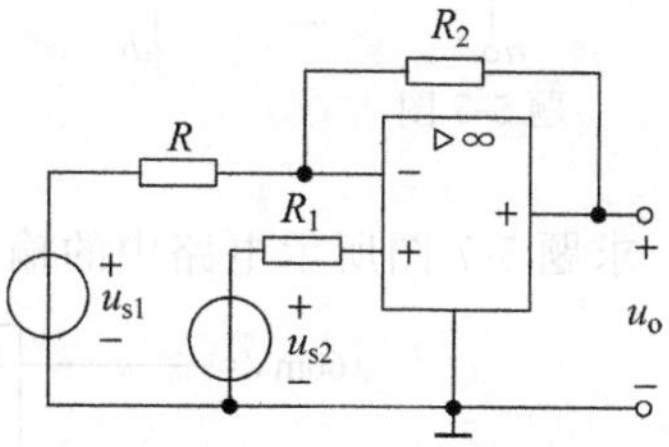

图 5-21 练习题 5-2 电路

习题

5-1 求题 5-1 图所示含理想运放电路中的输出电压 u_o。

5-2 电路如题 5-2 图所示，求输出电压 u_o。

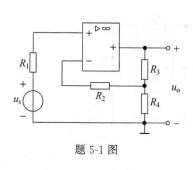

题 5-1 图

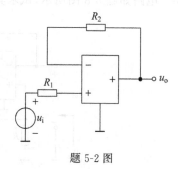

题 5-2 图

5-3 求题 5-3 图所示电路的电压 u_o。

5-4 电路如题 5-4 图所示,求输出电压与输入电压之比 u_o/u_i。

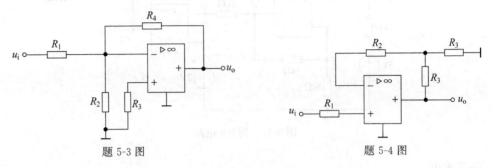

题 5-3 图　　　　　　　　　　　　题 5-4 图

5-5 求题 5-5 图所示电路中 a、b 两点间的戴维宁等效电路。

5-6 求题 5-6 图所示电路中的输出电压 u_o。

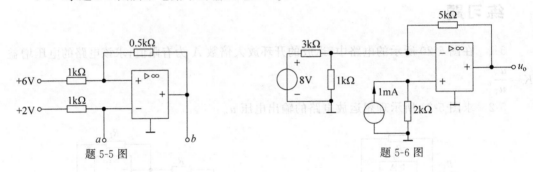

题 5-5 图　　　　　　　　　　　　题 5-6 图

5-7 求题 5-7 图所示电路中的输出电压 u_o 和电流 i。

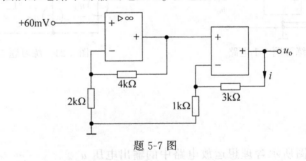

题 5-7 图

5-8 电路如题 5-8 图所示,试求其入端电阻 R_{in}。

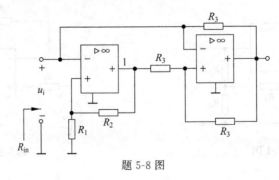

题 5-8 图

5-9 试求题 5-9 图所示电路的输出电压 u_o。

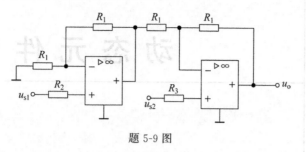

题 5-9 图

5-10 电路如题 5-10 图所示，试求输出电压 u_o。

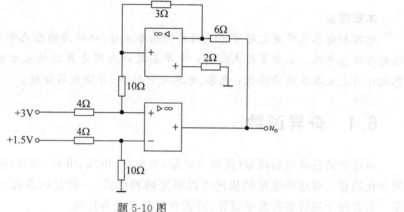

题 5-10 图

第 6 章

动 态 元 件

本章提要

　　电容和电感元件是电路中常见的两种基本元件,也称为动态元件,含有这两种元件的电路称为动态电路。本章主要内容有:奇异函数以及用奇异函数表示波形的方法;电容、电感元件的定义及其伏安特性;电容、电感元件的串、并联电路分析。

6.1　奇异函数

　　电路中的各种电物理量(简称为电量)如电压、电流、电荷、磁链、功率、能量等都是随时间变化的量。对这些电量的描述可以采用两种形式,一种是函数表达式,另一种是波形表示。前者便于进行各种数学运算,后者观察起来更为直观。

　　时间函数分为普通函数和奇异函数两类。常量、正弦量和指数函数等是大家所熟悉的普通函数。奇异函数是一类特殊的函数,又称为广义函数。那些波形有间断点,或者导数具有间断点,或者某些点处的幅值趋于无穷大的函数,都可归属于奇异函数。近代电路理论和信号分析都引入了奇异函数,例如在电路的动态分析中用奇异函数表示激励和响应。下面介绍几种典型且重要的奇异函数。

6.1.1　阶跃函数

1. 单位阶跃函数 $\varepsilon(t)$

单位阶跃函数 $\varepsilon(t)$ 的定义式为

$$\varepsilon(t) = \begin{cases} 1, & t > 0 \\ 0, & t < 0 \end{cases} \tag{6-1}$$

其波形如图 6-1 所示。

　　$\varepsilon(t)$ 为不连续函数,其波形由两段构成,当 $t < 0$ 时,其值为零; $t > 0$ 时,其值为 1。$t = 0$ 为间断点 $[\varepsilon(0_-) = 0$、$\varepsilon(0_+) = 1]$,函数 $\varepsilon(t)$ 在该点数值不定,导数奇异,故单位阶跃函数 $\varepsilon(t)$ 为奇异函数,"单位"的含义是指其不为零的值为 1。单位阶跃函数也可用符号 $\mathbf{1}(t)$ 表示。

2. 延迟单位阶跃函数 $\varepsilon(t - t_0)$

延迟单位阶跃函数的定义为

$$\varepsilon(t-t_0) = \begin{cases} 1, & t > t_0 \\ 0, & t < t_0 \end{cases} \tag{6-2}$$

其波形如图 6-2 所示。

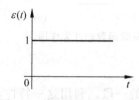

图 6-1 单位阶跃函数的波形

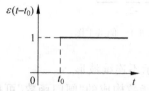

图 6-2 延迟单位阶跃函数的波形

$\varepsilon(t-t_0)$ 和 $\varepsilon(t)$ 的区别在于前者的跳变点在 $t=t_0$ 处,而后者的跳变点在 $t=0$ 处,即前者的跳变点比后者延时 t_0。单位阶跃函数可视为延迟单位阶跃函数的特例($t_0=0$)。

3. 一般阶跃函数 $A\varepsilon(t+t_0)$

凡波形可分为两段,且一段位于横轴(t 轴)上,另一段为平行于 t 轴的直线的函数,均称为一般阶跃函数,简称为阶跃函数。图 6-3 所示波形 f_1、f_2 就是两个阶跃函数的例子。

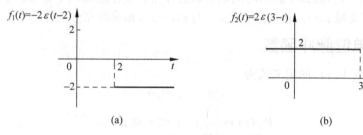

(a)   (b)

图 6-3 两例阶跃函数的波形

欲画出给定的阶跃函数的波形,关键在于确定跳变点和波形走向(非零值波形的延伸方向)。设阶跃函数的一般表达式为

$$f(t) = A\varepsilon(kt+t_0) = A\varepsilon(\xi)$$

式中,A 为任意常数,$\xi=kt+t_0$ 称为函数的宗量。$\varepsilon(\xi)$ 是单位阶跃函数,当 $\xi>0$ 时,$f(t)=A$;当 $\xi<0$ 时,$f(t)=0$。因此,通过解不等式 $\xi>0$ 或 $\xi<0$ 便不难确定阶跃函数 $f(t)$ 的跳变点及波形走向,从而画出 $f(t)$ 的波形。

例 6-1 试画出阶跃函数 $f(t)=-2\varepsilon(-t+1)$ 的波形。

解 函数的宗量为 $\xi=-t+1$,当 $\xi>0$ 即 $t<1$ 时,$f(t)=-2$;当 $\xi<0$ 即 $t>1$ 时,$f(t)=0$。于是作出 $f(t)$ 的波形如图 6-4 所示。

4. 阶跃函数在电路分析中的作用

(1)可描述开关的作用

图 6-5(a)所示电路表示 $t=t_0$ 时,一个电压源与外电路相接。引入阶跃函数后,该电路可表示为图 6-5(b),因此阶跃函数在电路图中可代替开关的作用并表示开关的开闭时间。

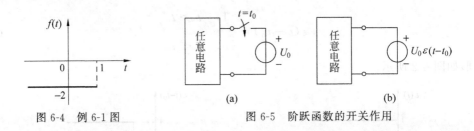

图 6-4 例 6-1 图　　　　　　图 6-5 阶跃函数的开关作用

（2）表示不连续波形

用阶跃函数构成的"闸门函数"可截取任意波形上的一段。利用这一特性，可方便地将分段连续的波形用一个完整的数学式表达，本章的 6.2 节将对此进行讨论。

（3）表示时间定义域

设一函数为

$$f(t) = \begin{cases} e^{-t}, & t > t_0 \\ 0, & t < t_0 \end{cases}$$

则该函数可表示为

$$f(t) = e^{-t} \varepsilon(t - t_0)$$

这里阶跃函数 $\varepsilon(t - t_0)$ 起到了表示时间定义域的作用。应注意此例中 $t < t_0$ 时 $f(t) = 0$，是将 $f(t)$ 对应于定义域 $t > t_0$ 中的表达式 e^{-t} 与 $\varepsilon(t - t_0)$ 相乘的充分条件。

6.1.2 单位脉冲函数

单位脉冲函数 $P_\Delta(t)$ 的定义式为

$$P_\Delta(t) = \begin{cases} 0, & t < 0 \\ \dfrac{1}{\Delta}, & 0 < t < \Delta \\ 0, & t > \Delta \end{cases} \tag{6-3}$$

其波形如图 6-6 所示，它由三段构成。矩形波的宽度为 Δ，高度为 $\dfrac{1}{\Delta}$，其面积 $S_P = \Delta \cdot \dfrac{1}{\Delta} = 1$。"单位"是指波形的面积为 1。

$AP_\Delta(t - t_0)$ 称为脉冲函数。

例 6-2 试作出函数 $2P_{\frac{1}{2}}(t - 1)$ 的波形。

解 要画出脉冲函数的波形，必须确定脉冲波的宽度、高度及跳变点。此例中，脉冲宽度为 $\Delta = \dfrac{1}{2}$，高度为 $A \cdot \dfrac{1}{\Delta} = 2 \times 2 = 4$，两个跳变点分别为 $t_1 = 1$ 和 $t_2 = t_1 + \Delta = 1 + \dfrac{1}{2} = \dfrac{3}{2}$。作出波形如图 6-7 所示。应注意脉冲波的高度并非为 A。

图 6-6 单位脉冲函数的波形　　　　　图 6-7 例 6-2 图

6.1.3 冲激函数

1. 单位冲激函数 $\delta(t)$

单位冲激函数 $\delta(t)$ 的定义为

$$\delta(t) = \begin{cases} \text{奇异}, & t = 0 \\ 0, & t \neq 0 \end{cases} \tag{6-4}$$

且

$$\int_{-\infty}^{\infty} \delta(t) \, \mathrm{d}t = 1 \tag{6-5}$$

其波形如图 6-8 所示。应注意单位冲激函数的定义式由式(6-4)和式(6-5)两式组成,缺一不可。式中的"奇异"表示在 $t=0$ 时,波形的幅度趋于无穷大,但其奇异性又需满足式(6-5)。式(6-5)表明 $\delta(t)$ 波形下所围的面积为 1,这便是"单位"的含义。

$\delta(t)$ 的面积又称为脉冲"强度"。单位冲激函数是用强度而不是用幅度来表征的。在其波形的箭头旁应标明其强度。

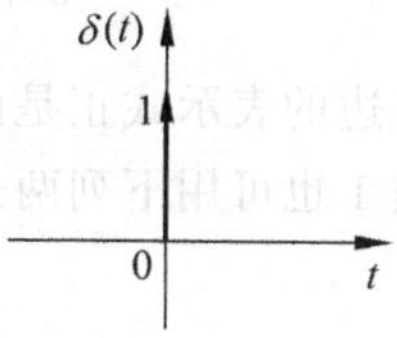

式(6-5)又可写为

$$\int_{-\infty}^{\infty} \delta(t) \, \mathrm{d}t = \int_{0_-}^{0_+} \delta(t) \, \mathrm{d}t = 1 \tag{6-6}$$

图 6-8　单位冲激函数的波形

单位冲激函数显然不是普通函数,它也称作狄拉克函数。$\delta(t)$ 可看作是某些函数在一定条件下的极限情况,例如可把它视为单位脉冲函数 $P_\Delta(t)$ 在脉宽 $\Delta \to 0$ 时的极限:

$$\text{单位脉冲函数的幅度} = \lim_{\Delta \to 0} \frac{1}{\Delta} = \infty$$

$$\text{单位脉冲函数的面积} = \lim_{\Delta \to 0} \int_{-\infty}^{\infty} P_\Delta(t) \, \mathrm{d}t = \lim_{\Delta \to 0} \frac{1}{\Delta} \cdot \Delta = 1$$

2. 冲激函数 $A\delta(t - t_0)$

$f(t) = A\delta(t - t_0)$ 称为冲激函数,其定义为

$$f(t) = \begin{cases} \text{奇异}, & t = t_0 \\ 0, & t \neq t_0 \end{cases} \tag{6-7}$$

且

$$\int_{-\infty}^{\infty} A\delta(t - t_0) \, \mathrm{d}t = \int_{t_{0_-}}^{t_{0_+}} A\delta(t - t_0) \, \mathrm{d}t = A \tag{6-8}$$

式中,A 为任意常数,称为冲激函数的强度;t_0 亦为常数,且 A 和 t_0 均可正可负。图 6-9 给出了 $A > 0, t > 0$ 时 $A\delta(t - t_0)$ 和 $A\delta(t + t_0)$ 的波形。

单位冲激函数 $\delta(t)$ 是冲激函数 $A = 1$ 和 $t_0 = 0$ 的特例。

冲激函数在近代电路分析和信号理论中有着重要的地位和应用。极短时间内产生的极大电流和电压可近似看作冲激函数。

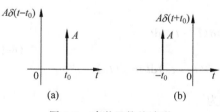

图 6-9　冲激函数的波形

3. 冲激函数的一些性质

下面给出冲激函数的一些重要性质,证明从略。

性质 1 冲激函数是阶跃函数的导数,阶跃函数是冲激函数的积分,即

$$\delta(t) = \frac{d\varepsilon(t)}{dt} \tag{6-9}$$

或

$$\varepsilon(t) = \int_{-\infty}^{t} \delta(t') dt' \tag{6-10}$$

事实上,脉冲函数 $P_\Delta(t)$ 可用阶跃函数表示为

$$P_\Delta(t) = \frac{1}{\Delta}[\varepsilon(t) - \varepsilon(t - \Delta)]$$

前已指出, $\delta(t)$ 可看作是 $P_\Delta(t)$ 的一种极限情况,即

$$\delta(t) = \lim_{\Delta \to 0} P_\Delta(t) = \lim_{\Delta \to 0} \frac{1}{\Delta}[\varepsilon(t) - \varepsilon(t - \Delta)]$$

而上式右边的表示式正是函数 $\varepsilon(t)$ 的导数定义式,于是式(6-9)成立。

性质 1 也可用下列两式表述:

$$\delta(t - t_0) = \frac{d\varepsilon(t - t_0)}{dt} \tag{6-11}$$

$$\varepsilon(t - t_0) = \int_{-\infty}^{t} \delta(t' - t_0) dt' \tag{6-12}$$

性质 2 相乘特性和筛分性。相乘特性的表达式为

$$f(t)\delta(t) = f(0)\delta(t) \tag{6-13}$$

式中 $f(t)$ 为任意连续函数。相乘特性可直观地予以说明。由 $\delta(t)$ 的波形可知该函数在 $t \neq 0$ 时为零,仅在 $t = 0$ 时取值,因此有

$$f(t)\delta(t) = f(t) \mid_{t=0} \delta(t) = f(0)\delta(t)$$

相乘特性也可表示为

$$f(t)\delta(t - t_0) = f(t_0)\delta(t - t_0) \tag{6-14}$$

上式表明,连续函数 $f(t)$ 与冲激函数 $\delta(t - t_0)$ 的乘积等同于一个在 t_0 时刻出现且强度为 $f(t_0)$ 的冲激函数。

设 $f(t)$ 为任意连续函数,则冲激函数的筛分性可用下式表示:

$$\int_{-\infty}^{\infty} f(t)\delta(t) dt = f(0) \tag{6-15}$$

式(6-15)表明,该式左边的积分之值等于函数 $f(t)$ 在 $t = 0$ 时的值,也即是该积分运算能将冲激函数出现时刻($t = 0$)对应的函数 $f(t)$ 的值 $f(0)$ 筛分出来。

冲激函数的筛分性也可用下式表示:

$$\int_{-\infty}^{\infty} f(t)\delta(t - t_0) dt = \int_{-\infty}^{\infty} f(t_0)\delta(t - t_0) dt$$

$$= f(t_0) \int_{t_{0_-}}^{t_{0_+}} \delta(t - t_0) dt = f(t_0) \tag{6-16}$$

性质 3 冲激函数是偶函数。该性质的表达式为

$$\delta(t) = \delta(-t) \tag{6-17}$$

或

$$\delta(t-t_0)=\delta(t_0-t) \tag{6-18}$$

例 6-3 试作出 $f(t)=-2\delta(3-t)$ 的波形。

解 $f(t)=-2\delta(3-t)=-2\delta[-(t-3)]$

由性质 3 便得

$$f(t)=-2\delta(t-3)$$

于是作出波形如图 6-10 所示。

性质 4 微分特性。单位冲激函数的一阶导数用 $\delta'(t)$ 表示,即

$$\delta'(t)=\frac{\mathrm{d}\delta(t)}{\mathrm{d}t}$$

$\delta'(t)$ 称为单位对偶冲激函数或单位对偶脉冲,其波形如图 6-11 所示。

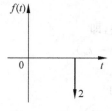
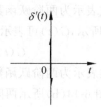

图 6-10 例 6-3 图   图 6-11 单位对偶冲激函数

单位对偶冲激函数的定义式为

$$\delta'(t)=\begin{cases}奇异, & t=0\\ 0, & t\neq0\end{cases} \tag{6-19}$$

及

$$\begin{cases}\displaystyle\int_{-\infty}^{t}\delta'(t)\mathrm{d}t=\delta(t)\\ \displaystyle\int_{0_-}^{0_+}\delta'(t)\mathrm{d}t=0\end{cases} \tag{6-20}$$

6.2 波形的奇异函数表示法

这里所讨论的波形主要是指分段连续的波形,这类波形通常用分段连续函数表示。如图 6-12 所示的波形,描述它的分段函数式为

$$f(t)=\begin{cases}0, & t<0\\ 1, & 0<t\leqslant1\\ t, & 1\leqslant t\leqslant2\\ 2, & 2\leqslant t<3\\ 0, & t>3\end{cases}$$

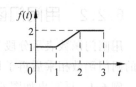

图 6-12 分段连续函数的
波形示例

这种分段表示法的特点是直观、简单,但用其表达式对波形进行各种数学运算时却不太方便,有时容易出现错误。对波

形的表示还可引用奇异函数,这种方法的优点是能将分段连续的波形用一个完整的数学式表示,且便于进行各种数学运算。

6.2.1 闸门函数及其表达式

用奇异函数表示分段函数需借助于所谓的"闸门函数"。

闸门函数 $G(t)$ 的波形如图 6-13 所示,其功能是能截取任一连续函数 $f(t)$ 的某段波形,即 $f(t)$ 和它相乘后,在 $t_1 <$ $t < t_2$ 区间内为原函数 $f(t)$,而在 $t < t_1$ 及 $t > t_2$ 的区间内均恒等于零。这样 $G(t)$ 相当于一个让 $f(t)$ 通过的门限,可以筛选出位于门限之中的函数,故称 $G(t)$ 为闸门函数。

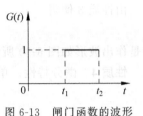

图 6-13 闸门函数的波形

闸门函数有三种基本表示法。

(1) 闸门函数表示为两阶跃函数之差

如图 6-14(a)所示,$G(t)$ 可表示为两阶跃函数之差,即

$$G(t) = \varepsilon(t - t_1) - \varepsilon(t - t_2) \tag{6-21}$$

(2) 闸门函数表示为两阶跃函数的乘积

$G(t)$ 可视为图 6-14(b)所示两阶跃函数的乘积,即

$$G(t) = \varepsilon(t - t_1)\varepsilon(t_2 - t) \tag{6-22}$$

式中,$\varepsilon(t_2 - t)$ 是跳变点在 t_2 处且波形向 t 轴的负方向延伸的阶跃函数。

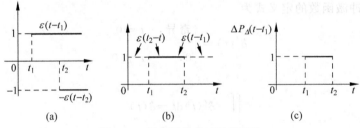

图 6-14 闸门函数的三种表示法

(3) 闸门函数用脉冲函数表示

闸门函数的波形与脉冲函数的波形相同,如图 6-14(c)所示。闸门函数可用脉冲函数表示为

$$G(t) = \Delta P_\Delta(t - t_1) \tag{6-23}$$

式中,Δ 为闸门函数的宽度,即 $\Delta = t_2 - t_1$。

6.2.2 用闸门函数表示分段连续的波形

用闸门函数表示分段连续波形 $f(t)$ 的方法是将 $f(t)$ 中不为零的每一段的定义式与相应的闸门函数相乘后再予以叠加。此法也称为分段叠加法。

例 6-4 试写出如图 6-15 所示波形的数学表达式。

解 根据 $G(t)$ 函数的三种表示法,该波形可有三种表达形式:

(1) $f(t) = 2t[\varepsilon(t) - \varepsilon(t-1)] + 2[\varepsilon(t-1) - \varepsilon(t-3)]$

(2) $f(t) = 2t[\varepsilon(t)\varepsilon(1-t)] + 2[\varepsilon(t-1)\varepsilon(3-t)]$

(3) $f(t) = 2t\Delta_1 P_{\Delta_1}(t) + 2\Delta_2 P_{\Delta_2}(t-1)$

$\qquad = 2tP_1(t) + 4P_2(t-1)$

引用闸门函数表示分段连续的波形,可使表达式紧凑、清晰。而用第一种闸门函数形式表示波形则十分便于对波形进行求导和积分运算。

例 6-5 设函数 $f(t)$ 的波形如图 6-16(a)所示,试作出 $\dfrac{\mathrm{d}f}{\mathrm{d}t}$ 的波形。

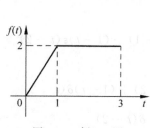

图 6-15 例 6-4 图

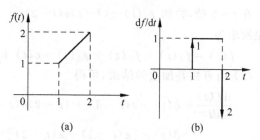

图 6-16 例 6-5 图

解 该波形的表达式为

$$f(t) = t[\varepsilon(t-1) - \varepsilon(t-2)] = t\varepsilon(t-1) - t\varepsilon(t-2)$$

$$\frac{\mathrm{d}f}{\mathrm{d}t} = [t\varepsilon(t-1)]' - [t\varepsilon(t-2)]'$$

$$= [\varepsilon(t-1) + t\delta(t-1)] - [\varepsilon(t-2) - t\delta(t-2)]$$

$$= [\varepsilon(t-1) - \varepsilon(t-2)] + \delta(t-1) + 2\delta(t-2)$$

在运算中,利用了关系式

$$\frac{\mathrm{d}\varepsilon(t-t_0)}{\mathrm{d}t} = \delta(t - t_0)$$

及

$$f(t)\delta(t - t_0) = f(t_0)\delta(t - t_0)$$

作出 $\mathrm{d}f/\mathrm{d}t$ 的波形如图 6-16(b)所示。

用奇异函数表示波形时也可采用"直接叠加法"。这种方法是在函数波形的变化规律发生改变时,在原函数上叠加一个新的函数,使之能符合波形新的变化规律。

例 6-6 设函数 $f(t)$ 的波形如图 6-17(a)所示。

(1) 用闸门函数写出 $f(t)$ 的表达式;

(2) 用直接叠加法写出 $f(t)$ 的表达式;

(3) 画出对 $f(t)$ 求微分和积分的波形。

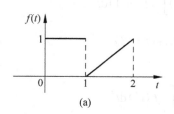

(a)

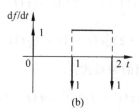

(b)

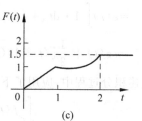

(c)

图 6-17 例 6-6 图

解 (1) 用闸门函数写出的表达式为
$$f(t) = [\varepsilon(t) - \varepsilon(t-1)] + (t-1)[\varepsilon(t-1) - \varepsilon(t-2)]$$

(2) 用"直接叠加法"时,是在波形的变化规律发生改变之处叠加一个新的函数。该波形分别在 $t = 0, 1, 2$ 处发生改变。因此

在 $t = 0$ 处,叠加 $f_1(t) = \varepsilon(t)$

在 $t = 1$ 处,叠加 $f_2(t) = (t-2)\varepsilon(t-1)$

在 $t = 2$ 处,叠加 $f_3(t) = (1-t)\varepsilon(t-2)$

于是所求为
$$f(t) = f_1(t) + f_2(t) + f_3(t) = \varepsilon(t) + (t-2)\varepsilon(t-1) + (1-t)\varepsilon(t-2)$$

(3) 由直接叠加法的结果,可得
$$\frac{\mathrm{d}f(t)}{\mathrm{d}t} = \delta(t) + \varepsilon(t-1) + (t-2)\delta(t-1) - \varepsilon(t-2) + (1-t)\delta(t-2)$$
$$= \delta(t) + [\varepsilon(t-1) - \varepsilon(t-2)] - \delta(t-1) - \delta(t-2)$$

作出 $\dfrac{\mathrm{d}f(t)}{\mathrm{d}t}$ 的波形如图 6-17(b)所示。

对 $f(t)$ 求积分可用两种方法。第一种方法是分段积分法。设 $F(t) = \displaystyle\int_{-\infty}^{t} f(t')\mathrm{d}t'$。

当 $0 \leqslant t \leqslant 1$ 时,$F(t) = \displaystyle\int_{0_-}^{t} f(t')\mathrm{d}t' = \int_{0_-}^{t} 1 \cdot \mathrm{d}t' = t$;

当 $t = 1$ 时,$F(1) = t \mid_{t=1} = 1$;

当 $1 \leqslant t \leqslant 2$ 时,$F(t) = F(1) + \displaystyle\int_{1}^{t} f(t')\mathrm{d}t' = 1 + \int_{1}^{t} (t'-1)\mathrm{d}t' = 1 + \frac{1}{2}(t-1)^2$;

当 $t = 2$ 时,$F(2) = \left[1 + \dfrac{1}{2}(t-1)^2\right]_{t=2} = \dfrac{3}{2}$;

当 $t \geqslant 2$ 时,$F(t) = F(2) + \displaystyle\int_{2}^{t} 0 \cdot \mathrm{d}t' = F(2) = \dfrac{3}{2}$。

于是作出 $F(t) = \displaystyle\int_{-\infty}^{t} f(t')\mathrm{d}t'$ 的波形如图 6-17(c) 所示。

对 $f(t)$ 求积分的第二种方法是对用奇异函数描述波形的表达式进行积分运算。前面用直接叠加法获得的 $f(t)$ 的表达式为
$$f(t) = \varepsilon(t) + (t-2)\varepsilon(t-1) + (1-t)\varepsilon(t-2)$$

对该式求积分得
$$F(t) = \int_{-\infty}^{t} f(t')\mathrm{d}t' = \int_{0_-}^{t} \varepsilon(t')\mathrm{d}t' + \int_{0_-}^{t} (t'-2)\varepsilon(t'-1)\mathrm{d}t' + \int_{0_-}^{t} (1-t')\varepsilon(t'-2)\mathrm{d}t'$$
$$= \varepsilon(t)\int_{0}^{t} 1 \cdot \mathrm{d}t' + \varepsilon(t-1)\int_{1}^{t} (t'-2)\mathrm{d}t' - \varepsilon(t-2)\int_{2}^{t} (t'-1)\mathrm{d}t'$$
$$= t\varepsilon(t) + \frac{1}{2}[(t-1)(t-3)]\varepsilon(t-1) - \frac{1}{2}t(t-2)\varepsilon(t-2)$$

在上述积分过程中,应用了下面的关系式:
$$\int_{T}^{t} f(t')\varepsilon(t'-t_1)\mathrm{d}t' = \varepsilon(t-t_1)\int_{t_1}^{t} f(t')\mathrm{d}t'$$

上式表明,将积分下限 T 改为 t_1 后,可将阶跃函数 $\varepsilon(t-t_1)$ 提到积分号外,从而把广义

函数的积分转化为普通函数的积分。需特别指出的是,只有当 $T \leqslant t_1$ 时,上述计算法则才成立。若 $T > t_1$,则不能按上述法则计算,绝对不能将阶跃函数提到积分符的外面来。其具体的计算法则,可以运用广义函数的性质进行推导。

刚才所得到的积分结果即 $F(t)$ 的表达式含有奇异函数,且对直接画出积分曲线的波形不够直观。为此,可采用分段整理的方法来得到便于画出波形的分段函数表达式。由 $F(t)$ 的表达式得

当 $0 \leqslant t \leqslant 1$ 时,$F(t) = t$

当 $1 \leqslant t \leqslant 2$ 时,$F(t) = t + \dfrac{1}{2}(t-1)(t-3) = 1 + \dfrac{1}{2}(t-1)^2$

当 $t \geqslant 2$ 时,$F(t) = t + \dfrac{1}{2}(t-1)(t-3) - \dfrac{1}{2}t(t-2) = \dfrac{3}{2}$

上述结果和第一种方法即分段积分法的结果完全相同。

练习题

6-1 计算下列积分。

(1) $\displaystyle\int_{-\infty}^{\infty} 3e^{-2t}\delta(t+3)\mathrm{d}t$

(2) $\displaystyle\int_{-\infty}^{\infty} e^{-t}\sin(2t+60°)\delta(t)\mathrm{d}t$

(3) $\displaystyle\int_{2}^{\infty} e^{-t}\delta(t-1)\mathrm{d}t$

(4) $\displaystyle\int_{0}^{\infty} 220\sqrt{2}\cos(t-45°)\delta\left(\dfrac{\pi}{2}-t\right)\mathrm{d}t$

6-2 作出下列函数的波形。

(1) $\varepsilon(-t-1)$

(2) $3P_2(t+1)$

(3) $e^{-t}\varepsilon(t+1)$

(4) $\delta(t)3\sqrt{2}\cos(t+30°)$

6.3 电容元件

电容器是常见的电路基本器件之一。电容元件是一种理想化模型,用它来模拟实际电容器和其他实际器件的电容特性,即电场储能特性。

6.3.1 电容元件的定义及线性时不变电容元件

1. 电容元件的定义及分类

电容元件的基本特征是当其极板上聚集有电荷时,其极板间便有电压。电容元件的定义可表述为:一个二端元件,在任意时刻 t,若其储存的电荷 q 与其两端的电压 u 之间的关系可用确切的代数关系式表示或可用 q-u 平面上的曲线予以描述,则称该二端元件为电容元件。该曲线便是电容元件的定义曲线,也称为电容元件的特性曲线。电容元件通常简称为电容。

和电阻元件类似,也按特性曲线在定义平面上的性状对电容元件进行分类。这样,电容元件有线性的或非线性的,时不变的或时变的等类型。本书主要讨论线性时不变电容元件。

2. 线性时不变电容元件

当电容元件的特性曲线是一条经过原点的直线且该直线在坐标平面上的位置是固定的而不随时间变化,则称为线性时不变电容元件。

线性时不变电容元件的电路符号及特性曲线如图 6-18
所示,图中电容元件的正极板上的电荷量为 q。线性时不
变电容元件的定义式为

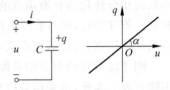

图 6-18　线性电容元件的符号
及其特性曲线

$$q(t) = Cu(t) \tag{6-24}$$

式中 C 为比例常数,是特性曲线的斜率,即 $C = \tan\alpha$。C 为
电容元件的电容(值)。在国际单位制中,电荷的单位为库
仑,简称库(符号为 C);电压的单位为伏特;电容的单位为
法拉,简称法(符号为 F)。在实用中,法拉这个单位太大,而常用微法(符号为 μF)和皮法
(符号为 pF)作为电容的单位。这些单位间的关系为

$$1\text{F} = 10^6\,\mu\text{F} = 10^{12}\,\text{pF}$$

由电容元件的定义式(6-24)可见,当电容元件两端的电压升高时,其电荷量也随之增
加,这一现象称为电容元件的充电过程。反之,当电容元件两端的电压减小时,其电荷量也
随之减少,称为电容元件的放电过程。

6.3.2　线性时不变电容元件的伏安关系

1. 电容元件的伏安关系式

在电路分析中,人们通常关心的是电容元件的电压和电流间的关系。设电容元件的电
压和电流为关联的参考方向,如图 6-18 所示,由电流的定义及式(6-24),可得

$$i(t) = \frac{\mathrm{d}q(t)}{\mathrm{d}t} = C\,\frac{\mathrm{d}u(t)}{\mathrm{d}t} \tag{6-25}$$

若将电容电压用电容电流表示,便有

$$u(t) = \frac{1}{C}\int_{-\infty}^{t} i(t')\,\mathrm{d}t' \tag{6-26}$$

式(6-25)和(6-26)是线性时不变电容元件伏安关系式的两种形式。应注意,上述关系式对
应于电压、电流为关联参考方向,若电压、电流是非关联参考方向,则电容元件的伏安关系式
中应有一负号,即

$$i(t) = -C\,\frac{\mathrm{d}u(t)}{\mathrm{d}t} \tag{6-27}$$

和

$$u(t) = -\frac{1}{C}\int_{-\infty}^{t} i(t')\,\mathrm{d}t' \tag{6-28}$$

2. 电容元件伏安关系式的相关说明

(1) 电容元件的电压和电流间并非为代数关系,而是微分或积分的关系。

(2) 电容电流的大小正比于电容电压的变化率,这表明仅当电压变动时才会有电流,故
电容元件被称为动态元件。这一特性说明,电容电流的瞬时值大小与电容电压的瞬时值大
小没有直接的关系,这与电阻元件是截然不同的。

(3) 因直流电压的变化率为零,故在直流的情况下电容电流为零。这也表明在直流电
路中电容元件相当于断路,这一特性称为电容元件的"隔直"作用。

(4) 由式(6-26)可知,当前时刻 t 的电容电压不仅和该时刻的电流有关,而且与 t 以前
所有时刻的电流均有关,这说明电容元件能记住从 $-\infty$ 到 t 之间的电流对电容电压的全部

贡献,因此又称电容元件为"记忆元件"。

6.3.3 电容电压的连续性原理

1. 关于时间起始时刻的说明

考察问题时,通常需选定一个时间起始时刻。例如研究电路发生突然短路的情况,就把发生短路的这一瞬间定为研究问题的时间起始时刻。在电路分析中,时间起始时刻通常用 $t=0$ 表示,并称为初始时刻。在许多情况下,还需对初始时刻 $t=0$ 的前一瞬间 $t=0_-$ 和后一瞬间 $t=0_+$ 加以区分。从数学的角度看,这种区分是为了便于对不连续函数的描述,以便问题的讨论更加清晰。如图 6-19 所示为一不连续函数的波形,$t=0$ 为间断点,$y(0)$ 为不定值,但 $y(0_-)=-1$,$y(0_+)=1$。在电路分析中,应特别注意对

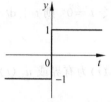

图 6-19 不连续函数的波形

$t=0_-$、0、0_+ 三个时刻加以区分。当然,在波形连续的情况下,这种区分是无关紧要的。

为方便起见,把 $y(0_-)$ 称为原始值,$y(0_+)$ 称为初始值。若 $y(t)$ 在 $t=0$ 处连续,便有 $y(0)=y(0_-)=y(0_+)$,则 $y(0)$ 亦称为初始值。使用 $y(0)$ 时意味着 $y(t)$ 在 $t=0$ 处是连续的。

也可把 $t=t_0$ 作为时间起始时刻,这时需加以区分的是 $t=t_0$、$t=t_{0_-}$ 和 $t=t_{0_+}$ 三个时刻。

当给定电容电压的原始值时,电容的伏安关系式可表示为

$$u_C(t)=\frac{1}{C}\int_{-\infty}^{t}i_C(\tau)\mathrm{d}\tau=\frac{1}{C}\int_{-\infty}^{0_-}i_C(\tau)\mathrm{d}\tau+\frac{1}{C}\int_{0_-}^{t}i_C(\tau)\mathrm{d}\tau$$

$$=u_C(0_-)+\frac{1}{C}\int_{0_-}^{t}i_C(\tau)\mathrm{d}\tau \tag{6-29}$$

式中

$$u_C(0_-)=\frac{1}{C}\int_{-\infty}^{0_-}i_C(\tau)\mathrm{d}\tau$$

为电容电压的原始值,它体现了电容电流在 $-\infty$ 到 0_- 这段时间内作用的结果。

2. 电容电压的连续性原理

重要结论:当通过电容的电流为有界函数时,电容电压不能跃变(突变),只能连续变化,这一结论的数学表达式为

$$u_C(0_+)=u_C(0_-) \tag{6-30}$$

该结论称为电容电压的连续性。

证明 电容元件的伏安关系式为

$$u_C(t)=\frac{1}{C}\int_{-\infty}^{t}i_C(\tau)\mathrm{d}\tau$$

设 t 增加为 $t+\mathrm{d}t$,$\mathrm{d}t$ 为一微小的时间增量,有

$$u_C(t+\mathrm{d}t)=\frac{1}{C}\int_{-\infty}^{t+\mathrm{d}t}i_C(\tau)\mathrm{d}\tau=\frac{1}{C}\int_{-\infty}^{t}i_C(\tau)\mathrm{d}\tau+\frac{1}{C}\int_{t}^{t+\mathrm{d}t}i_C(\tau)\mathrm{d}\tau$$

$$=u_C(t)+\frac{1}{C}\int_{t}^{t+\mathrm{d}t}i_C(\tau)\mathrm{d}\tau$$

或

$$u_C(t+\mathrm{d}t) - u_C(t) = \frac{1}{C}\int_t^{t+\mathrm{d}t} i_C(\tau)\mathrm{d}\tau \qquad (6\text{-}31)$$

若 $i_C(t)$ 为有界函数,即 $|i_C| < M$,M 为一足够大的正数,则 $\frac{1}{C}\int_t^{t+\mathrm{d}t} i_C(\tau)\mathrm{d}\tau = 0$,这表明电容

电压 $u_C(t)$ 为连续函数;若 $i_C(t)$ 为无界函数,$\frac{1}{C}\int_t^{t+\mathrm{d}t} i_C(\tau)\mathrm{d}\tau \neq 0$,则 $u_C(t)$ 不连续。

令 $t=0_-$ 则 $t+\mathrm{d}t=0_+$,由式(6-31),有

$$u_C(0_+) - u_C(0_-) = \frac{1}{C}\int_{0_-}^{0_+} i_C(\tau)\mathrm{d}\tau$$

在 $i_C(t)$ 为有界或 $u_C(t)$ 连续的情况下,上式的右边积分为零,便有

$$u_C(0_+) = u_C(0_-)$$

这样就证明了上述结论。该结论也可表示为

$$u_C(t_{0_+}) = u_C(t_{0_-})$$

例 6-7 如图 6-20(a)所示的电容元件,已知 $u_C(0_-) =$
2V,现有一冲激电流 $-\delta(t)$ 流过该电容元件,求电压
$u_C(t)$,$t>0$ 并画出 $u_C(t)$ 在整个时间域中的波形。

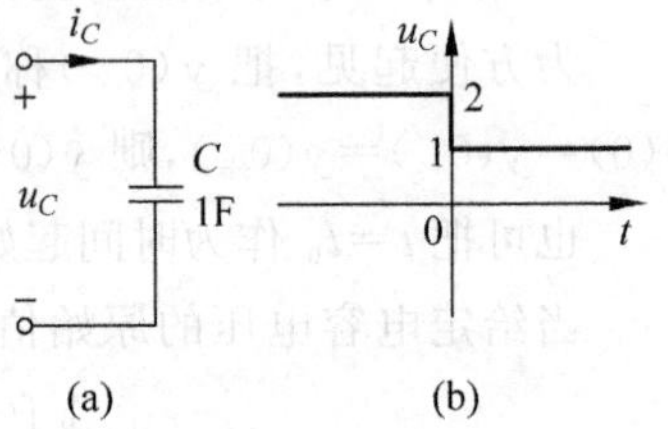

解
$$\begin{aligned}
u_C &= u_C(0_-) + \frac{1}{C}\int_{0_-}^t i_C(\tau)\mathrm{d}\tau \\
&= 2 + \frac{1}{1}\int_{0_-}^{0_+} [-\delta(\tau)]\mathrm{d}\tau \\
&= (2-1)\text{V} = 1\text{V}, \quad t>0 \text{(或 } t\geqslant 0_+)
\end{aligned}$$

图 6-20 例 6-7 图

应注意,u_C 的时间定义域既可表示为 $t>0$,也可表示为 $t\geqslant 0_+$,但不可用 $t\geqslant 0$,这是因为在
$t=0$ 处,u_C 不连续。作出 u_C 在整个时间域中的波形如图 6-20(b)所示。

例 6-8 给定线性电容元件 C 的电压、电流的参考方向如图 6-21(a)所示。

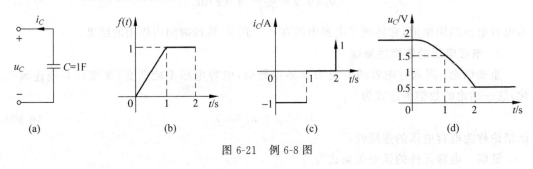

图 6-21 例 6-8 图

(1) 若电压 u_C 的波形如图 6-21(b)所示,求电流 i_C,$t>0$,并作出 i_C 的波形;

(2) 若图 6-21(b)为电流 i_C 的波形,且 $u_C(0_-)=2\text{V}$,求 u_C,$t\geqslant 0$,并作出 u_C 在整个时
间域中的波形。

解 (1) 应注意电容上电压和电流为非关联方向,则电容的伏安关系式为

$$i_C = -C\frac{\mathrm{d}u_C}{\mathrm{d}t}$$

u_C 的表达式为

$$u_C = t[\varepsilon(t) - \varepsilon(t-1)] + [\varepsilon(t-1) - \varepsilon(t-2)]$$

$$i_c = -C\frac{\mathrm{d}u_c}{\mathrm{d}t} = -[\varepsilon(t) - \varepsilon(t-1)] + \delta(t-2)$$

作出 i_c 的波形如图 6-21(c)所示。该波形中出现的冲激函数与 u_c 波形中出现的跳变现象对应。

（2）因 u_c、i_c 为非关联正向，故电容的伏安关系式为

$$u_c = u_c(0_-) - \frac{1}{C}\int_{0_-}^{t} i_c(\tau)\mathrm{d}\tau$$

i_c 为分段连续的函数，下面用分段积分法求 u_c：

$$0 \leqslant t \leqslant 1, \quad u_c(t) = u_c(0_-) - \frac{1}{C}\int_{0_-}^{t} \tau\mathrm{d}\tau = 2 - \frac{1}{2}t^2$$

$$u_c(1) = \left(2 - \frac{1}{2}\times 1^2\right)\mathrm{V} = \frac{3}{2}\mathrm{V}$$

$$1 \leqslant t \leqslant 2, \quad u_c = u_c(1) - \frac{1}{C}\int_{1}^{t} 1\mathrm{d}\tau = \frac{5}{2} - t$$

$$u_c(2) = \left(\frac{5}{2} - 2\right)\mathrm{V} = \frac{1}{2}\mathrm{V}$$

$$t \geqslant 2, \quad u_c = u_c(2) - \frac{1}{C}\int_{2}^{t} 0\mathrm{d}\tau = \frac{1}{2}\mathrm{V}$$

作出 u_c 的波形如图 6-21(d)所示，可见 u_c 在整个时间域中都是连续的，这与 i_c 波形中未出现冲激函数这一情况相对应。

在计算每一时间段 (t_0, t) 的积分时，应先求得初始值 $y(t_0)$，而这一初始值是根据上段积分的结果算出的。

6.3.4 电容元件的能量

1. 电容能量的计算公式

当电容的极板上集聚有电荷时，电容中便建立起电场，储存了电场能量。

设 u_c、i_c 为关联方向，则电容元件的功率为

$$p_c = u_c i_c = C u_c \frac{\mathrm{d}u_c}{\mathrm{d}t} \tag{6-32}$$

由上式可见，由于 u_c 与 $\dfrac{\mathrm{d}u_c}{\mathrm{d}t}$ 可能不同符号，则 p_c 可正可负。这表明电容元件有时自外电路吸收功率（能量），有时则向外电路输出功率（能量）。这种现象称为"能量交换"，这与电阻元件始终从外电路吸收功率是大不相同的。

电容中的电场能量为

$$W_c(t) = \int_{-\infty}^{t} p_c(\tau)\mathrm{d}\tau = \int_{-\infty}^{t} C u_c \frac{\mathrm{d}u_c}{\mathrm{d}\tau}\mathrm{d}\tau = \int_{u_c(-\infty)}^{u_c(t)} C u_c \mathrm{d}u_c$$

$$= \frac{1}{2}C u_c^2 - \frac{1}{2}C u_c^2(-\infty) = \frac{1}{2}C u_c^2 = \frac{1}{2}\frac{q^2}{C} \tag{6-33}$$

注意，$u_c(-\infty)$ 为电容未充电时的电压值，故 $u_c(-\infty) = 0$。

2. 关于电容能量的说明

分析式(6-33)，可有如下的结论：

（1）任一时刻 t 的电容能量只决定于该时刻的电容电压值，而与电压建立的过程无关。

（2）恒有 $W_C \geqslant 0$，这表明具有正电容值的电容的能量均是自外电路吸取的，电容并不能产生能量向外电路输出，因而它是一无源元件。

（3）尽管电容元件的功率有时为正，有时为负，但因为它不是有源元件，故它在功率为负时输出的能量必定是以前吸收的能量，即它能将吸收的能量储存起来，在一定的时候又释放出去，故电容又称为储能元件。显然，电容也是非耗能元件。

（4）电容的储能与电容的瞬时电流无关。在电容的瞬时电流为零时，只要电压不为零，能量就不为零。

（5）当电容电流有界时，电容电压不能跃变意味着能量不能跃变；而电容电压连续时，电容能量必定连续，反之亦然。

（6）在时间间隔 $[t_0,t]$ 内，电容元件吸收的能量为

$$W(t_0,t) = \int_{t_0}^{t} p_C(\tau)\mathrm{d}\tau = \int_{u_C(t_0)}^{u_C(t)} Cu_C\mathrm{d}u_C = \frac{1}{2}C[u_C^2(t) - u_C^2(t_0)]$$

例 6-9　某电容元件如图 6-22(a)所示，已知 $u_C(0_-)=2\mathrm{V}$，通过电容的电流波形示于图 6-22(b)。

（1）求 $t=1,1.5,2\mathrm{s}$ 时电容储存的能量；

（2）求电容在时间区间 $[1\mathrm{s},3\mathrm{s}]$ 内吸收的能量。

解　（1）先求出指定时间点的电容电压。当 $0 \leqslant t \leqslant 1$ 时，有

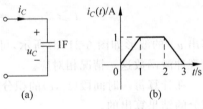

图 6-22　例 6-9 图

$$u_C(t) = u_C(0_-) + \frac{1}{C}\int_{0_-}^{t} i_C(t')\mathrm{d}t'$$

$$= 2 + \int_0^t t'\mathrm{d}t' = 2 + \frac{1}{2}t^2$$

于是得

$$u_C(1) = 2 + \frac{1}{2} \times 1^2 = 2.5\mathrm{V}$$

当 $1 \leqslant t \leqslant 2$ 时，有

$$u_C(t) = u_C(1) + \frac{1}{C}\int_1^t i_C(t')\mathrm{d}t' = 2.5 + \int_1^t 1 \cdot \mathrm{d}t' = t + 1.5$$

于是

$$u_C(1.5) = 1.5 + 1.5 = 3\mathrm{V}$$

$$u_C(2) = 2 + 1.5 = 3.5\mathrm{V}$$

当 $2 \leqslant t \leqslant 3$ 时，有

$$u_C(t) = u_C(2) + \frac{1}{C}\int_2^t i_C(t')\mathrm{d}t' = 3.5 + \int_2^t (3-t')\mathrm{d}t' = 4 - \frac{1}{2}(3-t)^2$$

于是

$$u_C(3) = 4\mathrm{V}$$

求得各时间点的电容的储能为

$$W_C(1) = \frac{1}{2}Cu_C^2(1) = \frac{1}{2} \times 1 \times 2.5^2 = 3.125\mathrm{J}$$

$$W_C(1.5) = \frac{1}{2}Cu_C^2(1.5) = \frac{1}{2} \times 1 \times 3^2 = 4.5\mathrm{J}$$

$$W_C(2) = \frac{1}{2} C u_C^2(2) = \frac{1}{2} \times 1 \times 3.5^2 = 6.125\text{J}$$

（2）在 $t = 1 \sim 3\text{s}$ 期间电容吸收的能量为

$$W_C(1,3) = \frac{1}{2} C [u_C^2(3) - u_C^2(1)] = \frac{1}{2} \times 1 \times (4^2 - 2.5^2) = 4.875\text{J}$$

练习题

6-3 计算一个原已充电至 10V 的 $10\mu\text{F}$ 的电容被充电至 60V 时电容极板上电荷量及在此期间电容所吸收的能量。

6-4 一个 $1\mu\text{F}$ 的电容原储存的能量为 10J，在一个冲激电流的作用下，该电容的能量突变为零，求该冲激电流的大小。

6.4 电感元件

电感器是常见的电路基本器件之一。实际电感器一般用导线绕制而成，也称为电感线圈。电感元件是一种理想化的电路模型，用它来模拟实际电感器和其他实际器件的电感特性，即磁场储能特性。

6.4.1 电感线圈的磁链和感应电压

当电感线圈通以电流时，便在其周围建立起磁场。电流 i 和磁通 Φ 的方向符合右手螺旋定则，如图 6-23 所示。设线圈有 N 匝，每一匝线圈穿过的磁通为 $\Phi_1, \Phi_2, \cdots, \Phi_N$，则全部磁通之和称为线圈所交链的磁通链，简称为磁链，用 Ψ 表示，即

$$\Psi = \Phi_1 + \Phi_2 + \cdots + \Phi_N = \sum_{j=1}^{N} \Phi_j$$

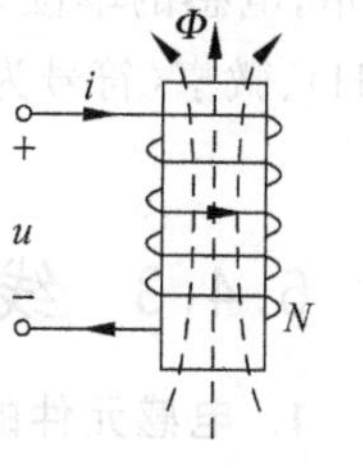

根据法拉第电磁感应定律，当穿过一个线圈的磁链随时间发生变化时，将在线圈两端产生一个感应电压，这个感应电压的大小就等于磁链变化率的绝对值。若线圈形成了电流的通路，则感应电压将在线圈中引起感应电流。

又根据楞次定律，感应电压总是企图利用引起的感应电流所产生的磁通去阻止原有磁通的变化，据此便可确定感应电压的方向，在图 6-23 中，感应电压 u 的参考方向与磁通 Φ 的参考方向间也应符合右螺旋定则，于是可确定感应电压 u 的参考方向如图中所示，且感应电压的表达式为

图 6-23 电感线圈中的电流、磁通及感应电压

$$u(t) = \frac{\mathrm{d}\Psi}{\mathrm{d}t} \tag{6-34}$$

由图 6-23 可见，上式在感应电压与产生磁通的电流两者的参考方向对线圈而言为关联的参考方向时成立。若 u、i 为非关联的参考方向，则有

$$u(t) = -\frac{\mathrm{d}\Psi}{\mathrm{d}t} \tag{6-35}$$

6.4.2 电感元件的定义及线性时不变电感元件

1. 电感元件的定义及分类

电感元件的基本特征是当其通以电流时便会建立起磁场,且磁链的数值与电流有关。电感元件的定义可表述为:一个二端元件,在任意时刻 t,其通过的电流 i 与电流产生的磁链 Ψ 之间的关系可用确切的代数关系式表示或可用 Ψ-i 平面上的曲线予以描述,则称该二端元件为电感元件。该曲线便是电感元件的定义曲线,也称为电感元件的特性曲线。电感元件通常也简称为电感。

按照特性曲线在定义平面上的性状,电感元件也分为线性的、非线性的、时不变的、时变的等类型。本书主要讨论线性时不变电感元件。

2. 线性时不变电感元件

若电感元件的特性曲线是一条通过原点的直线,且该直线在平面上的位置不随时间变化,则称为线性时不变电感元件。

线性时不变电感元件的电路符号和特性曲线如图 6-24 所示,图中的磁链 Ψ 和电流 i 的参考方向符合右手螺旋定则。

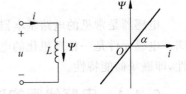

由特性曲线可得线性时不变电感元件的定义式为

$$\Psi(t) = Li(t) \tag{6-36}$$

图 6-24 线性时不变电感元件的电路符号和特性曲线

式中 L 为比例常数,是特性曲线的斜率,即 $L = \tan\alpha$。L 为电感元件的电感(值),也称作自感。在国际单位制中,磁链的单位为韦伯,简称韦(符号为 Wb);电流的单位为安培,电感的单位为亨利,简称亨(符号为 H)。实际应用中,电感的单位还有毫亨(符号为 mH)、微亨(符号为 μH)等。这些单位间的关系为

$$1H = 10^3 mH = 10^6 \mu H$$

6.4.3 线性时不变电感元件的伏安关系

1. 电感元件的伏安关系式

电磁感应定律的表达式为

$$u(t) = \frac{\mathrm{d}\Psi}{\mathrm{d}t}$$

前已指出,上式在电压与电流为关联参考方向时成立,将电感元件的特性方程式(6-36)代入上式,便有

$$u(t) = \frac{\mathrm{d}\Psi}{\mathrm{d}t} = L\frac{\mathrm{d}i(t)}{\mathrm{d}t} \tag{6-37}$$

或

$$i(t) = \frac{1}{L}\int_{-\infty}^{t} u(t')\mathrm{d}t' \tag{6-38}$$

上述两式是线性时不变电感元件伏安关系式的两种形式。若电感元件的电压、电流取非关联参考方向,则其伏安关系式为

$$u(t) = -L\frac{\mathrm{d}i(t)}{\mathrm{d}t} \tag{6-39}$$

或

$$i(t) = -\frac{1}{L}\int_{-\infty}^{t} u(t')\mathrm{d}t' \tag{6-40}$$

2. 电感元件伏安关系式的相关说明

(1) 电感元件的电压和电流间并非为代数关系,而是微分或积分的关系。

(2) 电感电压比例于电感电流的变化率,这表明仅当电流变动时才会有电压,因此电感元件也是一种动态元件。

(3) 由于直流电流的变化率为零,故在直流的情况下电感电压为零。这表明在直流电路中电感元件相当于短路。

(4) 由 $i_L = \frac{1}{L}\int_{-\infty}^{t} u_L(\tau)\mathrm{d}\tau$ 可知,当前时刻 t 的电感电流不仅和该时刻的电压有关,而且与从 $-\infty$ 到 t 所有时刻的电压均有关,这说明电感元件的电流具有记忆电压作用的本领。因此,电感元件是一种记忆元件。

6.4.4　电感电流的连续性原理

重要结论:当加于电感两端的电压是有界函数时,电感电流不能跃变(突变),只能连续变化。这一结论的数学表达式为

$$i_L(0_+) = i_L(0_-) \tag{6-41}$$

此结论称为电感电流的连续性。结论的证明和电容电压连续性的证明相仿,这里不再赘述。

6.4.5　电感元件的能量

电感元件的电压、电流取关联参考方向时,其功率为

$$p_L = u_L i_L = Li_L\frac{\mathrm{d}i_L}{\mathrm{d}t} \tag{6-42}$$

电感元件储存的磁场能量为

$$W_L(t) = \int_{-\infty}^{t} p_L(\tau)\mathrm{d}t = \int_{-\infty}^{t} Li_L(\tau)\frac{\mathrm{d}i_L(\tau)}{\mathrm{d}\tau}\mathrm{d}\tau$$

$$= \int_{i_L(-\infty)}^{i_L} Li_L(\tau)\mathrm{d}i_L(\tau) = \frac{1}{2}Li_L{}^2 = \frac{1}{2}\frac{\Psi^2}{L} \tag{6-43}$$

上式表明,在任一时刻 t,电感的储能只取决于该时刻的电流 $i_L(t)$。

分析电感功率和能量的表达式,可得出电感元件是无源元件、储能元件和非耗能元件,以及在电感中存在着能量交换现象的结论。可看出,电感元件和电容元件的特性是十分相似的,它们都属于非耗能元件,既是动态元件,又是储能元件。

例 6-10　已知图 6-25(a)所示的电感元件上电压的波形如图 6-25(b)所示。

(1) 若 $i_L(0_-) = 0$,求电感电流的波形;

(2) 求 $t = 1\mathrm{s}$ 和 $t = 2\mathrm{s}$ 时电感的储能。

解　(1) 用分段积分的方法求 i_L 的波形。

$$0 \leqslant t \leqslant 1, \quad i_L = i_L(0_-) + \frac{1}{L}\int_{0_-}^{t} \mathrm{d}\tau = 2t, \quad i_L(1) = 2 \times 1\mathrm{A} = 2\mathrm{A}$$

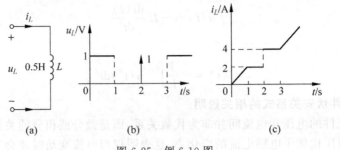

图 6-25 例 6-10 图

$$1 \leqslant t < 2, \quad i_L = i_L(1) + \frac{1}{L}\int_1^t 0\mathrm{d}\tau = i(1)\mathrm{A} = 2\mathrm{A}, \quad i_L(2_-) = 2\mathrm{A}$$

$$2 < t \leqslant 3, \quad i_L = i_L(2_-) + \frac{1}{L}\int_{2_-}^t \delta(\tau - 2)\mathrm{d}\tau = 2 + 2\int_{2_-}^{2_+} \delta(\tau - 2)\mathrm{d}\tau = 4\mathrm{A}$$

$$i_L(2_+) = 4\mathrm{A}, \quad i_L(3) = 4\mathrm{A}$$

$$t \geqslant 3, \quad i_L = i_L(3) + \frac{1}{L}\int_3^t \mathrm{d}\tau = 2t - 2$$

在计算中,应特别注意各段时间区间的表示方法,涉及出现冲激函数的时刻只能用不等式,而不能用等式。作出 i_L 的波形如图 6-25(c)所示。

(2) $t = 1\mathrm{s}$ 时的电感磁场能量为

$$W_L(1) = \frac{1}{2}Li_L^2(1) = \frac{1}{2} \times \frac{1}{2} \times 2^2 \mathrm{J} = 1\mathrm{J}$$

由 i_L 波形可见,$t = 2$ 为间断点,故该点的能量不可表示为 $W_L(2)$,而应分别计算 $W_L(2_-)$ 和 $W_L(2_+)$:

$$W_L(2_-) = \frac{1}{2}Li_L^2(2_-) = \frac{1}{2} \times \frac{1}{2} \times 2^2 \mathrm{J} = 1\mathrm{J}$$

$$W_L(2_+) = \frac{1}{2}Li_L^2(2_+) = \frac{1}{2} \times \frac{1}{2} \times 4^2 \mathrm{J} = 4\mathrm{J}$$

这一结果表明在 $t = 2$ 这一瞬间电感能量发生了跃变。这种能量跃变现象和电感电流的跃变现象是对应的。

练习题

6-5 一个 $L = 0.5\mathrm{H}$,$i_L(0_-) = 1\mathrm{A}$ 的电感元件两端的电压 $u_L(t) = \delta(t)\mathrm{V}$,试画出电感电流 $i_L(t)$ 在整个时间域上的波形。设 $u_L(t)$ 和 $i_L(t)$ 为非关联参考方向。

6-6 一个 $2\mathrm{H}$ 的电感元件两端的电压 $u_L(t) = 5\mathrm{e}^{-20t}\mathrm{V}$,当 $i_L(0) = 0$ 且 u_L 和 i_L 为关联的参考方向时,求电感电流 $i_L(t)$ 及 $t = 0.1\mathrm{s}$ 时的磁链值及储存的能量。

6.5 动态元件的串联和并联

6.5.1 电容元件的串联和并联

1. 电容元件的串联

图 6-26(a)所示为 n 个电容元件串联。由 KVL,有

$$u_C = \sum_{k=1}^{n} u_{Ck} = u_{C1}(0) + \frac{1}{C_1}\int_0^t i_C(\tau)\mathrm{d}\tau + u_{C2}(0) + \frac{1}{C_2}\int_0^t i_C(\tau)\mathrm{d}\tau + \cdots + \frac{1}{C_n}\int_0^t i_C(\tau)\mathrm{d}\tau$$

$$= [u_{C1}(0) + u_{C2}(0) + \cdots + u_{Cn}(0)] + \left(\frac{1}{C_1} + \frac{1}{C_2} + \cdots + \frac{1}{C_n}\right)\int_0^t i_C(\tau)\mathrm{d}\tau$$

$$= \sum_{k=1}^{n} u_{Ck}(0) + \sum_{k=1}^{n} \frac{1}{C_k}\int_0^t i_C(\tau)\mathrm{d}\tau \tag{6-44}$$

令

$$u_C(0) = \sum_{k=1}^{n} u_{Ck}(0) \tag{6-45}$$

$$\frac{1}{C} = \sum_{k=1}^{n} \frac{1}{C_k} \tag{6-46}$$

则式(6-44)可写为

$$u_C = u_C(0) + \frac{1}{C}\int_0^t i_C(\tau)\mathrm{d}t \tag{6-47}$$

该式和单一电容元件伏安关系式的形式完全相同。因此有下面结论：n 个电容元件的串联与一个电容元件等效，等效电容的初始电压等于 n 个电容的初始电压之和；等效电容的电容量（简称为等值电容）之倒数等于 n 个电容量的倒数之和。等效电路如图 6-26(b)、(c)所示。

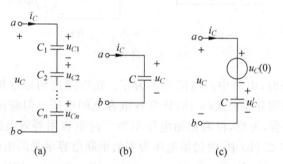

图 6-26 电容元件的串联及等效电路

设图 6-26(a)中所有电容元件上的初始电压为零，则端口电压为

$$u_C = \sum_{k=1}^{n} \frac{1}{C_k}\int_0^t i_C(\tau)\mathrm{d}\tau = \frac{1}{C}\int_0^t i_C(\tau)\mathrm{d}\tau$$

第 k 个电容上的电压为

$$u_{Ck} = \frac{1}{C_k}\int_0^t i_C(\tau)\mathrm{d}\tau$$

故有

$$u_{Ck} = \frac{C}{C_k} u_C(t) \tag{6-48}$$

上式称为串联电容的分压公式，式中 C 为等值电容。式(6-48)表明电容量愈小的电容分配到的电压愈高。

当两电容串联时，由式(6-46)，有

$$\frac{1}{C} = \frac{1}{C_1} + \frac{1}{C_2}$$

则等效电容为

$$C = \frac{C_1 C_2}{C_1 + C_2}$$

又由式(6-48),两电容元件上的电压分别为

$$u_{C1}(t) = \frac{C_2}{C_1 + C_2} u_C(t), \quad u_{C2}(t) = \frac{C_1}{C_1 + C_2} u_C(t)$$

以上的分析表明,电容串联时等效电容的算式及分压公式与电阻元件并联时等效电阻的算式及分流公式分别相似。

例 6-11 在图 6-27(a)所示电路中,已知 $C_1 = 1\text{F}$, $u_{C1}(0) = 2\text{V}$; $C_2 = 2\text{F}$, $u_{C2}(0) = 4\text{V}$, $E_s = 18\text{V}$,在 $t = 0$ 时,开关 S 闭合。求当电路达到稳定状态后,两电容上的电压各是多少。

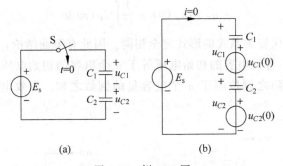

图 6-27 例 6-11 图

解 在 S 闭合瞬时,电路中的电流并不为零。在电路达到稳定状态后,因为是直流电路,故 $i(t) = 0$。可利用分压公式(6-48)计算各电容上的电压。但应注意,分压公式只能用于初始电压为零的电容,为此,将两初始电压不为零的电容用等效电路代替,如图 6-27(b)所示。要注意,在图 6-27(b)中,两初始电压为零的串联电容承受的电压为

$$u_C' = E_s - u_{C1}(0) - u_{C2}(0) = 18 - 2 - 4 = 12\text{V}$$

各初始电压为零的电容上的电压为

$$u_{C1}' = \frac{C_2}{C_1 + C_2} u_C' = 8\text{V}$$

$$u_{C2}' = \frac{C_1}{C_1 + C_2} u_C' = 4\text{V}$$

于是初始电压不为零的两电容的稳态电压为

$$u_{C1} = u_{C1}(0) + u_{C1}' = 8 + 2 = 10\text{V}$$

$$u_{C2} = u_{C2}(0) + u_{C2}' = 4 + 4 = 8\text{V}$$

2. 电容元件的并联

(1) 各电容初始电压相等时的并联

图 6-28(a)所示为 n 个初始电压相同的电容元件相并联。设 $u_{Ck}(0) = u_C(0)$,由 KCL,有

$$i_C = i_{C1} + i_{C2} + \cdots + i_{Cn} = \sum_{k=1}^{n} i_{Ck} = \sum_{k=1}^{n} C_k \frac{\mathrm{d}u_{Ck}}{\mathrm{d}t} = \sum_{k=1}^{n} C_k \frac{\mathrm{d}u_C}{\mathrm{d}t} \tag{6-49}$$

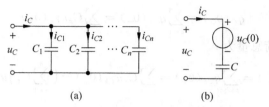

图 6-28　电容元件并联及其等效电路

令

$$C = \sum_{k=1}^{n} C_k \tag{6-50}$$

则式(6-49)可写为

$$i_C = C \frac{\mathrm{d}u_C}{\mathrm{d}t}$$

或

$$u_C = u_C(0) + \frac{1}{C} \int_0^t i_C(\tau) \mathrm{d}\tau$$

因此有结论：n 个初始电压相同的电容元件相并联可等效为一个电容元件，如图 6-28(b)所示，等效电容的初始电压等于每个电容元件的初始电压，等效电容为 n 个电容的电容值之和。

在图 6-28(a)中，第 k 个电容中的电流为

$$i_{Ck} = C_k \frac{\mathrm{d}u_C}{\mathrm{d}t}$$

将 $\dfrac{\mathrm{d}u_C}{\mathrm{d}t} = \dfrac{1}{C} i_C$ 代入上式，有

$$i_{Ck} = \frac{C_k}{C} i_C \tag{6-51}$$

式(6-51)称为并联电容的分流公式，其中 C 为等效电容的电容量。分流公式表明电容量愈大的电容通过的电流愈大。

（2）各电容初始电压不相等时的并联

仍设有 n 个电容并联，各电容的原始电压不相等且为 $u_{Ck}(0_-)(k=1,2,\cdots,n)$。这 n 个电容并联后的等效电路仍是一个具有初始电压的电容元件，如图 6-29 所示。图中的 C 为等效电容，其值仍用式(6-50)计算，但图中电压源的电压应改为初始电压 $u_C(0_+)$。$u_C(0_+)$ 应如何计算呢？

根据 KVL，n 个电容并联时各电容电压应相等，因此在并联时各电容初始电压将发生跳变，与此对应，各电容极板上的电荷将重新分配。又根据电荷守恒，在并联前后，与某节点关联的所有电容极板上的电荷总量保持不变，即

$$\sum_{k=1}^{n} q_{Ck}(0_-) = \sum_{k=1}^{n} q_{Ck}(0_+) \tag{6-52}$$

式(6-52)称为节点电荷守恒原则，可根据这一原则计算并联之后的电容电压跳变量 $u_{Ck}(0_+)$。

n 个电容并联前的电荷总量为

$$q_C(0_-) = \sum_{k=1}^{n} q_{Ck}(0_-) = \sum_{k=1}^{n} C_k u_{Ck}(0_-)$$

n 个电容并联后的电荷总量为

$$q_C(0_+) = \sum_{k=1}^{n} q_{Ck}(0_+) = \sum_{k=1}^{n} C_k u_{Ck}(0_+) = \left(\sum_{k=1}^{n} C_k \right) u_C(0_+)$$

根据式(6-52),有

$$\sum_{k=1}^{n} C_k u_{Ck}(0_-) = \left(\sum_{k=1}^{n} C_k \right) u_C(0_+)$$

于是电容电压的跳变值为

$$u_C(0_+) = \frac{\displaystyle\sum_{k=1}^{n} C_k u_{Ck}(0_-)}{\displaystyle\sum_{k=1}^{n} C_k} \tag{6-53}$$

例 6-12 在图 6-29(a)所示电路中,已知 $u_{C1}(0_-) = u_{C2}(0_-) = 6\text{V}, u_{C3}(0_-) = 10\text{V}$; $C_1 = 1\text{F}, C_2 = C_3 = 2\text{F}$。开关 S 在 $t=0$ 时合上,求 S 合上后的等效电路。

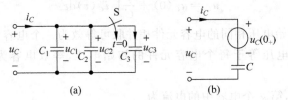

图 6-29 例 6-12 图

解 S 合上后,三个电容为并联,则等效电容为

$$C = C_1 + C_2 + C_3 = 5\text{F}$$

并联后,电容电压初始值发生跳变。由电荷守恒原则,有

$$C_1 u_{C1}(0_-) + C_2 u_{C2}(0_-) + C_3 u_{C3}(0_-) = (C_1 + C_2 + C_3) u_C(0_+)$$

于是求得

$$u_C(0_+) = \frac{C_1 u_{C1}(0_-) + C_2 u_{C2}(0_-) + C_3 u_{C3}(0_-)}{C_1 + C_2 + C_3} = 9.6\text{V}$$

等效电路如图 2-29(b)所示。

3. 含电容元件的戴维宁电路与诺顿电路之间的等效变换

图 6-30 所示为含电容元件的戴维宁电路和诺顿电路,其中电容元件的初始电压为零。这两种电路之间可以进行等效互换,下面推导两者等效的条件。

图 6-30(a)所示戴维宁电路的端口伏安关系式为

$$u(t) = e_s(t) + \frac{1}{C} \int_0^t i(t')\mathrm{d}t' \tag{6-54}$$

图 6-30(b)所示诺顿电路的端口伏安关系式为

$$u(t) = \frac{1}{C} \int_{0_-}^{t} [i_s(t') + i(t)']\mathrm{d}t'$$

$$= \frac{1}{C} \int_{0_-}^{t} i_s(t')\mathrm{d}t + \frac{1}{C} \int_{0_-}^{t} i(t')\mathrm{d}t' \tag{6-55}$$

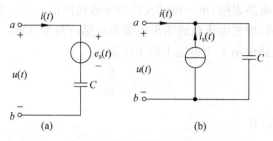

图 6-30　含电容元件的戴维宁电路和诺顿电路

若两个电路互为等效,则它们的端口伏安关系应完全相同。比较式(6-54)和式(6-55),当下述关系式成立时,两个电路是等效的:

$$e_s(t) = \frac{1}{C} \int_{0_-}^{t} i_s(t') \mathrm{d}t' \tag{6-56}$$

或

$$i_s(t) = C \frac{\mathrm{d}e_s(t)}{\mathrm{d}t} \tag{6-57}$$

6.5.2　电感元件的串联和并联

1. 电感元件的串联

(1) 各电感元件初始电流相同时的串联

图 6-31(a)所示为 n 个初始电流相同的电感元件的串联。设 $i_{Lk}(0) = i_L(0)$,由 KVL,有

$$u_L = \sum_{k=1}^{n} u_{Lk} = \sum_{k=1}^{n} L_k \frac{\mathrm{d}i_{Lk}}{\mathrm{d}t} = \sum_{k=1}^{n} L_k \left(\frac{\mathrm{d}i_L}{\mathrm{d}t} \right) \tag{6-58}$$

令

$$L = \sum_{k=1}^{n} L_k \tag{6-59}$$

则式(6-58)可写为 $u_L = L \dfrac{\mathrm{d}i_L}{\mathrm{d}t}$ 或 $i_L = i_L(0) + \dfrac{1}{L} \displaystyle\int_0^t u_L(\tau)\mathrm{d}\tau$。因此,有下面的结论: n 个初始电流相同的电感元件的串联可等效为一个电感元件,其等效电路如图 6-31(b)和(c)所示,等效电感的初始电流等于每个电感中的初始电流,等值电感为 n 个电感量之和。

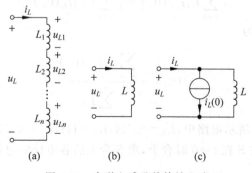

图 6-31　串联电感及其等效电路

图 6-31(c)所示的电路表明,单一电感元件的等效电路由一初始电流为零的电感元件和一理想电流源并联而成,理想电流源的输出电流为电感的初始电流。

图 6-31(a)所示电路中第 k 个电感上的电压为

$$u_{Lk} = L_k \frac{\mathrm{d}i_L}{\mathrm{d}t}$$

将 $\dfrac{\mathrm{d}i_L}{\mathrm{d}t} = \dfrac{1}{L}u_L$ 代入上式,有

$$u_{Lk} = \frac{L_k}{L}u_L \tag{6-60}$$

式(6-60)称为串联电感的分压公式,式中 L 为串联电感的等值电感。分压公式表明电感量愈大的电感分配到的电压愈高。

不难看出,电感元件串联时等值电感的计算公式及分压公式分别与电阻串联时等值电阻的计算公式及分压公式形式相似。

(2) 各电感元件初始电流不相等时的串联

设有 n 个电感串联,各电感的原始电流不相等且为 $i_{Lk}(0_-)(k=1,2,\cdots,n)$。这 n 个电感串联后的等效电路仍是一个具有初始电流的电感元件,如图 6-31(c)所示。图中的 L 为等效电感,其值仍用式(6-59)计算,但图中电流源的电流应改作初始电流 $i_L(0_+)$。如何计算 $i_L(0_+)$ 呢?

按照 KCL,n 个电感串联时各电感电流应相等,因此在串联时各电感初始电流将发生跳变。根据磁链守恒,在串联前后,回路中的各电感磁链总和维持不变,即

$$\sum_{k=1}^{n}\boldsymbol{\Psi}_{Lk}(0_-) = \sum_{k=1}^{n}\boldsymbol{\Psi}_{Lk}(0_+) \tag{6-61}$$

式(6-61)称为回路磁链守恒原则,可据此计算串联后电感电流的跳变值 $i_L(0_+)$。

n 个电感串联前的总磁链为

$$\boldsymbol{\Psi}_{L}(0_-) = \sum_{k=1}^{n}\boldsymbol{\Psi}_{Lk}(0_-) = \sum_{k=1}^{n}L_k i_{Lk}(0_-)$$

n 个电感串联后的总磁链为

$$\boldsymbol{\Psi}_{L}(0_+) = \sum_{k=1}^{n}\boldsymbol{\Psi}_{Lk}(0_+) = \sum_{k=1}^{n}L_k i_{Lk}(0_+) = \Big(\sum_{k=1}^{n}L_k\Big)i_L(0_+)$$

根据式(6-61),有

$$\sum_{k=1}^{n}L_k i_{Lk}(0_-) = \Big(\sum_{k=1}^{n}L_k\Big)i_L(0_+)$$

于是电感电流的跳变值为

$$i_L(0_+) = \frac{\displaystyle\sum_{k=1}^{n}L_k i_{Lk}(0_-)}{\displaystyle\sum_{k=1}^{n}L_k} \tag{6-62}$$

例 6-13　在图 6-32 所示电路中,$L_1 = 0.5\mathrm{H}, L_2 = 1\mathrm{H}, L_3 = 0.5\mathrm{H}$;$i_{L1}(0_-) = i_{L2}(0_-) = 2\mathrm{A}, i_{L3}(0_-) = 1\mathrm{A}$。开关 S 在 $t=0$ 时合上,求 S 合上后各电感的电流。

解 在开关 S 合上后,根据 KCL,有

$$i_{L1}(0_+) = i_{L2}(0_+) = -i_{L3}(0_+)$$

选取如图 6-32 所示的回路绕行正向,按回路磁链守恒原则列写出下面的方程

$$L_1 i_{L1}(0_-) + L_2 i_{L2}(0_-) - L_3 i_{L3}(0_-)$$
$$= L_1 i_{L1}(0_+) + L_2 i_{L2}(0_+) - L_3 i_{L3}(0_+)$$

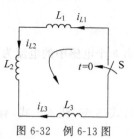

图 6-32 例 6-13 图

可求得

$$i_{L1}(0_+) = i_{L2}(0_+) = -i_{L3}(0_+) = \frac{L_1 i_L(0_-) + L_2 i_{L2}(0_-) - L_3 i_{L3}(0_-)}{L_1 + L_2 + L_3}$$

$$= \frac{0.5 \times 2 + 1 \times 2 - 0.5 \times 1}{0.5 + 1 + 0.5} = 1.25\text{A}$$

2. 电感元件的并联

图 6-33(a)所示为 n 个电感元件的并联,其中第 k 个电感上的初始电流为 $i_{Lk}(0)$。由 KCL,有

$$i_L = \sum_{k=1}^{n} i_{Lk} = \sum_{k=1}^{n} \left[i_{Lk}(0) + \frac{1}{L_k} \int_0^t u_L(\tau)\mathrm{d}\tau \right]$$

$$= \sum_{k=1}^{n} i_{Lk}(0) + \left(\sum_{k=1}^{n} \frac{1}{L_k} \right) \int_0^t u_L(\tau)\mathrm{d}\tau \tag{6-63}$$

令

$$i_L(0) = \sum_{k=1}^{n} i_{Lk}(0) \tag{6-64}$$

$$\frac{1}{L} = \sum_{k=1}^{n} \frac{1}{L_k} \tag{6-65}$$

则式(6-63)可写为

$$i_L = i_L(0) + \frac{1}{L} \int_0^t u_L(\tau)\mathrm{d}\tau$$

因此有结论:n 个电感元件的并联可与一个电感元件等效,等效电感的初始电流等于 n 个电感的初始电流之和,等值电感的倒数等于 n 个电感值的倒数之和,其等效电路如图 6-33(b)所示。

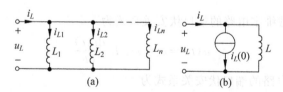

图 6-33 电感元件的并联及其等效电路

设图 6-33(a)所示电路中 n 个电感元件的初始电流均为零,则端口电流为

$$i_L = \frac{1}{L} \int_0^t u_L(\tau)\mathrm{d}\tau$$

于是

$$\int_0^t u_L(\tau)\mathrm{d}\tau = Li_L \tag{6-66}$$

第 k 个电感中的电流为

$$i_{Lk} = \frac{1}{L_k}\int_0^t u_L(\tau)\mathrm{d}\tau$$

将式(6-66)代入上式,有

$$i_{Lk} = \frac{L}{L_k}i_L \tag{6-67}$$

式(6-67)称为并联电感的分流公式,式中 L 为并联电感的等值电感。分流公式表明,电感量越小的电感元件通过的电流越大。

可以看出,电感元件并联时,等值电感的计算公式及分流公式分别与电阻并联时等值电阻的计算公式及分流公式形式相似。

当两电感并联时,由式(6-65),等效电感为

$$L = \frac{L_1 L_2}{L_1 + L_2}$$

又由式(6-67),两电感中的电流分别为

$$i_{L1} = \frac{L_2}{L_1 + L_2}i_L, \quad i_{L2} = \frac{L_1}{L_1 + L_2}i_L$$

3. 含电感元件的戴维宁电路与诺顿电路之间的等效变换

图 6-34 所示为含电感元件的戴维宁电路和诺顿电路,其中电感元件的初始电流为零。这两种电路之间可以进行等效互换。

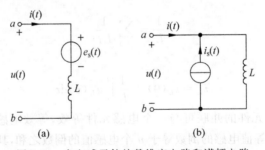

(a)　　　　　　　　　(b)

图 6-34　含电感元件的戴维宁电路和诺顿电路

图 6-34(a)所示戴维宁电路的端口伏安关系式为

$$u(t) = e_s(t) + L\frac{\mathrm{d}i(t)}{\mathrm{d}t} \tag{6-68}$$

图 6-34(b)所示诺顿电路的端口伏安关系式为

$$u(t) = L\frac{\mathrm{d}}{\mathrm{d}t}[i_s(t) + i(t)]$$

$$= L\frac{\mathrm{d}i_s(t)}{\mathrm{d}t} + L\frac{\mathrm{d}i(t)}{\mathrm{d}t} \tag{6-69}$$

若两个电路互为等效电路,则它们的端口伏安关系应相同。比较式(6-68)和式(6-69),可得到下述关系式:

$$e_s(t) = L \frac{di_s(t)}{dt} \tag{6-70}$$

或

$$i_s(t) = \frac{1}{L} \int_0^t e_s(t)' dt' \tag{6-71}$$

这两式就是图6-34所示两个电路等效变换的条件。

练习题

6-7 推导图6-35所示电路中两电容电流 i_{C1} 和 i_{C2} 与端口电流 i 之间的关系。

6-8 电路如图6-36所示。已知 $u_{C1}(0_-)=3\text{V}$，$u_{C2}(0_-)=1\text{V}$。求开关S闭合后，$t>0$ 时两电容上的电压。

6-9 求图6-37所示电路的戴维宁等效电路。已知 $i_s(t)=e^{-3t}\text{A}$，$L=0.5\text{H}$。

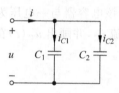
图 6-35 练习题 6-7 图

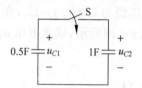
图 6-36 练习题 6-8 图

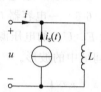
图 6-37 练习题 6-9 图

习题

6-1 用奇异函数写出题 6-1 图所示各波形的表达式。

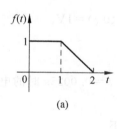
(a)

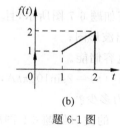
(b)

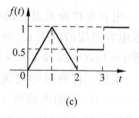
(c)

题 6-1 图

6-2 作出下列函数的波形。

（1）$f(t)=3\varepsilon(t)+2\varepsilon(t-1)-2\varepsilon(t-3)$

（2）$f(t)=3P_{\frac{1}{2}}(t-2)+2\delta(t-3)$

（3）$f(t)=\delta(t)-2\delta(t-1)+3t\varepsilon(t-2)$

（4）$f(t)=2\cos t\varepsilon(t)$

（5）$f(t)=e^{-t}\sin(t+30°)\varepsilon(t)$

（6）$f(t)=\sin(t+60°)[\varepsilon(t)-\varepsilon(t-1)]$

6-3 一个 $C=0.2\text{F}$ 电容的电压 u 和电流 i 为关联参考方向，若 $u(0)=2\text{V}$，$i(t)=10\sin 10t\,\text{A}$，试分别求出 $t=\frac{\pi}{60}\text{s}$ 及 $t=\frac{\pi}{30}\text{s}$ 时电容电压 u 的值。

6-4　题6-4图(a)电路称为"积分器",图(b)电路称为"微分器"。试分析两电路的输出电压和输入电压间的关系。

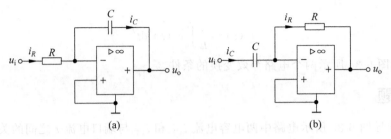

题 6-4 图

6-5　一个 $C=0.5$F 电容的电压、电流为非关联的参考方向,若其电压 u_C 的波形如题 6-5 图所示,求电容电流 i_C 并作出波形图。

6-6　一电容器 C 的原始电压值为 $u_C(0_-)=U_0$,在 $t=0$ 时,将该电容器与一电压为 E(设 $E>U_0$)的电压源并联,如题 6-6 图所示,试求电压 $u_C(0_+)$ 和电流 i_C,并画出 $u_C(t)$ 在全时间域中的波形。

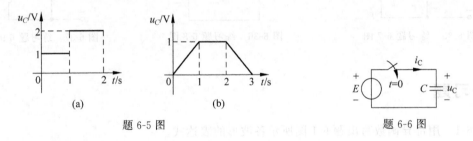

题 6-5 图　　　　　　　　　　　　　　　题 6-6 图

6-7　一电容元件及通过它的电流如题 6-7 图所示,且 $u_C(0_-)=1$V。

(1) 求电容两端的电压 u_C 并作出波形图;

(2) 求 $t=1$s, $t=2$s 及 $t=3$s 时电容储能。

6-8　一电感元件通过的电流为 $i_L(t)=2\sin100\pi t$A,若 $t=0.0025$s 时的电感电压为 0.8V,则 $t=0.001$s 时的电感电压应为多少?

6-9　电感元件及通过它的电流 i_L 的波形如题 6-9 图所示。

(1) 求电感电压 u_L 并作出波形;

(2) 作出电感瞬时功率 P_L 的波形。

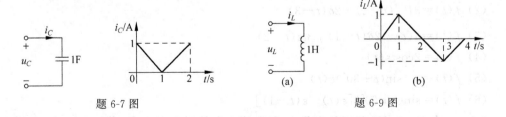

题 6-7 图　　　　　　　　　　　　　　　题 6-9 图

6-10　电感元件与上题相同,其两端电压 u_L 的波形与题 6-9(b)图也相同,设电压的单位为伏, $i_L(0_-)=0$。

（1）试求电感电流 i_L 并作出其波形；

（2）求 $t=1\mathrm{s},t=2\mathrm{s}$ 和 $t=3\mathrm{s}$ 时的电感储能。

6-11 电路如题 6-11 图所示,求两电路中的电流 $i(t),t\geqslant 0$。设两电路均有 $i_L(0_-)=0$。

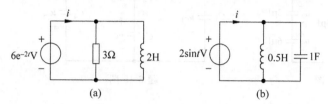

题 6-11 图

6-12 在题 6-12(a)图所示电路中,已知 $i_L(0_-)=0,u_C(0_-)=0$。若电阻电流 i_R 的波形如题 6-12(b)图所示,试作出电流源 i_s 的波形。

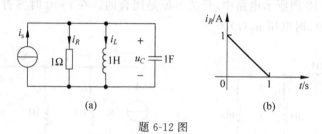

题 6-12 图

6-13 题 6-13(a)图所示的电路可用作脉冲计数器。题 6-13(b)图所示为需计数的脉冲波。试计算当电容电压从 0 上升到 19.8V 时共出现了多少个脉冲波,并作出电容电压 u_C 的波形图。

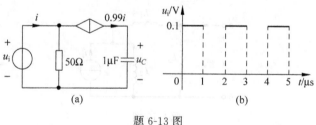

题 6-13 图

6-14 电路如题 6-14 图所示。

（1）求端口的等效电容 C；

（2）若端口电压 $u=10\mathrm{V}$,求各电容的电压；

（3）若端口电流 $i=8\mathrm{e}^{-3t}\mathrm{A}$,求电流 i_1 和 i_2。

6-15 在题 6-15 图所示电路中,$C_1=C_2=1\mathrm{F},C_3=C_4=2\mathrm{F},u_{C1}(0_-)=3\mathrm{V},u_{C2}(0_-)=2\mathrm{V}$,$u_{C3}(0_-)=1\mathrm{V},u_{C4}(0_-)=1\mathrm{V}$。两个开关 S_1 和 S_2 在 $t=0$ 时同时闭合,求开关闭合后的各电容电压。

6-16 求题 6-16 图所示电路的诺顿等效电路。已知 $C=0.4\mathrm{F},u_C(0)=3\mathrm{V},e_s(t)=2\mathrm{e}^{-6t}\varepsilon(t)\mathrm{A}$。

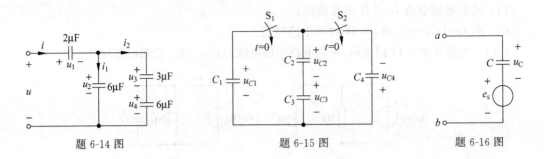

题 6-14 图   题 6-15 图   题 6-16 图

6-17   电路如题 6-17 图所示,设各电感的初始电流为零。

(1) 求端口的等效电感;

(2) 若端口电压 $u(t)=8\mathrm{e}^{-2t}\varepsilon(t)\mathrm{V}$,求各电感电流及电压 u_2 和 u_3。

6-18   在题 6-18 图所示电路中,开关 S 原是闭合的。在 $t=0$ 时 S 打开,求 $t=0_+$ 时各电感的电流及 $t\geqslant 0_+$ 时电压 $u_1(t)$。

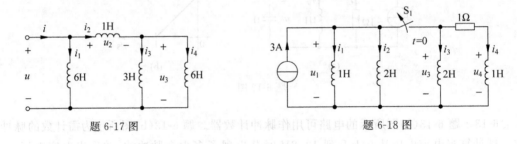

题 6-17 图   题 6-18 图

6-19   求题 6-19 图所示电路的等效电路(戴维宁电路)。

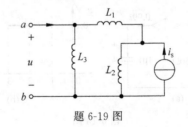

题 6-19 图

第7章
CHAPTER 7

正弦稳态电路分析

本章提要

正弦稳态电路是最常见的实际电路之一。研究分析电路在正弦稳态情况下各部分的电流、电压、功率等情况,称为正弦稳态分析。相量法是分析正弦稳态电路的基本方法。

本章的主要内容包括相量的概念;基尔霍夫定律以及元件伏安关系式的相量形式;复阻抗和复导纳的概念;正弦稳态电路的基本计算方法;相量法及位形图分析法;正弦稳态电路中有功功率,无功功率、视在功率、复功率的概念及其计算;功率因数提高的意义与方法。

需指出的是,在采用了相量法后,对正弦稳态电路的分析就可以应用直流稳态电路的各种分析方法,同时相量图分析法是一种有效的辅助分析手段。

7.1 正弦交流电的基本概念

电路可按激励源的变化规律加以分类。当电路中的激励都是直流电源时,称之为直流电路。前面几章所涉及的基本上都是直流电路。

本章讨论激励都是同频率按正弦规律变化的电源的电路,称为正弦电路。无论是直流电路还是正弦电路,都可能有两种状态,即"稳态"和"瞬态"。所谓"稳态"即是稳定状态。在稳态的情况下,直流电路中各支路的电压、电流均为直流量;正弦电路中各支路的电压、电流均为正弦量。"瞬态"又称为"暂态",它是指电路在两种稳定状态之间的过渡过程。在瞬态的情况下,电路中各支路电压、电流的变化规律一般不等同于电源的变化规律。

学习正弦稳态电路有着十分重要的实际和理论意义。一方面大量的实际电路都是正弦稳态电路,如电力系统中的大多数电路是正弦稳态电路,通信工程及电视广播中采用的高频载波均是正弦波形;另一方面非正弦线性电路中的非正弦激励可经过傅里叶分解变成多个不同频率的正弦量的叠加,因此非正弦稳态电路的分析可归结为多频率正弦稳态电路的分析。

7.1.1 正弦交流电

按正弦规律变化的电压、电流、电势等电量通常称为正弦交流电,简称交流电,用 AC 或 ac 表示。正弦稳态电路亦称为正弦交流电路,简称交流电路。

7.1.2 正弦量的三要素

1. 正弦量的表达式及其波形

正弦规律既可用正弦函数表示,也可用余弦函数表示。本书按习惯约定用正弦函数(sin 函数)表示正弦电量。

正弦电流的一般表达式为

$$i = I_m \sin(\omega t + \varphi) \tag{7-1}$$

根据这一表达式可求出正弦电流在任一瞬间 t 的值,因此式(7-1)又称为瞬时值表达式。

正弦电流的波形如图 7-1 所示,图中横坐标是时间 t。需指出的是,正弦波的横坐标也可是角度 α。

2. 正弦量的三要素

正弦电流表达式(7-1)中的 I_m、ω、φ 三者被称为正弦量的三要素。

(1)振幅

振幅是正弦量的最大值。振幅通常带有下标 m,如电流振幅为 I_m,电压振幅为 U_m 等,振幅恒为正值。

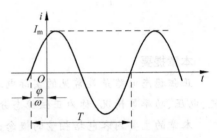

图 7-1　正弦电流的波形

(2)角频率

一个正弦波的横坐标可以是时间 t,也可以是角度 α(单位为弧度或度)。t 和 α 之间用比例系数 ω 相联系,即 $\alpha = \omega t$。若 t 的单位为 s,则 ω 的单位为 rad/s。称 ω 为角频率。

正弦量完成一个循环变化的时间称为该正弦量的周期,用 T 表示,T 的单位为 s。正弦量在单位时间内循环变化的次数称为频率,用 f 表示,因此有 $f = 1/T$,即频率和周期互为倒数,f 的单位为 Hz。

不难导出角频率 ω 和频率 f 之间的关系。正弦波变化一个周期所对应的角度是 2π 弧度,则有

$$\omega T = 2\pi$$

即

$$\omega = 2\pi/T = 2\pi f$$

因此式(7-1)又可写为

$$i = I_m \sin(2\pi f t + \varphi)$$

我国工农业生产用电(动力用电)和生活用电的频率为 50Hz,这一频率被称为"工频"。工频所对应的周期为

$$T = \frac{1}{f} = \frac{1}{50}s = 0.02s$$

对应的角频率为

$$\omega = 2\pi f = 314 rad/s$$

(3)初相位

在振幅确定的情况下,正弦量的瞬时值由幅角 $\omega t + \varphi$ 决定,即 $\omega t + \varphi$ 决定着正弦量变化的进程,称为相位角,简称相位。$\omega t + \varphi$ 中的 φ 是 $t = 0$ 时的相位角,称为初相角,简称初相。φ 本应与 ωt 的单位相同取弧度,但实际应用中习惯以度为单位,要注意将 ωt 与 φ 换算为相同的单位。

φ 角的范围规定为 $-\pi \leqslant \varphi \leqslant \pi$。将最靠近原点、波形由负变正时与横坐标的交点称为波形的起点。φ 角即是波形起点与坐标原点间的"夹角"。由 φ 角的正负可判断起点的位置。当 $\varphi > 0$ 时,起点在负横轴上(原点左边);当 $\varphi < 0$ 时,起点在正横轴上(原点右边)。

振幅、角频率(频率)和初相位这三要素可唯一确定一个正弦量。

3. 由函数表达式作出正弦波形的方法

根据给定的数学表达式,可用两种方法作出正弦波形。一种方法是以时间 t 为横轴作出波形;另一种方法是以角度 ωt (或 α)作出波形。

例 7-1 试分别以 t 和 ωt 为横坐标绘出 $u = 4\sin\left(2t + \dfrac{\pi}{6}\right)$ V 的波形。

解 (1) 以 t 为横轴作出波形。此时,$U_m = 4V$,$\omega = 2\text{rad/s}$,$\varphi = \dfrac{\pi}{6}\text{rad}$。现必须确定波形的周期以及初相位所对应的时间。周期由角频率 ω 决定,可得

$$T = \frac{2\pi}{\omega} = \frac{2\pi}{2} = \pi \approx 3.14(\text{s})$$

初相位 φ 所对应的时间由公式 $\alpha = \omega t$ 决定,由于 $\alpha = \varphi = \pi/6$,则

$$t = \frac{\alpha}{\omega} = \frac{\dfrac{\pi}{6}}{2} = \frac{\pi}{12} \approx 0.262(\text{s})$$

另外,还必须确定波形起点的位置。因 $\varphi = \pi/6 > 0$,故波形的起点位于坐标原点的左边,起点与原点间的距离为 $t = 0.262\text{s}$,据此可作出波形如图 7-2(a)所示。

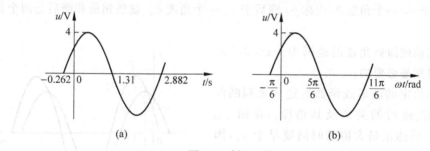

图 7-2 例 7-1 图

(2) 以 ωt 为横轴作出波形。要注意,此时横轴的单位是角度的单位 rad 或°。显然一个周期所对应的角度是 $2\pi\text{rad}$;由于表达式已直接给出了初相角,因此可作出波形如图 7-2(b)所示。

不难看出,无论正弦量的频率是多少,一个周期所对应的角度总是 $2\pi\text{rad}$。对比上面两种正弦波形的做法,可见以 ωt (或 α)为横轴的做法较为容易,且波形的初相位角度一目了然,故通常都采用这种做法。但这种方法有一个缺点,就是不能直接由波形看出正弦波周期(或频率)的大小。

7.1.3 同频率正弦量的相位差

1. 相位差

在正弦稳态电路中,为比较两个正弦电量之间的相位角,引入了相位差的概念。所谓相

位差是指同频率的两个正弦量的相位之差。设有两个正弦电压为

$$u_1 = U_{1m}\sin(\omega t + \varphi_1)$$

$$u_2 = U_{2m}\sin(\omega t + \varphi_2)$$

则 u_1 和 u_2 的相位差为

$$\theta = (\omega t + \varphi_1) - (\omega t + \varphi_2) = \varphi_1 - \varphi_2$$

由此可见,相位差即是初相之差。相位差 θ 为一常数。

若 $\theta = \varphi_1 - \varphi_2 = 0$,称 u_1 和 u_2 同相;若 $\theta = \varphi_1 - \varphi_2 = \pm\pi$,称 u_1 和 u_2 反相;若 $\theta = \varphi_1 - \varphi_2 = \pm\pi/2$,称 u_1 和 u_2 正交。

规定相位差 θ 角的范围为

$$-\pi \leqslant \theta \leqslant \pi$$

或

$$-180° \leqslant \theta \leqslant 180°$$

要注意的是,仅对频率相同的两正弦量而言,才有相位差的概念。对频率不同的两正弦波来说,相位差的概念是没有意义的。因为在频率不同的情况下,两正弦波的相位之差在不同的时刻有不同的数值,并不是一个常数。

2. 超前和滞后的概念

"超前"和"滞后"也是正弦稳态电路中的两个重要概念。引入这两个术语的目的是为了反映两个同频率的正弦量在进程上的差异。

设有两个正弦量 y_1 和 y_2,若 y_1 到达正最大值的时间早于 y_2 到达正最大值的时间,则称 y_1 超前于 y_2 一个角度 δ,或称 y_2 滞后于 y_1 一个角度 δ。显然超前和滞后是两个相对的概念。

规定超前或滞后角度的范围为 $-\pi \leqslant \delta \leqslant \pi$。这一规定显然是必要的。

可根据给定的波形或函数表达式来判断两正弦量超前、滞后的关系及其角度。在图 7-3 中,由于 y_2 到达正最大值的时间要早于 y_1,因此 y_2 超前于 y_1,且超前的角度是 $60° - 25° = 35°$;也可以说 y_1 滞后于 y_2 35°。

如果给定的是正弦量的函数表达式,则可根据相位差的正负及大小来决定超前、滞后的关系及角度。可写出图 7-3 所示的两正弦波的表达式为

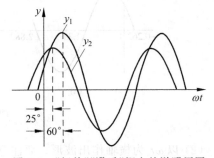

图 7-3 "超前""滞后"概念的说明用图

$$y_1 = Y_{1m}\sin(\omega t + 25°)$$

$$y_2 = Y_{2m}\sin(\omega t + 60°)$$

则相位差

$$\theta = \varphi_1 - \varphi_2 = 25° - 60° = -35°$$

将此相位差角与直接根据波形得出的超前或滞后的关系及其角度相对比,不难得出以下两点结论:

(1) 可由相位差角的正负来判断超前、滞后的关系。当 $\theta = \varphi_1 - \varphi_2 < 0$ 时,则 y_1 滞后于

y_2；反之，当 $\theta = \varphi_1 - \varphi_2 > 0$ 时，则 y_1 超前于 y_2。

（2）相位差角即是超前或滞后的角度。

例 7-2　电压 $u = 20\sin(314t + 120°)$ V，电流 $i = 3\sin(314t + 145°)$ A。试问哪个超前，且超前的角度是多少？

解　u 和 i 的相位差为

$$\theta = \varphi_u - \varphi_i = 120° - 145° = -25° < 0$$

i 超前于 u，且超前的角度为 $25°$。

应注意，在根据相位差角来决定超前或滞后的关系及其角度时，上述的两点结论是与相位差角的规定

$$-\pi \leqslant \theta \leqslant \pi$$

相对应的。如果 θ 不在这一范围内，则上述结论必须加以修正。

7.1.4　周期性电量的有效值

1. 有效值的概念

有效值是用来表征周期性电量（如电流、电压、电势等）大小的一个重要物理量。周期性电量的有效值被定义为在一个周期的时间内，与该周期电量的做功能力等效的直流电的数值。例如说，某周期电压的有效值是 10V，则表明该周期电压在一个周期的时间内与 10V 的直流电压的做功能力相当。

2. 有效值的数学定义式

下面导出周期性电量有效值的数学定义式。

设在电阻 R 中通以一周期为 T 的周期性电流 i，则在一个周期内该电流所做的功为

$$W_i = \int_0^T i^2 R \, dt = R \int_0^T i^2 \, dt$$

在同一周期内直流电流 I 通过该电阻所做的功为

$$W_I = I^2 R T$$

按有效值的定义，若 I 是 i 的有效值，则两者在一周期内所做的功相等，于是下式成立：

$$W_I = W_i$$

即

$$I^2 R T = R \int_0^T i^2 \, dt$$

得

$$I = \sqrt{\frac{1}{T} \int_0^T i^2 \, dt} \tag{7-2}$$

该式便是周期电流有效值的定义式。按同样方法，可导出周期性电压有效值的定义式为

$$U = \sqrt{\frac{1}{T} \int_0^T u^2 \, dt} \tag{7-3}$$

上述结果可表述为：周期性电量的有效值是它的"方均根"值。必须注意，周期性电量的有效值恒大于或等于零。

3. 正弦交流电有效值的大小

设一正弦电流为

$$i = I_m \sin(\omega t + \varphi)$$

根据式(7-2),其有效值为

$$I = \sqrt{\frac{1}{T}\int_0^T i^2 \, dt} = \sqrt{\frac{1}{T}\int_0^T I_m^2 \sin^2(\omega t + \varphi) \, dt}$$

$$= \sqrt{\frac{I_m^2}{2T}\int_0^T [1 - \cos 2(\omega t + \varphi)] \, dt} = \frac{1}{\sqrt{2}} I_m \qquad (7\text{-}4)$$

这表明正弦电流的有效值是其最大值(振幅)的 $1/\sqrt{2}$ 倍。同样,可得出正弦电压的有效值为

$$U = \frac{1}{\sqrt{2}} U_m \qquad (7\text{-}5)$$

应注意,在电工技术中,凡提到正弦交流电的数值而不加以说明时,总是指有效值。例如我们熟知的日常生活所用交流电压的大小是 220V,该数值便是有效值。于是,这一交流电压的振幅为 $U_m = \sqrt{2}$ V $= 311$V。

练习题

7-1   一正弦电压为 $u(t) = 220\sin\left(314t + \frac{\pi}{3}\right)$ V。

(1) 分别求 $t = \frac{1}{100}$s 和 $t = \frac{1}{1000}$s 时的电压值;

(2) 分别以 t 和 ωt 为横坐标画出该电压的波形。

7-2   试判断下面两组正弦电量超前、滞后的关系,并求出超前或滞后的角度。

(1) $u(t) = 20\sin(2t + 60°)$V, $i(t) = 8\sin(2t - 150°)$A

(2) $i_1(t) = 3\sin\left(10t + \frac{\pi}{4}\right)$A, $i_2(t) = 5\cos\left(10t + \frac{\pi}{3}\right)$A

7-3   求下列正弦电压或电流的有效值。

(1) $i(t) = 300\cos\left(100t - \frac{\pi}{6}\right)$mA   (2) $u(t) = 10\sin\omega t + 10\cos\left(\omega t - \frac{\pi}{3}\right)$V

7.2   正弦量的相量表示

7.2.1   复数和复数的四则运算

我们将要看到,一个正弦量可以用一个复数表示,且复数的运算是正弦稳态分析的基本运算。因此先复习有关复数的概念。

1. 复数的几种表示形式

(1) 代数式

复数的代数形式为

$$A = a + jb \qquad (7\text{-}6)$$

式中,$j = \sqrt{-1}$ 是虚数单位。称 a 为复数的实部,b 为复数的虚部。

横轴是实轴,纵轴是虚轴的直角坐标系称为复平面。

任一复数可用复平面中的一个点或一个矢量表示，因此复数的代数式也称为直角坐标式。复数 $A = a + jb$ 可表示为图 7-4 所示复平面中的点 $A(a,b)$ 或矢量 $\overrightarrow{OA}$。矢量 $\overrightarrow{OA}$ 的长度称为复数 A 的模，用 $|A|$ 表示，$\overrightarrow{OA}$ 与正实轴间的夹角 φ 称为 A 的幅角。

显然有

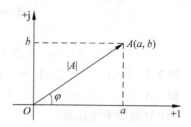

$$\left.\begin{array}{l} |A| = \sqrt{a^2 + b^2} \\ \varphi = \arctan\dfrac{b}{a} \end{array}\right\} \tag{7-7}$$

图 7-4　复数 $A = a + jb$ 的图形表示

这两个关系式以后经常用到，必须熟记。

（2）极坐标式

复数的极坐标式是用模和幅角来表示的，其形式为

$$A = |A| \angle \varphi \tag{7-8}$$

根据图 7-4 不难将复数的极坐标式转化为代数式，有

$$A = |A| \angle \varphi = |A| \cos\varphi + j|A| \sin\varphi \tag{7-9}$$

$$\left.\begin{array}{l} a = |A| \cos\varphi \\ b = |A| \sin\varphi \end{array}\right\} \tag{7-10}$$

（3）指数式

由式（7-9）可得

$$A = |A| \cos\varphi + j|A| \sin\varphi = |A| (\cos\varphi + j\sin\varphi)$$

由欧拉公式，有

$$\cos\varphi + j\sin\varphi = e^{j\varphi}$$

$$A = |A| e^{j\varphi} \tag{7-11}$$

这便是复数的指数式。指数式转化为代数式根据式（7-10）进行。

2. 复数的实、虚部表示法

单独取一个复数的实部或虚部称为复数的取实部或取虚部运算。

对复数 $A = a + jb$，取实部运算可表示为

$$\mathrm{Re}(A) = a \tag{7-12}$$

取虚部运算可表示为

$$\mathrm{Im}(A) = b \tag{7-13}$$

Re 称为取实部算子，Im 称为取虚部算子。

3. 共轭复数

若一复数为 $A = a + jb$，则把复数 $\overset{*}{A} = a - jb$ 称作是 A 的共轭复数。共轭复数是以字母上加 * 号来表示的。

共轭复数以成对的形式出现。若 $\overset{*}{A}$ 是 A 的共轭复数，则 A 也是 $\overset{*}{A}$ 的共轭复数。A 和 $\overset{*}{A}$ 的区别仅在于两者虚部的符号相反，而实部是完全相同的。

4. 复数的四则运算

（1）复数的加减法运算

复数的加减法用代数式进行。运算规则是：实部和实部相加、减，虚部和虚部相加、

减。若

$$A = a_1 + \mathrm{j}b, \quad B = a_2 + \mathrm{j}b_2$$

则

$$A \pm B = (a_1 + \mathrm{j}b_1) \pm (a_2 + \mathrm{j}b_2) = (a_1 \pm a_2) + \mathrm{j}(b_1 \pm b_2)$$

例 7-3 设 $A_1 = 3 + \mathrm{j}5, A_2 = -1 - \mathrm{j}2$，求 $A = A_1 + A_2$。

解 $A = A_1 + A_2 = (3 + \mathrm{j}5) + (-1 - \mathrm{j}2) = 2 + \mathrm{j}3$

（2）复数的乘法运算

复数的乘法运算用极坐标式或指数式较方便。其运算规则是：模相乘、幅角相加。若 $A = |A| \underline{/\varphi_A}, B = |B| \underline{/\varphi_B}$，则

$$A \cdot B = |A| \underline{/\varphi_A} \cdot |B| \underline{/\varphi_B} = |A||B| \underline{/\varphi_A + \varphi_B}$$

或

$$A \cdot B = |A| \mathrm{e}^{\mathrm{j}\varphi}A |B| \mathrm{e}^{\mathrm{j}\varphi}B = |A||B| \mathrm{e}^{\mathrm{j}(\varphi_A + \varphi_B)}$$

例 7-4 设 $A_1 = 3 + \mathrm{j}4, A_2 = 4 + \mathrm{j}3$。求 $A = A_1 \cdot A_2$。

解 先将代数形式的两复数化为极坐标式：

$$A_1 = 3 + \mathrm{j}4 = 5 \underline{/53.1^\circ}$$
$$A_2 = 4 + \mathrm{j}3 = 5 \underline{/36.9^\circ}$$
$$A = A_1 \cdot A_2 = 5 \underline{/53.1^\circ} \times 5 \underline{/36.9^\circ} = 25 \underline{/53.1^\circ + 36.9^\circ} = 25 \underline{/90^\circ}$$

（3）复数的除法运算

复数的除法运算用极坐标式或指数式较方便。其运算规则是：模相除，幅角相减。若 $A = |A| \underline{/\varphi_A}, B = |B| \underline{/\varphi_B}$，则

$$\frac{A}{B} = \frac{|A| \underline{/\varphi_A}}{|B| \underline{/\varphi_B}} = \frac{|A|}{|B|} \underline{/\varphi_A - \varphi_B}$$

或

$$\frac{A}{B} = \frac{|A| \mathrm{e}^{\mathrm{j}\varphi_A}}{|B| \mathrm{e}^{\mathrm{j}\varphi_B}} = \frac{|A|}{|B|} \mathrm{e}^{\mathrm{j}(\varphi_A - \varphi_B)}$$

例 7-5 设 $A_1 = 20 \underline{/45^\circ}, A_2 = 4 \underline{/80^\circ}$，求 $A = \dfrac{A_1}{A_2}$。

解 $A = \dfrac{A_1}{A_2} = \dfrac{20 \underline{/45^\circ}}{4 \underline{/80^\circ}} = 5 \underline{/45^\circ - 80^\circ} = 5 \underline{/-35^\circ}$

7.2.2 用相量表示正弦量

1. 相量和相量图

在交流电路中，各支路的电压或电流均是同频率的正弦量。通常电源频率是已知的，因此分析求解正弦稳态电路中的电压或电流，实质上是求电压、电流的有效值（振幅）和初相位。对正弦量直接进行运算无疑是十分烦琐的，因此，必须寻找简化计算的途径。数学变换的方法为我们提供了实现这一设想的可能。这就是把正弦量用相量这一特殊形式的复数表示，从而将正弦量的计算转化为复数的计算。下面说明什么是相量以及将正弦量表示为相量的方法。

设一正弦电压为

$$u = U_{\mathrm{m}}\sin(\omega t + \varphi) \tag{7-14}$$

根据欧拉公式

$$\mathrm{e}^{\mathrm{j}\theta} = \cos\theta + \mathrm{j}\sin\theta$$

若令 $\omega t + \varphi = \theta$，则有

$$U_{\mathrm{m}}\mathrm{e}^{\mathrm{j}(\omega t + \varphi)} = U_{\mathrm{m}}\cos(\omega t + \varphi) + \mathrm{j}U_{\mathrm{m}}\sin(\omega t + \varphi) \tag{7-15}$$

显然式(7-14)是式(7-15)的虚部，于是有

$$u = U_{\mathrm{m}}\sin(\omega t + \varphi) = \mathrm{Im}[U_{\mathrm{m}}\mathrm{e}^{\mathrm{j}(\omega t + \varphi)}] = \mathrm{Im}[U_{\mathrm{m}}\mathrm{e}^{\mathrm{j}\varphi}\mathrm{e}^{\mathrm{j}\omega t}] \tag{7-16}$$

式中，$U_{\mathrm{m}}\mathrm{e}^{\mathrm{j}\varphi}$ 是一个复数，其模是正弦量的振幅，幅角是正弦量的初相，即该复数包含了一个正弦量的两个要素，这一复数称为相量，用上面带点的大写字母表示，即

$$\dot{U}_{\mathrm{m}} = U_{\mathrm{m}}\mathrm{e}^{\mathrm{j}\varphi} = U_{\mathrm{m}}\underline{/\varphi}$$

相量 $\dot{U}_{\mathrm{m}}$ 中的模是正弦量的振幅，称为振幅相量。相量的模也可用正弦电压（电流）的有效值，这种相量称为有效值相量。比如电压有效值相量为

$$\dot{U} = U\mathrm{e}^{\mathrm{j}\varphi} = U\underline{/\varphi}$$

显然振幅相量是有效值相量的 $\sqrt{2}$ 倍，即

$$\dot{U}_{\mathrm{m}} = \sqrt{2}\dot{U}$$

应注意，振幅相量是用带下标 m 的字母表示的。由于相量是复数，因此它可用复平面上的矢量来表示，这种矢量图被称为"相量图"。

根据正弦量可方便地写出相量；反之，知道了相量亦可容易地写出它对应的正弦量。

式(7-16)中的 $\mathrm{e}^{\mathrm{j}\omega t}$ 亦是一复数，其模为 1，幅角是 t 的函数，随时间而不断变化。$\mathrm{e}^{\mathrm{j}\omega t}$ 在复平面上的轨迹是一半径为 1 的圆，因此它被称作旋转因子。不难看出，相量和旋转因子的乘积 $U_{\mathrm{m}}\mathrm{e}^{\mathrm{j}\varphi}\mathrm{e}^{\mathrm{j}\omega t}$ 仍是一复数，它在复平面上的轨迹是一个半径为 U_{m} 的圆，其在任一时刻 t_0 的幅角为 $\omega t_0 + \varphi$，如图 7-5 所示，把复数 $U_{\mathrm{m}}\mathrm{e}^{\mathrm{j}\varphi}\mathrm{e}^{\mathrm{j}\omega t}$ 称作旋转相量。显然，正弦函数是旋转相量在虚轴上的投影。

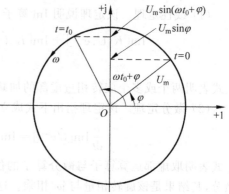

图 7-5 旋转相量的轨迹是一个圆

例 7-6 试写出正弦量 $u = 380\sin(\omega t + 60°)\,\mathrm{V}$ 和 $i = 20\cos(\omega t + 20°)\,\mathrm{A}$ 对应的振幅相量和有效值相量，并作出有效值相量图。

解 u 的振幅相量和有效值相量分别为

$$\dot{U}_{\mathrm{m}} = 380\underline{/60°}\,\mathrm{V}$$

$$\dot{U} = \frac{380}{\sqrt{2}}\underline{/60°}\,\mathrm{V} = 268.7\underline{/60°}\,\mathrm{V}$$

要注意，i 是用余弦函数表示的正弦量，必须把它转化为正弦函数后才能表示为相量。

$$i = 20\cos(\omega t + 20°) = 20\sin(\omega t + 20° + 90°)$$

$$= 20\sin(\omega t + 110°)$$

$$\dot{I}_{\mathrm{m}} = 20\underline{/110°}\,\mathrm{A}$$

$$\dot{I} = \frac{20}{\sqrt{2}}\underline{/110^\circ}\,\mathrm{A} = 14.14\underline{/110^\circ}\,\mathrm{A}$$

有效值相量图如图 7-6 所示。

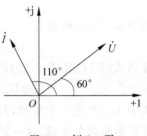

2. 关于相量的说明

(1) 复数可用来表示正弦电压或电流,这一复数称为相量。

(2) 必须注意,相量是用大写字母表示的,且字母上必须打点。若不打点,则不被认为是相量。例如 $\dot{U}_1 = 2\underline{/30^\circ}$ 是相量,但 $Z_1 = 2\underline{/30^\circ}$ 不是相量而是一普通的复数。

(3) 相量和正弦量之间只是一种对应关系,它们有着本质的区别。

图 7-6　例 7-6 图

正弦量和相量之间不能画等号,因为显而易见相量不是时间函数。

(4) 一个正弦电量既可用振幅相量表示,也可用有效值相量表示,在电路分析中,用得最多的是有效值相量。我们约定,若不加以说明,相量均指有效值相量。

3. 关于取虚部运算算子的几个定理

取虚部运算的算子 Im 对旋转相量的运算可依据几个定理来进行。下面介绍有关的几个定理,这些定理可根据复数运算规则及欧拉公式推导而出,这里证明从略。

设 K_1 和 K_2 为常数,$\dot{U}_1$、$\dot{U}_2$ 和 $\dot{U}$ 为相量,有下面几条定理成立。

(1) 线性定理。该定理说明 Im 算子是线性算子,即

$$\mathrm{Im}[K_1\dot{U}_1\mathrm{e}^{\mathrm{j}\omega t}] \pm \mathrm{Im}[K_2\dot{U}_2\mathrm{e}^{\mathrm{j}\omega t}] = \mathrm{Im}[K_1\dot{U}_1\mathrm{e}^{\mathrm{j}\omega t} \pm K_2\dot{U}_2\mathrm{e}^{\mathrm{j}\omega t}]$$

$$= \mathrm{Im}[(K_1\dot{U}_1 \pm K_2\dot{U}_2)\mathrm{e}^{\mathrm{j}\omega t}] \tag{7-17}$$

上式表明两个或多个旋转相量虚部的加减运算等于这些旋转相量加减运算后的虚部。

(2) 微分定理。该定理指出下式成立:

$$\frac{\mathrm{d}}{\mathrm{d}t}\mathrm{Im}[\dot{U}\mathrm{e}^{\mathrm{j}\omega t}] = \mathrm{Im}\left[\frac{\mathrm{d}}{\mathrm{d}t}(\dot{U}\mathrm{e}^{\mathrm{j}\omega t})\right] = \mathrm{Im}[\mathrm{j}\omega\dot{U}\mathrm{e}^{\mathrm{j}\omega t}] \tag{7-18}$$

上式表明取虚部运算算子与微分算子的位置可以互换。式(7-18)还表明,若对旋转相量求微分,其结果是该旋转相量与 $\mathrm{j}\omega$ 相乘。这一结论推广后有

$$\frac{\mathrm{d}^n}{\mathrm{d}t^n}(\dot{U}\mathrm{e}^{\mathrm{j}\omega t}) = (\mathrm{j}\omega)^n\dot{U}\mathrm{e}^{\mathrm{j}\omega t} \tag{7-19}$$

(3) 积分定理。该定理指出下式成立:

$$\int\mathrm{Im}[\dot{U}\mathrm{e}^{\mathrm{j}\omega t}]\mathrm{d}t = \mathrm{Im}\left[\int\dot{U}\mathrm{e}^{\mathrm{j}\omega t}\,\mathrm{d}t\right] = \mathrm{Im}\left[\frac{1}{\mathrm{j}\omega}\dot{U}\mathrm{e}^{\mathrm{j}\omega t}\right] \tag{7-20}$$

上式表明取虚部运算算子与积分算子的位置可互换,同时还表明,若对旋转相量求积分,则其结果是该旋转相量与 $\frac{1}{\mathrm{j}\omega}$ 相乘。这一结论推广后有

$$\underbrace{\iint\cdots\int\dot{U}\mathrm{e}^{\mathrm{j}\omega t}\,\mathrm{d}t\cdot\mathrm{d}t\cdots\mathrm{d}t}_{n次积分} = \frac{1}{(\mathrm{j}\omega)^n}\dot{U}\mathrm{e}^{\mathrm{j}\omega t} \tag{7-21}$$

(4) 相等定理。该定理指出若在任一时刻均有

$$\mathrm{Im}[K_1\dot{U}_1\mathrm{e}^{\mathrm{j}\omega t}] = \mathrm{Im}[K_2\dot{U}_2\mathrm{e}^{\mathrm{j}\omega t}]$$

则必有下式成立：

$$K_1\dot{U}_1 = K_2\dot{U}_2 \tag{7-22}$$

上式表明，若两个旋转相量取虚部运算的结果相等，则两个旋转相量中的相量亦相等。

4. 把正弦量的运算转化为相量的运算——相量法

在一个正弦稳态电路中，各支路的电压、电流均为同频率的正弦量。在电路频率为已知的情况下，一个正弦电量所需决定的仅是它的有效值（或振幅）和初相，而相量便包含了这两种信息。换言之，确定一个正弦电量的相量与直接确定该正弦电量是等价的，现在的问题是如何将正弦量的运算转化为相量（复数）的运算。根据上述定理不难将正弦量的加减法运算转化为复数的加减法运算，即先将正弦量用相应的复数表示，再作复数运算，而后取复数运算的虚部。具体做法见例 7-8 和例 7-9。

例 7-7 设 $i_1 = 5\sin(\omega t + 60°)$，$i_2 = 8\sin(\omega t + 30°)$，$i_3 = 12\sin(\omega t - 70°)$，求 $i_1 - i_2 - i_3$。

解 三个正弦量可用复数表示为

$$i_1 = \mathrm{Im}(5e^{j60°}e^{j\omega t})，\quad i_2 = \mathrm{Im}(8e^{j30°}e^{j\omega t})，\quad i_3 = \mathrm{Im}(12e^{-j70°}e^{j\omega t})$$

根据式(7-17)，有

$$
\begin{aligned}
i_1 - i_2 - i_3 &= \mathrm{Im}(5e^{j60°}e^{j\omega t}) - \mathrm{Im}(8e^{j30°}e^{j\omega t}) - \mathrm{Im}(12e^{-j70°}e^{j\omega t}) \\
&= \mathrm{Im}(5e^{j60°}e^{j\omega t} - 8e^{j30°}e^{j\omega t} - 12e^{-j70°}e^{j\omega t}) \\
&= \mathrm{Im}[(5e^{j60°} - 8e^{j30°} - 12e^{-j70°})e^{j\omega t}] \\
&= \mathrm{Im}[(2.5 + j4.33 - 6.93 - j4 - 4.1 + j11.28)e^{j\omega t}] \\
&= \mathrm{Im}[(-8.53 + j11.61)e^{j\omega t}] = \mathrm{Im}(14.41e^{j126.3°}e^{j\omega t}) \\
&= 14.41\sin(\omega t + 126.3°)
\end{aligned}
$$

从例 7-8 运算过程可看出，将正弦量的运算转化为复数的运算，比直接进行正弦量的运算要简单得多。

从例 7-8 还可看出旋转因子 $e^{j\omega t}$ 并未参与复数的运算过程，因此这一复数运算实际上是相量运算。这种把正弦量运算转化为相量运算的方法称为相量法。

实际中，将正弦函数的运算转化为相量的运算是按下列步骤进行的：

（1）将正弦量表示为相量；

（2）对相量进行运算；

（3）由相量运算的结果得出所需的正弦量。

例 7-8 已知两正弦电压为 $u_1 = 2\sqrt{2}\sin(2t + 45°)$V，$u_2 = 3\sqrt{2}\sin(2t - 60°)$V，求 $u_1 + u_2$。

解 两正弦电压对应的相量为

$$\dot{U}_1 = 2\underline{/45°}\,\mathrm{V} = (1.414 + j1.414)\mathrm{V}$$

$$\dot{U}_2 = 3\underline{/-60°}\,\mathrm{V} = (1.5 - j2.598)\mathrm{V}$$

$$\dot{U} = \dot{U}_1 + \dot{U}_2 = (1.414 + j1.414) + (1.5 - j2.598)$$

$$= (2.914 - j1.184) = 3.145\underline{/-22.1°}\,\mathrm{V}$$

故

$$u_1 + u_2 = 3.145\sqrt{2}\sin(2t - 22.1°)\mathrm{V}$$

需要说明的是，这种把正弦量运算转化为复数运算的方法适用于加减法，不适用于乘除法,即正弦量的乘、除法不能采用相量相乘、除的方法。

由于相量和正弦量之间有着简单的对应关系,为简便起见,在正弦稳态电路的分析计算中,一般就用相量代表正弦量,比如常用相量作为最后的计算结果,而不必再把相量转换为相应的正弦量。

练习题

7-4 设 $A_1 = 6 + j8, A_2 = 4 - j3$。求

(1) $A = A_1 + A_2$ (2) $B = A_1 \cdot A_2$ (3) $C = \dfrac{A_1}{A_2}$

要求计算结果均写成极坐标式。

7-5 设正弦电压为 $u(t) = 180\sin(314t + 60°)$V,正弦电流 $i(t) = 3\cos(314t - 60°)$A,试写出这两个正弦电量的振幅相量和有效值相量,并在同一坐标系中画出相应的相量图。

7-6 若 $u_1(t) = 7.07\sin(8t - 30°)$V,$u_2(t) = 3\sqrt{2}\cos(8t + 45°)$V,$u_3(t) = 5\sqrt{2}\sin(2t - 120°)$V,试分别用相量法和作相量图的方法计算 $u = u_1 + u_2 + u_3$。

7.3 基尔霍夫定律的相量形式

7.3.1 KCL 的相量形式

按 KCL,正弦稳态电路中任一节点上各支路电流瞬时值的代数和等于零,即

$$\sum_{k=1}^{b} i_k = 0$$

若将正弦电流用相量表示,即令 $i_k(t) = \sqrt{2} I_k \sin(\omega t + \varphi_{ik})$,则 $\dot{I}_k = I_k \underline{/\varphi_{ik}}$,根据式(7-17)和式(7-22),可得

$$\sum_{k=1}^{b} \dot{I}_k = 0 \tag{7-23}$$

这就是 KCL 的相量形式,它可表述为:在正弦稳态电路中,任一节点上各支路电流相量的代数和等于零。

显然,相量形式的 KCL 和瞬时值形式的 KCL 具有相同的形式。这表明列写相量形式的 KCL 方程的方法与列写瞬时值形式的 KCL 方程的方法是相似的,其差别仅在于将瞬时值电流换以相应的电流相量。

例 7-9 图 7-7(a)所示为正弦稳态电路中的一个节点 j,已知 $i_1 = 3\sin\omega t$ A,$i_2 = 5\sin(\omega t - 60°)$A,求 i_3。

解 将 i_1 和 i_2 用相量表示,即

$$\dot{I}_1 = \frac{3}{\sqrt{2}} \underline{/0°} \text{A} = 2.12 \underline{/0°} \text{A},$$

$$\dot{I}_2 = \frac{5}{\sqrt{2}} \underline{/-60°} \text{A} = 3.54 \underline{/-60°} \text{A}$$

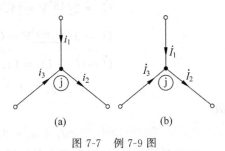

图 7-7 例 7-9 图

图 7-7(a)所示的节点对应于相量的电路模型(称为相量模型)如图 7-7(b)所示。由相量形式的 KCL,有

$$\dot{I}_1 - \dot{I}_2 + \dot{I}_3 = 0$$

$$\dot{I}_3 = \dot{I}_2 - \dot{I}_1 = (3.54\underline{/-60°} - 2.12\underline{/0°}) = (-0.35 - j3.07) = 3.09\underline{/-96.5°}(A)$$

则所求为

$$i_3 = 3.09\sqrt{2}\sin(\omega t - 96.5°) = 4.37\sin(\omega t - 96.5°)(A)$$

7.3.2 KVL 的相量形式

按 KVL,正弦稳态电路中任一回路中各支路电压瞬时值的代数和等于零,即 $\sum\limits_{k=1}^{b} u_k = 0$。将电压用相量表示后,由式(7-17)和式(7-22)不难导出下式:

$$\sum_{k=1}^{b} \dot{U}_k = 0 \tag{7-24}$$

这就是 KVL 的相量形式。它可表述为:在正弦稳态电路中,任一回路中各支路电压相量的代数和等于零。

显然,相量形式的 KVL 和瞬时值形式的 KVL 具有相同的形式。

7.4 RLC 元件伏安关系式的相量形式

7.4.1 正弦稳态电路中的电阻元件

1. R 元件伏安关系式的相量形式

在正弦稳态电路中,设通过电阻元件的电流为

$$i_R = \sqrt{2} I_R \sin(\omega t + \varphi_i)$$

在图 7-8(a)所示的参考方向下

$$u_R = R i_R = \sqrt{2} I_R R \sin(\omega t + \varphi_i)$$

将 i_R 和 u_R 均表示为相量,有

$$\dot{I}_R = I_R\underline{/\varphi_i} \tag{7-25}$$

$$\dot{U}_R = R I_R\underline{/\varphi_i} \tag{7-26}$$

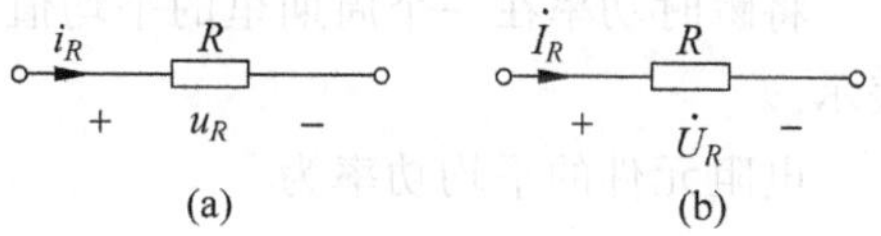

图 7-8 正弦稳态电路中的 R 元件

将式(7-25)代入式(7-26),得

$$\dot{U}_R = R I_R\underline{/\varphi_i} = R\dot{I}_R \tag{7-27}$$

式(7-27)即为电阻元件伏安关系式的相量形式,电阻元件对应于相量的电路模型(相量模型)如图 7-8(b)所示。在相量模型中,电阻元件的参数是电阻 R。分析式(7-27)可得如下几点结论:

(1)将瞬时值形式的欧姆定律中的电压、电流换以相应的相量后,即得式(7-27),这表明电阻的电压相量、电流相量满足欧姆定律。

(2)电阻电压的有效值等于电阻电流的有效值与电阻的乘积,这表明电压、电流的有效值也满足欧姆定律,即

$$U_R = R I_R \tag{7-28}$$

（3）电阻电压的相位等于电阻电流的相位，即

$$\varphi_u = \varphi_i$$

这表明 u_R 和 i_R 的相位差为零，两者同相位。u_R 和 i_R 的波形及相量图示于图 7-9 中。

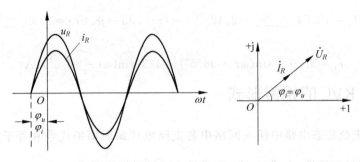

(a)电压电流波形图   (b)电压电流相量图

图 7-9   电阻元件中的正弦稳态电压和电流

2. 电阻元件的功率

（1）瞬时功率

在正弦稳态情况下，电阻元件的瞬时功率为

$$
\begin{aligned}
p_R = u_R i_R &= \sqrt{2}\,U_R \sin(\omega t + \varphi) \times \sqrt{2}\,I_R \sin(\omega t + \varphi) \\
&= UI[1 - \cos 2(\omega t + \varphi)]
\end{aligned}
\tag{7-29}
$$

由于 $\cos 2(\omega t + \varphi) \leqslant 1$，则必有

$$p_R \geqslant 0$$

这表明在正弦稳态电路中电阻元件总是吸收能量的，它是一纯耗能元件。不难得知，p_R 曲线位于一、二象限，即处于横轴（t 轴）的上方。读者可自行作出 p_R 曲线。

（2）平均功率

将瞬时功率在一个周期里的平均值定义为平均功率，也称为有功功率，并用大写字母 P 表示。

电阻元件的平均功率为

$$
\begin{aligned}
P &= \frac{1}{T}\int_0^T p_R\,\mathrm{d}t = \frac{1}{T}\int_0^T UI[1 - \cos 2(\omega t + \varphi)]\,\mathrm{d}t \\
&= \frac{1}{T}\int_0^T UI\,\mathrm{d}t - \frac{1}{T}\int_0^T \cos 2(\omega t + \varphi)\,\mathrm{d}t = UI
\end{aligned}
\tag{7-30}
$$

根据电压、电流有效值之间的关系，不难得出下述公式

$$P = UI = \frac{U^2}{R} = I^2 R \tag{7-31}$$

这表明，在正弦稳态的情况下，采用有效值后，电阻元件的平均功率的计算公式与在直流情况下采用的公式完全一样。

需注意的是，瞬时功率应用小写字母表示，而平均功率（有功功率）则用大写字母表示。

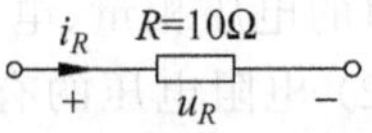

例 7-10　电阻元件如图 7-10 所示，若 $u_R = 20\sqrt{2}\sin(\omega t + 60°)\mathrm{V}$，求电流 i_R 及该电阻消耗的平均功率。

图 7-10   例 7-10 图

解 电压相量为 $\dot{U}_R = 20\underline{/60°}\,\text{V}$，由相量形式的欧姆定律，有

$$\dot{I}_R = \frac{\dot{U}_R}{R} = \frac{20\underline{/60°}}{10} = 2\underline{/60°}\,\text{A}$$

则

$$i_R = 2\sqrt{2}\sin(\omega t + 60°)\,\text{A}$$

该电阻消耗的平均功率为

$$P = U_R I_R = 20 \times 2 = 40\,\text{W}$$

由于电阻电压、电流的相位相同，此题在已知电阻中某一电量初相位的情况下可只进行有效值的计算。

更简单地，可直接用瞬时值计算，因为电阻元件电压、电流的瞬时值也是满足欧姆定律的。

7.4.2 正弦稳态电路中的电感元件

1. 电感元件伏安关系式的相量形式

在正弦稳态的情况下，设通过电感元件的电流为

$$i_L = \sqrt{2}\,I_L\sin(\omega t + \varphi_i)$$

则在图 7-11(a)所示的参考方向下，电感的端电压为

$$u_L = L\frac{\mathrm{d}i_L}{\mathrm{d}t} = \sqrt{2}\,\omega L I_L\cos(\omega t + \varphi_i)$$

$$= \sqrt{2}\,\omega L I_L\sin(\omega t + \varphi_i + 90°)$$

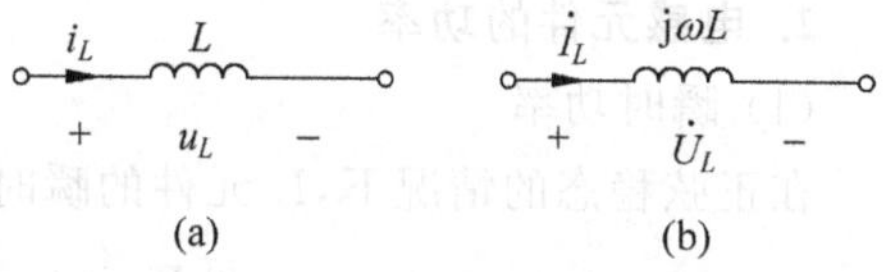

图 7-11 正弦电路中的电感元件

将 i_L 和 u_L 分别表示为相量，有

$$\dot{I}_L = I_L\underline{/\varphi_i}, \quad \dot{U}_L = \omega L I_L\underline{/\varphi_i + 90°}$$

因 $\underline{/90°} = \mathrm{j}$，故

$$\dot{U}_L = \mathrm{j}\omega L I_L\underline{/\varphi_i} = \mathrm{j}\omega L\dot{I}_L \tag{7-32}$$

令 $X_L = \omega L$，并称之为感抗，其单位为 Ω，则式(7-32)又可写为

$$\dot{U}_L = \mathrm{j}X_L\dot{I}_L \tag{7-33}$$

式(7-33)即为 L 元件伏安关系式的相量形式。电感元件对应于相量的电路模型(相量模型)如图 7-11(b)所示。在相量模型中电感元件的参数是 $\mathrm{j}\omega L$(复感抗)。

分析式(7-33)可得出如下几点结论：

(1) 若认为 $X_L = \omega L$ 与 R 相当，则

$$U_L = X_L I_L \tag{7-34}$$

此表明有效值 U_L 和 I_L 满足欧姆定律。要注意 $X_L \neq u_L/i_L$，因为瞬时值 u_L、i_L 间是微积分关系，两者不满足欧姆定律。

(2) 和电阻元件不一样，电感电压和电流的相位并不相同，两者初相间的关系为

$$\varphi_u = \varphi_i + 90°$$

即电感电压超前于电感电流 $90°$。u_L 和 i_L 的波形及相量图如图 7-12 所示。

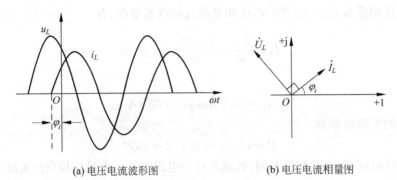

(a) 电压电流波形图　　　　　　　(b) 电压电流相量图

图 7-12　正弦稳态电路中电感元件的电压和电流

（3）虽然感抗 X_L 和电阻相当,两者的单位均为欧姆,但它们有着本质的区别。R 是一常数与电路频率无关。$X_L = \omega L$ 是电路频率的函数,对于同一电感元件,当频率不同时,有不同的感抗值。当 $\omega \to \infty$ 时,$X_L \to \infty$,即在频率非常高的情况下,电感元件相当于开路;当 $\omega = 0$ 时 $X_L = 0$,即在频率为零(直流)的情况下,电感元件相当于短路。感抗的倒数 $B_L = 1/X_L = 1/\omega L$ 称为感纳,其单位为 $1/\Omega$。引入感纳后,式(7-33)又可写为

$$\dot{I}_L = -jB_L\dot{U}_L \tag{7-35}$$

2. 电感元件的功率

（1）瞬时功率

在正弦稳态的情况下,L 元件的瞬时功率为

$$\begin{aligned}
p_L &= i_L u_L = \sqrt{2}\,I_L\sin(\omega t + \varphi_i) \times \sqrt{2}\,U_L\sin(\omega t + \varphi_i + 90°) \\
&= U_L I_L \sin 2(\omega t + \varphi_i) \tag{7-36}
\end{aligned}$$

可见,p_L 按正弦规律变化,其频率是电流、电压频率的两倍。在电流一个周期的时间内,包含有 p_L 的两个正半周和两个负半周,且正半周的面积和负半周的面积相等。当 $p_L > 0$ 时,L 元件从电源吸收能量;当 $p_L < 0$ 时,L 元件向电源送出能量。

（2）有功功率

电感元件的有功功率为

$$P_L = \frac{1}{T}\int_0^T p\,dt = \frac{1}{T}\int_0^T U_L I_L\sin 2(\omega t + \varphi_i)\,dt = 0 \tag{7-37}$$

这表明电感元件不消耗能量,没有功率损耗。正如上面所分析的,在瞬时功率 $p > 0$ 时,L 元件把吸取的能量全部储存起来,而后又送还至电源,它既是一非耗能元件又是储能元件。

（3）无功功率

这里引入一新的术语——无功功率,它用大写字母 Q 表示。无功功率被定义为储能元件瞬时功率的最大值,它反映的是能量交换的最大速率。对电感元件而言,其无功功率为

$$Q_L = U_L I_L \tag{7-38}$$

若 U_L 的单位为 V(伏),I_L 的单位为 A(安),则 Q_L 的单位为 var(乏)。容易导出下列公式

$$Q_L = U_L I_L = I_L^2 X_L = U_L^2/X_L \tag{7-39}$$

需要说明的是,无功功率并非是"无用之功","无功"二字是相对于"有功"而言的。它是

许多电器正常工作所必需的,如电机运行必须在其绕组建立磁场,因而需要无功功率。无功功率常简称为"无功"。

例 7-11 一电感元件如图 7-13(a)所示,若 $i_L = 4\sqrt{2}\sin(4t + 30°)$A,求 u_L 及无功功率 Q_L。

解 电路的角频率 $\omega = 4\text{rad/s}$,则感抗为

$$X_L = \omega L = 4 \times 0.5 = 2\Omega$$

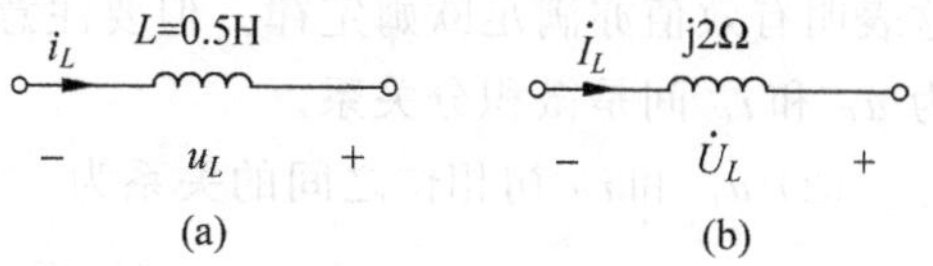

可作出该电感元件的相量模型如图 7-13(b)所示。

图 7-13 例 7-11 图

因 $\dot{U}_L$ 和 $\dot{I}_L$ 为非关联参考方向,有

$$\dot{U}_L = -jX_L\dot{I}_L = -j2 \times 4\underline{/30°} = 8\underline{/30° - 90°} = 8\underline{/-60°}\text{V}$$

$$u_L = 8\sqrt{2}\sin(4t - 60°)\text{V}$$

$$Q_L = U_L I_L = 8 \times 4 = 32\text{var}$$

或

$$Q_L = I_L^2 X_L = 4^2 \times 2 = 32\text{var}$$

7.4.3 正弦稳态电路中的电容元件

1. 电容元件伏安关系式的相量形式

在正弦稳态的情况下,若设 $u_C = \sqrt{2}U_C\sin(\omega t + \varphi_u)$,在图 7-14(a)所示的参考方向下,电容电流为

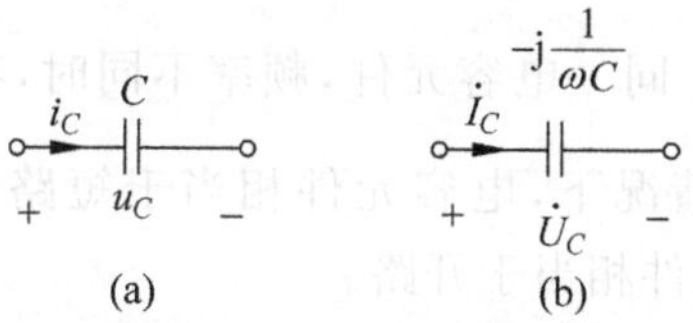

图 7-14 正弦稳态电路中的电容元件

$$i_C = C\frac{\mathrm{d}u_C}{\mathrm{d}t} = \sqrt{2}\omega C U_C\cos(\omega t + \varphi_u)$$

$$= \sqrt{2}\omega C U_C\sin(\omega t + \varphi_u + 90°)$$

$$= \sqrt{2}I_C\sin(\omega t + \varphi_i)$$

将 u_C 和 i_C 均用相量表示,有

$$\dot{U}_C = U_C\underline{/\varphi_u}$$

$$\dot{I}_C = I_C\underline{/\varphi_i} = \omega C U_C\underline{/\varphi_u + 90°}$$

$$= j\omega C U_C\underline{/\varphi_u} = j\omega C\dot{U}_C \tag{7-40}$$

或

$$\dot{U}_C = -j\frac{1}{\omega C}\dot{I}_C \tag{7-41}$$

令 $X_C = \dfrac{1}{\omega C}$,称为容抗,其单位为 Ω,则式(7-41)又可写为

$$\dot{U}_C = -jX_C\dot{I}_C \tag{7-42}$$

式(7-42)即为 C 元件伏安关系式的相量形式,和相量对应的电容元件的电路模型(相量模型)如图 7-14(b)所示。在相量模型中电容元件的参数是 $-j\dfrac{1}{\omega C}$(复容抗)。

分析式(7-42)可得出如下几点结论:

(1) 若认为 $-jX_C$ 与 R 相当,则式(7-42)具有欧姆定律的形式,或说相量 $\dot{U}_C$ 和 $\dot{I}_C$ 满

足欧姆定律。有效值 U_C 和 I_C 间的关系式为

$$U_C = X_C I_C \tag{7-43}$$

这表明有效值亦满足欧姆定律。但要注意，$X_C \neq u_C/i_C$，即瞬时值之间不满足欧姆定律，因为 u_C 和 i_C 间是微积分关系。

（2）u_C 和 i_C 初相位之间的关系为

$$\varphi_i = \varphi_u + 90°$$

这表明电容电流超前于电容电压 $90°$。这和电感电流滞后于电感电压 $90°$ 恰好是相反的。u_C 和 i_C 的波形及相量图示于图 7-15(a)和(b)中。

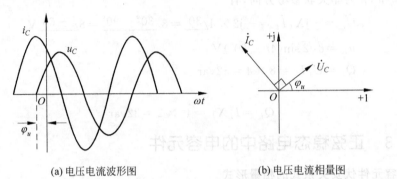

(a) 电压电流波形图　　　　　　(b) 电压电流相量图

图 7-15　正弦稳态电路中电容元件的电压和电流

（3）容抗 $X_C = \dfrac{1}{\omega C}$ 是频率的函数，且和频率成反比。同一电容元件，频率不同时，有不同的容抗值。当 $\omega \to \infty$ 时，$X_C = 0$，表明在频率极高的情况下，电容元件相当于短路；当 $\omega = 0$ 时，$X_C \to \infty$，即在频率为零（直流）的情况下，电容元件相当于开路。

容抗的倒数 $B_C = 1/X_C = \omega C$ 称为容纳，其单位为 S。引入容纳后，式(7-42)可写为

$$\dot{I}_C = \mathrm{j} B_C \dot{U}_C \tag{7-44}$$

2. 电容元件的功率

（1）瞬时功率

在正弦稳态的情况下，电容元件的瞬时功率为

$$\begin{aligned}
p_C &= i_C u_C = \sqrt{2} I_C \sin(\omega t + \varphi_u + 90°) \sqrt{2} U_C \sin(\omega t + \varphi_u) \\
&= U_C I_C \sin 2(\omega t + \varphi_u)
\end{aligned} \tag{7-45}$$

和电感元件的瞬时功率一样，p_C 亦按正弦规律变化，其频率是电源频率的两倍。当 $p_C > 0$ 时，电容元件从电源吸取能量并予储存；当 $p_C < 0$ 时，电容元件将储存的能量返送到电源。在电流或电压一个周期的时间内，电容与电源间的能量交换现象将出现两次。

（2）平均功率

电容元件的平均功率为

$$P_C = \frac{1}{T} \int_0^T p_C \, \mathrm{d}t = 0 \tag{7-46}$$

即电容元件的平均功率为零，这表明它是一个非耗能元件。

（3）无功功率

电容元件的无功功率定义为瞬时功率最大值的负值，即

$$Q_C = -U_C I_C \tag{7-47}$$

Q_C 反映了电容元件进行能量交换的最大速率。不难导出下式

$$Q_C = -U_C I_C = -I_C^2 X_C = -U_C^2 / X_C \tag{7-48}$$

无功功率是电容中建立电场所必需的。

还需说明的是，习惯上认为电感元件是吸收无功功率的，因此规定电感的无功功率恒大于或等于零；又认为电容元件是发出无功功率的，因此规定其无功功率恒小于或等于零。这两种元件无功功率的性质相反。

例 7-12　如图 7-16 所示线性电容元件，已知 $C = 10\mu F$，$u(t) = -200\sqrt{2}\cos(1000t + 30°)\,\text{V}$，试写出电流 $i(t)$ 的表达式并求电容元件的无功功率。

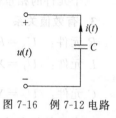

图 7-16　例 7-12 电路

解　将电压 $u(t)$ 用正弦函数表示为

$$
\begin{aligned}
u(t) &= -200\sqrt{2}\cos(1000t + 30°) \\
&= 200\sqrt{2}\sin(1000t + 30° - 180° + 90°) \\
&= 200\sqrt{2}\sin(1000t - 60°)\,\text{V}
\end{aligned}
$$

则 $u(t)$ 对应的相量为 $\dot{U} = 200\underline{/-60°}\,\text{V}$。因 $\omega = 1000\text{rad/s}$，求得容抗为

$$X_C = \frac{1}{\omega C} = \frac{1}{1000 \times 10 \times 10^{-6}} = 100\Omega$$

又因电压、电流为非关联参考方向，于是有

$$\dot{I} = -\text{j}\omega C\dot{U} = -\text{j}\frac{1}{X_C}\dot{U} = -\text{j}\frac{1}{100} \times 200\underline{/-60°} = 2\underline{/-150°}\,\text{A}$$

因此写出电流的表达式为

$$i(t) = 2\sqrt{2}\sin(1000t - 150°)\,\text{A}$$

求得电容的无功功率为

$$Q_C = -UI = -200 \times 2 = -400(\text{var})$$

7.4.4　*RLC* 元件在正弦稳态下的特性小结

RLC 三个基本元件在正弦稳态下的特性是正弦稳态分析的基本依据，必须熟记。现将这些特性小结如下。

1. 瞬时值关系

R 元件：　$u_R = Ri_R$

L 元件：　$u_L = L\dfrac{\text{d}i_L}{\text{d}t}$

C 元件：　$i_C = C\dfrac{\text{d}u_C}{\text{d}t}$

仅电阻元件的瞬时值满足欧姆定律。

2. 相量关系

R 元件： $\dot{U}_R = R\dot{I}_R$

L 元件： $\dot{U}_L = jX_L\dot{I}_L = j\omega L\dot{I}_L$

C 元件： $\dot{U}_C = -jX_L\dot{I}_C = -j\dfrac{1}{\omega C}\dot{I}_C$

三个元件的相量伏安关系式均具有欧姆定律的形式。

3. 有效值关系

R 元件： $U_R = RI_R$

L 元件： $U_L = X_L I_L = \omega L I_L$

C 元件： $U_C = X_C L_C = \dfrac{1}{\omega C} I_C$

三个元件的有效值关系式均具有欧姆定律的形式。

4. 相位关系

R 元件： $\varphi_u = \varphi_i$

L 元件： $\varphi_u = \varphi_i + 90°$

C 元件： $\varphi_u = \varphi_i - 90°$

动态元件电压与电流的相位差均为 90°；L 元件和 C 元件中电压、电流超前滞后的关系正好相反。

5. 有功功率（平均功率）

R 元件： $P_R = U_R I_R$

L 元件： $P_L = 0$

C 元件： $P_C = 0$

6. 无功功率

R 元件： $Q_R = 0$

L 元件： $Q_L = U_L I_L = I_L^2 X_L = U_L^2/X_L$

C 元件： $Q_C = -U_C I_C = -I_C^2 X_C = -U_C^2/X_C$

由于 L、C 互为对偶元件,因此在记忆动态元件的正弦稳态特性时,可利用对偶原理。

练习题

7-7　一电阻的电阻值为 200Ω,若 u、i 为关联参考方向,且 u 是有效值为 200V、初相为 30°、频率为 50Hz 的正弦电压,试写出 $i(t)$ 的表达式并求该电阻元件消耗的功率。

7-8　一个 $L = 100\text{mH}$ 的电感,其通过的正弦电流 $i_L(t)$ 的有效值为 0.25A,初相为 110°,频率为 2000Hz,若 u_L、i_L 为非关联参考方向,试写出该电感两端电压 $u_L(t)$ 的表达式并求其无功功率。

7-9　电容元件如图 7-17 所示,若电压 $u_C(t) = 100\sqrt{2} \times \sin(\omega t + 30°)\text{V}$,试分别求电压频率为下述两种情况下的电流 $i_C(t)$ 的有效值和电容的无功功率。

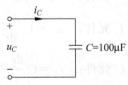

图 7-17　练习题 7-9 电路

（1）$f=500\text{Hz}$；（2）$f=2000\text{Hz}$。

7.5 复阻抗和复导纳

在正弦稳态分析中，复阻抗和复导纳是两个重要的导出参数。

7.5.1 复阻抗

1. 复阻抗的概念

图 7-18(a)所示为正弦稳态下的 RLC 串联电路，其相量模型如图 7-18(b)所示。

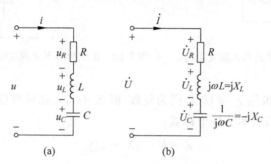

图 7-18 RLC 串联电路及其相量模型

根据相量形式的 KVL，并将 RLC 元件的电压、电流的相量关系式代入，得

$$\dot{U} = \dot{U}_R + \dot{U}_L + \dot{U}_C$$

$$= R\dot{I} + j\omega L\dot{I} - j\frac{1}{\omega C}\dot{I}$$

$$= (R + jX_L - jX_C)\dot{I}$$

$$= [R + j(X_L - X_C)]\dot{I} \tag{7-49}$$

令 $Z = R + j(X_L - X_C) = R + jX$，这是一个复数，称为复阻抗，其实部 R 为电阻，其虚部 $X = X_L - X_C$ 为感抗和容抗之差，称 X 为电抗。则式(7-49)可写为

$$\dot{U} = Z\dot{I} \tag{7-50}$$

上式和欧姆定律的形式相当，称为复数形式的欧姆定律。

2. 关于复阻抗 Z 的讨论

（1）由式(7-50)，有

$$Z = \frac{\dot{U}}{\dot{I}} \tag{7-51}$$

上式表明，复阻抗 Z 为 RLC 串联电路的端口电压相量与电流相量之比。这一概念可加以推广，式(7-51)被作为如图 7-19 所示正弦稳态电路中任一无源二端网络入端复阻抗的定义式。应注意端口电压、电流为关联参考方向。

（2）由式(7-49)可以看出，复阻抗 Z 仅取决于元件的参数和电源的频率，而与端口电压、电流无关。

（3）由 $Z = \dfrac{\dot{U}}{\dot{I}} = R + jX$，有 $\dot{U} = (R + jX)\dot{I} = R\dot{I} + jX\dot{I} = \dot{U}_R + \dot{U}_X$，可作出 N 的等效电路如图 7-20 所示，这是一个 R 与 jX 的串联电路，R 称为等效电阻，X 称为等效电抗。因 $X = X_L - X_C$，则 X 可正可负。Z、R 和 X 的单位均为欧姆(Ω)。

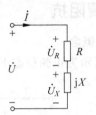

图 7-19　无源二端网络及其入端复阻抗　　　图 7-20　正弦稳态下无源二端网络的串联等效电路

（4）需注意的是，虽然 Z 与 $\dot{U}$、$\dot{I}$ 同为复数，但 Z 不与正弦量对应，因此它不是相量。

（5）将 Z 这个复数表示为极坐标式：

$$Z = R + jX = z\underline{/\varphi_Z}$$

其中

$$\left.\begin{array}{l} z = \sqrt{R^2 + X^2} \\[2mm] \varphi_Z = \arctan \dfrac{X}{R} \end{array}\right\} \tag{7-52}$$

同时又有

$$\left.\begin{array}{l} R = z\cos\varphi_Z \\[2mm] X = z\sin\varphi_Z \end{array}\right\} \tag{7-53}$$

z 是 Z 的模，称为阻抗，其单位也为 Ω。φ_Z 为 Z 的幅角，称为阻抗角。根据上述关系式，z、R 和 X 之间的关系可用如图 7-21 所示的直角三角形表示，称之为阻抗三角形。需说明的是，在不致混淆的情况下，在后面的讨论中习惯将复阻抗简称为阻抗。

（6）由阻抗的定义式，有

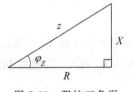

图 7-21　阻抗三角形

$$Z = \dfrac{\dot{U}}{\dot{I}} = \dfrac{U\underline{/\varphi_u}}{I\underline{/\varphi_i}} = \dfrac{U}{I}\underline{/\varphi_u - \varphi_i} = z\underline{/\varphi_Z} \tag{7-54}$$

其中

$$\left.\begin{array}{l} z = \dfrac{U}{I} \\[2mm] \varphi_Z = \varphi_u - \varphi_i = (\hat{u,i}) \end{array}\right\} \tag{7-55}$$

由此可见，阻抗的模 z 为电压、电流的有效值之比，阻抗角 φ_Z 为电压、电流的相位差角。上述关系式非常重要，以后要经常用到。式(7-55)中的记号 $(\hat{u,i})$ 表示 u、i 之间的相位之差，该记号今后也经常用到。

（7）根据阻抗的电抗 X 的正负或阻抗角 φ_Z 的正负可了解支路或无源二端网络 N 的性

质。由 $X=X_L-X_C$ 或 $\varphi_Z=\varphi_u-\varphi_i$ 可知,当 $X>0$ 或 $\varphi_Z>0$ 时,端口电压超前于电流,或感抗大于容抗,称电路为电感性的,简称为感性电路。当 $X<0$ 或 $\varphi_Z<0$ 时,电流超前于电压,或容抗大于感抗,称电路为电容性的,简称为容性电路。当电路为感性时,其等效电路为电阻与一等值电感的串联;当电路为容性时,其等效电路为电阻与一等值电容的串联。电路还有另一种特殊情况,即 $X=0$,或感抗与容抗相等,此时 $\varphi_Z=0$,或电压与电流同相位,电路表现为电阻性质。这一情况称为发生谐振,将在第 8 章讨论。

(8) 当图 7-19 中的无源二端电路为单一元件时,则单一电阻元件的复阻抗为电阻 R;单一电感元件的复阻抗为复感抗 $j\omega L$;单一电容元件的复阻抗为复容抗 $-j\dfrac{1}{\omega C}$。

例 7-13 在图 7-22(a)所示正弦稳态电路中,已知电路角频率 $\omega=200\text{rad/s}$,求该电路复阻抗的模和阻抗角,判断电路的性质并作出其串联等效电路。

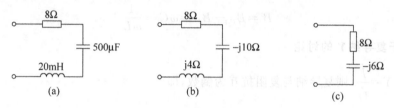

图 7-22 例 7-13 电路

解 可求得电路中的感抗和容抗值为

$$X_L=\omega L=200\times 20\times 10^{-3}=4\Omega$$

$$X_C=\frac{1}{\omega C}=\frac{1}{200\times 500\times 10^{-6}}=10\Omega$$

作出电路的相量模型如图 7-22(b)所示。则电路的复阻抗为

$$Z=8+j4-j10=8-j6=10\underline{/-36.9°}\,\Omega$$

于是可知阻抗的模为 10Ω,阻抗角为 $-36.9°$,电路为容性的。其串联等效电路为 8Ω 的电阻与复容抗为 $-j6\Omega$ 电容的串联,如图 7-22(c)所示。

7.5.2 复导纳

1. 复导纳的定义式

图 7-23 所示为正弦稳态无源二端网络 N,端口电压、电流为关联参考方向,其复导纳 Y 被定义为端口电流相量与端口电压相量之比,即

$$Y\overset{\text{def}}{=}\frac{\dot{I}}{\dot{U}} \tag{7-56}$$

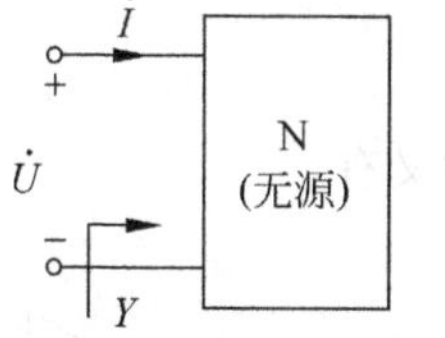

Y 为一个复数,其代数式为

$$Y=G+jB \tag{7-57}$$

图 7-23 正弦稳态无源二端网络

Y 的实部 G 称为电导,虚部 B 称为电纳,单位均为西(s)。

例 7-14 试求图 7-24 所示 RLC 并联电路的入端复导纳 Y。

解 由 KCL,有

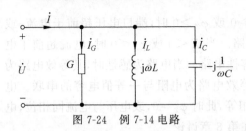

图 7-24 例 7-14 电路

$$\dot{I} = \dot{I}_G + \dot{I}_L + \dot{I}_C$$

$$= G\dot{U} + \frac{1}{jX_L}\dot{U} + \frac{1}{-j\dfrac{1}{\omega C}}\dot{U}$$

$$= [G + j(B_C - B_L)]\dot{U}$$

则电路的复导纳为

$$Y = \frac{\dot{I}}{\dot{U}} = G + j(B_C - B_L) = G + jB$$

其中电纳

$$B = B_C - B_L = \omega C - \frac{1}{\omega L}$$

2. 关于复导纳 Y 的讨论

（1）因 $Y = \dfrac{\dot{I}}{\dot{U}}$，则复导纳与复阻抗互为倒数，即

$$Y = \frac{1}{Z} \tag{7-58}$$

（2）与复阻抗相同，复导纳只取决于电路元件的参数及频率，与电压、电流无关。

（3）由 $Y = \dfrac{\dot{I}}{\dot{U}} = G + jB$，有 $\dot{I} = G\dot{U} + jB\dot{U} = \dot{I}_G + \dot{I}_B$，于是可构造出图 7-23 所示正弦稳态无源网络 N 的用复导纳参数表示的等效电路，如图 7-25 所示。这是一个由电导 G 和电纳 jB 构成的并联电路，称为并联等效电路。

（4）与复阻抗 Z 类似，复导纳 Y 是一个复数，但因不与正弦量对应，它并不是相量。

（5）将 Y 写为极坐标式：

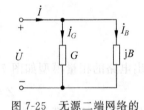

图 7-25 无源二端网络的并联等效电路

$$Y = G + jB = y\underline{/\varphi_Y}$$

其中

$$\left.\begin{array}{l} y = \sqrt{G^2 + B^2} \\[2mm] \varphi_Y = \arctan\dfrac{B}{G} \end{array}\right\} \tag{7-59}$$

同时又有

$$\left.\begin{array}{l} G = y\cos\varphi_Y \\[2mm] B = y\sin\varphi_Y \end{array}\right\} \tag{7-60}$$

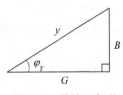

图 7-26 导纳三角形

y 是 Y 的模，称为导纳，其单位也为 s，φ_Y 为 Y 的幅角，称为导纳角。根据上述关系式，y、G 和 B 之间的关系可用图 7-26 所示的直角三角形表示，称为导纳三角形。在不会引起混淆的情况下，在后面的讨论中通常将复导纳简称为导纳。

（6）由导纳的定义式，有

$$Y = \frac{\dot{I}}{\dot{U}} = \frac{I\underline{/\varphi_i}}{U\underline{/\varphi_u}} = \frac{I}{U}\underline{/\varphi_i - \varphi_u} = y\underline{/\varphi_Y} \tag{7-61}$$

其中

$$\left.\begin{aligned} y &= \frac{I}{U} \\ \varphi_Y &= \varphi_i - \varphi_u = (\widehat{i,u}) \end{aligned}\right\} \tag{7-62}$$

由此可见，导纳的模 y 为电流与电压的有效值之比，导纳角 φ_Y 为电流、电压的相位差角。由复阻抗和复导纳为倒数关系，有

$$\left.\begin{aligned} y &= \frac{1}{z} \\ \varphi_Y &= -\varphi_Z \end{aligned}\right\} \tag{7-63}$$

（7）根据电纳 B 的正负或导纳角的正负可了解支路或无源二端网络 N 的性质。当 $B>0$ 或 $\varphi_Y>0$ 时，电流超前于电压，电路呈现电容性质。当 $B<0$ 或 $\varphi_Y<0$ 时，电流滞后于电压，电路为感性的。当电路为容性时，其等效电路为电导与一等值电容的并联；当电路为感性时，其等效电路为电导与一等值电感的并联。当 $B=0$ 时，亦有 $\varphi_Y=0$，即端口电流、电压同相位，电路表现为电阻性质。这一特殊情况称为发生谐振，将在第 8 章讨论。

（8）当图 7-23 中的无源二端电路为单一元件时，单一电阻元件的复导纳为电导 G；单一电感元件的复导纳为复感纳 $-j\frac{1}{\omega L}$；单一电容元件的复导纳为复容纳 $j\omega C$。

例 7-15 求图 7-27(a)所示电路的复导纳 Y、导纳 y 和导纳角 φ_Y。

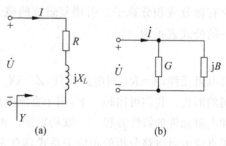

图 7-27 例 7-15 图

解 该电路的复阻抗为

$$Z = R + jX_L$$

则复导纳为

$$\begin{aligned} Y = \frac{1}{Z} &= \frac{1}{R + jX_L} = \frac{R - jX_L}{R^2 + X_L^2} \\ &= \frac{R}{R^2 + X_L^2} - j\frac{X_L}{R^2 + X_L^2} \\ &= G + jB \end{aligned}$$

电导和电纳分别为

$$G = \frac{R}{R^2 + X_L^2}, \quad B = \frac{-X_L}{R^2 + X_L^2}$$

由于 $z = \sqrt{R^2 + X_L^2}$，$\varphi_Z = \arctan X_L/R$，故

$$y = \frac{1}{z} = \frac{1}{\sqrt{R^2 + X_L^2}}$$

$$\varphi_Y = -\varphi_Z = -\arctan X_L/R$$

根据复导纳 Y 又作出图 7-27(b)所示的等效并联电路。

练习题

7-10 设无源二端网络 N 的端口电压、电流为非关联参考方向,试解答下述问题:

(1) 若 $u=200\sin(20t+30°)\text{V}, i=5\cos(20t+60°)\text{A}$,求复阻抗 Z;

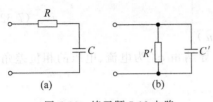

(a)　　　　(b)

图 7-28　练习题 7-12 电路

(2) 若 $i=6\sqrt{2}\sin(10t-30°)\text{A}, Z=(6+\text{j}8)\Omega$,求 u 的表达式。

7-11 在 RLC 并联电路中,$R=50\Omega, L=10\text{mH}, C=400\mu\text{F}$,求当电路角频率 $\omega=1000\text{rad/s}$ 时串联等效电路和并联等效电路的参数。

7-12 若角频率为 ω,当图 7-28(a)、(b)所示两电路等效时,求参数 $R、C、R'、C'$ 的关系。

7.6　用相量法求解电路的正弦稳态响应

前面已导出相量形式的基尔霍夫定律和 $R、L、C$ 三种基本元件的伏安关系式。尤为重要的是,$L、C$ 这两种动态元件相量形式的伏安关系式是代数式,不再像瞬时值关系式那样含有微分或积分算子。引用复阻抗的概念后,三种元件相量形式的伏安关系式可用一个统一的公式表示为

$$\dot{U}=Z\dot{I}$$

对电阻元件,$Z=R$;对电感元件,$Z=\text{j}X_L$;对电容元件,$Z=-\text{j}X_C$。上式具有和欧姆定律相同的形式。我们可回顾一下,用于直流电阻网络的各种分析方法的基本依据是基尔霍夫定律和电阻元件的特性方程——欧姆定律。由于相量形式的 KCL、KVL 及元件的伏安关系式与用于直流电阻电路分析的相应关系式具有完全相同的形式,因此可预见,在采用相量的概念及建立了电路的相量模型后,用于直流电阻电路的各种分析方法均可用于正弦稳态电路的分析。

下面通过实例说明正弦稳态电路的分析计算方法。

7.6.1　正弦稳态分析方法之一——等效变换法

例 7-16 求图 7-29 所示电路的入端复阻抗 Z_{ab}。

解 这是一混联电路。设该电路中纯电阻支路的复阻抗为 Z_1,含电容支路的复阻抗为 Z_2,含电感支路的复阻抗为 Z_3,则有

$$Z_1=2\Omega, \quad Z_2=(1-\text{j}1)\Omega, \quad Z_3=(3+\text{j}2)\Omega$$

仿照直流电路中混联电路等效电阻的计算方法,可得

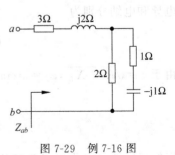

图 7-29　例 7-16 图

$$Z_{ab}=Z_3+Z_1/\!/Z_2=Z_3+\frac{Z_1Z_2}{Z_1+Z_2}$$

$$=(3+\text{j}2)+\frac{2(1-\text{j})}{2+(1-\text{j})}$$

$$=(3+\text{j}2)+0.89\underline{/-26.6°}$$

$$=(3.8+\text{j}1.6)\Omega$$

例 7-17　求图 7-30(a)所示正弦稳态电路中的电流 i_C。已知 $R_1 = 2\Omega, R_2 = 3\Omega, L = 2H, C = 0.25F, u_{s1} = 4\sqrt{2}\sin 2t\,\mathrm{V}, u_{s2} = 10\sqrt{2}\sin(2t + 53.1°)\,\mathrm{V}$。

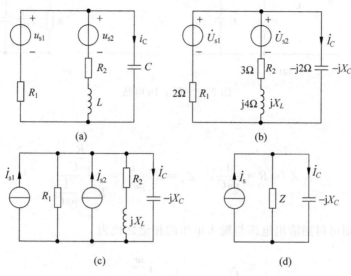

图 7-30　例 7-17 图

解　仿照直流电路中含源支路等效变换的方法求解。需先将时域电路转换为相量模型电路,转换的方法是将各电源的输出及各支路电压、电流均用相量表示,将各无源元件用相应的相量模型代替。由此得到的相量模型电路如图 7-30(b)所示。其中

$$\dot{U}_{s1} = 4\underline{/0°}\,\mathrm{V}, \quad \dot{U}_{s2} = 10\underline{/53.1°}\,\mathrm{V}$$

该电路由三条支路并联而成,现对两电源支路作等效变换。先将两电压源支路分别用电流源支路等效,如图 7-30(c)所示。其中

$$\dot{I}_{s1} = \dot{U}_{s1}/R_1 = 2\underline{/0°}\,\mathrm{A}, \quad \dot{I}_{s2} = \frac{\dot{U}_{s2}}{R_2 + jX_L} = 2\underline{/0°}\,\mathrm{A}$$

再将两电流源合并为一个电流源,如图 7-30(d)所示,其中

$$\dot{I}_s = \dot{I}_{s1} + \dot{I}_{s2} = 2\underline{/0°} + 2\underline{/0°} = 4\underline{/0°}\,\mathrm{A}$$

$$Z = R_1 /\!/ (R_2 + jX_L) = 2/\!/(3 + j4) = 1.56\underline{/14.4°} = (1.51 + j0.39)\,\Omega$$

由图 7-30(d),根据并联分流公式,可得

$$\dot{I}_C = \dot{I}_s \frac{Z}{Z + (-jX_C)} = 4\underline{/0°} \times \frac{1.56\underline{/14.4°}}{1.51 + j0.39 - j2} = 2.82\underline{/61.3°}\,\mathrm{A}$$

则所求为

$$i_C = 2.82\sqrt{2}\sin(2t + 61.3°)\,\mathrm{A}$$

例 7-18　如图 7-31(a)所示正弦稳态电路,已知电源的角频率 $\omega = 1000\mathrm{rad/s}, C = 0.05F$。若使输出电压 u_o 超前于输入电压 $u_i 35°$,求参数 R。

解　这是一串并联电路,作出其相量模型如图 7-31(b)所示,求得输出电压和输入电压间的相量关系式为

$$\dot{U}_o = \frac{Z_2}{Z_1 + Z_2} \dot{U}_i$$

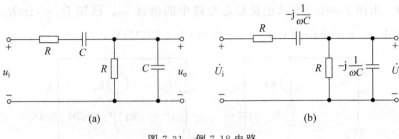

图 7-31　例 7-18 电路

其中

$$Z_1 = R + \frac{1}{j\omega C}, \quad Z_2 = R'' \frac{1}{j\omega C} = \frac{\dfrac{R}{j\omega C}}{R + \dfrac{1}{j\omega C}}$$

若令 $\omega_k = \dfrac{1}{RC}$，则可得到输出电压与输入电压的相量之比为

$$H_u = \frac{\dot{U}_o}{\dot{U}_i} = \frac{j\dfrac{\omega}{\omega_k}}{-\left(\dfrac{\omega}{\omega_k}\right)^2 + j3\left(\dfrac{\omega}{\omega_k}\right) + 1}$$

又设 $A = \dfrac{\omega}{\omega_k}$，有

$$H_u = \frac{\dot{U}_o}{\dot{U}_i} = \frac{jA}{1 - A^2 + j3A} = \frac{jA(1 - A^2 - j3A)}{(1 - A^2 + j3A)(1 - A^2 - j3A)} = \frac{3A^2 + jA(1 - A^2)}{(1 - A^2)^2 + 9A^2}$$

由上式可得 $\dot{U}_o$ 与 $\dot{U}_i$ 间的相位差角为

$$\varphi_u = \arctan\frac{1 - A^2}{3A}$$

由上式可见，当 A 值不同，即当电源频率变化，或当电路参数 R、C 变化时，φ_u 随之改变，其可为正，可为负，也可为零。因此该电路在工程上称为超前滞后网络，或称为选频网络。

按题意，若 u_o 超前于 u_i 35°，即 $\varphi_u = 35°$，便有

$$\frac{1 - A^2}{3A} = \tan35°$$

解之，得

$$A_1 = 0.4 \quad 或 \quad A_2 = -2.5（舍去）$$

取 $A = A_1 = 0.4$，由 $A = \dfrac{\omega}{\omega_k} = \dfrac{\omega}{RC}$，有

$$R = \frac{\omega}{AC} = \frac{1000}{0.4 \times 0.05} = 50\text{k}\Omega$$

7.6.2　正弦稳态分析方法之二——电路方程法

例 7-19　电路如图 7-32 所示，试求 $\dot{I}_1$ 和 $\dot{I}_2$。

解　用网孔法求解。选定网孔电流的方向如图 7-32 中所示，显然，两网孔电流就是待

求的支路电流 $\dot{I}_1$ 和 $\dot{I}_2$。对受控源的处理方法与直流电路相同,即列写方程时将其视为独立电源,而后将控制量用网孔电流表示。列出网孔方程为

$$\left.\begin{array}{r}(3+\mathrm{j}4)\dot{I}_1-\mathrm{j}4\dot{I}_2=10\underline{/0^\circ}\\-\mathrm{j}4\dot{I}_1+(\mathrm{j}4-\mathrm{j}2)\dot{I}_2=-2\dot{I}_1\end{array}\right\}$$

解之,得

$$\dot{I}_1=1.24\underline{/29.7^\circ}\mathrm{A},\quad\dot{I}_2=2.77\underline{/56.3^\circ}\mathrm{A}$$

例7-20 试列写图7-33所示网络的节点法方程。

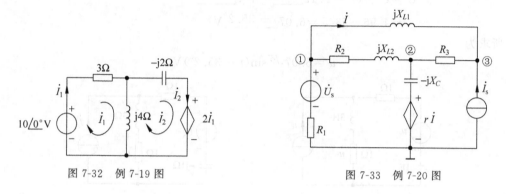

图7-32 例7-19图 　　　　图7-33 例7-20图

解 列出节点方程为

① $\left(\dfrac{1}{R_1}+\dfrac{1}{R_2+\mathrm{j}X_{L2}}+\dfrac{1}{\mathrm{j}X_{L1}}\right)\dot{U}_1-\dfrac{1}{R_2+\mathrm{j}X_{L2}}\dot{U}_2-\dfrac{1}{\mathrm{j}X_{L1}}\dot{U}_3=\dfrac{\dot{U}_3}{R_1}$

② $-\dfrac{1}{R_2+\mathrm{j}X_{L2}}\dot{U}_1+\left(\dfrac{1}{R_2+\mathrm{j}X_{L2}}+\dfrac{1}{-\mathrm{j}X_C}+\dfrac{1}{R_3}\right)\dot{U}_2-\dfrac{1}{R_3}\dot{U}_3=\dfrac{r\dot{I}}{-\mathrm{j}X_C}$

③ $-\dfrac{1}{\mathrm{j}X_{L1}}\dot{U}_1-\dfrac{1}{R_3}\dot{U}_2+\left(\dfrac{1}{\mathrm{j}X_{L1}}+\dfrac{1}{R_3}\right)\dot{U}_3=\dot{I}_\mathrm{s}$

将受控源的控制量 $\dot{I}$ 用节点电压表示为

$$\dot{I}=\frac{\dot{U}_1-\dot{U}_3}{\mathrm{j}X_{L1}}$$

将上式代入节点方程,整理后得

$$\left(\frac{1}{R_1}+\frac{1}{R_2+\mathrm{j}X_{L2}}+\frac{1}{\mathrm{j}X_{L1}}\right)\dot{U}_1-\frac{1}{R_2+\mathrm{j}X_{L2}}\dot{U}_2-\frac{1}{\mathrm{j}X_{L1}}\dot{U}_3=\frac{\dot{U}_\mathrm{s}}{R_1}$$

$$-\left(\frac{1}{R_2+\mathrm{j}X_{L2}}+\frac{r}{X_{L1}X_C}\right)\dot{U}_1-\left(\frac{1}{R_2+\mathrm{j}X_{L2}}+\frac{1}{-\mathrm{j}X_C}+\frac{1}{R_3}\right)\dot{U}_2-\left(\frac{r}{X_{L1}X_C}-\frac{1}{R_3}\right)\dot{U}_3=0$$

$$-\frac{1}{\mathrm{j}X_{L1}}\dot{U}_1-\frac{1}{R_3}\dot{U}_2+\left(\frac{1}{\mathrm{j}X_{L1}}+\frac{1}{R_3}\right)\dot{U}_3=\dot{I}_\mathrm{s}$$

7.6.3 正弦稳态分析方法之三——运用电路定理法

例7-21 求图7-34所示电路中的电压 u。已知 $u_\mathrm{s}=6\sqrt{2}\sin t\mathrm{V}$,$i_\mathrm{s}=8\sqrt{2}\sin(t+60^\circ)$。

解 将时域电路转化为相量模型电路如图7-34(b)所示。用叠加定理求解。

电压源单独作用的电路如图 7-34(c)所示,这是一串联电路,求得

$$\dot{U}' = \frac{1}{1-\mathrm{j}1+\mathrm{j}3+1}\dot{U}_\mathrm{s} = \frac{1}{2+\mathrm{j}2} \times 6\underline{/0^\circ} = 2.12\underline{/-45^\circ}\,\mathrm{V}$$

电流源单独作用的电路如图 7-34(d)所示,这是一并联电路,求得

$$\dot{I}_1 = \frac{1-\mathrm{j}}{(1-\mathrm{j})+(1+\mathrm{j}3)}\dot{I}_\mathrm{s} = \frac{1-\mathrm{j}}{2+\mathrm{j}2} \times 8\underline{/60^\circ} = 4\underline{/-30^\circ}\,\mathrm{A}$$

$$\dot{U}'' = 1 \times \dot{I}_1 = 4\underline{/-30^\circ}\,\mathrm{V}$$

$$\dot{U} = \dot{U}' + \dot{U}'' = 2.12\underline{/-45^\circ} + 4\underline{/-30^\circ}$$

$$= 4.96 - \mathrm{j}3.5 = 6.07\underline{/-35.2^\circ}\,\mathrm{V}$$

则所求为

$$u = 6.07\sqrt{2}\sin(t - 35.2^\circ)\,\mathrm{V}$$

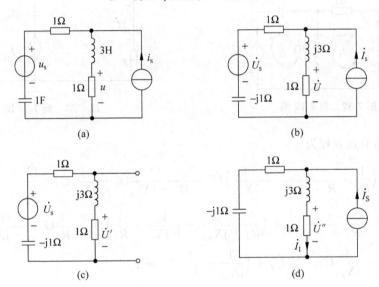

图 7-34　例 7-21 图

例 7-22　试用戴维宁定理求图 7-35(a)所示电路中的电流 $\dot{I}$。已知 $\dot{E}_\mathrm{s} = 10\underline{/-20^\circ}\,\mathrm{V}$。

解　将 $\dot{I}$ 所在支路视为外部电路。求开路电压的电路如图 7-35(b)所示,可得

$$\dot{U}_\mathrm{oc} = -\mathrm{j}0.2 \times 3\dot{U}_\mathrm{oc} + \dot{U}_C = -\mathrm{j}0.6\dot{U}_\mathrm{oc} + \dot{U}_C$$

则

$$\dot{U}_\mathrm{oc} = \frac{1}{1+\mathrm{j}0.6}\dot{U}_C$$

而

$$\dot{U}_C = \frac{-\mathrm{j}4}{3-\mathrm{j}4} \times 10\underline{/-20^\circ} = 8\underline{/-56.9^\circ}\,\mathrm{V}$$

故

$$\dot{U}_\mathrm{oc} = \frac{1}{1+\mathrm{j}0.6} \times 8\underline{/-56.9^\circ} = 6.86\underline{/-87.9^\circ}\,\mathrm{V}$$

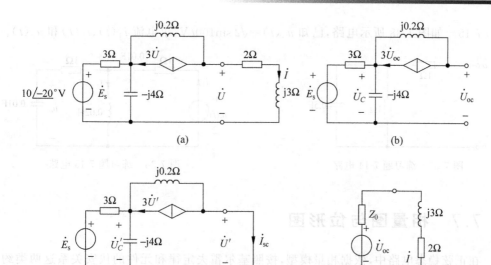

图 7-35 例 7-22 图

求短路电流的电路如图 7-35(c)所示,由于端口电压 $\dot{U}'=0$,故受控电流源的输出为零,其可用开路代替,于是 $\dot{I}_{sc}$ 便是流过电感支路的电流。可求得

$$\dot{U}'_C = \frac{\dfrac{j0.2 \times (-j4)}{j0.2 - j4}}{3 + \dfrac{j0.2 \times (-j4)}{j0.2 - j4}} \times 10\underline{/-20°}$$

$$= 0.07\underline{/85°} \times 10\underline{/-20°} = 0.7\underline{/66°} \text{V}$$

$$\dot{I}_{sc} = \frac{\dot{U}'_C}{j0.2} = \frac{0.7\underline{/66°}}{0.2\underline{/90°}} = 3.5\underline{/-24°} \text{A}$$

于是戴维宁等效阻抗为

$$Z_0 = \frac{\dot{U}_{oc}}{\dot{I}_{sc}} = \frac{6.86\underline{/-87.9°}}{3.5\underline{/-24°}} = 1.96\underline{/-63.9°} \Omega$$

戴维宁等效电路如图 7-35(d)所示,求得

$$\dot{I} = \frac{\dot{U}_{oc}}{Z_0 + (2+j3)} = \frac{6.86\underline{/-87.9°}}{0.86 - j1.76 + 2 + j3} = 2.2\underline{/111.3°} \text{A}$$

练习题

7-13 求图 7-36 所示电路的入端等效阻抗 Z_{ab} 和等效导纳 Y_{ab}。

7-14 电路如图 7-37 所示,求电路在角频率 $\omega = 2\text{rad/s}$ 和 $\omega = 4\text{rad/s}$ 时的串联等效电路和并联等效电路。

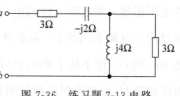

图 7-36 练习题 7-13 电路

7-15　如图 7-38 所示电路,已知 $u_s(t)=\sqrt{2}\sin100t$ V,求电流 $i_1(t)$、$i_2(t)$ 和 $u_o(t)$。

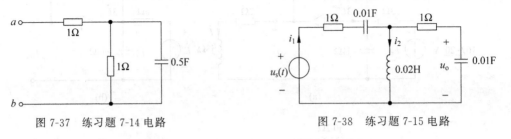

图 7-37　练习题 7-14 电路　　　　　　　　　图 7-38　练习题 7-15 电路

7.7　相量图与位形图

在正弦稳态电路中,依据相量模型,按照基尔霍夫定律和元件的伏安关系这两类约束,可写出描述电路的复数代数方程。复数方程所表示的各电压、电流相量间的关系可用复平面上的几何图形即相量图加以描述。相量图既反映了电压、电流的大小,也可反映出各电压、电流间的相位关系。在正弦稳态分析中,相量图是一种很重要的辅助分析手段。本节将介绍运用相量图和一种特殊的相量图——位形图分析正弦稳态电路的方法。

7.7.1　相量图

1. 电压、电流相量图

下面通过一简单实例,进一步熟悉相量图的概念及其做法。

图 7-39(a)所示为 RLC 串联电路,现在同一复平面上作出它的电压、电流相量图。相量图可在两种情况下作出。

情况一:当电路中的各相量为已知时作出相量图。具体做法是先画出参考轴(即正实轴,该轴通常用"+1"标示),各相量均以参考轴为"基准"而作出,如在该电路中,设

$$\dot{I}=5\underline{/30^\circ}\text{A},\quad \dot{U}_R=15\underline{/30^\circ}\text{V},\quad \dot{U}_L=30\underline{/120^\circ}\text{V}$$

$$\dot{U}_C=15\underline{/-60^\circ}\text{V},\quad \dot{U}=21.21\underline{/75^\circ}\text{V}$$

则不难作出相量图如图 7-39(b)所示。

情况二:当电路中的多个或全部相量为未知时作出相量图,此时作出的相量图多用于电路的定性分析。具体做法是先选定电路中的某相量为参考相量(即令该相量的初相位为零),然后依据元件特性及 KCL、KVL,以参考相量为"基准"作出各相量。由于参考相量与正实轴重合,故此时不必画出正实轴。设图 7-39(a)所示电路为感性,因是串联电路,各元件通过的电流相同。故选电流 $\dot{I}$ 为参考相量,即 $\dot{I}=I\underline{/0^\circ}$A。根据元件的伏安特性作出各元件电压相量。因电阻元件的电压、电流同相位,则 $\dot{U}_R$ 和 $\dot{I}$ 在同一方向上;电感元件上的电压超前于电流 90°,则 $\dot{U}_L$ 是在从 $\dot{I}$ 逆时针旋转 90° 的位置上;电容元件上的电压滞后于电流 90°,则 $\dot{U}_C$ 位于从 $\dot{I}$ 顺时针旋转 90° 的位置上。根据 KVL,由平行四边形法则作出端口电压相量 $\dot{U}$,由此得到的相量图如图 7-39(c)所示。图中相量 $\dot{U}_X$ 为电感电压和电容电压的相量之和,为等效电抗 X 的电压相量。不难看出,$\dot{U}_R$、$\dot{U}_X$ 及 $\dot{U}$ 构成一直角三角形,$\dot{U}_R$ 和 $\dot{U}$

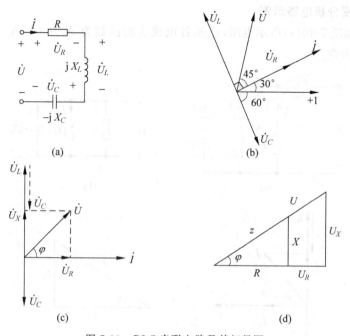

图 7-39　RLC 串联电路及其相量图

间的夹角就是端口电压 $\dot{U}$ 和电流 $\dot{I}$ 之间的相位差,显然也是该电路的阻抗角。由 U_R、U_X 和 U 构成的直角三角形称为电压三角形。若将阻抗三角形的各边乘以同一系数 I,则阻抗三角形便变成电压三角形,因此阻抗三角形和电压三角形是相似三角形,如图 7-39(d)所示。

2. 关于相量图的说明

（1）和用解析法求解分析电路相同,作相量图的基本依据是电路的两类约束——基尔霍夫定律和元件特性。

（2）作相量图时,不必把坐标轴全部画出来,一般只画出正实轴作为参考轴,且各个相量均从原点 O 引出。

（3）有时可选定一相量作为参考相量以代替坐标的正实轴。选参考相量的原则是使电路中的每一相量均能以参考相量为“基准”而作出,从而每一相量与参考相量间的夹角能容易地加以确定。通常对串联电路宜选电流为参考相量;对并联电路宜选端口电压作参考相量;对混联电路宜选电路末端支路上的电压或电流作为参考相量。当然,这是一般而论,许多实际问题需根据具体情况而定。

（4）在相量图中,某相量所代表的物理量必须标以复数,而不能标以有效值或时间函数;应标明每一相量的初相;同一类电量的各相量长短比例要适当;电压及电流相量可分别采用不同的标度基准。

（5）在相量图中,各相量可以平移至复平面中的任一位置。

（6）相量图多作为定性分析而用,因此作相量图时不必过于追求准确性,“近似”常是相量图的特点,当然应力求做到准确。

（7）要注意在正弦稳态分析中应用相量图这一工具。许多电路问题的分析采用相量图后可使分析计算过程简单明了。更有甚者,有的电路分析必须借助相量图,否则难于求解。

3. 用相量图分析电路示例

例 7-23 如图 7-40(a)所示电路,已知各电流表的读数为 $A_1 = 3A$,$A_2 = 3A$,$A_3 = 7A$,求电流表 A 的读数。

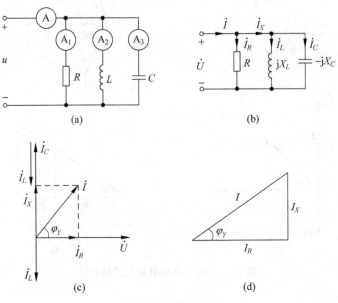

图 7-40 例 7-23 图

解 在正弦稳态电路中,若不加以说明,各电表的读数均为有效值。对此题,初学者易作出下述计算:

$$A = A_1 + A_2 + A_3 = 3 + 3 + 7 = 13A$$

这一结果是错误的。由图 7-40(b)所示的相量模型电路可见,端口电流相量是三条并联支路的电流相量之和,即

$$\dot{I} = \dot{I}_R + \dot{I}_L + \dot{I}_C$$

但各支路电流的有效值不满足 KCL,即

$$I \neq I_R + I_L + I_C$$

因是并联电路,选端口电压 $\dot{U}$ 为参考相量,作出相量图如图 7-40(c)所示。由相量图不难得出下述关系式:

$$I = \sqrt{I_R^2 + (I_C - I_L)^2}$$

将各电流有效值代入上式,有

$$I = \sqrt{3^2 + (7-3)^2} = \sqrt{3^2 + 4^2} = 5A$$

即 A 表的读数为 5A。

此题也可用解析法计算。设端口电压为参考相量,即 $\dot{U} = U \underline{/0^\circ}$ V。根据元件特性,可写出各支路电流相量为

$$\dot{I}_R = 3\underline{/0^\circ}A, \quad \dot{I}_L = 3\underline{/-90^\circ}A, \quad \dot{I}_C = 7\underline{/90^\circ}A$$

又写出 KCL 方程为

$$\dot{I} = \dot{I}_R + \dot{I}_L + \dot{I}_C = 3\underline{/0^\circ} + 3\underline{/-90^\circ} + 7\underline{/90^\circ}$$

$$= 3 - \mathrm{j}3 + \mathrm{j}7 = 3 + \mathrm{j}4 = 5\underline{/53.1^\circ}\,\mathrm{A}$$

于是可知电流表 A 的读数为 5A。

顺便指出，在本题的相量图中，$\dot{I}_X$ 为电路等效电纳 B 中的电流，φ_Y 为端口电流与端口电压的相位差角，也是电路的导纳角。不难看出，$\dot{I}_R$、$\dot{I}_X$ 和 $\dot{I}$ 构成一直角三角形，由 I_R、I_X 和 I 构成的直角三角形称为电流三角形，如图 7-40(d)所示。显然电流三角形和导纳三角形是相似三角形。

例 7-24　试作出图 7-41(a)所示电路的相量图。

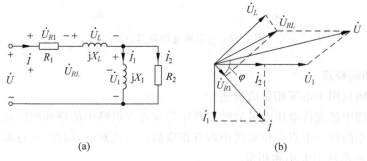

图 7-41　例 7-24 图

解　这是一个混联电路，宜选电路最末端支路的电压或电流作为参考相量。选 $\dot{U}_1$ 为参考相量，即令 $\dot{U}_1 = U_1\underline{/0^\circ}$。作图步骤如下：先作出各电流相量，显然 $\dot{I}_2$ 和 $\dot{U}_1$ 同相位，而 $\dot{I}_1$ 滞后于 $\dot{U}_1 90^\circ$，由此作出相量 $\dot{I}_1$ 和 $\dot{I}_2$ 并进而求出相量 $\dot{I}$，因 $\dot{U}_{R1}$ 和 $\dot{I}$ 同相位，$\dot{U}_L$ 超前于 $\dot{I} 90^\circ$，因此又可作出相量 $\dot{U}_{R1}$ 和 $\dot{U}_L$。再根据平行四边形法则不难作出端口电压相量 $\dot{U}$。所得相量图如图 7-41(b)所示。图中的 φ 角为端口电压与端口电流的相位差，也是该电路的阻抗角。

7.7.2　位形图

1. 位形图及其做法

在相量图的基础上，派生出了一种特殊形式的电压相量图——位形相量图，简称位形图。

下面通过一实例说明位形图的概念及其做法。图 7-42(a)所示为多个元件串联的电路，现作出它的位形图。位形图的做法特点是严格按照各元件在电路中的排列顺序依次作出各元件的电压相量，且各电压相量按顺序首尾相联。选电流 $\dot{I}$ 为参考相量。R_1 上的电压与 $\dot{I}$ 同相位，可在 $\dot{I}$ 上作出一矢量 **ab**，其长度等于 $\dot{U}_{R1}$；$\mathrm{j}X_L$ 上的电压超前于 $\dot{I} 90^\circ$，从 b 点出发作一矢量 **bc**，使其长度等于 $\dot{U}_L$ 并垂直于 $\dot{I}$（将 **bc** 由与 $\dot{I}$ 一致的方向逆时针旋转 90°）；$-\mathrm{j}X_{C1}$ 上的电压滞后于电流 90°；从 c 点出发作一矢量 **cd**，使其长度等于 $\dot{U}_{C1}$ 并垂直于 $\dot{I}$（将 **cd** 由与 $\dot{I}$ 一致的方向顺时针旋转 90°）。按类似方法，可作出其余各元件的电压相量，所得位形图如图 7-42(b)所示。不难看出，由于位形图中的每一点均与电路图中的点对应，因此可从位形图中方便地求得电路中任意两点间的电压相量。如位形图 a、c 两点间的联线(矢量 ac)便是电压 $\dot{U}_{ac}$,b、e 两点间的联线便是电压 $\dot{U}_{be}$ 等。

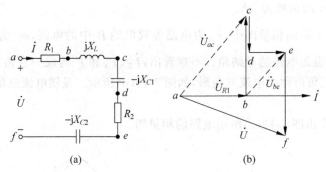

图 7-42   一串联电路及其位形图

2. 位形图的特点

(1)位形图只用于电压相量的描述。

(2)位形图中各元件电压电量的排列顺序与元件在电路中的排列顺序对应一致。

(3)电路中的每一个点在位形图中均有相应的点与之对应,因此,从位形图中能得出电路中任意两点间电压的大小和相位。

(4)在位形图中,任何一个电压相量均不能平行移动;而在一般的相量图中,任意一个相量可以平行移动到任意的位置。

3. 位形图应用举例

例 7-25   在图 7-43(a)所示电路中,C 为一可变电容。若 C 的变化范围为 $0\sim\infty$,试分析 c、d 两点间电压 $\dot{U}_X$ 的变化情况。

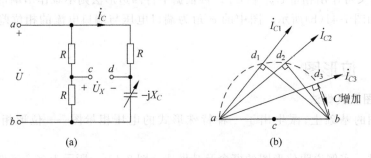

图 7-43   例 7-25 图

解   此题用位形图分析极为方便。这是一并联电路,选端口电压 $\dot{U}$ 为参考相量,则 a、b 两点是相量 $\dot{U}$ 的两个端点,显然 c 点应位于矢量 ab 的中点处。现在的问题是如何确定 d 点在位形图中的位置。不难看出,d 点的位置随电容 C 值的变化而变动,但不论 C 怎样变化,电容支路上电阻的电压 $\dot{U}_{ad}$ 和电容的电压 $\dot{U}_{db}$ 之和应等于端口电压 $\dot{U}$。其中 $\dot{U}_{ad}$ 和电流 $\dot{I}_C$ 同相位,$\dot{U}_{db}$ 滞后于 $\dot{I}_C$ 90°,这表明随着 C 值的变化,d 点的轨迹应是一个半圆。由此作出位形图如图 7-43(b)所示。图中示出了三个不同 C 值时的 d 点位置,其中

$C_1 < C_2 < C_3$。经分析可知,当 $C = 0$ 时,d 点和 a 点重合;当 $C \to \infty$ 时,d 点和 b 点重合。

由位形图可看出,无论 C 为何值,c、d 两点间的电压 $\dot{U}_X$ 的有效值均为一常数,且等于端口电压有效值的一半;$\dot{U}_X$ 的相位随着电容 C 值的变化,在 $0 \sim \pi$ 的范围内变动。

从此例的分析可看出,位形图在正弦稳态电路分析中有其他分析方法不可替代的作用。

例7-26　在图 7-44(a) 所示电路中,已知 $R = 7\Omega$,端口电压 $U = 200\text{V}$,R 和 Z_1 的电压大小分别为 70V 和 150V,求复阻抗 Z_1。

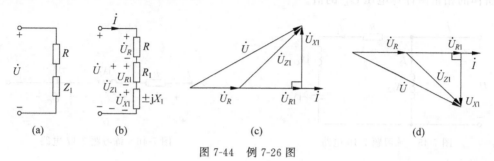

图 7-44　例 7-26 图

解　题中并未说明阻抗 Z_1 的性质,则 Z_1 可能是感性的,也可能是容性的。于是 Z_1 可表示为

$$Z_1 = R_1 \pm jX_1$$

在电路中给出各电流、电压相量的参考方向如图 7-44(b) 中所示。由题意可知此串联电路中电流的有效值为

$$I = \frac{U_R}{R} = \frac{70}{7} = 10\text{A}$$

若能求得电压 U_{R1} 和 U_{X1} 的大小,便可求出 R_1 和 X_1 的值。可用位形图分析。

设电路中的电流为参考相量,即 $\dot{I} = I\underline{/0°}\text{A}$。按图 7-44(b) 电路依据元件特性作出位形图如图 7-44(c) 和(d) 所示。其中图 7-44(c) 所示的位形图与 Z_1 为感性对应,图 7-44(d) 与 Z_1 为容性对应,只需取其中之一分析计算便可。由图 7-44(c) 中的两个直角三角形,按题意可列出下述方程组:

$$\left.\begin{array}{r} (70 + U_{R1})^2 + U_{X1}^2 = U^2 \\ U_{R1}^2 + U_{X1}^2 = U_{Z1}^2 \end{array}\right\}$$

将题后条件代入后可得

$$\left.\begin{array}{r} (70 + U_{R1})^2 + U_{X1}^2 = 200^2 \\ U_{R1}^2 + U_{X1}^2 = 150^2 \end{array}\right\}$$

解之,求得

$$U_{R1} = 90\text{V}, \quad U_{X1} = 120\text{V}$$

于是参数 R_1 和 X_1 的值为

$$R_1 = \frac{U_{R1}}{I} = \frac{90}{10} = 9\Omega, \quad X_1 = \frac{U_{X1}}{I} = \frac{120}{10} = 12\Omega$$

则所求为

$$Z_1 = R \pm jX_1 = (9 \pm j12)\Omega$$

练习题

7-16 电路如图 7-45 所示,试分别以电压 $\dot{U}$ 和电流 $\dot{I}_1$ 为参考相量定性地作出相量图。

7-17 定性作出图 7-46 所示电路的相量图。若 $U=100\text{V}$,$U_R=60\text{V}$,$U_C=100\text{V}$,试根据所作的相量图计算电压 U_L 的值。

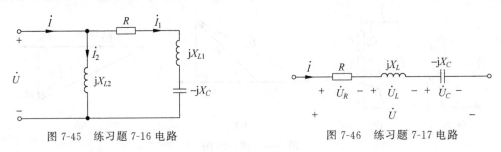

图 7-45 练习题 7-16 电路   图 7-46 练习题 7-17 电路

7.8 正弦稳态电路中的功率

由于电感和电容这两种储能元件的存在,致使正弦稳态电路中的功率问题远较直流电路复杂。在前面介绍单一元件平均功率和无功功率的基础上,本节在更一般的意义上讨论正弦稳态情况下的功率问题,并引入许多新的术语和概念。

7.8.1 瞬时功率

图 7-47 所示为正弦稳态二端网络 N。设 N 的端口电压、电流的参考方向为关联参考方向,且瞬时值表达式为

$$u(t)=\sqrt{2}\,U\sin\omega t\,,\quad i(t)=\sqrt{2}\,I\sin(\omega t-\varphi)$$

其中 φ 为电压与电流之间的相位差角,即

$$\varphi=\varphi_u-\varphi_i$$

N 的端口电压、电流瞬时值表达式的乘积也为时间的函数,称为瞬时功率,并用小写字母 $p(t)$ 表示,即

$$p(t)=u(t)i(t)=\sqrt{2}\,U\sin\omega t\cdot\sqrt{2}\,I\sin(\omega t-\varphi)$$
$$=UI\cos\varphi-UI\cos(2\omega t-\varphi) \tag{7-64}$$

正弦稳态二端网络端口电压、电流和瞬时功率的波形如图 7-48 所示。由式(7-64)可知,瞬时功率 $p(t)$ 由两部分构成,一部分为常量,不随时间变化;另一部分为时间的函数且以两倍于电源的角频率按正弦规律变化。图 7-48 中的波形对应于网络 N 中既含有电阻元件又含有储能元件的情况。从图中可以看出,瞬时功率 p 时正时负。当 $p>0$ 时,表示能量由电源输送至网络 N,此时能量的一部分转化为热能消耗于电阻上,一部分转化为电磁能储存于动态元件之中。当 $p<0$ 时,表示 N 中的储能元件将储存的电磁能量释放,此时能量的一部分转化为电阻所消耗的热能,一部分返回至电源。这表明网络 N 和电源之间存在着

能量相互转换的情况,称为"能量交换"。

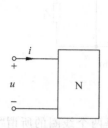

图 7-47　正弦稳态二端网络

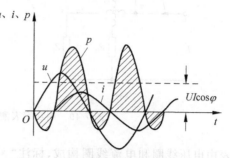

图 7-48　正弦稳态电路电压、电流和
瞬时功率的波形

7.8.2　平均功率(有功功率)

1. 平均功率的计算式

平均功率被定义为瞬时功率在一个周期内的平均值,并用大写的字母 P 表示,即

$$P \stackrel{\text{def}}{=} \frac{1}{T}\int_0^T p(t)\,\mathrm{d}t \tag{7-65}$$

将瞬时功率的表达式(7-64)代入上式,可得正弦稳态二端网络的平均功率为

$$P = \frac{1}{T}\int_0^T p(t)\,\mathrm{d}t = \frac{1}{T}\int_0^T [UI\cos\varphi - UI\cos(2\omega t - \varphi)]\,\mathrm{d}t = UI\cos\varphi \tag{7-66}$$

式(7-66)便是正弦稳态电路平均功率的一般计算公式。平均功率也称为有功功率,或简称为功率。

2. 关于平均功率一般计算式的说明

(1) 当电压的单位为伏(V)、电流的单位为安(A)时,平均功率的单位为瓦(W)。常用的单位有千瓦(kW)、毫瓦(mW)等。

(2) 式(7-66)中的 U、I 为电压、电流的有效值,$\varphi = \varphi_u - \varphi_i$,为电压 u 和电流 i 的相位差。

(3) 式(7-66)与电压 $\dot U$ 和电流 $\dot I$ 为关联参考方向对应,计算结果为电路吸收的平均功率。若 $\dot U$ 与 $\dot I$ 为非关联参考方向,则该计算公式前应冠一负号,即 $P = -UI\cos\varphi$。

(4) 对 R、L、C 等三种电路元件,用式(7-66)计算出它们的平均功率为

$$R:\quad P_R = UI\cos\varphi = UI\cos 0° = UI = RI^2 = \frac{U^2}{R}$$

$$L:\quad P_L = UI\cos\varphi = UI\cos 90° = 0$$

$$C:\quad P_C = UI\cos\varphi = UI\cos(-90°) = 0$$

上述结果表明,电路中仅有电阻元件消耗平均功率,而电感、电容这两种储能元件的平均功率均为零。

(5) 由 $P = UI\cos\varphi$ 可知,当 U、I 一定时,平均功率取决于 $\cos\varphi$ 的大小,因此将 $\cos\varphi$ 称为功率因数,φ 称为功率因数角,也可简称为"功角"。

(6) 电路中的平均功率可用功率表测量,功率表的接线图如图 7-49(a)所示。

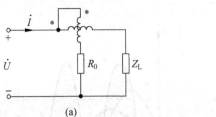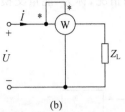

图 7-49   用功率表测量平均功率

功率表由电压线圈和电流线圈构成,标注" * "号的端钮是两个线圈的所谓"同名端"。电压线圈有一个附加电阻 R_0 与其串联。测量时电流线圈与被测负载阻抗 Z_L 串联,电压线圈与被测量负载阻抗 Z_L 并联。功率表的电路符号如图 7-49(b)所示。

例 7-27   在图 7-50 所示的正弦稳态电路中,已知 $u = 30\sqrt{2}\sin(\omega t + 35°)\text{V}$,$i = 14.14\cos(\omega t + 75°)\text{A}$,求网络 N 的平均功率。

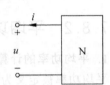

图 7-50   例 7-27 电路

解   对网络 N 而言,u、i 为非关联参考方向,则 N 吸收的平均功率的计算式为

$$P = -UI\cos\varphi$$

因 i 是用余弦函数表示的,应将其转化为正弦函数,即

$$i = 14.14\cos(\omega t + 75°) = 14.14\sin(\omega t + 75° + 90°)$$
$$= 14.14\sin(\omega t + 165°)\text{A}$$

于是 u、i 之间的相位差角为

$$\varphi = \varphi_u - \varphi_i = 35° - 165° = -130°$$

则网络 N 吸收的平均功率为

$$P = -UI\cos\varphi = -30 \times \frac{14.14}{\sqrt{2}}\cos(-135°) = 212.13\text{W}$$

3. 根据等效电路参数计算平均功率

(1)由等效复阻抗计算平均功率

图 7-51(a)所示任意无源二端电路 N 可用一复阻抗 Z 等效,且有

$$Z = \frac{\dot{U}}{\dot{I}} = \frac{U}{I}\underline{/\varphi_u - \varphi_i} = z\underline{/\varphi_Z} = R + jX$$

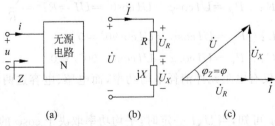

图 7-51   任意正弦稳态无源二端电路 N 及其等效电路、相量图

等效电路如图 7-51(b)所示。以电流 $\dot{I}$ 为参考相量,作出该电路的相量图如图 7-51(c)所示 (设 $X>0$)。可看出等效电阻端电压的大小为

$$U_R = U\cos\varphi_Z = U\cos\varphi \tag{7-67}$$

将式(7-67)代入平均功率的一般计算式,得

$$P = UI\cos\varphi = U_R I \tag{7-68}$$

因 $U_R = RI$,式(7-68)又可写为

$$P = U_R I = RI^2 = U_R^2/R \tag{7-69}$$

由于 P 可由 U_R 决定,故称 U_R 为 U 的有功分量。

(2) 由等效复导纳计算平均功率

图 7-51(a)所示网络 N 也可用一复导纳 Y 等效,且有

$$Y = \frac{\dot{I}}{\dot{U}} = \frac{I}{U}\underline{/\varphi_i - \varphi_u} = y\underline{/\varphi_Y} = G + jB$$

等效电路如图 7-52(a)所示。以 $\dot{U}$ 为参考相量,作出电路的相量图如图 7-52(b)所示(设 $B>0$)。可看出等效电导中的电流为

$$I_G = I\cos\varphi_Y = I\cos(-\varphi_Z) = I\cos\varphi \tag{7-70}$$

将式(7-70)代入 P 的一般计算式,有

$$P = UI\cos\varphi = UI_G \tag{7-71}$$

因 $I_G = U/R$,故式(7-71)又可写为

$$P = UI_G = I_G^2/G = U^2 G \tag{7-72}$$

由于 P 可由 I_G 决定,故称 I_G 为 I 的有功分量。

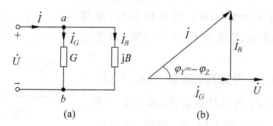

图 7-52 任意正弦稳态无源二端网络的复导纳等效电路及其相量图

例 7-28 求图 7-53(a)所示电路吸收的平均功率。

解 电路的入端等效复阻抗为

$$Z = -j1 + \frac{(4.3 + j7.26)(2.35 - j3.07)}{4.3 + j7.26 + 2.35 - j3.07} = -j1 + \frac{8.44\underline{/59.4°} \times 3.87\underline{/-52.6°}}{6.65 + j4.19}$$

$$= -j1 + \frac{32.7\underline{/6.8°}}{7.86\underline{/32.2°}} = -j1 + 3.76 - j1.78 = (3.76 - j2.78) = 4.68\underline{/-36.5°}\,\Omega$$

(1) 用平均功率的一般计算式求 P。求得

$$\dot{I}_1 = \frac{\dot{U}}{Z} = \frac{40\underline{/0°}}{4.68\underline{/-36.5°}} = 8.54\underline{/36.5°}\,\text{A}$$

于是

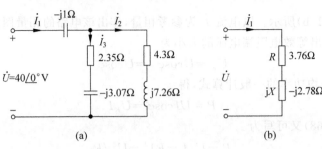

图 7-53 例 7-28 图

$$P = UI_1\cos\varphi = 40 \times 8.54\cos(0° - 36.5°) = 274.6\text{W}$$

（2）由等效复阻抗计算 P。该无源电路的等效电路如图 7-53(b)所示，电路的平均功率就是等效电阻 R 消耗的功率，即

$$P = I_1^2 R = 8.54^2 \times 3.76 = 274.2\text{W}$$

（3）由各支路消耗的平均功率计算 P。电路的平均功率是每个电阻元件消耗的功率之和。求出各支路电流为

$$\dot{I}_2 = \frac{3.87\underline{/-52.6°}}{7.86\underline{/32.2°}}\dot{I}_1 = 4.2\underline{/-48.3°}\text{A}$$

$$\dot{I}_3 = \frac{8.44\underline{/59.4°}}{7.86\underline{/32.2°}}\dot{I}_1 = 9.2\underline{/63.7°}\text{A}$$

所以

$$P = I_2^2 \times 4.3 + I_3^2 \times 2.35 = 4.2^2 \times 4.3 + 9.2^2 \times 2.35 = 274.8\text{W}$$

例 7-29　在图 7-54 中，当 S 闭合时，电流表读数为 $I = 10\text{A}$，功率表读数为 $P = 1000\text{W}$；当 S 打开时，电流表读数为 $I' = 12\text{A}$，功率表读数为 $P' = 1600\text{W}$，试决定复阻抗 Z_1 和 Z_2。

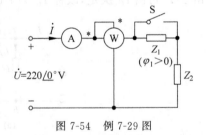

图 7-54　例 7-29 图

解　因 $\varphi_1 > 0$，知 Z_1 为感性，设 $Z_1 = R_1 + jX_1 = z_1\underline{/\varphi_1}(X_1 > 0)$；因不知 Z_2 为感性或容性，故设 $Z_2 = R \pm jX_2 = z_2\underline{/\varphi_2}(X_2 > 0)$。当 S_1 闭合时，Z_1 短路，显然有

$$z_2 = \frac{U}{I} = \frac{220}{10} = 22\Omega$$

$$R_2 = \frac{P}{I^2} = \frac{1000}{10^2} = 10\Omega$$

因

$$z_2 = \sqrt{R_2^2 + X_2^2}$$

故

$$X_2 = \sqrt{z_2^2 - R_2^2} = \sqrt{22^2 - 10^2} = 19.6\Omega$$

当 S 打开时，Z_1 和 Z_2 串联，设

$$Z = Z_1 + Z_2 = (R_1 + R_2) + j(X_1 \pm X_2) = R + jX = z\underline{/\varphi}$$

有

$$z = \frac{U}{I'} = \frac{220}{12} = 18.33\Omega$$

依题意有

$$P' = I'^2 R_1 + I'^2 R_2 = I'^2 (R_1 + R_2)$$

即

$$1600 = 12^2 (R_1 + 10)$$

故

$$R_1 = \frac{1600}{144} - 10 = 1.11\Omega$$

又

$$X = \sqrt{z^2 - R^2} = \sqrt{18.33^2 - 11.11^2} = 14.58\Omega$$

由于 $X = 14.58$，$X_2 = 19.6$，即 $X < X_2$，而 Z_1 为感性，则 Z_2 必为容性，故有

$$\pm X = X_1 - X_2 \quad 即 \quad X_1 = \pm X + X_2$$

于是可求得

$$X_1 = X + X_2 = 14.58 + 19.6 = 34.18\Omega$$
$$X_1 = -X + X_2 = -14.58 + 19.6 = 5.02\Omega$$

则所求为

$$Z_1 = R_1 + jX_1 = (1.11 + j34.18)\Omega \quad 或 \quad Z_1 = (1.11 + j5.02)\Omega$$
$$Z_2 = R_2 - jX_2 = (10 - j19.6)\Omega$$

7.8.3　无功功率

由于储能元件的存在，正弦稳态电路中发生着能量交换的现象，并用无功功率来表征。

1. 无功功率的定义及其一般计算公式

根据图 7-51(b)所示的等效电路，任意正弦稳态网络 N 的瞬时功率可表示为

$$p = ui = (u_R + u_X)i = u_R i + u_X i = p_R + p_X$$

式中，p_R 为等效电阻 R 的瞬时功率，称为 p 的有功分量，p_X 为等效电抗 X 的瞬时功率，称为 p 的无功分量。由图 7-51(c)所示的相量图，知等效电抗的端电压为

$$U_X = U \sin(\varphi_u - \varphi_i) = U \sin\varphi \tag{7-73}$$

显然，u_X 与 i 的相位差是 $\pm 90°$，即

$$\varphi_X = \varphi_i \pm 90°$$

于是瞬时值 u_X 的表达式为

$$u_X = \sqrt{2} U_X \sin(\omega t + \varphi_X)$$
$$= \sqrt{2} U \sin\varphi \sin(\omega t + \varphi_i \pm 90°) = \sqrt{2} U \sin\varphi \cos(\omega t + \varphi_i) \tag{7-74}$$

故瞬时功率 p 的无功分量为

$$p_X = u_X i = \sqrt{2} U \sin\varphi \cos(\omega t + \varphi_i) \times \sqrt{2} I \sin(\omega t + \varphi_i)$$
$$= UI \sin\varphi \sin 2(\omega t + \varphi_i) \tag{7-75}$$

由此可见，p_X 按正弦规律变化。与定义 L、C 两种元件瞬时功率的最大值为无功功率相同，我们定义 p_X 的最大值为网络 N 的无功功率，并用 Q 表示，即

$$Q = UI \sin\varphi \tag{7-76}$$

若 U、I 的单位为伏(V)和安(A),则 Q 的单位为乏(var)。其他常用的单位有千乏(kvar)和兆乏(Mvar)等。

式(7-76)为无功功率的一般计算公式。

无功功率也简称为"无功"。

2. 关于无功功率一般计算式的说明

(1)式(7-76)中的 U、I 为电路端口电压、电流的有效值,$\varphi = \varphi_u - \varphi_i$ 为端口电压、电流的相位之差。无功功率计算式中的 U、I、φ 和有功功率计算式中的 U、I、φ 是完全相同的。

(2)式(7-76)与 $\dot{U}$、$\dot{I}$ 为关联参考方向对应;若 $\dot{U}$、$\dot{I}$ 为非关联参考方向,则该式前应冠一个负号,即

$$Q = -UI\sin\varphi$$

(3)用式(7-76)计算 R、L、C 元件的无功功率为

$$R:\quad Q_R = UI\sin\varphi = UI\sin 0° = 0$$
$$L:\quad Q_L = UI\sin\varphi = UI\sin 90° = UI$$
$$C:\quad Q_C = UI\sin\varphi = UI\sin(-90°) = -UI$$

可见电阻元件的无功功率为零。在电压、电流为关联参考方向的情况下,电感元件的无功 $Q_L = UI \geqslant 0$,称电感元件吸收无功;电容元件的无功 $Q_C = -UI \leqslant 0$,称电容元件发出无功。由于电感和电容的无功功率性质相反,因此两者的无功可相互补偿。

(4)Q 可正可负。在关联参考方向的约定下,若 $Q > 0$,称网络 N 吸收无功功率,又称 N 为一无功负载;若 $Q < 0$,则称 N 发出无功功率,又称 N 为一无功电源。由于电感元件的 Q 恒大于零,电容元件的 Q 恒小于零,因此当网络 N 的 $Q > 0$ 时,称 N 为感性负载;当 N 的 $Q < 0$ 时,称 N 为容性负载。

(5)无功功率体现的是电路与外界交换能量的最大速率。无功功率并非是无用之功,在工程上它是诸如电机、变压器等电气设备正常工作所必需的。

3. 根据等效电路参数计算无功功率

(1)由复阻抗等效电路计算无功功率

在图 7-51(b)所示的复阻抗等效电路中,电抗元件上的电压为

$$U_X = U\sin\varphi$$

由于 $\sin\varphi$ 可正可负,故 U_X 为代数量。将上式代入无功功率的计算式,得

$$Q = UI\sin\varphi = U_X I$$

因

$$U_X = IX$$

所以

$$Q = U_X I = I^2 X = \frac{U_X^2}{X} \tag{7-77}$$

(2)由复导纳等效电路计算无功功率

在图 7-52(b)所示的复导纳等效电路中,电纳元件中的电流为

$$I_B = I\sin\varphi_Y = -I\sin\varphi \quad (\varphi = -\varphi_Y)$$

显然 I_B 也为代数量。将上式代入无功功率的计算式,得

$$Q = UI\sin\varphi = -UI_B$$

因

$$I_B = UB$$

所以

$$Q = -UI_B = -U^2 B = -\frac{I_B^2}{B} \tag{7-78}$$

例 7-30　试计算图 7-55(a)所示电路的无功功率，已知 $\dot{U} = 100\underline{/0^\circ}\text{V}, R_1 = 3\Omega, jX_L = j4\Omega, R_2 = 6\Omega, -jX_C = -j6\Omega$。

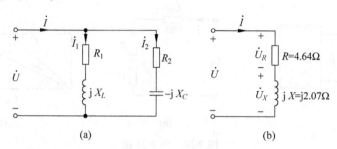

图 7-55　例 7-30 图

解　解法一：用公式 $Q = UI\sin\varphi$ 计算。

先求出端口电流 $\dot{I}$。可求得

$$\dot{I}_1 = \frac{\dot{U}}{R_1 + jX_L} = \frac{100\underline{/0^\circ}}{3 + j4} = 20\underline{/-53.1^\circ}\text{A}$$

$$\dot{I}_2 = \frac{\dot{U}}{R_2 - jX_C} = \frac{100\underline{/0^\circ}}{6 - j8} = 10\underline{/53.1^\circ}\text{A}$$

$$\dot{I} = \dot{I}_1 + \dot{I}_2 = 20\underline{/-53.1^\circ} + 10\underline{/53.1^\circ} = 19.7\underline{/-24^\circ}\text{A}$$

故

$$Q = UI\sin\varphi = 100 \times 19.7\sin[0 - (-24^\circ)] = 801.3\text{var}$$

解法二：由等效电路计算无功功率。

该电路的等效复阻抗为

$$Z_{eq} = (R_1 + jX_L) // (R_2 - jX_C)$$

$$= \frac{(3 + j4)(6 - j8)}{(3 + j4) + (6 + j6)} = 5.08\underline{/24^\circ} = (4.64 + j2.07)\Omega$$

等效电路如图 7-55(b)所示。等效电抗上的电压为

$$U_X = U\sin\varphi = U\sin\varphi_Z = 100\sin24^\circ = 40.7\text{V}$$

$$Q = \frac{U_X^2}{X} = \frac{40.7^2}{2.07} = 800.2\text{var}$$

解法三：由原电路中各电抗元件的无功求总的无功。

在无源电路中，总的无功等于各电抗元件的无功之代数和。前已求得

$$\dot{I}_1 = 20\underline{/-53.1^\circ}\text{A}, \quad \dot{I}_2 = 10\underline{/53.1^\circ}\text{A}$$

则电感元件的无功为

$$Q_L = I_1^2 X_L = 20^2 \times 4 = 1600\text{var}$$

电容元件的无功为

$$Q_C = -I_2^2 X_C = -10^2 \times 8 = -800\text{var}$$

$$Q = Q_L + Q_C = 1600 - 800 = 800\text{var}$$

例 7-31　在图 7-56(a)所示正弦稳态电路中,已知 N 是线性无源网络,且其吸收的有功功率和无功功率分别为 4W 和 12var。若 $\dot{U}_1$ 超前 $\dot{U}_s$ 30°,求当电源频率为 100Hz 时网络 N 的等效电路及元件参数。

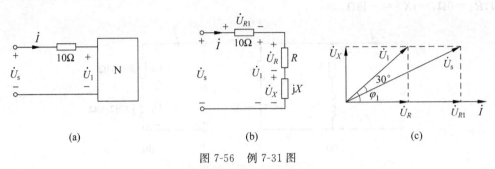

图 7-56　例 7-31 图

解　设网络 N 的等效阻抗为 $Z_N = R + \text{j}X$,又设端口电流为参考相量,即 $\dot{I} = I\underline{/0°}$A。作出等效电路如图 7-56(b)所示。在图 7-56(b)中给出各元件电压相量的参考方向,由此作出电路的相量图如图 7-56(c)所示。按题意有

$$P = RI^2 = 4\text{W}, \quad Q = XI^2 = 12\text{var}$$

于是可得

$$\frac{Q}{P} = \frac{XI^2}{RI^2} = \frac{X}{R} = \frac{12}{4} = 3$$

即

$$X = 3R$$

由相量图,可得 $\dot{U}_1$ 和 $\dot{I}$ 之间的相位差为

$$\varphi_1 = \arctan\frac{U_X}{U_R} = \arctan\frac{U_X I}{U_R I} = \arctan\frac{Q}{P} = \arctan3 = 71.57°$$

电源电压 $\dot{U}_s$ 和端口电流 $\dot{I}$ 之间的相位差为

$$\varphi = \varphi_1 - 30° = 71.57° - 30° = 41.57°$$

由相量图又可得到

$$\frac{U_X}{U_{R1} + U_R} = \frac{XI}{(R + 10)I} = \frac{X}{R + 10} = \tan\varphi = 0.887$$

将 $X = 3R$ 代入上式,解得

$$R = 4.20\Omega, \quad X = 3R = 12.59\Omega$$

$$L = \frac{X}{\omega} = \frac{12.59}{2\pi \times 100} = 0.02\text{H}$$

7.8.4　视在功率和功率三角形

1. 视在功率

定义正弦稳态二端电路 N 的端口电压、电流有效值的乘积为该网络的视在功率,并用大写字母 S 表示,即

$$S = UI \tag{7-79}$$

若 U、I 的单位分别为伏(V)和安(A),则 S 的单位为伏安(VA);其他常用的单位有 kVA 和 MVA 等。

2. 关于视在功率的说明

(1) 视在功率的计算式 $S = UI$ 与参考方向无关,这是电路理论中极少有的与参考方向无关的公式之一。由于 U、I 是有效值,均为正值,故 S 值恒为正。

(2) 在工程实际中,电气设备均标有一定的"容量",这一容量是指该用电设备的额定电压和额定电流的乘积。如某一发电机的额定电压为 380V,额定电流为 50A,则其容量为 $380 \times 50 = 19\text{kVA}$。用电设备的容量就是它的视在功率 S,这是视在功率的实际应用之一。

3. 功率三角形

有功功率和无功功率均可用视在功率表示,即

$$\left. \begin{array}{l} P = UI\cos\varphi = S\cos\varphi \\ Q = UI\sin\varphi = S\sin\varphi \end{array} \right\} \tag{7-80}$$

由式(7-80)可见,S、P、Q 三者之间的关系可用一直角三角形表示,如图 7-57(a)所示,这一三角形称为功率三角形。若将阻抗三角形的各边乘以 I 可得到电压三角形,将电压三角形的各边再乘以 I 就得到功率三角形。因此,阻抗三角形,电压三角形及功率三角形是相似三角形,见图 7-57(b)。

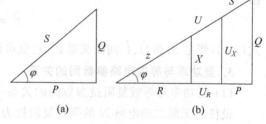

图 7-57 功率三角形

例 7-32 已知某电路的视在功率为 1500VA,等效复导纳为 $Y = (3 + \text{j}4)\text{S}$,试求该电路 P 和 Q。

解 由 $Y = (3 + \text{j}4)\text{S}$,知电路的导纳角为

$$\varphi_Y = \arctan\frac{4}{3} = 53.1°$$

则电路的阻抗角为

$$\varphi = \varphi_Z = -\varphi_Y = -53.1°$$

于是有

$$P = S\cos\varphi = 1500\cos(-53.1°) = 900\text{W}$$

$$Q = S\sin\varphi = 1500\sin(-53.1°) = -1200\text{W}$$

7.8.5 复功率守恒定理

1. 复功率的定义

根据功率三角形,可将 S、P、Q 三者之间的关系用一个复数表征,即

$$\tilde{S} = P + \text{j}Q = S\underline{/\varphi} \tag{7-81}$$

式中

$$
\left.\begin{array}{l}
S = \sqrt{P^2 + Q^2} \\
\varphi = \arctan \dfrac{Q}{P}
\end{array}\right\}
\tag{7-82}
$$

$\widetilde{S}$ 称为复功率,其模 S 是视在功率,幅角 φ 为电路端口电压、电流的相位差或阻抗角。

由于 $\widetilde{S}$ 这一复数不与一个正弦量对应,它并不是相量,故其表示符号与相量不同。

复功率 $\widetilde{S}$ 的单位为 VA,与视在功率的单位相同。

2. 复功率与相量 $\dot{U}$、$\dot{I}$ 间的关系

由于 $S = UI$,是否 $\widetilde{S}$ 为 $\dot{U}$ 和 $\dot{I}$ 的乘积呢?可以验证一下。

$$
\dot{U}\dot{I} = U\underline{/\varphi_u} \times I\underline{/\varphi_i} = UI\underline{/\varphi_u + \varphi_i} = S\underline{/\varphi_u + \varphi_i}
$$

可见乘积 $\dot{U}\dot{I}$ 的模为 S,但幅角 $\varphi_u + \varphi_i \neq \varphi$,故 $\widetilde{S} \neq \dot{U}\dot{I}$。

若将相量 $\dot{I}$ 用其共轭复数 $\overset{*}{\dot{I}} = I\underline{/-\varphi_i}$ 代替,便有

$$
\dot{U}\overset{*}{\dot{I}} = U\underline{/\varphi_u} \times I\underline{/-\varphi_i} = UI\underline{/\varphi_u - \varphi_i} = S\underline{/\varphi}
$$

即

$$
\widetilde{S} = \dot{U}\overset{*}{\dot{I}}
\tag{7-83}
$$

式(7-83)便是 $\widetilde{S}$ 和 $\dot{U}$、$\dot{I}$ 间的关系式,它也可作为复功率的定义式。

3. 复功率与等效电路参数间的关系

(1) 复功率与等效复阻抗参数间的关系

设任意无源二端电路 N 的等效复阻抗为

$$
Z = R + jX = \dot{U}/\dot{I}
$$

则 N 的复功率为

$$
\widetilde{S} = \dot{U}\overset{*}{\dot{I}} = Z\dot{I}\overset{*}{\dot{I}} = ZI^2 = (R + jX)I^2
\tag{7-84}
$$

于是有

$$
\left.\begin{array}{l}
S = |Z| I^2 = zI^2 = \sqrt{R^2 + X^2}\, I^2 \\
P = RI^2 \\
Q = XI^2
\end{array}\right\}
\tag{7-85}
$$

(2) 复功率与等效复导纳参数间的关系

设任意无源二端电路 N 的等效复导纳为

$$
Y = G + jB = \dot{I}/\dot{U}
$$

则 N 的复功率为

$$
\widetilde{S} = \dot{U}\overset{*}{\dot{I}} = \dot{U}(\overset{*}{\dot{U}}\overset{*}{Y}) = \overset{*}{Y}U^2 = (G - jB)U^2
\tag{7-86}
$$

于是有

$$
\left.\begin{array}{l}
S = |\overset{*}{Y}| U^2 = yU^2 = \sqrt{G^2 + B^2}\, U^2 \\
P = GU^2 \\
Q = -BU^2
\end{array}\right\}
\tag{7-87}
$$

4. 复功率守恒定理

设任一电路中第 k 条支路上的电压、电流相量分别为 $\dot{U}_k$ 和 $\dot{I}_k$，且两者为关联参考方向，由特勒根定理，有

$$\sum_{k=1}^{b} \dot{U}_k \dot{I}_k = 0$$

应注意上式中的乘积 $\dot{U}_k \dot{I}_k$ 并不是第 k 条支路的功率。因特勒根定理由 KCL 和 KVL 导出，若 $\dot{I}_1, \dot{I}_2, \cdots, \dot{I}_b$ 满足 KCL 的约束，则 $\overset{*}{\dot{I}}_1, \overset{*}{\dot{I}}_2, \cdots, \overset{*}{\dot{I}}_b$ 也应满足 KCL 的约束，故必有

$$\sum_{k=1}^{b} \dot{U}_k \overset{*}{\dot{I}}_k = 0 \tag{7-88}$$

式中，乘积 $\dot{U}_k \overset{*}{\dot{I}}_k$ 是第 k 条支路的复功率 $\tilde{S}_k$，于是式(7-88)为

$$\sum_{k=1}^{b} \tilde{S}_k = 0 \tag{7-89}$$

这表明在任一电路中，各条支路复功率的代数和等于零，这一结论称为复功率守恒定理。

式(7-88)又可写为

$$\sum_{k=1}^{b} (P_k + \mathrm{j}Q_k) = 0$$

或

$$\sum_{k=1}^{b} P_k + \mathrm{j}\sum_{k=0}^{b} Q_k = 0$$

即

$$\left.\begin{array}{l} \sum_{k=1}^{b} P_k = 0 \\ \sum_{k=1}^{b} Q_k = 0 \end{array}\right\} \tag{7-90}$$

因此，复功率守恒定理又可陈述为：在任一电路中，各支路有功功率的代数和为零（或有功功率守恒），各支路无功功率的代数和亦为零（或无功功率守恒）。

例 7-33 如图 7-58 所示电路，已知 $\dot{E}_1 = 10\underline{/0^\circ}$ V，$\dot{E}_2 = 10\underline{/90^\circ}$ V，$R = 5\Omega$，$X_L = 5\Omega$，$X_C = 2\Omega$，求各元件的复功率并验证复功率守恒定理。

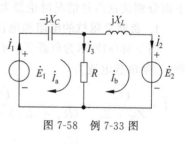

图 7-58 例 7-33 图

解 用网孔法求出各支路电流。网孔方程为

$$\left.\begin{array}{l} (R - \mathrm{j}X_C)\dot{I}_a - R\dot{I}_b = \dot{E}_1 \\ -R\dot{I}_a + (R + \mathrm{j}X_L)\dot{I}_b = -\dot{E}_2 \end{array}\right\}$$

将参数代入上式，解之，得

$$\dot{I}_a = 2.78\underline{/-56.3^\circ} \text{A}$$

$$\dot{I}_b = 3.23\underline{/-115.4^\circ} \text{A}$$

则各支路电流为

$$\dot{I}_1 = \dot{I}_a = 2.78\underline{/-56.3^\circ} \text{A}$$

$$\dot{I}_2 = \dot{I}_b = 3.23\underline{/-115.4^\circ}\text{A}$$

$$\dot{I}_3 = \dot{I}_a - \dot{I}_b = 2.92 + \text{j}0.62 = 2.98\underline{/11.9^\circ}\text{A}$$

各元件的复功率为

$$R: \quad \tilde{S}_1 = RI_3^2 = 5 \times 2.98^2 = 44.4\text{VA}$$

$$L: \quad \tilde{S}_2 = \text{j}X_L I_2^2 = \text{j}5 \times 3.23^2 = \text{j}52.16\text{VA}$$

$$C: \quad \tilde{S}_3 = -\text{j}X_C I_1^2 = -\text{j}2 \times 2.78^2 = -\text{j}15.46\text{VA}$$

注意：L、C 元件的复功率为纯虚数，不可误作为实数。

$$\dot{E}_1: \quad \tilde{S}_4 = -\dot{E}_1 \overset{*}{I}_1 = -10 \times 2.78\underline{/56.3^\circ}$$

$$= (-15.42 - \text{j}23.12)\text{VA}$$

注意：由于 $\dot{E}_1$ 和 $\dot{I}_1$ 为非关联正向，故计算式前应冠一个负号。

$$\dot{E}_2: \quad \tilde{S}_5 = \dot{E}_2 \overset{*}{I}_2 = 10\underline{/90^\circ} \times 32.3\underline{/115.4^\circ}\text{VA}$$

$$= (-29.18 - \text{j}13.85)\text{VA}$$

则各元件复功率之和为

$$\sum_{k=1}^{5} \tilde{S}_k = \tilde{S}_1 + \tilde{S}_2 + \tilde{S}_3 + \tilde{S}_4 + \tilde{S}_5$$

$$= (44.4 - 15.42 - 29.18) + \text{j}(52.16 - 23.12 - 13.85 - 15.46) \approx 0$$

7.8.6 最大功率传输定理

在直流电阻电路中曾介绍了最大功率传输定理。下面讨论正弦稳态情况下的最大功率传输定理。

电路中最大功率传输的问题，是指电路的负载在什么条件下可从电路获取最大平均功率。在正弦稳态电路中，一般负载为一复阻抗

$$Z_L = R_L + \text{j}X_L = |Z_L|\underline{/\varphi_L}$$

Z_L 的情况可分为两种，一是其电阻和电抗部分均独立可调；二是其模可调，但幅角固定。下面分别就这两种情况讨论最大功率传输的问题。

1. 负载复阻抗的电阻和电抗均独立可调

图 7-59(a)所示为负载 Z_L 与一有源网络 N 相联。将 N 用戴维宁电路等效，如图 7-59(b)所示，则负载电流为

$$\dot{I} = \frac{\dot{U}_N}{Z_N + Z_L} = \frac{\dot{U}_N}{(R_N + \text{j}X_N) + (R_L + \text{j}X_L)}$$

$$= \frac{\dot{U}_N}{(R_N + R_L) + \text{j}(X_N + X_L)}$$

$\dot{I}$ 的有效值为

$$I = \frac{U_N}{\sqrt{(R_N + R_L)^2 + (X_N + X_L)^2}}$$

负载的有功功率为

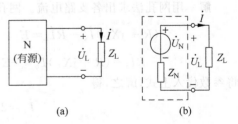

图 7-59 正弦稳态二端网络与它的负载

$$P_{\mathrm{L}} = I^2 R_{\mathrm{L}} = \frac{U_{\mathrm{N}}^2}{(R_{\mathrm{N}} + R_{\mathrm{L}}) + (X_{\mathrm{N}} + X_{\mathrm{L}})^2} R_{\mathrm{L}}$$

将上式分别对变量 R_{L} 和 X_{L} 求偏导数,并令偏导数为零,由此决定 P_{L} 达最大值的条件,可得

$$\frac{\partial P_{\mathrm{L}}}{\partial R_{\mathrm{L}}} = \frac{[(R_{\mathrm{N}} + R_{\mathrm{L}})^2 + (X_{\mathrm{N}} + X_{\mathrm{L}})^2 - 2(R_{\mathrm{N}} + R_{\mathrm{L}})R_{\mathrm{L}}]U_{\mathrm{N}}^2}{[(R_{\mathrm{N}} + R_{\mathrm{L}})^2 + (X_{\mathrm{N}} + X_{\mathrm{L}})^2]^2} = 0$$

$$\frac{\partial P_{\mathrm{L}}}{\partial X_{\mathrm{L}}} = \frac{-2(X_{\mathrm{N}} + X_{\mathrm{L}})R_{\mathrm{L}}U_{\mathrm{N}}^2}{[(R_{\mathrm{N}} + R_{\mathrm{L}})^2 + (X_{\mathrm{N}} + X_{\mathrm{L}})^2]^2} = 0$$

将上式两式联立后求解,得

$$\left. \begin{array}{l} R_{\mathrm{L}} = R_{\mathrm{N}} \\ X_{\mathrm{L}} = -X_{\mathrm{N}} \end{array} \right\} \tag{7-91}$$

这表明,当 $Z_{\mathrm{L}} = R_{\mathrm{N}} - jX_{\mathrm{N}} = \overset{*}{Z}_{\mathrm{N}}$ 时,P_{L} 达最大值。这一结论可表述为:负载阻抗 Z_{L} 等于电路 N 的戴维宁等效复阻抗的共轭复数时,Z_{L} 从 N 获取最大功率,且这一最大功率为

$$P_{\mathrm{Lmax}} = \frac{U_{\mathrm{N}}^2}{4R_{\mathrm{N}}} \tag{7-92}$$

2. 负载阻抗的模可调但幅角固定

设负载阻抗为

$$Z_{\mathrm{L}} = |Z_{\mathrm{L}}| \underline{/\varphi_{\mathrm{L}}} = |Z_{\mathrm{L}}| \cos\varphi_{\mathrm{L}} + j|Z_{\mathrm{L}}| \sin\varphi_{\mathrm{L}}$$

其中 $|Z_{\mathrm{L}}|$ 可调,φ_{L} 固定。负载电流为

$$\dot{I} = \frac{\dot{U}_{\mathrm{N}}}{(R_{\mathrm{N}} + |Z_{\mathrm{L}}| \cos\varphi_{\mathrm{L}}) + j(X_{\mathrm{N}} + |Z_{\mathrm{L}}| \sin\varphi_{\mathrm{L}})}$$

其有效值为

$$I = \frac{U_{\mathrm{N}}}{\sqrt{(R_{\mathrm{N}} + |Z_{\mathrm{L}}| \cos\varphi_{\mathrm{L}})^2 + (X_{\mathrm{N}} + |Z_{\mathrm{L}}| \sin\varphi_{\mathrm{L}})^2}}$$

负载的有功功率为

$$P_{\mathrm{L}} = I^2 |Z_{\mathrm{L}}| \cos\varphi_{\mathrm{L}} = \frac{U_{\mathrm{N}}^2 |Z_{\mathrm{L}}| \cos\varphi_{\mathrm{L}}}{(R_{\mathrm{N}} + |Z_{\mathrm{L}}| \cos\varphi_{\mathrm{L}})^2 + (X_{\mathrm{N}} + |Z_{\mathrm{L}}| \sin\varphi_{\mathrm{L}})^2}$$

将上式对变量 $|Z_{\mathrm{L}}|$ 求导,并令该导数为零,可得

$$|Z_{\mathrm{L}}| = \sqrt{R_{\mathrm{N}}^2 + X_{\mathrm{N}}^2} = |Z_{\mathrm{N}}| \tag{7-93}$$

由此可得出结论:在负载阻抗的模可调而幅角固定的情况下,当负载阻抗 Z_{L} 的模与电路 N 的戴维宁等效阻抗的模相等时,Z_{L} 从 N 获取最大功率。

3. 关于正弦稳态下最大功率传输定理的说明

(1)在实际的电路问题中,负载阻抗多属于实、虚部均可变的情况,但负载阻抗的模可变、幅角固定的情况也是可见到的,如在第 8 章中将要讨论的通过理想变压器来实现最大功率传输的问题便是如此。

(2)当负载获取最大功率时,称负载与电路匹配,也称为阻抗匹配或功率匹配。在 $Z_{\mathrm{L}} = \overset{*}{Z}_{\mathrm{N}}$ 时的匹配称为共轭匹配;在 $|Z_{\mathrm{L}}| = |Z_{\mathrm{N}}|$ 时的匹配称为共模匹配。

(3)在讨论具体电路的功率匹配问题时,应先将负载之外的电路代之以戴维宁电路,这与在直流电阻电路中采用的做法是相同的。

(4)对同一电路而言,在共轭匹配情况下负载所获得的最大功率要大于在共模匹配情

况下的最大功率。

(5) 在讨论最大功率传输问题时,必须考虑电源传输电能的效率。共轭和共模匹配情况下电源的供电效率都较低,在共轭匹配时电能的最大传输效率仅为 50%,而在共模匹配时能量传输效率会更低。因此,对重视提高电能传输效率的电力系统而言,一般不考虑在功率匹配情况下的运行问题。采用匹配条件使负载获得最大功率的方法通常用在传输功率较小的弱电系统(例如通信工程)之中。

例 7-34 如图 7-60(a)所示电路,已知 $\dot{E}_s = 10\underline{/0°}$V,$Z = j3\Omega$,$Z_1 = 4\Omega$。$Z_2$ 支路在什么情况下获得最大功率? 这一最大功率是多少?

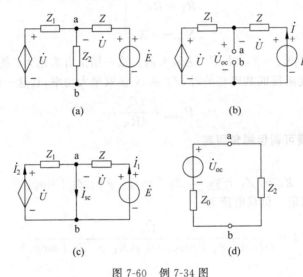

图 7-60 例 7-34 图

解 将 Z_2 视为电路的负载。由于题中未作说明,可认为 Z_2 是实、虚部均可变的阻抗。求戴维宁等效电路时,开路电压由如图 7-60(b)所示的电路求得。

$$\dot{U}_{oc} = Z_1 \dot{I} + \dot{U} = Z_1 \dot{I} + Z\dot{I} = (Z_1 + Z)\dot{I}$$

有

$$(Z_1 + Z)\dot{I} + \dot{U} = \dot{E}$$

得

$$\dot{I} = \frac{\dot{E}}{Z_1 + 2Z} = \frac{10\underline{/0°}}{4 + j6} = 1.39\underline{/-56.3°}\text{A}$$

故

$$\dot{U}_{oc} = (Z_1 + Z)\dot{I} = (4 + j3) \times 1.39\underline{/-56.3°} = 6.95\underline{/-19.4°}\text{V}$$

求短路电流的电路如图 7-60(c)所示,得

$$\dot{I}_{sc} = \dot{I}_1 + \dot{I}_2 = \frac{\dot{E}}{Z} + \frac{\dot{U}}{Z_1} = \frac{\dot{E}}{Z} + \frac{\dot{E}}{Z_1}$$

$$= \frac{10\underline{/0°}}{j3} + \frac{10\underline{/0°}}{4} = 2.5 - j3.33 = 4.17\underline{/-53.1°}\text{A}$$

则戴维宁等效阻抗为

$$Z_0 = \frac{\dot{U}_{oc}}{\dot{I}_{sc}} = \frac{6.95\underline{/-19.4°}}{4.17\underline{/-53.1°}} = 1.67\underline{/33.7°}\,\Omega$$

$$= (1.39 + j0.93)\,\Omega = R_0 + jX_0$$

戴维宁等效电路如图 7-60(d)所示。当 $Z_2 = \overset{*}{Z}_0 = (1.39 - j0.93)\,\Omega, Z_2$ 可获得最大功率,这一最大功率为

$$P_{max} = \frac{U_{oc}^2}{4R_0} = \frac{6.95^2}{4 \times 1.39} = 8.69\,\text{W}$$

例 7-35 仍如图 7-60(a)所示电路,若 Z_2 的模可变但幅角固定为 $60°$,求使 Z_2 获得最大功率的条件及所获得的最大功率。

解 在例 7-35 中已求得戴维宁等效阻抗为

$$Z_0 = 1.67\underline{/33.7°}\,\Omega$$

当 Z_2 模可变而幅角固定时,其获得最大功率的条件是

$$|Z_2| = |Z_0| = 1.67\,\Omega$$

Z_2 的幅角为 $\varphi_2 = 60°$,则 Z_2 为

$$Z_2 = |Z_2|\cos\varphi_2 + j|Z_2|\sin\varphi_2 = 1.67\cos60° + j1.67\sin60°$$

$$= (0.835 + j1.45)\,\Omega = R_2 + jX_2$$

由图 7-63(d)所示等效电路,Z_2 获得的最大功率为

$$P_{2max} = R_2 I_2^2 = R_2\left[\frac{U_{oc}}{\sqrt{(R_0 + R_2)^2 + (X_0 + X_2)^2}}\right]^2$$

$$= 0.835 \times \frac{6.95^2}{(1.39 + 0.835)^2 + (0.93 + 1.45)^2} = 3.8\,\text{W}$$

可见在共模匹配时,负载获得的最大功率要小于在共轭匹配时的最大功率。

练习题

7-18 正弦稳态电路如图 7-61 所示,其中 $u_s(t) = 120\sqrt{2}\sin(t+30°)\,\text{V}$。求该电路的瞬时功率 $p(t)$、有功功率 P 和无功功率 Q。

7-19 求图 7-62 所示正弦稳态电路中两电源发出的平均功率并验证电路的复功率守恒。

7-20 如图 7-63 所示正弦稳态电路,Z_L 为负载。求 Z_L 获得最大功率 P_{Lmax} 的条件及 P_{Lmax} 的值。

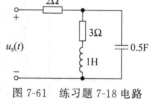

图 7-61 练习题 7-18 电路

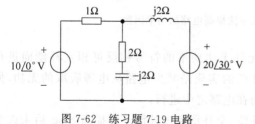

图 7-62 练习题 7-19 电路

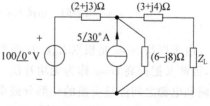

图 7-63 练习题 7-20 电路

7.9 功率因数的提高

7.9.1 提高功率因数的意义

在工程应用中,提高电路的功率因数有着十分重要的经济意义。

1. 提高功率因数可使电气设备的容量得到充分利用

由 $P = S\cos\varphi$ 可见,对具有一定容量 S 的设备而言,功率因数愈高,其平均功率愈大。因此提高功率因数后,将使设备的容量得到更为充分的利用。

2. 提高功率因数,可减少输电线路的损耗

因 $I = P/(U\cos\varphi)$,在电路 P 和 U 一定时,功率因数愈大,线路中的电流越小。由于输电线路均具有一定的阻抗,因此在电流减小的情况下,线路的功率损耗和电压降落均将减小,从而能提高输电的效率和供电质量。

7.9.2 提高功率因数的方法

不难看出,提高功率因数,就是减小功率因数角 φ。根据功率三角形,在电路的平均功率 P 一定时,无功功率 Q 越大,φ 角越大,$\cos\varphi$ 越小,反之亦然。因此,提高 $\cos\varphi$,也就意味着减少电路的无功 Q。由于电路的无功等于感性无功和容性无功之差。即

$$Q = Q_L - Q_C$$

因此,可根据具体的电路情况采用接入电抗元件的方法来减小电路的无功,从而提高功率因数。显然,为了提高功率因数,对感性电路应接入电容元件,对容性电路,则应接入电感元件。

对于接入的电抗元件,既可把它们和电路串联,也可将它们与电路并联,如对图 7-64(a)所示的感性电路,为提高其功率因数,可将一电容元件 C 与其串联,如图 7-64(b)所示,也可将一电容元件与其并联,如图 7-64(c)所示。在实际中多采用并联的方式,这是因为在串联的情况下,一般将会改变电路的端电压,从而影响电路中设备的正常工作。

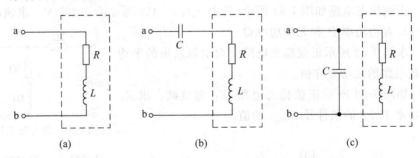

图 7-64 用接入电抗元件的方法提高电路的功率因数

由于提高 $\cos\varphi$ 是根据 L、C 这两种电抗元件无功功率的符号相反可相互补偿而进行的,因此又把提高 $\cos\varphi$ 称为无功补偿。无功补偿的实质是减少电路从电源吸取的无功,使电路和电源之间能量交换的一部分或全部转而在电路之中进行。

提高 $\cos\varphi$ 的无功补偿有三种情形,即欠补偿、全补偿和过补偿。若提高 $\cos\varphi$ 后未改变

电路的性质,即感性电路仍是感性的,容性电路仍是容性的,则称为欠补偿;若补偿的结果使电路的 $\cos\varphi=1$,电路变为纯电阻性的,则称为全补偿;若提高 $\cos\varphi$ 后使电路由感性变为容性,或由容性变为感性,则称为过补偿。

对于无源电路而言,其功率因数恒为正值。这样根据功率因数无法判断电路的性质。由于感性电路的电流滞后于电压,而容性电路中的电流超前于电压,因此常在功率因数值的后面用"滞后"和"超前"来说明电路的性质。即用"滞后"表示电路为感性的,用"超前"表示电路为容性的。比如,一电路 $\cos\varphi=0.56$(滞后),进行无功补偿后,其 $\cos\varphi=0.80$(超前),这表明该电路的功率因数得以提高,且电路由感性变成容性,为过补偿。

显然,全补偿是理想情况,但实际上从经济角度考虑,并不追求全补偿,而过补偿更是不足取的。通常所采用的是欠补偿,即在不改变电路性质的情况下提高功率因数,且使 $\cos\varphi$ 提高至 0.9 左右就可以了。

7.9.3　提高功率因数的计算方法及示例

前已叙及提高电路的功率因数多是采用在电路端口并联电抗元件的方法,这样可以不影响负载额定工作的条件。由于实际中的电路负载大都是感性负载,因此所需并联的是电容元件(当然若是电容负载,则需并联的是电感元件)。提高功率因数的计算也就是求出所并联的电容元件的参数。

下面通过实例说明提高功率因数的计算方法。

例 7-36　现有一 220V,50Hz,5kW 的感应电动机,$\cos\varphi=0.5$(滞后),(1)求通过该电动机的电流是多少?无功功率为多大?(2)现将功率因数提高至 0.9(滞后),需并联多大的电容?此时线路上的电流为多少?(3)若将 $\cos\varphi$ 提高到 1,需并联多大的电容?线路上的电流又是多少?(4)若将 $\cos\varphi$ 提高至 0.9(超前),又需并联多大的电容?

解　(1)电动机为一个感性负载,其等效电路如图 7-65(a)所示。由 $P=UI\cos\varphi$,可得电动机电流为

$$I=\frac{P}{U\cos\varphi}=\frac{5\times10^3}{220\times0.5}=45.5\text{A}$$

无功功率为

$$Q_L=UI\sin\varphi=220\times45.5\sin(\arccos 0.5)=8.67\text{kvar}$$

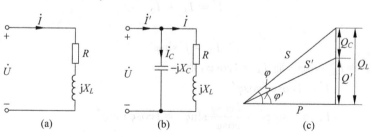

图 7-65　例 7-36 图之一

(2)为提高功率因数,应在电动机两端并联电容元件,如图 7-65(b)所示,电容元件的参数值可根据电容应补偿的无功功率大小进行计算。该电路并联电容 C 前后的功率三角形如图 7-65(c)所示,由 P、Q_L、S 构成的大三角形是并联电容前的,由 P、Q'、S' 构成的小三角

形是并联电容后的。现将 $\cos\varphi$ 提高为 $\cos\varphi'=0.9$,则电路应吸收的无功功率为

$$Q'=UI\sin\varphi'=P\tan\varphi'=5\times10^3\tan(\arccos0.9)=2.42\text{kvar}$$

需由电容元件补偿的无功功率为

$$Q_C=Q_L-Q'=8.67-2.42=6.25\text{kvar}$$

由电容无功功率的计算式 $Q_C=U^2/X_C=\omega CU^2$,得电容参数为

$$C=\frac{Q_C}{\omega U^2}=\frac{6.25\times10^3}{314\times220^2}=411\mu\text{F}$$

由 $Q'=UI'\sin\varphi'$,得

$$I'=\frac{Q'}{U\sin\varphi'}=\frac{2.42\times10^3}{220\sin(\arccos0.9)}=25.3\text{A}$$

将电路的功率因数由 0.5 提高至 0.9 后,线路电流从 45.5A 减少为 25.3A,几乎降低了一半。应注意,在并联电容前、后,电动机的电流未发生变化,功率输出也没有变化。

上述计算是从无功功率补偿的角度进行的。由于补偿后线路电流减小,而电动机电流保持不变,可认为电容向电动机提供了无功电流。因此,也可从无功电流补偿的角度计算。可作出补偿前后的电流相量图,如图 7-66 所示。将补偿前的电流 $\dot{I}$ 分解为有功分量 $\dot{I}_R$ 与无功分量 $\dot{I}_L$ 之和,即

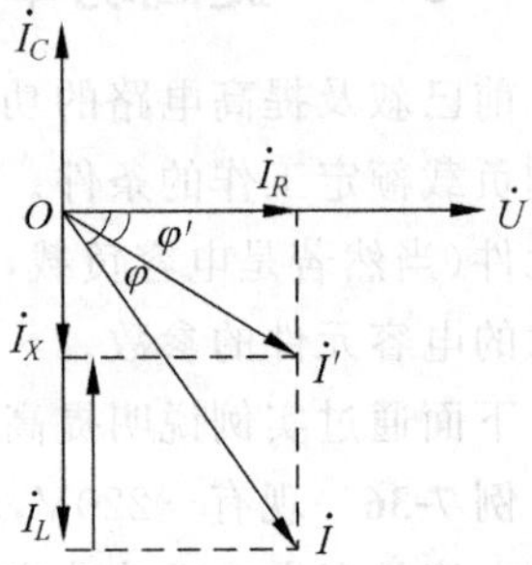

图 7-66 例 7-36 图之二

$$\dot{I}=\dot{I}_R+\dot{I}_L$$

而

$$I=\frac{P}{U\cos\varphi}=45.5\text{A}$$

则

$$I_L=I\sin\varphi=45.5\sin(\arccos0.5)=39.4\text{A}$$

补偿后的电流 $\dot{I}'$ 亦分解为有功分量 $\dot{I}_R$ 与无功分量 $\dot{I}_X$ 之和(因有功功率未变化,故 $\dot{I}_R$ 在补偿前后亦不变)。

即

$$\dot{I}'=\dot{I}_R+\dot{I}_X$$

且

$$I_X=I'\sin\varphi'$$

由相量图,有 $I'=I_R/\cos\varphi'$,而 $I_R=I\cos\varphi$,则

$$I'=I\cos\varphi/\cos\varphi'$$

$$I_X=I'\sin\varphi'=\frac{I\cos\varphi}{\cos\varphi'}\sin\varphi'=I\cos\varphi\tan\varphi'$$

$$=45.5\cos(\arccos0.5)\tan(\arccos0.9)=11.02\text{A}$$

这表明,需由电容补偿的无功电流为

$$I_C=I_L-I_X=39.4-11.02=28.38\text{A}$$

而

$$I_C=U_C/X_C=\omega CU$$

$$C = \frac{I_C}{\omega U} = \frac{28.38}{314 \times 220} = 411 \mu F$$

（3）将 $\cos\varphi$ 提高至 1，意味着进行全补偿，即由电容元件提供电动机所需的全部无功功率，亦是

$$Q_C = Q_L = 8.67 \text{kvar}$$

则

$$C = \frac{Q_C}{\omega U^2} = \frac{8.67 \times 10^3}{314 \times 220^2} = 570.5 \mu F$$

此时线路电流为

$$I' = \frac{P}{U \cos\varphi'} = \frac{5 \times 10^3}{220 \times 1} = 22.73 \text{A}$$

（4）将 $\cos\varphi$ 提高至 0.9（超前），意味着进行过补偿，补偿后电路从感性变为容性，此时电路的无功功率为负值，即

$$Q' = -UI \sin\varphi' = -P \tan\varphi' = -2.42 \text{kvar}$$

则需由电容元件补偿的无功功率应为

$$Q_C = Q_L - Q' = 8.67 - (-2.42) = 11.09 \text{kvar}$$

所以

$$C = \frac{Q_C}{\omega U^2} = \frac{11.092 \times 10^3}{314 \times 220^2} = 729.9 \mu F$$

由此可见，同样是将电路的功率因数提高至 0.9，过补偿比欠补偿所用的电容要大 729.9/411＝1.78 倍，因此从经济的角度出发，在实际中是不予考虑过补偿的。

7.9.4 关于提高功率因数计算的说明

（1）提高功率因数的计算既可从无功功率补偿的角度进行，亦可从无功电流补偿的角度进行。由于后者的计算过程要比前者复杂许多，因此实用中一般按无功功率补偿进行计算。

（2）从无功功率补偿的角度进行提高功率因数的计算时，可按下列步骤进行：

① 根据补偿前的功率因数 $\cos\varphi$ 及有功功率求出电路未补偿时的无功功率 Q，即 $Q = P \tan\varphi$；

② 根据补偿后的功率因数 $\cos\varphi'$ 求出电路在补偿后的无功功率 Q'，即 $Q' = P \tan\varphi'$；

③ 求出应予补偿的无功功率 Q_X，即 $Q_X = Q - Q'$；

④ 计算用作补偿的电抗元件的参数，若是电容元件，则 $C = \dfrac{Q_X}{\omega U^2}$，若是电感元件，则 $L = \dfrac{U^2}{\omega Q_X}$。

上述计算步骤可概括为下面的两个公式：

$$\left. \begin{array}{l} C = \dfrac{P(\tan\varphi - \tan\varphi')}{\omega U^2} \\[4mm] L = \dfrac{U^2}{\omega P(\tan\varphi - \tan\varphi')} \end{array} \right\}$$

计算时可直接套用这两个公式。

（3）上述分析结果，都是在假设提高功率因数前后，负载端电压不变，从而负载吸收的功率、无功功率不变的前提下得出的。

练习题

7-21 一容性负载接于电压 $U=100\text{V}$，频率 $f=1000\text{Hz}$ 的正弦电源上，如图 7-67 所示。若将电路的功率因数提高至 0.9(超前)，求应并联的电感 L 的值及并联电感前后电流 I 的大小。

7-22 正弦稳态电路如图 7-68 所示，已知电源 $u(t)$ 的频率为 4Hz，电压为 12V。若将电路的功率因数提高至 0.88(滞后)，应在 a、b 端口上并联何种元件？其参数为多少？

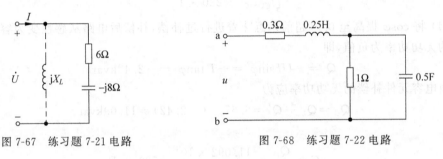

图 7-67　练习题 7-21 电路　　　　图 7-68　练习题 7-22 电路

习题

7-1 某正弦电压 $u(t)=(8\sin314t+6\cos314t)\text{V}$。(1)将该正弦电压分别用 sin 函数和 cos 函数表示；(2)作出 $u(t)$ 的波形(分别以 t 和 ωt 为横坐标)。

7-2 正弦电压、电流波形如题 7-2 图所示。试确定各波形的周期 T、初相位 φ 和角频率 ω，并写出 $u(t)$、$i(t)$ 的瞬时值表达式。

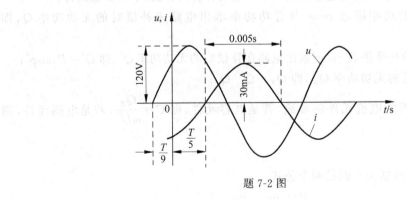

题 7-2 图

7-3 分别以时间 t 和 ωt 为横坐标，作出电压 $u(t)=100\sqrt{2}\cos(8t+30°)\text{V}$ 和电流 $i(t)=2\sqrt{2}\sin(8t-150°)\text{A}$ 的波形，并求两正弦波的相位差，说明哪一个波形超前。

7-4 已知两正弦电流分别为 $i_1(t)=12\sin(100t+30°)\text{A}$、$i_2(t)=20\sqrt{2}\cos(100t-30°)\text{A}$，

试指出各正弦电流的振幅值、有效值、初相、频率、周期及两者间的相位差各是多少。

7-5 某正弦稳态电路中的电压、电流为 $u_1(t)=6\sqrt{2}\sin(\omega t+30°)$V，$u_2(t)=3\sqrt{2}\cos(\omega t+45°)$V，$i_1(t)=2.828\sin(\omega t-120°)$mA，$i_2(t)=-15\sqrt{2}\cos(\omega t+60°)$mA。

（1）求 i_2 与 u_1，u_2 和 i_1 间的相位差，并说明超前、滞后关系；

（2）写出各正弦量对应的有效值相量并作出相量图。

7-6 已知 $\dot{U}_1=(60+j80)$V，$\dot{U}_2=110\sqrt{2}\underline{/36.87°}$V，$\dot{U}_3=(80-j150)$V，若 $\omega=200$rad/s，写出各相量对应的正弦量的表达式，说明它们的超前、滞后的关系并作出相量图。

7-7 用相量法求下列正弦电压和电流。

（1）$u=60\sin\omega t+60\cos\omega t$

（2）$u=30\sin\omega t+40\cos\omega t+60\cos(\omega t-60°)$

（3）$i=8\sin(2t-30°)+6\sin(2t-45°)$

（4）$i=10\cos(100t-135°)-16\cos(100t+105°)$

7-8 题 7-8 图为正弦稳态电路中的一个节点。若 $\dot{I}_1=(3+j4)$A，$\dot{I}_2=I_2\underline{/\varphi}$A，$\dot{I}_3=4\underline{/60°}$A 且电流的频率为 50Hz，试写出电流 i_1、i_2 和 i_3 的瞬时值表达式。

7-9 电感元件如题 7-9 图所示，已知 $i(t)=20\sin(1000t-60°)$mA。（1）写出电压 $u(t)$ 的瞬时值表达式；（2）计算 $t=\dfrac{T}{6}$，$t=\dfrac{T}{3}$ 和 $t=\dfrac{T}{2}$ 时的瞬时电流、电压的大小，并说明这些瞬时电压、电流的实际方向。

题 7-8 图　　　　　　　　　　题 7-9 图

7-10 已知电感元件两端电压的瞬时值表达式为 $u(t)=U_m\sin(314t+45°)$V，当 $t=0.45$s 时的电压值为 230V，电感电流的有效值为 18A。试求电感值 L 及该电感的最大磁场能量值。

7-11 一电容元件 $C=0.25\mu$F，通过该电容的电流的相量为 $\dot{I}=(8+j12)$mA，已知电容电压、电流为关联参考方向，$f=10^3$Hz，试写出该电容两端电压 $u(t)$ 的瞬时值表达式。

7-12 某电容元件接于 $U=220$V 的工频电源上，已知通过该电容的电流为 0.5A，试求该电容的 C 值及最大的电场能量值。

7-13 （1）题 7-13 图（a）所示为正弦稳态电路中的电感元件，若其端电压为 200V，初相角为 30°，电压频率 $f=500$Hz，试写出电流 i 的瞬时值表达式并画出电压、电流相量图；

（2）题 7-13（b）图所示为正弦稳态电路中的电容元件，若其通过的电流为 120mA，初相角为 $-120°$，求当电流频率分别为 1000Hz 和 1500Hz 时电压 u 的瞬时值表达式并画出电压、电流相量图。

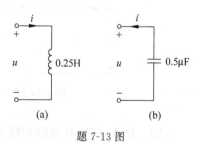

题 7-13 图

7-14 若正弦电压、电流为关联参考方向,判断下列元件伏安关系式是否正确。

(1) $U=RI$ (2) $u=\omega Li$ (3) $\dot{U}=\dfrac{1}{\omega C}\dot{I}$ (4) $I=\dfrac{1}{\mathrm{j}\omega L}U$ (5) $U=\omega LI$

(6) $u=\sqrt{2}\omega Li$ (7) $\dot{U}_\mathrm{m}=\dfrac{1}{\omega C}\dot{I}_\mathrm{m}\mathrm{e}^{-\mathrm{j}90°}$ (8) $\dot{U}=L\dot{I}\,\mathrm{e}^{\mathrm{j}90°}$

7-15 在题 7-15 图所示正弦稳态电路中,已知 $L=0.3\mathrm{mH}$,$\omega=100\mathrm{rad/s}$。

(1) 当交流电流表 A_1 和 A 的读数均为 0.5A 时;

(2) 当表 A 读数是表 A_1 读数的两倍时。

问方框所代表的一个元件(R 或 L 或 C)分别是何元件,求该元件参数并作出相量图。

7-16 在题 7-16 图所示的正弦稳态电路中,已知交流电压表 V、V_1 和 V_2 的读数分别为 50V、30V 和 60V,求 V_3 表的读数。

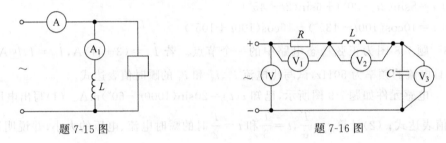

题 7-15 图   题 7-16 图

7-17 设正弦稳态电路中某支路的电压、电流为关联参考方向。

(1) 若 $\dot{U}=(30+\mathrm{j}40)\mathrm{V}$,$Z=(8-\mathrm{j}6)\Omega$,求 $\dot{I}$;

(2) 若 $u=100\sin(\omega t+60°)\mathrm{V}$,$Z=(26-\mathrm{j}15)\Omega$,求 $i(t)$;

(3) 若 $\dot{I}=(16-\mathrm{j}12)\mathrm{A}$,$Y=(4+\mathrm{j}3)\mathrm{S}$,求 $u(t)$;

(4) 若 $\dot{U}=(240+\mathrm{j}320)\mathrm{V}$,$i(t)=28.28\cos\left(\omega t+\dfrac{\pi}{6}\right)$,求 Z;

(5) 若 $u=60\sqrt{2}\sin(\omega t+120°)\mathrm{V}$,$\dot{I}=(2.5+\mathrm{j}4.3)\mathrm{A}$,求 Y。

7-18 如题 7-18 图所示电路,已知 $u(t)=70.7\sin(10t+45°)\mathrm{V}$,$i(t)=4.24\cos(10t+30°)\mathrm{A}$,$X_L=20\Omega$,求参数 R、L、C 的值。

7-19 电路如题 7-19 图所示。当 $u=100\mathrm{V}$ 时,$I=8\mathrm{A}$;若 u 是有效值为 180V 且频率为 100Hz 的正弦电压时,$I=10\mathrm{A}$。求参数 r 和 L。

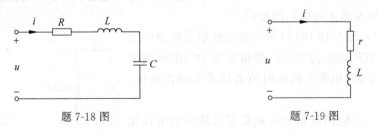

题 7-18 图   题 7-19 图

7-20 R、L、C 串联电路如题 7-20 图所示,若 $u_s(t)=100\sqrt{2}\sin500t\,\mathrm{V}$,试就下述几种情况求该电路的复阻抗 Z 和电流 $\dot{I}$ 以及 u_s 和 i 的相位差。(1)$R=50\Omega$,$L=0.1\mathrm{H}$,$C=2\times$

10^{-5}F；(2)$R=50\Omega,L=0.1$H，$C=0$；(3)$R=50\Omega,L=0,C=2\times10^{-5}$F。

7-21 R、L、C 并联电路如题 7-21 图所示，已知 $i_s(t)=20\sqrt{2}\sin200t$A，试就下述几种情况求该电路的复导纳 Y 和 $\dot{U}$ 以及 u 与 i_s 的相位差。

(1) $R=50\Omega,L=0.5$H，$C=10^{-4}$F；

(2) $R=50\Omega,L=1$H，$C=10^{-4}$F；

(3) $R=50\Omega,L=0.5$H，$C=0$。

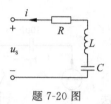 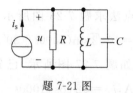

题 7-20 图 　　　　　　　　　 题 7-21 图

7-22 求题 7-22 图中二端电路的入端阻抗和导纳，并求串联和并联等效电路的相量模型和时域电路模型。

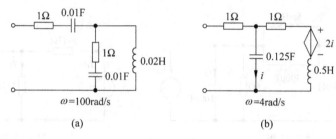

(a)　　　　　　　　　　(b)

题 7-22 图

7-23 电路如题 7-23 图所示。

(1) 在图 7-23(a)中，若 $Y_1=(0.2-j0.8)$S，$Y_2=(0.6-j1.2)$S，$Z_1=(2-j)\Omega$，求等效阻抗 Z_{ab}；

(2) 在图 7-23(b)中，若 $Y_1=(0.5-j0.5)$S，$Y_2=(0.6-j1.2)$S，$Z_1=(2-j5)\Omega$，求等效导纳 Y_{ab}。

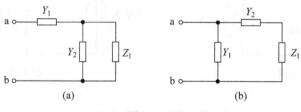

(a)　　　　　　　　　　(b)

题 7-23 图

7-24 求题 7-24 图所示电路中的电流 i_1、i_2 和 i_3。已知 $u_s(t)=220\sqrt{2}\sin314t$V。

7-25 分别用节点法和网孔法求题 7-25 图所示电路中的电流 $\dot{I}$。已知 $\dot{E}_s=10\underline{/0^\circ}$V，$\dot{I}_s=5\underline{/90^\circ}$A。

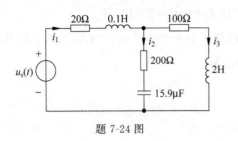

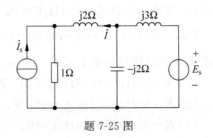

题 7-24 图　　　　　　　　　题 7-25 图

7-26　用节点法求题 7-26 图所示电路中的电流 i_1 和 i_2,已知 $i_s(t)=10\sqrt{2}\sin(5000t+30°)$A。

7-27　电路如题 7-27 图所示,已知 $i_{s1}=0.5\sqrt{2}\times\sin(1000t-90°)$A,$i_{s2}=\sqrt{2}\cos(1000t-90°)$A,用节点法求电流 i_1 和 i_2。

7-28　用叠加定理求题 7-28 图所示电路中的各支路电流,已知 $\dot{E}_1=10\underline{/0°}$V,$\dot{E}_2=$j12V。

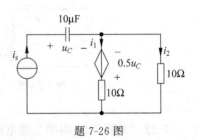

题 7-26 图

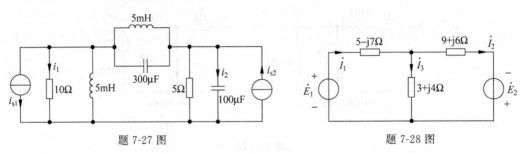

题 7-27 图　　　　　　　　　题 7-28 图

7-29　电路如题 7-29 图所示。用叠加定理求各支路电流。

7-30　用戴维宁定理求题 7-30 图所示电路中的电流 $\dot{I}$。

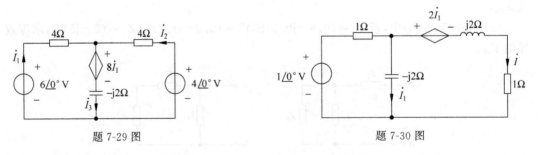

题 7-29 图　　　　　　　　　题 7-30 图

7-31　电路如题 7-31 图所示,用戴维宁定理求电流 $\dot{I}_C$。

7-32　在题 7-32 图所示电路中,欲使 $\dot{U}_1$ 与 $\dot{U}$ 同相位,电路的角频率应为多少?

7-33　电路如题 7-33 图所示,若电压 $\dot{U}_o$ 滞后于电源电压 $\dot{U}_s$ 90°,求角频率 ω。

7-34　题 7-34 图所示电路称为移相电路。若要求输出电压 u_o 滞后于输入电压 u_i 60°(移相 60°),求参数 R。已知电路频率 $f=500$Hz,$C=0.1\mu$F。

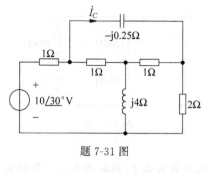
题 7-31 图

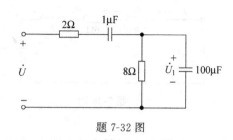
题 7-32 图

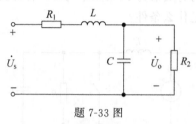
题 7-33 图

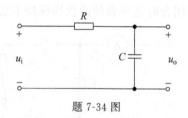
题 7-34 图

7-35 正弦稳态电路如题 7-35 图所示,若电压表 V_1 和 V_2 的读数均为 50V,且电压 u 和电流 i 的相位差为 36.86°,求三个元件的端电压有效值 U_R、U_L 和 U_C。

7-36 在题 7-36 图所示电路中,已知 $X_L=200\Omega$,$X_C=100\Omega$,三个电压表的读数均为 100V,求阻抗 Z。

7-37 电路如题 7-37 图所示。已知 $R=5\,\Omega$,$X_L=5\,\Omega$,$X_C=10\,\Omega$,电压表 V_1 的读数为 100V,试求电压表 V 和电流表 A 的读数。

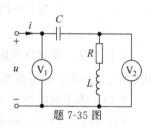
题 7-35 图

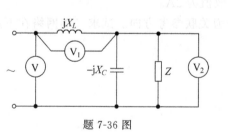
题 7-36 图

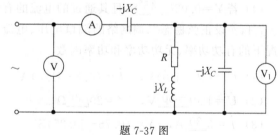
题 7-37 图

7-38 正弦稳态电路如题 7-38 图所示,已知 $I=1A$,$U_1=3V$,$U_2=10V$,$U_3=20V$。
(1) 求电压 U 的值;
(2) 若电容 C 可调,当电流 I 保持为 1A 不变时,求电压 U 的最小值为多少?

7-39 在题 7-39 图所示正弦稳态电路中,已知 $\omega=100rad/s$ 时,有 $U_{ab}=U_{cd}$,求电容 C 的值。

7-40 正弦稳态电路如题 7-40 图所示。已知当端口施加电压为 380V、频率为 50Hz 的正弦电压时,开关 S 打开或闭合时电流表的读数均为 0.5A,且端口电压与电流同相位,求参数 R、L 和 C。

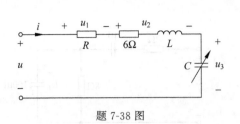

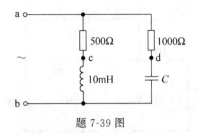

题 7-38 图　　　　　　　　　题 7-39 图

7-41 在题 7-41 图所示的电路中,正弦电流源的有效值为 I,角频率为 ω。若开关 S 打开与闭合时电压表的读数均保持不变,R 和 C 应满足什么条件?

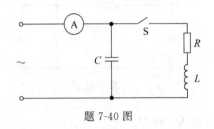

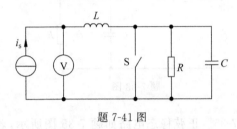

题 7-40 图　　　　　　　　　题 7-41 图

7-42 某二端网络复阻抗 $Z=20\underline{/45^\circ}\,\Omega$,试求下述两种情况下网络消耗的有功功率和无功功率。(1)端口接电压源 $\dot U_s=100\underline{/-30^\circ}\,\mathrm{V}$;(2)端口接电流源 $\dot I_s=5\underline{/30^\circ}\,\mathrm{A}$。

7-43 求下列阻抗 Z 或导纳 Y 的有功功率、无功功率和视在功率。

(1) 若 $Z=(30+\mathrm{j}40)\,\Omega$,且其端电压的有效值为 120V;

(2) 若 $Z=100\underline{/-60^\circ}\,\Omega$,且其通过的电流的最大值为 3.11A;

(3) 若 $Y=(0.06+\mathrm{j}0.08)\,\mathrm{S}$,且其端电压的最大值为 99V;

(4) 若 $Y=0.02\underline{/-45^\circ}\,\mathrm{S}$,且其通过的电流的有效值为 2A。

7-44 设正弦稳态二端网络的端口电压、电流为关联参考方向。试求二端网络在下述情况下的有功功率、无功功率和功率因数。

(1) $\dot U=(80+\mathrm{j}60)\,\mathrm{V}$,　$\dot I=(0.8+\mathrm{j}1.5)\,\mathrm{A}$

(2) $\dot U=120\underline{/-60^\circ}\,\mathrm{V}$,　$Z=20\underline{/30^\circ}\,\Omega$

(3) $\dot I=3\underline{/30^\circ}\,\mathrm{A}$,　$Y=(0.75-\mathrm{j}0.25)\,\mathrm{S}$

(4) $\dot U=100\underline{/45^\circ}\,\mathrm{V}$,　$Y=0.02\underline{/30^\circ}\,\mathrm{S}$

7-45 计算题 7-45 图所示正弦稳态电路的有功功率、无功功率及电路的功率因数。已知 $U=200\mathrm{V},I=2.5\mathrm{A}$。

7-46 正弦稳态电路如题 7-46 图所示。已知 $i_s(t)=10\sqrt2\,\sin100t\,\mathrm{A}$,$R_1=R_2=1\,\Omega$,$C_1=C_2=0.01\mathrm{F}$,$L=0.02\mathrm{H}$。求电源提供的有功功率,无功功率及各动态元件的无功功率。

7-47 如题 7-47 图所示正弦稳态电路。求整个电路的功率因数、无功功率及电流 I。

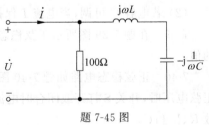

题 7-45 图

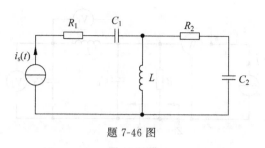

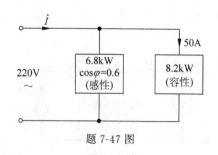

| 题 7-46 图 | 题 7-47 图 |

7-48 可用串联电抗器的方法来限制异步电动机的启动电流,如题 7-48 图所示。若异步电动机的功率为 2kW,其启动时的电阻 $R_0 = 1.6\Omega$,电抗 $X_0 = 3.2\Omega$,要求启动电流限制为 18A,求串联电抗器的电感值 L 为多少?设电源电压 $U = 220$V,频率 $f = 50$Hz。

7-49 在题 7-49 图所示工频($f = 50$Hz)正弦稳态电路中,已知功率表的读数为 100W,电压表 V 的读数为 100V,电流表 A_1 和 A_2 的读数相等,电压表 V_2 的读数是 V_1 读数的一半。求参数 R、L 和 C。

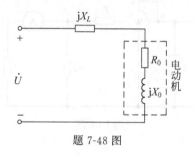

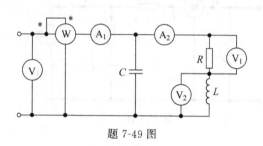

| 题 7-48 图 | 题 7-49 图 |

7-50 电路如题 7-50 图所示,已知功率表的读数为 2000W(感性),两个电压表的读数均为 250V,电流表的读数为 10A,求参数 R、X_L 及 X_C。

7-51 在题 7-51 图所示正弦稳态电路中,功率表的读数为 100W,电流表的读数为 0.5A,两个电压表的读数均为 250V。求参数 R_1、X_C 和 X_L 的值。

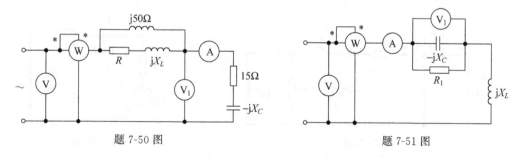

| 题 7-50 图 | 题 7-51 图 |

7-52 在题 7-52 图所示正弦稳态电路中,$X_L = 2\Omega$,$X_C = 0.5\Omega$,$g_m = 2$S,电压表的读数为 50V,求功率表的读数。

7-53 正弦稳态电路如题 7-53 图所示。已知功率表的读数为 100W,电压表 V_1 的读数为 200V,V_2 的读数为 100V,且 $\dot{U}$ 超前 $\dot{I}_s$ 60°,求两输入端阻抗 Z_1 和 Z_2。

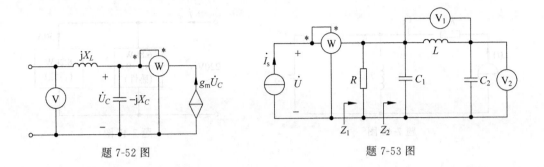

题 7-52 图　　　　　　　　　　题 7-53 图

7-54　在题 7-54 图所示正弦稳态电路中,已知电压表的读数为 150V,功率表的读数为 1500W,$I_1 = I_2 = I_3$,$R_1 = R_2 = R_3$,求参数 R_1、R_2、R_3、X_L 和 X_C。

7-55　在题 7-55 图所示电路中,已知电压表读数为 269.3V,功率表读数为 3.5kW,电流表读数为 10A,$Z_1 = (10 + j5)\Omega$,$Z_2 = (10 - j5)\Omega$,求阻抗 Z_3 的值。

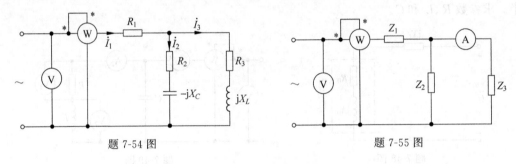

题 7-54 图　　　　　　　　　　题 7-55 图

7-56　正弦稳态电路如题 7-56 图所示。当开关 S 断开时,$I = 10A$,功率表的读数为 600W;当开关 S 闭合时,电流 I 仍为 10A,功率表的读数为 1000W,电容电压 $U_3 = 40V$。若电源频率为 50Hz,试求参数 R_1、R_2、L 和 C。

7-57　在题 7-57 图所示电路中,已知 $u_a = 10\sin(1000t + 45°)V$,$u_b = 5\sin(1000t - 135°)V$,求负载的复功率及电路的功率因数。

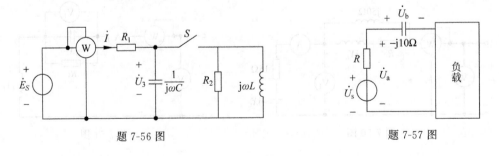

题 7-56 图　　　　　　　　　　题 7-57 图

7-58　试确定题 7-58 图所示电路中负载阻抗 Z_L 为何值时,其可获得最大功率 P_{max},求 P_{max} 及电源发出的功率。

7-59　正弦稳态电路如题 7-59 图所示。求负载 Z_L 为何值时,其获得的最大功率是多少? 已知 $i_s(t) = 2\sqrt{2}\sin t\, A$。

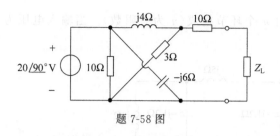

题 7-58 图

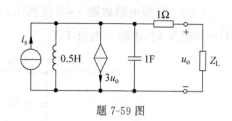

题 7-59 图

7-60 在题 7-60 图所示电路中，$u_s(t) = \sqrt{2}\sin t\,\text{V}$，$i_s(t) = \sqrt{2}\sin(t-30°)\,\text{A}$。问负载阻抗 Z_L 为何值时其获得最大功率 P_{max}，并求出 P_{max}。

7-61 功率为 100W 的白炽灯和功率为 60W、功率因数为 0.5 的日光灯（感性负载）各 50 只，并联在电压为 220V 的工频交流电源上，若将电路的功率因数提高至 0.92，应并联多大的电容？

7-62 在题 7-62 图所示电路中，已知 $U = 100\text{V}$，$\omega = 100\text{rad/s}$，$I_1 = 10\text{A}$，$I_2 = 20\text{A}$，Z_1 与 Z_2 的功率因数分别为 $\cos\varphi_1 = 0.8$（超前），$\cos\varphi_2 = 0.5$（滞后）。

（1）求电流表、功率表的读数及电路的功率因数；

（2）若电源的额定电流为 30A，还能并联多大的电阻？并求并联上该电阻后功率表的读数和电路的功率因数。

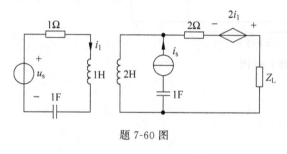

题 7-60 图

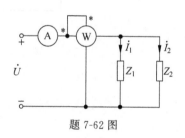

题 7-62 图

7-63 正弦稳态电路如题 7-63 图所示。已知电源电压 $U_s = 2\text{V}$，频率 $f = 4\times10^4\text{Hz}$，$R_1 = 125\Omega$，$R_2 = 100\Omega$。为使 R_2 获得最大功率，L 和 C 应为多少？此时 R_2 获得的最大功率又是多少？

7-64 在题 7-64 图所示电路中，已知电路的功率因数角为 60°，负载 Z_L 为感性，且 $U_1 = 50\text{V}$，$U_2 = 100\text{V}$，$X_L = 25\Omega$，$X_C = 50\Omega$，求：

（1）负载阻抗 Z_L 的值；

（2）若将电路的功率因数提高至 0.8，需并联的电容容抗 X_C' 为多少？

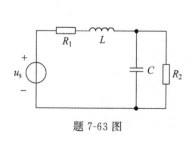

题 7-63 图

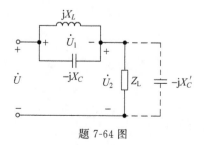

题 7-64 图

7-65 链型电路如题 7-65 图所示,其由 n 个环节构成(n 为有限数)。当输入电压为 $\dot{U}=30\underline{/0^\circ}$ V 时,求输入电流 $\dot{I}$ 。

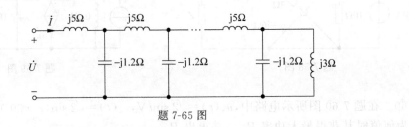

题 7-65 图

7-66 在题 7-66 图所示电路中,已知 $i_s(t)=2\sin t$ A,求端口电压 u_1 及输出电压 u_2 。图中所有的电阻为 1Ω,电感为 1H,电容为 1F。

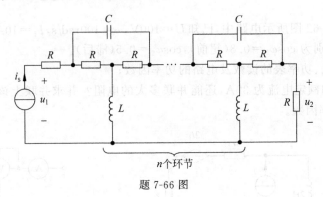

题 7-66 图

第 8 章

谐振电路与互感耦合电路

本章提要

在正弦稳态电路中,谐振和互感(或磁耦合)是两种非常重要的现象,谐振电路和互感耦合电路在工程实际中有着极为广泛的应用。本章讨论这两种重要电路的特性及其分析方法。

本章的主要内容有:串联和并联谐振电路;一般谐振电路的分析;互感耦合电路及其分析计算;理想变压器及含理想变压器电路的分析等。

8.1 串联谐振电路

8.1.1 电路频率响应的概念

1. 电路的频率响应

在正弦稳态电路中,阻抗 Z 和导纳 Y 都是电路激励频率的函数,这样,电路的响应也必然是频率的函数。当电源的频率发生变化时,响应的幅值和相位也随之发生改变。研究电路的响应和频率之间的关系就是所谓的频率响应问题。

2. 幅频特性和相频特性

频率响应通常用频率特性予以表征。频率特性包括幅频特性和相频特性。电路响应的幅值与频率之间的关系称为幅频特性,响应的相位与频率之间的关系则称为相频特性。

在正弦稳态电路中,其响应为正弦函数,可表示为相量。于是幅频特性一般是指响应相量的模与频率间的函数关系,而相频特性是指响应相量的幅角与频率间的函数关系。

在实际应用中,对具有单一输入的电路,在讨论电路响应时,通常是转化为对输出和输入之间关系的研究。这种输出和输入之间的关系一般用网络函数来表示。在正弦稳态电路中,网络函数定义为输出相量和输入相量之比。设输出相量为 $\dot{Y}$,输入相量为 $\dot{X}$,网络函数为 $H(\mathrm{j}\omega)$,则

$$H(\mathrm{j}\omega) = \frac{\dot{Y}}{\dot{X}} \tag{8-1}$$

在第 12 章中将给出网络函数的一般定义并进行较为深入的讨论。引入网络函数的概念后,正弦稳态电路的频率特性可用网络函数的频率特性表示,即网络函数的模 $|H(\mathrm{j}\omega)|$ 与频率

的关系为幅频特性,网络函数的幅角 $\angle H(j\omega)$ 与频率的关系为相频特性。

幅频特性和相频特性一般绘制为曲线,从曲线上可直观清楚地了解电路响应与频率间的关系。

例 8-1 试讨论图 8-1 所示 RC 电路的频率特性,设电路的输出为电容电压 $\dot{U}_\circ$。

解 这是一个简单的 RC 串联电路,可得输出电压 $\dot{U}_\circ$ 与输入电压 $\dot{U}_i$ 间的关系式为

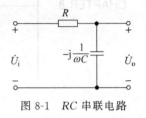

图 8-1 RC 串联电路

$$\dot{U}_\circ = \frac{-j\dfrac{1}{\omega C}}{R - j\dfrac{1}{\omega C}}\dot{U}_i = \frac{1}{1 + j\omega RC}\dot{U}_i$$

设 $\dot{U}_i = U_i\underline{/0^\circ}\,\text{V}$,则网络函数为

$$H(j\omega) = \frac{\dot{U}_\circ}{\dot{U}_i} = \frac{1}{1 + j\omega RC} = \frac{1}{\sqrt{1 + \omega^2 R^2 C^2}}\underline{/-\arctan\omega RC}$$

该网络函数为两个电压之比,称为转移电压比。于是可得幅频特性为

$$|H(j\omega)| = \frac{U_\circ}{U_i} = \frac{1}{\sqrt{1 + \omega^2 R^2 C^2}} \tag{8-2}$$

相频特性为

$$\angle H(j\omega) = \varphi_{u_\circ} - \varphi_{u_i} = \arctan\omega RC \tag{8-3}$$

由式(8-2),当 $\omega = 0$ 时,$|H(j\omega)| = 1$;当 $\omega = \omega_C = \dfrac{1}{RC}$ 时,$|H(j\omega)| = \dfrac{1}{\sqrt{2}}$;当 $\omega \to \infty$ 时,

$|H(j\omega)| = 0$。如此再取若干个 ω 值时的 $|H(j\omega)|$ 的值,并以频率的相对值 $\dfrac{\omega}{\omega_C}$ 为横坐标作出幅频特性曲线如图 8-2(a)所示。由曲线可见,在输入电压幅值一定时,电路的频率越高,输出电压的幅值越小,即该电路具有让频率较低的信号容易输出的能力,故称该电路为低通滤波电路,或称 RC 低通滤波器。在这一电路中,频率 $\omega_C = \dfrac{1}{RC}$ 具有特定的意义,其使 $\dfrac{U_\circ}{U_i} = \dfrac{1}{\sqrt{2}} = 0.707$,即 $\omega = \omega_C$ 时,电路输出电压幅值为输入电压幅值的 70.7%。在频率响应中,称 ω_C 为截止频率。

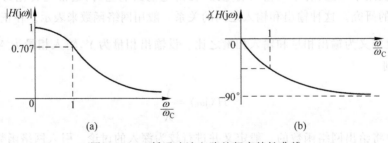

图 8-2 RC 低通滤波电路的频率特性曲线

由式(8-3),当 $\omega=0$ 时,输出电压的相位 $\angle H(\mathrm{j}\omega)$ 为零;当 $\omega \to \infty$ 时,$\angle H(\mathrm{j}\omega)$ 为 $-90°$。由此可知 $\angle H(\mathrm{j}\omega)$ 随频率的增加单调地由 $0°$ 减小至 $-90°$,这表明输出电压总滞后于输入电压。以频率的相对值 $\dfrac{\omega}{\omega_{\mathrm{C}}}$ 为横坐标作出相频特性曲线如图 8-2(b)所示。

容易理解,对同一电路而言,若取不同的电量为输出,便有不同的网络函数和频率响应,电路也就具有不同的应用功能。如图 8-1 所示的 RC 电路,若以电阻电压为输出,则电路便具有高通滤波功能,即高频信号能容易地被输出。类似于具有图 8-1 所示电路这样功能的电路称为滤波器。实际中有高通滤波器、低通滤波器、带阻滤波器、带通滤波器等类型。滤波器在电工、电子、通信、控制等技术领域中获得了极为广泛的应用。

8.1.2　谐振及其定义

谐振是正弦稳态电路频率响应中的一种特殊现象。当电路发生谐振时,电路中某些支路的电压或电流的幅值可能大于端口电压或电流的幅值,即出现所谓的"过电压"或"过电流"的情况。在工程实际中,需要根据不同的应用目的来利用或者避开谐振现象。

对一个无源正弦稳态电路而言,当其端口电压与端口电流同相位时,便称发生了谐振。产生了谐振的电路称为谐振电路。由于电阻元件的电压与电流同相位,因此又将含有 L、C 元件的无源二端网络的入端复阻抗(导纳)呈现为纯电阻(电导)作为谐振的定义。

另外,对仅含有 LC 元件(不含电阻元件)的无源网络,当其入端复阻抗 $Z=\infty$(端口电流为零)或入端复导纳 $Y=\infty$(端口电压为零)时,也称电路发生了谐振。

两种典型、简单的谐振电路是串联谐振电路和并联谐振电路。下面先讨论串联谐振电路的谐振条件及谐振时所出现的现象。

8.1.3　串联谐振的条件

图 8-3 所示是一个在角频率为 ω 的正弦电压源 $\dot{U}_{\mathrm{s}}$ 激励下的 RLC 串联电路,其入端复阻抗为

$$Z = R + \mathrm{j}\left(\omega L - \frac{1}{\omega C}\right) = R + \mathrm{j}X \qquad (8\text{-}4)$$

若电抗 X 为零,则复阻抗 Z 为纯电阻,即 $Z=R$,这时称电路发生串联谐振。谐振时,有

$$X = X_L - X_C = \omega L - 1/(\omega C) = 0$$

或

$$\omega L = 1/(\omega C) \qquad (8\text{-}5)$$

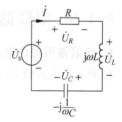

图 8-3　RLC 串联电路

这表明串联谐振的条件是电路的感抗和容抗必须相等。谐振时的角频率称为谐振角频率,用 ω_0 表示,根据式(8-5),有

$$\omega_0 = 1/\sqrt{LC} \qquad (8\text{-}6)$$

由于 $\omega_0 = 2\pi f_0$,所以

$$f_0 = \frac{1}{2\pi\sqrt{LC}} \qquad (8\text{-}7)$$

f_0 称为谐振频率。由此可见,电路的谐振频率(或角频率)仅取决于 L、C 元件的参数,而与

R 及外施电源无关。

8.1.4 实现串联谐振的方法

式(8-7)表明,只要电路的频率及 L、C 元件的参数满足该关系式,RLC 串联电路便产生谐振。换句话说,在 RLC 串联电路中,无论改变 f(或 ω)、L、C 三个量中的哪一个,都可使电路发生谐振。

具体地说,可采用两种方法来实现电路的谐振:一是在电源频率固定的情况下,改变 L、C 元件的参数,使电路满足谐振条件;二是在固定 L、C 元件参数的情况下,调整电源频率使电路产生谐振。比如在无线电收音机中,即是通过调节可变电容器的电容量使信号接收电路对某一电台的信号频率产生谐振,从而达到接收该台节目的目的。通过调节 L、C 值而使电路对某一特定频率的信号产生谐振的过程称为调谐。

例 8-2 在图 8-3 所示电路中,(1)若电源的频率 $f=1000\text{Hz}$,$L=5\times10^{-13}\text{H}$,求使电路产生谐振的电容 C 值;(2)若电源的频率可调,当 $L=10\times10^{-3}\text{H}$,$C=0.158\times10^{-6}\text{F}$ 时,要使电路谐振,电源的频率应调节为多少?

解 (1)由谐振条件

$$\omega_0 L = 1/(\omega_0 C)$$

得

$$C = \frac{1}{\omega_0^2 L} = \frac{1}{(2\pi f_0)^2 L}$$

将参数代入,可求得

$$C = \frac{1}{(2\pi\times1000)^2\times5\times10^{-3}}\text{F} = 5.07\times10^{-6}\text{F} = 5.07\mu\text{F}$$

(2)由式(8-7),有

$$f_0 = \frac{1}{2\pi\sqrt{LC}} = \frac{1}{2\pi\sqrt{10\times10^{-3}\times0.158\times10^{-6}}}\text{Hz} = 4004\text{Hz}$$

8.1.5 串联谐振时的电压和电流相量

1. 串联谐振时的电流相量

在图 8-3 所示的 RLC 串联电路中,电流相量为

$$\dot{I} = \frac{\dot{U}_s}{R + j\left(\omega L - \frac{1}{\omega C}\right)} = \frac{\dot{U}_s}{R + jX} \tag{8-8}$$

设 $\dot{U}_s = U_s\underline{/0°}$,$Z = R + jX = |Z|\underline{/\varphi}$,$\varphi$ 为阻抗角,有

$$\dot{I} = \frac{\dot{U}_s}{Z} = \frac{U_s}{\sqrt{R^2 + X^2}}\underline{/-\varphi} \tag{8-9}$$

若电路产生谐振,则 $X=0$,$Z=R$,此时

$$\dot{I} = \dot{I}_0 = \frac{U_s}{R}\underline{/0°}$$

谐振时的 I_0 为 RLC 串联电路中在同一电压作用下可能出现的最大电流,且电压 $\dot{U}_s$ 和电流 $\dot{I}_0$ 同相位。在讨论谐振电路时,一般用下标零代表谐振时的量。

2. 串联谐振时的电压相量

当图 8-3 所示电路产生谐振时,各元件的电压相量为

$$\dot{U}_{R0}=R\dot{I}_0, \quad \dot{U}_{L0}=\mathrm{j}X_{L0}\dot{I}_0, \quad \dot{U}_{C0}=-\mathrm{j}X_{C0}\dot{I}_0$$

而 $\dot{I}_0=\dfrac{\dot{U}_s}{R}$,$X_{L0}=X_{C0}$,因此有

$$\dot{U}_{R0}=\dot{U}_s, \quad \dot{U}_{L0}=\mathrm{j}\frac{X_{L0}}{R}\dot{U}_s, \quad \dot{U}_{C0}=-\mathrm{j}\frac{X_{C0}}{R}\dot{U}_s=-\mathrm{j}\frac{X_{L0}}{R}\dot{U}_s$$

由此可知,在谐振时,电阻的电压相量等于电源的电压相量;电感电压和电容电压的有效值相等,相位相反,即 $\dot{U}_{L0}+\dot{U}_{C0}=0$,两者相互完全抵消,$L$ 和 C 两元件的串联等效于一根短路线,电源电压全部施加于电阻 R 上,所以又把串联谐振称作电压谐振。谐振时的相量图如图 8-4 所示。

3. 过电压现象

串联谐振时,电感电压和电容电压的有效值为

$$U_{L0}=U_{C0}=\frac{X_{L0}}{R}U_{R0}=\frac{X_{L0}}{R}U_s$$

这表明两种电抗元件上电压的有效值是电阻电压有效值或电源电压有效值的 X_{L0}/R(或 X_{C0}/R)倍。由此可观察到一个十分有趣的重要现象,即当 X_{L0}(或 X_{C0})远大于 R

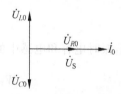

图 8-4 串联谐振时的相量图

时,在谐振频率的邻域,电容电压或电感电压的有效值远大于电阻电压或电源电压的有效值。例如当 $X_{L0}=100R$ 时,若 $U_s=U_{R0}=10\mathrm{V}$,则谐振电压 $U_{L0}=U_{C0}=\dfrac{X_{L0}}{R}U_s=100U_s=1000\mathrm{V}$。这称为串联谐振电路的过电压现象。

在电子信息技术中,这种现象是十分有益的。通常把一个微弱的信号输入到串联谐振回路,从而在电容或电感两端获得一个比输入信号大得多的电压信号。收音机接收回路的工作原理便是如此。但要注意,在电力系统中,电压谐振现象将造成危险的过电压而危及系统的安全,应予以避免。

8.1.6 串联谐振电路中的能量

1. 串联谐振电路中的无功功率

因谐振时电路的复阻抗呈现电阻性质,由此推断此时电路的无功功率为零,即电源不对电路提供无功功率。事实上,电路的无功功率 Q_X 为 L、C 两元件的无功功率之和,即

$$Q_X=Q_L-Q_C=I^2(X_L-X_C)$$

因谐振时 $X_{L0}=X_{C0}$,故

$$Q_X=0$$

要注意,谐振时 Q_L 和 Q_C 本身并不为零,$Q_X=0$ 意味着 $Q_L=Q_C$,这表明电感的无功功率全部由电容元件提供,反之亦然,即 Q_L 和 Q_C 互补。

2. 串联谐振电路中的电场能量和磁场能量

设电源电压为

$$u_s = \sqrt{2}\,U\sin\omega_0 t = U_m\sin\omega_0 t$$

则串联谐振时的电流和电容电压的瞬时值分别为

$$i = \frac{U_m}{R}\sin\omega_0 t = I_m\sin\omega_0 t$$

$$u_C = I_m X_{C0}\sin\left(\omega_0 t - \frac{\pi}{2}\right) = -U_{Cm}\cos\omega_0 t$$

因

$$\omega_0 = 1/\sqrt{LC}$$

又

$$U_{Cm} = I_m X_{C0} = I_m\frac{1}{\omega_0 C} = I_m\sqrt{\frac{L}{C}}$$

故

$$u_C = U_{Cm}\cos\omega_0 t = -I_m\sqrt{\frac{L}{C}}\cos\omega_0 t$$

于是谐振时电容和电感中的电场能量和磁场能量分别为

$$W_{C0} = \frac{1}{2}Cu_C^2 = \frac{1}{2}C\left(I_m\sqrt{\frac{L}{C}}\right)^2\cos^2\omega_0 t$$

$$= \frac{1}{2}LI_m^2\cos^2\omega_0 t = LI_0^2\cos^2\omega_0 t \tag{8-10}$$

$$W_{L0} = \frac{1}{2}Li^2 = \frac{1}{2}LI_m^2\sin^2\omega_0 t = LI_0^2\sin^2\omega_0 t \tag{8-11}$$

电场能量和磁场能量之和为

$$W_0 = W_{C0} + W_{L0} = LI_0^2\cos^2\omega_0 t + LI_0^2\sin^2\omega_0 t = LI_0^2 \tag{8-12}$$

由此可见,串联谐振时,电路中储存的总能量不随时间而变,为一个常数,它既等于电场能量的最大值,也等于磁场能量的最大值。由于每时每刻电路中的电场能量及磁场能量均在变化,但总能量为一常数,这意味着当磁场能量增加多大的数量时,电场能量便减少相同的数量。或者说,一部分电场能量转化成了磁场能量,反之亦然。这种能量交换现象称为"电磁振荡"。

8.1.7 串联谐振电路的品质因数

为了表征串联谐振电路的性能,引入一个重要的导出参数——品质因数 Q。应注意,Q 也是无功功率的表示符号,因此在使用中不要将两者混淆。

品质因数 Q 有多种定义方法。下面分别介绍。

1. 用电路参数定义

Q 可定义为谐振时的感抗 X_{L0} 或容抗 X_{C0} 与电阻 R 之比,即

$$Q \overset{\text{def}}{=\!=} X_{L0}/R = \omega_0 L/R \tag{8-13}$$

因 $X_{L0} = X_{C0}$ 及 $\omega_0 = 1/\sqrt{LC}$,有

$$Q = \frac{\omega_0 L}{R} = \frac{X_{C0}}{R} = \frac{1}{\omega_0 RC} = \frac{1}{R}\sqrt{\frac{L}{C}} \tag{8-14}$$

这表明电路的品质因数取决于 R、L、C 元件的参数,而与电源电压及角频率无关,Q 为无量纲的量。

2. 用电压的有效值定义

Q 也可定义为谐振时的感抗电压 U_{L0} 或容抗电压 U_{C0} 与电阻电压 U_{R0} 之比,即

$$Q \stackrel{\text{def}}{=} U_{L0}/U_{R0} \tag{8-15}$$

事实上,由 $Q = X_{L0}/R$,将此式分子、分母同乘以 I_0,便得

$$Q = \frac{X_{L0} I_0}{R I_0} = \frac{U_{L0}}{U_{R0}} = \frac{U_{C0}}{U_{R0}}$$

由此可见,品质因数 Q 是谐振时电感电压(电容电压)与电阻电压的有效值之间的倍数,比如一个串联谐振电路的 $Q = 100$,则谐振时,电感电压的有效值是电阻电压或电源电压的 100 倍。因此,Q 值反映了一个串联谐振电路过电压现象的强弱程度,Q 越大,谐振时的过电压现象越显著。这也告诉人们,利用过电压现象的电路应是高 Q 值电路。

3. 用平均功率与无功功率定义

Q 亦可定义为谐振时电感的无功功率或电容的无功功率与平均功率之比,即

$$Q \stackrel{\text{def}}{=} Q_{L0}/P_0 \tag{8-16}$$

事实上,将 $Q = X_{L0}/R_0$ 的分子分母同乘以 I_0^2,便得

$$Q = X_{L0}/R = I_0^2 X_{L0}/(I_0^2 R) = Q_{L0}/P_0$$

这表明谐振时电路中每一电抗元件上的无功功率是电路有功功率的 Q 倍。

4. 用能量定义

由式(8-16)不难导出用电路能量表示的 Q 的定义式:

$$Q = \frac{Q_{L0}}{P_0} = \frac{I_0^2 X_{L0}}{P_0} = \frac{I_0^2 \omega_0 L}{P_0} = \frac{2\pi f_0 L I_0^2}{P_0} = 2\pi \frac{L I_0^2}{P_0 T_0} \tag{8-17}$$

式中,$T_0 = 1/f_0$ 为谐振频率所对应的周期。根据式(8-12),式(8-17)可写为

$$Q = 2\pi W_0 / W_{R0} \tag{8-18}$$

式中,$W_0 = L I_0^2$ 为谐振时电路中总的电磁场能量;$W_{R0} = P_0 T_0 = I_0^2 R T_0$ 为谐振时电阻元件在一周期内损耗的能量。因此式(8-18)便是用电路能量表示的 Q 的定义式。应注意,与前三种定义的不同之处是该定义式的前面有一比例系数 2π。

由 Q 的四种定义式可看出,品质因数能表现一个谐振电路的特征。因此在工程应用中,Q 值是一个重要的技术参数。

例 8-3 已知图 8-5 所示电路的谐振频率为 $50\,\text{Hz}$,品质因数 $Q = 10$;$\dot{U}_s = 8\underline{/0^\circ}\,\text{V}$。

(1)求谐振时 $\dot{I}_0$、$\dot{U}_{L0}$ 及 $\dot{U}_{C0}$;

(2)求参数 L 和 C;

(3)若电阻的 R 值可调,现拟将电路的 Q 值提高为 150,试求电阻值。

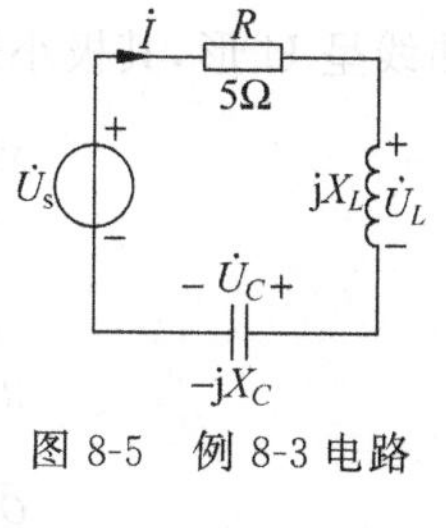

图 8-5 例 8-3 电路

解 (1)谐振时,电感和电容的串联等效为一根短路线,电源电压全部加在电阻两端,因此

$$\dot{I}_0 = \frac{\dot{U}_s}{R} = \frac{8\underline{/0^\circ}}{5} = 1.6\underline{/0^\circ}\text{A}$$

由 Q 的定义,知谐振时每一个电抗元件上的电压是电阻电压或电源电压的 Q 倍,故

$$U_{C0} = U_{L0} = QU_s = 10 \times 8 = 80\text{V}$$

有

$$\dot{U}_{C0} = 80\underline{/0^\circ - 90^\circ} = -\text{j}80\text{V}, \quad \dot{U}_{L0} = 80\underline{/0^\circ + 90^\circ} = \text{j}80\text{V}$$

(2) 由 $Q = \dfrac{X_{L0}}{R} = \dfrac{\omega_0 L}{R} = \dfrac{X_C}{R} = \dfrac{1}{\omega_0 RC}$,得

$$L = \frac{RQ}{\omega_0} = \frac{5 \times 10}{2\pi \times 50}\text{H} = \frac{1}{2\pi}\text{H} = 0.159\text{H}$$

$$C = \frac{1}{\omega_0 RQ} = \frac{1}{2\pi \times 50 \times 5 \times 10}\text{F} = 63.66\mu\text{F}$$

(3) 若 $Q' = 150$,根据式(8-14),有

$$R = \frac{1}{Q'}\sqrt{\frac{L}{C}} = \frac{1}{150}\sqrt{\frac{0.159}{63.66 \times 10^{-6}}}\Omega = \frac{1}{3}\Omega$$

8.1.8 串联谐振电路的频率特性

研究谐振电路,不仅要了解电路在谐振条件下的工作情况,也要考虑电源频率不是谐振频率的情况。因此,有必要讨论谐振电路的频率特性。所谓频率特性,指的是电路中的电压相量、电流相量以及复阻抗、复导纳等的模和幅角随频率变化的规律。

1. 复阻抗和复导纳的频率特性

(1) 复阻抗的频率特性

串联谐振电路的复阻抗为

$$Z(\text{j}\omega) = R + \text{j}X = R + \text{j}\left(\omega L - \frac{1}{\omega C}\right)$$

其模为

$$|Z(\text{j}\omega)| = \sqrt{R^2 + \left(\omega L - \frac{1}{\omega C}\right)^2} \tag{8-19}$$

X_L、X_C、X 曲线和复阻抗的幅频特性曲线示于图 8-6(a)中。由图 8-6(a)可见,当 $\omega < \omega_0$ 时,$X < 0$,电路为容性;当 $\omega = \omega_0$ 时,$X = 0$,电路发生谐振;当 $\omega > \omega_0$ 时,电路为感性。$|Z(\omega)|$ 曲线呈 U 形,其极小值为 R。

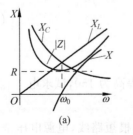 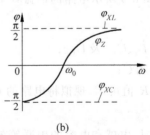

图 8-6 串联谐振电路复阻抗的频率特性曲线

复阻抗的阻抗角为

$$\varphi_Z = \arctan \frac{X}{R} = \arctan \frac{\omega L - \dfrac{1}{\omega C}}{R} \tag{8-20}$$

其相频特性曲线示于图 8-6(b)中,可以看出,当 ω 由 0 增到 ω_0 时,φ_Z 由 $-\pi/2$ 增至零;当 ω 由 ω_0 增至 ∞ 时,φ_Z 由 0 增至 $\pi/2$。

(2)复导纳的频率特性

串联谐振电路的复导纳为

$$Y(j\omega) = \frac{1}{Z(j\omega)} = \frac{1}{R + j\left(\omega L - \dfrac{1}{\omega C}\right)}$$

其模及导纳角分别为

$$|Y(j\omega)| = \frac{1}{\sqrt{R^2 + \left(\omega L - \dfrac{1}{\omega C}\right)^2}} \tag{8-21}$$

$$\varphi_Y = -\arctan \frac{\omega L - \dfrac{1}{\omega C}}{R} \tag{8-22}$$

复导纳的幅频特性曲线和相频特性曲线分别示于图 8-7(a)和图 8-7(b)中,由该图可见,当 ω 由零增到 ω_0 时,$|Y(\omega)|$ 由零增至极大值 $1/R$,φ_Y 由 $\pi/2$ 降至 0;当 ω 由 ω_0 增至 ∞ 时,$|Y(\omega)|$ 由 $1/R$ 降到零,而 φ_Y 则由零降到 $-\pi/2$。

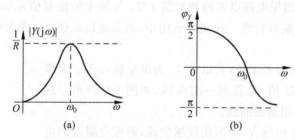

图 8-7 串联谐振电路复导纳的频率特性曲线

2. 电流相量的频率特性

串联谐振电路的电流相量为

$$\dot{I} = \frac{\dot{U}_s}{R + jX} = \frac{U_s \underline{/0^\circ}}{\sqrt{R^2 + \left(\omega L - \dfrac{1}{\omega C}\right)^2}} \underline{\left/ -\arctan \frac{\omega L - \dfrac{1}{\omega C}}{R}\right.} = I(\omega) \underline{/\varphi_I} \tag{8-23}$$

其模和相角分别为

$$I(\omega) = \frac{U_s}{\sqrt{R^2 + (\omega L - 1/\omega C)^2}} = U_s |Y| \tag{8-24}$$

$$\varphi_I = -\arctan \frac{\omega L - 1/\omega C}{R} = \varphi_Y \tag{8-25}$$

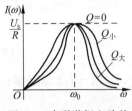

图 8-8 串联谐振电路的
电流幅频特性

式(8-24)表明,电流的幅频特性曲线和复导纳的幅频特性曲线相似,前者是后者的 U_s 倍;电流的相频特性和复导纳的相频特性完全相同。

$I(\omega)$ 曲线如图 8-8 所示。由该图可见,在 ω_0 处 I 达最大值 U_s/R,而在 ω_0 两侧电流逐步下降。这表明电路具有让一定频率的电流容易通过的特性,这种性质称为电路的选择性。在电子信息技术中,利用这种选择性,可将某一特定频率的信号筛选出来,把不感兴趣的其他频率的信号加以抑制。电路的选择性与品质因数有关,现分析如下。

$$I(\omega) = \frac{U_s}{\sqrt{R^2 + \left(\omega L - \dfrac{1}{\omega C}\right)^2}} = \frac{U_s/R}{\sqrt{1 + \left(\dfrac{\omega_0 \omega L}{\omega_0 R} - \dfrac{\omega_0}{\omega_0 R \omega C}\right)^2}}$$

$$= \frac{1}{\sqrt{1 + \left(\dfrac{\omega}{\omega_0}Q - \dfrac{\omega_0}{\omega}Q\right)^2}} \cdot \frac{U_s}{R} = \frac{1}{\sqrt{1 + Q^2\left(\dfrac{\omega}{\omega_0} - \dfrac{\omega_0}{\omega}\right)^2}} I_0$$

则

$$\frac{I(\omega)}{I_0} = \frac{1}{\sqrt{1 + Q^2\left(\dfrac{\omega}{\omega_0} - \dfrac{\omega_0}{\omega}\right)^2}} \tag{8-26}$$

式中,I_0 和 ω_0 均为谐振时的数值。

式(8-26)为串联谐振电路电流的相对值 I/I_0 与频率的相对值 ω/ω_0 的关系式,亦是网络函数电流传输比的幅频特性。在实际运用中,通常是以式(8-26)作为电流的幅频特性,而较少用式(8-24)。

在式(8-26)中,Q 为参变量,若以 I/I_0 为纵坐标,ω/ω_0 为横坐标,则对应不同的 Q 值,将得到一组曲线,如图 8-9 所示。这种曲线也称为串联通用谐振曲线。

由图 8-9 可见,Q 值越大,谐振曲线越尖锐,谐振点附近的电流值下降得越多,电路的选择性越好;Q 值越小,曲线越平缓,电路的选择性越差。图 8-9 的坐标系采用了归一化参数,因此,总是在 $\omega/\omega_0 = 1$ 处发生谐振,且谐振时的响应值 I/I_0 总为 1。

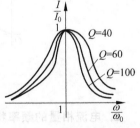

图 8-9 串联通用谐振曲线

类似地,可导出相角 φ_I 与 ω/ω_0 及 Q 的关系式:

$$\varphi_I = -\arctan \frac{\omega L - \dfrac{1}{\omega C}}{R} = -\arctan Q\left(\frac{\omega}{\omega_0} - \frac{\omega_0}{\omega}\right) \tag{8-27}$$

对应不同的 Q 值亦可作出一组相频特性曲线,如图 8-10 所示。

3. 串联谐振电路中各元件电压的幅频特性

串联谐振电路中各元件端电压的幅频特性曲线如图 8-11 所示。可以看出,电阻电压线与电流曲线的形状相似;U_R 曲线的最大值出现在 $\omega/\omega_0 = 1$ 处(谐振处),但 U_L 和 U_C 曲线的最大值并不在 $\omega/\omega_0 = 1$ 处。若品质因数 $Q > \dfrac{1}{\sqrt{2}}$,则 U_L 的最大值出现在 $\omega/\omega_0 = 1$ 之后,

而 U_C 的最大值则出现在 $\omega/\omega_0=1$ 前，且 $U_{L\max}=U_{C\max}$ 均大于谐振时电感及电容上的电压 U_{C0} 及 U_{L0}，在分析某些工程技术问题时应引起注意。若 $Q<\dfrac{1}{\sqrt{2}}$，电路在谐振时不出现过电压现象，则 U_C 和 U_L 两曲线的交点应在 U_R 曲线的中点下面。

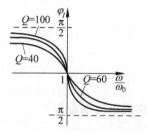

图 8-10　串联谐振电路的相频特性

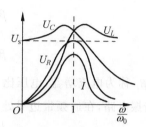

图 8-11　串联谐振电路各元件电压的幅频特性

4. 通频带

在通信技术中，谐振电路又称为选频网络。衡量一个选频网络的性能有两个指标。一是它选择信号的能力，二是其不失真地传送信号的能力。前者用选择性来量度，后者用通频带来表征。

（1）通频带的定义

谐振曲线中 $I/I_0 \geqslant 1/\sqrt{2}$ 的频率范围定义为电路的通频带。在图 8-12 中，对应于 $I/I_0=1/\sqrt{2}$ 的频率分别是 ω_1 和 ω_2，且 $\omega_2>$

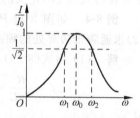

图 8-12　通频带示意图

ω_1，则通频带的范围在 ω_1 和 ω_2 之间，通频带的宽度为 $\omega_2-\omega_1$。后面将给出计算通频带宽的公式。显然，越尖锐的曲线其通频带越窄。由此可见，对一个实用选频网络而言，良好的选择性和较宽的通频带是一对矛盾，Q 值越高，电路的选择性越好，但通频带越窄。因此，并非是 Q 值越大越好。在实用中，常根据具体问题的要求在 Q 值和通频带之间加以权衡。

（2）通频带带宽的计算公式

根据通频带的定义，可导出串联谐振电路通频带带宽的计算公式。由通频带的定义式，有

$$\frac{I}{I_0}=\frac{1}{\sqrt{1+Q^2\left(\dfrac{\omega}{\omega_0}-\dfrac{\omega_0}{\omega}\right)^2}}=\frac{1}{\sqrt{2}} \tag{8-28}$$

解出 ω 的两个根为

$$\omega_{1,2}=\left(\sqrt{1+\frac{1}{4Q^2}}\pm\frac{1}{2Q}\right)\omega_0 \tag{8-29}$$

则通频带的带宽为

$$\Delta\omega=\omega_2-\omega_1=\frac{1}{Q}\omega_0 \tag{8-30}$$

其中 ω_1 称为下截止频率，ω_2 称为上截止频率。由式（8-30）也可见，电路的 Q 值越大，则通频带越窄。

用频率表示的通频带宽度为

$$\Delta f=\frac{\Delta\omega}{2\pi}=\frac{\omega_0}{2\pi Q}=\frac{f_0}{Q}=\frac{\dfrac{1}{2\pi\sqrt{LC}}}{\sqrt{\dfrac{L}{C}}\,/R}=\frac{R}{2\pi L} \tag{8-31}$$

式(8-31)表明,一个串联谐振电路的通频带宽度仅与 R 和 L 参数有关。

(3) 3dB 带宽

在工程应用中,常用分贝(dB)数来表示电流比或电压比。用分贝作单位时,电流比或电压比是按下面的对数式来计算的:

$$\beta_I = 20\lg \frac{I_2}{I_1}\text{dB} \tag{8-32}$$

$$\beta_U = 20\lg \frac{U_2}{U_1}\text{dB} \tag{8-33}$$

此时,电流比 β_I 称为电流增益,电压比 β_U 称为电压增益。

对串联谐振电路,在通频带边界处,$I/I_0 = 1/\sqrt{2}$,则对应的电流增益为

$$\beta_I = 20\lg \frac{I}{I_0}\text{dB} = 20\lg \frac{1}{\sqrt{2}}\text{dB} = -3\text{dB}$$

于是便将式(8-28)定义的通频带称为 3dB 通频带。

例 8-4 如图 8-13 所示电路,(1)求 3dB 通频带的宽度;(2)求通频带边界处的频率;(3)作出该电路的谐振曲线。

解 (1) 由式(8-29),可求出通频带的带宽为

$$\Delta f = \frac{R}{2\pi L} = \frac{12}{2\pi \times 0.01}\text{Hz} = 191\text{Hz}$$

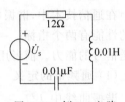

图 8-13 例 8-4 电路

或

$$\Delta\omega = 2\pi\Delta f = 1200\text{rad/s}$$

(2) 先求出谐振频率及品质因数。可求得

$$\omega_0 = \frac{1}{\sqrt{LC}} = \frac{1}{\sqrt{0.01 \times 0.01 \times 10^{-6}}}\text{rad/s} = 10^5\text{rad/s}$$

$$Q = \frac{1}{R}\sqrt{\frac{L}{C}} = \frac{1}{12}\sqrt{\frac{0.01}{0.01 \times 10^{-6}}} = 83.33$$

由式(8-29),通频带边界处的两角频率分别为

$$\omega_1 = \left(\sqrt{1 + \frac{1}{4Q^2}} - \frac{1}{2Q}\right)\omega_0 = \left(\sqrt{1 + \frac{1}{4 \times 83.33^2}} - \frac{1}{2 \times 83.33^2}\right) \times 10^5$$

$$= 99402\text{rad/s}$$

$$\omega_2 = \omega_1 + \Delta\omega = (99402 + 1200)\text{rad/s} = 100602\text{rad/s}$$

则

$$f_1 = \frac{\omega_1}{2\pi} = 15820\text{Hz}, \quad f_2 = \frac{\omega_2}{2\pi} = 16011\text{Hz}$$

(3) 作出谐振曲线如图 8-14 所示。

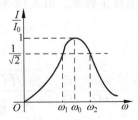

图 8-14 图 8-13 电路的谐振曲线

练习题

8-1 电路如图 8-15 所示。已知电源电压 $U = 20\text{V}$，$\omega =$ 2000rad/s。当调节电感 L 使得电路中的电流为最大值 150mA 时，电感两端的电压为 300V。求参数 R、L、C 的值及电路的品质因数 Q。

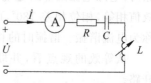

图 8-15 练习题 8-1 电路

8.2 并联谐振电路

图 8-16 所示为 GLC 并联电路，显然它是 RLC 串联电路的对偶形式。本节就这一电路的谐振情况进行讨论。

8.2.1 并联谐振的条件

该电路的复导纳为

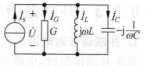

图 8-16 GLC 并联电路

$$Y = G + j\left(\omega C - \frac{1}{\omega L}\right)$$

$$= G + j(B_C - B_L) = G + jB$$

若电纳 B 为零，则复导纳 $Y = G$，电路呈电阻性质，称电路发生并联谐振。可见发生并联谐振的条件是电纳为零或感纳与容纳相等，即

$$\omega_0 C = 1/(\omega_0 L) \tag{8-34}$$

由此可得并联谐振角频率为

$$\omega_0 = 1/\sqrt{LC} \tag{8-35}$$

8.2.2 并联谐振时的电压相量和电流相量

1. 并联谐振时的电压相量

发生并联谐振时，复导纳 $Y = G = 1/R$，即导纳达最小值。设端口电流源相量 $\dot{I}_s = I_s \underline{/0°}$，则端口电压相量为

$$\dot{U}_0 = \frac{\dot{I}_s}{Y} = \frac{\dot{I}_s}{G} = \frac{I_s \underline{/0°}}{G}$$

这表明此时端口电压达最大值，且端口电压与端口电流同相位。

2. 并联谐振时的电流相量

并联谐振时，各电流相量为

$$\dot{I}_{R0} = \frac{\dot{U}_0}{R} = G\dot{U}_0 = \dot{I}_s \tag{8-36}$$

$$\dot{I}_{L0} = -jB_L\dot{U}_0 = -j\frac{B_{L0}}{G}\dot{I}_s \tag{8-37}$$

$$\dot{I}_{C0} = jB_C\dot{U}_0 = j\frac{B_{C0}}{G}\dot{I}_s \tag{8-38}$$

由于 $B_{L0}=B_{C0}$,因此有 $I_{L0}=I_{C0}$。由此可见,在并联谐振时,电源电流全部通过电阻元件,电感电流及电容电流的有效值相等,相位相差 $180°$,两者完全抵消。因此,并联谐振又称为电流谐振。谐振时的相量图如图8-17所示。

从等效的观点看,并联谐振时,LC 元件的并联相当于开路。

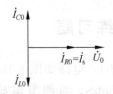

图 8-17 并联谐振时的相量图

3. 过电流现象

与串联谐振电路的过电压现象对偶,在并联谐振时会出现过电流现象。事实上,由式(8-37)和式(8-38),电感电流和电容电流的有效值为

$$I_{L0}=I_{C0}=\frac{B_{L0}}{G}I_s=\frac{B_{C0}}{G}I_s$$

若 $B_{L0}=B_{C0}>G$,则有 $I_{L0}=I_{C0}>I_s$。

8.2.3 并联谐振电路中的能量

1. 并联谐振时电路的无功功率

发生并联谐振时,电路呈电阻性质,其无功功率为零,但每一电抗元件的无功功率并不等于零,两种电抗元件的无功功率相互完全补偿。事实上

$$Q_L=U_0^2 B_L, \quad Q_C=-U_0^2 B_C$$

但

$$B_L=B_C$$

所以

$$Q_L+Q_C=0$$

2. 并联谐振时的电场能量和磁场能量

设并联谐振时端口电压的瞬时值表达式为

$$u_0=U_{m0}\sin\omega_0 t=\sqrt{2}U_0\sin\omega_0 t$$

则电感中电流的瞬时值表达式为

$$i_{L0}=U_{m0}B_L\sin\left(\omega_0 t-\frac{\pi}{2}\right)=-\sqrt{2}U_0 B_L\cos\omega_0 t$$

电容中的电场能量为

$$W_{C0}=\frac{1}{2}Cu_{C0}^2=\frac{1}{2}C\times(2U_0^2\sin^2\omega_0 t)=CU_0^2\sin^2\omega_0 t \tag{8-39}$$

电感中的磁场能量为

$$W_{L0}=\frac{1}{2}Li_{L0}^2=\frac{1}{2}L\times(2U_0^2 B_L^2\cos^2\omega_0 t)=\frac{U_0^2}{\omega_0^2 L}\cos^2\omega_0 t$$

又 $\omega_0=1/\sqrt{LC}$,故

$$W_{L0}=\frac{U_0^2}{\omega_0^2 L}\cos^2\omega_0 t=CU_0^2\cos^2\omega_0 t \tag{8-40}$$

比较式(8-39)和式(8-40)可知,电场能量和磁场能量的最大值相等。在并联谐振时,电磁场总能量为

$$W_0=W_{C0}+W_{L0}=CU_0^2\sin^2\omega_0 t+CU_0^2\cos^2\omega_0 t=CU_0^2 \tag{8-41}$$

这表明并联谐振时,电磁场的总能量为一常数,这与串联谐振时的情形是相同的。

8.2.4　并联谐振电路的品质因数

并联谐振电路也用品质因数 Q 这一导出参数来表征其性能。与串联谐振电路相仿,并联谐振电路的品质因数可用四种方式加以定义。

1. 用电路参数定义

Q 定义为并联谐振时的容纳或感纳与电导之比,即

$$Q = \frac{B_{C0}}{G} = \frac{\omega_0 C}{G} = \frac{B_{L0}}{G} = \frac{1}{\omega_0 LG} \tag{8-42}$$

将 $\omega_0 = 1/\sqrt{LC}$ 及 $R = 1/G$ 代入式(8-42),可得

$$Q = \frac{\omega_0 C}{G} = R\sqrt{\frac{C}{L}} \tag{8-43}$$

2. 用电流的有效值定义

Q 也可定义为并联谐振时的电容电流或电感电流与电阻电流有效值之比,即

$$Q = \frac{I_{C0}}{I_{G0}} = \frac{I_{L0}}{I_{G0}} \tag{8-44}$$

事实上,将式(8-42)的分子分母同乘以 U_0,便有

$$Q = \frac{\omega_0 C}{G} = \frac{\omega_0 C U_0}{G U_0} = \frac{I_{C0}}{I_{G0}} = \frac{I_{L0}}{I_{G0}}$$

式(8-44)表明,谐振时电抗元件上的电流是电阻电流或电流源电流的 Q 倍,Q 值越高,则过电流现象越显著。

3. 用无功功率与平均功率定义

将式(8-44)的分子分母同乘以 U_0,可得

$$Q = \frac{I_{C0}}{I_{G0}} = \frac{I_{C0} U_0}{I_{G0} U_0} = \frac{Q_{C0}}{P_0} = \frac{Q_{L0}}{P_0} \tag{8-45}$$

式中,Q_{C0} 和 Q_{L0} 为谐振时电抗元件的无功功率,P_0 为电阻元件消耗的功率。因此,Q 可定义为谐振时任一电抗元件的无功功率与平均功率之比。

4. 用能量定义

由式(8-45)可导出 Q 的又一定义式

$$Q = 2\pi \frac{W_0}{W_{R0}} \tag{8-46}$$

式中,$W_0 = CU_0^2$ 为谐振时电路电磁场能量之和,$W_{R0} = U_0^2 T_0 / R$ 为电阻元件在一周期内消耗的能量。由此可见,Q 值越高,电路中电磁场的总能量越大,电磁振荡现象越激烈。

8.2.5　并联谐振电路的频率特性及通频带

对于并联谐振电路的频率特性,这里只讨论端口电压的频率特性,而复导纳、复阻抗及电流相量的频率特性读者可自行分析。

图 8-16 所示的并联谐振电路,在电流源的激励下,响应电压为

$$\dot{U} = \frac{\dot{I}_s}{Y} = \frac{\dot{I}_s}{G + j\left(\omega C - \frac{1}{\omega L}\right)} = \frac{R\dot{I}_s}{1 + j\left(R\omega C - \frac{R}{\omega L}\right)} \tag{8-47}$$

因 $R\dot{I}_s$ 为谐振时的响应电压 $\dot{U}_0$,而 $R\omega_0 C=\dfrac{R}{\omega_0 L}=Q$ 为品质因数,故式(8-47)可写为

$$\dot{U}=\frac{\dot{U}_0}{1+jQ\left(\dfrac{\omega}{\omega_0}-\dfrac{\omega_0}{\omega}\right)}$$

于是,幅频特性为

$$\frac{U}{U_0}=\frac{1}{\sqrt{1+Q^2\left(\dfrac{\omega}{\omega_0}-\dfrac{\omega_0}{\omega}\right)^2}} \tag{8-48}$$

相频特性为

$$\varphi_u=-\arctan Q\left(\frac{\omega}{\omega_0}-\frac{\omega_0}{\omega}\right) \tag{8-49}$$

式(8-48)及式(8-49)与串联谐振电路的幅频、相频特性在形式上完全相同,因而谐振曲线及相频特性曲线的形状也完全相同,但它们的参数是对偶的。

根据对偶原理,并联谐振电路通频带带宽的计算公式为

$$\Delta\omega=\omega_0/Q \tag{8-50}$$

或

$$\Delta f=\frac{\Delta\omega}{2\pi}=\frac{\omega_0}{2\pi Q}=\frac{\dfrac{1}{\sqrt{LC}}}{2\pi R\sqrt{\dfrac{C}{L}}}=\frac{1}{2\pi RC} \tag{8-51}$$

例 8-5　如图 8-18 所示电路,已知 $I_s=10\text{A},R=20\Omega,$ $L=0.02\text{H},C=40\mu\text{F}$,求:(1)谐振频率和品质因数;(2)谐振时的电感电流或电容电流的有效值;(3)通频带的带宽 Δf。

解　(1)谐振频率为

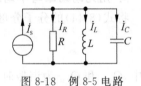

图 8-18　例 8-5 电路

$$f_0=\frac{1}{2\pi\sqrt{LC}}=\frac{1}{2\pi\sqrt{0.02\times40\times10^{-6}}}\text{Hz}=178\text{Hz}$$

品质因数为

$$Q=R\sqrt{\frac{C}{L}}=200\sqrt{\frac{40\times10^{-6}}{0.02}}=8.94$$

(2)谐振时,电感电流或电容电流的有效值相等,且等于电流源电流值的 Q 倍,于是有

$$I_{L0}=I_{C0}=QI_s=8.94\times10\text{A}=89.4\text{A}$$

(3)由式(8-51),可求得通频带的带宽为

$$\Delta f=\frac{1}{2\pi RC}=\frac{1}{2\pi\times200\times40\times10^{-6}}\text{Hz}=19.9\text{Hz}$$

8.2.6　实用并联谐振电路的分析

1. 实用并联谐振电路的谐振条件

在实际中,常用有损耗的电感线圈与电容器并联构成并联谐振电路,其等效电路如图 8-19 所示。该电路的复导纳为

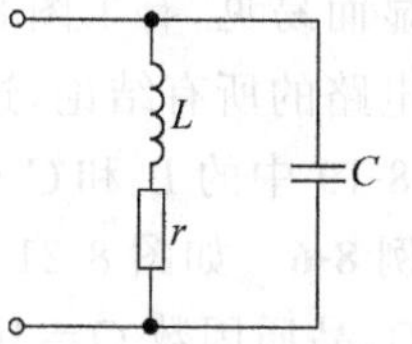

$$Y = \frac{1}{r + j\omega L} + j\omega C$$

$$= \frac{r}{r^2 + (\omega L)^2} + j\left[\omega C - \frac{\omega L}{r^2 + (\omega L)^2}\right]$$

图 8-19 实用并联谐振电路

令其虚部为零,有

$$\omega C = \frac{\omega L}{r^2 + (\omega L)^2}$$

则谐振角频率为

$$\omega_0 = \frac{1}{\sqrt{LC}}\sqrt{1 - \frac{Cr^2}{L}} \tag{8-52}$$

式中,根号内必须是大于零的数,否则 ω_0 为一虚数,电路将不会发生谐振。可见,电路要发生谐振,必须满足

$$1 - \frac{Cr^2}{L} > 0$$

或

$$r < \sqrt{\frac{L}{C}}$$

需指出的是,上述条件适用于调节电源频率使电路发生谐振的情况,若是调节 LC 元件的参数,则无须上述限制。

2. 实用并联谐振电路的近似分析法

通常将实际电感线圈的感抗与电阻之比定义为电感线圈的品质因数,一般电感线圈的品质因数都较高(即 r 较小),于是电感线圈的复导纳为

$$Y_L = \frac{r}{r^2 + (\omega L)^2} - j\frac{\omega L}{r^2 + (\omega L)^2} = \frac{\frac{1}{r}}{1 + \left(\frac{\omega L}{r}\right)^2} - j\frac{\frac{\omega L}{r^2}}{1 + \left(\frac{\omega L}{r}\right)^2}$$

$$\approx \frac{\frac{1}{r}}{\left(\frac{\omega L}{r}\right)^2} - j\frac{\frac{\omega L}{r^2}}{\left(\frac{\omega L}{r}\right)^2} = \frac{r}{(\omega L)^2} - j\frac{1}{\omega L}$$

则图 8-19 所示电路的复导纳近似为

$$Y = Y_L + Y_C = \frac{r}{(\omega L)^2} - j\frac{1}{\omega L} + j\omega C$$

$$= \frac{r}{(\omega L)^2} + j\left(\omega C - \frac{1}{\omega L}\right) = G + j\left(\omega C - \frac{1}{\omega L}\right) \tag{8-53}$$

式中 $G = \frac{r}{(\omega L)^2}$。

式(8-53)与图 8-20 所示电路对应,这表明在电感线圈 Q 值较高的情况下,实用并联谐振电路可用图 8-20(a)所示的 GLC 并联电路代替。要注意,该电路中的电导 G 是角频率 ω 的函数,这意味着不同的频率有着不同的 G 值。在谐振时,因 $\omega_0 = 1/\sqrt{LC}$,故 $G = \frac{r}{(\omega_0 L)^2} = rC/L$,因此谐振时的等效电路如图 8-20(b)所示。

显而易见,有了图 8-20(b)电路,对实用并联谐振电路的分析便可套用前述 GLC 并联谐振电路的所有结论,这无疑使分析工作大为简化。但应注意,图 8-20(b)电路中的 L 和 C 与图 8-19 中的 L 和 C 相同,而 $G=rC/L\neq1/r$,即 G 由 r、L 和 C 共同决定。

例 8-6   如图 8-21 所示并联谐振电路,已知其谐振频率 $f_0=100\text{kHz}$,谐振阻抗 $Z_0=100\text{k}\Omega$,品质因数 $Q=100$。(1)求各元件参数 r、L、C;(2)若将此电路与 200kΩ 电阻并联,电路的品质因数变为多少?

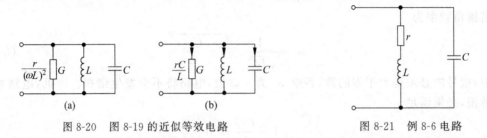

图 8-20   图 8-19 的近似等效电路   图 8-21   例 8-6 电路

解   (1)谐振时该电路的等效电路如图 8-20(b)所示,这是一个 RLC 并联电路,其电阻值 R 为

$$R=\frac{1}{G}=\frac{L}{rC}$$

套用 RLC 并联谐振电路的相关结论,可得电路的谐振角频率为

$$\omega_0=\frac{1}{\sqrt{LC}}$$

品质因数为

$$Q=R\sqrt{\frac{C}{L}}=\frac{1}{r}\sqrt{\frac{L}{C}}$$

将题给条件代入上述三式,有

$$\left.\begin{array}{l} \omega_0=2\pi f_0=2\pi\times100\times10^3=\dfrac{1}{\sqrt{LC}} \\[2mm] Z_0=100\times10^3=R=\dfrac{L}{rC} \\[2mm] Q=100=\dfrac{1}{r}\sqrt{\dfrac{L}{C}} \end{array}\right\}$$

解之,可得

$$r=10\Omega,\quad L=1.59\text{mH},\quad C=1590\text{pF}$$

(2)原电路并联 200kΩ 的电阻等同于图 8-20(b)所示的等效电路并联此电阻,于是并联后电路中的电阻为

$$R'=(200\times10^3)\,/\!/\,R=\frac{200\times10^3\times100\times10^3}{200\times10^3+100\times10^3}\Omega=\frac{2}{3}\times10^5\,\Omega$$

由 RLC 并联电路品质因数的计算式,有

$$Q'=R'\sqrt{\frac{C}{L}}=\frac{2}{3}\times10^5\sqrt{\frac{1590\times10^{-9}}{1.59\times10^{-3}}}=21.1$$

练习题

8-2　正弦稳态电路如图 8-22 所示，$i_s(t)=10\sqrt{2}\times$ $\sin 5000t\,\text{mA}$。若测得端口电压的最大值为 50V 时，电容电流为 60mA。求参数 R、L、C 的值和电路的品质因数 Q。

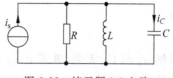

图 8-22　练习题 8-2 电路

8-3　一个电感线圈的电阻为 10Ω，品质因数为 100，其与一只电容器并联构成谐振电路。若该电路再并联一个 $100\text{k}\Omega$ 的电阻，求此时电路的品质因数。

8.3　一般谐振电路及其计算

一般谐振电路指的是除串联谐振电路和并联谐振电路之外其他的谐振电路。一般谐振电路可分为下面两种情况。

8.3.1　由 LC 元件构成的电路

图 8-23 为一纯粹由电感元件和电容元件构成的电路，称为 LC 电路。因不含电阻元件，在一般的情况下，其等效复阻抗为一纯复电抗，或其等效复导纳为一纯复电纳。在特定的频率下，会出现电抗为零或电纳为零的情况，即可能出现串联谐振和并联谐振。

1. LC 电路中的串联谐振

图 8-23 电路的等效复阻抗为

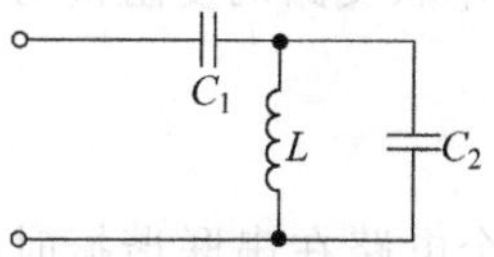

图 8-23　LC 电路

$$Z(j\omega)=-j\frac{1}{\omega C_1}+\frac{j\omega L\left(-j\dfrac{1}{\omega C_2}\right)}{j\omega L-j\dfrac{1}{\omega C_2}}$$

$$=-j\frac{\omega^2 LC_2+\omega^2 LC_1-1}{\omega C_1(\omega^2 LC_2-1)} \tag{8-54}$$

当式(8-54)分子为零时，$Z(j\omega)=0$，整个电路对外部而言相当于短路，这与串联谐振电路中 L、C 两元件串联在谐振时等效于一根短路线的情形相似，因此，当 LC 电路的 $Z(j\omega)=0$ 时，称为发生了串联谐振。

令式(8-54)的分子为零，便可求出串联谐振时的角频率 ω_1。

由

$$\omega^2 LC_2+\omega^2 LC_1-1=0$$

得

$$\omega_1=\sqrt{\frac{1}{LC_2+LC_1}}$$

2. LC 电路中的并联谐振

若式(8-54)的分母为零，则 $Z(j\omega)\to\infty$，或 $Y(j\omega)=1/Z(j\omega)=0$，即电路的复导纳为零，此时整个电路对外部相当于开路，这与并联谐振电路中 LC 两元件的并联在谐振时等效于开路的情形相似，因此当 LC 电路的 $Y(j\omega)=0$ 时，便称为发生了并联谐振。

令式(8-54)的分母为零,便可求得发生并联谐振的角频率 ω_2。

由

$$\omega C_1(\omega^2 L C_2 - 1) = 0$$

得

$$\omega_2 = 1/\sqrt{LC_2}$$

显然 ω_2 与 C_1 无关,事实上 ω_2 正是图 8-23 所示电路中 L 和 C_2 并联部分的复导纳为零时的角频率,这样,在分析并联谐振时,只需考虑电路中并联部分的情况。

8.3.2 由 RLC 元件构成的一般谐振电路

由 RLC 元件构成的一般谐振电路有两种情况。

1. 情况一

电路由纯电阻部分和纯 LC 部分组合而成,如图 8-24 所示的电路。对这种电路谐振情况的分析,可先按前面介绍的方法分析 LC 电路,而后考虑整个电路的情况。若 LC 电路发生串联谐振,则称整个电路亦出现串联谐振,若 LC 电路发生并联谐振,亦称整个电路产生并联谐振。

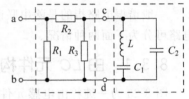

图 8-24 可分成两个部分的
一般谐振电路

例 8-7 试分析图 8-24 所示电路的谐振情况。

解 该电路的谐振取决于 LC 电路的谐振情况,LC 电路可出现串联谐振和并联谐振两种情况,则整个电路亦对应出现串联谐振和并联谐振,下面分别讨论之。

(1)出现串联谐振

LC 电路产生串联谐振,对应于 $Z_{cd}(j\omega) = 0$,实际上,当 L 和 C_1 串联支路的复阻抗为零时,便有 $Z_{cd}(j\omega) = 0$,于是 LC 电路发生串联谐振的角频率为

$$\omega_1 = 1/\sqrt{LC_1}$$

串联谐振时,LC 电路等效于短路,即 c、d 两点为等位点,则整个电路在串联谐振时的复阻抗为

$$Z_{ab}(j\omega) = R_1 \,/\!/\, R_2 = \frac{R_1 R_2}{R_1 + R_2}$$

此时 ab 端口的电压、电流同相位。

(2)出现并联谐振

LC 电路发生并联谐振,对应于 $Y_{cd}(j\omega) = 0$,而

$$Y_{cd}(j\omega) = j\omega C_2 + \frac{1}{j\left(\omega L - \dfrac{1}{\omega C_1}\right)} = j\frac{\omega^3 L C_1 C_2 - \omega C_1 - \omega C_2}{\omega^2 L C_1 - 1}$$

令上式分子为零,即

$$\omega^3 L C_1 C_2 - \omega C_1 - \omega C_2 = 0$$

可求得并联谐振角频率 ω_2 为(不考虑 $\omega = 0$ 的情况)

$$\omega_2 = \sqrt{\frac{C_1 + C_2}{L C_1 C_2}}$$

在并联谐振时，LC 电路等效于开路，则整个电路在并联谐振时的复阻抗为

$$Z_{ab}(j\omega) = R_1 \text{ // } (R_2 + R_3) = \frac{R_1(R_2 + R_3)}{R_1 + R_2 + R_3}$$

ab 端口的电压、电流亦同相位。

2. 情况二

电路无法截然分成电阻和 LC 两部分，如图 8-25 所示电路。此时只能将电路作为一个整体考虑。一般情况下，电路的复阻抗或复导纳的实、虚部均不为零。当复阻抗或复导纳的虚部为零时，电路呈电阻性质统称为电路发生了谐振，但不再区分为串联谐振或是并联谐振。

例 8-8　试分析图 8-25 所示电路的谐振情况。

解　电路的复阻抗为

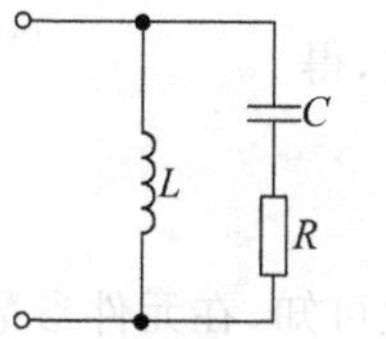

$$Z(j\omega) = (j\omega L) \text{ // } \left(R - j\frac{1}{\omega C}\right) = \frac{j\omega L\left(R - j\dfrac{1}{\omega C}\right)}{R + j\left(\omega L - \dfrac{1}{\omega C}\right)}$$

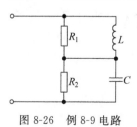

图 8-25　一般谐振电路的
第二种情况示例

$$= \frac{R\omega^2 L^2}{R^2 + \left(\omega L - \dfrac{1}{\omega C}\right)^2} + j\frac{\omega R^2 L - \dfrac{\omega L^2}{C} + \dfrac{L}{\omega C^2}}{R^2 + \left(\omega L - \dfrac{1}{\omega C}\right)^2}$$

令上式虚部为零，可求得谐振角频率为

$$\omega_0 = \frac{1}{\sqrt{LC - R^2 C^2}}$$

此时电路的复阻抗为一纯电阻，即

$$Z = \frac{R\omega^2 L^2}{R^2 + \left(\omega L - \dfrac{1}{\omega C}\right)^2}$$

该电路的复导纳为

$$Y(j\omega) = \frac{1}{Z(j\omega)} = \frac{R + j\left(\omega L - \dfrac{1}{\omega C}\right)}{j\omega L\left(R - j\dfrac{1}{\omega C}\right)} = \frac{R\omega^2 L^2}{\left(\dfrac{L}{C}\right)^2 + (R\omega L)^2} - j\frac{R^2 \omega L - \dfrac{\omega L^2}{C} + \dfrac{L}{\omega C^2}}{\left(\dfrac{L}{C}\right)^2 + (R\omega L)^2}$$

令上式虚部为零，同样可求得该电路的谐振角频率为

$$\omega_0 = \frac{1}{\sqrt{LC - R^2 C^2}}$$

例 8-9　电路如图 8-26 所示，问在什么条件下该电路对任何频率都产生谐振。

解　电路的入端阻抗为

图 8-26　例 8-9 电路

$$Z(j\omega) = R_1 \text{ // } j\omega L_1 + R_2 \text{ // } \left(-j\frac{1}{\omega C}\right)$$

$$= \frac{j\omega R_1 L}{R_1 + j\omega L} + \frac{R^2}{1 + j\omega R_2 C}$$

$$= \frac{R_1 R_2 - \omega^2 R_1 R_2 LC + j\omega L(R_1 + R_2)}{R_1 - \omega^2 R_2 LC + j\omega(R_1 + R_2 + L)}$$

若使电路对任何频率均产生谐振,则阻抗 $Z(j\omega)$ 必须为一实数,即上式的分子、分母的幅角应相等,即应有下述恒等式成立:

$$\frac{\omega L(R_1 + R_2)}{R_1 R_2 - \omega^2 R_1 R_2 LC} = \frac{\omega(R_1 + R_2 + L)}{R_1 - \omega^2 R_2 LC}$$

由上式又可得下述恒等式

$$\omega^2 LCR_2^2(R_1^2 C - L) + R_1^2(L - R_2^2 C) = 0$$

欲使上式成立,需有

$$\left. \begin{array}{l} R_1^2 C - L = 0 \\ L - R_2^2 C = 0 \end{array} \right\}$$

解之,得

$$R_1 = R_2 = \sqrt{\frac{L}{C}}$$

由此可知,在元件参数满足上式的情况下,电路对任何频率均产生谐振。

例 8-10   正弦稳态电路如图 8-27 所示,已知电压表读数为 20V,且 $\dot{U}_2$ 与 $\dot{I}$ 同相位,求电压源 $\dot{U}_s$ 的频率与有效值。

解   因 $\dot{U}_2$ 与 $\dot{I}$ 同相位,知此电路发生谐振,两并联支路的等效导纳 Y 应为实数。导纳 Y 为

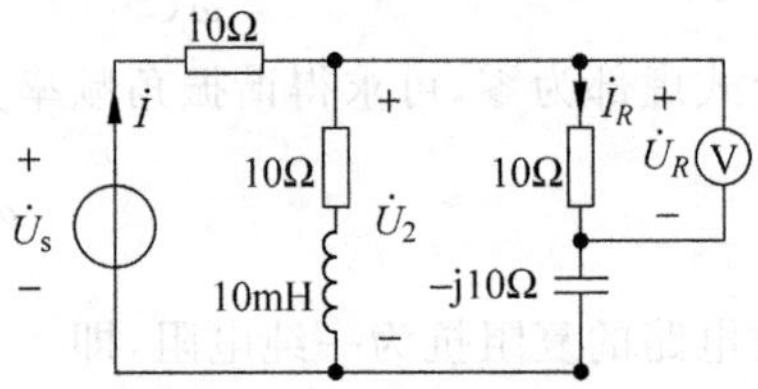

$$Y = \frac{1}{10 - j10} + \frac{1}{10 + j0.01\omega}$$

$$= \frac{3000 + 10^{-3}\omega^2 + j(1000 - 2\omega + 10^{-3}\omega^2)}{200(100 + 10^{-4}\omega^2)}$$

图 8-27   例 8-10 电路

谐振时,Y 的虚部为零,即有

$$1000 - 2\omega + 10^{-3}\omega^2 = 0$$

求得电源 $\dot{U}_s$ 的频率为

$$\omega = 10^3 \, \text{rad/s}$$

又设 $\dot{U}_2$ 为参考相量,即 $\dot{U}_2 = U_2 \underline{/0^\circ} \text{V}$,则电容支路的电流 $\dot{I}_R$ 的有效值为

$$I_R = \frac{U_R}{10} = \frac{20}{10}\text{A} = 2\text{A}$$

于是 $\dot{I}_R = 2\underline{/\theta}\text{A}$,由题给条件,有

$$\dot{U}_2 = (10 - j10)\dot{I}_R = 10\sqrt{2}\underline{/-45^\circ} \times 2\underline{/\theta}\text{V} = 20\sqrt{2}\underline{/0^\circ}\text{V}$$

$$\dot{I} = \left(\frac{\dot{U}_2}{10 + j0.01 \times 10^3} + \frac{\dot{U}_2}{10 - j10}\right)\text{A} = 2\sqrt{2}\underline{/0^\circ}\text{A}$$

又有

$$\dot{U}_s = 10\dot{I} + \dot{U}_2 = 40\sqrt{2}\underline{/0^\circ}\text{V}$$

即电压源 $\dot{U}_s$ 的有效值为 $40\sqrt{2}\,\text{V}$。

练习题

8-4 求图 8-28 所示两电路产生谐振的角频率。

8-5 欲使图 8-29 所示电路端口电压与电流同相位,求电源角频率 ω 与电路元件参数间应满足何种关系。

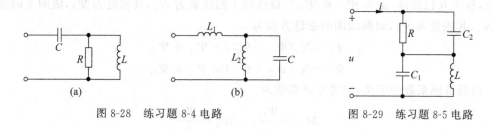

图 8-28 练习题 8-4 电路   图 8-29 练习题 8-5 电路

8.4 耦合电感与电感矩阵

磁耦合是存在于许多电子装置和电力设备中的一种重要电磁现象。工程上获得广泛应用的各种变压器就是一种基于磁耦合现象的电气设备。

8.4.1 互感现象和耦合电感器

下面考察图 8-30 所示的绕于同一磁心材料上的两个线圈的情况。

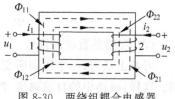

图 8-30 两绕组耦合电感器

当线圈 1 通过电流 i_1 时,i_1 将产生磁通 Φ_{11},Φ_{11} 不仅与线圈 1 相交链,而且有一部分(或全部)经由磁心材料与线圈 2 相交链。由 i_1 产生而与线圈 2 相交链的这部分磁通记为 Φ_{21}。

类似地,当线圈 2 通以电流 i_2 时,i_2 产生的磁通 Φ_{22} 的一部分(或全部)与线圈 1 相交链。由 i_2 产生而与线圈 1 相交链的这部分磁通记为 Φ_{12}。这里,看到了这样一种现象,即两个线圈虽没有电气上的联系,但相互之间却有着磁的相互影响,这种现象称为磁耦合。

当 i_1 和 i_2 随时间变化时,变化的磁通 Φ_{12} 和 Φ_{21} 将分别在线圈 1 和线圈 2 中产生感应电势或感应电压。将这样两个相互之间存在磁耦合的电感线圈称为耦合电感器或互感器;把一线圈由于邻近线圈中的电流变化而出现感应电势的现象称为互感现象。

忽略线圈电阻的耦合电感器的理想化模型称为耦合电感元件或互感元件。本书仅讨论线性互感元件。

在讨论互感耦合元件时,各物理量均采用双下标表示法,如 Φ_{21}、Ψ_{12}、u_{12} 等。Φ_{21} 中双下标的第一个数字 2 表示这是线圈 2 交链的磁通,第二个数字 1 表示该磁通是线圈 1 的电流产生的。

8.4.2 互感系数和耦合系数

1. 互感系数

(1) 互感系数的定义式

由前面的分析可知,图 8-30 中每一线圈交链的磁链均由两部分构成:一部分是本线圈中电流产生的磁链,称为自感磁链,记作 Ψ_{11} 和 Ψ_{22};另一部分是由另一线圈中电流产生的磁链,称为互感磁链,记为 Ψ_{12} 和 Ψ_{21}。设线圈 1 的匝数为 N_1,其磁链为 Ψ_1,线圈 2 的匝数为 N_2,其磁链为 Ψ_2,则两线圈的磁链方程为

$$\Psi_1 = N_1(\Phi_{11} + \Phi_{12}) = \Psi_{11} + \Psi_{12}$$
$$\Psi_2 = N_2(\Phi_{22} + \Phi_{21}) = \Psi_{22} + \Psi_{21}$$

仿照自感系数的定义,定义互感系数为

$$M_{12} = \frac{\Psi_{12}}{i_2}, \quad M_{21} = \frac{\Psi_{21}}{i_1}$$

互感系数的一般定义式为

$$M_{ij} = \frac{\Psi_{ij}}{i_j} \tag{8-55}$$

即互感系数为互感磁链与产生互感磁链的电流之比,互感系数定量地反映了互感元件的耦合情况。可以证明 $M_{ij} = M_{ji}$。互感系数简称互感,其单位和自感系数的单位相同,为亨(H),毫亨(mH)和微亨(μH)等。

若令 $M_{12} = M_{21} = M$,则上述两绕组互感元件的磁链方程可写为

$$\Psi_1 = L_{11}i_1 + M_{12}i_2 = L_{11}i_1 + Mi_2 \Big\}$$
$$\Psi_2 = L_{22}i_2 + M_{21}i_1 = L_{22}i_2 + Mi_1$$

(2) 互感系数前的符号

习惯上认为,一个线圈所交链磁链的参考正向与线圈电流的参考方向符合右手螺旋法则。这样,磁链中的自感磁链 Ψ_{11} 和 Ψ_{22} 项总取正号,即自感系数恒为正值。但线圈 A 中互感磁链是由另一线圈 B 中的电流产生的,线圈 A 的互感磁链与该线圈中电流的参考方向并不一定符合右手螺旋法则。因此,互感磁链可能为正亦可能为负。当某线圈中互感磁链的方向与该线圈中电流的参考方向符合右手螺旋法则时,自感磁链与互感磁链相互加强,互感磁链为正值;当两者的参考方向不符合右手螺旋法则时,自感磁链与互感磁链相互削弱,互感磁链为负值。在本书中,约定互感系数 M 恒为正值,则互感磁链与自感磁链是否相互加强,便可由互感系数 M 前的正、负号予以表征。在图 8-31(a)中,根据右手螺旋法则,可判断出线圈 1 中由 i_2 产生的互感磁链 Ψ_{12} 与自感磁链 Ψ_{11} 的方向相同,两者相互加强;同理可知线圈 2 中的自感磁链与互感磁链也是相互加强的,因此互感系数 M 前取正号,这样有

$$\Psi_1 = \Psi_{11} + \Psi_{12} = L_{11}i_1 + Mi_2 \Big\}$$
$$\Psi_2 = \Psi_{22} + \Psi_{21} = L_{22}i_2 + Mi_1$$

在图 8-31(b)中,两线圈的绕向及位置均未变化,仅电流 i_2 的方向改变,不难判断此时两线圈中的互感磁链和自感磁链的方向相反,即两者相互削弱,因此互感系数 M 前取负号,这样有

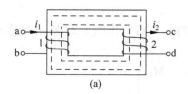 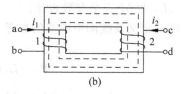

图 8-31 耦合电感器中的磁链

$$\left.\begin{aligned}\Psi_1 &= \Psi_{11} - \Psi_{12} = L_{11}i_1 - Mi_2\\ \Psi_2 &= \Psi_{22} - \Psi_{21} = L_{22}i_2 - Mi_1\end{aligned}\right\}$$

由此可见,互感系数前的正负既取决于线圈中电流参考方向的选取,亦取决于各线圈的绕向及相互位置。

2. 同名端

要决定互感线圈中互感磁链的正负,必须知道线圈电流的参考方向及线圈的实际绕向和相对位置。但在电路图中不便画出线圈的实际结构,且实际互感元件大多采用封装式,无法从外观上看出线圈的实际结构,因此采用"同名端"标记法来表示互感元件各线圈间的磁耦合情况。

"同名端"是这样定义的:若两线圈的电流均从同名端流入,则每一线圈中的自感磁链和互感磁链是相互加强的,M 前取正号;反之,若两线圈的电流从非同名端流入,则每一线圈中的自感磁链和互感磁链是相互削弱的,M 前取负号。非同名端也称为"异名端"。两线圈的同名端可用记号"·"或"*"以及其他符号标示。

在图 8-32(a)中,标有"*"的 a、c 两个端子为同名端,这是因为当电流分别从 a、c 两个端子流入时,两个线圈中的自感磁链和互感磁链是相互加强的。显然,b、d 两个端子亦为同名端。这样 a、d 端子为异名端,b、c 端子也为异名端。

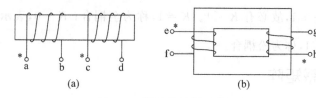

图 8-32 同名端的说明用图

在图 8-32(b)中,e、h 两个端子为同名端,用符号"*"标记,同样,f、g 两个端子亦为同名端。不难看出,同名端只取决于两线圈的实际绕向与相对位置,而与电流的实际流向无关。

采用同名端标记法后,两绕组耦合电感元件的电路符号如图 8-33 所示。

图中 L_1 和 L_2 分别为两个线圈的自感系数,各写在相应线圈的一侧,M 表示两个线圈互感系数的大小,写于两个线圈之间,且两个线圈之间画一双向箭头,以表示这两个线圈之间存在耦合关系。可以看出耦合电感元件是多参数元件,两线圈的

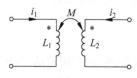

图 8-33 耦合电感元件的
电路符号

耦合电感以 L_1、L_2 和 M 三个参数表征。

根据同名端的定义及线圈中电流的参考方向,不难写出图 8-33 所示互感元件的磁链方程式为

$$\left.\begin{array}{l} \Psi_1 = L_1 i_1 + M i_2 \\ \Psi_2 = M i_1 + L_2 i_2 \end{array}\right\}$$

该方程组中互感系数 M 前均为正号,这是因为两线圈电流是从同名端流入的。

可见,要完整地表征耦合电感元件的特性,除给定参数大小外,还必须在电路图上标明耦合电感元件的同名端。

3. 耦合系数

通常互感磁通只是电流所产生的总磁通的一部分,极限情况是互感磁通等于自感磁通,即有 $\dfrac{\Phi_{21}}{\Phi_{11}} \leqslant 1$ 及 $\dfrac{\Phi_{12}}{\Phi_{22}} \leqslant 1$。这两个比值反映了两个线圈的耦合程度。一般用 $\dfrac{\Phi_{21}}{\Phi_{11}}$ 和 $\dfrac{\Phi_{12}}{\Phi_{22}}$ 的几何平均值表征这一耦合程度,称为耦合系数,用 K 表示,即

$$K = \sqrt{\frac{\Phi_{21}\Phi_{12}}{\Phi_{11}\Phi_{22}}} \tag{8-56}$$

K 可用耦合电感元件的参数来表示。根据式(8-56),有

$$K^2 = \frac{\Phi_{21}}{\Phi_{11}} \cdot \frac{\Phi_{12}}{\Phi_{22}} = \frac{N_2\Phi_{21} \cdot N_1\Phi_{12}}{N_1\Phi_{11} \cdot N_2\Phi_{22}} = \frac{\Psi_{21}}{\Psi_{11}} \cdot \frac{\Psi_{12}}{\Psi_{22}}$$

$$= \frac{\Psi_{21}/i_1}{\Psi_{11}/i_1} \cdot \frac{\Psi_{12}/i_2}{\Psi_{22}/i_2} = \frac{M_{21}}{L_1} \cdot \frac{M_{12}}{L_2} = \frac{M^2}{L_1 L_2}$$

即

$$K = \frac{M}{\sqrt{L_1 L_2}} \tag{8-57}$$

因 $\dfrac{\Phi_{21}}{\Phi_{11}} \leqslant 1$ 及 $\dfrac{\Phi_{12}}{\Phi_{22}} \leqslant 1$,故必有 $K \leqslant 1$。$K=1$,称为全耦合;$K=0$,表示无耦合;K 接近 1,称为紧耦合;$K \ll 1$,称为松耦合。

8.4.3 电感矩阵

1. 磁链方程的矩阵形式与电感矩阵

对图 8-34 所示的两绕组耦合电感元件,写出磁链方程为

$$\left\{\begin{array}{l} \Psi_1 = L_1 i_1 - M i_2 \\ \Psi_2 = -M i_1 + L_2 i_2 \end{array}\right.$$

可写成矩阵形式

$$\begin{bmatrix} \Psi_1 \\ \Psi_2 \end{bmatrix} = \begin{bmatrix} L_1 & -M \\ -M & L_2 \end{bmatrix} \begin{bmatrix} i_1 \\ i_2 \end{bmatrix}$$

又如图 8-35 所示的三绕组耦合电感元件,其磁链方程的矩阵形式为

$$\begin{bmatrix} \Psi_1 \\ \Psi_2 \\ \Psi_3 \end{bmatrix} = \begin{bmatrix} L_1 & -M_{12} & M_{13} \\ -M_{12} & L_2 & -M_{23} \\ M_{13} & -M_{23} & L_3 \end{bmatrix} \begin{bmatrix} i_1 \\ i_2 \\ i_3 \end{bmatrix}$$

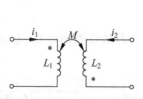

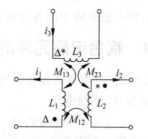

图 8-34　两绕组耦合电感元件　　　　图 8-35　三绕组耦合电感元件

一般,可将 n 绕组耦合电感元件的磁链方程写为矩阵形式

$$\boldsymbol{\Psi} = \boldsymbol{L}\boldsymbol{I} \tag{8-58}$$

式中

$$\boldsymbol{\Psi} = \begin{bmatrix} \Psi_1 & \Psi_2 & \cdots & \Psi_n \end{bmatrix}^{\mathrm{T}}$$

$$\boldsymbol{I} = \begin{bmatrix} i_1 & i_2 & \cdots & i_n \end{bmatrix}^{\mathrm{T}}$$

$$\boldsymbol{L} = \begin{bmatrix} L_1 & \pm M_{12} & \cdots & \pm M_{1n} \\ \pm M_{12} & L_2 & \cdots & \pm M_{2n} \\ \vdots & \vdots & & \vdots \\ \pm M_{1n} & \pm M_{2n} & \cdots & L_n \end{bmatrix}$$

称 $\boldsymbol{\Psi}$ 为磁链列向量；$\boldsymbol{I}$ 为电流列向量；$\boldsymbol{L}$ 为电感矩阵。电感矩阵在互感电路的分析中是一个重要的概念。

2. 关于电感矩阵的说明

(1) 对 n 绕组的互感元件而言,其电感矩阵 $\boldsymbol{L}$ 为 n 阶对称方阵,其对角线上的元素为各绕组的自感系数,非对角线上的元素为互感系数。

(2) 电感矩阵中的自感系数恒取正号；非对角线上的互感系数可正可负,由电流参考方向与同名端的相对关系决定。当两线圈中电流的参考方向同时流入同名端时,相应的互感系数前取正号,反之取负号。

(3) 电感矩阵在耦合电感电路的分析中起着重要作用,它给电路方程的列写带来方便,并可减少错误的出现,稍后将会看到这一点。

3. 倒电感矩阵

为从式(8-58)中解出电流 $\boldsymbol{I}$,在式子两边同时左乘 $\boldsymbol{L}$ 的逆矩阵,可得

$$\boldsymbol{I} = \boldsymbol{L}^{-1}\boldsymbol{\Psi} = \boldsymbol{\Gamma}\boldsymbol{\Psi} \tag{8-59}$$

式中,$\boldsymbol{\Gamma} = \boldsymbol{L}^{-1}$ 称为倒电感矩阵。倒电感矩阵中的各元素不能由自感系数和互感系数直接得到,只能通过求电感矩阵的逆矩阵得出。例如两绕组的耦合电感元件,其电感矩阵为

$$\boldsymbol{L} = \begin{bmatrix} L_1 & M \\ M & L_2 \end{bmatrix}$$

其倒电感矩阵为

$$\boldsymbol{\Gamma} = \boldsymbol{L}^{-1} = \begin{bmatrix} L_1 & M \\ M & L_2 \end{bmatrix}^{-1} = \begin{bmatrix} \Gamma_{11} & \Gamma_{12} \\ \Gamma_{21} & \Gamma_{22} \end{bmatrix} = \begin{bmatrix} \dfrac{L_2}{L_1 L_2 - M^2} & -\dfrac{M}{L_1 L_2 - M^2} \\ -\dfrac{M}{L_1 L_2 - M^2} & \dfrac{L_1}{L_1 L_2 - M^2} \end{bmatrix}$$

需指出的是,倒电感矩阵中的各元素没有实际的物理含义。

8.4.4　耦合电感元件的电压方程

耦合电感元件的电压方程根据电磁感应定律决定。若某线圈的电压、电流取关联参考方向,其磁链为 Ψ,则端电压

$$u = \mathrm{d}\Psi/\mathrm{d}t$$

对图 8-36 所示的耦合电感元件,可列出其磁链方程为

$$\left.\begin{aligned}\Psi_1 &= L_1 i_L - M i_2 \\ \Psi_2 &= -M i_1 + L_2 i_2\end{aligned}\right\}$$

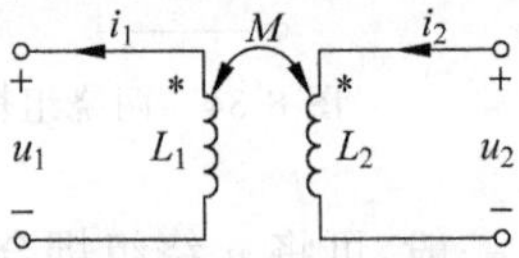

由于 u_1 和 i_1 为非关联参考方向,u_1 和 Ψ_1 的方向不符合右手螺旋法则;而 u_2 和 i_2 为关联参考方向,u_2 和 Ψ_2 符合右手螺旋法则,故电压方程为

图 8-36　决定耦合电感元件的电压方程用图

$$\left.\begin{aligned}u_1 &= -\frac{\mathrm{d}\Psi_1}{\mathrm{d}t} = -\left(L_1 \frac{\mathrm{d}i_1}{\mathrm{d}t} - M \frac{\mathrm{d}i_2}{\mathrm{d}t}\right) = -L_1 \frac{\mathrm{d}i_1}{\mathrm{d}t} + M \frac{\mathrm{d}i_2}{\mathrm{d}t} = u_{L1} + u_{M1} \\ u_2 &= \frac{\mathrm{d}\Psi_2}{\mathrm{d}t} = -M \frac{\mathrm{d}i_1}{\mathrm{d}t} + L_2 \frac{\mathrm{d}i_2}{\mathrm{d}t} = u_{M2} + u_{L2}\end{aligned}\right\}$$

式中,u_{M1}、u_{M2} 称为互感电压。可见每一线圈上的电压均是由自感电压和互感电压合成的。应注意自感电压、互感电压与电流参考方向间的关系。

8.4.5　耦合电感元件的含受控源的等效电路

互感元件线圈上的互感电压分量由另一线圈中的电流产生,因此线圈的互感电压可用电流控制的受控电压源表示。对图 8-37(a)所示的耦合电感元件,可写出其电压方程为

$$\left.\begin{aligned}u_1 &= L_1 \frac{\mathrm{d}i_1}{\mathrm{d}t} - M \frac{\mathrm{d}i_2}{\mathrm{d}t} \\ u_2 &= -M \frac{\mathrm{d}i_1}{\mathrm{d}t} + L_2 \frac{\mathrm{d}i_2}{\mathrm{d}t}\end{aligned}\right\}$$

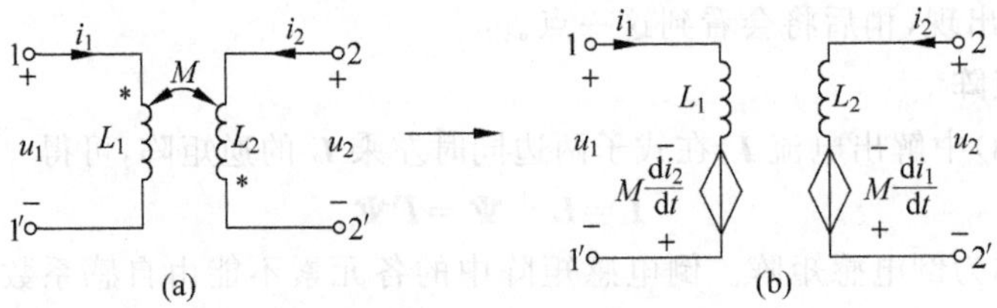

图 8-37　耦合电感元件及其含受控源的等效电路

由上述方程作出其含受控源的等效电路如图 8-37(b)所示。

对比上述耦合电感元件及与其对应的含受控源的等效电路,不难得出下述结论:各受控源电压的参考极性与产生它的电流的参考方向对同名端而言是一致。如在图 8-37(c)中,电流 i_1 由"＊"端指向另一端,即 1 指向 $1'$,则它在线圈 2 中产生的互感电压 $M \frac{\mathrm{d}i_1}{\mathrm{d}t}$ 的参考方向也是由"＊"端指向另一端,即 2 指向 $2'$。而电流 i_2 是由非"＊"端指向"＊"端,即 $2'$ 指

向2,则其在线圈1中产生的互感电压 $M\dfrac{\mathrm{d}i_2}{\mathrm{d}t}$ 的参考方向也由非"*"端指向"*"端,即 $1'$ 指向1。应用上述结论,可在不需列写互感元件 u-i 方程的情况下,直接由耦合电感元件得出其含受控源的等效电路。

8.4.6 耦合电感元件中的磁场能量

下面以两绕组耦合电感元件为例讨论耦合电感元件中的能量问题。设互感元件两个线圈的电压、电流均为关联参考方向,则互感元件的瞬时功率为

$$p = u_1 i_1 + u_2 i_2$$

假定互感元件在 $t=0$ 时的初始储能为零,则在任一 t 时刻其储存的能量为

$$
\begin{aligned}
W(t) &= \int_0^t p\,\mathrm{d}t' = \int_0^t (u_1 i_1 + u_2 i_2)\,\mathrm{d}t' \\
&= \int_0^t \left[i_1 \left(L_1 \frac{\mathrm{d}i_1}{\mathrm{d}t'} \pm M \frac{\mathrm{d}i_2}{\mathrm{d}t'} \right) + i_2 \left(\pm M \frac{\mathrm{d}i_1}{\mathrm{d}t'} + L_2 \frac{\mathrm{d}i_2}{\mathrm{d}t'} \right) \right] \mathrm{d}t' \\
&= \int_0^t \left[L_1 i_1 \frac{\mathrm{d}i_1}{\mathrm{d}t'} + L_2 i_2 \frac{\mathrm{d}i_2}{\mathrm{d}t'} \pm M \left(i_1 \frac{\mathrm{d}i_1}{\mathrm{d}t'} + i_2 \frac{\mathrm{d}i_2}{\mathrm{d}t'} \right) \right] \mathrm{d}t' \\
&= \frac{1}{2} L_1 i_1^2 + \frac{1}{2} L_2 i_2^2 \pm M i_1 i_2
\end{aligned}
\tag{8-60}
$$

例 8-11 可用实验的方法确定耦合电感器的同名端,图 8-38 是实验接线图。试说明当开关 S 合上时,如何根据电压表指针的偏转方向来确定线圈的同名端。

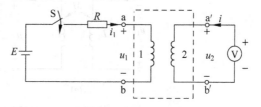

图 8-38 例 8-11 电路

解 图中的 E 是直流电压源,R 为限流电阻,V 为直流电压表,可认为其内阻为无穷大,近似为开路,设两线圈的电压、电流的参考方向为关联参考方向。当开关合上的瞬间,通过电压表的电流为零。这样,忽略线圈的电阻后,线圈1的两端只有自感电压,线圈2的两端只有互感电压,此互感电压使得电压表的指针发生偏转。互感电压为

$$u_2 = \pm M \frac{\mathrm{d}i_1}{\mathrm{d}t}$$

当开关合上的瞬间,电流 i_1 从零开始增大,即 $\dfrac{\mathrm{d}i_1}{\mathrm{d}t}>0$。因此若 a、$a'$ 为同名端,则有

$$u_2 = M \frac{\mathrm{d}i_1}{\mathrm{d}t} > 0 \qquad ①$$

若 a、a' 为异名端,则有

$$u_2 = -M \frac{\mathrm{d}i_1}{\mathrm{d}t} < 0 \qquad ②$$

当开关合上时,若电压表正向偏转,表明 $u_2>0$,即式①得到满足,于是 a、a' 为同名端;若电压表反向偏转,表明 $u_2<0$,即式②得到满足,于是 a、a' 为异名端。

练习题

8-6　试确定图 8-39(a)、图 8-39(b)所示两耦合电感的同名端。

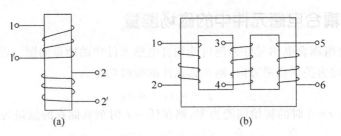

图 8-39　练习题 8-6 图

8-7　试写出图 8-40(a)、图 8-40(b)所示两互感元件的磁链方程和端口电压-电流方程。

8-8　作出图 8-40(a)所示两耦合电感的含受控源的等效电路。

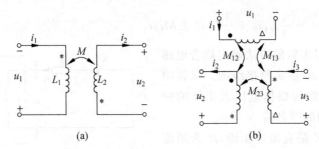

图 8-40　练习题 8-7 和练习题 8-8 电路

8.5　互感耦合电路的分析

含有耦合电感元件的电路称为互感耦合电路。对互感耦合电路的分析计算,关键在于电路方程的列写,而其中的核心问题是正确地表示耦合线圈上的电压。下面介绍在正弦稳态下,互感耦合电路方程的两种列写方法,即视察法和电感矩阵法。

8.5.1　用视察法列写互感耦合电路的方程

对互感耦合电路采用支路分析法和回路分析法时可用视察法列写电路方程。

1. 支路分析法

在正弦稳态下,耦合电感元件的相量模型如图 8-41 所示。在相量模型中,耦合电感元件的参数均应表示为复阻抗的形式,其中 $j\omega M$ 与互感系数 M 对应,称为复互感抗,而 ωM 称为互感抗。

用支路分析法求解互感耦合电路时,为避免出现错

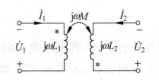

图 8-41　耦合电感元件的相量模型

误,在建立电路方程时,可采用所谓的"三步法"。

(1) 设定每一线圈电压、电流的参考方向为关联参考方向,再由 KVL 写出各端口电压与线圈电压间的关系方程。

(2) 根据各线圈的电流参考方向与同名端的关系,写出每一线圈上电压的表达式。要注意到因第(1)步已设定每一线圈的电压与电流为关联参考方向,则此时写出的线圈电压表达式中的各项符号与磁链方程中的对应各项符号完全相同。

(3) 将第(2)步写出的每一线圈的电压表达式代入第(1)步写出的 KVL 方程并加以整理,即得所需的电路方程。

作为实例,下面对图 8-41 所示电路,应用"三步法"列写方程。

(1) 设定线圈电压与线圈电流为关联参考方向,根据 KVL,可得端口电压与线圈电压间的关系式为

$$\dot{U}_1 = -(\dot{U}_{L1} + \dot{U}_{M1}), \quad \dot{U}_2 = -(\dot{U}_{L2} + \dot{U}_{M2})$$

(2) 写出每一线圈电压的表达式:

$$\dot{U}_{L1} + \dot{U}_{M1} = j\omega L_1 \dot{I}_1 - j\omega M \dot{I}_2$$

$$\dot{U}_{L2} + \dot{U}_{M2} = -j\omega M \dot{I}_1 + j\omega L_2 \dot{I}_2$$

式中自感电压恒为正;若电流流入同名端,则互感电压为正,否则互感电压为负。

(3) 将 $\dot{U}_{L1}+\dot{U}_{M1}$ 及 $\dot{U}_{L2}+\dot{U}_{M2}$ 的表达式代入第(1)步所写的 KVL 方程,便得

$$\left.\begin{array}{l} \dot{U}_1 = -(\dot{U}_{L1} + \dot{U}_{M1}) = -j\omega L_1 \dot{I}_1 + j\omega M \dot{I}_2 \\ \dot{U}_2 = -(\dot{U}_{L2} + \dot{U}_{M2}) = j\omega M \dot{I}_1 - j\omega L_2 \dot{I}_2 \end{array}\right\}$$

2. 回路分析法

对互感耦合电路应用回路分析法时,是以回路电流为变量列写电路方程,支路电流需用回路电流表示,列写时亦可采用"三步法"。求出各回路电流后再求各支路电流。下面通过实例说明具体做法。

例 8-12 试列写图 8-42 所示电路的回路分析方程。

解 设两回路电流 $\dot{I}_1$ 和 $\dot{I}_2$ 的参考方向如图 8-42 所示。

(1) 写出各回路的 KVL 方程。设线圈 1 的端电压为 $(\dot{U}_{L1}+\dot{U}_{M1})$,且与回路电流 $\dot{I}_1$(而不是支路电流 $\dot{I}_{L1}$)为关联参考方向;设线圈 2 上的电压为 $(\dot{U}_{L2}+\dot{U}_{M2})$ 且与回路电流 $\dot{I}_2$(而不是支路电流 $\dot{I}_{R2}$)为关联参考方向。于是有

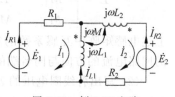

图 8-42 例 8-12 电路

$$\left.\begin{array}{l} \dot{I}_1 R_1 + (\dot{U}_{L1} + \dot{U}_{M1}) = \dot{E}_1 \\ \dot{I}_2 R_2 + (\dot{U}_{L2} + \dot{U}_{M2}) - (\dot{U}_{L1} + \dot{U}_{M1}) = -\dot{E}_2 \end{array}\right\}$$

(2) 写出各线圈上电压的表达式。要特别注意的是通过线圈的电流应用回路电流表示。如此时线圈 1 通过的电流是 $(\dot{I}_1 - \dot{I}_2)$,且与 $\dot{U}_{L1} + \dot{U}_{M1}$ 为关联参考方向,于是有

$$\dot{U}_{L1} + \dot{U}_{M1} = j\omega L_1 (\dot{I}_1 - \dot{I}_2) - j\omega M \dot{I}_2$$

$$\dot{U}_{L2} + \dot{U}_{M2} = -j\omega M (\dot{I}_1 - \dot{I}_2) + j\omega L_2 \dot{I}_2$$

(3) 将上述结果代入 KVL 方程,可得

$$\dot{I}_1 R_1 + j\omega L_1(\dot{I}_1 - \dot{I}_2) - j\omega M\dot{I}_2 = \dot{E}_1 \left.\right\}$$

$$\dot{I}_2 R_2 + j\omega L_2\dot{I}_2 - j\omega M(\dot{I}_1 - \dot{I}_2) - [j\omega L_1(\dot{I}_1 - \dot{I}_2) - j\omega M\dot{I}_2] = -\dot{E}_2 \left.\right\}$$

对上式加以整理便得所需的回路方程。

另外,还可作出互感元件的含受控源的等效电路后再对不含互感的电路列写电路方程求解。这一方法在实际中也经常应用。

8.5.2 用电感矩阵法列写互感耦合电路的电路方程

引用电感矩阵列写互感耦合电路的电路方程的方法称为电感矩阵法。该法有两个优点,一是不易出错,可避免弄错符号及漏项;二是互感耦合电路的节点分析方程用视察法难以写出,但借助于电感矩阵的逆矩阵(称倒电感矩阵)可方便地列写。下面分别举例说明电感矩阵法在回路分析法和节点分析法中的应用。

1. 用电感矩阵列写互感电路的回路方程

用电感矩阵法列写回路分析方程的具体步骤为:

(1) 根据各回路电流与同名端的关系写出电感矩阵 $\boldsymbol{L}$。

(2) 设定各线圈电压与电流为关联参考方向(应注意此时线圈电流是用回路电流表示的),由 $\boldsymbol{L}$ 矩阵写出各线圈电压的表达式。

(3) 根据 KVL,写出各回路的电压方程。

(4) 将各线圈电压的表达式代入各回路电压方程并加以整理,即得所需的回路方程。

例 8-13 试写出图 8-43 所示电路的回路方程。

解 回路电流的参考方向如图 8-43 所示。

(1) 写出电感矩阵为

$$\boldsymbol{L} = \begin{bmatrix} L_1 & -M_{12} & -M_{13} \\ -M_{12} & L_2 & M_{23} \\ -M_{13} & M_{23} & L_3 \end{bmatrix}$$

上述电感矩阵中互感系数的符号,取决于通过线圈的回路电流的方向与同名端的关系。

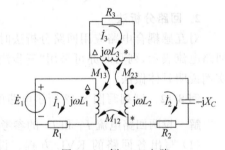

图 8-43 例 8-13 电路

(2) 写出各线圈电压的表达式。由于线圈电压与通过线圈的电流为关联参考方向,故线圈电压为

$$\dot{U}_L = j\omega \boldsymbol{L}\dot{\boldsymbol{i}} = j\omega \begin{bmatrix} L_1 & -M_{12} & -M_{13} \\ -M_{12} & L_2 & M_{23} \\ -M_{13} & M_{23} & L_3 \end{bmatrix} \begin{bmatrix} \dot{I}_1 \\ \dot{I}_2 \\ \dot{I}_3 \end{bmatrix} = \begin{bmatrix} j\omega L_1\dot{I}_1 - j\omega M_{12}\dot{I}_2 - j\omega M_{13}\dot{I}_3 \\ -j\omega M_{12}\dot{I}_1 + j\omega L_2\dot{I}_2 + j\omega M_2\dot{I}_3 \\ -j\omega M_{13}\dot{I}_1 + j\omega M_{23}\dot{I}_2 + j\omega L_3\dot{I}_3 \end{bmatrix}$$

(3) 写出各回路的 KVL 方程为

$$\dot{I}_1 R_1 + \dot{U}_{L1} = \dot{E}_1 \left.\right\}$$

$$\dot{I}_2 R_2 - jX_C\dot{I}_2 + \dot{U}_{L2} = 0 \left.\right\}$$

$$\dot{I}_3 R_3 + \dot{U}_{L3} = 0 \left.\right\}$$

（4）将各线圈电压表达式代入回路电压方程

$$\left.\begin{array}{l}\dot{I}_1 R_1 + (\mathrm{j}\omega L_1 \dot{I}_1 - \mathrm{j}\omega M_{12}\dot{I}_2 - \mathrm{j}\omega M_{13}\dot{I}_3) = \dot{E}_1 \\[2mm] \dot{I}_2 R_2 - \mathrm{j}X_C \dot{I}_2 + (-\mathrm{j}\omega M_{12}\dot{I}_1 + \mathrm{j}\omega L_2 \dot{I}_2 + \mathrm{j}\omega M_{23}\dot{I}_3) = 0 \\[2mm] \dot{I}_3 R_3 + (-\mathrm{j}\omega M_{13}\dot{I}_1 + \mathrm{j}\omega M_{23}\dot{I}_2 + \mathrm{j}\omega L_3 \dot{I}_3) = 0 \end{array}\right\}$$

然后加以整理,便得所需的回路方程。

2. 用电感矩阵列写互感电路的节点分析方程

可以看出,在用视察法列写耦合电路的节点方程时将会遇到困难,这是因为难以直接将线圈电流用节点电压表示。但引用电感矩阵及其逆阵(称倒电感矩阵)后,这一问题便可得到解决。用倒电感矩阵写节点分析方程的具体步骤如下:

（1）给出各支路电流的参考方向并借助电感矩阵表示各线圈电压,即写出方程

$$\dot{U}_L = \mathrm{j}\omega \boldsymbol{L}\dot{I}_L$$

（2）由矩阵形式的线圈电压方程解出各线圈电流,即

$$\dot{I}_L = \frac{1}{\mathrm{j}\omega}\boldsymbol{\Gamma}\dot{U}_L$$

式中

$$\boldsymbol{\Gamma} = \boldsymbol{L}^{-1}$$

$\boldsymbol{\Gamma}$ 为 $\boldsymbol{L}$ 的逆阵,即耦合线圈的倒电感矩阵。

（3）列写各节点的 KCL 方程。

（4）将用节点电压表示的各支路电流代入 KCL 方程并加以整理。

例 8-14　试写出图 8-44 所示电路的节点方程。

解　选定参考节点及给出各支路电流的参考方向如图 8-44 所示。

（1）写出矩阵形式的线圈电压方程为

$$\begin{bmatrix}\dot{U}_{L1}\\ \dot{U}_{L2}\end{bmatrix} = \mathrm{j}\omega \begin{bmatrix} L_1 & -M \\ -M & L_2 \end{bmatrix}\begin{bmatrix}\dot{I}_{L1}\\ \dot{I}_{L2}\end{bmatrix}$$

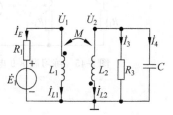

图 8-44　例 8-14 电路

（2）由上面的矩阵方程解出线圈电流向量为

$$\begin{bmatrix}\dot{I}_{L1}\\ \dot{I}_{L2}\end{bmatrix} = \frac{1}{\mathrm{j}\omega}\begin{pmatrix} L_1 & -M \\ -M & L_2 \end{pmatrix}^{-1}\begin{bmatrix}\dot{U}_{L1}\\ \dot{U}_{L2}\end{bmatrix} = \frac{1}{\mathrm{j}\omega}\begin{bmatrix} \dfrac{L_2}{\Delta} & \dfrac{M}{\Delta} \\[2mm] \dfrac{M}{\Delta} & \dfrac{L_1}{\Delta} \end{bmatrix}\begin{bmatrix}\dot{U}_{L1}\\ \dot{U}_{L2}\end{bmatrix}$$

式中

$$\Delta = L_1 L_2 - M^2$$

于是各线圈电流为

$$\left.\begin{array}{l}\dot{I}_{L1} = \dfrac{L_2}{\mathrm{j}\omega\Delta}\dot{U}_{L1} + \dfrac{M}{\mathrm{j}\omega\Delta}\dot{U}_{L2} \\[4mm] \dot{I}_{L2} = \dfrac{M}{\mathrm{j}\omega\Delta}\dot{U}_{L1} + \dfrac{L_1}{\mathrm{j}\omega\Delta}\dot{U}_{L2}\end{array}\right\}$$

由于节点电压 $\dot{U}_1$ 和 $\dot{U}_2$ 就是两线圈的端电压,因此可将上面两方程中的 $\dot{U}_{L1}$ 和 $\dot{U}_{L2}$ 换为 $\dot{U}_1$ 和 $\dot{U}_2$。

（3）写出各点节的 KCL 方程为

$$\dot{I}_{L1} + \dot{I}_E = 0, \quad \dot{I}_{L2} + \dot{I}_3 + \dot{I}_4 = 0$$

（4）将用节点电压表示的各支路电流代入 KCL 方程,得

$$\left.\begin{array}{c}
\left(\dfrac{L_2}{j\omega\Delta}\dot{U}_1 + \dfrac{M}{j\omega\Delta}\dot{U}_2\right) + \dfrac{\dot{U}_1 - \dot{E}_1}{R_1} = 0 \\[4mm]
\left(\dfrac{M}{j\omega\Delta}\dot{U}_1 + \dfrac{L_1}{j\omega\Delta}\dot{U}_2\right) + \dfrac{\dot{U}_2}{R_3} + j\omega C\dot{U}_2 = 0
\end{array}\right\}$$

整理后可得

$$\left.\begin{array}{c}
\left(\dfrac{L_2}{j\omega\Delta} + \dfrac{1}{R_1}\right)\dot{U}_1 + \dfrac{M}{j\omega\Delta}\dot{U}_2 = \dfrac{\dot{E}_1}{R_1} \\[4mm]
\dfrac{M}{j\omega\Delta}\dot{U}_1 + \left(\dfrac{L_1}{j\omega} + \dfrac{1}{R_3} + j\omega C\right)\dot{U}_2 = 0
\end{array}\right\}$$

练习题

8-9 试列写图 8-45 所示互感耦合电路的支路法方程和网孔法方程。

8-10 列写图 8-46 所示互感耦合电路的节点法方程。

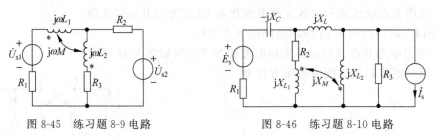

图 8-45 练习题 8-9 电路   图 8-46 练习题 8-10 电路

8.6 耦合电感元件的去耦等效电路

将耦合电感元件用一无耦合的电路等效称为耦合电感器的去耦。去耦法主要用于各线圈采用一定连接方式的耦合电感元件的简化。下面分四种情况讨论。

8.6.1 耦合电感元件的串联

互感元件线圈的串联有两种情况。如两绕组的互感元件串联时,一种情况是异名端相接,如图 8-47(a)所示,称为顺接,另一种情况是同名端相接,如图 8-47(b)所示,称为反接。

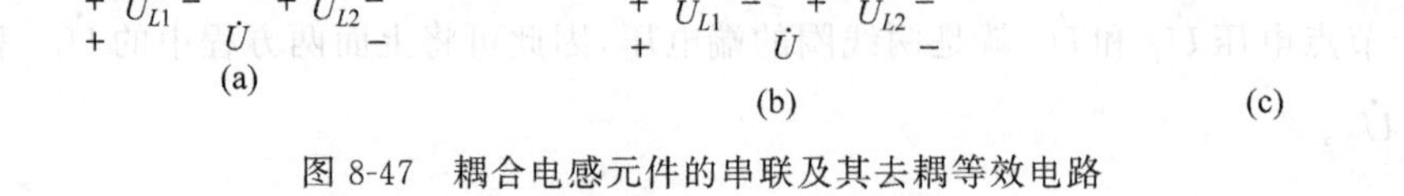

图 8-47 耦合电感元件的串联及其去耦等效电路

1. 顺接时的去耦等效电路

由图 8-47(a)可写出顺接时的端口电压方程为

$$\dot{U}=\dot{U}_{L1}+\dot{U}_{L2}=(\mathrm{j}\omega L_1\dot{I}+\mathrm{j}\omega M\dot{I})+(\mathrm{j}\omega M\dot{I}+\mathrm{j}\omega L_2\dot{I})$$

$$=\mathrm{j}\omega(L_1+L_2+2M)\dot{I}=\mathrm{j}\omega L\dot{I}$$

式中

$$L=L_1+L_2+2M \tag{8-61}$$

这表明,在顺接时,两绕组的耦合电感元件可用一自感系数为 $L=L_1+L_2+2M$ 的自感元件等效。这一自感元件 L 便是该互感元件的去耦等效电路。

2. 反接时的去耦等效电路

由图 8-47(b)可写出反接时的端口电压方程为

$$\dot{U}=\dot{U}_{L1}+\dot{U}_{L2}=(\mathrm{j}\omega L_1\dot{I}-\mathrm{j}\omega M\dot{I})+(-\mathrm{j}\omega M\dot{I}+\mathrm{j}\omega L_2\dot{I})$$

$$=\mathrm{j}\omega(L_1+L_2-2M)\dot{I}=\mathrm{j}\omega L\dot{I}$$

式中

$$L=L_1+L_2-2M \tag{8-62}$$

这表明,在反接时两绕组的耦合电感元件可用一自感系数为 $L=L_1+L_2-2M$ 的自感元件等效。

综上所述,两绕组的耦合电感元件串联时,可等效为一个自感元件,该自感元件的参数为 $L=L_1+L_2\pm2M$,如图 8-47(c)所示,互感系数前的正号对应于顺接,负号对应于反接。

按类似方法,可导出 n 绕组的耦合电感元件在串联情况下的等效电感值为

$$L=\sum_{k=1}^{n}L_k+\sum_{i=1}^{n}\sum_{j=1}^{n}\pm M_{ij}\quad(i\neq j) \tag{8-63}$$

当电流的参考方向为从第 i 个线圈和第 j 个线圈的同名端流入时,上式中的 M_{ij} 前取正号,反之则取负号。

8.6.2　耦合电感元件的并联

互感元件线圈的并联也有两种情况。以两绕组的互感元件为例,其有同名端相接时的并联,如图 8-48(a)所示,以及异名端相接时的并联,如图 8-48(b)所示。

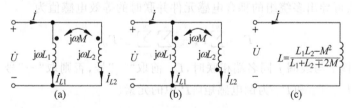

图 8-48　耦合电感元件的并联及其去耦等效电路

1. 同名端相接时的并联

由图 8-48(a),可得

$$\begin{bmatrix}\dot{U}_{L1}\\\dot{U}_{L2}\end{bmatrix}=\mathrm{j}\omega\begin{bmatrix}L_1 & M\\M & L_2\end{bmatrix}\begin{bmatrix}\dot{I}_{L1}\\\dot{I}_{L2}\end{bmatrix}$$

则

$$\begin{bmatrix} \dot{I}_{L1} \\ \dot{I}_{L2} \end{bmatrix} = \frac{1}{j\omega} \begin{bmatrix} \dfrac{L_2}{\Delta} & -\dfrac{M}{\Delta} \\[2ex] -\dfrac{M}{\Delta} & \dfrac{L_1}{\Delta} \end{bmatrix} \begin{bmatrix} \dot{U}_{L1} \\ \dot{U}_{L2} \end{bmatrix}$$

式中,$\Delta = L_1 L_2 - M^2$,由 KCL,有

$$\dot{I} = \dot{I}_{L1} + \dot{I}_{L2} = \left(\frac{L_2}{j\omega\Delta}\dot{U}_{L1} - \frac{M}{j\omega\Delta}\dot{U}_{L2} \right) + \left(-\frac{M}{j\omega\Delta}\dot{U}_{L1} + \frac{L_1}{j\omega\Delta}\dot{U}_{L2} \right)$$

但

$$\dot{U}_{L1} = \dot{U}_{L2} = \dot{U}$$

$$\dot{I} = \frac{1}{j\omega} \frac{L_1 + L_2 - 2M}{\Delta} \dot{U} = \frac{1}{j\omega L}\dot{U}$$

式中

$$L = \frac{L_1 L_2 - M^2}{L_1 + L_2 - 2M} \tag{8-64}$$

这表明同名端相接时,两绕组耦合电感元件的并联可用一自感系数为 $L = \dfrac{L_1 L_2 - M^2}{L_1 + L_2 - 2M}$ 的自感元件等效。

2. 异名端相联时的并联

按同样方法,可导出异名端相接时耦合电感元件的并联可用一自感系数 $L = (L_1 L_2 - M^2)/(L_1 + L_2 + 2M)$ 的自感元件等效。

综上所述,在并联的情况下,两绕组的耦合电感元件可用一自感元件等效(如图 8-48(c)所示),该自感元件的参数为

$$L = \frac{L_1 L_2 - M^2}{L_1 + L_2 \mp 2M} \tag{8-65}$$

上式分母中互感系数前的负号对应于同名端相接的情况,而正号对应于异名端相接的情况。

按类似方法可导出多绕组的耦合电感元件并联时的等效电感值为

$$\Gamma = \sum_{k=1}^{n} \Gamma_k + \sum_{i=1}^{n}\sum_{j=1}^{n} \pm \Gamma_{ij} \tag{8-66}$$

在上式中,当线圈 i 与线圈 j 同名端相联时,Γ_{ij} 前取"$-$"号,否则取"$+$"号。应注意,$\Gamma_k \neq 1/L_k$,$\Gamma_{ij} \neq 1/M_{ij}$。$\Gamma_k$ 和 Γ_{ij} 为倒电感矩阵 $\boldsymbol{\Gamma}$ 中的元素。

8.6.3　多绕组耦合电感元件的混联

对多绕组($n > 2$)互感元件线圈混联的情况,可用电感矩阵及依据 KCL、KVL 求得其端口的等效电感值。下面举例说明求解的方法。

例 8-15　一个三绕组的耦合电感元件,其各绕组的连接情况如图 8-49 所示。试求其端口等值电感。已知 $L_1 = 1\mathrm{H}$,$L_2 = L_3 = 2\mathrm{H}$,$M_{12} = M_{13} = 0.5\mathrm{H}$,$M_{23} = 1\mathrm{H}$。

解　根据各绕组的同名端,写出该互感元件的电感矩阵为

$$\boldsymbol{L}=\begin{bmatrix}1 & -0.5 & -0.5\\ -0.5 & 2 & 1\\ -0.5 & 1 & 2\end{bmatrix}$$

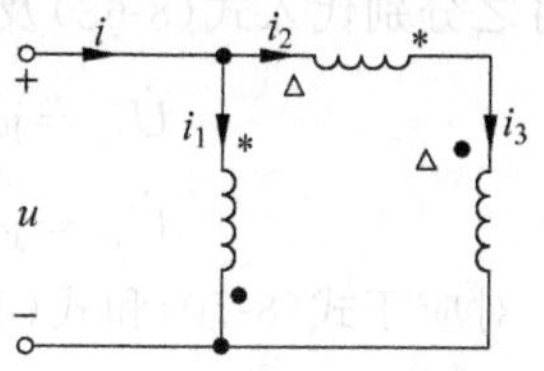

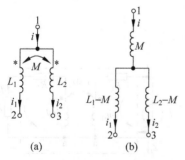

图 8-49 例 8-15 电路

于是由$\boldsymbol{\Psi}=\boldsymbol{L}\boldsymbol{i}$可写出互感元件的磁链-电流方程为

$$\left.\begin{aligned}\Psi_1&=i_1-0.5i_2-0.5i_3\\ \Psi_2&=-0.5i_1+2i_2+i_3\\ \Psi_3&=-0.5i_1+i_2+2i_3\end{aligned}\right\}$$

又由 KCL，有

$$i=i_1+i_2,\quad i_2=i_3$$

根据 KVL，有

$$u=u_1,\quad u=u_2+u_3$$

由此可得

$$\Psi=\Psi_1,\quad \Psi=\Psi_2+\Psi_3$$

将上述 KCL、KVL 方程代入磁链-电流方程后可得

$$\left.\begin{aligned}\Psi&=2i_1-i\\ \Psi&=-7i_1+6i\end{aligned}\right\}$$

由上面两式得到

$$\Psi=\frac{5}{9}i$$

于是求得端口等效电感值为

$$L=\frac{\Psi}{i}=\frac{5}{9}\mathrm{H}$$

8.6.4 有一公共连接点的两绕组耦合电感元件

图 8-50(a)所示电路为一接于某网络中的两绕组耦合电感元件，因它有三个端钮与外部电路相接，可将其视为一个三端电路，其中端钮 1 称为公共端钮。要注意不要认为两绕组为串联，因为流入端钮 1 的电流不为零。该耦合电感元件可用一无耦合的三端网络等效。下面导出其等效电路，分两种情况讨论。

图 8-50 同名端接于公共端钮的两绕组耦合电感器及其等效电路

1. 同名端接于公共端钮

对图 8-50(a)所示电路，可列出如下方程组：

$$\left.\begin{aligned}\dot{I}&=\dot{I}_1+\dot{I}_2 &(8\text{-}67)\\ \dot{U}_{12}&=\mathrm{j}\omega L_1\dot{I}_1+\mathrm{j}\omega M\dot{I}_2 &(8\text{-}68)\\ \dot{U}_{13}&=\mathrm{j}\omega M\dot{I}_1+\mathrm{j}\omega L_2\dot{I}_2 &(8\text{-}69)\end{aligned}\right\}$$

由式(8-67)得

$$\dot{I}_1=\dot{I}-\dot{I}_2,\quad \dot{I}_2=\dot{I}-\dot{I}_1$$

将之分别代入式(8-68)及式(8-69),得

$$\dot{U}_{12}=j\omega L_1\dot{I}_1+j\omega M(\dot{I}-\dot{I}_1)=j\omega(L_1-M)\dot{I}_1+j\omega M\dot{I} \tag{8-70}$$

$$\dot{U}_{12}=j\omega M(\dot{I}-\dot{I}_2)+j\omega L_2\dot{I}_2=j\omega M\dot{I}+j\omega(L_2-M)\dot{I}_2 \tag{8-71}$$

对应于式(8-70)和式(8-71)的等效电路如图 8-50(b)所示,这就是同名端接于公共端钮的两绕组耦合电感元件的 T 形去耦等效电路,它由三个自感元件构成。

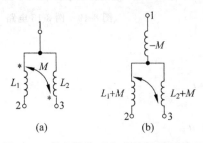

图 8-51 异名端接于公共端钮的两绕组
耦合电感元件及其等效电路

2. 异名端接于公共端钮

图 8-51(a)所示为异名端接于公共端钮的两绕组耦合电感元件。按上面类似的方法,可作出其去耦等效电路如图 8-51(b)所示。

显然,图 8-50(b)和图 8-51(b)两种等效电路的区别在于元件参数中互感系数的符号正好是相反的。

练习题

8-11 试求图 8-52 所示互感耦合电路的端口等效电感值。

8-12 互感耦合电路如图 8-53 所示,用去耦法求电压源发出的有功功率。

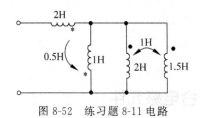

图 8-52 练习题 8-11 电路

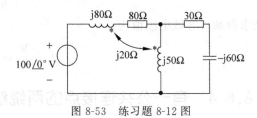

图 8-53 练习题 8-12 图

8.7 空心变压器电路

不用铁心的变压器称空心变压器。空心变压器可用耦合电感元件构成其电路模型。典型的空心变压器电路如图 8-54 所示。该图中虚线框内的部分即为空心变压器的电路模型,Z_L 为变压器的负载。通常和电源相接的绕组称为一次线圈,也称为变压器的原方;和负载相接的绕组称为二次线圈,亦称为变压器的副方。

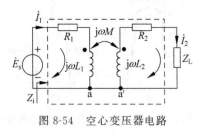

图 8-54 空心变压器电路

8.7.1 空心变压器电路的去耦等效电路

将图 8-54 电路中的 a 和 a′用导线连接后,可认为电路中的耦合电感元件属于同名端接于公共端钮的三端耦合电感元件,这样可作出其去耦等效电路如图 8-55 所示。

8.7.2　空心变压器电路的含受控源的等效电路

按图 8-54 所示电路中给出的回路电流的参考方向,可列出其回路方程为

$$\left. \begin{array}{c} R_1\dot{I}_1 + \mathrm{j}\omega L_1\dot{I}_1 - \mathrm{j}\omega M\dot{I}_2 = \dot{E}_\mathrm{s} \\ R_2\dot{I}_2 + Z_\mathrm{L}\dot{I}_2 + \mathrm{j}\omega L_2\dot{I}_2 - \mathrm{j}\omega M\dot{I}_1 = 0 \end{array} \right\} \tag{8-72}$$

若将每一互感电压视作流控电压源的输出,则按上述方程组可作出图 8-56 所示的等效电路。

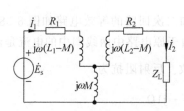

图 8-55　空心变压器的去耦等效电路

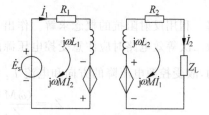

图 8-56　空心变压器的含受控源的等效电路

由式(8-70)可解出回路电流为

$$\dot{I}_1 = \frac{R_2 + \mathrm{j}\omega L_2 + Z_\mathrm{L}}{(R_1 + \mathrm{j}\omega L_1)(R_2 + \mathrm{j}\omega L_2 + Z_\mathrm{L}) + (\omega M)^2}\dot{E}_\mathrm{s} \tag{8-73}$$

$$\dot{I}_2 = \frac{\mathrm{j}\omega M}{(R_1 + \mathrm{j}\omega L_1)(R_2 + \mathrm{j}\omega L_2 + Z_\mathrm{L}) + (\omega M)^2}\dot{E}_\mathrm{s} \tag{8-74}$$

对空心变压器电路的分析,也可采用图 8-56 所示的含有受控源的等效电路,而作出这一等效电路的关键是决定两个受控源的极性。受控源的极性按 8.4 节所述方法予以确定。

8.7.3　反射阻抗的概念及初级回路的去耦等效电路

由式(8-71)可求出从电源端看进去的电路等效复阻抗为

$$Z_\mathrm{i} = \frac{\dot{E}_\mathrm{s}}{\dot{I}_1} = R_1 + \mathrm{j}\omega L_1 + \frac{(\omega M)^2}{R_2 + \mathrm{j}\omega L_2 + Z_\mathrm{L}} = Z_{11} + \frac{(\omega M)^2}{Z_{22}} \tag{8-75}$$

可见电路的输入阻抗由两部分组成,一部分为 $Z_{11} = R_1 + \mathrm{j}\omega L_1$,称为一次回路的自阻抗;另一部分为 $Z_\mathrm{f} = \dfrac{(\omega M)^2}{Z_{22}} = \dfrac{(\omega M)^2}{R_2 + \mathrm{j}\omega L_2 + Z_\mathrm{L}}$ 称为次级回路在初级回路的反射阻抗。反射阻抗体现了二次回路对一次回路的影响,它实质上反映的是互感元件的耦合作用。由输入阻抗的表达式(8-75)可得一次回路又一形式的等效电路如图 8-57 所示,这一等效电路中既无互感元件,亦无受控源,因此又称

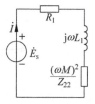

图 8-57　空心变压器初级回路的无耦等效电路

它为一次回路的无耦合等效电路。在实用中,常用一次回路的无耦合等效电路求出原方电流。这表明引用反射阻抗的概念后,空心变压器电路的计算可转化为对初级回路的计算,而不必列方程组求解。

例 8-16　求图 8-58(a)所示电路中的电容电压 $\dot{U}_C$。已知 $R_1 = 6\,\Omega$,$X_L = 6\,\Omega$,$X_C = 1\,\Omega$,

$X_{L1}=3\Omega, X_{L2}=2\Omega, X_M=1\Omega, \dot{E}=12\underline{/80^\circ}\text{V}。$

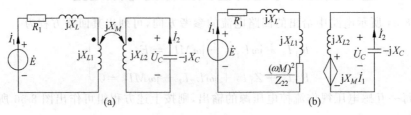

图 8-58 例 8-16 电路

解 利用反射阻抗的概念求解。作出一次回路和二次回路的等效电路如图 8-58(b)所示。做二次等效电路时应注意受控电压源的极性。由于原电路中两线圈中的电流是流入同名端的,故受控源电压降的方向和电流 $\dot{I}_2$ 的方向一致。反射阻抗为

$$Z_f=\frac{(\omega M)^2}{Z_{22}}=\frac{1}{\text{j}1}\Omega=-\text{j}1\Omega$$

由一次回路等效电路,可求得

$$\dot{I}_1=\frac{\dot{E}}{R_1+\text{j}(\omega L+\omega L_1)+\dfrac{(\omega M)^2}{Z_{22}}}=\frac{12\underline{/80^\circ}}{6+\text{j}9-\text{j}}\text{A}=1.2\underline{/26.9^\circ}\text{A}$$

由二次等效电路可求得

$$\dot{I}_2=\frac{-\text{j}X_M\dot{I}_1}{\text{j}2-\text{j}}=-X_M\dot{I}_1=-\dot{I}_1=-1.2\underline{/26.9^\circ}\text{A}=1.2\underline{/-153.1^\circ}\text{A}$$

$$\dot{U}_C=-(-\text{j}X_C)\dot{I}_2=\text{j}\dot{I}_2=1.2\underline{/-63.1^\circ}\text{V}$$

练习题

8-13 用反射阻抗的概念求图 8-59(a)、图 8-59(b)两电路的端口等值电感。

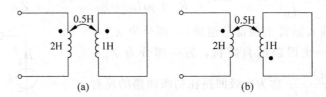

图 8-59 练习题 8-13 电路

8.8 全耦合变压器与理想变压器

变压器是电工、电子技术中常用的器件。变压器分为两种,一种是空心变压器,一种是铁芯变压器。空心变压器可用耦合电感元件构成其模型,8.7 节已介绍了空心变压器电路及其分析方法。铁芯变压器是将一次、二次线圈绕在一个磁导率很高的磁芯上而构成的,它是一个耦合系数近于 1 的紧耦合互感元件。铁芯变压器在电力工程中主要用于高、低电压

的转换,而在电子技术中主要起阻抗变换作用。分析铁芯变压器时,可用全耦合互感元件(也叫全耦合变压器)或理想变压器作为它的模型,也可在理想变压器的基础上添加一些其他元件构成其模型。下面先分析全耦合变压器,而后介绍理想变压器。

8.8.1 全耦合变压器

1. 全耦合变压器的线圈匝数比与自感系数的关系

图 8-60 所示为一全耦合变压器,其一次线圈的匝数为 N_1,自感系数为 L_1;二次线圈为 N_2 匝,自感系数为 L_2;因是全耦合,则耦合系数 $k=1$,故 $M=\sqrt{L_1 L_2}$;两线圈的匝数比 $n=N_1/N_2$。下面先导出匝数比 n 与线圈的自感系数 L_1、L_2 间的关系式。

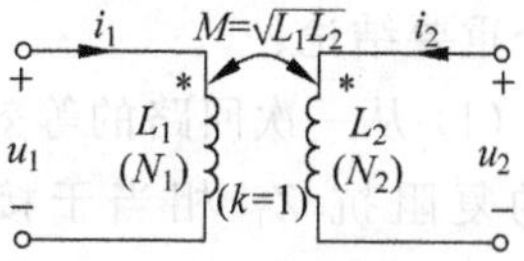

线圈的自感系数定义为

$$L = \Psi/i$$

当线圈只有一匝时,通过电流 i 将产生磁通 Φ_0,由于只有一匝,磁链等于磁通,于是单匝线圈的自感系数为

图 8-60 全耦合变压器

$$L_0 = \Psi_0/i = \Phi_0/i$$

若线圈有 N 匝,电流 i 所产生的磁通为 Φ_0 的 N 倍,即 $\Phi=N\Phi_0$,又因它与线圈的 N 匝全部交链,则磁链为

$$\Psi = N\Phi = N^2 \Phi_0$$

于是该线圈的自感系数为

$$L = \frac{\Psi}{i} = \frac{N^2 \Phi_0}{i} = N^2 L_0$$

这表明一线圈的自感系数与其匝数的平方成正比。

在全耦合的情况下,穿过每一匝的磁通均相同,便有

$$\frac{L_1}{L_2} = \frac{N_1^2 L_0}{N_2^2 L_0} = \frac{N_1^2}{N_2^2} = n^2$$

即

$$n = \sqrt{L_1/L_2} \tag{8-76}$$

式(8-76)就是匝数比与自感系数间的关系式。

2. 全耦合变压器的等效电路

先求出图 8-60 所示全耦合变压器的一次、二次电流相量 $\dot{I}_1$ 和 $\dot{I}_2$。设接于二次的负载复阻抗为 Z_L,应用反射阻抗的概念,可求得

$$\dot{I}_1 = \frac{\dot{U}_1}{\mathrm{j}\omega L_1 + \dfrac{(\omega M)^2}{\mathrm{j}\omega L_2 + Z_L}} = \frac{(\mathrm{j}\omega L_2 + Z_L)\dot{U}_1}{-\omega^2 L_1 L_2 + \mathrm{j}\omega L_1 Z_L + (\omega M)^2} \tag{8-77}$$

因 $M=\sqrt{L_1 L_2}$ 及 $L_1/L_2 = n^2$,式(8-75)可写为

$$\dot{I}_1 = \left(\frac{1}{n^2 Z_L} + \frac{1}{\mathrm{j}\omega L_1}\right)\dot{U}_1 \tag{8-78}$$

$$\dot{I}_2 = \frac{-\mathrm{j}\omega M \dot{I}_1}{\mathrm{j}\omega L_2 + Z_L} = \frac{-\mathrm{j}\omega M}{\mathrm{j}\omega L_2 + Z_L}\left(\frac{1}{n^2 Z_L} + \frac{1}{\mathrm{j}\omega L_1}\right)\dot{U}_1 = \frac{-\mathrm{j}\omega M}{\mathrm{j}\omega L_2 + Z_L}\frac{n^2 Z_L + \mathrm{j}\omega L_1}{n^2 Z_L \cdot \mathrm{j}\omega L_1}\dot{U}_1$$

$$= \frac{-\mathrm{j}\omega M(n^2 Z_\mathrm{L} + \mathrm{j}\omega L_1)}{\mathrm{j}\omega L_1 Z_\mathrm{L}(n^2 Z_\mathrm{L} + \mathrm{j}\omega L_2 n^2)} \dot{U}_1 \tag{8-79}$$

由 $n^2 = L_1/L_2$，得 $L_1 = L_2 n^2$，则式(8-77)可写为

$$\dot{I}_2 = \frac{-\mathrm{j}\omega M(n^2 Z_\mathrm{L} + \mathrm{j}\omega L_1)}{\mathrm{j}\omega L_1 Z_\mathrm{L}(n^2 Z_\mathrm{L} + \mathrm{j}\omega L_1)} \dot{U}_1 = -\frac{M}{L_1 Z_\mathrm{L}} \dot{U}_1 = -\frac{\sqrt{L_1 L_2}}{L_1 Z_\mathrm{L}} \dot{U}_1 = \frac{-\dot{U}_1}{\sqrt{\dfrac{L_1}{L_2}} Z_\mathrm{L}} = \frac{\dfrac{1}{n}\dot{U}_1}{Z_\mathrm{L}} \tag{8-80}$$

根据式(8-78)和式(8-79)，可作出全耦合变压器的
等效电路如图 8-61 所示。分析该等效电路可得出
两个重要结论：

(1) 从一次回路的等效电路看，原接于二次回
路的复阻抗 Z_L 相当于接在电路端口的复阻抗
$n^2 Z_\mathrm{L}$。这表明全耦合变压器有阻抗变换的作用。

(2) 从二次回路的等效电路看，二次线圈的端

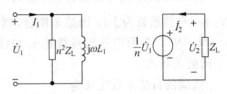

图 8-61 全耦合变压器的等效电路

电压为 $\dot{U}_2 = \dot{U}_1/n$，即 $\dot{U}_1/\dot{U}_2 = n$，这表明一次、二次线圈的电压之比等于匝数比，且此比值
与负载无关。

8.8.2 理想变压器

1. 理想变压器的特性方程

若使全耦合变压器中的自感系数 L_1 和 L_2 均趋于无限大，则图 8-61 所示的全耦合变压
器等效电路中的 L_1 相当于开路，该等效电路变为图 8-62 所示的电路。可导出此电路两端
口中的电流 $\dot{I}_1$ 和 $\dot{I}_2$ 的关系式为

$$\dot{I}_1 = \frac{\dot{U}_1}{n^2 Z_\mathrm{L}} = \frac{n\dot{U}_2}{n^2 Z_\mathrm{L}} = -\frac{1}{n}\dot{I}_2$$

于是该变压器的端口特性方程为

$$\dot{U}_1 = n\dot{U}_2 \tag{8-81}$$

$$\dot{I}_1 = -\frac{1}{n}\dot{I}_2 \tag{8-82}$$

具有上述端口特性方程的变压器称为理想变压器，式(8-81)和式(8-82)两式为其定义
式，电路符号如图 8-63 所示。

图中带"＊"符号的端子称为理想变压器的同名端，接至电源的一侧绕组称为变压器的
原方，和负载相接的一侧绕组称为变压器的副方。

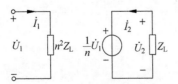

图 8-62 理想变压器的等效电路

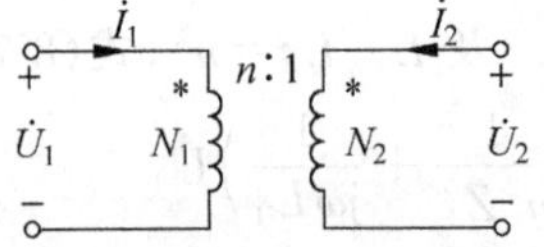

图 8-63 理想变压器的电路符号

2. 关于理想变压器的说明

（1）作为一种电路元件，理想变压器和电阻、电感、电容等电路元件处于同等重要的地位。它可看作为实际铁芯变压器的理想化模型。事实上对于那些设计优良的实际铁芯变压器而言，可直接用理想变压器加以模拟；而一般的铁芯变压器可用理想变压器与其他电路元件的组合构成电路模型。

（2）理想变压器特性方程中的各电压、电流与频率无关，因此关系式(8-81)和式(8-82)适用于任意波形的电压和电流，这表明理想变压器的定义式可写为

$$u_1 = n u_2 \tag{8-83}$$

$$i_1 = -\frac{1}{n} i_2 \tag{8-84}$$

（3）实际变压器的工作原理是电磁感应定律，因此用于模拟实际变压器的理想变压器的特性方程只适用于时变的电压、电流，而不适用于直流的情况。

（4）将式(8-83)和式(8-84)相乘，便有

$$u_1 i_1 + u_2 i_2 = 0 \tag{8-85}$$

这表明在任意时刻理想变压器一次线圈和二次线圈输入功率的总和为零，即它既不消耗能量，也不储存能量。故理想变压器是一种无损耗无记忆的非储能元件。

（5）理想变压器和线圈有相同的电路符号，但对理想变压器，这并不代表有任何电感作用。表征理想变压器的唯一参数是匝比 $n = N_1/N_2$。

3. 理想变压器的阻抗变换性质

理想变压器不仅能变换电压和电流，而且能变换阻抗。这一特性称为理想变压器的阻抗变换性质。

如在图 8-64(a)中，理想变压器的二次侧接有一复阻抗 Z_L，则理想变压器的输入复阻抗为

$$Z_i = \frac{\dot{U}_1}{\dot{I}_1} = \frac{n \dot{U}_2}{-\frac{1}{n} \dot{I}_2} = n^2 Z_L \tag{8-86}$$

可得一次回路的等效电路如图 8-64(b)所示。

这表明当变压器的副方接有一阻抗 Z_L 时，从原方看进去的阻抗为副方阻抗的 n^2 倍。

在电子技术中常利用理想变压器的阻抗变换性质实现最大功率的传输(阻抗匹配)。

例 8-17 在图 8-65 所示电路中，负载 $R_L = 100\Omega$ 接在 a、b 端口。为使 R_L 获得最大功率，应在 a、b 端口与 R_L 间接入一理想变压器，试求该理想变压器的变比。

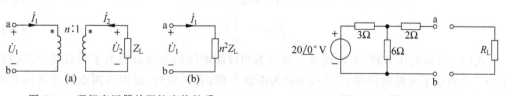

图 8-64 理想变压器的阻抗变换性质   图 8-65 例 8-17 电路

解 可求得 a、b 端口的戴维宁等效电路的等效电阻 $R_0 = 4\Omega$。按最大功率传递定理，负载阻抗为 4Ω 时才可获得最大功率。而此时 $R_L = 100\Omega$，故应根据理想变压器的阻抗变换

性质,在 a、b 端口和 R_L 之间接入一适当变比的理想变压器,使之满足条件

$$n^2 R_L = R_0$$

即

$$n = \sqrt{R_0/R_L} = \sqrt{4/100} = 1/5$$

这表明接入一匝比 $n = N_1/N_2 = 1/5$ 的变压器便可满足要求。

应注意到,由于理想变压器的变比为一正实数,故在起阻抗变换作用时,只能改变复阻抗的模,而不能改变复阻抗的幅角。

练习题

8-14　求图 8-66 所示电路的端口等效电阻 R。

8-15　电路如图 8-67 所示。若负载阻抗 Z_L 获得最大功率,求 Z_L 的值。

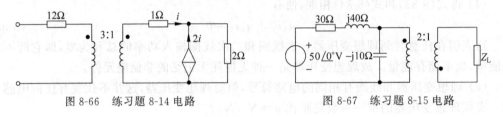

图 8-66　练习题 8-14 电路　　　　　图 8-67　练习题 8-15 电路

8.9　理想变压器电路的计算

8.9.1　分析理想变压器电路时应注意的问题

分析含理想变压器的电路,关键在于正确写出各种情况下的理想变压器端口特性方程式,这里要注意下述两个问题。

1. 不要弄错理想变压器端口特性方程中的符号

理想变压器端口特性方程中的符号是与一定的电压、电流的参考方向和同名端相对应的。符号的确定按下述原则进行:当两线圈电压的参考方向对应同名端一致时,电压方程中不出现负号,反之则应冠一负号;当两线圈中的电流流入同名端时,电流方程中有一负号,反之则不出现负号。如图 8-68(a)中的理想变压器端口特性方程为

$$\dot{U}_1 = n\dot{U}_2 \tag{8-87}$$

$$\dot{I}_1 = -\frac{1}{n}\dot{I}_2 \tag{8-88}$$

式(8-87)为电压方程,未出现负号是因为两线圈电压的参考方向关于同名端一致(均是标"·"号的端子为低电位端);式(8-88)为电流方程,有一负号,是因为两电流流入同名端。类似地,不难写出图 8-68(b)所示理想变压器的端口特性方程为

$$\left.\begin{array}{l}\dot{U}_1 = -n\dot{U}_2 \\[2mm] \dot{I}_1 = \dfrac{1}{n}\dot{I}_2\end{array}\right\}$$

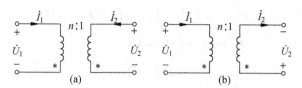

图 8-68 确定理想变压器端口特性方程符号的说明

2. 要正确地区分和理解变比 n 的表现形式

这一要求的含义是应弄清变比 n 既可定义为 N_1/N_2，也可定义为 N_2/N_1。这两种不同的定义方法体现在变压器变比的标示中，如图 8-69(a) 电路中标以 $n:1$，表示变比定义为 $n=N_1/N_2$；而图 8-69(b) 电路中标以 $1:n$，则表示变比定义为 $n=N_2/N_1$；应根据变比 n 的不同表示形式正确写出端口特性方程式。如图 8-69(a) 所示电路，方程式为

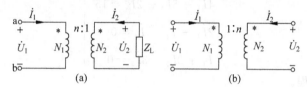

图 8-69 关于变比 n 的说明

$$\left.\begin{aligned} \dot{U}_1 &= n\dot{U}_2 \\ \dot{I}_1 &= -\frac{1}{n}\dot{I}_2 \end{aligned}\right\}$$

而图 8-69(b) 所示电路，方程式为

$$\left.\begin{aligned} \dot{U}_1 &= \frac{1}{n}\dot{U}_2 \\ \dot{I}_1 &= -n\dot{I}_2 \end{aligned}\right\}$$

切不可以为图 8-69(b) 电路的方程式和图 8-69(a) 一样。

8.9.2 理想变压器电路的分析方法

对含有理想变压器的电路，可采用两种方法计算。

1. 采用回路分析法分析理想变压器电路

求解理想变压器电路时，最宜于用回路分析法。一般做法是在列写回路方程时，先把理想变压器原、副方绕组的电压看作是未知电压，而后再把理想变压器的特性方程结合进去，以消除这些未知电压。具体做法见例 8-18。

例 8-18 试列写图 8-70 所示电路的回路方程，已知理想变压器的变比 $n=2$，$\dot{E}_s=15\underline{/0^\circ}\text{V}$。

解 在列写含理想变压器电路的方程时，不可忘记理想变压器的两个绕组上均是有电压的。在这一电路中，它们分别是 $\dot{U}_1$ 和 $\dot{U}_2$。列出回路方程为

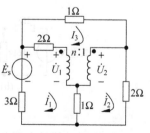

图 8-70 例 8-18 电路

$$
\left.
\begin{array}{l}
(2+3+1)\dot{I}_1 - \dot{I}_2 - 2\dot{I}_3 = \dot{E}_s - \dot{U}_1 \\[2mm]
-\dot{I}_1 + (1+2)\dot{I}_2 = \dot{U}_2 \\[2mm]
-2\dot{I}_1 + (2+1)\dot{I}_3 = \dot{U}_1 - \dot{U}_2
\end{array}
\right\}
$$

应注意流入电压为 $\dot{U}_1$ 的线圈的电流是 $\dot{I}_1 - \dot{I}_3$，流入另一线圈的电流是 $\dot{I}_3 - \dot{I}_2$，这样，理想变压器的特性方程为

$$
\left.
\begin{array}{l}
\dot{U}_1 = n\dot{U}_2 \\[2mm]
(\dot{I}_1 - \dot{I}_3) = -\dfrac{1}{n}(\dot{I}_3 - \dot{I}_2)
\end{array}
\right\}
$$

将这一特性方程代入前面的回路方程，消除非求解变量 $\dot{U}_1$ 和 $\dot{U}_2$，可得

$$
\left.
\begin{array}{l}
4\dot{I}_1 - 5\dot{I}_2 - 2\dot{I}_3 = 15 \\[2mm]
2\dot{I}_1 - \dot{I}_2 - \dot{I}_3 = 0 \\[2mm]
\dot{I}_1 + 3\dot{I}_2 - 3\dot{I}_3 = 0
\end{array}
\right\}
$$

即为所求的回路方程。

2. 采用去耦等效电路法分析理想变压器电路

这一方法的特点是将理想变压器电路化为不含理想变压器的电路求解。该法仅适用于理想变压器的原、副方所在的电路之间没有支路相联的情况(即无电气上的直接联系)，如图 8-71 所示的那样。下面先讨论原、副方电路中仅一侧含有独立电源的情况。若图 8-71 中仅 N_1 或仅 N_2 含有独立电源时，可利用理想变压器的

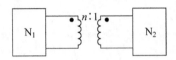

图 8-71 理想变压器的原、副方之间无电气上的直接联系

阻抗变换性质，将副方阻抗折合至原方，由原方的等效电路求出原方各支路的电压、电流后，再回至原电路求出副方各电压、电流。具体做法见例 8-19。

例 8-19 求图 8-72(a)所示电路中的电流 $\dot{I}_1$ 和 $\dot{I}_2$。

解 计算分两步进行。

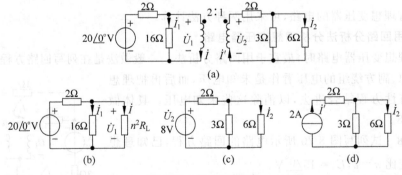

图 8-72 例 8-19 电路

(1) 将副方等效电阻折合至原方，消除理想变压器，可得原方等效电路如图 8-72(b)所示。图 8-72(b)中的 $R_L = 2 + 3 /\!/ 6 = 4\,\Omega$ 为副方的等效电阻，则 $n^2 R_L = 2^2 \times 4 = 16\,\Omega$。可求出

$$\dot{U}_1 = 20 \times \frac{8}{8+2} \text{V} = 16\text{V}$$

则

$$\dot{I}_1 = 16/16 \text{A} = 1\text{A}$$

其中 $\dot{U}_1$ 也是原方绕组上的电压。

（2）根据理想变压器的特性方程，由原方绕组上的电压求出副方绕组上的电压，将副方绕组用一独立电压源代替，可得图 8-72（c）所示的副方等效电路。其中 $\dot{U}_2 = \frac{1}{n}\dot{U}_1 = 8\text{V}$ 为副方绕组的电压，可求得

$$\dot{I}_2 = \frac{8}{2+3 /\!/ 6} \times \frac{3}{3+6}\text{A} = \frac{2}{3}\text{A}$$

还可将副方绕组用独立电流源代替，如图 8-72（d）所示，图 8-72（d）中电流源电流 $\dot{I}' = n\dot{I} = 2 \times 1 = 2\text{A}$，由此求出的 $\dot{I}_2$ 和上面的结果完全相同。

若图 8-71 所示电路中的 N_1 和 N_2 均含有独立电源时，求去耦等效电路的方法可用例 8-20 予以说明。

例 8-20 试求图 8-73（a）所示电路的去耦等效电路。

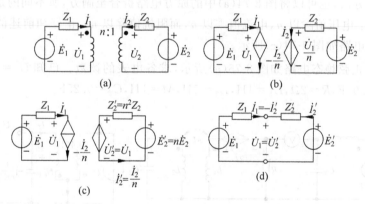

图 8-73 例 8-20 电路

解 为叙述方便，姑且将理想变压器的 N_1 线圈称作原方，N_2 线圈称作副方（实际上称哪一线圈为原方或副方是相对的），变压器的变比 $n = N_1/N_2$。将理想变压器的原方线圈用受控电流源表示，副方线圈用受控电压源表示，如图 8-73（b）所示。

考察图 8-73（b）电路可发现，若将副方电路中的所有电压均乘以变比 n，电流均除以 n，阻抗均乘以 n^2（因为 $Z_k = \dot{U}_k/\dot{I}_k$，故 $Z'_k = \dot{U}'_k/\dot{I}'_k = n\dot{U}_k / \left(\frac{1}{n}\dot{I}_k\right) = n^2\dot{U}_k/\dot{I}_k = n^2 Z_k$），

如图 8-73（c）所示，则副方绕组与原方绕组上的电压、电流的关系为 $\dot{U}'_2 = \dot{U}_1$，$\dot{I}'_2 = -\dot{I}_1$，于是图 8-73（c）电路可转化为图 8-73（d）电路。图 8-73（d）电路中已不含有理想变压器及受控源等耦合元件，称为图 8-73（a）的去耦等效电路。在这一电路中，变压器副方所有的电压、电流及阻抗均标以上标"'"号，称为副方的折合值。这样，图 8-73（a）电路的计算便转化为对图 8-73（d）电路的计算，由图 8-73（d）电路可求出变压器原方电路中的电压、电流及副方电

路中各电压、电流的折合值。将副方的各折合值乘以相应的系数(即电压折合值乘 $1/n$,电流折合值乘 n)便得其对应的真实值。

由上所述,得到理想变压器去耦等效电路的方法是较为简便的,即只需将副方各支路元件的参数代之以折合值后,将理想变压器去掉,把变压器原、副方的对应端子分别对接起来便可。如图 8-74(b)便是图 8-74(a)的去耦等效电路。

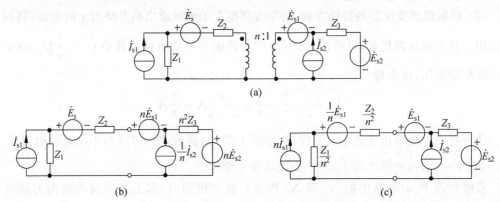

图 8-74 理想变压器电路与它的去耦等效电路

按类似的方法,也可以将图 8-74(a)中的原方电路折合至副方,所不同的是,各折合值按下述方法得到:电压值除以 n ,电流值乘以 n ,而阻抗值除以 n^2 ,正好和前述的做法相反,所得的去耦等效电路如图 8-74(c)所示。

例 8-21 正弦稳态电路如图 8-75(a)所示,求各电表的读数。已知 $\dot{U}_s = 200\underline{/0^\circ}\text{V}$, $\omega = 2\text{rad/s}$, $C_1 = 0.05\text{F}$, $R = 2\Omega$, $L_1 = 4\text{H}$, $L_2 = 2\text{H}$, $M = 1\text{H}$, $C_2 = 0.25\text{F}$ 。

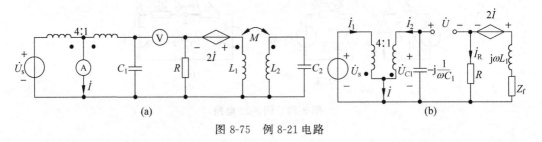

图 8-75 例 8-21 电路

解 各电表读数均为有效值。将图 8-75(a)所示电路改画为图 8-75(b)电路,现需求该电路中的电压 $\dot{U}$ 和电流 $\dot{I}$ 。由空心变压器反射阻抗的概念,求得反射阻抗 Z_f 为

$$Z_f = \frac{(\omega M)^2}{Z_{22}} = \frac{(\omega M)^2}{j\omega L_2 - j\dfrac{1}{\omega C_2}} = \frac{4}{j4 - j2} = -j2\Omega$$

由理想变压器阻抗变换性质,可求得

$$\dot{I}_1 = \frac{\dot{U}_s}{n^2\left(\dfrac{1}{j\omega C_1}\right)} = \frac{200\underline{/0^\circ}}{4^2(-j10)}\text{A} = j1.25\text{A}$$

$$\dot{I}_2 = -n\dot{I}_1 = -4 \times (j1.25)\text{A} = -j5\text{A}$$

$$\dot{I} = \dot{I}_1 + \dot{I}_2 = j1.25 + (-j5) = -j3.75A$$

因此可知电流表的读数为 3.75A。又求得

$$\dot{U}_{C1} = \frac{1}{n}\dot{U}_s = \frac{1}{4} \times 200\underline{/0^\circ}V = 50\underline{/0^\circ}V$$

$$\dot{I}_R = \frac{-2\dot{I}}{R + j\omega L_1 + Z_f} = \frac{-2 \times (-j3.75)}{2 + j8 - j2}A = 1.187\underline{/18.4^\circ}A$$

$$\dot{U}_R = R\dot{I}_R = 2 \times 1.187\underline{/18.4^\circ}V = 2.37\underline{/18.4^\circ}V$$

于是有

$$\dot{U} = \dot{U}_{C1} - \dot{U}_R = (50\underline{/0^\circ} - 2.37\underline{/18.4^\circ})V = 47.76\underline{/0.9^\circ}V$$

由此可知电压表的读数为 47.76V。

练习题

8-16　电路如图 8-76 所示,求电流 $\dot{I}_1$ 和 $\dot{I}_2$。

8-17　如图 8-77 所示电路,试分别画出将副方折合至原方及原方折合至副方的去耦等效电路。

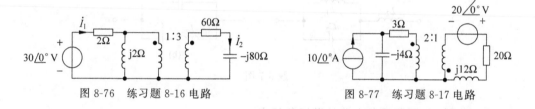

图 8-76　练习题 8-16 电路　　　　　　图 8-77　练习题 8-17 电路

习题

8-1　正弦稳态电路如题 8-1 图所示,已知电源电压 $U_s = 20V, \omega = 5000rad/s$。现调节电容 C 使电路中的电流最大值为 125mA,此时电感电压为 1600V。求电路中的元件参数 R、L、C 的值及电路的品质因数 Q。

8-2　一个 RLC 串联电路中 $C = 22\mu F$,当电源频率为 200Hz 时,电路中的电流为最大值 2.3A,此时电容两端的电压为外加电源电压的 16 倍,试求电阻 R 和电感 L 的值。

8-3　一 RLC 并联电路如题 8-3 图所示。若 $I_s = 2A$,电路的谐振角频率 $\omega_0 = 2 \times 10^6 rad/s$,谐振时电感电流有效值为 200A,电路消耗的有功功率为 40mW,试求参数 R、L、C 的值,品质因数 Q 及通频带 Δf。

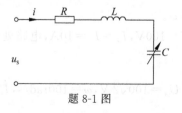

题 8-1 图

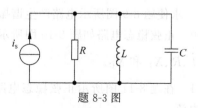

题 8-3 图

8-4 RLC 并联谐振电路的品质因数 $Q=100$，谐振角频率 $\omega_0=10^7\,\mathrm{rad/s}$。将此电路与电压为 200V，内阻为 100kΩ 的信号源相连接，若谐振时信号源输出的功率为最大，求该电路的参数 R、L、C 之值，信号源输出的功率以及接入信号源后整个电路的品质因数。

8-5 题 8-5 图所示正弦稳态电路在开关 S 断开前处于谐振状态，电流表的读数为 3A，$R=3\Omega$。求开关断开后电压表的读数。

8-6 正弦稳态电路如题 8-6 图所示。若电路已处于谐振状态，且电流表 A 和 A_1 的读数分别为 6A 和 10A，求电流表 A_2 的读数及电路的品质因数。

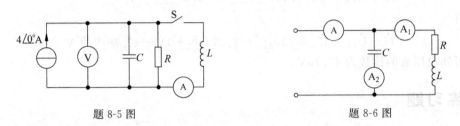

题 8-5 图   题 8-6 图

8-7 试确定当题 8-7 图所示各电路中的电源频率由零增大时，哪一电路先发生串联谐振，哪一电路又先发生并联谐振。

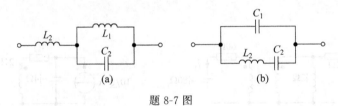

题 8-7 图

8-8 求题 8-8 图所示各电路的谐振角频率。

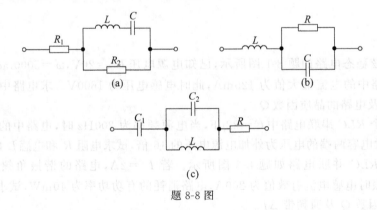

题 8-8 图

8-9 求使题 8-9 图所示电路产生谐振的角频率 ω。

8-10 正弦稳态电路如题 8-10 图所示。已知 $U=100\mathrm{V}$，$I_1=I_2=10\mathrm{A}$，电路处于谐振，试确定 $\dot{I}$、R、X_L 和 X_C。

8-11 在题 8-11 图所示正弦稳态电路中，已知 $U_s=100\sqrt{2}\,\mathrm{V}$，$\omega=100\mathrm{rad/s}$，$\dot{I}_3=0$，求各支路电流。

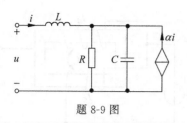

题 8-9 图

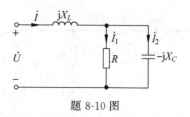

题 8-10 图

8-12 如题 8-12 图所示正弦稳态电路,已知 $U=120\text{V}$, $\omega=400\text{rad/s}$, $L=10\text{mH}$, $C_1=60\mu\text{F}$。谐振时,电流表的读数为 12A,求 R、C_2 之值。

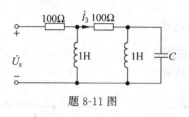

题 8-11 图

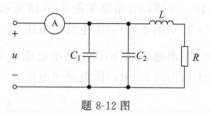

题 8-12 图

8-13 电路如题 8-13 图所示,已知 $U=220\underline{/0^\circ}\text{V}$, $I_1=10\text{A}$, $I_2=20\text{A}$,端口电压与电流同相位,阻抗 Z_2 消耗的功率为 2000W。求电流 $\dot{I}$、R、X_C 和 Z_2 的值。

8-14 电感线圈用于高频交流电路时,需考虑线匝间的电容作用,此匝间电容可用一个与线圈并联的等值电容 C_P 来表示,如题 8-14 图所示。为测量线圈的电感 L 和匝间电容

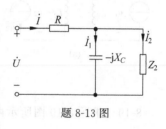

题 8-13 图

C_P,可将一个电容 C' 与线圈并联后接至电源。已知当 $C'=10\text{pF}$ 时,电路在 $f_1=6\text{MHz}$ 时发生谐振;而当 $C'=20\text{pF}$ 时,则在 $f_2=5\text{MHz}$ 时发生谐振,试求线圈的 L 及 C_P 值(提示:当线圈的 Q 值较高时,谐振后频率可用近似公式 $\omega_0=\dfrac{1}{\sqrt{LC}}$ 来计算,其中 C 为 C' 和 C_P 的并联等效电容)。

8-15 题 8-15 图所示电路已处于谐振状态,已知 $U=100\text{V}$, $I_1=I_2=10\text{A}$,求电阻 R 及谐振时的感抗和容抗之比。

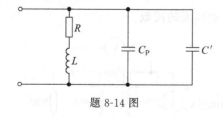

题 8-14 图

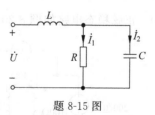

题 8-15 图

8-16 电路如题 8-16 图所示,已知三个电流表的读数均为 5A,两个电压表的读数均为 100V,且电路发生谐振。求端口电压的有效值及各元件的参数。

8-17 一两绕组的互感器件连接如题 8-17 图所示,若忽略线圈电阻,试求开路电压 $u_0(t)$。

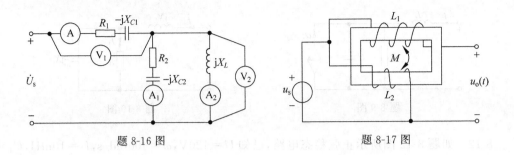

题 8-16 图   题 8-17 图

8-18 互感耦合电路如题 8-18 图所示。

(1) 写出题 8-18(a)图电路中电压 u_1 和 u_2 的表达式;

(2) 写出题 8-18(b)图电路中电流 $\dot{I}_1$ 和 $\dot{I}_2$ 的表达式;

(3) 写出题 8-18(c)图电路中电压 u_1 和 u_2 的表达式。

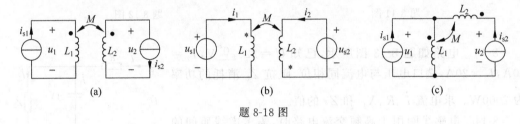

题 8-18 图

8-19 求题 8-19 图所示两正弦稳态互感电路的端口等效阻抗 Z_i。

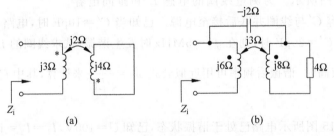

题 8-19 图

8-20 正弦稳态电路如题 8-20 图所示,求电压表的读数。

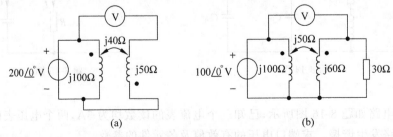

题 8-20 图

8-21　电路如题 8-21(a)图所示,电流源的电流波形如题 8-21(b)图所示(一个周期),电压表的读数(有效值)为 25V,求互感 M 的值并画出 $u_2(t)$ 的波形。

8-22　有互感的两个线圈正向串联时,测得电路中的电流 $I = 2.5\mathrm{A}$,功率 $P = 62.5\mathrm{W}$;当两个线圈反向串联时,测得功率 $P = 250\mathrm{W}$。已知电源电压 $U = 220\mathrm{V}$,$f = 50\mathrm{Hz}$,试求互感 M。

8-23　在题 8-23 图所示电路中,已知 $\dot{U}_s = 50\underline{/0^\circ}\mathrm{V}$,$F = 50\mathrm{Hz}$,$L_1 = 0.2\mathrm{H}$,$L_2 = 0.1\mathrm{H}$,$M = 0.1\mathrm{H}$,试求 $\dot{U}$、$\dot{I}$、$\dot{I}_1$ 和 $\dot{I}_2$。

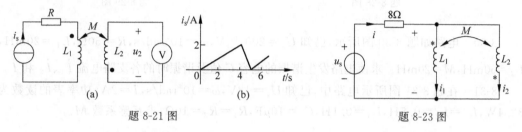

题 8-21 图   题 8-23 图

8-24　如题 8-24 图所示电路,已知 $\dot{U}_s = 100\underline{/0^\circ}\mathrm{V}$,求支路电流 $\dot{I}_1$、$\dot{I}_2$ 和 $\dot{I}_3$。

8-25　在题 8-25 图所示电路中,$L_1 = 10\mathrm{mH}$,$L_2 = 20\mathrm{mH}$,$M = 5\mathrm{mH}$,$\dot{I}_s = 10\underline{/0^\circ}\mathrm{A}$,$\omega = 10^3\mathrm{rad/s}$,求电压 $\dot{U}$。

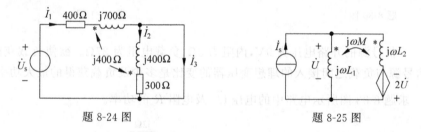

题 8-24 图   题 8-25 图

8-26　正弦稳态电路如题 8-26 图所示,求电压 U_o。

8-27　题 8-27 图所示电路中,$i_s(t) = \sin t\ \mathrm{A}$,耦合电感元件的电感矩阵为

$$\boldsymbol{L} = \begin{bmatrix} 5 & 2 & 1 \\ 2 & 4 & -1 \\ 1 & -1 & 2 \end{bmatrix}$$

求稳态电流 $i_1(t)$、$i_2(t)$ 和 $i_3(t)$。

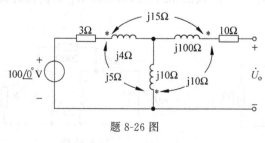

题 8-26 图

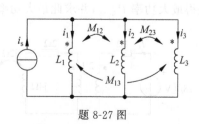

题 8-27 图

8-28 电路如题 8-28 图所示,若 Z_L 能获得最大的功率 P_{Lmax},求 Z_L 及 P_{Lmax}。

8-29 正弦稳态电路如题 8-29 图所示,若电源的频率可变,求使电流 i_1 为零的频率 f。

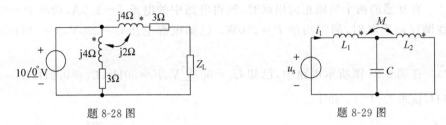

题 8-28 图   题 8-29 图

8-30 电路如题 8-30 图所示,已知 $\dot{U}_s=200\underline{/0^\circ}\text{V}$,$\omega=10^4\,\text{rad/s}$,$R=50\Omega$,$L_1=20\text{mH}$,$L_2=60\text{mH}$,$M=20\text{mH}$。求使电路发生谐振的电容 C 值及谐振时的各支路电流 $\dot{I}_1$、$\dot{I}_2$ 和 $\dot{I}_3$。

8-31 在题 8-31 图所示电路中,已知 $U_s=18\text{V}$,$\omega=10^3\,\text{rad/s}$,$I=2\text{A}$,功率表的读数为 32.4W,$L_1=L_2=0.5\text{H}$,$L_3=0.1\text{H}$,$C_3=10\mu\text{F}$,$R_1=R_2=10\Omega$,求互感系数 M。

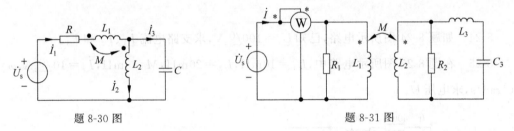

题 8-30 图   题 8-31 图

8-32 一信号源的开路电压为 9V,内阻为 3Ω,负载电阻为 27Ω。欲使负载获得最大功率,求在信号源与负载之间接入的理想变压器的变比是多少及负载获得的最大功率。

8-33 求题 8-33 图所示电路中的电压 $\dot{U}_2$ 及电阻 R 的功率。

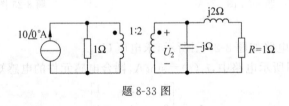

题 8-33 图

8-34 电路如题 8-34 图所示,求电流 $\dot{I}_1$ 和 $\dot{I}_2$。

8-35 在题 8-35 图所示电路中,已知 $u_s(t)=220\sqrt{2}\sin314t\text{v}$,求电阻 R_L 为何值时其可获得最大功率 P_{Lmax},并求此最大功率。

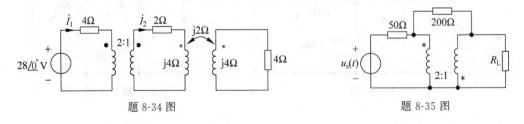

题 8-34 图   题 8-35 图

8-36 在题 8-36 图所示的电路中,已知 $R_1=R_2=2\Omega,R_3=16\Omega$,求当电阻 R_3 获得的最大功率为 12.5W,理想变压器的匝比 n 和电压源的振幅 $\dot{E}_m$。

8-37 正弦稳态电路如题 8-37 图所示,若 Z_L 能获得最大功率 P_{Lmax},求 Z_L 及 P_{Lmax}。

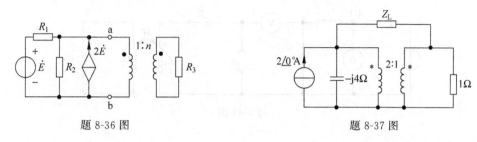

题 8-36 图   题 8-37 图

8-38 求题 8-38 图所示电路中两个理想变压器的变比 n_1 和 n_2 各为多少时,R_2 获得最大功率,并求此最大功率。

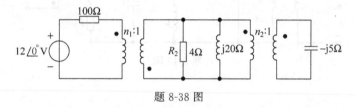

题 8-38 图

8-39 在题 8-39 图所示电路中,理想变压器的变比为 $1:1$,$i_s(t)=9\sqrt{2}\sin10^6t$ A,试求电压 $u_1(t)$。

8-40 试求题 8-40 图所示正弦稳态电路的入端电阻 R_{ab}。已知两个理想变压器的变比分别为 $n_1=\dfrac{N_1}{N_2},n_2=\dfrac{N_3}{N_4}$。

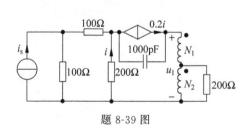 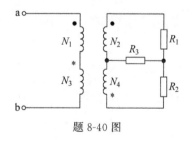

题 8-39 图   题 8-40 图

8-41 电路如题 8-41 图所示,已知 $\dot{U}_s=200\underline{/0°}$ V,两个理想变压器的变比分别为 $N_1:N_2=1:2,N_3:N_4=5:1$,求电流 $\dot{I}_1$。

8-42 在题 8-42 图所示电路中,已知 $u_s(t)=200\sqrt{2}\sin2t$ V,$R=2\Omega,L_1=4$H,$L_2=2$H,$M=1$H,$C_1=0.05$F,$C_2=0.25$F,求两个电表的读数。

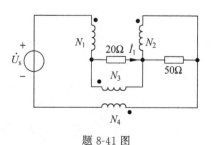

题 8-41 图

8-43　含两个理想变压器的正弦稳态电路如题 8-43 图所示。已知电路发生谐振,且功率表的读数为 1200W。电路参数为 $U_s=200\text{V}$,$\omega=10^3\text{rad/s}$,$R_1=5\Omega$,$R_2=X_L$,$R_3=10\Omega$。求电路的参数 R_2、L 和 C 以及电压 $u_o(t)$ 的表达式。

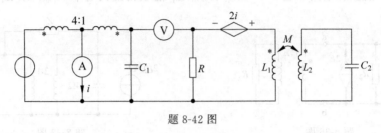

题 8-42 图

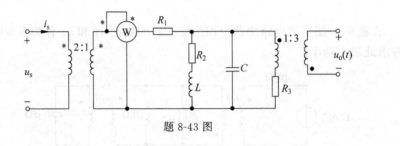

题 8-43 图

第 9 章

三 相 电 路

本章提要

三相制是电力系统广泛采用的基本供电方式,也称为三相电路。本章讨论正弦稳态下的三相电路的基本分析方法。

本章的主要内容有:三相电路的基本概念;三相电路的两种基本连接方式;对称三相电路的分析方法;不对称三相电路的计算;三相电路中的功率及其测量方法等。

9.1 三相电路的基本概念

电力系统的发电、输电及配电均采用三相制。动力用电及日常生活用电亦大多取自三相供电系统,三相供电系统又称为三相电路。这种电路最基本的结构特点是具有一组或多组电源,每组电源由三个振幅相等、频率相同、彼此间相位差一样的正弦电源构成,且电源和负载采用特定的连接方式。对三相电路的分析计算,不仅可采用在一般正弦电路中所应用的方法,而且在特定的条件下可采用简便方法。

9.1.1 对称三相电源

三相电路中的电源称为三相电源,三相电源的电势由三相发电机产生。三相发电机的主要特征是具有三个结构相同的绕组 Ax、By 和 Cz(A、B、C 称为绕组的首端,x、y、z 称为绕组的末端),每一绕组称为三相发电机的一相,Ax 绕组称为 A 相,By 绕组称为 B 相,Cz 绕组称为 C 相。这三个绕组在空间上处于对称的位置,即彼此相隔 120°。当发电机转子(磁极)以恒定的角速度 ω 依顺时针方向旋转时,将在三个绕组中同时感应正弦电压。设发电机的磁极经过三个绕组的顺序是 Ax—By—Cz,由于三个绕组在空间位置上彼此相差 120°,于是三个绕组的感应电压在相位上必彼此相差 120°。若设每绕组中感应电压的参考方向是首端为正,末端为负,则三个绕组中的电压表达式分别为

$$u_A = \sqrt{2}U\sin(\omega t + \varphi) \tag{9-1}$$

$$u_B = \sqrt{2}U\sin(\omega t + \varphi - 120°) \tag{9-2}$$

$$u_C = \sqrt{2}U\sin(\omega t + \varphi - 240°) = \sqrt{2}U\sin(\omega t + \varphi + 120°) \tag{9-3}$$

式中的下标 A、B、C 分别表示 A、B、C 三相。

各电压的相量表达式为

$$\dot{U}_A = U\underline{/\varphi}, \quad \dot{U}_B = U\underline{/\varphi - 120°}, \quad \dot{U}_C = U\underline{/\varphi - 240°} = U\underline{/\varphi + 120°} \tag{9-4}$$

这样的一组有效值相等、频率相同且在相位上彼此相差相同角度的三个电压称为对称三相电压。对称三相电压的相量模型及其电压波形如图 9-1 所示。

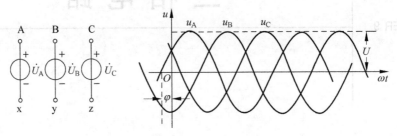

图 9-1　对称三相电压的相量模型及电压波形图

若将对称三相电压的瞬时值相加,有

$$u_A + u_B + u_C = \sqrt{2}U[\sin(\omega t + \varphi) + \sin(\omega t + \varphi - 120°) + \\ \sin(\omega t + \varphi + 120°)] = 0$$

这表明对称三相电源的瞬时值之和为零,对应于式(9-5)的相量表达式为

$$\dot{U}_A + \dot{U}_B + \dot{U}_C = 0 \tag{9-5}$$

三相电压被称为"对称"的条件是:有效值相等、频率相同、彼此间的相位差角一样。上述条件中只要有一个不满足,就称为是不对称的三相电压。这一概念也适用于电流。

9.1.2　对称三相电源的相序

把三相电源的各相电压到达同一数值(例如正的最大值或负的最大值)的先后次序称为相序。对称三相电源的相序有正序、逆序和零序三种情况。

1. 正序

在前面所讨论的那组对称三相电压中,各相电压到达同一数值的先后次序是 A 相、B 相及 C 相。这种相序称为正序或顺序。显然,相序可由各相电压相互之间超前、滞后的关系予以确定(超前或滞后的角度不超过 180°)。对正序情况而言,A 相超前于 B 相,B 相超前于 C 相,而 C 相又超前于 A 相(超前的角度均为 120°)。具有正序电源的三相电路也称为正序系统。正序对称三相电压的相量图如图 9-2(a)所示。

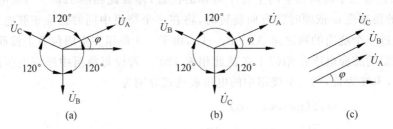

图 9-2　三种相序的电压相量图

实际的三相电源一般为正序电源。为便于用户识别,通常用黄、绿、红三种颜色分别表示 A、B、C 三相。

在本书中,若不加以说明,相序均为正序。

2. 逆序

和正序的情况相反,称依 A—C—B 次序的相序为逆序或负序。逆序对称三相电压的相量表示式为

$$\dot{U}_A = U\underline{/\varphi}, \quad \dot{U}_B = U\underline{/\varphi + 120°}, \quad \dot{U}_C = U\underline{/\varphi - 120°}$$

其相量图如图 9-2(b)所示。

3. 零序

若三相电压在同一时刻到达同一数值,则称这种相序为零序。零序的情况下,各相电压间的相位差为零。零序对称三相电压的相量表示式为

$$\dot{U}_A = \dot{U}_B = \dot{U}_C = U\underline{/\varphi}$$

其相量图如图 9-2(c)所示。

9.1.3 三相电路中电源和负载的连接方式

1. 三相电路的负载

三相电路中的负载一般由三部分组成,合称为三相负载,其中的每一部分称作一相负载。当每一相负载的复阻抗均相同,即 $Z_A = Z_B = Z_C = Z$ 时,称为对称三相负载,否则称为不对称三相负载。

2. 三相电源及三相负载的连接方式

在三相电路中,三相电源和三相负载采用两种基本的连接方式,即星形连接(Y连接)和三角形连接(△连接)。这两种连接方式在结构和电气上的特性将在 9.2 节详细讨论。

9.2 三相电路的两种基本连接方式

9.2.1 三相电路的星形连接

1. 三相电源的星形连接

(1) 三相电源的星形连接方式

若把三相电源的三个末端 x、y、z 连在一起,形成一个公共点 O(称为电源的中性点),把三个始端 A、B、C 引出和外部电路相接,便得到三相电源的星形(Y形)连接方式,如图 9-3(a)所示。若将三相电源的三个始端连在一起,将三个末端引出,亦可得到三相电源的星形连接方式,如图 9-3(b)所示。习惯上采用图 9-3(a)的连接方式。星形连接的三相电源称为星形电源。

(2) 对称三相电源在星形连接时线电压和相电压间的关系

三相电源的每相始端和末端之间的电压称作该相的相电压,任意两相始端间的电压称作线电压。在图 9-3(a)中,$\dot{U}_A$、$\dot{U}_B$ 和 $\dot{U}_C$ 为相电压,$\dot{U}_{AB}$、$\dot{U}_{BC}$ 和 $\dot{U}_{CA}$ 为线电压。下面分析对称三相电源在星形连接方式下线电压和相电压之间的关系。

在图 9-3(a)中,三个线电压分别为相应的两相电压之差,即

$$\dot{U}_{AB} = \dot{U}_A - \dot{U}_B, \quad \dot{U}_{BC} = \dot{U}_B - \dot{U}_C, \quad \dot{U}_{CA} = \dot{U}_C - \dot{U}_A$$

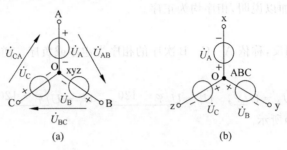

图 9-3   三相电源的星形连接

若以 $\dot{U}_A$ 为参考相量,即 $\dot{U}_A=U\underline{/0°}$,则 $\dot{U}_B=U\underline{/-120°}$,$\dot{U}_C=U\underline{/120°}$,于是各线电压为

$$\dot{U}_{AB}=\dot{U}_A-\dot{U}_B=U\underline{/0°}-U\underline{/-120°}=\sqrt{3}U\underline{/30°}=\sqrt{3}\dot{U}_A\underline{/30°} \tag{9-6}$$

$$\dot{U}_{BC}=\dot{U}_B-\dot{U}_C=U\underline{/-120°}-U\underline{/120°}=\sqrt{3}U\underline{/-90°}=\sqrt{3}\dot{U}_B\underline{/30°} \tag{9-7}$$

$$\dot{U}_{CA}=\dot{U}_C-\dot{U}_A=U\underline{/120°}-U\underline{/0°}=\sqrt{3}U\underline{/150°}=\sqrt{3}\dot{U}_C\underline{/30°} \tag{9-8}$$

可作出相电压、线电压的相量图和位形图分别如图 9-4(a)、(b)所示。

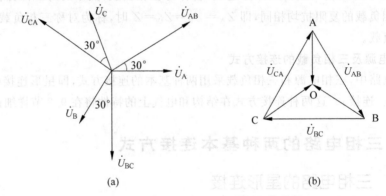

图 9-4   星形电源的电压相量图和位形图

根据以上分析,可得出重要结论:在星形连接的对称三相电源中,各线电压的有效值相等,且为相电压有效值的 $\sqrt{3}$ 倍。每一线电压均超前于相应的相电压 30°;三个线电压也构成一组对称电压。

应特别注意,仅在三相电源对称的情况下,上述结论才成立。

上述线电压和相电压有效值之间的关系可用数学式表示为

$$U_l=\sqrt{3}U_{ph} \tag{9-9}$$

其中 U_l 表示线电压有效值(下标 l 为 line 的缩写),U_{ph} 表示相电压有效值(下标 ph 为 phase 的缩写)。

在日常的低压三相供电系统中,电源的相电压为 220V,则线电压为 $\sqrt{3}\times220\approx380$V。

若不加以说明,对三相电源一般给出的电压为线电压。

例 9-1   若已知星形连接的对称三相电源 B 相的相电压为 $\dot{U}_B=220\underline{/45°}$V,试写出其余各相电压及线电压的相量表达式。

解 根据对称关系及线电压和相电压间的关系,不难推得另两个相电压为

$$\dot{U}_A = \dot{U}_B\underline{/120°} = 220\underline{/45° + 120°}\text{V} = 220\underline{/165°}\text{V}$$

$$\dot{U}_C = \dot{U}_B\underline{/-120°} = 220\underline{/45° - 120°}\text{V} = 220\underline{/-75°}\text{V}$$

三个线电压为

$$\dot{U}_{AB} = \sqrt{3}\dot{U}_A\underline{/30°} = \sqrt{3} \times 220\underline{/165° + 30°}\text{V} = 380\underline{/195°} = 380\underline{/-165°}\text{V}$$

$$\dot{U}_{BC} = \sqrt{3}\dot{U}_B\underline{/30°} = \sqrt{3} \times 220\underline{/45° + 30°}\text{V} = 380\underline{/75°}\text{V}$$

$$\dot{U}_{CA} = \sqrt{3}\dot{U}_C\underline{/30°} = \sqrt{3} \times 220\underline{/-75° + 30°}\text{V} = 380\underline{/-45°}\text{V}$$

相量之相位角的范围一般取$-180° \leqslant \varphi \leqslant 180°$。

2. 三相负载的星形连接

将各相负载的一个端子相互联在一起,形成一个公共点 O′,称为负载的中性点;将另外三个端子 A′、B′、C′引出并联向电源,便得到三相负载的星形连接方式,如图 9-5 所示。星形连接的三个负载称为星形负载。

前面已指出,若各相负载的复阻抗相等,即 $Z_A = Z_B = Z_C$,则称为对称三相负载,否则称为不对称三相负载。

在星形负载对称的情况下,其线电压、相电压间的关系和对称星形电源的线电压、相电压间的关系完全相同,即相电压对称、线电压亦对称,且有关系式

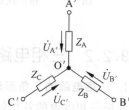

图 9-5 三相负载的星形连接

$$\dot{U}_{A'B'} = \sqrt{3}\dot{U}_{A'}\underline{/30°} \tag{9-10}$$

$$\dot{U}_{B'C'} = \sqrt{3}\dot{U}_{B'}\underline{/30°} \tag{9-11}$$

$$\dot{U}_{C'A'} = \sqrt{3}\dot{U}_{C'}\underline{/30°} \tag{9-12}$$

3. 星形连接的三相制

将星形电源和星形负载用导线连接起来,便得到星形连接的三相制,又称为星形三相电路。星形电路又分为三相四线制和三相三线制两种情况。

(1) 三相四线制

若将星形电源的三个始端(又称端点)A、B、C 与星形负载的三个端点 A′、B′、C′分别用导线相连,电源的中性点和负载的中性点也用导线连接起来,便构成了三相四线制,如图 9-6 所示。所谓"四线"是指电源和负载之间有四根连线。

下面结合图 9-6,介绍三相电路中的一些常用术语。

通常把电源端点和负载端点间的连线 AA′、BB′和 CC′称为端线,俗称火线;将电源中性点和负载中性点间的连线 OO′称为中线。因中线大都接地,所以又称为零线或地线。

将端线(火线)中的电流 $\dot{I}_A$、$\dot{I}_B$ 和 $\dot{I}_C$ 称为线电流;中线中的电流 $\dot{I}_0$ 称为中线电流;每相电源和每相负载中的电流称为相电流。由图 9-6 不难看出,火线间的电压便是线电压。

在三相电路中,常把线电压、线电流称为线量,并用下标 l 表示,如 U_l、I_l 等;把相电压、相电流称为相量,并用下标 ph 表示,如 U_{ph}、I_{ph} 等。要注意这种"相量"与表示正弦量的"相量"之间的区别。

星形电路的一个重要特点是,在任何情况下,线电流均等于相电流。

（2）三相三线制

若星形电路的两中性点 O 和 O′ 之间不连导线,即把三相四线制电路中的中线（零线）去掉,便得到三相三线制的星形电路,如图 9-7 所示。

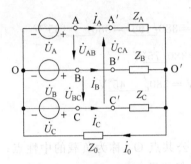

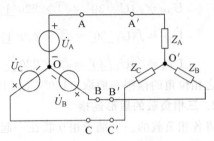

图 9-6　三相四线制电路　　　图 9-7　三相三线制星形电路

9.2.2　三相电路的三角形连接

1. 三相电源的三角形连接

若把三相电源的各相始、末端顺次相连,使三相电源构成一个闭合回路,并从各连接点引出端线连向负载,如图 9-8 所示,便得到三相电源的三角形连接方式。三角形连接的三相电源简称为三角形电源。

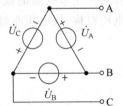

在三角形电源中,由于每相电源跨接在各相的引出端之间,因此各线电压等于相应的相电压,这是三角形连接方式的一个重要特点。在各相电压对称的情况下,三角形闭合回路的电压相量之和为零,即 $\dot{U}_A + \dot{U}_B + \dot{U}_C = 0$。在作实际三相电源的三角形连接时,要特别注意避免某相电源始端、末端的顺序接错,否则因三相电压之和不为零,且因绕组的阻抗很小,将造成烧毁发电机绕组的严重后果。关于这一情况,读者可自行分析。

图 9-8　三相电源的
　　　　　三角形连接

2. 三相负载的三角形连接

将三相负载分别跨接在火线之间,如图 9-9 所示,便得到三相负载的三角形连接方式。作三角形连接的三相负载简称为三角形负载。由图 9-9 可见,无论三相负载是否对称,线电压必定等于相电压。下面分析在对称的情况下（即给对称的三角形负载施加对称的三相电压）,各线电流和相电流的关系。

根据图 9-9 所示的各电流参考方向,各线电流为相应的两相电流之差,即

$$\dot{I}_A = \dot{I}_{A'B'} - \dot{I}_{C'A'}, \quad \dot{I}_B = \dot{I}_{B'C'} - \dot{I}_{A'B'}, \quad \dot{I}_C = \dot{I}_{C'A'} - \dot{I}_{B'C'}$$

由于相电流是对称的,则三个相电流相量为

$$\dot{I}_{A'B'} = I\underline{/\varphi}, \quad \dot{I}_{B'C'} = I\underline{/\varphi - 120°}, \quad \dot{I}_{C'A'} = I\underline{/\varphi + 120°}$$

于是各线电流为

$$\dot{I}_A = \dot{I}_{A'B'} - \dot{I}_{C'A'} = I\underline{/\varphi} - I\underline{/\varphi + 120°}$$

$$= \sqrt{3} I \underline{/\varphi - 30°} = \sqrt{3} \dot{I}_{A'B'} \underline{/-30°} \tag{9-13}$$

$$\dot{I}_B = \dot{I}_{B'C'} - \dot{I}_{A'B'} = I \underline{/\varphi - 120°} - I \underline{/\varphi} = \sqrt{3} I \underline{/\varphi - 150°}$$

$$= \sqrt{3} \dot{I}_{B'C'} \underline{/-30°} \tag{9-14}$$

$$\dot{I}_C = \dot{I}_{C'A'} - \dot{I}_{B'C'} = I \underline{/\varphi + 120°} - I \underline{/\varphi - 120°} = \sqrt{3} I \underline{/\varphi + 90°}$$

$$= \sqrt{3} \dot{I}_{C'A'} \underline{/-30°} \tag{9-15}$$

可作出相电流和线电流的相量图如图 9-10 所示。

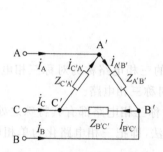

图 9-9 三相负载的三角形连接

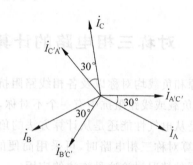

图 9-10 对称三角形负载的电流相量图

根据以上分析,可得出如下的重要结论:

在三角形连接的对称三相负载中,相电流对称,线电流亦对称,且线电流的有效值为相电流有效值的 $\sqrt{3}$ 倍,每一线电流均滞后于相应的相电流 30°。

上述线电流和相电流有效值之间的关系可表示为

$$I_l = \sqrt{3} I_{ph} \tag{9-16}$$

3. 三角形连接的三相制

若将三角形电源和三角形负载用导线相连接,便得到三角形连接的三相制,称为三角形三相电路,简称三角形电路。三角形电路只有三相三线制一种情况,如图 9-11 所示。

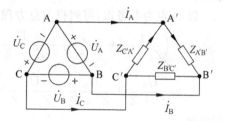

图 9-11 三角形连接的三相制

练习题

9-1 星形连接的对称三相电源如图 9-12 所示,若 $\dot{U}_{CB} = 380 \underline{/60°}$ V,求各相电源电压相量 $\dot{U}_A$、$\dot{U}_B$、$\dot{U}_C$ 及线电压 $\dot{U}_{AB}$、$\dot{U}_{CA}$。

9-2 三相对称负载接成三角形,如图 9-13 所示,设 $\dot{I}_{ac} = 3.6 \underline{/-135°}$A,求各电流相量 $\dot{I}_{ab}$、$\dot{I}_{bc}$、$\dot{I}_A$、$\dot{I}_B$ 和 $\dot{I}_C$。

9-3 三相对称电源连接成三角形,若 B 相电源反接,试画出此种情况下的电压相量图,并说明由此而产生的危害。

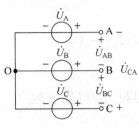

图 9-12　练习题 9-1 电路

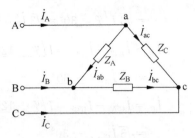

图 9-13　练习题 9-2 电路

9.3　对称三相电路的计算

把电源和负载均对称以及各相线路阻抗均相同的三相电路称为对称三相电路；反之，只要电源、负载或线路阻抗中有一个不对称，便为不对称三相电路。

无论是从电气性能还是从计算方法的角度看，对称三相电路都有其特殊之处。特别重要的是，计算对称三相电路时，可采用简便的计算方法，即把三相电路化为单相电路计算。下面分不同的情况讨论这种方法的应用。

9.3.1　对称星形三相电路的计算

1. 对称星形三相电路计算方法的讨论

前已指出，对称星形三相电路有两种情形，即三相四线制电路和三相三线制电路。下面先讨论图 9-14 所示的三相四线制电路。图中 Z_l 为线路阻抗，Z_0 为中线阻抗。采用节点法求解。

以 O 点为参考点，可列得节点方程为

$$\left(\frac{1}{Z_l+Z}+\frac{1}{Z_l+Z}+\frac{1}{Z_l+Z}+\frac{1}{Z_0}\right)\dot{U}_{O'}$$

$$=\frac{\dot{U}_A}{Z_l+Z}+\frac{\dot{U}_B}{Z_l+Z}+\frac{\dot{U}_C}{Z_l+Z}$$

可解得

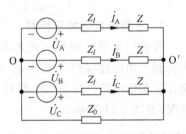

图 9-14　对称星形三相四线制电路

$$\dot{U}_{O'}=\frac{\dfrac{1}{Z_l+Z}(\dot{U}_A+\dot{U}_B+\dot{U}_C)}{\dfrac{3}{Z_l+Z}+\dfrac{1}{Z_0}}$$

因三相电源对称，便有 $\dot{U}_A+\dot{U}_B+\dot{U}_C=0$，于是

$$\dot{U}_{O'}=0$$

这表明电路的两个中性点 O 和 O′为等位点，中线中的电流为零，中线的存在与否对电路的状态不产生任何影响。因此，在对称的情况下，三相四线制电路和三相三线制电路是等同的。

按等位点的性质，在三相三线制电路中，O、O′两点间可用一根无阻导线相连；在三相四线制电路中，可把阻抗为 Z_0 的中线换为阻抗为零的导线。这样，星形三相电路的各相均为一独立的回路,从而可分别计算;又因为各相电压、电流均是对称的,则在求得某相的电压和电流后,便可依对称关系推导出其余两相的电压、电流。所以,三相电路的计算可归结为单相电路的计算。比如,可先计算对应于 A 相的单相电路,求得 A 相的电压、电流后,再推出 B、C 两相的电压、电流。

2. 对称星形三相电路的计算步骤

(1)任选一相进行计算,作出对应于该相的单相电路。应注意的是,中线阻抗不应出现在单相电路中。

(2)求解单相电路。

(3)根据单相电路的计算结果,按对称关系导出另两相的电压、电流。

例 9-2 设图 9-14 中各相电压的有效值为 220V,$Z=(15+\mathrm{j}8)\Omega$,$Z_l=(3+\mathrm{j}4)\Omega$,求各相电流及负载电压相量。

解 (1)抽取 A 相进行计算。作出对应于 A 相的单相电路,如图 9-15 所示。

(2)设 $\dot{U}_{\mathrm{A}}=220\underline{/0°}\mathrm{V}$,则可求得 A 相电流为

$$\dot{I}_{\mathrm{A}}=\frac{\dot{U}_{\mathrm{A}}}{Z+Z_l}=\frac{220\underline{/0°}}{18+\mathrm{j}12}\mathrm{A}=\frac{220\underline{/0°}}{21.63\underline{/33.7°}}\mathrm{A}$$
$$=10.17\underline{/-33.7°}\mathrm{A}$$

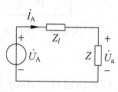

图 9-15 例 9-2 计算用图

A 相负载电压为

$$\dot{U}_{\mathrm{a}}=\dot{I}_{\mathrm{A}}Z=10.17\underline{/-33.7°}\times(15+\mathrm{j}8)$$
$$=10.17\underline{/-33.7°}\times17\underline{/28.1°}=172.89\underline{/-5.6°}\mathrm{V}$$

(3)由 A 相的计算结果,推得 B、C 两相的电流及负载电压为

$$\dot{I}_{\mathrm{B}}=\dot{I}_{\mathrm{A}}\underline{/-120°}=10.17\underline{/-33.7°-120°}\mathrm{A}=10.17\underline{/-153.7°}\mathrm{A}$$
$$\dot{I}_{\mathrm{C}}=\dot{I}_{\mathrm{A}}\underline{/120°}=10.17\underline{/-33.7°+120°}\mathrm{A}=10.17\underline{/86.3°}\mathrm{A}$$
$$\dot{U}_{\mathrm{b}}=\dot{U}_{\mathrm{a}}\underline{/-120°}=172.89\underline{/-5.6°-120°}\mathrm{V}=172.89\underline{/-125.6°}\mathrm{V}$$
$$\dot{U}_{\mathrm{c}}=\dot{U}_{\mathrm{a}}\underline{/120°}=172.89\underline{/-5.6°+120°}\mathrm{V}=172.89\underline{/114.4°}\mathrm{V}$$

9.3.2 对称三角形三相电路的计算

简单的对称三角形三相电路有两种情况,现分别讨论它们的计算方法。

1. 线路阻抗为零的对称三角形三相电路

和这一情况对应的电路如图 9-16 所示。

由图 9-16 可见,电源电压直接加在负载上,即每一相负载承受的是对应于该相的电源相电压。显然,这种电路也可化为单相电路计算,具体的计算步骤为

(1)任取某相进行计算,求出该相的负载相电流;

(2)由上面求出的某相负载相电流推出另两相的负载相电流及各线电流。

例 9-3 在图 9-16 所示的电路中,已知 $\dot{U}_{\mathrm{A}}=380\underline{/30°}\mathrm{V}$,$Z=(3-\mathrm{j}4)\Omega$,求各相负载电流及各线电流。

解 （1）取 B 相计算，则 B 相电源电压为

$$\dot{U}_B = \dot{U}_A\underline{/-120°} = 380\underline{/30°-120°}V = 380\underline{/-90°}V$$

作出对应于 B 相的单相电路如图 9-17 所示。要注意这一单相电路中的电流是 B 相负载中的电流，而不是线电流 $\dot{I}_B$。可求得

$$\dot{I}_b = \frac{\dot{U}_B}{Z} = \frac{380\underline{/-90°}}{3-j4}A = \frac{380\underline{/-90°}}{5\underline{/-53.10°}}A = 76\underline{/-36.9°}A$$

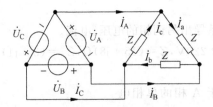

图 9-16　线路阻抗为零的三角形电路

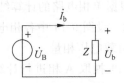

图 9-17　例 9-3 计算用图

（2）由已计算出的 $\dot{I}_b$ 推得 A、C 两相的负载电流及各线电流为

$$\dot{I}_a = \dot{I}_b\underline{/120°} = 79\underline{/-36.9°+120°}A = 76\underline{/83.1°}A$$

$$\dot{I}_c = \dot{I}_b\underline{/-120°} = 76\underline{/-36.9°-120°}A = 76\underline{/-156.9°}A$$

$$\dot{I}_A = \sqrt{3}\dot{I}_a\underline{/-30°} = \sqrt{3}\times76\underline{/83.1°-30°}A = 131.64\underline{/53.1°}A$$

$$\dot{I}_B = \dot{I}_A\underline{/-120°} = 131.64\underline{/-66.9°}A$$

$$\dot{I}_C = \dot{I}_A\underline{/120°} = 131.64\underline{/173.1°}A$$

2. 线路阻抗不为零的对称三角形三相电路

与这一情况对应的电路如图 9-18 所示。可以看出，电源电压并非直接加在负载上，不能直接取某相计算，此时可按以下步骤进行：

（1）将三角形电源化为星形电源，将三角形负载化为星形负载，从而得到一个星形等效三相电路。

（2）在等效星形三相电路中抽取一相进行计算。应注意星形三相电路中该相的电流是原三角形三相电路中对应的线电流（而不是三角形负载的相电流）。

（3）由原三角形三相电路的线、相电流间的关系推出各相负载的电流。

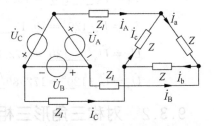

图 9-18　线路阻抗不为零的三角形三相电路

例 9-4　在图 9-18 所示电路中，已知电源电压为 380V，$Z_l = (3+j3)\Omega$，$Z = (9+j15)\Omega$，求各负载电流 $\dot{I}_a$、$\dot{I}_b$ 和 $\dot{I}_c$。

解　前已指出，若不加说明，三相电路的电压均指线电压。由于本题电路中电源采用三角形连接，则每一相电源电压的有效值为 380V。

（1）将三角形三相电路化为星形三相电路如图 9-19（a）所示。星形三相电源每相电压

的有效值为 $U' = \frac{380}{\sqrt{3}} = 220\text{V}$，星形三相负载每相的复阻抗为 $Z' = \frac{Z}{3} = (3+j5)\Omega$。

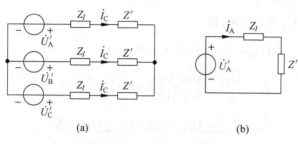

图 9-19 例 9-4 计算用图

（2）在等效星形三相电路中抽取 A 相计算，电路如图 9-19(b)所示。现以原三角形三相电路中的 A 相电源电压为参考相量，即设 $\dot{U}_A = 380\underline{/0°}\text{V}$，则 $\dot{U}'_A = \frac{\dot{U}_A}{\sqrt{3}}\underline{/-30°}\text{V}$，由图 9-19(b) 电路可求得

$$\dot{I}_A = \frac{\dot{U}'_A}{Z_l + Z'} = \frac{220\underline{/-30°}}{3+j3+3+j5}\text{A} = \frac{220\underline{/-30°}}{6+j8}\text{A} = 22\underline{/-83.1°}\text{A}$$

$\dot{I}_A$ 便是原三角形三相电路中的线电流。

（3）根据三角形连接方式对称时线电流、相电流间的关系，由 $\dot{I}_A$ 可推得三角形负载中各相的电流为

$$\dot{I}_a = \frac{1}{\sqrt{3}}\dot{I}_A\underline{/30°} = \frac{1}{\sqrt{3}} \times 22\underline{/-83.1°+30°}\text{A} = 12.7\underline{/-53.1°}\text{A}$$

$$\dot{I}_b = \dot{I}_a\underline{/-120°} = 12.7\underline{/-173.1°}\text{A}$$

$$\dot{I}_c = \dot{I}_a\underline{/120°} = 12.7\underline{/66.9°}\text{A}$$

9.3.3 其他形式的对称三相电路的计算

从连接方式上看，除了星形三相电路和三角形三相电路之外，还有两种形式的三相电路，即Y-△三相电路和△-Y三相电路。

Y-△三相电路指的是电源采用星形连接而负载采用三角形连接的三相电路；△-Y三相电路指的是电源采用三角形连接而负载采用星形连接的三相电路。

这两种形式的对称三相电路既可转化为星形三相电路求解，也可转化为三角形三相电路计算，这需视具体情况而定，基本原则是使计算过程尽量简便。一般地说，对Y-△对称三相电路，当线路阻抗不为零时，应将其化为星形三相电路求解；当线路阻抗为零时，则化为三角形三相电路求解。对△-Y电路，不论线路阻抗是否为零，均将其化为星形三相电路求解。

例 9-5 如图 9-20 所示电路，已知电源电压为 400V，$Z = (8+j12)\Omega$，求负载各相的电流相量。

解 这是一个Y-△电路，其线路阻抗为零。将此电路化为星形三相电路求解并无不

可,但现在所求的是负载电流 $\dot{I}_a$、$\dot{I}_b$、$\dot{I}_c$,不如把它化为三角形电路求解更为直接。先将星形电源化为等效的三角形电源(等效三角形电源未画出),三角形电源的每相电压即是星形电源的线电压。若设 $\dot{U}_A = U_A\underline{/0°}$,则

$$\dot{U}_{AB} = \sqrt{3}U_A\underline{/30°} = 400\underline{/30°}\text{V}$$

$$\dot{I}_a = \frac{\dot{U}_{AB}}{Z} = \frac{400\underline{/30°}}{8+\text{j}12}\text{A} = 27.74\underline{/-26.3°}\text{A}$$

$$\dot{I}_b = \dot{I}_a\underline{/-120°} = 27.74\underline{/-146.3°}\text{A}$$

$$\dot{I}_c = \dot{I}_a\underline{/120°} = 27.74\underline{/93.7°}\text{A}$$

又如图 9-21 所示的 Y-△ 三相电路,由于线路阻抗不为零,不难看出,计算此电路合适的做法是将其化为星形三相电路求解。具体步骤是将三角形负载化为星形负载后,求出线电流 $\dot{I}_A$、$\dot{I}_B$ 和 $\dot{I}_C$,再根据三角形连接方式时线、相电流间的关系求出三角形负载中各相的电流。

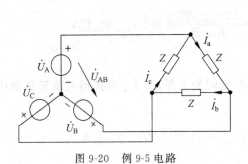

图 9-20　例 9-5 电路　　　　　　　图 9-21　线路阻抗不为零的 Y-△ 电路

9.3.4　复杂对称三相电路的计算

所谓复杂对称三相电路指的是电路中的三相负载有多组,且既有星形负载又有三角形负载。求解此类电路时,一般的做法是将原电路化为星形对称三相电路,最终求解一个单相电路,具体的计算步骤如下:

(1) 将三角形电源化为星形电源,将所有的三角形负载化为星形负载,从而得到一个复杂星形对称电路。

(2) 由复杂星形对称三相电路中抽取一相进行计算,并根据该相的计算结果推出星形三相电路中另两相的电压、电流。在作单相电路时应注意到这一事实,即各星形负载的中性点及电源的中性点均为等位点,这些中性点之间可用一无阻导线相连。

(3) 回至原复杂三相电路,由星形三相电路的计算结果推出原电路中的待求量。

例 9-6　在图 9-22(a)中,已知电源电压为 380V,$Z_l = (1+\text{j}2)\Omega$,$Z_C = -\text{j}12\Omega$,$Z = (5+\text{j}6)\Omega$,求电流 $\dot{I}_1$、$\dot{I}_2$ 和 $\dot{I}_3$。

解　(1) 将电路化为星形对称三相电路如图 9-22(b)所示,设 $\dot{U}_A = 380\underline{/0°}\text{V}$,则

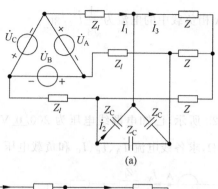

(a)

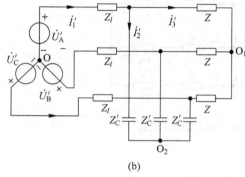

(b)

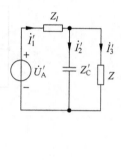

(c)

图 9-22 例 9-6 电路

$$\dot{U}'_A = \frac{380}{\sqrt{3}}\underline{/-30°}\text{V} = 220\underline{/-30°}\text{V}$$

$$Z'_C = \frac{1}{3}Z_C = -\text{j}4\Omega$$

（2）从星形对称三相电路中抽取 A 相进行计算。注意到图 9-22(b)中 O、O_1 和 O_2 三点为等位点，则不难作出对应于 A 相的单相电路如图 9-22(c)所示。

可求出图 9-22(c)电路中的各电流为

$$\dot{I}'_1 = \frac{\dot{U}'_A}{Z_l + \dfrac{ZZ'_C}{Z + Z'_C}} = \frac{220\underline{/-30°}}{1 + \text{j}2 + \dfrac{-\text{j}4(5+\text{j}6)}{-\text{j}4+5+\text{j}6}}\text{A} = 45.1\underline{/9.6°}\text{A}$$

$$\dot{I}'_2 = \dot{I}'_1 \frac{Z}{Z'_C + Z} = 45.1\underline{/9.6°} \times \frac{5+\text{j}6}{5.385\underline{/21.8°}}\text{A} = 65.4\underline{/37.9°}\text{A}$$

$$\dot{I}'_3 = \dot{I}'_1 - \dot{I}'_2 = (45.1\underline{/9.6°} - 65.4\underline{/37.9°})\text{A} = 33.5\underline{/-102.3°}\text{A}$$

（3）回到原电路，可得各待求电流为

$$\dot{I}_1 = \dot{I}'_1 = 45.1\underline{/9.5°}\text{A}$$

$$\dot{I}_2 = \frac{1}{\sqrt{3}}\dot{I}'_2\underline{/30°}\underline{/120°} = 37.76\underline{/-172.1°}\text{A}$$

$$\dot{I}_3 = \dot{I}'_3 = 33.5\underline{/-102.3°}\text{A}$$

要注意电流 $\dot{I}_2$ 的求解。$\dot{I}_2$ 实际上是原电路三角形负载 C 相中的电流，它超前于三角形负载 A 相中的电流 120°,而 A 相负载中的电流为 $\dfrac{1}{\sqrt{3}}\dot{I}'_2\underline{/30°}$。

练习题

9-4　对称三相电路如图 9-23 所示,已知电源线电压为 $200\underline{/0°}$V,负载阻抗 $Z=(30-$ $j40)\Omega$,线路阻抗 $Z_l=(10+j10)\Omega$,求各线电流 $\dot{I}_A$、$\dot{I}_B$、$\dot{I}_C$ 和负载电压 $\dot{U}_a$、$\dot{U}_b$ 和 $\dot{U}_c$。

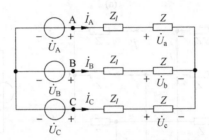

图 9-23　练习题 9-4 电路

9.4　不对称三相电路的计算

9.4.1　不对称三相电路的一般计算方法

三相电路通常由三相电源、线路阻抗及三相负载三部分组成。只要这三部分中有一部分不对称,便称为不对称三相电路。在本书的讨论中,不考虑电源不对称的情况,在不对称三相电路中除电源电压外,一般各相的电流、电压不再对称;星形电源及各星形负载的中性点也不为等位点。这样,在一般情况下,无法将三相电路化为单相电路计算,不能由一相的电压、电流直接推出另外两相的电压、电流。对不对称三相电路只能按一般复杂正弦电路处理,视其情况选择适当的方法(如节点法、回路法等)求解。

当然,不对称三相电路不能化为单相电路求解的说法并不是绝对的。在一些特殊的情况下,也可以用求单相电路的方法来计算不对称三相电路。下面将会看到这方面的例子。

9.4.2　简单不对称三相电路的计算示例

例 9-7　有一组星形连接的电阻负载,与电压为 380V 的三相对称星形电源相连,分别构成三相三线制和三相四线制电路,如图 9-24(a)、(b)所示,$R_a=10\Omega$,$R_b=30\Omega$,$R_c=60\Omega$,试求出两电路中的各支路电流及各负载电压。

解　(1) 计算三相三线制电路。以 A 相电源电压为参考相量,则

$$\dot{U}_A=\frac{380}{\sqrt{3}}\underline{/0°}\text{V}=220\underline{/0°}\text{V}$$

用节点法求解。以 O 点为参考点,可求得 O′点的电位为

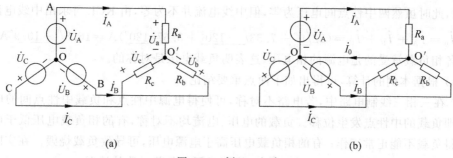

图 9-24　例 9-7 电路

$$\dot{U}_{O'} = \frac{\dfrac{220}{10} + \dfrac{220\underline{/-120°}}{30} + \dfrac{220\underline{/120°}}{60}}{\dfrac{1}{10} + \dfrac{1}{30} + \dfrac{1}{60}} V = 112\underline{/-11°}V$$

这表明两中性点间的电压为 112V，则各相的电流为

$$\dot{I}_A = \frac{\dot{U}_A - \dot{U}_{O'}}{R_a} = \frac{220\underline{/0°} - 112\underline{/-11°}}{10} A = 11.2\underline{/11°}A$$

$$\dot{I}_B = \frac{\dot{U}_B - \dot{U}_{O'}}{R_b} = \frac{220\underline{/-120°} - 112\underline{/-11°}}{30} A = 9.25\underline{/-142.4°}A$$

$$\dot{I}_C = \frac{\dot{U}_C - \dot{U}_{O'}}{R_c} = \frac{220\underline{/120°} - 112\underline{/-11°}}{60} A = 5.09\underline{/136.1°}A$$

负载各相的电压为

$$\dot{U}_a = \dot{I}_A R_a = 11.2\underline{/11°} \times 10V = 112\underline{/11°}V$$

$$\dot{U}_b = \dot{I}_B R_b = 9.25\underline{/-142.4°} \times 30V = 277.5\underline{/-142.4°}V$$

$$\dot{U}_c = \dot{I}_C R_c = 5.09\underline{/136.1°} \times 60V = 305.4\underline{/136.1°}V$$

由计算结果可知，由于负载不对称，负载的各相电压、电流亦不对称。可作出电路的位形图如图 9-25 所示。由位形图可见，此时电源的中性点 O 和负载的中性点 O′ 不再重合，称为三相电路的中性点位移。

（2）计算三相四线制电路。因电源中性点和负载中性点间用一根无阻导线相连，O 和 O′ 两点被强迫等位，即 $\dot{U}_{OO'} = 0$，这样各相分别构成独立回路，每一相的电流可根据单相电路计算。可求得

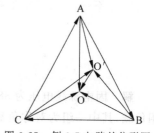

图 9-25　例 9-7 电路的位形图
（中性点位移）

$$\dot{I}_A = \frac{\dot{U}_A}{R_a} = \frac{220\underline{/0°}}{10} A = 22\underline{/0°}A$$

$$\dot{I}_B = \frac{\dot{U}_B}{R_b} = \frac{220\underline{/-120°}}{30} A = 7.33\underline{/-120°}A$$

$$\dot{I}_C = \frac{\dot{U}_C}{R_c} = \frac{220\underline{/120°}}{60} A = 3.67\underline{/120°}A$$

要注意,此时虽然两中性点间电压为零,但中线电流并不为零,由 KCL 可求出中线电流为

$$\dot{I}_0 = \dot{I}_A + \dot{I}_B + \dot{I}_C = (22\underline{/0°} + 7.33\underline{/-120°} + 3.67\underline{/120°})A = 16.8\underline{/-10.9°}A$$

显然,各相负载承受的是电源的相电压,这表明负载电压是对称的。

(3) 根据本例的计算,可得出如下两点重要结论。

① 在三相三线制电路中,若电路不对称,可使得电源中性点和负载中性点间的电压不为零,即负载的中性点发生位移。负载的电压、电流均不对称,有的相负载电压低于电源电压,使得负载不能正常工作;有的相负载电压高于电源电压,可导致负载烧毁。在实际工作中,不对称负载不采用三相三线制,三相三线制只用于负载对称的情况。

② 在三相四线制电路中,零阻抗的中线使得电源中性点和负载中性点为等位点,各相自成独立回路,不管负载阻抗如何变化,每相承受的是电源相电压,可使负载正常工作。显而易见,无阻中线是维持负载电压为额定电压的关键。在实际的三相供电系统中,中线上不允许装设保险丝,以防中线电流过大时烧掉保险丝,使中线失去作用;同时,中线上也不允许安装开关。此外,在安排负载时,应尽量做到使各相负载大致均衡,避免中线电流过大。

例 9-8 三相电路如图 9-26 所示,已知电源线电压为 380V,$Z_l = (6+j8)\Omega$ 为一对称三相星形负载,$Z_1 = 10\Omega$,$Z_2 = j10\Omega$,$Z_3 = -j10\Omega$。求电流表和电压表的读数,设电表均为理想的。

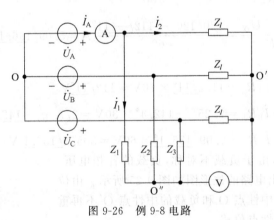

图 9-26 例 9-8 电路

解 因电源线电压为 380V,可设 A 相电源电压为 $\dot{U}_A = 220\underline{/0°}$V。该电路中有两组三相负载,其中一组为对称负载,另一组为不对称负载,就整体而言,这是一个不对称三相电路。由 Z_l 构成的对称负载中,各相电流、电压仍是对称的,于是有 $\dot{U}_{O'O} = 0$,可根据单相电路进行计算。可求得

$$\dot{I}_2 = \frac{\dot{U}_A}{Z_l} = \frac{220\underline{/0°}}{6+j8}A = \frac{220\underline{/0°}}{10\underline{/53.1°}}A = 22\underline{/-53.1°}A$$

由 Z_1、Z_2 和 Z_3 构成的不对称负载中,各相电流、电压不对称,其中性点 O″ 与电源中性点 O 不为等位点,用节点法求 $\dot{U}_{O'O}$,可得

$$\dot{U}_{o'o} = \frac{\dfrac{\dot{U}_A}{Z_1} + \dfrac{\dot{U}_B}{Z_2} + \dfrac{\dot{U}_C}{Z_3}}{\dfrac{1}{Z_1} + \dfrac{1}{Z_2} + \dfrac{1}{Z_3}} = \frac{\dfrac{220\underline{/0°}}{10} + \dfrac{220\underline{/-120°}}{j10} + \dfrac{220\underline{/120°}}{-j10}}{\dfrac{1}{10} + \dfrac{1}{j10} + \dfrac{1}{-j10}}\,\mathrm{V} = 161\underline{/180°}\,\mathrm{V}$$

因 O 与 O′为等位点,因此有

$$\dot{U}_{o'o} = \dot{U}_{o'o} = 161\underline{/180°}\,\mathrm{V}$$

这表明电压表的读数为 161V。

由电路又可得

$$\dot{I}_1 = \frac{\dot{U}_A - \dot{U}_{o'o}}{Z_1} = \frac{220\underline{/0°} - 161\underline{/180°}}{10}\,\mathrm{A} = 38.1\underline{/0°}\,\mathrm{A}$$

于是求出

$$\dot{I}_A = \dot{I}_1 + \dot{I}_2 = (38.1\underline{/0°} + 22\underline{/-53.1°})\,\mathrm{A} = 54.24\underline{/-18.9°}\,\mathrm{A}$$

这表明电流表的读数为 54.24A。

练习题

9-5　三相电路如图 9-27 所示,求开关 S 打开和闭合两种情况下的各相电流 $\dot{I}_A$、$\dot{I}_B$、$\dot{I}_C$

及中线电流 $\dot{I}_0$。已知电源线电压 $U_l = 380\mathrm{V}$。

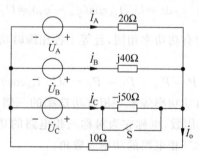

图 9-27　练习题 9-5 电路

9.5　三相电路的功率及测量

下面分对称和不对称两种情况讨论。

9.5.1　对称三相电路的功率

1. 对称三相电路的瞬时功率

设对称三相电路中 A 相的电压、电流为

$$u_A = \sqrt{2}\,U_{\mathrm{ph}}\sin(\omega t + \varphi_u)$$

$$i_A = \sqrt{2}\,I_{\mathrm{ph}}\sin(\omega t + \varphi_i)$$

则各相的瞬时功率为

$$p_A = u_A i_A = \sqrt{2} U_{ph} \sin(\omega t + \varphi_u) \times \sqrt{2} I_{ph} \sin(\omega t + \varphi_i)$$
$$= U_{ph} I_{ph} \cos(\varphi_u - \varphi_i) - U_{ph} I_{ph} \cos[2\omega t - (\varphi_u - \varphi_i)] \quad (9-17)$$

$$p_B = u_B i_B = \sqrt{2} U_{ph} \sin(\omega t + \varphi_u - 120°) \times \sqrt{2} I_{ph} \sin(\omega t + \varphi_i - 120°)$$
$$= U_{ph} I_{ph} \cos(\varphi_u - \varphi_i) - U_{ph} \cos[2\omega t - (\varphi_u - \varphi_i) + 120°] \quad (9-18)$$

$$p_C = u_C i_C = \sqrt{2} U_{ph} \sin(\omega t + \varphi_u + 120°) \times \sqrt{2} I_{ph} \sin(\omega t + \varphi_i + 120°)$$
$$= U_{ph} I_{ph} \cos(\varphi_u - \varphi_i) - U_{ph} \cos[2\omega t - (\varphi_u - \varphi_i) - 120°] \quad (9-19)$$

由此可见,每相的瞬时功率均由两部分构成:一部分为常量;另一部分为随时间按两倍角频率变化的正弦量,且各相的这一正弦分量构成一组对称量。三相电路总的瞬时功率为

$$p = p_A + p_B + p_C = 3U_{ph} I_{ph} \cos(\varphi_u - \varphi_i) \quad (9-20)$$

这表明,对称三相电路的瞬时功率为一常量。这一结果体现了对称三相电路的一个优良性质,即工作在对称状况下的三相动力机械(如三相发电机、三相电动机)在任一瞬时受到的是一个恒定力矩的作用,运行平稳,不会产生震动。

2. 对称三相电路的有功功率

对称三相电路每相的有功功率(平均功率)为

$$P_A = \frac{1}{T} \int_0^T p_A dt = U_{ph} I_{ph} \cos(\varphi_u - \varphi_i) = U_{ph} I_{ph} \cos\theta$$

$$P_B = \frac{1}{T} \int_0^T p_B dt = U_{ph} I_{ph} \cos(\varphi_u - \varphi_i) = U_{ph} I_{ph} \cos\theta$$

$$P_C = \frac{1}{T} \int_0^T p_C dt = U_{ph} I_{ph} \cos(\varphi_u - \varphi_i) = U_{ph} I_{ph} \cos\theta$$

可见在对称的情况下,每相的有功功率相同,且等于各相瞬时功率的常数分量。三相总的有功功率为

$$P = P_A + P_B + P_C = 3U_{ph} I_{ph} \cos\theta \quad (9-21)$$

这表明在对称时,三相总的有功功率等于一相有功功率的三倍,也等于三相总的瞬时功率。式中的 $\cos\theta$ 为任一相的功率因数,也称它为对称三相电路的功率因数;$\theta = \varphi_u - \varphi_i$ 为任一相的功率因数角,也称为对称三相电路的功率因数角。

在式(9-21)中,U_{ph}、I_{ph} 分别为相电压、相电流的有效值。对星形连接方式,线量和相量间的关系为 $U_l = \sqrt{3} U_{ph}$ 及 $I_l = I_{ph}$,因此式(9-22)又可写为

$$P = 3U_{ph} I_{ph} \cos\theta = 3 \times \frac{1}{\sqrt{3}} U_l I_l \cos\theta = \sqrt{3} U_l I_l \cos\theta$$

对三角形连接方式,线量、相量间的关系为 $U_l = U_{ph}$ 及 $I_l = \sqrt{3} I_{ph}$ 故

$$P = 3U_{ph} I_{ph} \cos\theta = 3U_l \times \frac{1}{\sqrt{3}} I_l \cos\theta = \sqrt{3} U_l I_l \cos\theta$$

这表明,无论是星形连接方式还是三角形连接方式,对称三相电路总有功功率的计算式均为

$$P = \sqrt{3} U_l I_l \cos\theta \quad (9-22)$$

要注意的是,式(9-22)中的 θ 角是任一相的相电压和相电流的相位差角,而不能认为是线电压和线电流的相位差角。

3. 对称三相电路的无功功率

对称三相电路每相的无功功率为

$$Q_A = Q_B = Q_C = U_{ph} I_{ph} \sin\theta$$

则总的无功功率为

$$Q = Q_A + Q_B + Q_C = 3U_{ph} I_{ph} \sin\theta \tag{9-23}$$

式(9-23)为用相量有效值计算 Q 的算式。若采用线量有效值计算,则无论对称三相电路是星形连接方式还是三角形连接方式,其无功功率均可用下式计算:

$$Q = \sqrt{3} U_l I_l \sin\theta \tag{9-24}$$

4. 对称三相电路的视在功率

视在功率的一般表示式为

$$S = \sqrt{P^2 + Q^2}$$

在对称三相电路中,若采用相电压、相电流的有效值计算,便有

$$S = \sqrt{P^2 + Q^2} = \sqrt{(3U_{ph} I_{ph} \cos\theta)^2 + (3U_{ph} I_{ph} \sin\theta)^2} = 3U_{ph} I_{ph} \tag{9-25}$$

若用线电压、线电流的有效值计算,则

$$S = \sqrt{P^2 + Q^2} = \sqrt{(\sqrt{3} U_l I_l \cos\theta)^2 + (\sqrt{3} U_l I_l \sin\theta)^2} = \sqrt{3} U_l I_l \tag{9-26}$$

例 9-9 在图 9-28(a)所示电路中,已知电源电压为 380V, $Z_2 = (9 - j3)\Omega$,求该三相电路的平均功率 P、无功功率 Q 和视在功率 S。

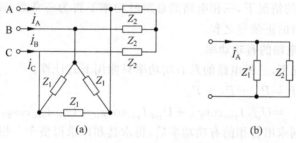

图 9-28 例 9-9 电路

解 因是对称三相电路,只需求出一相的电压、电流及 $\cos\theta$ 便可算得三相电路的 P、Q、S。

先将三角形负载化为星形负载,则等效的星形负载每相的复阻抗为

$$Z_1' = \frac{1}{3} Z_1 = (4 + j7)\Omega$$

于是可作出对应于 A 相的单相电路如图 9-28(b)所示,以 $\dot{U}_A$ 为参考相量,则

$$\dot{U}_A = \frac{380}{\sqrt{3}} \underline{/0°} \text{V} = 220 \underline{/0°} \text{V}$$

$$\dot{I}_A = \frac{\dot{U}_A}{Z_1' // Z_2} = \frac{20 \underline{/0°}}{(4 + j7) // (9 - j3)} \text{A} = 39.12 \underline{/-24.7°} \text{A}$$

由此可知,三相电路的功率因数角为 24.7°,功率因数 pf $= \cos 24.7° = 0.91$,可求得

$$P = 3U_{ph} I_{ph} \cos\theta = 3 \times 220 \times 39.12 \times 0.91 \text{W} = 23495.5 \text{W}$$

$$Q = 3U_{ph} I_{ph} \sin\theta = 3 \times 220 \times 39.12 \sin 24.7° \text{var} = 10801.3 \text{var}$$

$$S = \sqrt{P^2 + Q^2} = \sqrt{23495.5^2 + 10801.3^2}\,\text{VA} = 25859.3\text{VA}$$

或

$$S = 3U_{\text{ph}}I_{\text{ph}} = 3 \times 220 \times 39.12\text{VA} = 25859.5\text{VA}$$

当然,也可用线量计算。

9.5.2 不对称三相电路的功率

1. 不对称三相电路的瞬时功率

在三相电路不对称的情况下,各相电流不再对称。设 A 相电源电压为 $u_A = \sqrt{2}U_{\text{ph}}\sin\omega t$,则各相的瞬时功率分别为

$$
\begin{aligned}
p_A = u_A i_A &= \sqrt{2}U_{\text{ph}}\sin\omega t \times \sqrt{2}I_{\text{phA}}\sin(\omega t - \varphi_A) \\
&= U_{\text{ph}}I_{\text{phA}}\cos\varphi_A - U_{\text{ph}}I_{\text{phA}}\cos(2\omega t - \varphi_A)
\end{aligned}
\tag{9-27}
$$

$$
\begin{aligned}
p_B = u_B i_B &= \sqrt{2}U_{\text{ph}}\sin(\omega t - 120°) \times \sqrt{2}I_{\text{phB}}\sin(\omega t - 120° - \varphi_B) \\
&= U_{\text{ph}}I_{\text{phB}}\cos\varphi_B - U_{\text{ph}}I_{\text{phB}}\cos(2\omega t + 120° - \varphi_B)
\end{aligned}
\tag{9-28}
$$

$$
\begin{aligned}
p_C = u_C i_C &= \sqrt{2}U_{\text{ph}}\sin(\omega t + 120°) \times \sqrt{2}I_{\text{phC}}\sin(\omega t + 120° - \varphi_C) \\
&= U_{\text{ph}}I_{\text{phC}}\cos\varphi_C - U_{\text{ph}}I_{\text{phC}}\cos(2\omega t - 120° - \varphi_C)
\end{aligned}
\tag{9-29}
$$

式中,I_{phA}、I_{phB}、I_{phC} 为各相电流的有效值,φ_A、φ_B、φ_C 为各相的功率因数角。总的瞬时功率为

$$p = p_A + p_B + p_C$$

显然,在不对称的情况下,三相电路的总瞬时功率不再为一常数,而是等于一常数与一频率为电源频率两倍的正弦量之和。

2. 不对称三相电路的有功功率

在不对称的情况下,三相电路的总有功功率只能用下式计算:

$$
\begin{aligned}
P &= P_A + P_B + P_C \\
&= U_{\text{phA}}I_{\text{phA}}\cos\varphi_A + U_{\text{phB}}I_{\text{phB}}\cos\varphi_B + U_{\text{phC}}I_{\text{phC}}\cos\varphi_C
\end{aligned}
\tag{9-30}
$$

这表明只能分别求出各相的有功功率后,再求其和以求得整个三相电路的有功功率。

要注意的是,由于各相的阻抗角不同,因此对不对称三相电路而言,笼统地提功率因数或功率因数角是没有意义的。

3. 不对称三相电路的无功功率

不对称三相电路的无功功率用下式计算:

$$Q = Q_A + Q_B + Q_C = U_{\text{phA}}I_{\text{phA}}\sin\varphi_A + U_{\text{phB}}I_{\text{phB}}\sin\varphi_B + U_{\text{phC}}I_{\text{phC}}\sin\varphi_C \tag{9-31}$$

这表明只能分别求出各相的无功功率后,再求和以求得整个三相电路的无功功率。

4. 不对称三相电路的视在功率

不对称三相电路的视在功率只能用下式计算:

$$S = \sqrt{P^2 + Q^2} \tag{9-32}$$

但

$$S \neq U_{\text{phA}}I_{\text{phA}} + U_{\text{phB}}I_{\text{phB}} + U_{\text{phC}}I_{\text{phC}}$$

这表明不能采用将各相视在功率叠加的方法来求总的视在功率。

例 9-10 求图 9-29 所示三相电路的 P、Q 和 S。已知电源电压为 380V,$Z_1 = (3+\text{j}4)\,\Omega$,$Z_2 = 10\,\Omega$,$Z_3 = (4-\text{j}3)\,\Omega$,$Z_4 = \text{j}8\,\Omega$。

解 这是一个不对称的三相电路,其负载由一个星形负载和一个三角形负载构成。可分别求出两部分负载中的有功功率和无功功率后,再求整个三相电路的 P、Q 和 S。

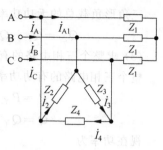

图 9-29 例 9-10 电路

(1) 求星形负载的有功功率和无功功率

星形负载为一个对称负载。由于对称三相电源直接加在这一对称负载上,因此可用求对称三相电路功率的方法求它的有功功率和无功功率。设 A 相电源电压为

$$\dot{U}_A = \frac{380}{\sqrt{3}}\underline{/0°}\text{V} = 220\underline{/0°}\text{V}$$

则

$$\dot{I}_{A1} = \frac{\dot{U}_A}{Z_1} = \frac{220\underline{/0°}}{3+j4} = \frac{220\underline{/0°}}{5\underline{/53.1°}}\text{A} = 44\underline{/-53.1°}\text{A}$$

由此可知,对称星形负载的功率因数角为 53.1°,于是,对称星形负载的有功功率为

$$P_Y = 3U_{ph}I_{ph}\cos\varphi = 3U_A I_{A1}\cos\varphi = 3\times220\times44\cos53.1°\text{W} = 17424\text{W}$$

对称星形负载的无功功率为

$$Q_Y = 3U_{ph}I_{ph}\sin\varphi = 3U_A I_A\sin\varphi = 3\times220\times44\sin53.1°\text{var} = 23232\text{var}$$

(2) 求三角形负载的有功功率和无功功率

三角形负载为非对称负载,只能分别求出各相的有功功率和无功功率后,再进行叠加求出其总的有功功率和无功功率。

仍设 $\dot{U}_A = 220\underline{/0°}\text{V}$,则三角形负载的各相电流为

$$\dot{I}_2 = \frac{\dot{U}_{AB}}{Z_2} = \frac{380\underline{/30°}}{10}\text{A} = 38\underline{/30°}\text{A}$$

$$\dot{I}_3 = \frac{\dot{U}_{BC}}{Z_3} = \frac{380\underline{/30°-120°}}{4-j3}\text{A} = \frac{380\underline{/-90°}}{5\underline{/-36.9°}}\text{A} = 76\underline{/-53.1°}\text{A}$$

$$\dot{I}_4 = \frac{\dot{U}_{CA}}{Z_4} = \frac{380\underline{/30°+120°}}{j8}\text{A} = \frac{380\underline{/150°}}{8\underline{/90°}}\text{A} = 47.5\underline{/60°}\text{A}$$

于是各负载的有功功率和无功功率分别为(各功率的下标与负载阻抗的下标一致)

$$\begin{cases}P_2 = U_{AB}I_2\cos(\widehat{\dot{U}_{AB},\dot{I}_2}) = 380\times38\cos(30°-30°)\text{W} = 14440\text{W}\\ Q_2 = U_{AB}I_2\sin(\widehat{\dot{U}_{AB},\dot{I}_2}) = 380\times38\sin(30°-30°)\text{var} = 0\text{var}\end{cases}$$

$$\begin{cases}P_3 = U_{BC}I_3\cos(\widehat{\dot{U}_{BC},\dot{I}_3}) = 380\times76\cos[-90°-(-53.1°)]\text{W} = 23104\text{W}\\ Q_3 = U_{BC}I_3\sin(\widehat{\dot{U}_{BC},\dot{I}_3}) = 380\times768\sin[-90°-(-53.1°)]\text{var} = -17340\text{var}\end{cases}$$

$$\begin{cases}P_4 = U_{CA}I_4\cos(\widehat{\dot{U}_{CA},\dot{I}_4}) = 380\times47.5\cos(150°-60°)\text{W} = 0\text{W}\\ Q_4 = U_{CA}I_4\sin(\widehat{\dot{U}_{CA},\dot{I}_4}) = 380\times47.5\sin(150°-60°)\text{var} = 18050\text{var}\end{cases}$$

三角形负载总的有功功率为

$$P_\triangle = P_2 + P_3 + P_4 = (14440+23104+0)\text{W} = 37544\text{W}$$

三角形负载总的无功功率为

$$Q_\triangle = Q_2 + Q_3 + Q_4 = (0 + 17340 + 18050)\text{var} = 35390\text{var}$$

（3）求整个三相电路的有功功率、无功功率和视在功率

整个三相电路的有功功率、无功功率为

$$P = P_Y + P_\triangle = (17424 + 37544)\text{W} = 54968\text{W}$$

$$Q = Q_Y + Q_\triangle = (23232 + 35390)\text{var} = 58622\text{var}$$

视在功率为

$$S = \sqrt{P^2 + Q^2} = \sqrt{54968^2 + 58622^2}\,\text{VA} = 80361.8\text{VA}$$

此题还可先求出各相的电流后再计算 P、Q、S，这一方法读者可作为练习。

9.5.3 三相电路功率的测量

三相电路功率的测量是电力系统供电、用电中十分重要的问题。除了有功功率（平均功率）的测量之外，无功功率、功率因数及电能（电度）的测量也属于三相电路功率测量的范畴。下面讨论在工程实际中应用十分广泛的指针式仪表测量有功功率和无功功率的一些方法。

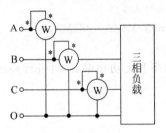

图 9-30　三相四线制电路三相功率的测量电路

1. 三相四线制电路功率的测量

三相四线制电路仅有电源和负载均采用星形连接方式这一种情况。对这种电路，一般采用三个功率表测量其功率，称为三表法，测量电路如图 9-30 所示。从电路中表的接法可知，接入每相的功率表的电流线圈通过的是该相负载的电流，而电压线圈承受的是该相负载的电压，因此各功率表的读数便代表了各相负载所消耗的有功功率。于是三相负载的总功率为三个功率表的读数之和，即总功率为

$$P = U_A I_A \cos(\widehat{u_A, i_A}) + U_B I_B \cos(\widehat{u_B, i_B}) + U_C I_C \cos(\widehat{u_C, i_C})$$
$$= U_A I_A \cos\varphi_A + U_B I_B \cos\varphi_B + U_C I_C \cos\varphi_C$$
$$= P_A + P_B + P_C$$

式中 P_A、P_B、P_C 分别为 A、B、C 三相负载消耗的功率。

实际中也可只用一个功率表分别测量各相的功率，然后将三个测量值相叠加。

当三相负载对称时，可用一个功率表测任一相的功率，再将表的示值的三倍即得三相电路的总功率。上述只用一个功率表测量的方法称为一表法。

2. 三相三线制电路功率的测量

三相三线制电路无中线，电路中的三相负载可以是星形连接，也可以是三角形连接。无论三相负载是否对称，在三相三线制电路中通常用两个功率表测量其平均功率，称为两表法，测量电路如图 9-31 所示。

两表法测量三相三线制电路功率的原理可分析如下。

三相电路总的瞬时功率为

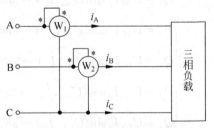

图 9-31　三相三线制电路功率的测量电路（两表法）

$$p = p_A + p_B + p_C = u_A i_A + u_B i_B + u_C i_C$$

由 KCL,有

$$i_A + i_B + i_C = 0$$

可得

$$i_C = -(i_A + i_B)$$

将上式代入瞬时功率的表达式,有

$$p = u_A i_A + u_B i_B + u_C(-i_A - i_B) = u_A i_A + u_B i_B - u_C i_A - u_C i_B$$
$$= (u_A - u_C)i_A + (u_B - u_C)i_B = u_{AC} i_A + u_{BC} i_B$$

三相的平均功率为

$$P = \frac{1}{T}\int_0^T p(t)\mathrm{d}t = \frac{1}{T}\int_0^T (u_{AC} i_A + u_{BC} i_B)\mathrm{d}t$$
$$= U_{AC} I_A \cos(\widehat{u_{AC}, i_A}) + U_{BC} I_B \cos(\widehat{u_{BC}, i_B}) = P_1 + P_2$$

由两表法的接线图可见,电路中的功率表 W_1 的读数恰为上式中的 P_1,功率表 W_2 的读数恰为上式中的 P_2,因此可用两表法测量三相三线制电路的功率,即两个功率表读数之和(代数和)便为三相总的平均功率。

值得注意的是,当线电压 u_{AC} 与线电流 i_A 的相位差角 $\varphi_1 = \varphi_{u_{AC}} - \varphi_{i_A}$ 在 90° 和 270° 之间,即 $90° < \varphi_1 < 270°$ 时,P_1 为负值。与此对应的是,电路中功率表 W_1 的指针会反向偏转,此时可将 W_1 表电流线圈的两个接头换接,以使其正向偏转而得到读数,但其读数应取为负值。与此类似,W_2 表的读数也可能为负值。

可将两表法的接线规则归纳如下:将两只功率表的电流线圈分别串接于任意两相的端线中,且电流线圈带"*"号的一端接于电源一侧;两只功率表的电压线圈带"*"号的一端接于电流线圈的任一端,而电压线圈的非"*"号端须同时接至未接功率表电流线圈的第三相的端线上。

3. 对称三相三线制电路无功功率的测量

(1) 一表法测量无功功率

用一只功率表可测量对称三相三线制电路的无功功率。测量电路如图 9-32 所示,由此可得功率表的读数为

$$P = U_{CA} I_B \cos(\widehat{u_{CA}, i_B}) = u_{CA} I_B \cos\varphi'$$

因是对称三相电路,若设电路为感性的,任一相相电压和相电流的相位差为 φ,可作出相量图如图 9-33 所示。由相量图可见,线电压 $\dot{U}_{CA}$ 和相电流 $\dot{I}_B$ 间的相位差为

$$\varphi' = 90° - \varphi$$

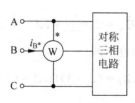

图 9-32 用一表法测量对称三相电路的无功功率

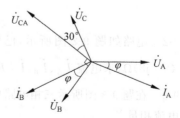

图 9-33 对称三相电路(感性)的相量图

于是功率表的读数为

$$P = U_{CA} I_B \cos\varphi' = U_{CA} I_B \cos(90° - \varphi) = \sqrt{3} U_B I_B \sin\varphi = \sqrt{3} Q_B$$

上式中的 Q_B 为 B 相的无功功率,但 $Q_B = \dfrac{1}{3} Q$,因此三相总的无功功率为

$$Q = \sqrt{3} P \tag{9-33}$$

这表明功率表读数的 $\sqrt{3}$ 倍即为三相电路的总无功功率。

(2) 两表法测无功功率

用两表法测对称三相三线制电路无功功率的接线方法与两表法测有功功率的接线方法完全相同,如图 9-31 所示。设两个功率表的读数分别为 P_1 和 P_2,则电路的无功功率 Q 及负载的功率因数角 φ 分别为

$$Q = \sqrt{3}(P_1 - P_2) \tag{9-34}$$

$$\varphi = \arctan\left(\sqrt{3}\, \frac{P_1 - P_2}{P_1 + P_2}\right) \tag{9-35}$$

式(9-35)和式(9-36)的推导建议读者自行完成。

练习题

9-6   用一表法测量对称三相三线制电路的无功功率时,是否可根据功率表的读数确定无功功率的性质(即感性无功或容性无功)? 试作相量图予以说明。

习题

9-1   三相对称电源如题 9-1 图(a)所示,每相电源的相电压为 220V。(1)试画出题 9-1 图(b)所示电路的相电压和线电压的相量图;(2)试画出题 9-1 图(c)所示电路相电压、线电压的相量图,并求出各线电压的值。

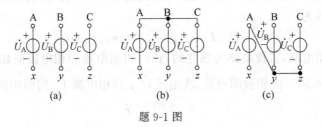

题 9-1 图

9-2   电路如题 9-2 图所示,已知 A 相电源电压为 $\dot{E}_A = 220\underline{/0°}\,\text{V}$,$Z = (30 + \text{j}40)\,\Omega$,$Z_N = (6 + \text{j}8)\,\Omega$,求电流 $\dot{I}_A$、$\dot{I}_B$、$\dot{I}_C$ 及 $\dot{I}_0$,并画出相量图和位形图。

9-3   在题 9-3 图所示三相电路中,若 $\dot{U}_{AB} = 380\underline{/0°}\,\text{V}$,$Z_l = (2 + \text{j}1)\,\Omega$,$Z = (9 + \text{j}12)\,\Omega$,求出各电流相量。

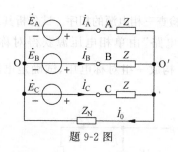

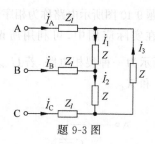

题 9-2 图　　　　　　　　　　　题 9-3 图

9-4　三相感应电动机的三相绕组接成星形,接到线电压为 380V 的对称三相电源上,其线电流为 13.8A。求:(1)各相绕组的相电压和相电流;(2)各相绕组的阻抗值;(3)若将绕组改为三角形连接,相电流和线电流各是多少?

9-5　求题 9-5 图所示电路中各电流表的读数。已知三相电源电压为 380V,$Z_l=-\mathrm{j}2\Omega$,$Z_1=(2+\mathrm{j}2)\Omega$,$Z_2=(3-\mathrm{j}12)\Omega$。

9-6　在题 9-6 图所示电路中,$\dot{U}_{AB}=380\underline{/0°}\mathrm{V}$,$\mathrm{j}\omega L=\mathrm{j}4\Omega$,$\mathrm{j}\omega M=\mathrm{j}2\Omega$,$Z_1=5\Omega$,$Z_2=\mathrm{j}3\Omega$,求电流 $\dot{I}_A$、$\dot{I}_B$、$\dot{I}_C$。

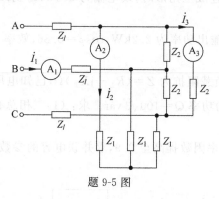

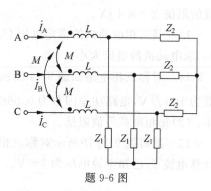

题 9-5 图　　　　　　　　　　　题 9-6 图

9-7　电路如题 9-2 图所示,试就下面两种情况计算 $\dot{I}_A$,$\dot{I}_B$,$\dot{I}_C$ 和 $\dot{I}_0$:

(1) 若 B 相负载断开;(2) 若 C 点和 O′点间发生短路。

9-8　三相电路如题 9-8 图所示,其由两组星形负载构成,其中一组对称且 $Z=30+\mathrm{j}40\Omega$,一组不对称。三相电源电压对称,线电压有效值为 380V,试求电压表的读数及各相电流 $\dot{I}_A$、$\dot{I}_B$、$\dot{I}_C$。

9-9　在题 9-9 图所示电路中,当开关 S 闭合后,各电流表的读数均为 I_1。若将 S 打开,各电流表的读数为多少?

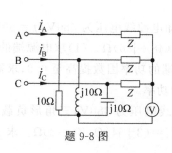

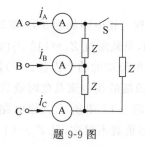

题 9-8 图　　　　　　　　　　　题 9-9 图

9-10 题 9-10 图所示电路称为相序仪,可用于检查三相电源的相序。试分析其工作情况。

9-11 在实际应用中,可利用所谓的"裂相电路"由单相电压源获得对称三相电压。

题 9-11 图所示为一种裂相电路,若 $\dot{U}_{AB}$、$\dot{U}_{BC}$、$\dot{U}_{CA}$ 构成一组对称电压,试确定电路中的参数 R_1、R_2、X_{C1} 和 X_{C2}。

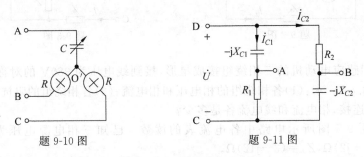

题 9-10 图   题 9-11 图

9-12 一组对称三相负载接于线电压为 400V 的对称三相电源上。当该组负载接成星形时,其消耗的平均功率为 19200W;当该组负载连成三角形时,线电流为 $80\sqrt{3}$ A。求每相负载的阻抗 $Z=R+jX$。

9-13 某三相电动机的额定电压 $U_l=380$V,输出功率为 2.2kW,$\cos\varphi=0.86$,效率 $\eta=0.88$,求电动机的电流大小。

9-14 对称三相电路如题 9-14 图所示,各相负载阻抗为 $Z=(R_L+jX_L)\Omega$,已知电压表读数为 $100\sqrt{3}$ V,电路功率因数为 0.866,三相无功功率 $Q=100\sqrt{3}$ var。求:(1)三相总有功功率;(2)每相负载等值阻抗。

9-15 欲将题 9-15 图所示对称三相负载的功率因数提高至 0.9,求并联电容的参数 C,并计算电流 I,已知电源电压为 380V。

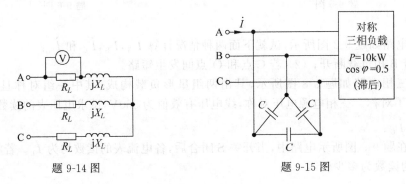

题 9-14 图   题 9-15 图

9-16 对称三相电路如题 9-16 图所示。已知电源线电压为 380V,$f=50$Hz,线路阻抗 $Z_l=(1+j2)\Omega$,负载阻抗 $Z_1=(12+j16)\Omega$,$Z_2=(48+j36)\Omega$。(1)求电源端的线电流、各负载的相电流及电源端的功率因数;(2)若将负载端的功率因数提高至 0.9,求需接入的电容器的 C 值、电源端的线电流及此时负载的总有功功率。

9-17 在题 9-17 图所示三相电路中,电源线电压为 380V,三角形负载对称且 $Z_1=(4+j3)\Omega$,星形负载不对称,且 $Z_2=(4+j3)\Omega$,$Z_3=(3+j4)\Omega$,$Z_4=20\Omega$。求三相电路的有功功率、无功功率和视在功率。

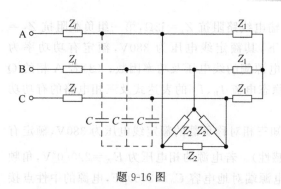

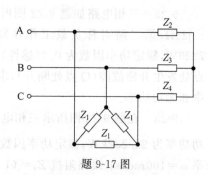

题 9-16 图

题 9-17 图

9-18 在题 9-18 图所示的三相电路中,三相负载为对称的感性负载。试借助相量图证明两功率表之和为三相电路的总功率,并指出哪一功率表的读数可能取负值,在何种情况下取负值。

9-19 题 9-19 图所示电路中的两组电源是对称的,已知 $\dot{U}_{A1} = 220\underline{/0°}\text{V}$, $\dot{U}_{A2} = 110\underline{/0°}\text{V}$, 试确定各电表的读数。

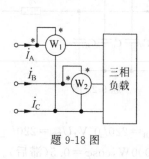

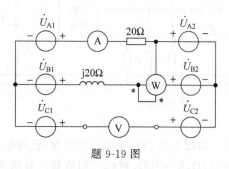

题 9-18 图

题 9-19 图

9-20 在题 9-20 图所示三相电路中,已知 $U_{AB} = 380\text{V}$,求各电表的读数。

9-21 求题 9-21 图所示电路中各电表的读数。已知电源相电压为 220V,$Z_1 = (6+\text{j}8)\Omega$, $Z_2 = (4-\text{j}3)\Omega$。

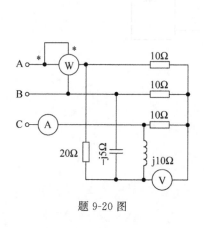

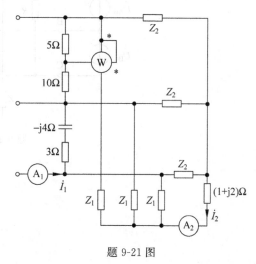

题 9-20 图

题 9-21 图

9-22 三相电路如题 9-22 图所示,已知输电线路阻抗 $Z_l = \text{j}2\Omega$,第一组负载阻抗 $Z_1 =$ $-\text{j}22\Omega$,第二组对称负载工作在额定状态下,其额定线电压为 380V,额定有功功率为 7220W,额定功率因数为 0.5(感性)。(1)求电源侧的线电压及功率因数;(2)若 A 相的 Q 点处发生开路故障(Q 点处断开),求此时的稳态电流 I_B、I_C 的表达式及三相电路的有功功率和无功功率。

9-23 在题 9-23 图所示三相电路中,已知三相对称负载的额定线电压为 380V,额定有功功率为 23.232kW,额定功率因数为 0.8(感性)。若电源的相电压为 $\dot{E}_A = 220\underline{/0°}\text{V}$,角频率 $\omega = 100\text{rad/s}$;线路阻抗 $Z_l = (1+\text{j}2)\Omega$,电源端对地电容 $C_0 = 2000\mu\text{F}$,电源的中性点接的电感为 $L_k = (50/3)\text{mH}$。(1)求三相负载的参数;(2)计算线路上的电流 $\dot{I}_A$、$\dot{I}_B$ 和 $\dot{I}_C$;(3)求开关 S 闭合后,线路上的稳定电流 $\dot{I}_A$、$\dot{I}_B$、$\dot{I}_C$ 以及接地电感 L_k 中的电流 $\dot{I}_{LN}$。

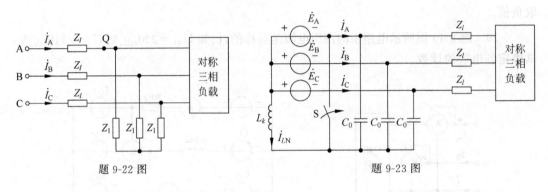

题 9-22 图　　　　　　　　　题 9-23 图

9-24 如题 9-24 所示正弦稳定电路,已知电源电压 $\dot{U}_{AB} = 220\underline{/0°}\text{V}$,$\dot{U}_{BC} = 220\underline{/-120°}\text{V}$,$Z = (10+\text{j}5)\Omega$,$R = 10\Omega$,对称三相负载的有功功率 $P = 1000\text{W}$,$\cos\varphi = 0.5$(滞后)。试求两个电源的有功功率。

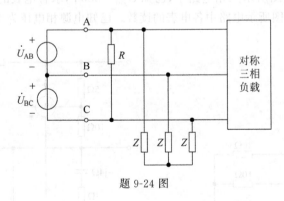

题 9-24 图

第 10 章
CHAPTER 10

周期性非正弦稳态电路分析

本章提要

本章介绍周期性非正弦稳态电路的分析方法。主要内容有周期性非正弦稳态电路的基本概念；周期性非正弦函数的谐波分析及频谱图；周期性非正弦函数的有效值、平均值与功率；周期性非正弦稳态电路的一般分析方法；周期性非正弦对称三相电路的分析等。

10.1 周期性非正弦稳态电路的基本概念

当稳态电路中的支路电压、电流为周期性非正弦波时，称为周期性非正弦稳态电路。在工程实际中，周期性非正弦稳态电路是一类常见的电路。例如在电力系统中，三相交流发电机所产生的电压从严格的意义上说并不是正弦波，这样在电网各处以及负载中的电压、电流将是周期性的非正弦波。又如在自动控制电路和计算机电路中，其激励一般是方波信号源，则电路中各元器件中的电流及端电压是周期性的按非正弦规律变化的波形。再如在电力和电子技术中常用的整流电路中，虽然其激励是正弦电源，但因电路中含有二极管等各种非线性器件，所以电路的输出是周期性的非正弦波。由此可见，周期性非正弦稳态电路的相关概念及其分析方法在工程应用上有着十分重要的意义。

10.1.1 周期性非正弦电压、电流

图 10-1 给出了周期性非正弦电压和电流的例子。

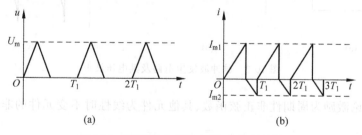

图 10-1 周期性非正弦电压、电流的波形

图 10-1(a)所示电压波形的周期是 T_1，其最大值(振幅)$u_{max} = U_m$；图 10-1(b)所示电流波形的周期是 T_1，其正振幅为 I_{m1}，负振幅为 I_{m2}。

10.1.2 周期性非正弦稳态电路

周期性非正弦稳态电路也称为非正弦周期电流电路。为简便起见,在本书中,周期性非正弦稳态电路亦简称为非正弦电路。

按激励函数是否作正弦规律变化,非正弦电路可分为两类。

1. 激励为正弦函数的非正弦电路

这类电路中的激励为正弦函数,但响应却是非正弦函数,造成这一现象的原因是电路中含有非线性元件或时变元件。如图 10-2(a)所示的全波整流电路中含有二极管这一非线性元件,当激励电压为图 10-2(b)所示的正弦波形时,电路中的输出电压 u_0 是图 10-2(c)所示的非正弦波形。

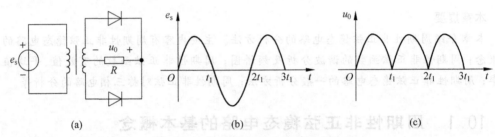

图 10-2　全波整流电路及其输出电压的波形

2. 激励为非正弦函数的非正弦电路

这类电路包括两种情形,即激励为非正弦周期函数,但电路中的其他元件是线性时不变元件;或激励为非正弦周期函数,但电路中的其他元件中包含有非线性元件或时变元件。在上述两种情况下,电路的响应一般为非正弦函数。如图 10-3(a)所示的脉冲波发生电路,R、C 均为线性时不变元件,激励的波形为方波,如图 10-3(b)所示,当 $RC \ll T_1$ 时,电阻电压波形如图 10-3(c)所示。

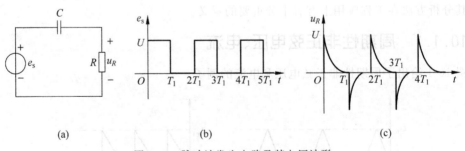

图 10-3　脉冲波发生电路及其电压波形

本书只讨论激励为周期性非正弦函数、其他元件为线性时不变元件的非正弦电路的稳态分析。

10.1.3 非正弦电路的稳态分析方法

非正弦电路的稳态分析可采用直流稳态电路和正弦稳态电路的分析方法。其思路是借助数学中的傅里叶级数,将电路中的周期性非正弦激励分解为直流分量和一系列不同频率的正弦量之和,再依据叠加定理,将非正弦电路转化为直流电路和一系列不同频率的正弦稳态电路的叠加。

10.2　周期性非正弦函数的谐波分析

若函数 $f(t)$ 满足下述关系式:

$$f(t) = f(t \pm kT) \qquad (k = 0, 1, 2, \cdots)$$

则称 $f(t)$ 为周期函数,式中 T 为周期函数的周期,其频率为 $f = 1/T$,角频率 $\omega = 2\pi f = 2\pi/T$。

10.2.1　周期性非正弦函数的傅里叶展开式

在下面的讨论中,将周期性非正弦函数简称为周期函数。

1. 傅里叶级数的形式

一个周期函数 $f(t)$,只要它满足狄里赫利条件,即

(1) 在一个周期内连续或仅有有限个第一类间断点;

(2) 在一个周期内只有有限个极值点。

便可将它展开为傅里叶级数,其展开式为

$$f(t) = \frac{a_0}{2} + \sum_{k=1}^{\infty} (a_{km}\cos k\omega t + b_{km}\sin k\omega t) \tag{10-1}$$

或

$$f(t) = \frac{A_0}{2} + \sum_{k=1}^{\infty} A_{km}\sin(k\omega t + \varphi_k) \tag{10-2}$$

可见傅里叶级数为一无穷级数,它由一系列频率不同的正弦函数叠加而成(常数项可视为频率为零的正弦量)。式(10-1)和式(10-2)为傅里叶级数的两种形式。两种表示式中各系数及初相位 φ_k 间的关系式为

$$\left.\begin{aligned} A_0 &= a_0 \\ A_{km} &= \sqrt{a_{km}^2 + b_{km}^2} \\ \varphi_k &= \arctan\frac{a_{km}}{b_{km}} \end{aligned}\right\} \tag{10-3}$$

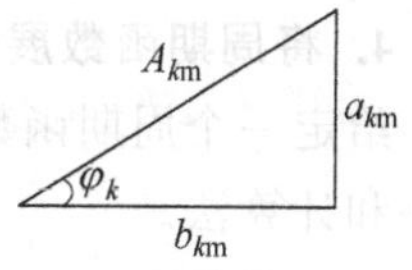

图 10-4　用直角三角形表示傅里叶级数中系数间的关系

或

$$\left.\begin{aligned} a_{km} &= A_{km}\sin\varphi_k \\ b_{km} &= A_{km}\cos\varphi_k \end{aligned}\right\} \tag{10-4}$$

上述关系式可用图 10-4 所示的直角三角形表示。

在实际应用中,傅里叶级数多采用式(10-2)的形式。在将一个周期函数展开为傅里叶级数时,通常是先求得式(10-1),再根据式(10-3)得到式(10-2)。

2. 谐波的概念

在非正弦电路中,谐波是十分重要的概念。

在式(10-1)和式(10-2)表示的傅里叶级数中,和周期函数 $f(t)$ 的周期相同的正弦分量(即 $k=1$ 的分量)称为 $f(t)$ 的一次谐波或基波;而频率是一次谐波(基波)频率 k 倍的分量称为 $f(t)$ 的 k 次谐波,如 $k=2$ 的分量称为二次谐波,$k=n$ 的分量称为 n 次谐波等;常数项

$\dfrac{a_0}{2}\Big($或$\dfrac{A_0}{2}\Big)$称为 $f(t)$ 的零次谐波或直流分量。通常把 $k\geqslant 2$ 的谐波称为高次谐波,还把 k 为奇数的谐波称为奇次谐波,k 为偶数的谐波称为偶次谐波。式(10-1)中 $a_{km}\cos k\omega t$ 称为 k 次谐波的余弦分量,$b_{km}\sin k\omega t$ 称为 k 次谐波的正弦分量。

例如一个周期函数 $f(t)$ 的角频率是 50rad/s,其傅里叶展开式为

$$f(t)=200+170\sqrt{2}\sin 50t+90\sqrt{2}\sin 150t+42\sqrt{2}\sin(250t+60°)$$

则 $f(t)$ 的基波角频率是 50rad/s,它包括四种谐波,即直流分量(零次谐波)、基波(一次谐波)、三次谐波和五次谐波。为便于看清各次谐波分量,这一周期函数可写为

$$f(t)=200+170\sqrt{2}\sin\omega_1 t+90\sqrt{2}\sin 3\omega_1 t+42\sqrt{2}\sin(5\omega_1 t+60°)$$

其中 $\omega_1=50$rad/s 是基波的角频率,k 次谐波的角频率(频率)是周期函数角频率(频率)的 k 倍。

3. 傅里叶级数中系数的计算公式

将一个周期函数展开为傅里叶级数,关键在于级数中各项系数的计算。式(10-1)中的各项系数按下列公式求出:

$$\left.\begin{aligned}
a_0 &=\frac{2}{T}\int_0^T f(t)\mathrm{d}t=\frac{2}{T}\int_{-\frac{T}{2}}^{\frac{T}{2}}f(t)\mathrm{d}t\\[2mm]
a_{km} &=\frac{2}{T}\int_0^T f(t)\cos k\omega_1 t\,\mathrm{d}t=\frac{2}{T}\int_{-\frac{T}{2}}^{\frac{T}{2}}f(t)\cos k\omega_1 t\,\mathrm{d}t\\[2mm]
b_{km} &=\frac{2}{T}\int_0^T f(t)\sin k\omega_1 t\,\mathrm{d}t=\frac{2}{T}\int_{-\frac{T}{2}}^{\frac{T}{2}}f(t)\sin k\omega_1 t\,\mathrm{d}t
\end{aligned}\right\}\qquad(10\text{-}5)$$

式中,T 为周期函数 $f(t)$ 的周期;ω_1 为 $f(t)$ 的角频率,ω_1 和 T 之间的关系为

$$\omega_1=2\pi/T$$

求得系数 a_0、a_{km} 和 b_{km} 后,再由式(10-3)求出式(10-2)中的各系数 A_0、A_{km} 和 φ_k。

4. 将周期函数展开为傅里叶级数的方法

给定一个周期函数的波形后,可用两种方法求出其对应的傅里叶级数,这两种方法是查表法和计算法。

(1) 查表法

表 10-1 给出了一些常见的典型周期函数的傅里叶级数,可用查表的方法求得某些周期函数的傅里叶级数。

表 10-1 常见周期函数的傅里叶级数简表

波 形	傅里叶级数	A(有效值)	A_{av}(平均值)
 三角波	$f(\omega t)=\dfrac{8A_{max}}{\pi^2}\Big(\sin\omega t-\dfrac{1}{9}\sin 3\omega t+$ $\dfrac{1}{25}\sin 5\omega t-\cdots+$ $\dfrac{(-1)^{\frac{k-1}{2}}}{k^2}\sin k\omega t+\cdots\Big)$ $(k=1,3,5,\cdots)$	$\dfrac{A_{max}}{3}$	$\dfrac{A_{max}}{2}$

波　　形	傅里叶级数	A（有效值）	A_{av}（平均值）
$f(\omega t)$ A_{max} 0 α π 2π ωt 梯形波	$f(\omega t)=\dfrac{4A_{max}}{\alpha\pi}\Big(\sin\alpha\sin\omega t+$ $\dfrac{1}{9}\sin3\alpha\sin3\omega t+$ $\dfrac{1}{25}\sin5\alpha\sin5\omega t+\cdots+$ $\dfrac{1}{k^2}\sin k\alpha\sin k\omega t+\cdots\Big)$ $(k=1,3,5\cdots)$	$A_{max}\sqrt{1-\dfrac{4\alpha}{3\pi}}$	$A_{max}\Big(1-\dfrac{\alpha}{\pi}\Big)$
$f(\omega t)$ A_{max} 0 2π 4π ωt 锯齿波	$f(\omega t)=A_{max}\Big[\dfrac{1}{2}-\dfrac{1}{\pi}\Big(\sin\omega t+$ $\dfrac{1}{2}\sin2\omega t+$ $\dfrac{1}{3}\sin3\omega t+\cdots+$ $\dfrac{1}{k}\sin k\omega t+\cdots\Big)\Big]$ $(k=1,2,3,\cdots)$	$\dfrac{A_{max}}{\sqrt{3}}$	$\dfrac{A_{max}}{2}$
$f(\omega t)$ A_{max} 0 π 2π ωt 方波	$f(\omega t)=\dfrac{4A_{max}}{\pi}\Big(\sin\omega t+$ $\dfrac{1}{3}\sin3\omega t+\dfrac{1}{5}\sin5\omega t+$ $\cdots+\dfrac{1}{k}\sin k\omega t+\cdots\Big)$ $(k=1,3,5\cdots)$	A_{max}	A_{max}
$f(\omega t)$ 2π A_{max} 0 α ωt 矩形脉冲	$f(\omega t)=A_{max}\Big[\alpha+$ $\dfrac{2}{\pi}\Big(\sin\alpha\pi\cos\omega t+$ $\dfrac{1}{2}\sin2\alpha\pi\cos2\omega t+\cdots+$ $\dfrac{1}{k}\sin k\alpha\pi\cos k\omega t+\cdots\Big)\Big]$ $(k=1,2,3,\cdots)$	$\sqrt{\alpha}A_{max}$	αA_{max}

续表

波 形	傅里叶级数	A（有效值）	A_{av}（平均值）
（波形图）	$$f(\omega t)=\frac{2A_{\mathrm{m}}}{\pi}\left(\frac{1}{2}+\right.$$ $$\frac{\pi}{4}\cos\omega t+\frac{1}{3}\cos2\omega t-$$ $$\frac{1}{15}\cos4\omega t+\cdots-$$ $$\left.\frac{\cos\frac{k\pi}{2}}{k^2-1}\cos k\omega t+\cdots\right)$$ $$(k=2,4,6,\cdots)$$	$\dfrac{A_{\mathrm{m}}}{2}$	$\dfrac{A_{\mathrm{m}}}{\pi}$
（波形图）	$$f(\omega t)=\frac{4A_{\mathrm{m}}}{\pi}\left(\frac{1}{2}+\frac{1}{3}\cos2\omega t-\right.$$ $$\frac{1}{15}\cos4\omega t+\cdots-$$ $$\left.\frac{\cos\frac{k\pi}{2}}{k^2-1}\cos k\omega t+\cdots\right.$$ $$(k=2,4,6\cdots)$$	$\dfrac{A_{\mathrm{m}}}{\sqrt{2}}$	$\dfrac{2A_{\mathrm{m}}}{\pi}$

（2）计算法

所谓计算法是根据给定的周期函数的波形由式(10-5)及式(10-3)计算系数 a_0、$a_{k\mathrm{m}}$ 和 $b_{k\mathrm{m}}$ 及 A_0、$A_{k\mathrm{m}}$ 和 φ_k 后而得到傅里叶级数。

傅里叶级数是一个无穷级数,仅当取无限多项时,它才准确地等于原有的周期函数。而在实际的分析工作中,只需截取有限项,截取项数的多少,取决于所允许误差的大小。级数收敛得愈快,则截取的项数可愈少。一般而言,周期函数的波形愈光滑和愈接近正弦波,其傅里叶级数收敛得愈快。如例 10-1 中的电压波形较为光滑且接近正弦波,其傅里叶级数中各项的系数随谐波次数的增高而衰减得很快。这表明该级数以较快的速度收敛,只需截取较少的项数便可较准确地代表原波形。又如图 10-5 所示的矩形波,其展开式为

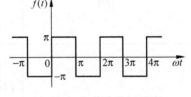

图 10-5　矩形方波的波形

$$f(t)=4\left(\sin\omega_1 t+\frac{1}{3}\sin3\omega_1 t+\frac{1}{5}\sin5\omega_1 t+\cdots\right)$$

可看出,该级数收敛得较慢,这是由于该波形光滑程度较差且和正弦波形相去甚远的缘故。因此,该级数只有截取较多的项数才不致产生过大的误差。

10.2.2　几种对称的周期函数

可利用函数的对称性质简化求取周期函数傅里叶级数的计算工作。这是因为在一定的

对称条件下,波形中可能不含有某些谐波,在傅里叶级数中对应于这些谐波的系数为零而无须计算。

共有五种对称情况。在下面的讨论中,设周期函数 $f(t)$ 的周期为 T。

1. 在一周期内平均值为零的函数

(1) 平均值为零的函数的波形特性

这类函数波形的特征是在一个周期中正半周的面积等于负半周的面积。因此函数在一个周期内的平均值为零。图 10-6 所示便是这类函数的两个例子。

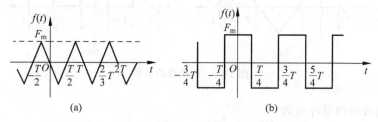

图 10-6　在一个周期内平均值为零的函数的波形

(2) 平均值为零的函数的傅里叶级数

这类函数的傅里叶级数中不含有常数项。这是因为一个周期内的平均值为零时,必有

$$\frac{a_0}{2} = \frac{1}{T}\int_0^T f(t)\mathrm{d}t = 0$$

2. 奇函数

(1) 奇函数的波形特征

奇函数的特征是其波形对称于坐标原点。这类函数满足关系式 $f(t) = -f(-t)$。图 10-7 便是奇函数的两个例子。

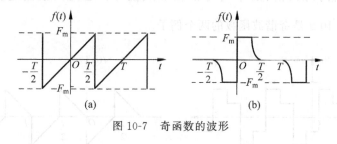

图 10-7　奇函数的波形

显然,奇函数也是一个周期内平均值为零的函数。

(2) 奇函数的傅里叶级数

奇函数的傅里叶级数为

$$f(t) = \sum_{k=1}^{\infty} b_{k\mathrm{m}}\sin k\omega_1 t \tag{10-6}$$

即级数中不含有常数项和余弦项。这是因为奇函数在一个周期内的平均值为零,故常数项为零;又因为余弦函数是偶函数,故奇函数的傅里叶级数中不可能含有余弦项。

因此,在求奇函数的傅里叶级数时,只需计算系数 $b_{k\mathrm{m}}$。

3. 偶函数

（1）偶函数的波形特征

偶函数的特征是其波形对称于坐标纵轴。这类函数满足关系式 $f(t)=f(-t)$。图 10-8 便是偶函数的两个例子。

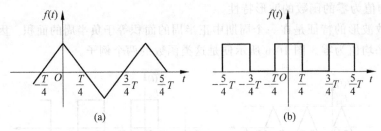

图 10-8　偶函数的波形

（2）偶函数的傅里叶级数

偶函数的傅里叶级数为

$$f(t)=\frac{a_0}{2}+\sum_{k=1}^{\infty}a_{km}\cos k\omega_1 t \tag{10-7}$$

即傅里叶级数中不含有正弦分量。这是因为正弦函数是奇函数，而偶函数的傅里叶级数中不可能含有奇函数。

因此，在求偶函数的傅里叶级数时，只需计算 a_0 和 a_{km}。

4. 奇谐波函数

（1）奇谐波函数的波形特征

奇谐波函数的特征是将其波形在一个周期内的前半周期后移半个周期（即将前、后半周置于同一半周期内）后，前、后半周对横轴形成镜像。这类函数满足关系式 $f(t)=-f\left(t\pm\dfrac{T}{2}\right)$。图 10-9 是奇谐波函数的两个例子。

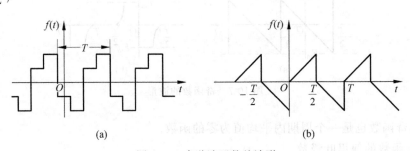

图 10-9　奇谐波函数的波形

（2）奇谐波函数的傅里叶级数

奇谐波函数的傅里叶级数为

$$f(t)=\sum_{k=1}^{\infty}A_{km}\sin(k\omega_1 t+\varphi_k) \qquad (k=1,3,5,\cdots) \tag{10-8}$$

即级数中不含有常数项和偶次谐波。这是因为奇谐波函数是在一个周期内平均值为零的函数,因而级数中的常数项为零;又因为偶次谐波不满足 $f(t) = -f\left(t \pm \dfrac{T}{2}\right)$,故不是奇谐波函数。如图 10-10 中的二次谐波(在一个 T 内变化两个循环)显然不符合奇谐波函数的特征,故奇谐波函数的傅里叶级数中必不含有偶次谐波。

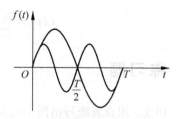

图 10-10　偶次谐波不符合奇谐波函数
波形特征的说明

因此,在求奇谐波函数的傅里叶级数时,只需计算奇次谐波的系数。

5. 偶谐波函数

(1) 偶谐波函数的波形特征

偶谐波函数的特征是其波形在一个周期内的前半周和后半周的形状完全一样,且将前半周后移半个周期(即将前、后半周置于同一半周期内)后,前、后两个半周完全重合。这类函数满足关系式 $f(t) = f\left(t \pm \dfrac{T}{2}\right)$。图 10-11 是偶谐波函数的两个例子。

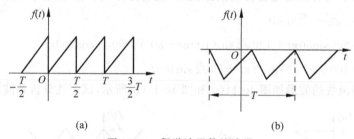

(a) (b)

图 10-11　偶谐波函数的波形

(2) 偶谐波函数的傅里叶级数

偶谐波函数的傅里叶级数为

$$f(t) = \frac{A_0}{2} + \sum_{k=1}^{\infty} A_{km}\sin(k\omega t + \varphi_k) \qquad (k = 2,4,6,\cdots) \tag{10-9}$$

即傅里叶级数中不含有奇次谐波。这是因为奇次谐波不满足 $f(t) = f\left(t \pm \dfrac{T}{2}\right)$,则在偶谐波函数的傅里叶级数中必不含有奇次谐波。

因此,在求偶谐波函数的傅里叶级数时,不需计算奇次谐波的系数。

例 10-1　试定性指出图 10-12 所示波形含有的谐波成分。

解　可以看出,图示波形同时具有几种对称特性。这一波形所对应的函数 $f(t)$ 满足下列关系式:

$$\frac{1}{T}\int_0^T f(t)\mathrm{d}t = 0, \quad f(t) = f(-t)$$

$$f(t) = -f\left(t \pm \frac{T}{2}\right)$$

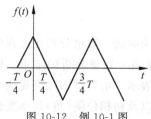

图 10-12　例 10-1 图

这表明 $f(t)$ 在一个周期内的平均值为零,它既是偶函数,也是奇谐波函数,于是傅里叶级数中不含中直流分量和正弦分量,亦不含有偶次谐波,其傅里叶级数的形式为

$$f(t) = \sum_{k=1}^{\infty} a_{km} \cos k\omega_1 t \qquad (k = 1, 3, 5, \cdots)$$

练习题

10-1 用查表法写出图 10-13(a)、图 10-13(b)所示波形的傅里叶级数。

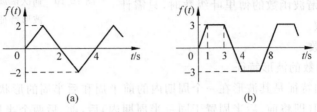

图 10-13　练习题 10-1 图

10-2 判断下列各函数是否为周期函数,并说明为什么。若是周期函数,其周期为何?

(1) $f(t) = 2\sqrt{2} + \sqrt{2} \sin 6t$

(2) $f(t) = 200 \sin 50\pi t + 120\sqrt{2} \sin(100\pi t + 30°) + 50\sqrt{2} \cos 200\pi t$

(3) $f(t) = 100 + 50\sqrt{2} \sin\sqrt{2}\,\pi t + 20\sqrt{2} \sin 10\pi t$

10-3 周期函数的波形如图 10-14(a)和图 10-14(b)所示,试定性分析各波形的谐波成分。

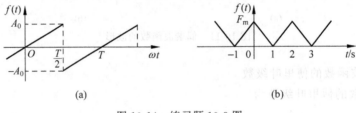

图 10-14　练习题 10-3 图

10.3　周期性非正弦函数的频谱图

10.3.1　周期性非正弦函数的频谱和频谱图

由傅里叶级数可知,周期性非正弦函数的 k 次谐波的振幅 A_{km} 和初相位 φ_k 均是(角)频率 ω 的函数,于是有

$$\begin{cases} A_{km} = A_{km}(\omega) \\ \varphi_k = \varphi_k(\omega) \end{cases}$$

将 $A_{km}(\omega)$ 和 $\varphi_k(\omega)$ 分别称为振幅频谱和相位频谱,两者也统称为频谱。频谱分析在工程应用中有着十分重要的意义。在实际中,通常用所谓的"频谱图"来表示频谱分析的结果。作频谱图是指将振幅频谱和相位频谱用二维坐标系中的图形予以表示。由频谱图可直观地看出一个周期函数所含的谐波成分以及各次谐波振幅的相对大小以及初相位随(角)频率变化

的规律。

1. 振幅频谱图

振幅频谱图的横坐标是角频率 ω，纵坐标是振幅。图中垂直于横轴、出现于基波角频率整数倍点上的一些长短不一的直线段表示各次谐波振幅的大小。

2. 相位频谱图

相位频谱图的横坐标是角频率 ω，纵坐标是初相位。图中垂直于横轴、出现于基波角频率整数倍点上的一些长短不一的直线段表示各次谐波初相位的大小及符号。

10.3.2 作频谱图的方法

可采用两种方法作出给定的周期函数的频谱图。

1. 直接根据傅里叶级数作频谱图

这种方法是直接根据周期函数的傅里叶展开式 $f(t) = \dfrac{A_0}{2} + \sum\limits_{k=1}^{\infty} A_{km}\sin(k\omega_1 t + \varphi_k)$ 中各次谐波的振幅 A_{km} 和初相位 φ_k 作出频谱图。

例 10-2 试作出图 10-15 所示周期函数的频谱图。

解 可以看出，题给波形是一偶函数，但要注意并不是偶谐波函数，这里不需计算的系数是 b_{km}。波形的表达式为

$$f(t) = F_m \sin\frac{\pi}{T}t \qquad (0 \leqslant t \leqslant T)$$

则

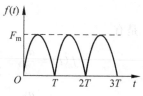

图 10-15　例 10-2 图

$$\frac{a_0}{2} = \frac{1}{T}\int_0^T F_m \sin\frac{\pi}{T}t\,\mathrm{d}t = \frac{F_m}{\pi}\cos\frac{\pi}{T}t\,\Big|_0^T = \frac{2F_m}{\pi}$$

$$a_k = \frac{2}{T}\int_0^T F_m \sin\frac{\pi}{t}t\cos k\omega_1 t\,\mathrm{d}t$$

要注意，题给波形的角频率 $\omega = \dfrac{\pi}{T}$，而傅里叶级数基波的角频率 $\omega_1 = \dfrac{2\pi}{T}$，故 $\omega_1 = 2\omega$，于是

$$a_{km} = \frac{2\omega F_m}{\pi}\int_0^{\frac{\pi}{\omega}}\sin\omega t\cos 2k\omega t\,\mathrm{d}t = \frac{2\omega F_m}{\pi}\int_0^{\frac{\pi}{\omega}}\frac{\sin(2k+1)\omega t - \sin(2k-1)\omega t}{2}\,\mathrm{d}t$$

$$= \frac{\omega F_m}{\pi}\left[\frac{\cos(2k+1)\omega t}{(2k+1)\omega} + \frac{\cos(2k-1)\omega t}{(2k-1)\omega}\right]_0^{\frac{\pi}{\omega}} = \frac{F_m}{\pi}\left(\frac{2}{2k+1} - \frac{2}{2k-1}\right) = -\frac{4F_m}{\pi(4k^2-1)}$$

则所求的傅里叶级数为

$$f(t) = \frac{a_0}{2} + \sum_{k=1}^{\infty}a_{km}\cos k\omega_1 t$$

$$= \frac{2F_m}{\pi}\left(1 - \frac{2}{3}\cos\omega_1 t - \frac{2}{15}\cos 2\omega_1 t - \cdots - \frac{2}{4k^2-1}\cos k\omega_1 t - \cdots\right)$$

$$= \frac{2F_m}{\pi}\left[1 - \frac{2}{3}\sin(\omega_1 t + 90°) - \frac{2}{15}\sin(2\omega_1 t + 90°) - \cdots - \frac{2}{4k^2-1}\sin(k\omega_1 t + 90°)\cdots\right]$$

$$= \frac{2F_m}{\pi}\left[1 + \frac{2}{3}\sin(\omega_1 t - 90°) + \frac{2}{15}\sin(2\omega_1 t - 90°) + \cdots + \frac{2}{4k^2-1}\sin(k\omega_1 t - 90°) - \cdots\right]$$

据此，可作出振幅频谱图和相位频谱图如图 10-16 所示。

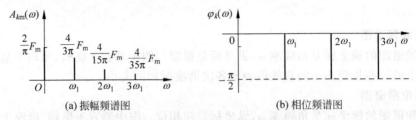

(a) 振幅频谱图　　　　　　　　　(b) 相位频谱图

图 10-16　例 10-2 周期函数的频谱图

2. 根据傅里叶级数的指数形式做频谱图

傅里叶级数除了式(10-1)和式(10-2)表示的两种形式外,还可表示为指数形式。频谱图可根据傅里叶级数的指数形式作出。

(1) 傅里叶级数的指数形式

根据数学中的欧拉公式,可将傅里叶级数表示为指数形式。欧拉公式为

$$\left.\begin{aligned}
\cos k\omega_1 t &= \frac{1}{2}(\mathrm{e}^{\mathrm{j}k\omega_1 t} + \mathrm{e}^{-\mathrm{j}k\omega_1 t}) \\
\sin k\omega_1 t &= -\frac{1}{2}\mathrm{j}(\mathrm{e}^{\mathrm{j}k\omega_1 t} - \mathrm{e}^{-\mathrm{j}k\omega_1 t})
\end{aligned}\right\}$$

于是有

$$\begin{aligned}
f(t) &= \frac{a_0}{2} + \sum_{k=1}^{\infty}\left[a_{k\mathrm{m}}\cos k\omega_1 t + b_{k\mathrm{m}}\sin k\omega_1 t\right] \\
&= \frac{a_0}{2} + \sum_{k=1}^{\infty}\left[\frac{1}{2}a_{k\mathrm{m}}(\mathrm{e}^{\mathrm{j}k\omega_1 t} + \mathrm{e}^{-\mathrm{j}k\omega_1 t}) - \frac{1}{2}b_{k\mathrm{m}}\mathrm{j}(\mathrm{e}^{\mathrm{j}k\omega_1 t} - \mathrm{e}^{-\mathrm{j}k\omega_1 t})\right] \\
&= \frac{a_0}{2} + \sum_{k=1}^{\infty}\left[\frac{1}{2}(a_{k\mathrm{m}} - \mathrm{j}b_{k\mathrm{m}})\mathrm{e}^{\mathrm{j}k\omega_1 t} + \frac{1}{2}(a_{k\mathrm{m}} + \mathrm{j}b_{k\mathrm{m}})\mathrm{e}^{-\mathrm{j}k\omega_1 t}\right] \\
&= \frac{a_0}{2} + \sum_{k=1}^{\infty}\left[\frac{1}{2}A_{k\mathrm{m}}\mathrm{e}^{\mathrm{j}k\omega_1 t} + \frac{1}{2}\overset{*}{A}_{k\mathrm{m}}\mathrm{e}^{-\mathrm{j}k\omega_1 t}\right] \tag{10-10}
\end{aligned}$$

式中,复数 $A_{k\mathrm{m}} = a_{k\mathrm{m}} - \mathrm{j}b_{k\mathrm{m}} = |A_{k\mathrm{m}}|\underline{/\psi_k}$,是对应于 k 次谐波的复振幅,其幅角 $\psi_k = \arctan\left(-\dfrac{b_{k\mathrm{m}}}{a_{k\mathrm{m}}}\right)$,与式(10-3)比较,可知 k 次谐波的初相位为

$$\varphi_k = \psi_k + \frac{\pi}{2} \tag{10-11}$$

$\overset{*}{A}$ 为 $A_{k\mathrm{m}}$ 的共轭复数。式(10-10)便是傅里叶级数的指数形式。

k 次谐波的复振幅 $A_{k\mathrm{m}}$ 可根据周期函数 $f(t)$ 求出。事实上

$$\begin{aligned}
A_{k\mathrm{m}} &= a_{k\mathrm{m}} - \mathrm{j}b_{k\mathrm{m}} = \frac{2}{T}\int_0^T f(t)\cos k\omega_1 t\,\mathrm{d}t - \mathrm{j}\frac{2}{T}\int_0^T f(t)\sin k\omega_1 t\,\mathrm{d}t \\
&= \frac{2}{T}\int_0^T f(t)(\cos k\omega_1 t - \mathrm{j}\sin k\omega_1 t)\,\mathrm{d}t = \frac{2}{T}\int_0^T f(t)\mathrm{e}^{-\mathrm{j}k\omega_1 t}\,\mathrm{d}t \tag{10-12}
\end{aligned}$$

同样有

$$\overset{*}{A}_{k\mathrm{m}} = a_{k\mathrm{m}} + \mathrm{j}b_{k\mathrm{m}} = \frac{2}{T}\int_0^T f(t)\mathrm{e}^{\mathrm{j}k\omega_1 t}\,\mathrm{d}t \tag{10-13}$$

在式(10-13)中,若用 $-k$ 代替 k,便有

$$\overset{*}{A}_{-km} = \frac{2}{T}\int_0^T f(t)\mathrm{e}^{-\mathrm{j}k\omega_1 t}\mathrm{d}t = A_{km}$$

则傅里叶级数的指数形式可写为

$$f(t) = \frac{a_0}{2} + \sum_{k=1}^{\infty}\frac{1}{2}A_{km}\mathrm{e}^{\mathrm{j}k\omega_1 t} + \sum_{k=-1}^{-\infty}\frac{1}{2}A_{km}\mathrm{e}^{\mathrm{j}k\omega_1 t} = \frac{1}{2}\sum_{k=-\infty}^{\infty}A_{km}\mathrm{e}^{\mathrm{j}k\omega_1 t} \tag{10-14}$$

在傅里叶级数指数形式的一般表达式(10-14)中出现了$-k\omega_1$,但这并不意味存在着"负频率"的谐波。事实上,由上述推导过程可知,一个谐波是由两个指数函数项合成的。

(2) 根据复振幅 A_{km} 做频谱图

根据复振幅做频谱图的步骤是:

① 由式(10-12)求出复振幅 $A_{km} = |A_{km}|\underline{/\psi_k}$;

② 将不同的 k 值($k=0,1,2,\cdots$)代入 A_{km} 的表达式,求出各次谐波的振幅$|A_{km}|$及初相位 $\varphi_k = \psi_k + \frac{\pi}{2}$;

③ 根据已求出的$|A_{km}|$及 φ_k 作出振幅频谱图和相位频谱图。

要注意以下两点:

① 周期函数的直流分量(常数项)并非是 A_0,而是 $A_0/2$;

② k 次谐波的初相位 $\varphi_k = \psi_k + \frac{\pi}{2}$。

练习题

10-4 试作出图 10-17 所示方波波形的振幅频谱图和相位频谱图。

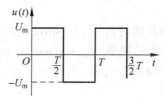

图 10-17 练习题 10-4 图

10.4 周期性非正弦电压、电流的有效值与平均值

在周期性非正弦稳态电路中,周期电压、电流的有效值与平均值是十分重要的概念。

10.4.1 周期电压、电流的有效值

1. 有效值的定义

在第 7 章中就已指出,与一个周期电压或电流做功本领相当的直流电压或电流的数值是该周期电压或电流的有效值。据此,周期电量的有效值被定义为周期电量的方均根。若设周期电流 i 的有效值为 I,则

$$I = \sqrt{\frac{1}{T}\int_0^T i^2 \, \mathrm{d}t} \tag{10-15}$$

若周期电压 u 的有效值为 U,则

$$U = \sqrt{\frac{1}{T}\int_0^T u^2 \, \mathrm{d}t} \tag{10-16}$$

2. 非正弦电量有效值的计算公式

下面以周期电流 i 为例,导出计算周期电压、电流有效值的公式。将 i 展开为傅里叶级数

$$i = I_0 + \sum_{k=1}^{\infty} I_{km}\sin(k\omega_1 t + \varphi_k)$$

则其有效值为

$$I = \sqrt{\frac{1}{T}\int_0^T i^2 \, \mathrm{d}t} = \sqrt{\frac{1}{T}\int_0^T \left[I_0 + \sum_{k=1}^{\infty} I_{km}\sin(k\omega_1 t + \varphi_k)\right]^2 \mathrm{d}t} \tag{10-17}$$

将上式中的被积函数展开

$$\left[I_0 + \sum_{k=1}^{\infty} I_{km}\sin(k\omega_1 t + \varphi_k)\right]^2$$

$$= I_0^2 + \left[2I_0 I_{1m}\sin(\omega_1 t + \varphi_1) + 2I_0 I_{2m}\sin(2\omega_1 t + \varphi_2) + \cdots\right] +$$
$$\left[2I_{1m}\sin(\omega_1 t + \varphi_1)I_{2m}\sin(2\omega_1 t + \varphi_2) + \right.$$
$$\left. 2I_{1m}\sin(\omega_1 t + \varphi_1)I_{3m}\sin(3\omega_1 t + \varphi_2) + \cdots\right] + \cdots +$$
$$\left[I_{1m}^2\sin^2(\omega_1 t + \varphi_1) + I_{2m}^2\sin^2(\omega_2 t + \varphi_2) + \cdots\right]$$

可以看出,被积函数展开式中的各项可分为四种类型(等式右边每一方括号内的项为一种类型):

(1) 直流分量的平方 I_0^2;

(2) 直流分量与 k 次谐波乘积的两倍 $2I_0 I_{km}\sin(k\omega_1 t + \varphi_k)$;

(3) 两个不同频率的谐波乘积的两倍 $2I_{qm}\sin(q\omega_1 t + \varphi_q)I_{rm}\sin(r\omega_1 t + \varphi_r)$,$q \neq r$;

(4) k 次谐波的平方 $I_{km}^2\sin^2(k\omega_1 t + \varphi_k)$。

根据三角函数系的正交性质

$$\int_{-\frac{T}{2}}^{\frac{T}{2}} \sin m\omega_1 t \sin n\omega_1 t \, \mathrm{d}t = \begin{cases} 0 & (m \neq n) \\ \dfrac{T}{2} & (m = n) \end{cases}$$

$$\int_{-\frac{T}{2}}^{\frac{T}{2}} \cos m\omega_1 t \cos n\omega_1 t \, \mathrm{d}t = \begin{cases} 0 & (m \neq n) \\ \dfrac{T}{2} & (m = n) \end{cases}$$

上述被积函数展开式中第三种类型的各项在一个周期内的积分均为零。又根据正弦函数在一个周期内的平均值为零,上述展开式中第二种类型的各项在一周期内的积分亦为零。于是式(10-17)为

$$I = \sqrt{\frac{1}{T}\int_0^T \left[I_0^2 + I_{1m}^2\sin^2(\omega_1 t + \varphi_1) + \cdots\right]\mathrm{d}t}$$

$$= \sqrt{I_0^2 + \left(\frac{I_{1m}}{\sqrt{2}}\right)^2 + \left(\frac{I_{2m}}{\sqrt{2}}\right)^2 + \cdots}$$

$$= \sqrt{I_0^2 + I_1^2 + I_2^2 + \cdots} = \sqrt{\sum_{k=0}^{\infty} I_k^2} \tag{10-18}$$

式(10-18)便是电流 i 有效值的计算公式,式中的 I_{km} 和 I_k 分别为 k 次谐波的最大值和有效值,且 $I_k = \dfrac{I_{km}}{\sqrt{2}}$。同样,可得到周期电压 u 有效值的计算公式为

$$U = \sqrt{U_0^2 + \left(\frac{U_{1m}}{\sqrt{2}}\right)^2 + \left(\frac{U_{2m}}{\sqrt{2}}\right)^2 + \cdots}$$

$$= \sqrt{U_0^2 + U_1^2 + U_2^2 + U_3^2 + \cdots} = \sqrt{\sum_{k=0}^{\infty} U_k^2} \tag{10-19}$$

例 10-3　已知一周期电压为 $u = 80 - 50\sin(t + 60°) + 42\sin(2t + 30°) + 30\cos(2t + 15°) + 20\cos 3t$ V,求该电压的有效值。

解　在非正弦电路的分析中,一定要注意看清周期电量中含有哪些谐波。题给定电压 u 的表达式尽管由五项组成,实际上 u 只含有四种谐波,其中二次谐波由两个分量组成,应将这两个分量合二为一。可求出二次谐波的振幅相量为

$$\dot{U}_{2m} = 42\underline{/30°} + 30\underline{/15° + 90°} = 57.59\underline{/60.2°}\ \text{V}$$

由于有效值与各次谐波的符号及初相无关,因此无须将三次谐波中的余弦函数化为正弦函数,也无须理会基波前的负号。所以有效值为

$$U = \sqrt{U_0^2 + \left(\frac{U_{1m}}{\sqrt{2}}\right)^2 + \left(\frac{U_{2m}}{\sqrt{2}}\right)^2 + \left(\frac{U_{3m}}{\sqrt{2}}\right)^2}$$

$$= \sqrt{80^2 + \left(\frac{50}{\sqrt{2}}\right)^2 + \left(\frac{57.59}{\sqrt{2}}\right)^2 + \left(\frac{20}{\sqrt{2}}\right)^2}$$

$$= 97.51\text{V}$$

10.4.2　周期电压、电流的平均值和均绝值

周期电压、电流的平均值包括一般意义上的平均值和绝对平均值。

一般意义上的平均值通常就称为平均值,其定义式为

$$F_{av} = \frac{1}{T}\int_0^T f(t)\,dt \tag{10-20}$$

显然,周期函数的平均值就是其恒定分量(直流分量)。若周期函数在一个周期内的前半周和后半周的波形相同、符号相反,则其平均值为零;若周期函数的波形在一个周期内不改变符号,其平均值不可能为零。

周期函数的绝对平均值简称为均绝值,它是指周期函数的绝对值在一个周期内的平均值,其定义式为

$$F_{aa} = \frac{1}{T}\int_0^T |f(t)|\,dt \tag{10-21}$$

显而易见,无论周期函数的波形怎样,只要其在一周期内不恒等于零,它的均绝值总不为零。

例 10-4　试求图 10-18(a)所示电压波形的平均值 U_{av} 和均绝值 U_{aa},设 u 的最大值为 U_m。

解　可以看出,该电压波形在一个周期内前半周和后半周的波形相同,符号相反,因此其平均值为零,即

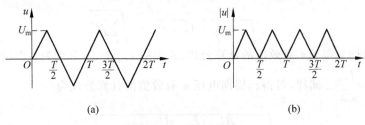

图 10-18   例 10-4 图

$$U_{av} = \frac{1}{T}\int_0^T u\,\mathrm{d}t = 0$$

电压绝对值 $|u|$ 的波形如图 10-20(b)所示,可求得均绝值为

$$U_{aa} = \frac{1}{T}\int_0^T |u|\,\mathrm{d}t = \frac{2}{T}\int_0^{\frac{T}{2}} |u|\,\mathrm{d}t = \frac{2}{T}\left[\int_0^{\frac{T}{4}} \frac{4}{T}U_m t\,\mathrm{d}t + \int_{\frac{T}{4}}^{\frac{T}{2}}\left(\frac{T}{2}-t\right)\frac{4}{T}U_m\,\mathrm{d}t\right]$$

$$= \frac{8U_m}{T^2}\left[\frac{t^2}{2}\Big|_0^{\frac{T}{4}} - \frac{1}{2}\left(\frac{T}{2}-t\right)^2\Big|_{\frac{T}{4}}^{\frac{T}{2}}\right] = \frac{8U_m}{T^2}\times\frac{T^2}{16} = \frac{U_m}{2}$$

例 10-5   用整流式磁电系电压表测得全波整流电压的平均值为 180V,求整流前正弦电压的有效值。

解   整流式磁电系仪表指针的偏转角与被测量的均绝值成正比,而全波整流波形的平均值就是其均绝值。由均绝值的定义式,对正弦电压 $u(t)$ 有

$$U_{aa} = \frac{1}{T}\int_0^T |U(t)|\,\mathrm{d}t = \frac{2}{T}\int_0^{\frac{T}{2}} \sqrt{2}U\sin\omega t\,\mathrm{d}t$$

$$= \frac{2\sqrt{2}}{\pi}U = 0.9U$$

上式表明,正弦电压的均绝值是其有效值的 0.9 倍,于是可得正弦电压的有效值为

$$U = U_{aa}/0.9 = 1.11U_{aa} = 1.11\times 180 = 200\text{V}$$

在实际中,也可将整流式磁电系仪表的均绝值读数扩大 1.11 倍后进行刻度,从而其读数便是波形的有效值。

练习题

10-5   某周期性非正弦电流的表达式为

$$i(t) = [30 + 60\sqrt{2}\sin(20t + 30°) + 45\sqrt{2}\sin20t + 20\sqrt{2}\sin30t + 18\sqrt{2}\cos30t]\text{A}$$

试求该电流的有效值。

10-6   (1)若全波整流电流的平均值为 5A,求整流前正弦电流的最大值。

(2)若正弦电压的振幅为 311V,求半波整流电压的平均值。

10.5   周期性非正弦稳态电路的功率

10.5.1   周期性非正弦稳态电路的瞬时功率

图 10-19 所示为一非正弦稳态二端网络 N,设端口电压和端口电流分别为

$$u = U_0 + \sum_{k=1}^{\infty} U_{km} \sin(k\omega_1 t + \varphi_{ku})$$

$$i = I_0 + \sum_{k=1}^{\infty} I_{km} \sin(k\omega_1 t + \varphi_{ki})$$

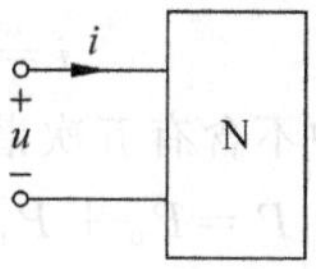

图 10-19　非正弦稳态二端网络

则网络 N 吸收的瞬时功率为

$$p = ui = \left[U_0 + \sum_{k=1}^{\infty} U_{km} \sin(k\omega_1 t + \varphi_{ku}) \right] \times \left[I_0 + \sum_{k=1}^{\infty} I_{km} \sin(k\omega_1 t + \varphi_{ki}) \right]$$

$$= U_0 I_0 + U_0 \sum_{k=1}^{\infty} I_{km} \sin(k\omega_1 t + \varphi_{ki}) + I_0 \sum_{k=1}^{\infty} U_{km} \sin(k\omega_1 t + \varphi_{ku}) +$$

$$\sum_{k=1}^{\infty} U_{km} \sin(k\omega_1 t + \varphi_{ku}) \times \sum_{k=1}^{\infty} I_{km} \sin(k\omega_1 t + \varphi_{ki}) \qquad (10\text{-}22)$$

10.5.2　周期性非正弦稳态电路的有功功率（平均功率）

图 10-19 所示网络吸收的有功功率（平均功率）为

$$P = \frac{1}{T} \int_0^T p \, dt \qquad (10\text{-}23)$$

将式(10-22)表示的 p 代入上式便可导出有功功率的计算式。

式(10-22)中的三种乘积项在一个周期内的积分为零，即

$$\left. \begin{array}{l} \displaystyle\int_0^T U_0 I_{km} \sin(k\omega_1 t + \varphi_{ki}) \, dt = 0 \\[2mm] \displaystyle\int_0^T I_0 U_{km} \sin(k\omega_1 t + \varphi_{ku}) \, dt = 0 \\[2mm] \displaystyle\int_0^T I_{pm} \sin(p\omega_1 t + \varphi_{pi}) \times U_{qm} \sin(q\omega_1 t + \varphi_{qu}) \, dt = 0 \qquad (p \ne q) \end{array} \right\} \qquad (10\text{-}24)$$

这样，非正弦稳态网络的平均功率为

$$P = \frac{1}{T} \int_0^T p \, dt$$

$$= \frac{1}{T} \int_0^T \left[U_0 I_0 + \sum_{k=1}^{\infty} U_{km} \sin(k\omega_1 t + \varphi_{ku}) \times I_{km} \sin(k\omega_1 t + \varphi_{ki}) \right] dt$$

$$= \frac{1}{T} \int_0^T U_0 I_0 \, dt + \frac{1}{T} \int_0^T \sum_{k=1}^{\infty} U_{km} I_{km} \sin(k\omega_1 t + \varphi_{ku}) \sin(k\omega_1 t + \varphi_{ki}) \, dt$$

$$= U_0 I_0 + \sum_{k=1}^{\infty} U_k I_k \cos(\varphi_{ku} - \varphi_{ki}) = P_0 + \sum_{k=1}^{\infty} P_k = \sum_{k=1}^{\infty} P_k \qquad (10\text{-}25)$$

式(10-25)表明，周期性非正弦电路中的有功功率等于各次谐波的有功功率之和。

由式(10-24)可得出一个重要结论：在周期性非正弦电路中，不同谐波的电压、电流不产生有功功率，换句话说，只有同频率的电压、电流才产生有功功率。

例 10-6　已知某非正弦稳态网络的端口电压 u 及端口电流 i 为关联参考方向，且 $u = 80 + 65\sqrt{2} \sin(\omega_1 t + 80°) - 40\sqrt{2} \sin(3\omega_1 t - 60°) + 20\sqrt{2} \sin(5\omega_1 t + 75°) \text{V}$，$i = 12 + 8\sqrt{2} \cos(\omega_1 t - 150°) + 4\sqrt{2} \sin(3\omega_1 t + 25°) \text{A}$，求该网络的有功功率。

解　i 中的基波是用余弦函数表示的，为便于计算电压、电流的相位差，应将余弦函数化为正弦函数，则

$$i = 12 + 8\sqrt{2}\sin(\omega_1 t - 60°) + 4\sqrt{2}\sin(3\omega_1 t + 25°)\,\text{A}$$

由于 i 中不含有五次谐波,故 u 中的五次谐波电压不产生有功功率。于是

$$P = P_0 + P_1 + P_3 = U_0 I_0 + U_1 I_1 \cos(\varphi_{1u} - \varphi_{1i}) + U_3 I_3 \cos(\varphi_{3u} - \varphi_{3i})$$
$$= 80 \times 12 + 65 \times 8\cos[80° - (-60°)] + [-40 \times 4\cos(-60° - 25°)]$$
$$= 960 + 520\cos140° - 160\cos(-85°) = 547.7\,\text{W}$$

计算式里 P_3 项中有一个负号,是因为 u 表达式中三次谐波前为一负号。

10.5.3 周期性非正弦稳态电路的视在功率和功率因数

非正弦电路中亦有视在功率和等效功率因数的概念,它们的定义依照正弦稳态电路中的定义,但应注意其具体计算有所不同。视在功率的计算式为

$$S = UI = \sqrt{U_0^2 + \sum_{k=1}^{\infty} U_k^2} \times \sqrt{I_0^2 + \sum_{k=1}^{\infty} I_k^2} = \sqrt{\sum_{k=0}^{\infty} U_k^2 \sum_{k=0}^{\infty} I_k^2} \quad (10\text{-}26)$$

等效功率因数的计算式为

$$\cos\varphi = \frac{P}{S} = \frac{\sum\limits_{k=0}^{\infty} P_k}{\sqrt{\sum\limits_{k=0}^{\infty} U_k^2 \sum\limits_{k=0}^{\infty} I_k^2}} \quad (10\text{-}27)$$

需指出的是,在电路中出现高次谐波电流后,电路的等效功率因数会下降。图 10-20 为一个任意的二端网络 N,若 N 为正弦电路,则端口电压、电流均为同频率的正弦量。设 $u = \sqrt{2}\,U_1\sin\omega_1 t$,$i = \sqrt{2}\,I_1\sin(\omega_1 t + \varphi_1)$,则功率因数为

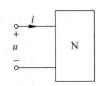

图 10-20 二端网络 N

$$\cos\varphi = \frac{P}{S} = \frac{P_1}{S} = \frac{U_1 I_1 \cos\varphi_1}{U_1 I_1} = \cos\varphi_1$$

若端口电压仍为正弦量,但因某种原因(如 N 中含有非线性元件),电流 i 中出现高次谐波,即 $i = I_0 + \sum\limits_{k=1}^{\infty} I_{km}\sin(k\omega_1 t + \varphi_{ki})$,则 N 变为非正弦电路,其有功功率不变,仍为 P_1(这是因为不同频率的电压、电流不产生有功功率),于是 N 的功率因数为

$$\cos\varphi = \frac{P}{S} = \frac{P_1}{S} = \frac{U_1 I_1 \cos\varphi_1}{UI} = \frac{U_1 I_1 \cos\varphi_1}{U_1 \sqrt{\sum\limits_{k=0}^{\infty} I_k^2}} = k\cos\varphi_1$$

式中,$k = \dfrac{I_1}{\sqrt{I_0^2 + I_1^2 + I_2^2 + \cdots}}$,显然 $k < 1$,故 $\cos\varphi < \cos\varphi_1$。

上述分析表明,在电力系统中,应避免出现高次谐波电流,以免系统的等效功率因数下降。

练习题

10-7 某周期性非正弦稳态电路的端口电压 $u(t)$ 和端口电流 $i(t)$ 为关联参考方向,且

$$u(t) = [60 + 300\sqrt{2}\sin100t + 280\sqrt{2}\sin(100t + 30°) + 200\sin(200t - 60°) +$$
$$100\sqrt{2}\sin300t]\text{V}$$

$$i(t) = [3 + 6\sin(100t + 60°) + 4\sqrt{2}\sin200t + 3\sqrt{2}\cos200t - 2\cos(300t - 30°)]\text{A}$$

求该电路吸收的平均功率。

10.6　周期性非正弦电源激励下的稳态电路分析

10.6.1　计算非正弦稳态电路的基本思路

当把非正弦线性电路中的激励展开为傅里叶级数后,根据叠加原理,电路的稳态响应便是直流电源和一系列不同频率的正弦电源所引起的稳态响应之和。因此,非正弦电路的计算,可归结为计算直流电路和一系列不同频率的正弦稳态电路。这种计算方法利用了线性电路的叠加性质,故非正弦非线性电路不可采用这种叠加计算法。

10.6.2　谐波阻抗

1. 谐波阻抗的概念

前已述及,非正弦稳态线性电路可视为一系列频率不同的正弦稳态电路的叠加。正弦电路中,L 元件和 C 元件的感抗和容抗均是频率的函数,即对同一个 L 元件(或 C 元件)而言,在不同的频率下,其感抗(或容抗)是不相同的。我们把对应于各次谐波的阻抗称为谐波阻抗。例如把对应于基波的阻抗称为基波阻抗,把对应于 n 次谐波的阻抗称为 n 次谐波阻抗等。

2. 谐波阻抗的计算

对电感元件而言,$Z_L = j\omega L$,即其阻抗(感抗)正比于电路的角频率 ω。若基波阻抗 $Z_{L1} = j\omega_1 L$,则 n 次谐波阻抗 $Z_{Ln} = j\omega_n L = jn\omega_1 L = nZ_{L1}$。这表明电感元件的 n 次谐波阻抗为基波阻抗的 n 倍。

对电容元件而言,$Z_C = -j\dfrac{1}{\omega C}$,即其阻抗(容抗)与电路的角频率成反比。若基波阻抗 $Z_{C1} = -j\dfrac{1}{\omega_1 C}$,则 n 次谐波阻抗 $Z_{Cn} = -j\dfrac{1}{\omega_n C} = -j\dfrac{1}{n\omega_1 C} = \dfrac{1}{n}Z_{C1}$,这表明电容元件的 n 次谐波阻抗为基波阻抗的 $\dfrac{1}{n}$ 倍。

10.6.3　计算非正弦稳态电路的步骤

(1) 将电路中的非正弦电源分解为傅里叶级数,并根据问题容许的误差,截取级数的前 n 项;若非正弦周期电源已给出其傅里叶级数,则此步骤可省去。

(2) 分别计算直流电路及多个单一频率的正弦电源作用的电路,求出各电路中的稳态响应电流和电压。对每个单一频率的正弦电路可采取相量模型用相量法求解。显然,需计算的电路数目应等于电源所含谐波的数目。例如电源包含直流分量、基波分量和三次谐波分量,则需计算三个电路,即直流电路和分别对应于基波和三次谐波的正弦稳态电路。

(3) 由步骤(2)的计算结果,写出各次谐波电压(电流)的瞬时值表达式,由瞬时值叠加求出非正弦电压(电流),计算非正弦电路电压、电流的有效值和功率。

10.6.4 非正弦稳态电路计算举例

例 10-7 如图 10-21(a)所示电路,已知电源电压的波形如图 10-21(b)所示,且电源的角频率 $\omega = 2\mathrm{rad/s}$,求电流 i 和电压 u。

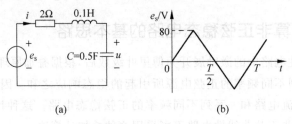

(a)　　　　　　　　(b)

图 10-21　例 10-7 图

解 (1)由给定的电压源 e_s 的波形,查表可得

$$e_s = \frac{640}{\pi^2}\left(\sin\omega_1 t - \frac{1}{9}\sin3\omega_1 t + \frac{1}{25}\sin5\omega_1 t - \frac{1}{49}\sin7\omega_1 t + \cdots\right)\mathrm{V}$$

因该级数收敛较快,取级数的前三项作近似计算,则

$$e_s = 64.85\sin\omega_1 t - 7.21\sin3\omega_1 t + 2.59\sin5\omega_1 t$$
$$= 64.85\sin2t - 7.21\sin6t + 2.59\sin10t$$

式中,基波频率等于周期电源的频率,即 $\omega_1 = \omega = 2\mathrm{rad/s}$。

(2)因电源含有三种谐波分量,则需计算三个电路。

① 计算基波分量

计算基波分量的电路如图 10-22(a)所示。图中 $\dot{E}_{s1m} = 64.85\underline{/0°}\mathrm{V}$,基波阻抗分别为

$$Z_{L1} = jX_{L1} = j\omega_1 L = j2\times0.1 = j0.2\Omega, \quad Z_{C1} = -jX_{C1} = -j\frac{1}{\omega_1 C} = -j\frac{1}{2\times0.5} = -j1\Omega$$

则

$$\dot{I}_{1m} = \frac{\dot{E}_{s1m}}{R + j(X_{L1} - X_{C1})} = \frac{64.85\underline{/0°}}{2 + j(0.2-1)} = 30.11\underline{/21.8°}\mathrm{A}$$

$$\dot{U}_{1m} = \dot{I}_{1m}Z_{C1} = -j1\times30.08\underline{/21.8°} = 30.1\underline{/-68.2°}\mathrm{V}$$

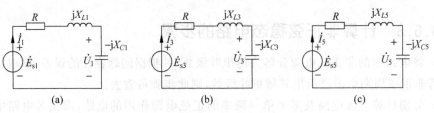

(a)　　　　　　　(b)　　　　　　　(c)

图 10-22　例 10-7 计算用图

② 计算三次谐波分量

计算三次谐波分量的电路如图 10-22(b)所示。图中 $\dot{E}_{s3m} = -7.21\underline{/0°}\mathrm{V}$,三次谐波阻抗分别为

$$Z_{L3} = jX_{L3} = j3\omega_1 L = 3Z_{L1} = 3 \times j0.2 = j0.6\Omega$$

$$Z_{C3} = -jX_{C3} = -j\frac{1}{3\omega_1 C} = \frac{1}{3}Z_{C1} = \frac{1}{3} \times (-j1) = -j\frac{1}{3}\Omega$$

则

$$\dot{I}_{3m} = \frac{-\dot{E}_{s3m}}{R + j(X_{L3} - X_{C3})} = \frac{-7.21\underline{/0°}}{2 + j\left(0.6 - \frac{1}{3}\right)} = -3.57\underline{/-7.6°} = 3.57\underline{/172.4°}A$$

$$\dot{U}_{3m} = -jX_{C3}\dot{I}_{3m} = -j\frac{1}{3} \times 3.57\underline{/172.4°} = 1.19\underline{/82.4°}V$$

③ 计算五次谐波分量

计算五次谐波分量的电路如图 10-22(c)所示,图中 $\dot{E}_{s5m} = 2.59\underline{/0°}V$,五次谐波阻抗分别为

$$Z_{L5} = jX_{L5} = j5\omega_1 L = 5Z_{L1} = 5 \times j0.2 = j1\Omega$$

$$Z_{C5} = -jX_{C5} = -j\frac{1}{5\omega_1 C} = \frac{1}{5}Z_{C1} = \frac{1}{5} \times (-j1) = -j0.2\Omega$$

则

$$\dot{I}_{5m} = \frac{\dot{E}_{s5m}}{R + j(X_{L5} - X_{C5})} = \frac{2.59\underline{/0°}}{2 + j(1 - 0.2)} = 1.2\underline{/-21.8°}A$$

$$\dot{U}_{5m} = -jX_{C5}\dot{I}_{5m} = -j0.2 \times 1.2\underline{/-21.8°} = 0.24\underline{/-111.8°}V$$

将电压、电流各次谐波的瞬时值相加,得

$$i = i_1 + i_3 + i_5$$
$$= 30.08\sin(2t + 21.8°) + 3.57\sin(6t + 172.4°) + 1.2\sin(10t - 21.8°)A$$
$$u = u_1 + u_3 + u_5$$
$$= 30.08\sin(2t - 68.2°) + 1.19\sin(6t + 82.4°) + 0.24\sin(10t - 111.8°)V$$

例 10-8 求图 10-23(a)所示电路中各电表的读数。已知 $i_s = 4\sqrt{2}\sin t A$,$e_s = 2 + 6\sqrt{2}\sin(2t - 30°)V$。

解 在非正弦电路中,若不加说明,电压表和电流表均指示有效值。本题的待求量实际上是图 10-23(a)电路中 i 和 u 的有效值。电路的电源中含有直流分量、基波分量及二次谐波分量,因此需求解三个电路。

(1) 求直流分量

求直流分量的电路如图 10-23(b)所示。因电流源 i_s 中不含直流分量,故应用开路代替。此时电感相当于短路,电容相当于开路。可求得

$$I_0 = \frac{8 - 2}{2} = 3A$$

$$U_0 = 2V$$

(2) 求基波分量

求基波分量的电路如图 10-23(c)所示。因仅 i_s 中含有基波分量,故另外两个电压源应置零。各基波阻抗为

$$Z_{L1} = jX_{L1} = j\omega_1 L = j1\Omega$$

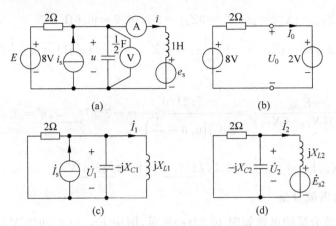

图 10-23   例 10-8 图

$$Z_{C1} = -jX_{C1} = -j\frac{1}{\omega_1 C} = -j2\Omega$$

电路的复导纳为

$$Y_1 = G + j(B_{C1} - B_{L1}) = \frac{1}{2} + j(0.5 - 1) = (0.5 - j0.5)\text{S}$$

则

$$\dot{U}_1 = \frac{\dot{I}_s}{Y_1} = \frac{4\underline{/0°}}{0.5 - j0.5} = 5.66\underline{/45°}\text{V}$$

$$\dot{I}_1 = \frac{\dot{U}_1}{jX_{L1}} = \frac{5.66\underline{/45°}}{j1} = 5.66\underline{/-45°}\text{A}$$

（3）求二次谐波分量

求二次谐波分量的电路如图 10-23(d)所示，因仅 e_s 中含有二次谐波分量，故另外两电源予以置零。各二次谐波阻抗为

$$Z_{L2} = jX_{L2} = j2\omega_1 L_1 = j2\Omega$$

$$Z_{C2} = -jX_{C2} = -j\frac{1}{2\omega_1 C} = -j1\Omega$$

从电源端看进去的电路复阻抗为

$$Z_2 = jX_{L2} + \frac{R(-jX_{C2})}{R - jX_{C2}} = j2 + \frac{-j2}{2 - j} = 1.27\underline{/71.6°}\Omega$$

则

$$\dot{I}_2 = \frac{\dot{E}_{s2}}{Z_2} = \frac{-6\underline{/-30°}}{1.27\underline{/71.6°}} = 4.72\underline{/78.4°}\text{A}$$

$$\dot{U}_2 = \dot{I}_2\frac{R(-jX_{C2})}{R - jX_{C2}} = 4.72\underline{/78.4°} \times \frac{-j2}{2 - j} = 4.22\underline{/15°}\text{V}$$

（4）求电压表和电流表的读数

由有效值定义，求得电压表的读数为

$$U = \sqrt{U_0^2 + U_1^2 + U_2^2} = \sqrt{2^2 + 5.66^2 + 4.22^2} = \sqrt{53.84} = 7.34\text{V}$$

电流表的读数为

$$I = \sqrt{I_0^2 + I_1^2 + I_2^2} = \sqrt{3^2 + 5.66^2 + 4.72^2} = \sqrt{63.31} = 7.96\text{A}$$

10.6.5 滤波器的概念

在第8章曾提到滤波器的概念。滤波器是一种信号处理电路,也称为选频网络,在电力、电信设备和测控装置中获得了极为广泛的应用。滤波器的基本功能是让信号中特定的频率成分通过,而阻止或极大地衰减其他无用的频率成分。滤波器有多种分类方法。按照其选频作用分类,有低通滤波器、高通滤波器、带通滤波器和带阻滤波器四种类型。按被处理的信号类别分类,又分为模拟滤波器和数字滤波器。模拟滤波器可以用无源元件实现,称为无源滤波器;也可以用有源器件如运算放大器实现,称为有源滤波器。图 10-24 和图 10-25 分别给出了无源滤波器和有源滤波器的例子。

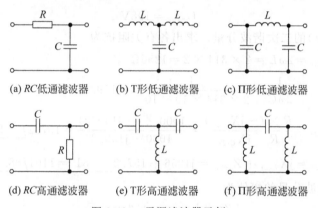

(a) RC低通滤波器   (b) T形低通滤波器   (c) Π形低通滤波器

(d) RC高通滤波器   (e) T形高通滤波器   (f) Π形高通滤波器

图 10-24 无源滤波器示例

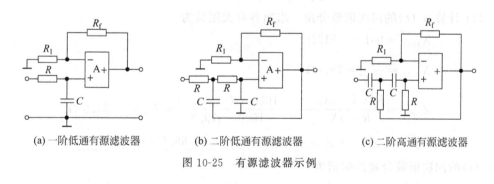

(a) 一阶低通有源滤波器   (b) 二阶低通有源滤波器   (c) 二阶高通有源滤波器

图 10-25 有源滤波器示例

下面给出一个工程中应用滤波器的例子。

例 10-9 为从全波整流电路的输出获得直流电压,可在整流电路的输出端接上一个低通滤波器,如图 10-26(a)所示,其中 $L = 2\text{H}$,$C = 10\mu\text{F}$,负载电阻 $R = 1000\Omega$。整流电路输出的全波整流电压 u_1 的波形如图 10-26(b)所示,其中 $U_\text{m} = 311\text{V}$,$\omega = 314\text{rad/s}$。求负载电阻两端电压 u_2 的各次谐波分量及 u_2 的有效值。

解 (1) 查表求得全波整流电压 $u_1(t)$ 的傅里叶波级数为

$$u_1(t) = \left[\frac{2}{\pi}U_\text{m} - \frac{4}{\pi}U_\text{m}\left(\frac{1}{3}\cos 2\omega t + \frac{1}{15}\cos 4\omega t + \cdots\right)\right]\text{V}$$

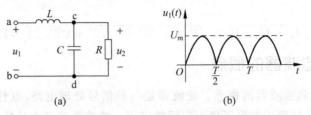

图 10-26 例 10-9 图

取级数的前三项计算，即取至四次谐波。将 $U_m = 311V$ 代入后可得

$$u_1(t) = (198 - 132\cos 2\omega t - 26.4\cos 4\omega t)V$$

（2）计算 $u_2(t)$ 的直流分量。此时电感相当于短路，电容相当于开路，则输出 $u_2(t)$ 的直流分量为

$$U_{2(0)} = 198V$$

（3）计算 $u_2(t)$ 的二次谐波分量。求出各有关阻抗为

$$X_{L(2)} = 2\omega L = 2 \times 314 \times 2 = 1256\Omega$$

$$X_{C(2)} = \frac{1}{2\omega C} = \frac{1}{2 \times 314 \times 10 \times 10^{-6}} = 159.2\Omega$$

$$Z_{cd(2)} = \frac{R \times (-jX_{C(2)})}{R - jX_{C(2)}} = \frac{1000 \times (-j159.2)}{1000 - j159.2} = 157.2\underline{/-81°}\Omega$$

$$Z_{ab(2)} = jX_{L(2)} + Z_{cd(2)} = j1256 + 157.2\underline{/-81°} = 1101\underline{/88.7°}\Omega$$

则 $u_2(t)$ 的二次谐波分量的幅值为

$$U_{2m(2)} = \left|\frac{Z_{cd(2)}}{Z_{ab(2)}}\right| U_{m(2)} = \frac{157.2}{1101} \times 132 = 18.8V$$

（4）计算 $u_2(t)$ 的四次谐波分量。求出各有关阻抗为

$$X_{L(4)} = 4\omega L = 2512\Omega$$

$$X_{C(2)} = \frac{1}{4\omega C} = 79.6\Omega$$

$$Z_{cd(4)} = \frac{R \times (-jX_{C(4)})}{R - jX_{C(4)}} = \frac{1000 \times (-j79.2)}{1000 - j79.2} = 79.3\underline{/-85.5°}\Omega$$

$$Z_{ab(4)} = jX_{L(4)} + Z_{cd(4)} = j2512 + 79.3\underline{/-85.5°} = 2433\underline{/89.9°}\Omega$$

则 $u_2(t)$ 的四次谐波分量的幅值为

$$U_{2m(4)} = \left|\frac{Z_{cd(4)}}{Z_{ab(4)}}\right| U_{m(4)} = \frac{79.3}{2433} \times 26.4 = 0.86V$$

（5）负载电阻两端电压 $u_2(t)$ 的有效值为

$$U_2 = \sqrt{U_{2(0)}^2 + \frac{U_{2m(2)}^2}{2} + \frac{U_{2m(4)}^2}{2}} = \sqrt{198^2 + \frac{18.8^2}{2} + \frac{0.86^2}{2}} = 198.45V$$

从计算结果可以看出，滤波器输出电压中的四次谐波分量仅为 0.86V，为直流分量的 0.43%，更高次谐波分量的幅值就更小，完全可忽略不计。而 $u_2(t)$ 的有效值为 198.45V，与 $u_1(t)$ 的直流分量十分接近，因此可将滤波器的输出近似看作为直流量。

练习题

10-8　一个非正弦稳态电路的输出电压 $u(t)$ 中含有直流、基波和三次谐波等谐波分量，试判断下述表达式的正确性。

(1) $u = u_0 + u_1 + u_3$；(2) $\dot{U} = \dot{U}_0 + \dot{U}_1 + \dot{U}_3$；(3) $U = U_0 + U_1 + U_3$

10-9　电路如图 10-27 所示，已知 $u_s(t) = (20 + 30\sin t)\,\mathrm{V}$，$i_s(t) = 6\sqrt{2}\sin(2t + 30°)\,\mathrm{A}$，求电流表和电压表的读数。

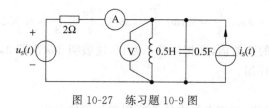

图 10-27　练习题 10-9 图

10.7　周期性非正弦电源激励下的对称三相电路

10.7.1　对称三相周期性非正弦电路

电压、电流中含有高次谐波的三相电路称为非正弦三相电路。本节仅讨论具有对称三相周期性非正弦电源和线性对称三相负载的三相电路，这种电路称为对称三相周期性非正弦电路，也简称为非正弦对称三相电路。

对称三相周期性非正弦电源指的是各相电压为周期性非正弦函数，但波形完全相同，时间上依次相差 1/3 周期的三相电源，也简称为非正弦对称三相电源。这种电源的各相电压可表示为

$$\left. \begin{aligned} u_A &= u(t) \\ u_B &= u\left(t - \frac{T}{3}\right) \\ u_C &= u\left(t - \frac{2T}{3}\right) \end{aligned} \right\} \tag{10-28}$$

式中，$u(t)$ 为周期性非正弦函数。

实际的三相发电机所产生的电压并非为理想的正弦波形，各相电源电压中含有一定的高次谐波分量，因此，实际的三相电路严格地说是非正弦电路。不过，在一般情况下，三相电源电压的波形畸变程度较轻，可近似地将三相电路视为正弦电路。但如果三相电源的波形与正弦波形相差较大，则应将三相电路按非正弦电路处理。

10.7.2　对称三相非正弦电路的谐波分析

对称三相非正弦电路中的电压、电流一般都是奇谐波函数，它们的傅里叶展开式中不含有直流分量和偶次谐波。这表明各相电压、电流均由 1，3，5，7…奇次谐波构成。这些谐波

可按相序分为正序、逆序和零序三个组别。下面分析每一组别中含有哪些谐波分量。

将各次谐波分成三组,各组分别由 $3m$,$3m+1$,$3m+2$ 次谐波构成($m=1,2,3,\cdots$)。由于三相电量在时间上依次相差 $1/3$ 周期,则每组中三相同次谐波间的相位差 θ 可由下式计算:

$$\theta = k\omega_1 \frac{T}{3} \tag{10-29}$$

式中,k 取 $3m$、$3m+1$ 或 $3m+2$,$\omega_1 = 2\pi/T$ 为非正弦电量的角频率。

1. 零序组谐波

对 $k=3m$ 次谐波,三相电量中彼此两相间的相位差为

$$\theta = k\omega_1 \frac{T}{3} = 3m\omega_1 \frac{T}{3} = 3m \times \frac{2\pi}{T} \times \frac{T}{3} = m \times 2\pi \tag{10-30}$$

因 $m \times 2\pi$ 为周期的整数倍,则相位差 θ 为 $0°$,这表明 $3m$ 次即 $3,9,15\cdots$次谐波(注意不包括偶次谐波)构成零序组。

2. 正序组谐波

对 $k=3m+1$ 次谐波,三相电量中彼此两相间的相位差为

$$\theta = k\omega_1 \frac{T}{3} = (3m+1) \times \frac{2\pi}{T} \times \frac{T}{3} = m \times 2\pi + \frac{2\pi}{3} \tag{10-31}$$

这表明相位差 θ 为 $2\pi/3$ 或 $120°$,即按 A—B—C 的顺序,各相电量的相位依次相差 $120°$,因此,$3m+1$ 次即 $1,7,13\cdots$次谐波构成正序。

3. 逆序组谐波

对 $k=3m+2$ 次谐波,三相电量中彼此两相间的相位差为

$$\theta = k\omega_1 \frac{T}{3} = (3m+2) \times \frac{2\pi}{T} \times \frac{T}{3} = m \times 2\pi + \frac{4\pi}{3} \tag{10-32}$$

这表明三相电量按 A—B—C 顺序依次相差 $4\pi/3$ 即 $240°$,或按 A—C—B 的顺序依次相差 $120°$。因此,$3m+2$ 次即 $5,11,17\cdots$次谐波构成逆序组,或称为负序组。

事实上,用非正弦对称三相电压的傅里叶展开式不难验证上述结论。设

$$u_A = \sqrt{2}U_1\sin(\omega_1 t + \varphi_1) + \sqrt{2}U_3\sin(3\omega_1 t + \varphi_3) + \sqrt{2}U_5\sin(5\omega_1 t + \varphi_5) + \cdots$$

则

$$u_B = \sqrt{2}U_1\sin\left[\omega_1\left(t - \frac{T}{3}\right) + \varphi_1\right] + \sqrt{2}U_3\sin\left[3\omega_1\left(t - \frac{T}{3}\right) + \varphi_3\right] +$$

$$\sqrt{2}U_5\sin\left[5\omega_1\left(t - \frac{T}{3}\right) + \varphi_5\right] + \cdots$$

$$= \sqrt{2}U_1\sin(\omega_1 t + \varphi_1 - 120°) + \sqrt{2}U_3\sin(3\omega_1 t + \varphi_3) +$$

$$\sqrt{2}U_5\sin(5\omega_1 t + \varphi_5 + 120°) + \cdots$$

$$u_C = \sqrt{2}U_1\sin\left[\omega_1\left(t - \frac{2T}{3}\right) + \varphi_1\right] + \sqrt{2}U_3\sin\left[3\omega_1\left(t - \frac{2T}{3}\right) + \varphi_3\right] +$$

$$\sqrt{2}U_5\sin\left[5\omega_1\left(t - \frac{2T}{3}\right) + \varphi_5\right] + \cdots$$

$$= \sqrt{2}U_1\sin(\omega_1 t + \varphi_1 + 120°) + \sqrt{2}U_3\sin(3\omega_1 t + \varphi_3) +$$

$$\sqrt{2}U_5\sin(5\omega_1 t + \varphi_5 - 120°) + \cdots$$

由展开式可见,基波为一组正序电压,三次谐波为一组零序电压,五次谐波为一组逆序电压等。

10.7.3　对称三相非正弦电路的若干特点

对称三相非正弦电量中同次谐波的正序分量和逆序分量三相之和恒为零,而零序分量的三相之和为一相的三倍。由于这一缘故,非正弦对称三相电路有许多重要特点。下面分丫形电路和△形电路予以讨论。

1. 三相三线制丫形电路

对称三相非正弦三线制丫形电路有如下特点。

（1）线电流中不含有零序谐波

对图 10-28 所示的电路,根据 KCL,应有 $i_A + i_B + i_C = 0$。由于频率相同的零序谐波三相之和不可能为零,故线电流中不可能含有零序谐波电流。这表明在这种连接形式的电路中,零序谐波电流无法形成通路。

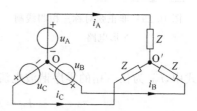

图 10-28　对称三相非正弦三线制丫形电路

（2）中性点电压只含有零序谐波

由于线电流（相电流）中不含有零序谐波电流,则每相负载的电压中不含有零序谐波电压,根据 KVL,两中性点间的电压只含有零序谐波电压,此零序谐波电压和电源一相电压中的零序谐波分量相平衡,即

$$u_{O'O} = \sum_{k=1}^{\infty} u_{3k} = \sqrt{2} U_3 \sin(3\omega_1 t + \varphi_3) + \sqrt{2} U_9 \sin(9\omega_1 t + \varphi_9) + \cdots$$

中性点间电压的有效值为

$$U_{O'O} = \sqrt{\sum_{k=1}^{\infty} u_{3k}^2} = \sqrt{U_3^2 + U_9^2 + U_{15}^2 + \cdots} \tag{10-33}$$

（3）线电压中不含有零序谐波

丫形连接时,电源线电压为两相电压之差,因电源各相电压中的零序谐波大小相等,相位相同,则两相中零序分量相互抵消,故线电压中不含有零序谐波电压。

电源相电压的有效值为

$$U_{ph} = \sqrt{U_{ph1}^2 + U_{ph3}^2 + U_{ph5}^2 + U_{ph7}^2 + \cdots}$$

而线电压的有效值为

$$
\begin{aligned}
U_l &= \sqrt{(\sqrt{3} U_{ph1})^2 + (\sqrt{3} U_{ph5})^2 + (\sqrt{3} U_{ph7})^2 + \cdots} \\
&= \sqrt{3} \sqrt{U_{ph1}^2 + U_{ph5}^2 + U_{ph7}^2 + \cdots}
\end{aligned}
\tag{10-34}
$$

因此

$$U_l < \sqrt{3} U_{ph} \tag{10-35}$$

这表明在对称三相非正弦电路中,在丫形三线制连接方式下,电源端线电压的有效值小于电源相电压有效值的 $\sqrt{3}$ 倍;在负载端,线电压、相电压中都不含零序谐波,故有 $U_l = \sqrt{3} U_{ph}$。

2. 三相四线制丫形电路

非正弦三相四线制丫形电路有如下特点。

（1）线电流中含有零序谐波

由于中线的存在,零序谐波电流有通路,因此线电流中含有零序谐波。

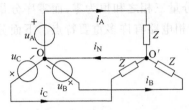

图 10-29　非正弦对称三相四线制
丫形电路

（2）中线电流中只含有零序谐波

此时,中线电流等于三相正序组、逆序组和零序组电流之和,因正序组、逆序组三相电流之和均为零,故中线电流不为零且仅含有零序谐波。对图 10-29 所示电路,中线电流为

$$i_N = i_A + i_B + i_C = \sum_k (i_{A3k} + i_{B3k} + i_{C3k})$$
$$= \sum_k 3i_{3k} \quad (k = 1, 3, 5, \cdots)$$

式中,i_{3k} 为任一相的零序谐波电流,则中线电流的有效值为

$$I_N = 3I_{3k} = 3\sqrt{I_3^2 + I_9^2 + I_{15}^2 + \cdots} \quad (10\text{-}36)$$

（3）线电压中不含有零序谐波

此特点的分析与在三相三线制丫形电路中的分析相同,不再赘述。不过应注意,在三相三线制丫形电路中,各相负载电压中不含有零序谐波,而在三相四线制电路中,各相负载电压中却含有零序谐波。

3. 三相△形电路

非正弦对称三相△形电路有如下特点。

（1）线电流中不含有零序谐波

这是由于电路中没有零序谐波电流的通路。

（2）在△形连接的三相电源中存在零序谐波环流

在图 10-30 中,根据 KVL,三相电源中的正序组和负序组的电压之和均为零,而零序组电压之和 u_0 不为零且等于一相电源中零序谐波电压 u_{3k} 的三倍,即

$$u_0 = 3\sum_k u_{3k} = 3(u_{ph3} + u_{ph9} + u_{ph15} + \cdots)$$

$$(10\text{-}37)$$

该电压将在△形闭合回路中产生一个环行电流 i_{0k}。若电源的每相零序谐波电压为 $\dot{U}_{3k}$,内阻抗为 Z_{3k},则由 $\dot{U}_{3k}$ 引起的环流为

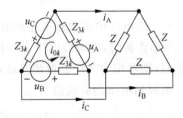

图 10-30　非正弦对称三相△形电路

$$\dot{I}_{0k} = \frac{\dot{U}_{0k}}{3Z_{3k}} = \frac{3\dot{U}_{3k}}{3Z_{3k}} = \frac{\dot{U}_{3k}}{Z_{3k}} \quad (10\text{-}38)$$

由于在△形连接方式下,电源中的这一环流无法消除,因此实际三相发电机的绕组一般不采用△形连接。

在图 10-30 中,每相电源仅画出了零序谐波阻抗,这是由于正序谐波阻抗 Z_{3k+1} 和逆序谐波阻抗 Z_{3k+2} 上的电压均为零,所以未将它们画出。

（3）线电压中不含有零序谐波

根据式（10-38），每相电源中零序谐波内阻抗上的电压等于该相电源中的零序谐波电压，两者方向相反，因此电源每相的端电压中将不含有零序谐波，这就表明线电压中不含有零序谐波。

10.7.4 高次谐波的危害

在电力系统中，保证电能的质量是极为重要的问题。在现代电网中已采取了大量的技术措施提高电能的质量。电能质量包括额定电压、额定频率和波形等三项指标，其中波形的理想情况是为正弦波。

由于各种原因导致电力系统中出现了高次谐波，使得电压、电流的波形发生畸变而成为非正弦波，从而使电能质量下降。高次谐波带来的不良后果主要有：致使电动机的运行性能变坏、损耗增加；使得系统的局部电路对某次谐波发生谐振而产生谐振过电压，导致设备工作不正常甚至损坏；增大了仪表的测量误差；对通信信号产生干扰，可能使通信系统不能正常工作等。

10.7.5 非正弦对称三相电路的计算举例

例 10-10 如图 10-31（a）所示非正弦对称三相电路，已知 $u_A = 220\sqrt{2}\sin\omega_1 t + 48\sqrt{2}\sin(3\omega_1 t - 30°) + 100\sqrt{2}\sin 5\omega_1 t + 16\sqrt{2}\sin 7\omega_1 t$ V，$\omega_1 = 10$ rad/s，$Z_1 = R + j\omega_1 L = (9 + j4)\Omega$，$Z_{N1} = j\omega_1 L_N = j2\Omega$，求中线电流 i_N 及电压表、电流表的读数。

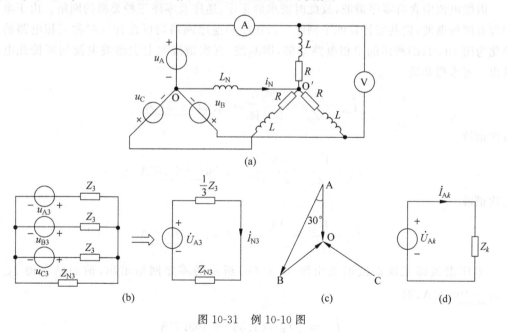

图 10-31　例 10-10 图

解 将电源的各次谐波分成三组，正序组包括基波和七次谐波，逆序组包括五次谐波，零序组包括三次谐波。

(1) 求中线电流 i_N

因中线电流中只含有零序谐波,故只需求解零序网络。零序网络如图 10-31(b) 所示,其中零序谐波阻抗 $Z_3 = R + j3\omega_1 L = (9 + j12)\Omega$,$Z_{N3} = j3\omega_1 L_N = j6\Omega$;$\dot{U}_{A3} = \dot{U}_{B3} = \dot{U}_{C3} = 48\underline{/-30°}V$。由等效电路,可求得

$$\dot{I}_{N3} = \frac{\dot{U}_{A3}}{Z_{N3} + \frac{1}{3}Z_3} = \frac{48\underline{/-30°}}{j6 + 3 + j4} = 4.6\underline{/-103.3°}A$$

则中线电流为

$$i_N = 4.6\sqrt{2}\sin(3\omega_1 t - 103.3°)A$$

(2) 求电压表读数

电压表实际跨接在 A、B 两相电源之间,其读数应为电源线电压的有效值,而线电压中不含有零序谐波,则线电压 u_{AB} 的瞬时值为

$$u_{AB} = (u_{A1} - u_{B1}) + (u_{A5} - u_{B5}) + (u_{A7} - u_{B7})$$
$$= 380\sqrt{2}\sin(\omega_1 t + 30°) + 173.2\sqrt{2}\sin(5\omega_1 t - 30°) + 27.71\sqrt{2}\sin(7\omega_1 t + 30°)$$

应注意五次谐波是负序电压,其位形图如图 10-32(c) 所示,故 u_{AB5} 滞后于 u_{A5} 30°。

线电压的有效值(电压表的读数)为

$$U_{AB} = \sqrt{U_{AB1}^2 + U_{AB5}^2 + U_{AB7}^2} = \sqrt{380^2 + 173.2^2 + 27.71^2} = 418.53V$$

(3) 求电流表读数

因线电流中含有零序谐波,故此时需求解正序、逆序及零序三种类型的网络。由于电源中含有四种谐波,则共需计算四个网络。而正序和逆序网络均可按计算对称三相电路的方法化为图 10-31(d) 所示的单相电路求解,即基波、五次谐波和七次谐波电流均可按此电路求出。可求得基波

$$\dot{I}_{A1} = \frac{\dot{U}_{A1}}{Z_1} = \frac{220\underline{/0°}}{9 + j4} = 22.34\underline{/-24°}A$$

五次谐波

$$\dot{I}_{A5} = \frac{\dot{U}_{A5}}{Z_5} = \frac{100\underline{/0°}}{9 + j20} = 4.56\underline{/-65.8°}A$$

七次谐波

$$\dot{I}_{A7} = \frac{\dot{U}_{A7}}{Z_7} = \frac{16\underline{/0°}}{9 + j28} = 0.54\underline{/-72.2°}A$$

零序谐波即三次谐波电流由图 10-31(b) 所示的零序网络求出,前面已求得 $\dot{I}_{N3} = 4.6\underline{/-103.3°}A$,则

$$\dot{I}_{A3} = \frac{1}{3}\dot{I}_{N3} = 1.53\underline{/-103.3°}A$$

电流表的读数为 A 相电流的有效值,可求得

$$I_A = \sqrt{I_{A1}^2 + I_{A3}^2 + I_{A5}^2 + I_{A7}^2} = \sqrt{22.34^2 + 1.53^2 + 4.56^2 + 0.54^2} = 22.86A$$

练习题

10-10 非正弦对称三相电路如图 10-32 所示。已知 $e_A = [120\sqrt{2}\sin\omega t + 50\sqrt{2}\sin3\omega t + 20\sqrt{2}\sin5\omega t]V$。

(1)求线电压的有效值;(2)当开关 S 打开时,求各线电流 $i_A(t)$、$i_B(t)$ 和 $i_C(t)$;(3)当开关 S 闭合时,求线电流的有效值和中线电流 $i_0(t)$。

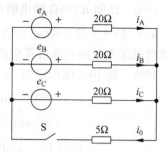

图 10-32 练习题 10-10 图

习题

10-1 试求题 10-1 图所示波形的傅里叶级数。

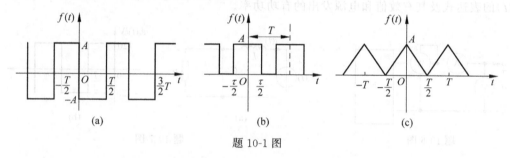

题 10-1 图

10-2 试求题 10-2 图所示半波整流波形的傅里叶级数,并画出频谱图。

10-3 试求题 10-3 图所示波形的傅里叶级数并画出频谱图。

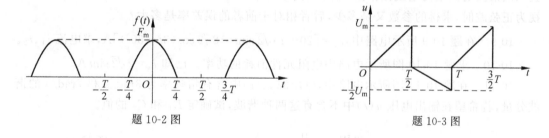

题 10-2 图   题 10-3 图

10-4 试定性分析题 10-4 图所示两波形的所含的谐波成分,并定性写出波形的傅里叶的数学表达式。

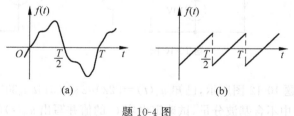

题 10-4 图

10-5 已知 $R=5\Omega$ 的电阻两端的电压为

$$u=[10+5\sqrt{2}\sin(t+30°)-3\sqrt{2}\sin(2t-30°)+2\sqrt{2}\cos2t+\sqrt{2}\sin(4t+60°)]V$$

求该电阻端电压的有效值及它消耗的平均功率。

10-6 题 10-6 图所示 N 为一个无源线性网络，已知端口电压、电流分别为

$$u=[100\sqrt{2}\sin(\omega t-30°)+80\sqrt{2}\sin(3\omega t+60°)-$$
$$40\sqrt{2}\sin(5\omega t-45°)+15\sqrt{2}\cos(7\omega t+30°)]V$$
$$i=[40+25\sqrt{2}\cos(\omega t-120°)-12\sqrt{2}\sin(3\omega t+30°)+$$
$$5\sqrt{2}\cos(5\omega t-60°)]A$$

求电压表、电流表及功率表的读数。

10-7 如题 10-7 图(a)所示电路，已知电源电压的波形如图(b)所示，$R=100\Omega$，$L=0.5H$，$C=100\mu F$，电源的角频率 $\omega=100rad/s$。若取 $e_s(t)$ 展开式的前三项计算，求电流 $i(t)$ 的表达式及其有效值和电源发出的有功功率。

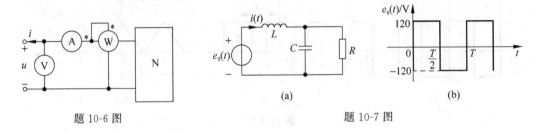

题 10-6 图   题 10-7 图

10-8 在对某线圈的参数(r、L)进行测量时，测得端口电压、电流及功率的值分别为 60V、15A 和 225W，且频率 $f=50Hz$。但已知电压波形中除了基波分量外还有三次谐波，且三次谐波的振幅为基波振幅的 40%，试求出线圈的参数 r 和 L。若将电压和电流波形均视为正弦波时，求得的参数又是多少，后者相对于前者的误差率是多大？

10-9 在题 10-9 所示电路中，$i_s=[20+15\sqrt{2}\sin t-8\sqrt{2}\cos(3t-30°)]A$，求电流 i_1、i_2。

10-10 求题 10-10 图所示电路中电阻元件消耗的功率。已知 $i_s=3\sqrt{2}\sin t$ A。

10-11 在题 10-11 图所示电路中，电压源 $e_s(t)$ 中含有角频率为 3rad/s 和 7rad/s 的谐波分量，若希望在输出电压 $u(t)$ 中不含有这两种谐波，试确定 L_1 和 C_2 的值。

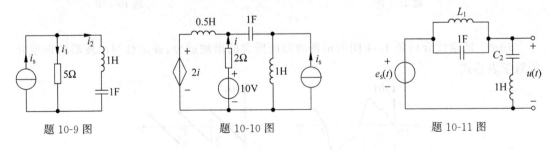

题 10-9 图   题 10-10 图   题 10-11 图

10-12 电路如题 10-12 图所示，已知 $u_s(t)=[220\sqrt{2}\sin(314t+30°)+100\sqrt{2}\sin942t]V$，欲使输出电压 $u_o(t)$ 中不含基波分量，试确定电容 C 的值并写出 $u_o(t)$ 的表达式。

10-13 在题 10-13 图所示电路中，已知 $E=2V$，$e_s=2+3\sqrt{2}\cos2t V$，求 u_0 及 i。

10-14　如题 10-14 图所示电路，$e_1 = 100$V，$e_2 = 60\sqrt{2}\sin3\omega_1 t$V，$\omega_1 L_1 = \omega_1 L_2 = \omega_1 M = 10\Omega$，$R = 10\Omega$，$\dfrac{1}{\omega_1 C} = 18\Omega$，$\omega_1 L_3 = 2\Omega$。求电流 i_{L3} 及电路中的平均功率。

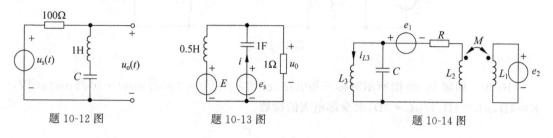

题 10-12 图　　　　题 10-13 图　　　　题 10-14 图

10-15　在题 10-15 图所示电路中，已知 $e_1 = 20\sin3t$V，$E_2 = 5$V，求电压表和功率表的读数。

10-16　如题 10-16 图所示电路，$L_1 = 3$H，$L_2 = \dfrac{1}{3}$H，$C = \dfrac{3}{4}$F，$M = 1$H，$e = 10\sin t + 20\sin2t$V，求各电流表的读数。

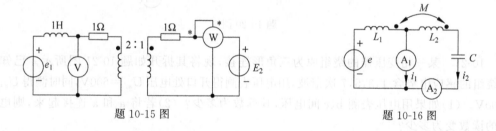

题 10-15 图　　　　　　　　题 10-16 图

10-17　求题 10-17 图所示电路中功率表和电流表的读数。已知 $u_s(t) = [100 + 200\sqrt{2}\sin\omega t + 60\sqrt{2}\cos2\omega t]$V，且 $R_1 = R_2 = 10\Omega$，$\omega L = \dfrac{80}{3}\Omega$，$\omega L_1 = \omega L_2 = 20\Omega$，$\dfrac{1}{\omega C_1} = 40\Omega$，$\dfrac{1}{\omega C_2} = 20\Omega$。

10-18　在题 10-18 图示电路中，已知 $u_s = [10 + 4\sqrt{2}\sin2t]$V，$i_s = 4\sqrt{2}\sin t$A，求 i_1 和 u_2。

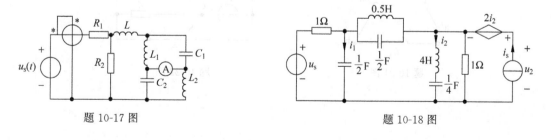

题 10-17 图　　　　　　　　题 10-18 图

10-19　电路如题 10-19 图所示，已知 $e_s(t) = (300\sqrt{2}\sin\omega t + 200\sqrt{2}\sin3\omega t)$V，$R = 50\Omega$，$\omega L_1 = 60\Omega$，$\omega L_2 = 50\Omega$，$\omega M = 40\Omega$，$\omega L_3 = 20\Omega$，且通过 L_3 的电流不含基波分量。(1)求电流表和功率表的读数；(2)求电流 $i(t)$ 的表达式。

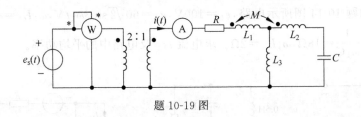

题 10-19 图

10-20 如题 10-20 图所示对称三相电路,已知 $e_A = [10 + 120\sqrt{2}\sin\omega t + 60\sqrt{2}\cos 3\omega t]V$, $R = 4\Omega, \omega L = 1\Omega, 1/\omega C = 3\Omega$,求全部电表的读数。

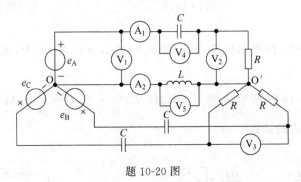

题 10-20 图

10-21 某三相变压器的绕组原为三角形连接,现将其拆开如题 10-21 图所示。已知每相绕组的感应电势含 1,3,5,7 次谐波,用电压表测得开口处电压 $U_{aa'} = 600V$,同时测得 $U_{a'b} = 1000V$。(1)如果用电压表测 b、c 间电压,其读数为多少? (2)若将 a 和 a' 连接起来,则电压表的读数变为多少?

10-22 如题 10-22 图所示对称三相电路,已知 $Z = R + j\omega L = (4 + j1)\Omega, e_A = (180\sin\omega t + 120\sin 3\omega t + 80\sin 5\omega t)V$。试求:(1)开关 S 断开时两中性点间的稳态电压 $u_{O'O}$;(2)开关 S 闭合后中线上流过的稳态电流 $i_{O'O}$;(3)所述两种情况下的稳态线电压 u_{AB}, u_{BC} 和 u_{CA}。

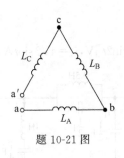

题 10-21 图

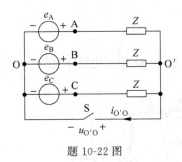

题 10-22 图

第 11 章

暂态分析方法之一
——时域分析法

本章提要

本章介绍动态电路暂态过程的基本分析方法——时域分析法，也称为经典分析法。这一方法可用于动态网络暂态过程的定性、定量研究，并且是一阶、二阶等低阶电路的常用分析方法。

本章的主要内容有：动态电路暂态过程的基本概念；确定动态电路初始值的方法；动态电路初始状态的突变及其计算方法；一阶电路；二阶电路和高阶电路；阶跃响应和冲激响应；线性时不变网络的线性时不变特性；卷积及其计算等。

11.1 动态电路暂态过程的基本概念

11.1.1 动态电路的暂态过程

1. 暂态过程的概念

动态电路是指含有动态元件（即 L 和 C 元件）的电路。这种电路的一个重要特点就是在一定的条件下会产生暂态过程（也称为过渡过程）。所谓暂态过程是指存在于两种稳定状态之间的一种渐变过程。例如某支路 k 的电压 u_k 有两种稳定状态：电压为零和电压为一常数 U_m，若 u_k 从零变到 U_m 需经历一段时间，如图 11-1(a)所示，便称 u_k 经历了过渡过程。反之，若电压 u_k 从零变到 U_m 是在瞬间完成的（即变化不需要时间），如图 11-1(b)所示，则表明 u_k 的变化没有过渡过程。

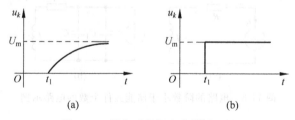

图 11-1　暂态过程概念的说明用图

2. 暂态过程产生的原因

（1）产生暂态过程的内在原因

只有动态电路才会产生暂态过程，其根本原因是动态电路中 L、C 这两种储能元件的存在。在一般情况下，L、C 的储能不能突变，即能量的转换和积累不能瞬时完成，这就意味着电容两端的电压和通过电感的电流也不能突变，只能逐渐变化，由此而产生暂态过程。

(2) 产生暂态过程的外部条件。

仅在一定的外部条件下，动态电路才会产生暂态过程。这些外部条件指的是电路结构或参数的突然变化，如开关的通断、电源的接入或切断、元件参数的改变等。产生暂态过程的外部条件称为"换路"。

11.1.2　动态电路的阶数及其确定方法

由于电感、电容元件的电压电流之间是微分、积分关系，因此分析动态电路暂态过程所建立的方程为微分方程或微积分方程。输入激励为零时，电路变量应满足的微分方程的阶数，称为电路的阶数。从电路的形式上看，当电路中含有一个独立储能元件时，称为一阶电路，含有两个独立的储能元件时，称为二阶电路，依此类推。二阶以上的电路也称为高阶电路。

电路的阶数决定于独立储能元件的个数，这表明电路的阶数并不一定等于储能元件的个数，关键是所涉及的储能元件必须是独立的。当电容元件的电压(或电感元件的电流)为独立变量时，该储能元件就是独立的，否则为非独立的。在图 11-2 所示的两个电路中，各电感元件的电流或电容元件的电压均是独立变量，因此电路的阶数与储能元件的个数相等。图 11-2(a)是一阶电路；图 11-2(b)是三阶电路。

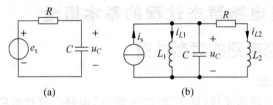

图 11-2　电路的阶数等于储能元件个数的电路示例

在图 11-3(a)中，电路虽含有一个电感元件，但它的电流恒等于电流源的输出电流，这表明该电感是非独立的，故电路的阶数为零；在图 11-3(b)中，电路含有三个储能元件，但两个电容的电压恒等于电压源的电压，这表明它们是非独立的，故该电路是一阶电路。

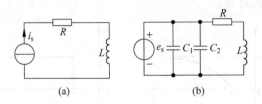

图 11-3　电路的阶数小于储能元件个数的电路示例

综上所述，电路的阶数小于或等于储能元件的个数。

11.1.3　暂态过程的分析方法

分析动态电路的暂态过程可采用三种方法，即时域分析法、复频域分析法和状态变量分析法。本章讨论时域分析法。

时域分析法又称为经典分析法(简称经典法)。它通过列写动态时域电路在换路后的电路方程,找出其初始条件并求出微分方程定解,从而获得电路的响应。

采用经典法时,对 n 阶线性电路所列写的是 n 阶线性微分方程,其一般形式为

$$\frac{\mathrm{d}^n y}{\mathrm{d}t^n} + a_1 \frac{\mathrm{d}^{n-1} y}{\mathrm{d}t^{n-1}} + \cdots + a_{n-1} \frac{\mathrm{d}y}{\mathrm{d}t} + a_n y = b_0 \frac{\mathrm{d}^m x}{\mathrm{d}t^m} + b_1 \frac{\mathrm{d}^{m-1} x}{\mathrm{d}t^{m-1}} + \cdots + b_n x \qquad (11\text{-}1)$$

式中,$y(t)$ 为响应函数,$x(t)$ 为输入函数,a_i 和 b_j 均为常数。求解式(11-1)所需的初始条件为 $\dfrac{\mathrm{d}^{n-1} y(0)}{\mathrm{d}t^{n-1}}, \dfrac{\mathrm{d}^{n-2} y(0)}{\mathrm{d}t^{n-2}}, \cdots, y(0)$。

式(11-1)解的一种形式为

$$y(t) = y_\mathrm{h} + y_\mathrm{p} \qquad (11\text{-}2)$$

式中,y_h 为齐次方程的通解;y_p 为满足式(11-1)的一个特解,通常 y_p 根据电路激励的形式予以确定。

当齐次方程的特征根 $s_i(i=1,2,\cdots,n)$ 为不等的实根时,其通解为

$$y_\mathrm{h} = \sum_{i=1}^{n} k_i \mathrm{e}^{s_i t} \qquad (11\text{-}3)$$

当特征根中有一个 q 重根 s_r 时,通解为

$$y_\mathrm{h} = \sum_{i=1}^{n-q} k_i \mathrm{e}^{s_i t} + \sum_{j=0}^{q-1} k_j t^j \mathrm{e}^{s_r t} \qquad (11\text{-}4)$$

k_i、k_j 为积分常数,由 n 个初始条件决定。

简单地说,用经典法求解过渡过程,就是根据给定的电路写出微分方程并求解。由于高阶电路的微分方程及初始条件较难写出,故经典法多用于一阶和二阶电路,高阶电路的分析通常采用复频域分析法或状态变量分析法。

11.1.4 建立动态电路微积分方程的方法

1. 建立电路微分方程的"直接法"

所谓"直接法"是指对电路应用 KCL、KVL 以及元件的特性方程建立微积分方程组,并由此方程组消去不必要的中间变量后得出所需的微分方程。下面举例说明"直接法"。

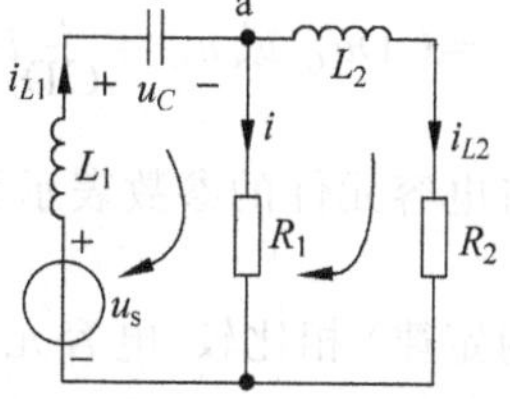

例 11-1 如图 11-4 所示电路,已知 $R_1=1\Omega$,$C=1\mathrm{F}$,$R_2=3\Omega$,$L_1=2\mathrm{H}$,$L_2=1\mathrm{H}$,$u_\mathrm{s}=\mathrm{e}^{-2t}\mathrm{V}$,试建立以 i_{L2} 为变量的微分方程。设 $u_C(0_-)=6\mathrm{V}$,$i_{L1}(0_-)=0$,$i_{L2}(0_-)=0$。

解 节点 a 的 KCL 方程为

$$i_{L1} - i - i_{L2} = 0$$

图 11-4 例 11-1 图

两个网孔的 KVL 方程为

$$u_C(0_-) + \frac{1}{C}\int_{0_-}^{t} i_{L1}(\tau)\mathrm{d}\tau + R_1 i + L_1 \frac{\mathrm{d}i_{L1}}{\mathrm{d}t} = u_\mathrm{s}$$

$$L_2 \frac{\mathrm{d}i_{L2}}{\mathrm{d}t} + R_2 i_{L2} - R_1 i = 0$$

从上述三个方程中消去不需要的变量 i 和 i_{L1}。先将参数代入各方程,可得

$$\begin{cases} i_{L1} - i - i_{L2} = 0 & \text{①} \\ 6 + \int_{0_-}^{t} i_{L1}(\tau)\,\mathrm{d}\tau + i + 2\dfrac{\mathrm{d}i_{L1}}{\mathrm{d}t} = \mathrm{e}^{-2t} & \text{②} \\ \dfrac{\mathrm{d}i_{L2}}{\mathrm{d}t} + 3i_{L2} - i = 0 & \text{③} \end{cases}$$

由①式,得

$$i = i_{L1} - i_{L2} \tag{④}$$

将④式代入③式,可得

$$i_{L1} = 4i_{L2} + \frac{\mathrm{d}i_{L2}}{\mathrm{d}t} \tag{⑤}$$

③式又可写为

$$i = 3i_{L2} + \frac{\mathrm{d}i_{L2}}{\mathrm{d}t} \tag{⑥}$$

将⑤式、⑥式代入②式,得

$$6 + \int_{0_-}^{t}\left(4i_{L2} + \frac{\mathrm{d}i_{L2}}{\mathrm{d}t}\right)\mathrm{d}\tau + 3i_{L2} + 9\frac{\mathrm{d}i_{L2}}{\mathrm{d}t} + 2\frac{\mathrm{d}^2 i_{L2}}{\mathrm{d}t^2} = \mathrm{e}^{-2t}$$

将上式微分一次以消去积分号,整理后可得

$$2\frac{\mathrm{d}^3 i_{L2}}{\mathrm{d}t^3} + 9\frac{\mathrm{d}^2 i_{L2}}{\mathrm{d}t^2} + 4\frac{\mathrm{d}i_{L2}}{\mathrm{d}t} + 4i_{L2} = -2\mathrm{e}^{-2t}$$

上式便是所需建立的以 i_{L2} 为变量的三阶非齐次微分方程。由解题过程可见,得到所需方程的关键是消除中间变量。

2. 建立电路微分方程的"算子法"

所谓"算子法"是指引入微分算子和积分算子后,再应用各种网络分析法列写电路方程而得到微分方程的方法。"算子法"的步骤如下:

（1）将初始电压不为零的电容元件用一个电压源和一个零初值的电容元件相串联的电路等效;将初始电流不为零的电感元件用一个电流源和一个零初值的电感元件相并联的电路等效。

（2）引入微分算子 $\mathrm{D}\overset{\text{def}}{=}\dfrac{\mathrm{d}}{\mathrm{d}t}$ 和积分算子 $\mathrm{D}^{-1}\overset{\text{def}}{=}\int_{0}^{t}\mathrm{d}t$,则零初值电容元件的伏安特性方程为 $i_C = C\mathrm{D}u_C$ 或 $u_C = \dfrac{1}{C\mathrm{D}}i_C$;零初值电感元件的伏安特性方程为 $u_L = L\mathrm{D}i_L$ 或 $i_L = \dfrac{1}{L\mathrm{D}}u_L$,若将电容元件的参数表示为 $\dfrac{1}{C\mathrm{D}}$,将电感元件的参数表示为 $L\mathrm{D}$。与电阻元件的特性方程（欧姆定律）相比较,电容元件的 $\dfrac{1}{C\mathrm{D}}$ 和电感元件的 $L\mathrm{D}$ 相当于电阻 R,而电容元件的 $C\mathrm{D}$ 和电感元件的 $\dfrac{1}{L\mathrm{D}}$ 相当于电导 G。

（3）对引入微分、积分算子的电路应用适当的网络分析法（如节点法、网孔法等）,用观察法列出电路方程（组）,然后用克拉默法则等方法消去不必要的变量及各项分母中的微分算子 D,再将微分算子还原为 $\dfrac{\mathrm{d}}{\mathrm{d}t}$,便可得到所需的微分方程。

例 11-2 电路仍如图 11-4 所示,试用算子法建立以 i_{L2} 为变量的微分方程。

解 将电路中的电容,电感分别用相应的含源等效电路替代,并将储能元件的参数用微

分算子表示,可得图 11-5 所示的电路。由于两个电感元件的
初始值为零,故对应的电流源均为零。因该电路只有一个独
立节点,则用节点法列写电路方程。不难写出

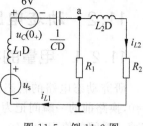

$$\left(\frac{1}{2D+\frac{1}{D}}+1+\frac{1}{3+D}\right)u_a=\frac{u_s-6}{2D+\frac{1}{D}}$$

上式两边左均乘$(3+D)\left(2D+\frac{1}{D}\right)$,整理后得到

$$(2D^3+9D^2+4D+4)u_a=D(u_s-6)(D+3)$$

图 11-5 例 11-2 图

但

$$i_{L2}=\frac{u_a}{3+D}$$

故

$$(2D^3+9D^2+4D+4)i_{L2}=D(u_s-6)$$

将 $D=\dfrac{d}{dt}$ 代入后便得

$$2\frac{d^3 i_{L2}}{dt^3}+9\frac{d^2 i_{L2}}{dt^2}+4\frac{di_{L2}}{dt}+4i_{L2}=-2e^{-2t}$$

与例 11-1 所得结果完全相同。要注意在运算过程中,含算子 D 的多项式必须位于变量的前
面,即用 D 的多项式左乘变量。

练习题

11-1 试确定图 11-6 所示电路的阶数。

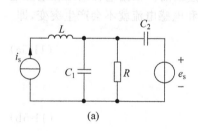
(a)

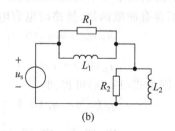
(b)

(c)

图 11-6 练习题 11-1 图

11-2 以图 11-7 所示电路中标示的电压或电流为变量,列写电路的微分方程。

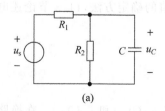
(a)

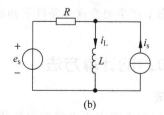
(b)

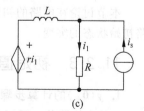
(c)

图 11-7 练习题 11-2 图

11.2 动态电路初始值的确定

11.2.1 电量的初始值和原始值的概念

研究动态电路的暂态过程,通常以换路时刻作为时间的起算点,一般将换路时刻记为 $t=0$,换路前的一瞬间记为 $t=0_-$,换路后一瞬间记为 $t=0_+$。将所讨论的电路变量 $y(t)$ 换路前一瞬间的值记为 $y(0_-)$,并称为原始值;将 $y(t)$ 在换路后一瞬间的值记为 $y(0_+)$,并称为初始值。若有 $y(0_+)=y(0_-)$ 成立,则表明在换路时刻 $y(t)$ 未发生突变,此时 $t=0_-$ 和 $t=0_+$ 的变量值不必加以区分,并用 $y(0)$ 表示,即 $y(0)=y(0_+)=y(0_-)$,将 $y(0)$ 也称为初始值,若 $y(0_+)\neq y(0_-)$,表明在换路瞬刻 $y(t)$ 发生突变,此时不可将初始值用 $y(0)$ 表示,而只能表示为 $y(0_+)$。务必注意 $y(0)$、$y(0_+)$ 和 $y(0_-)$ 的区别与联系,不可混为一谈。

用经典法进行动态电路的暂态分析,关键是列写微分方程和找出初始条件。由于研究的是换路以后(即 $t>0$)的情况,因此对应于微分方程(11-2)的初始条件实际上是 $\dfrac{\mathrm{d}^{n-1}y(0_+)}{\mathrm{d}t^{n-1}}$,$\dfrac{\mathrm{d}^{n-2}y(0_+)}{\mathrm{d}t^{n-2}}$,$\cdots$,$y(0_+)$。下面分别讨论电路变量的初始值 $y(0_+)$ 及其各阶导数的初始值 $\dfrac{\mathrm{d}^i y(0_+)}{\mathrm{d}t^i}[i=1,2,\cdots,(n-1)]$ 的确定方法。

11.2.2 动态电路的初始状态

在动态电路中,因电容电压和电感电流一般不发生突变,因此将它们称为惯性量。电路换路后的响应与惯性量的原始值有关,而与其他支路的电压、电流原始值无关。人们又将电容电压 u_C 和电感电流 i_L 称为电路的状态变量,相应地将 $u_C(0_+)$ 和 $i_L(0_+)$ 称为电路的初始状态。应注意,只有电感电流及电容电压的初始值是初始状态,其他变量的初始值不一定是初始状态,如电阻元件的初始电压 $u_R(0_+)$ 就不是初始状态。

若 $y(0_+)=y(0_-)$,则初始值不发生突变(或跳变),是连续的。根据电容电压和电感电流的连续性,若 i_C 及 u_L 不含有冲激函数,换路时电容电压和电感电流就不会产生突变,即

$$\left.\begin{array}{l} u_C(0_+)=u_C(0_-) \\ i_L(0_+)=i_L(0_-) \end{array}\right\} \tag{11-5a}$$

因 $q_C=Cu_C$ 及 $\Psi_L=Li_L$,则由式(11-5a)可得到

$$\left.\begin{array}{l} q_C(0_+)=q_C(0_-) \\ \Psi_L(0_+)=\Psi_L(0_-) \end{array}\right\} \tag{11-5b}$$

式(11-5)的重要性就在于它将换路前的电路和换路后的电路联系起来了,由此便可决定其他非状态变量的电压、电流及其各阶导数的初始值。

本节讨论在电路的初始状态不产生突变这一条件下初始值的确定方法,11.3 节论述电路初始状态的突变。

11.2.3 初始值 $y(0_+)$ 的计算方法

1. $y(0_+)$ 的计算步骤和方法

(1) 由换路前一瞬间($t=0_-$)的电路求出电路的原始状态 $u_C(0_-)$ 和 $i_L(0_-)$。在换路

瞬间,除 u_C 和 i_L 外,其余的电压、电流均可能突变,因此除 $u_C(0_-)$ 和 $i_L(0_-)$ 外,其余电压、电流的原始值对 $t=0_+$ 时各电量的求解均无意义,所以只需求出 $u_C(0_-)$ 和 $i_L(0_-)$。

（2）作出 $t=0_+$ 时的等效电路。因在换路时刻,电容电压和电感电流保持连续,故根据替代定理,在这一等效电路中,将电容用电压为 $u_C(0_+)=u_C(0_-)$ 的直流电压源代替,将电感用电流为 $i_L(0_+)=i_L(0_-)$ 的直流电流源代替；各电源均以其在 $t=0_+$ 时的值的直流电源代替,其余元件(包括受控源)予以保留。

（3）用求直流电路的方法解 $t=0_+$ 时的等效电路,从而得出其他非状态变量的各初始值。

2. 计算初始值 $y(0_+)$ 示例

例 11-3 如图 11-8(a)所示电路,求开关 S 闭合后各电压、电流的初始值。已知在 S 闭合前,电容和电感均无储能。

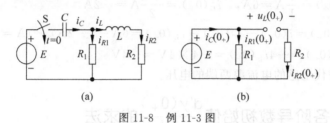

(a)　　　　　　　　(b)

图 11-8　例 11-3 图

解 在 S 闭合前,L 和 C 元件均无储能,表明 $u_C(0_-)=0$ 及 $i_L(0_-)=0$,由此可作出 $t=0_+$ 时的等效电路如图 11-8(b)所示。因替换 C 元件的电压源电压为零,故用短路线代替；替换 L 元件的电流源电流为零,故用开路代替。由 $t=0_+$ 时的等效电路不难求得各初始值为

$$u_C(0_+)=u_C(0_-)=0$$

$$i_C(0_+)=\frac{E}{R_1}$$

$$i_L(0_+)=i_L(0_-)=0, \quad u_L(0_+)=E$$

$$i_{R1}(0_+)=\frac{E}{R_1}, \quad u_{R1}(0_+)=E$$

$$i_{R2}(0_+)=0, \quad u_{R2}(0_+)=0$$

例 11-4 如图 11-9(a)所示电路,S 在 1 处闭合已久。$t=0$ 时,S 由 1 合向 2,求 i_1、i_C 和 u_L 的初始值。

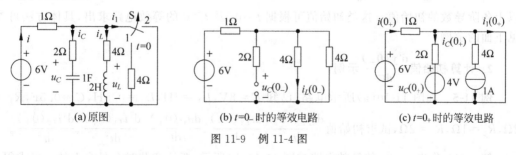

(a)原图　　　　　　(b) $t=0_-$ 时的等效电路　　　　　　(c) $t=0_+$ 时的等效电路

图 11-9　例 11-4 图

解 (1) 先求出 $u_C(0_-)$ 和 $i_L(0_-)$，此时开关 S 在"1"处。作出 $t=0_-$ 时的等效电路如图 11-9(b)所示。由于是直流稳态电路，电容用开路代替，电感用短路代替。可求出

$$i_L(0_-) = \frac{6}{1 + \dfrac{4 \times 4}{4+4}} \times \frac{1}{2} = \frac{6}{3} \times \frac{1}{2}\text{A} = 1\text{A}$$

$$u_C(0_-) = \frac{6}{1+2} \times 2\text{V} = 4\text{V}$$

(2) 作出 $t=0_+$ 时的等效电路，此时 S 在"2"处，将电容用 4V 的电压源代替，电感用 1A 的电流源代替，得图 11-9(c)所示的等效电路。

(3) 由 $t=0_+$ 时的等效电路求出各初始值。可以看出，三条支路均经 $i_1(0_+)$ 所在的短路线自成独立回路。可求出

$$i(0_+) = \frac{6}{1}\text{A} = 6\text{A}, \quad i_C(0_+) = \frac{-4}{2}\text{A} = -2\text{A}$$

$$i_1(0_+) = i(0_+) - i_C(0_+) - i_L(0_+) = 6\text{A} - (-2\text{A}) - 1\text{A} = 7\text{A}$$

$$u_L(0_+) = -4i_L(0_+) = -4 \times 1\text{V} = -4\text{V}$$

注意 $u_L(0_+)$ 是替代电感的电流源两端的电压。

11.2.4 各阶导数初始值 $\dfrac{\mathrm{d}^i y(0_+)}{\mathrm{d}t^i}$ 的求法

1. 计算 $\dfrac{\mathrm{d}^i y(0_+)}{\mathrm{d}t^i}$ 的步骤和方法

(1) 由 $t=0_-$ 时的等效电路求出 $u_C(0_-)$ 和 $i_L(0_-)$；

(2) 作出 $t=0_+$ 时的等效电路及 $t>0$ 的等效电路；

(3) 求出各阶导数的初始值。各电压、电流各阶导数的初始值可分为两类，一类是电容电压、电感电流一阶导数的初始值 $\dfrac{\mathrm{d}u_C(0_+)}{\mathrm{d}t}$ 和 $\dfrac{\mathrm{d}i_L(0_+)}{\mathrm{d}t}$，这类初始值可根据电容、电感的伏安特性方程由 $t=0_+$ 时的等效电路求出，即

$$\left. \begin{aligned} \frac{\mathrm{d}u_C(0_+)}{\mathrm{d}t} &= \frac{1}{C}\, i_C(0_+) \\ \frac{\mathrm{d}i_L(0_+)}{\mathrm{d}t} &= \frac{1}{L}\, u_L(0_+) \end{aligned} \right\} \tag{11-6}$$

另一类是除 $\dfrac{\mathrm{d}u_C(0_+)}{\mathrm{d}t}$ 和 $\dfrac{\mathrm{d}i_L(0_+)}{\mathrm{d}t}$ 之外所有电压、电流各阶导数的初始值以及 u_C 和 i_L 二阶以上各阶导数的初始值。这类初始值可根据 $t=0_+$ 及 $t>0$ 的等效电路求出，具体方法可参见下面的示例。

2. 计算初始值 $\dfrac{\mathrm{d}^i y(0_+)}{\mathrm{d}t^i}$ 示例

例 11-5 如图 11-10(a)所示电路，已知 $E=8\text{V}$，$L_1=2\text{H}$，$L_2=0.5\text{H}$，$C=0.5\text{F}$，$R_1=2\Omega$，$R_2=1\Omega$，$R_3=2\Omega$，试求初始值 $\dfrac{\mathrm{d}i_{L1}(0_+)}{\mathrm{d}t}$、$\dfrac{\mathrm{d}i_{L2}(0_+)}{\mathrm{d}t}$、$\dfrac{\mathrm{d}u_C(0_+)}{\mathrm{d}t}$、$\dfrac{\mathrm{d}^2 i_{L1}(0_+)}{\mathrm{d}t^2}$、$\dfrac{\mathrm{d}^2 i_{L2}(0_+)}{\mathrm{d}t^2}$。

解 (1) 作出 $t=0_-$ 的等效电路如图 11-10(b)所示，要注意此时 S 是合上的。可求得

$$i_{L1}(0_-) = \frac{E}{R_1} + \frac{E}{R_3} = \frac{8}{2}\text{A} + \frac{8}{2}\text{A} = 8\text{A}$$

$$i_{L2}(0_-) = \frac{E}{R_1} = \frac{8}{2}\text{A} = 4\text{A}$$

$$u_C(0_-) = E = 8\text{V}$$

（2）作出 $t=0_+$ 和 $t>0$ 时的电路如图 11-10(c)和图 11-10(d)所示。

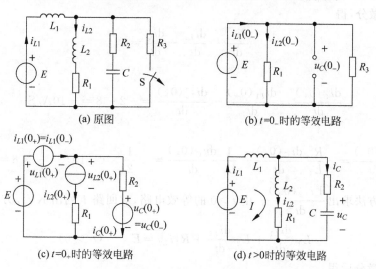

(a) 原图　　　　　　　(b) $t=0_-$时的等效电路

(c) $t=0_+$时的等效电路　　　　(d) $t>0$时的等效电路

图 11-10　例 11-5 图

（3）根据 $t=0_+$ 时的等效电路，求初始值 $\dfrac{\mathrm{d}i_{L1}(0_+)}{\mathrm{d}t}$、$\dfrac{\mathrm{d}i_{L2}(0_+)}{\mathrm{d}t}$ 和 $\dfrac{\mathrm{d}u_C(0_+)}{\mathrm{d}t}$。可求出

$$i_C(0_+) = i_{L1}(0_+) - i_{L2}(0_+) = (8-4)\text{A} = 4\text{A}$$

$$u_{L1}(0_+) = E - R_2 i_C(0_+) - u_C(0_+) = (8 - 1\times4 - 8)\text{A} = -4\text{V}$$

$$u_{L2}(0_+) = E - u_{L1}(0_+) - i_{L2}(0_+)R_1 = [8 - (-4) - 4\times2]\text{V} = 4\text{V}$$

则

$$\frac{\mathrm{d}i_{L1}(0_+)}{\mathrm{d}t} = \frac{1}{L_1}u_{L1}(0_+) = \frac{1}{2}\times(-8) = -4\text{A/S}$$

$$\frac{\mathrm{d}i_{L2}(0_+)}{\mathrm{d}t} = \frac{1}{L_2}u_{L2}(0_+) = \frac{1}{0.5}\times8 = 16\text{A/S}$$

$$\frac{\mathrm{d}u_C(0_+)}{\mathrm{d}t} = \frac{1}{C}i_C(0_+) = \frac{1}{0.5}\times4 = 8\text{V/S}$$

（4）根据 $t=0_+$ 及 $t>0$ 时的等效电路，求 $\dfrac{\mathrm{d}^2 i_{L1}(0_+)}{\mathrm{d}t^2}$ 和 $\dfrac{\mathrm{d}^2 i_{L2}(0_+)}{\mathrm{d}t^2}$。由 $t>0$ 的等效电路，对外回路列出 KVL 方程为

$$L_1\frac{\mathrm{d}i_{L1}}{\mathrm{d}t} + R_2 i_C + u_C = E \qquad (t>0)$$

将上式两边微分，可得（注意 E 为常数）

$$L_1\frac{\mathrm{d}^2 i_{L1}}{\mathrm{d}t^2} + R_2\frac{\mathrm{d}i_C}{\mathrm{d}t} + \frac{\mathrm{d}u_C}{\mathrm{d}t} = 0$$

则

$$L_1 \frac{\mathrm{d}^2 i_{L1}(0_+)}{\mathrm{d}t^2} = -R_2 \frac{\mathrm{d}i_C(0_+)}{\mathrm{d}t} - \frac{\mathrm{d}u_C(0_+)}{\mathrm{d}t}$$

前已求出 $\dfrac{\mathrm{d}u_C(0_+)}{\mathrm{d}t} = 16\mathrm{V/S}$，但 $\dfrac{\mathrm{d}i_C(0_+)}{\mathrm{d}t}$ 未知，又由 $t>0$ 的等效电路，列出 KCL 方程为

$$i_{L1} - i_{L2} - i_C = 0$$

将上式两边微分，得

$$\frac{\mathrm{d}i_{L1}}{\mathrm{d}t} - \frac{\mathrm{d}i_{L2}}{\mathrm{d}t} - \frac{\mathrm{d}i_C}{\mathrm{d}t} = 0$$

则

$$\frac{\mathrm{d}i_C(0_+)}{\mathrm{d}t} = \frac{\mathrm{d}i_{L1}(0_+)}{\mathrm{d}t} - \frac{\mathrm{d}i_{L2}(0_+)}{\mathrm{d}t} = -2 - 8 = -10\mathrm{A/S}$$

于是

$$\frac{\mathrm{d}^2 i_{L1}(0_+)}{\mathrm{d}t^2} = -\frac{R^2}{L_1} \frac{\mathrm{d}i_C(0_+)}{\mathrm{d}t} - \frac{1}{L_1} \frac{\mathrm{d}u_C(0_+)}{\mathrm{d}t} = -\frac{1}{2} \times (-10) - \frac{1}{2} \times 8 = 1\mathrm{A/S}^2$$

下面用类似方法求出 $\dfrac{\mathrm{d}^2 i_{L2}(0_+)}{\mathrm{d}t^2}$。由 $t>0$ 的等效电路，对回路 I 列出 KVL 方程为

$$L_1 \frac{\mathrm{d}i_{L1}}{\mathrm{d}t} + L_2 \frac{\mathrm{d}i_{L2}}{\mathrm{d}t} + R_1 i_{L2} = E \qquad (t>0)$$

将上式两边微分后得

$$L_1 \frac{\mathrm{d}^2 i_{L1}}{\mathrm{d}t^2} + L_2 \frac{\mathrm{d}^2 i_{L2}}{\mathrm{d}t^2} + R_1 \frac{\mathrm{d}i_{L2}}{\mathrm{d}t} = 0$$

则

$$\frac{\mathrm{d}^2 i_{L2}(0_+)}{\mathrm{d}t^2} = -\frac{L_1}{L_2} \frac{\mathrm{d}^2 i_{L1}(0_+)}{\mathrm{d}t^2} - \frac{R_1}{L_2} \frac{\mathrm{d}i_{L2}(0_+)}{\mathrm{d}t} = \frac{2}{0.5} \times 1 - \frac{2}{0.5} \times 8 = -28\mathrm{A/S}^2$$

练习题

11-3 求图 11-11 所示电路中标示的各电压、电流的初始值。设换路前电路已处于稳定状态。

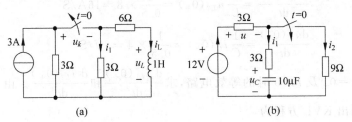

图 11-11 练习题 11-3 图

11-4 电路如图 11-12 所示，开关打开前电路已处于稳定状态，求 $u_C(0_+)$、$i_L(0_+)$、$u(0_+)$ 及 $\dfrac{\mathrm{d}u_C}{\mathrm{d}t}(0_+)$、$\dfrac{\mathrm{d}i_L}{\mathrm{d}t}(0_+)$、$\dfrac{\mathrm{d}u}{\mathrm{d}t}(0_+)$。

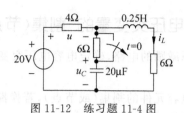

图 11-12 练习题 11-4 图

11.3 关于动态电路初始状态的突变

11.2 节讨论确定初始值方法的前提条件是电路的初始状态不发生突变。若在换路瞬间电容电流和电感电压中含有冲激分量,则电路的初始状态将发生突变,即在换路时,有 $u_C(0_+) \neq u_C(0_-)$ 及 $i_L(0_+) \neq i_L(0_-)$。本节讨论如何确定电容电压和电感电流的突变量。

11.3.1 产生突变现象的电路形式

按元件特性,电容电压发生突变是因为电容中通过了冲激电流;电感电流出现突变是因为电感两端有冲激电压。而电容中冲激电流及电感两端的冲激电压的出现不外乎是 KCL 和 KVL 约束或冲激电源激励的结果。归纳起来,初始状态突变的电路形式有下面三种情况。

1. 电路中含有冲激电源

图 11-13(a)所示电路中有一个冲激电压源,并设储能元件原始状态为零。在 $t=0_- \sim 0_+$ 的时间间隔内,按元件特性,L 等效于断路,其两端承受一个冲激电压,电流初值产生突变;C 等效于短路,通过一个冲激电流,电压初值发生突变。

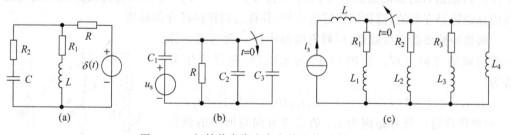

图 11-13 初始状态发生突变的三种电路形式

2. 换路后的电路中有纯电容回路或有电压源-电容回路

图 11-13(b)所示电路中有纯电容回路和电压源-电容回路。换路瞬间,因受 KVL 的约束,在一般情况下,各电容电压产生突变。

3. 换路后的电路中有纯电感割集或有电流源-电感割集

图 11-13(c)所示电路中有纯电感割集或有电流源-电感割集。换路瞬间,因受 KCL 的约束,各电感电流一般将产生突变。

11.3.2　确定电容电压突变量的"割集(节点)电荷守恒原则"

对于换路后没有冲激电源激励的电路,确定电容电压突变量时,可采用第 6 章所述及的割集(节点)电荷守恒原则。

对网络中任一含有若干电容元件的割集(或节点),若换路前该割集中所有电容极板上的电荷总量为 $q_\Sigma(0_-)$,换路后为 $q_\Sigma(0_+)$,且有 $q_\Sigma(0_+)=q_\Sigma(0_-)$ 成立,则称该割集相关的电容元件极板上的电荷是守恒的,并称为割集(节点)电荷守恒原则。

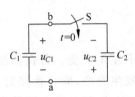

图 11-14　纯电容回路示例

根据割集(节点)电荷守恒原则,可列出电路中任一含有电容元件的割集或节点的电荷守恒方程。在图 11-14 所示电路开闭后的纯电容回路中,若设电压为正极性的电容极板上的电荷为正,则可列写出节点 a 的电荷守恒方程为

$$-C_1 u_{C1}(0_-) + C_2 u_{C2}(0_-) = -C_1 u_{C1}(0_+) + C_2 u_{C2}(0_+)$$

同样,可列出节点 b 的电荷守恒方程为

$$C_1 u_{C1}(0_-) - C_2 u_{C2}(0_-) = C_1 u_{C1}(0_+) - C_2 u_{C2}(0_+)$$

当然,上面两个方程中只有一个方程是独立的。

应注意割集(节点)电荷守恒原则不是无条件适用的,它只能用于电荷守恒的割集或节点。

相应的结论是,一个割集(节点)的电荷是否守恒,取决于割集(节点)所含各非电容支路冲激电流是否互相抵消。

11.3.3　确定电感电流突变量的"回路磁链守恒原则"

确定电感电流的突变量时,可采用第 6 章所述及的回路磁链守恒原则。

对电路中任一含有电感支路的回路而言,若换路前回路中各电感元件的总磁链数为 $\Psi_\Sigma(0_-)$,换路后的总磁链数为 $\Psi_\Sigma(0_+)$,且 $\Psi_\Sigma(0_-)=\Psi_\Sigma(0_+)$,则称此回路相关的电感元件的总磁链是守恒的,简称回路磁链守恒,并称为回路磁链守恒原则。

根据回路磁链守恒原则,可列出电路中任一含电感元件回路的磁链守恒方程。如图 11-15 所示电路,磁链守恒方程为

$$-L_1 i_{L1}(0_-) + L_2 i_{L2}(0_-) = -L_1 i_{L1}(0_+) + L_2 i_{L2}(0_+)$$

L_1 的磁链前冠一负号是因为 i_{L1} 的参考方向与回路的绕行方向相反。

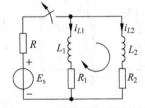

图 11-15　列写回路磁链守恒方程的示例用图

应注意回路磁链守恒原则不是无条件适用的,它只能用于磁链守恒的回路。

相应的结论是,回路磁链是否守恒,取决于回路所含各非电感支路冲激电压之和是否为零。

11.3.4　初始状态突变量的计算方法

电容电压和电感电流突变量的计算,可采用直接计算法、割集(节点)电荷守恒法、回路磁链守恒法等。

1. 直接计算法

当电路中含有冲激电源时,可直接由两类储能元件的伏安关系式计算突变量。计算式为

$$u_C(0_+) = u_C(0_-) + \frac{1}{C}\int_{0_-}^{0_+} i_C \, dt$$

及

$$i_L(0_+) = i_L(0_-) + \frac{1}{L}\int_{0_-}^{0_+} u_L \, dt$$

这里的关键是求得电容中的冲激电流和电感两端的冲激电压。

在冲激电源作用于电路期间,电容元件应视为短路,电感元件应视为开路。这是因为在原始状态不为零时,电容元件可等效为一个电压为 $u_C(0_-)$ 的电压源与一个零状态电容的串联,而零状态的电容可视作短路;同样,电感元件可等效为一个电流为 $i_L(0_-)$ 的电流源与一个零状态电感的并联,而零状态的电感可视作开路。

例 11-6　如图 11-16(a)所示电路,设 $u_C(0_-) = U_0$,$i_L(0_-) = I_0$,求 $u_C(0_+)$ 和 $i_L(0_+)$。

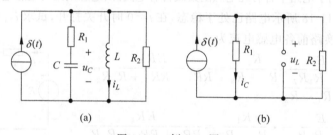

图 11-16　例 11-6 图

解　在冲激电源作用时,电容视作短路,电感视为开路,由此作出 $0_- \sim 0_+$ 时的等效电路如图 11-16(b)所示。可求出

$$i_C = \frac{R_2}{R_1 + R_2}\delta(t)$$

$$u_L = \frac{R_1 R_2}{R_1 + R_2}\delta(t)$$

则突变量为

$$u_C(0_+) = u_C(0_-) + \frac{1}{C}\int_{0_-}^{0_+} i_C \, dt = U_0 + \frac{1}{C}\int_{0_-}^{0_+} \frac{R_2}{R_1 + R_2}\delta(t) \, dt = U_0 + \frac{R_2}{C(R_1 + R_2)}$$

$$i_L(0_+) = i_L(0_-) + \frac{1}{L}\int_{0_-}^{0_+} u_L \, dt = I_0 + \frac{1}{L}\int_{0_-}^{0_+} \frac{R_1 R_2}{R_1 + R_2}\delta(t) \, dt = I_0 + \frac{R_1 R_2}{L(R_1 + R_2)}$$

2. 割集(节点)电荷守恒法

此法的要点是,在割集(节点)中各非电容支路无冲激电流或冲激电流之和为零的情况下,依据 $t = 0_- \sim 0_+$ 期间割集电荷量不变的法则,列写电荷守恒方程,再辅之以其他必要的 KVL 方程,求出电容电压的突变量。

此法特别适用于电路中含有纯电容回路及电压源-电容回路时电容电压突变量的计算。

例 11-7　如图 11-17 所示电路,设 $u_{C2}(0_-) = 2V$,$C_1 = 2F$,$C_2 = 4F$,且原电路已处于稳定状态。试计算 $u_{C1}(0_+)$ 和 $u_{C2}(0_+)$。

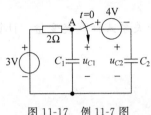

图 11-17 例 11-7 图

解 换路前，$u_{C1}(0_-)=3V$，换路后节点 A 联有三条支路，其中电阻支路上显然无冲激电流通过（这是因为在包含电阻的任一回路中的其他元件上无冲激电压与电阻上的冲激电压平衡）。这样，可写出节点 A 的电荷守恒方程为

$$C_1 u_{C1}(0_-)+C_2 u_{C2}(0_-)=C_1 u_{C1}(0_+)+C_2 u_{C2}(0_+) \quad ①$$

换路后电压源-电容回路的 KVL 的方程为

$$u_{C1}(0_+)-u_{C2}(0_+)=4 \quad ②$$

联立①、②两式，将参数代入，可解出

$$u_{C1}(0_+)=5V, \quad u_{C2}(0_+)=1V$$

3. 回路磁链守恒法

此法的要点是，在回路中的非电感支路无冲激电压或冲激电压之和为零的情况下，依据 $t=0_- \sim 0_+$ 期间，回路中磁链不变的法则，列写回路磁链守恒方程，再辅之以其他必要的 KCL 方程，从而求出电感电流的突变量。

该法特别适用于电路中含有纯电感割集或含有电流源、电感割集时电感电流突变量的计算。

例 11-8 图 11-18 所示电路已处于稳态，在 $t=0$ 时开关打开，试求 $i_{L1}(0_+)$ 和 $i_{L2}(0_+)$。

解 可求出换路前各电感电流为

$$i_{L1}(0_-)=\cfrac{E}{R+\cfrac{R_1 R_2}{R_1+R_2}} \cdot \cfrac{R_2}{R_1+R_2}=\cfrac{ER_2}{RR_1+RR_2+R_1 R_2}$$

$$i_{L2}(0_-)=\cfrac{E}{R+\cfrac{R_1 R_2}{R_1+R_2}} \cdot \cfrac{R_1}{R_1+R_2}=\cfrac{ER_1}{RR_1+RR_2+R_1 R_2}$$

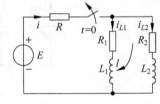

图 11-18 例 11-8 电路

换路后，R_1 和 R_2 显然无冲激电流流过，回路 l 中的磁链守恒。

列出该回路的磁链守恒方程为

$$-L_1 i_{L1}(0_-)+L_2 i_{L2}(0_-)=-L_1 i_{L1}(0_+)+L_2 i_{L2}(0_+)$$

换路后电感割集的 KCL 方程为

$$i_{L1}(0_+)+i_{L2}(0_+)=0$$

将上面两式联立后可解出

$$i_{L1}(0_+)=\frac{L_1 i_{L1}(0_-)-L_2 i_{L2}(0_-)}{L_1+L_2}$$

$$i_{L2}(0_+)=\frac{-L_1 i_{L1}(0_-)+L_2 i_{L2}(0_-)}{L_1+L_2}$$

练习题

11-5 求图 11-19 所示电路中的 $u_C(0_+)$ 和 $i_L(0_+)$。

11-6 图 11-20 所示电路已处于稳态，且 $u_{C2}(0_-)=u_{C3}(0_-)=0$，求开关闭合后的电压 $u_{C1}(0_+)$、$u_{C2}(0_+)$ 及 $u_{C3}(0_+)$。

11-7 图 11-21 所示电路已处于稳态，且 $i_{L2}(0_-)=0$，求开关闭合后的电流 $i_{L1}(0_+)$ 和 $i_{L2}(0_+)$。

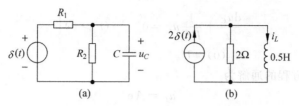

图 11-19 练习题 11-5 图

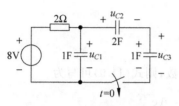

图 11-20 练习题 11-6 图

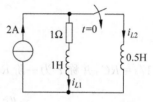

图 11-21 练习题 11-7 图

11.4 一阶电路的响应

一阶电路是指只含有一个独立储能元件的动态电路,对应的电路方程是一阶常系数线性微分方程。求解一阶电路响应的任务是建立所求响应对应的一阶微分方程,找出初始条件,求出微分方程的定解。事实上,对一阶电路可采取套用公式的方法求取响应,而无须列写并求解微分方程,从而使计算得以简化。

11.4.1 一阶电路的零输入响应

零输入响应是指电路在没有独立电源作用的情况下,仅由初始储能所建立的响应。

一阶电路包括 RC 电路和 RL 电路,下面分别讨论这两种电路的零输入响应。

1. RC 电路的零输入响应

（1）零输入响应微分方程的建立及其求解

图 11-22 所示为一阶 RC 电路,设 $u_C(0_-)=U_0$。在 S 合上后,电路的响应是零输入响应。先建立 u_C 所应满足的微分方程。由 KVL,有

$$u_C - iR = 0$$

又 $i = -i_C = -C\dfrac{\mathrm{d}u_C}{\mathrm{d}t}$,故上式可写为

$$u_C + RC\frac{\mathrm{d}u_C}{\mathrm{d}t} = 0$$

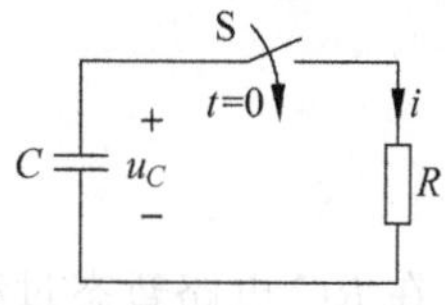

图 11-22 一阶 RC 电路

或

$$\frac{\mathrm{d}u_C}{\mathrm{d}t} + \frac{1}{RC}u_C = 0 \tag{11-7}$$

显然电路的初始状态不可能发生突变,即

$$u_C(0_+) = u_C(0_-) = U_0$$

这样,图 11-22 所示电路以 u_C 为变量的微分方程及初始条件为

$$\left. \begin{array}{l} \dfrac{\mathrm{d}u_C}{\mathrm{d}t} + \dfrac{1}{RC}u_C = 0 \qquad (t>0) \\ u_C(0) = U_0 \end{array} \right\} \qquad (11\text{-}8)$$

上述一阶齐次微分方程的通解为

$$u_C = A\mathrm{e}^{st} \qquad\qquad (11\text{-}9)$$

式中,s 为特征根,也称为电路的固有频率。特征方程和特征根为

$$s + \frac{1}{RC} = 0$$

$$s = -\frac{1}{RC}$$

令 $\tau = -1/s = RC$,并称 τ 为一阶 RC 电路的时间常数,则式(11-9)可写为

$$u_C = A\mathrm{e}^{st} = A\mathrm{e}^{-\frac{t}{\tau}} = A\mathrm{e}^{-\frac{t}{RC}}$$

常数 A 由初始条件决定。将 $u_C(0) = U_0$ 代入上式,可得

$$A = u_C(0) = U_0$$

于是

$$u_C = U_0 \mathrm{e}^{-\frac{t}{\tau}} = U_0 \mathrm{e}^{-\frac{t}{RC}} \qquad (t \geqslant 0)$$

电路中的电流为

$$i = -C\frac{\mathrm{d}u_C}{\mathrm{d}t} = -CU_0\left(-\frac{1}{RC}\right)\mathrm{e}^{-\frac{t}{RC}} = \frac{U_0}{R}\mathrm{e}^{-\frac{1}{RC}t} \qquad (t>0)$$

u_C 和 i 的波形如图 11-23 所示。注意波形是在整个时域上作出的,每一波形均包括 $t<0$ 和 $t>0$ 两段。由波形可见,在换路后,u_C 和 i 均按指数规律衰减,当 $t\to\infty$ 时,u_C 和 i 均为零。这种随时间增大而幅值衰减至零的齐次微分方程的解被称为暂态分量或自由分量。称其为暂态分量是因为该分量仅在暂态过程中存在;称其为自由分量是因为它只决定于电路的结构、参数和初始值。

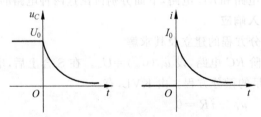

图 11-23　RC 电路零输入响应的波形

在 RC 电路暂态过程的起始时刻,电容中的电场能量为

$$W_C(0) = \frac{1}{2}Cu_C^2(0) = \frac{1}{2}CU_0^2$$

在整个暂态过程中消耗于电阻上的能量为

$$W_R(\infty) = \int_0^\infty p_R\,\mathrm{d}t = \int_0^\infty i^2R\,\mathrm{d}t = R\int_0^\infty \left(\frac{U_0}{R}\mathrm{e}^{-\frac{t}{RC}}\right)^2 \mathrm{d}t = \frac{1}{2}CU_0^2$$

这表明电容中储存的能量在暂态过程结束时已在电阻上消耗殆尽。

(2) 关于电路响应时间定义域的说明

前面求得的响应 u_C 和 i 的时间定义域是不同的。由于 u_C 在 $t=0$ 处是连续的,故其定

义域为 $t \geqslant 0$；而 i 在 $t=0$ 处发生突变，其值由 0 突变为 U_0/R，故其定义域应表示为 $t>0$。

电流 i 的时间定义域也可用阶跃函数表示，即

$$i = \frac{U_0}{R} \mathrm{e}^{-\frac{1}{RC}} \varepsilon(t)$$

但 u_C 的时间定义域却不可简单地用阶跃函数表示，这是因为当 $t<0$ 时 $u_C \neq 0$。这表明只有当响应在换路前的值为零时，才能将该响应的表达式乘以 $\varepsilon(t)$。

（3）时间常数 τ

前面已将时间常数 τ 定义为一阶电路微分方程对应的特征根倒数的负值，即 $\tau=-1/s$。在一阶电路中，时间常数是一个非常重要的概念，下面进一步讨论。

① 只有一阶电路才有时间常数的概念。

② τ 具有时间的量纲。事实上，τ 的量纲 $=[RC]=[\text{欧}] \cdot [\text{法}]=[\text{欧}] \cdot \left[\dfrac{\text{库仑}}{\text{伏}}\right]=[\text{欧}] \cdot \left[\dfrac{\text{安} \cdot \text{秒}}{\text{伏}}\right]=[\text{欧}] \cdot \left[\dfrac{\text{秒}}{\text{欧}}\right]=[\text{秒}]$，因此称 τ 为时间常数。

③ τ 反映了暂态过程的快慢。由于 τ 在负指数函数指数的分母上，若 $\tau_1>\tau_2$，则 $\mathrm{e}^{-\frac{t}{\tau_1}}>\mathrm{e}^{-\frac{t}{\tau_2}}$，这表明 τ 愈大，指数函数衰减愈慢。换句话说，τ 愈大的电路，其暂态过程所经历的时间愈长。

④ 用 τ 可表示暂态过程的进程。在图 11-22 所示电路中，$u_C=U_0 \mathrm{e}^{-\frac{t}{\tau}}$，于是有

$$u_C(\tau)=U_0 \mathrm{e}^{-\frac{\tau}{\tau}}=U_0 \mathrm{e}^{-1}=0.368U_0=36.8\%U_0$$

这表明经过 τ 后，电容电压衰减为初始值的 36.8%。又有

$$u_C(3\tau)=U_0 \mathrm{e}^{-3}=0.0498U_0=4.98\%U_0$$

$$u_C(5\tau)=U_0 \mathrm{e}^{-5}=0.00674U_0=0.674\%U_0$$

这说明经 5τ 后，u_C 值不到其初始值的 1%。理论上认为 $\tau \to \infty$ 时暂态过程结束，实际中通常可认为经 5τ 后暂态过程便已结束。

⑤ τ 具有明确的几何意义。可通过图 11-24 予以说明。图中画出了 RC 电路零输入响应 u_C 的波形，过 u_C 曲线上的任一点 P 作切线，交横轴 t 轴于 Q 点，则图中

$$\overline{\mathrm{MQ}} = \frac{\overline{\mathrm{PM}}}{\tan\alpha} = \frac{u_C}{-\dfrac{\mathrm{d}u_C}{\mathrm{d}t}} = \frac{U_0 \mathrm{e}^{-\frac{t_0}{\tau}}}{\dfrac{1}{\tau}U_0 \mathrm{e}^{-\frac{t_0}{\tau}}} = \tau$$

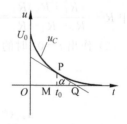

图 11-24 τ 的几何意义

这表明切点 P 的垂线与 t 轴的交点 M 和过 P 点的切线与 t 轴的交点 Q 之间的长度等于时间常数 τ，或说时间常数 τ 等于曲线上任一点的次切距，这就是 τ 的几何意义。

（4）用套公式的方法求取一阶电路的零输入响应

图 11-22 所示 RC 电路的零输入响应 u_C 和 i 的变化特点是初始值不为零，但终值为零且按指数规律衰减，它们的变化规律都可用下面的一般表达式表示：

$$y(t)=y(0_+)\mathrm{e}^{\frac{-t}{\tau}} \tag{11-10}$$

式中，$y(0_+)$ 为 $y(t)$ 的初始值，τ 为时间常数。因此，求取一阶电路的零输入响应，可采用套公式的方法，即求得响应的初始值和电路的时间常数后，代入式（11-10）即可，而无须列写和

求解微分方程。用式(11-10)求一阶电路零输入响应的方法称为两要素法。

应用式(11-10)求电路的响应只需求出初始值 $y(0_+)$ 和时间常数 τ。求 $y(0_+)$ 的方法已在 11.2 节中介绍。在一般情况下,一阶 RC 电路的 R 元件不止一个,C 元件有时可能也不止一个,但可简化成一个等效电容,此时电路的时间常数 $\tau = R_{eq}C_{eq}$,其中 C_{eq} 为等效电容,R_{eq} 为从等效电容两端向电路的电阻部分看进去的等效电阻,如图 11-25 所示。需注意,τ 应根据换路后的电路求出。

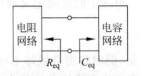

图 11-25 一般一阶 RC 电路的时间常数

值得指出的是,由几个电容元件串联组成的 RC 一阶零输入电路,每一电容元件端电压的变化过程并不是按式(11-10)的规律,尽管是零输入响应,但各电容电压的终值并不一定为零,见例 11-10。

例 11-9 图 11-26(a)所示电路已处于稳态,$t=0$ 时 S 断开,求响应 u_{R1}。已知 $E=8\text{V}$,$R=2\Omega$,$R_1=2\Omega$,$R_2=4\Omega$,$R_3=3\Omega$,$C=0.5\text{F}$。

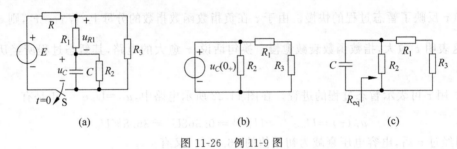

图 11-26 例 11-9 图

解 (1)由换路前的电路求得

$$u_C(0_-) = E \times \frac{R'}{R+R'} \times \frac{R_2}{R_1+R_2} = 8 \times \frac{2}{2+2} \times \frac{4}{4+2} = \frac{8}{3}\text{V}$$

其中 $R' = \frac{(R_1+R_2)R_3}{R_1+R_2+R_3} = 2\Omega$。

(2)作出 $t=0_+$ 时的等效电路如图 11-26(b)所示。则

$$u_C(0_+) = u_C(0_-) = \frac{8}{3}\text{V}$$

$$u_{R1}(0_+) = -u_C(0_+)\frac{R_1}{R_1+R_3} = \frac{-2}{2+3} \times \frac{8}{3} = -\frac{16}{15}\text{V}$$

(3)作出 $t>0$ 时的电路如图 11-26(c)所示,从 C 元件的两端向电路的右边看进去的等效电阻为

$$R_{eq} = R_2 /\!/ (R_1+R_3) = \frac{4 \times (2+3)}{4+2+3} = \frac{20}{9}\Omega$$

则

$$\tau = R_{eq}C = \frac{20}{9} \times 0.5 = \frac{10}{9}\text{s}$$

(4)由于换路后 u_C 和 u_{R1} 均从不为零的初始值衰减至零,可套用式(11-10),得到所求响应为

$$u_C = u_C(0_+)\mathrm{e}^{\frac{-t}{\tau}} = \frac{8}{3}\mathrm{e}^{-\frac{9}{10}t}\mathrm{V} \qquad (t \geqslant 0)$$

$$u_{R1} = u_{R1}(0_+)\mathrm{e}^{\frac{-t}{\tau}} = -\frac{16}{15}\mathrm{e}^{-\frac{9}{10}t}\mathrm{V} \qquad (t > 0)$$

例 11-10　在图 11-27（a）所示电路中，已知 $R = 2\Omega$，$C_1 = 0.6\mathrm{F}$，$C_2 = 0.3\mathrm{F}$，$u_{C1}(0_-) = 8\mathrm{V}$，$u_{C2}(0_-) = 0$，求开关 S 在 $t = 0$ 闭合后的电容电压 $u_{C1}(t)$ 和 $u_{C2}(t)$。

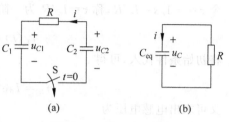

图 11-27　例 11-10 电路

解　因电路中有两个电容元件，严格地讲它是一个二阶电路。由于换路后两个电容为串联，可将它们等效为一个电容 C_{eq}，因此可将该电路化为一阶电路求解。换路后的等效电路如图 11-27（b）所示，其中

$$C_{eq} = \frac{C_1 C_2}{C_1 + C_2} = \frac{0.6 \times 0.3}{0.6 + 0.3} = 0.2\mathrm{F}$$

电路的时间常数为

$$\tau = R C_{eq} = 2 \times 0.2 = 0.4\mathrm{s}$$

则由式（11-10），可得等效电容 C_{eq} 的端电压为

$$u_C(t) = u_C(0_+)\mathrm{e}^{-\frac{t}{\tau}}$$

其中 $u_C(0_+) = u_{C1}(0_+) - u_{C2}(0_+) = u_{C1}(0_-) - u_{C2}(0_-) = 8\mathrm{V}$。于是得

$$u_C(t) = 8\mathrm{e}^{-\frac{t}{0.4}} = 8\mathrm{e}^{-2.5t}\mathrm{V} \qquad (t \geqslant 0)$$

电路中的电流 $i(t)$ 为

$$i(t) = C_{eq}\frac{\mathrm{d}u_C}{\mathrm{d}t} = 0.2\frac{\mathrm{d}}{\mathrm{d}t}(8\mathrm{e}^{-2.5t}) = -4\mathrm{e}^{-2.5t}\mathrm{A} \qquad (t > 0)$$

再根据电容元件的伏安特性，得

$$u_{C1}(t) = u_{C1}(0) + \frac{1}{C_1}\int_0^t i(t')\mathrm{d}t' = 8 + \frac{1}{0.6}\int_0^t (-4\mathrm{e}^{-2.5t'})\mathrm{d}t'$$

$$= 8 + \frac{8}{3}(\mathrm{e}^{-2.5t} - 1) = \left(\frac{16}{3} + \frac{8}{3}\mathrm{e}^{-2.5t}\right)\mathrm{V} \qquad (t \geqslant 0)$$

$$u_{C2}(t) = u_{C2}(0) + \frac{1}{C_2}\int_0^t (-i)\mathrm{d}t' = 0 + \frac{1}{0.3}\int_0^t 4\mathrm{e}^{-2.5t'}\mathrm{d}t'$$

$$= \frac{16}{3}(1 - \mathrm{e}^{-2.5t})\mathrm{V} \qquad (t \geqslant 0)$$

由计算结果可见，虽然是零输入响应，但暂态过程结束后，两个电容电压均为非零值。

2. RL 电路的零输入响应

在图 11-28 所示的一阶 RL 电路中，$i_L(0_-) = I_s$。换路后，以 i_L 为变量的微分方程为

$$\left.\begin{array}{l} \dfrac{\mathrm{d}i_L}{\mathrm{d}t} + \dfrac{R}{L}i_L = 0 \qquad (t \geqslant 0) \\[2mm] i_L(0) = I_s = I_0 \end{array}\right\} \tag{11-11}$$

一阶齐次方程的特征方程和特征根为

$$s + \frac{R}{L} = 0$$

$$s = -\frac{R}{L}$$

令 $\tau = -1/s = L/R$，称 $\tau = L/R$ 为一阶 RL 电路的时间常数，则

$$i_L(t) = K e^{-\frac{t}{\tau}} \qquad (t \geqslant 0)$$

将初始条件代入，可得

$$i_L = I_0 e^{\frac{-t}{\tau}} = I_0 e^{-\frac{R}{L}t} \qquad (t \geqslant 0)$$

又可求出电感电压为

$$u_L = L \frac{di_L}{dt} = -I_0 R e^{-\frac{R}{L}t} \qquad (t > 0)$$

i_L 与 u_L 的波形如图 11-29 所示。

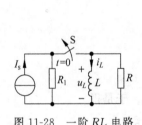

图 11-28　一阶 RL 电路

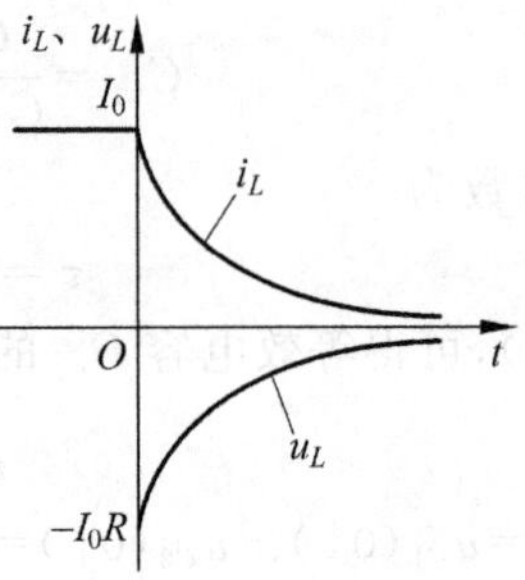

图 11-29　一阶 RL 电路零输入响应的波形

与一阶 RC 电路类似，一阶 RL 电路的零输入响应，可采取套公式的方法用式(11-10)求出。只是要注意 RL 电路的时间常数 $\tau = L/R$。

若一阶 RL 电路中有多个 R 元件和 L 元件时，其时间常数 $\tau = \dfrac{L_{eq}}{R_{eq}}$，$R_{eq}$ 和 L_{eq} 的求法与前述一般 RC 电路中 R_{eq} 和 C_{eq} 的求法类似。对于多个电感并联的一阶 RL 电路，每一个电感元件的过渡电流不能套用式(11-10)，见例 11-12。

例 11-11　图 11-30(a)所示电路已处于稳态。$t = 0$ 时 S 由"1"合向"2"，求开闭后的电流 i_L 和 i。

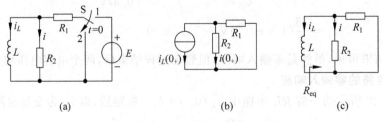

(a)　　　　　　　　　　(b)　　　　　　　　　　(c)

图 11-30　例 11-11 图

解　换路后的响应 i_L 和 i 是初值不为零但终值为零的零输入响应，可套用式(11-10)求解。

（1）由换路前的电路,求得原始状态为

$$i_L(0_-)=\frac{E}{R_1}$$

（2）作出 $t=0_+$ 时的等效电路如图 11-30(b)所示,其中

$$i_L(0_+)=i_L(0_-)=\frac{E}{R_1}$$

又

$$i(0_+)=-i_L(0_+)\frac{R_1}{R_1+R_2}=\frac{-E}{R_1+R_2}$$

（3）作出 $t>0$ 时的电路如图 11-30(c)所示,则

$$R_{eq}=\frac{R_1R_2}{R_1+R_2},\quad \tau=\frac{L(R_1+R_2)}{R_1R_2}$$

（4）所求零输入响应为

$$i_L=i_L(0_+)e^{\frac{-t}{\tau}}=\frac{E}{R_1}e^{-\frac{R_1R_2t}{L(R_1+R_2)}}\qquad(t\geqslant0)$$

$$i=i(0_+)e^{\frac{-t}{\tau}}=-\frac{E}{R_1+R_2}e^{\frac{-R_1R_2t}{L(R_1+R_2)}}\qquad(t>0)$$

或

$$i=-\frac{E}{R_1+R_2}e^{-\frac{R_1R_2t}{L(R_1+R_2)}}\varepsilon(t)$$

将 i 的时间定义域用 $\varepsilon(t)$ 函数表示是因为 $t<0$ 时,$i(t)=0$。

例 11-12　如图 11-31(a)所示电路,已知 $i_{L1}(0_-)=3\text{A}$,$i_{L2}(0_-)=-1\text{A}$,$L_1=0.3\text{H}$,
$L_2=0.6\text{H}$,$R=0.4\Omega$。求开关闭合后的 i_{L1} 和 i_{L2}。

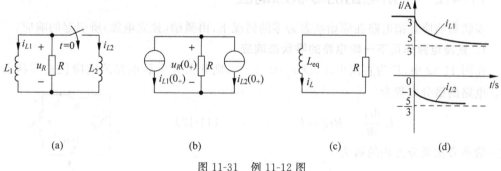

图 11-31　例 11-12 图

解　作出 $t=0_+$ 时的等效电路如图 11-31(b)所示,电路中

$$i_{L1}(0_+)=i_{L1}(0_-)=3\text{A},\quad i_{L2}(0_+)=i_{L2}(0_-)=-1\text{A}$$

则

$$u_R(0_+)=-[i_{L1}(0_+)+i_{L2}(0_+)]R=-(3-1)\times0.4=-0.8\text{V}$$

由图 11-31(c)所示电路,得电路的时间常数为 $\tau=\dfrac{L_{eq}}{R}$,其中 L_{eq} 为两电感并联的等值电

感,即

$$L_{eq} = \frac{L_1 L_2}{L_1 + L_2} = \frac{0.3 \times 0.6}{0.3 + 0.6} = 0.2\text{H}$$

$$\tau = \frac{L_{eq}}{R} = \frac{0.2}{0.4} = \frac{1}{2}\text{s}$$

于是由图 11-31(c)得

$$u_R = u_R(0_+)e^{-\frac{t}{\tau}} = -0.8e^{-2t}\text{V} \qquad (t > 0)$$

根据电感元件的伏安特性方程,有

$$i_{L1} = i_{L1}(0_-) + \frac{1}{L_1}\int_{0-}^{t} u_R(\tau)d\tau = 3 + \frac{1}{0.3}\int_{0-}^{t}(-0.8e^{-2\tau})d\tau$$

$$= 3 + \frac{4}{3}(e^{-2t} - 1) = \left(\frac{5}{3} + \frac{4}{3}e^{-2t}\right)\text{A} \qquad (t \geqslant 0)$$

$$i_{L2} = i_{L2}(0_-) + \frac{1}{L_2}\int_{0-}^{t} u_R(\tau)d\tau = -1 + \frac{1}{0.6}\int_{0-}^{t}(-0.8e^{-2\tau})d\tau$$

$$= -1 + \frac{2}{3}(e^{-2t} - 1) = \left(-\frac{5}{3} + \frac{2}{3}e^{-2t}\right)\text{A} \qquad (t \geqslant 0)$$

作出 i_{L1} 和 i_{L2} 的波形如图 11-31(d)所示,可见在暂态过程结束后两电感中的电流都不为零,这与例 11-10 相似。因此并非所有的零输入响应都具有初始值不为零、终值为零的特点,这需予以注意。

3. 关于一阶电路零输入响应的相关说明

(1) 实际中求解一阶电路的零输入响应时,一般采用套公式的方法,即求得 $y(0_+)$ 和 τ 后,再套用式(11-10)。但对于出现纯电感回路及纯电容割集的一阶电路,确定各动态元件自身的变量时,则不能采用。

(2) 由式(11-10)不难看出,零输入响应是初始值的线性函数。

11.4.2　一阶电路的零状态响应

零状态响应是指电路在原始状态为零的情况下,由激励(独立电源)所引起的响应。

1. 直流电源作用下一阶电路的零状态响应

在图 11-32 中,E 为直流电源,设 $i_L(0_-) = 0$,则开关合上后电路的响应便是零状态响应。电路的微分方程为

$$L\frac{di_L}{dt} + Ri_L = E \qquad (11\text{-}12)$$

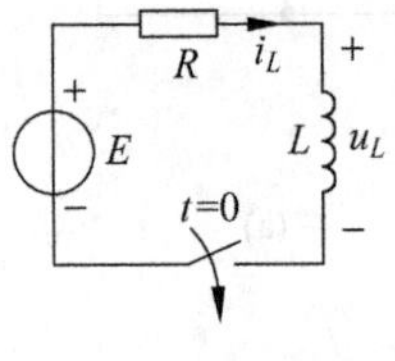

该一阶非齐次微分方程的解为

$$i_L = i_{Lh} + i_{Lp}$$

其中 i_{Lh} 为齐次方程的解,也称为暂态分量,且 $i_{Lh} = ke^{st}$,$s = -R/L$ 是特征根,$\tau = -1/s = L/R$ 为时间常数; i_{Lp} 为式(11-12)对应于给定输入的一个特解,也称强制分量,若能建立稳定过程,强制分量也称为稳态分量。当激励为直流电源时,其稳态电流为一常数 $i_{Lp} = M$。将 $i_{Lp} = M$ 代入式(11-12),可得

图 11-32　RL 电路的零状态响应

$$M = \frac{E}{R}$$

则

$$i_L = k e^{-\frac{t}{\tau}} + \frac{E}{R}$$

将初始值 $i_L(0_+) = i_L(0_-) = 0$ 代入上式决定积分常数 k,可得

$$k = -\frac{E}{R}$$

稳态分量也可从换路后建立了稳定状态的直流电路加以决定。于是所求零状态响应为

$$i_L = \frac{E}{R} - \frac{E}{R} e^{-\frac{t}{\tau}} = \frac{E}{R}(1 - e^{-\frac{t}{\tau}}) \qquad (t \geqslant 0) \tag{11-13}$$

又可求出

$$u_L = L \frac{\mathrm{d}i_L}{\mathrm{d}t} = E e^{-\frac{t}{\tau}} \qquad (t > 0)$$

i_L 和 u_L 的波形如图 11-33 所示。

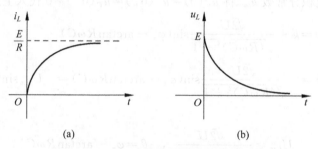

图 11-33 一阶 RL 电路零状态响应的波形

2. 正弦电源作用下一阶电路的零状态响应

在图 11-34(a)所示电路中,$u_s = \sqrt{2}U\sin(\omega t + \varphi_u)$,$u_C(0_-) = 0$。列出换路后以电容电压 u_C 为变量的微分方程为

$$\frac{\mathrm{d}u_C}{\mathrm{d}t} + \frac{1}{RC}u_C = \sqrt{2}\frac{U}{RC}\sin(\omega t + \varphi_u)$$

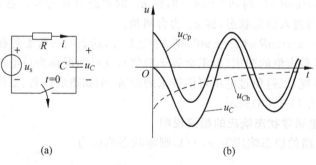

图 11-34 正弦电源激励下的一阶 RC 电路

此方程的解为

$$u_C = u_{\mathrm{Ch}} + u_{\mathrm{Cp}}$$

其中 $u_{\mathrm{Ch}} = k e^{-\frac{t}{\tau}}$ 为齐次方程的通解,$\tau = RC$ 为时间常数;$u_{\mathrm{Cp}} = \sqrt{2}U_C\sin(\omega t + \varphi_C)$ 为微分方程

的一个特解,也是换路后电路的稳态解。用相量法求出该特解。由换路后的稳态电路,可得

$$\dot{U}_C = \frac{-\mathrm{j}\dfrac{1}{\omega C}}{R - \mathrm{j}\dfrac{1}{\omega C}}\dot{U}_s = \frac{-\mathrm{j}}{RC\omega - \mathrm{j}} \times U\underline{/\varphi_u}$$

$$= \frac{U}{\sqrt{(R\omega C)^2 + 1}}\underline{/\varphi_u - \left(90° - \arctan\dfrac{1}{R\omega C}\right)}$$

$$= \frac{U}{\sqrt{(R\omega C)^2 + 1}}\underline{/\varphi_u - \arctan R\omega C} = U_C\underline{/\varphi_C}$$

于是

$$u_C = k\mathrm{e}^{-\frac{t}{\tau}} + \frac{\sqrt{2}U}{\sqrt{(R\omega C)^2 + 1}}\sin(\omega t + \varphi_u - \arctan R\omega C)$$

再根据初始值决定积分常数 k。将 $u_C(0) = u_C(0_+) = u_C(0_-) = 0$ 代入上式,可得

$$0 = k + \frac{\sqrt{2}U}{\sqrt{(R\omega C)^2 + 1}}\sin(\varphi_u - \arctan R\omega C)$$

$$k = -\frac{\sqrt{2}U}{\sqrt{(R\omega C)^2 + 1}}\sin(\varphi_u - \arctan R\omega C) = -U_{Cm}\sin\theta$$

其中

$$U_{Cm} = \frac{\sqrt{2}U}{\sqrt{(R\omega C)^2 + 1}}, \quad \theta = \varphi_u - \arctan R\omega C$$

则所求零状态响应为

$$u_C = \frac{\sqrt{2}U}{\sqrt{(R\omega C)^2 + 1}}[-\sin(\varphi_u - \arctan R\omega C)\mathrm{e}^{-\frac{t}{\tau}} + \sin(\omega t + \varphi_u - \arctan R\omega C)]$$

$$= U_{Cm}[-\sin\theta \cdot \mathrm{e}^{-\frac{t}{\tau}} + \sin(\omega t + \theta)]$$

分析上式可得两点结论:

(1) 当 $\varphi_u = \arctan R\omega C$ 时,$\theta = 0, k = 0$,则 u_C 的暂态分量为零。这表明换路后无暂态过程发生,电路立即进入稳定状态,称 φ_u 为合闸角。

(2) 若 $\theta = \varphi_u - \arctan R\omega C = \pm 90°$,则 $k = \pm U_{Cm}$,这表明在暂态过程中,电容电压的最大值接近稳态电压最大值的两倍(但不会等于两倍),这种情况称为过电压现象,在工程实际中必须予以充分重视,以避免过电压可能带来的危害,例如造成设备、器件绝缘的破坏等。

u_C 的波形如图 11-34(b)所示。

3. 关于一阶电路零状态响应的相关说明

(1) 若一阶电路的稳态响应为 $y_\infty(t)$,则零状态响应为

$$y(t) = y_\infty(t) - y_\infty(0)\mathrm{e}^{-\frac{t}{\tau}} \qquad (t \geqslant 0) \tag{11-14}$$

若激励为直流电源,则 $y_\infty(t) = y_\infty(0) = y(\infty)$,上式可写为

$$y(t) = y(\infty)(1 - \mathrm{e}^{-\frac{t}{\tau}}) \tag{11-15}$$

这表明求出响应的稳态分量 $y_\infty(t)$ 和时间常数 τ 后,代入式(11-14)即可求出一阶电路的零状态响应。$y_\infty(t)$ 根据 $t = \infty$ 的等效电路求出,时间常数 τ 由无源电路求出。

（2）因 $y_\infty(t)$ 或 $y(\infty)$ 由换路后的稳态电路决定，所以对单一输入的电路，其零状态响应是输入的线性函数，这是一个重要的结论。

例 11-13 在图 11-35(a)中，已知 $C=0.5\text{F}$，$R_1=3\Omega$，$R_2=6\Omega$，$u_C(0_-)=0$。开关 S 闭合后，（1）若 $E_s=5\text{V}$，求 u_C 和 i_C；（2）若 $E_s=15\text{V}$，求 u_C 和 i。

解 （1）开关闭合后，电路中不出现冲激电流，作出 $t=0_+$ 时的等效电路如图 11-35(b)所示，可见 $i(0_+)=0$ 这表明 u_C 和 i 的初值均为零，可根据式(11-15)直接写出这两个响应，若 $E_s=5\text{V}$，可求得

$$i(\infty)=\frac{E_s}{R_1+R_2}=\frac{5}{9}\text{A}$$

$$u_C(\infty)=i(\infty)R_2=6\times\frac{5}{9}=\frac{10}{3}\text{V}$$

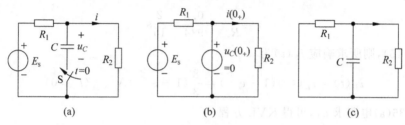

图 11-35 例 11-13 图

将电路中的独立电源置零后可得图 11-35(c)所示电路，则时间常数为

$$\tau=R_{eq}L=(R_1\mathbin{/\mkern-5mu/}R_2)C=\frac{R_1R_2C}{R_1+R_2}=1\text{s}$$

于是所求零状态响应为

$$u_C=u_C(\infty)(1-\text{e}^{-\frac{t}{\tau}})=\frac{10}{3}(1-\text{e}^{-t})\text{V}\qquad(t\geqslant0)$$

$$i=i(\infty)(1-\text{e}^{-\frac{t}{\tau}})=\frac{5}{9}(1-\text{e}^{-t})\text{A}\qquad(t>0)$$

（2）当 $E_s=15\text{V}$ 时，电源的输出是(1)中的 3 倍。由于零状态响应是输入的线性函数，故各响应是(1)中响应的 3 倍。于是有

$$u_C=3\times\frac{10}{3}(1-\text{e}^{-t})\text{V}=10(1-\text{e}^{-t})\text{V}\qquad(t\geqslant0)$$

$$i=3\times\frac{5}{9}(1-\text{e}^{-t})\text{A}=\frac{5}{3}(1-\text{e}^{-t})\text{A}\qquad(t>0)$$

例 11-14 在图 11-36(a)所示电路中，$i_L(0_-)=0$，开关 S 在 $t=0$ 时合上，求换路后的响应 $i_L(t)$ 和 $u_1(t)$。

解 因 $i_L(0_-)=0$，则换路后的响应为零状态响应。为便于求解，先求出端口 ab 左侧的戴维南等效电路。求得开路电压为

$$U_{oc}=2u_1+u_1=3u_1=3\times\frac{1}{3+1}\times8=6\text{V}$$

等效电阻为

$$R_{eq}=\frac{9}{4}\Omega$$

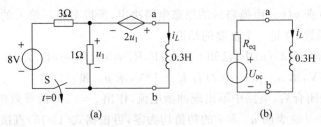

图 11-36　例 11-14 图

作出等效电路如图 11-36(b)所示。由此电路可得

$$i_L(\infty) = \frac{U_{oc}}{R_{eq}} = \frac{6}{9/4} = \frac{8}{3}A$$

时间常数为

$$\tau = \frac{L}{R_{eq}} = \frac{0.3}{9/4} = \frac{2}{15}s$$

套用式(11-15)，则所求响应 $i_L(t)$ 为

$$i_L(t) = i_L(\infty)(1 - e^{-\frac{t}{\tau}}) = \frac{8}{3}(1 - e^{-\frac{15}{2}t})A \qquad (t \geqslant 0)$$

回到图 11-36(a)电路求 u_1，可得 KVL 方程

$$2u_1 + u_1 = u_L$$

或

$$3u_1 = 0.3\frac{di_L}{dt}$$

所以

$$u_1(t) = 0.1\frac{di_L}{dt} = 2e^{-\frac{15}{2}t}V \qquad (t > 0)$$

此题中的 u_1 虽也是零状态响应，但其初值不为零，而终值为零，所以不能套用式(11-15)写出其表达式。

11.4.3　一阶电路的全响应

全响应是指电路在激励和非零原始状态共同作用下所产生的响应。

1. 全响应微分方程的建立及其求解

在图 11-37 中，$u_C(0_-) = U_0$，则换路后的响应为全响应。若以 u_C 为变量，列出电路的微分方程为

$$\frac{du_C}{dt} + \frac{1}{RC}u_C = \frac{1}{C}I_s \qquad (t \geqslant 0)$$

该方程的解为

$$u_C = u_{Ch} + u_{Cp} = ke^{-\frac{t}{\tau}} + A$$

将稳态分量(特解)$u_{Cp} = A$ 代入微分方程，得

$$u_{Cp} = A = I_s R$$

则 $u_C = ke^{-\frac{t}{\tau}} + I_s R$，又将初始值 $u_C(0_+) = u_C(0_-) = U_0$ 代

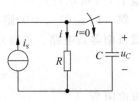

图 11-37　一阶 RC 电路的
全响应

入该式,求得积分常数为

$$k = U_0 - I_s R$$

所求全响应为

$$u_C = u_{Ch} + u_{Cp} = (U_0 - I_s R)e^{-\frac{t}{\tau}} + I_s R \tag{11-16}$$

式中,$\tau = RC$ 为该电路的时间常数。

2. 全响应的两个重要结论

(1) 全响应＝暂态分量＋稳态分量

暂态分量对应齐次微分方程的解,而稳态分量是非齐次微分方程的特解。由于齐次微分方程与独立电源无关,因此根据这一结论可用下述方法求全响应:先将电路中的独立电源置零(这往往可使电路得以简化),列写出无源电路的齐次微分方程,由此得到暂态分量的通解;而后根据稳态电路求出稳态分量(稳态响应);再将暂态分量和稳态响应叠加,由初始值求出暂态分量中的积分常数,从而得出所需的全响应。

若电路不存在稳定状态,上述结论更一般地可写成

$$全响应＝自由分量＋强制分量$$

(2) 全响应＝零输入响应＋零状态响应

这是根据线性电路的叠加性所得出的必然结论。可根据图 11-37 及式(11-16)来验证这一结论。

图 11-37 所示电路的零输入响应为

$$u_{C1} = U_0 e^{-\frac{t}{\tau}}$$

零状态响应为

$$u_{C2} = I_s R(1 - e^{-\frac{t}{\tau}})$$

则

$$u_{C1} + u_{C2} = U_0 e^{-\frac{t}{\tau}} + I_s R(1 - e^{-\frac{t}{\tau}}) = I_s R + (U_0 - I_s R)e^{-\frac{t}{\tau}}$$

这一结果与式(11-16)完全一样。

上述两结论对任意阶动态电路都是适用的。

例 11-15　如图 11-38(a)所示电路已处于稳态,在 $t=0$ 时,S 由 1 合向 2,试求 i。

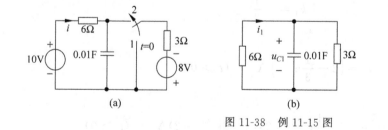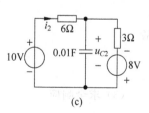

图 11-38　例 11-15 图

解　用两种方法求解。

(1) 根据"全响应＝稳态分量＋暂态分量"计算

① 求稳态分量和暂态分量,将电路中所有的电源置零后,可得图 11-38(b)所示电路,它对应的是齐次微分方程,其解的形式为 $i_h = ke^{-\frac{t}{\tau}}$,其中 $\tau = RC = 0.02s$,这就是全响应的暂

态分量。根据换路后的稳态电路[图 11-38(c)],可求出稳态响应为

$$i_p = 2A$$

② 求全响应。

$$i = i_h + i_p = k e^{-50t} + 2 \quad (t > 0)$$

根据 $t = 0_+$ 时的等效电路,求出 $i(0_+) = 0$,则积分常数 k 由下式决定:

$$i(0_+) = 0 = k + 2$$

即

$$k = -2$$

则所求为

$$i = (-2e^{-50t} + 2)A \quad (t \geqslant 0)$$

(2) 根据"全响应＝零输入响应＋零状态响应"计算

① 求零输入响应。

零输入响应对应的电路仍如图 11-38(b)所示,其中初始状态 $u_{C1}(0) = 10V$,可求出初始值 $i_1(0_+) = -\dfrac{5}{3}A$,则零输入响应为

$$i_1 = i_1(0_+) e^{-\frac{t}{\tau}} = -\frac{5}{3} e^{-50t} A \quad (t > 0)$$

② 求零状态响应。

零状态响应对应的电路如图 11-38(c)所示,其初始状态 $u_{C2}(0) = 0$,可求出初始值 $i_2(0_+)$ 为

$$i_2(0_+) = \frac{10}{6} = \frac{5}{3} A$$

响应 i_2 可分为稳态分量加暂态分量,得

$$i_2 = (2 + k_1 e^{-50t})A \quad (t > 0)$$

又

$$i_2(0_+) = \frac{5}{3} = 2 + k_1$$

得

$$k_1 = -\frac{1}{3}$$

故

$$i_2 = \left(2 - \frac{1}{3} e^{-50t}\right) A \quad (t > 0)$$

(3) 求全响应

$$i = i_1 + i_2 = -\frac{5}{3} e^{-50t} - \frac{1}{3} e^{-50t} + 2 = (-2e^{-50t} + 2)A \quad (t > 0)$$

例 11-16 在图 11-39 所示电路中,已知 $U_s = 5V$ 时,$u_C = (8 + 6e^{-\frac{1}{2}t})V, t \geqslant 0$。若 $u_s = 8V, u_C(0_-) = 4V$,求 $u_C(t \geqslant 0)$。

解 解题的思路是设法求出网络的零输入响应和零状态响应后再予以叠加求出响应。

这是直流电源激励的一阶电路。先将已知响应分解为零输入响应和零状态响应,由

$u_c = (8 + 6e^{-\frac{t}{2}})$V 知

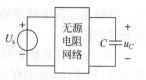

图 11-39 例 11-16 图

$$u_c(0_+) = 8 + 6 = 14\text{V}, \quad u_c(\infty) = 8\text{V}$$

故零输入响应为

$$u_{C1} = u_c(0_+)e^{-\frac{t}{2}} = 14e^{-\frac{1}{2}t}\text{V}$$

零状态响应为

$$u_{C2} = u_c(\infty)(1 - e^{-\frac{t}{2}}) = 8(1 - e^{-\frac{t}{2}})\text{V}$$

根据零输入响应是初始状态的线性函数,零状态响应是输入的线性函数,可知当 $u_c(0_-) = 4$V,$U_s = 8$V,零输入响应为

$$u'_{C1} = 4e^{-\frac{1}{2}t}\text{V}$$

零状态响应为

$$u'_{C2} = \frac{8}{5} \times 8(1 - e^{-\frac{1}{2}t}) = 12.8(1 - e^{-\frac{t}{2}})\text{V}$$

于是

$$u_c = u'_{C1} + u'_{C2} = 4e^{-\frac{1}{2}t} + 12.8(1 - e^{-\frac{1}{2}t}) = (12.8 - 8.8e^{-\frac{1}{2}t})\text{V} \quad (t \geqslant 0)$$

11.4.4 三要素法

一阶电路的全响应(零输入和零状态响应两者可视为全响应的特例)可用三要素法公式求出,而无须列写和求解微分方程。

1. 三要素法公式的导出

由前述结论,有

全响应 = 自由分量 + 强制分量

其中自由分量为齐次方程的通解,在一阶电路中,其形式可表示为 ke^{st};强制分量是微分方程的特解。设全响应为 $y(t)$,强制分量为 $y_p(t)$,则

$$y(t) = ke^{st} + y_p(t) \tag{11-17}$$

积分常数由初始值决定,即

$$y(0_+) = k + y_p(0_+)$$

于是

$$k = y(0_+) - y_p(0_+)$$

则式(11-17)为

$$y(t) = y_p(t) + [y(0_+) - y_p(0_+)]e^{st} \quad (t > 0) \tag{11-18}$$

式中,$s = -\dfrac{1}{\tau}$,τ 为一阶电路的时间常数。将 $y(0_+)$、$y_p(t)$ 和 τ 称为一阶电路的三要素,式(11-18)便是三要素法公式。

在电路存在稳态的情况下,可将式(11-18)中的强制分量改为稳态分量 $y_\infty(t)$,则三要素法公式为

$$y(t) = y_\infty(t) + [y(0_+) - y_\infty(0_+)]e^{\frac{-t}{\tau}} \tag{11-19}$$

2. 三要素法的相关说明

(1) 三要素法只适用于一阶电路,且只要是一阶电路一般均可考虑用三要素法求其响

应。前面求一阶电路零输入响应的式(11-10)和求零状态响应的式(11-15)实际上是三要素法公式的特例。

（2）应用三要素法公式时要注意判断电路在换路后是否存在稳定状态。若存在稳态，则用式(11-19)；若不存在稳态，则用式(11-18)。

（3）应用三要素法的关键是求出三要素。稳态分量 $y_\infty(t)$ 根据换路后的稳态电路求出；初始值 $y(0_+)$ 由 $t=0_+$ 时的等效电路求得；时间常数 τ 按 $t>0$ 的无源电路得出，对 RC 电路，$\tau=R_{eq}C_{eq}$，对 RL 电路，$\tau=\dfrac{L_{eq}}{R_{eq}}$，且 R_{eq} 为从等效储能元件两端向电阻网络看进去的等效电阻。

（4）在直流的情况下，稳态响应 $y_\infty(t)$ 为一常数，于是有 $y_\infty(t)=y_\infty(0_+)=y(\infty)$，则三要素公式可写为

$$y(t)=y(\infty)+[y(0_+)-y(\infty)]\mathrm{e}^{-\frac{t}{\tau}} \tag{11-20}$$

3. 用三要素法求一阶电路响应示例

例 11-17　电路如图 11-40(a)所示，在开关闭合前电路已处于稳态。用三要素法求换路后的响应 $u_C(t)$ 和 $i_1(t)$。

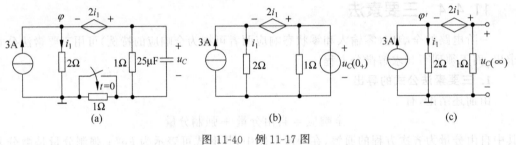

图 11-40　例 11-17 图

解　（1）求电路的原始状态 $u_C(0_-)$。

在图 11-40(a)电路中选参考点如图所示。在开关闭合前的稳态下，电容相当于开路，于是列出节点法方程为

$$\left(\frac{1}{2}+\frac{1}{2}\right)\varphi=3-\frac{2i_1}{2}$$

但 $i_1=\varphi/2$，代入上式后解得

$$\varphi=2\mathrm{V}$$

于是得 $i_1=\varphi/2=1\mathrm{A}$，又有

$$u_C(0_-)=1\times(3-i_1)=2\mathrm{V}$$

（2）求初始值 $u_C(0_+)$ 和 $i_1(0_+)$。

开关闭合瞬间，电容电压不会突变，因此有

$$u_C(0_+)=u_C(0_-)=2\mathrm{V}$$

作出 $t=0_+$ 时的等效电路如图 11-40(b)所示，可得 KVL 方程

$$2i_1+2i_1=u_C(0_+)$$

则

$$i_1(0_+)=\frac{1}{4}u_C(0_+)=0.5\mathrm{A}$$

（3）求稳态值 $u_C(\infty)$ 和 $i_1(\infty)$。

换路后的稳态电路如图 11-40(c) 所示。可求出

$$\varphi' = \frac{6}{5}\text{V}, \quad i_1(\infty) = \varphi'/2 = 3/5\text{A}$$

$$u_C(\infty) = 2i_1(\infty) + 2i_1(\infty) = 4i_1(\infty) = 12/5\text{V}$$

（4）求时间常数 τ。

换路后从电容元件两端向左侧看进去的等效电阻仍由图 11-40(c) 电路求解，可求得等效电阻为

$$R_{eq} = 4/5\,\Omega$$

则时间常数为

$$\tau = R_{eq}C = 4/5 \times 25 \times 10^{-6} = 2 \times 10^{-5}\text{s}$$

（5）根据三要素法公式写出 $u_C(t)$ 和 $i_1(t)$ 表达式。

$$u_C(t) = u_C(\infty) + [u_C(0_+) - u_C(\infty)]\text{e}^{-\frac{t}{\tau}}$$

$$= \frac{12}{5} + \left(2 - \frac{12}{5}\right)\text{e}^{-5\times10^4 t} = \left(\frac{12}{5} - \frac{2}{5}\text{e}^{-5\times10^4 t}\right)\text{V} \quad (t \geqslant 0)$$

$$i_1(t) = i_1(\infty) + [i_1(0_+) - i_1(\infty)]\text{e}^{-\frac{t}{\tau}}$$

$$= \frac{3}{5} + \left(\frac{1}{2} - \frac{3}{5}\right)\text{e}^{-5\times10^4 t} = \left(\frac{3}{5} - \frac{1}{10}\text{e}^{-5\times10^4 t}\right)\text{A} \quad (t > 0)$$

练习题

11-8 图 11-41 所示电路已处于稳态，在 $t=0$ 时开关 S 打开。试列写以电压 u_{R1} 为变量的电路微分方程，并求出 $u_{R1}(t)$。

11-9 电路如图 11-42 所示，其已处于稳态，开关 S 在 $t=0$ 时打开。不列微分方程，不求 u_C，直接写出 i_1 和 i_2 的表达式。

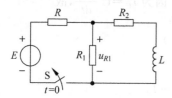

图 11-41 练习题 11-8 图

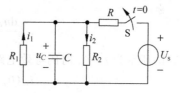

图 11-42 练习题 11-9 图

11-10 试求图 11-43 所示电路的时间常数。

11-11 电路如图 11-44 所示，其已处于稳态，开关 S 在 $t=0$ 时闭合，用三要素法求响应 $u_C(t)$。

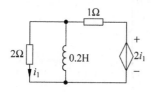

图 11-43 练习题 11-10 图

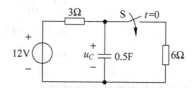

图 11-44 练习题 11-11 图

11.5 二阶电路

二阶电路是指需用二阶微分方程来描述的电路,也就是含有两个独立储能元件的电路。

11.5.1 二阶电路的零输入响应

下面通过最简单的二阶电路——RLC 串联电路的讨论,说明列写二阶电路微分方程的方法及二阶电路零输入响应的三种情况——过阻尼、临界阻尼和欠阻尼。

1. 二阶微分方程的建立

在图 11-45(a)所示电路中,$u_C(0_-)=U_0$,$i_L(0_-)=I_0$,求零输入响应 u_C 和 i_L,$t>0$。

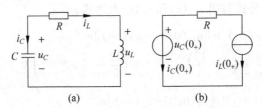

图 11-45 RLC 串联电路的零输入响应

选 u_C 为变量建立微分方程。由 KVL,有

$$Ri_L + u_L - u_C = 0$$

而 $i_L = -i_C = -C\dfrac{\mathrm{d}u_C}{\mathrm{d}t}$,$u_L = L\dfrac{\mathrm{d}i_L}{\mathrm{d}t} = -LC\dfrac{\mathrm{d}^2 u_C}{\mathrm{d}t^2}$,故上式为

$$LC\frac{\mathrm{d}^2 u_C}{\mathrm{d}t^2} + RC\frac{\mathrm{d}u_C}{\mathrm{d}t} + u_C = 0 \tag{11-21}$$

求解此微分方程需两个初始条件 $u_C(0_+)$ 和 $\dfrac{\mathrm{d}u_C(0_+)}{\mathrm{d}t}$。因为 $i_C = C\dfrac{\mathrm{d}u_C}{\mathrm{d}t}$,故

$$\frac{\mathrm{d}u_C(0_+)}{\mathrm{d}t} = \frac{1}{C}i_C(0_+)$$

图 11-45(b)所示为 $t=0_+$ 时的等效电路,由图可见

$$i_C(0_+) = -i_L(0_+) = -I_0$$

则

$$\frac{\mathrm{d}u_C(0_+)}{\mathrm{d}t} = \frac{1}{C}i_C(0_+) = -\frac{1}{C}I_0$$

这样,所需建立的微分方程及初始条件为

$$\left. \begin{array}{l} LC\dfrac{\mathrm{d}^2 u_C}{\mathrm{d}t^2} + RC\dfrac{\mathrm{d}u_C}{\mathrm{d}t} + u_C = 0 \\[2mm] u_C(0) = U_0 \\[2mm] \dfrac{\mathrm{d}u_C(0_+)}{\mathrm{d}t} = -\dfrac{1}{C}I_0 \end{array} \right\} \tag{11-22}$$

2. 二阶电路响应的三种情况

上述二阶微分方程解的形式由特征根决定。特征方程为

$$LCs^2 + RCs + 1 = 0$$

解之,得两个特征根为

$$s_{1,2} = -\frac{R}{2L} \pm \sqrt{\left(\frac{R}{2L}\right)^2 - \frac{1}{LC}} = -\alpha \pm \sqrt{\alpha^2 - \omega_0^2} \qquad (11\text{-}23)$$

式中,$\alpha = \dfrac{R}{2L}$,称为电路的衰减系数;$\omega_0 = \sqrt{\dfrac{1}{LC}}$,称为电路的谐振角频率。随 α 和 ω_0 相对大小的变化,特征根有三种不同的形式,对应地,电路的响应将出现三种情况。

(1)过阻尼情况

当 $\alpha > \omega_0$,或 $R > 2\sqrt{\dfrac{L}{C}}$ 时,式(11-23)中根号内的值大于零,特征根是两个不相等的负实数,则微分方程解的形式为

$$u_C = k_1 e^{s_1 t} + k_2 e^{s_2 t} \qquad (t \geqslant 0) \qquad (11\text{-}24)$$

式中,$s_1,s_2 < 0$。积分常数 k_1 和 k_2 由初始条件决定。不难得到

$$k_1 + k_2 = U_0 \qquad (11\text{-}25)$$

又

$$\frac{\mathrm{d}u_C}{\mathrm{d}t} = k_1 s_1 e^{-s_1 t} + k_2 s_2 e^{s_2 t}$$

则

$$k_1 s_1 + k_2 s_2 = \frac{\mathrm{d}u_C(0_+)}{\mathrm{d}t} = -\frac{1}{C}I_0 \qquad (11\text{-}26)$$

将式(11-25)和式(11-26)联立,解出

$$\left.\begin{aligned} k_1 &= \frac{1}{s_2 - s_1}\left(s_2 U_0 + \frac{I_0}{C}\right) \\ k_2 &= \frac{1}{s_1 - s_2}\left(s_1 U_0 + \frac{I_0}{C}\right) \end{aligned}\right\}$$

电感电流为

$$i_L = -C\frac{\mathrm{d}u_C}{\mathrm{d}t} = -C k_1 s_1 e^{s_1 t} - C k_2 s_2 e^{s_2 t} \qquad (t \geqslant 0) \qquad (11\text{-}27)$$

下面分析电路中能量交换的情况。为便于讨论,设 $i_L(0) = I_0 = 0$,则

$$\left.\begin{aligned} k_1 &= \frac{1}{s_2 - s_1}s_2 U_0 \\ k_2 &= \frac{1}{s_1 - s_2}s_1 U_0 \end{aligned}\right\}$$

将 k_1 和 k_2 代入式(11-24)和式(11-27)后,可作出 u_C 和 i_L 及 u_L 的波形如图 11-46(a)所示(注意各电量的参考方向)。由图可见,u_C 和 i_L 在整个暂态过程中始终没有改变方向;其中 i_L 的初值和终值均为零,且在 t_p 时刻达到最大值。电路中能量交换的情况示于图 11-46(b)、(c)中。当 $t < t_p$ 时,$u_L > 0$,$i_L > 0$,则 $p_L > 0$,电感储存能量,电容中的能量供给电阻和电感元件;当 $t > t_p$ 时,$u_L < 0$,$i_L > 0$,$p_L < 0$,这表明电容和电感共同向电阻释放能量。由此可见,在暂态过程中,电容一直处于放电的状态之中,并未出现电感将能量转储于电容之中的情形,因此,这是一个非振荡性的放电过程,称之为过阻尼情况。

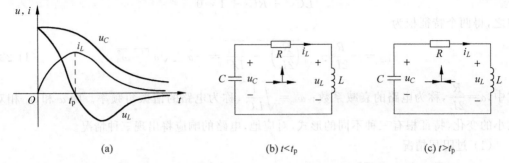

图 11-46　过阻尼时, RLC 串联电路中零输入响应的波形及能量交换的情况示意

（2）临界阻尼情况

当 $\alpha=\omega_0$，或 $R=2\sqrt{\dfrac{L}{C}}$ 时，式(11-23)中根号内的值为零，特征根为两个相等的负实数，$s_{1,2}=-\alpha$，则微分方程解的形式为

$$u_C=(k_1+k_2 t)\mathrm{e}^{-\alpha t} \qquad (t\geqslant 0) \tag{11-28}$$

仍由初始条件决定积分常数 k_1 和 k_2。不难得到

$$\left.\begin{array}{l} k_1=u_C(0_+)=U_0 \\[2mm] k_2=\dfrac{I_0}{C}+\alpha U_0 \end{array}\right\}$$

电感电流为

$$i_L=-C\,\frac{\mathrm{d}u_C}{\mathrm{d}t}=(k_1\alpha C-k_2 C+k_2\alpha C t)\mathrm{e}^{-\alpha t} \qquad (t\geqslant 0) \tag{11-29}$$

从 u_C 和 i_L 的表达式可知，响应仍是非振荡性的。由于此时电路处于非振荡性放电和振荡性放电的分界点上，故称之为临界阻尼情况。

（3）欠阻尼情况

当 $\alpha<\omega_0$，或 $R<2\sqrt{\dfrac{L}{C}}$ 时，式(11-23)中根号内的值小于零，特征根为一对共轭复数，即

$$s_{1,2}=-\alpha\pm\sqrt{\alpha^2-\omega_0^2}=-\alpha\pm\mathrm{j}\omega_\mathrm{d} \tag{11-30}$$

式中，$\omega_\mathrm{d}=\sqrt{\omega_0^2-\alpha^2}$，称 ω_d 为振荡的角频率。微分方程的解为

$$u_C=(k_1\cos\omega_\mathrm{d}t+k_2\sin\omega_\mathrm{d}t)\mathrm{e}^{-\alpha t}=K\mathrm{e}^{-\alpha t}\sin(\omega_\mathrm{d}t+\varphi) \tag{11-31}$$

由初始条件决定 K 和 φ。可得到下面的方程组：

$$\left.\begin{array}{l} K\sin\varphi=u_C(0)=U_0 \\[2mm] -\alpha K\sin\varphi+K\omega_\mathrm{d}\cos\varphi=-\dfrac{I_0}{C} \end{array}\right\}$$

解之，得

$$\left.\begin{array}{l} K=\sqrt{U_0^2+\left[\dfrac{1}{\omega_\mathrm{d}}\left(\alpha U_0-\dfrac{I_0}{C}\right)\right]^2} \\[5mm] \varphi=\arctan\dfrac{U_0\omega_\mathrm{d}}{\alpha U_0-\dfrac{I_0}{C}} \end{array}\right\}$$

电感电流为

$$i_L = -C\frac{\mathrm{d}u_C}{\mathrm{d}t} = K\alpha C\mathrm{e}^{-\alpha t}\sin(\omega_\mathrm{d}t + \varphi) - K\omega_\mathrm{d}C\mathrm{e}^{-\alpha t}\cos(\omega_\mathrm{d}t + \varphi)$$

$$= KC\omega_0 \mathrm{e}^{-\alpha t}\sin\left(\omega_\mathrm{d}t + \varphi - \arctan\frac{\omega_\mathrm{d}}{\alpha}\right) \tag{11-32}$$

下面讨论电路中能量交换的情况。为简便起见,设 $i_L(0)=0$,则

$$\left.\begin{array}{l} u_C = K\mathrm{e}^{-\alpha t}\sin(\omega_\mathrm{d}t + \varphi) \\[2mm] i_L = K\omega_0 C\mathrm{e}^{-\alpha t}\sin\omega_\mathrm{d}t \end{array}\right\} \tag{11-33}$$

作出 u_C 和 i_L 的波形如图 11-47 所示,由图可见,u_C 和 i_L 的大小和方向自始至终做周期性的变化。我们仅分析电容能量的变化情况。根据图 11-46 所示各电量的参考方向($i_C = -i_L$,则 u_C 和 i_L 为非关联方向),在 Δt_1 时间内,$p_C < 0$,电容释放能量;在 Δt_2 时间内,$p_C > 0$,电容储存能量,由于电阻是纯耗能元件,此时电容所储存的只能是电感释放的磁场能量;在 Δt_3 时间内,$p_C < 0$,电容又释放能量;在 Δt_4 时间内,$p_C > 0$,电容再次储存电感释放的能量;分析电感中能量变化情况,也可得出类似的结果。这表明电路中电场能量和磁场能量不断地进行交换,这一现象称为能量振荡。由于电阻不断地消耗能量,电路中能量交换的规模愈来愈小,最后趋于零,暂态过程也随之结束。这种振荡性放电过程被称为欠阻尼情况。

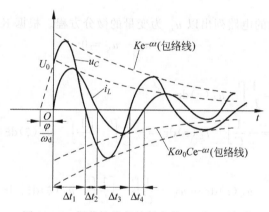

图 11-47 振荡性放电过程中的 u_C 和 i_L 波形

当电路中 $R=0$ 时,便是图 11-48(a)所示的 LC 电路。此时,$\alpha=0$,$\omega_\mathrm{d}=\omega_0=1/\sqrt{LC}$,各响应为(仍设 $i_L(0)=0$)

$$u_C = K\sin(\omega_\mathrm{d}t + \varphi) = K\sin(\omega_0 t + \varphi) = U_0\sin(\omega_0 t + 90°) \tag{11-34}$$

$$i_L = -C\frac{\mathrm{d}u_C}{\mathrm{d}t} = -CU_0\omega_0\cos(\omega_0 t + \varphi) = K'\cos(\omega_0 t + 90°) \tag{11-35}$$

u_C 和 i_L 的波形如图 11-48(b)所示。由图可见,各响应均按正弦规律变化,电场能量和磁场能量周而复始地进行交换,电路处于不衰减的能量振荡过程中,称为无阻尼振荡或等幅振荡。

例 11-18 图 11-49(a)所示电路已处于稳态。$t=0$ 时 S 打开。(1)试直接以电感电压 u_L 为变量列写电路的微分方程;(2)若 $R=4\Omega$,$L=2\mathrm{H}$,$C=2\mathrm{F}$,求响应 u_L。

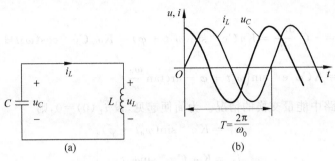

图 11-48　无阻尼振荡电路及其电压、电流波形

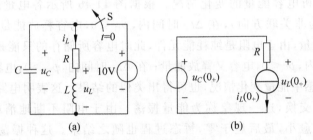

图 11-49　例 11-18 图

解　(1) 对换路后的电路列出以 u_L 为变量的微分方程。根据 KVL 方程,有

$$i_L R + u_L - u_C = 0 \qquad ①$$

由于

$$i_L = \frac{1}{L} \int_{-\infty}^{t} u_L(\tau) \mathrm{d}\tau$$

$$u_C = -\frac{1}{C} \int_{-\infty}^{t} i_L(\tau) \mathrm{d}\tau = -\frac{1}{C} \int_{-\infty}^{t} \left[\frac{1}{L} \int_{-\infty}^{\tau} u_L(\xi) \mathrm{d}\xi \right] \mathrm{d}\tau$$

故 KVL 方程①式为

$$\frac{R}{L} \int_{-\infty}^{t} u_L(\tau) \mathrm{d}\tau + u_L + \frac{1}{C} \int_{-\infty}^{t} \left[\frac{1}{L} \int_{-\infty}^{\tau} u_L(\xi) \mathrm{d}\xi \right] \mathrm{d}\tau = 0$$

将上式微分两次,整理后可得

$$LC \frac{\mathrm{d}^2 u_L}{\mathrm{d}t^2} + RC \frac{\mathrm{d}u_L}{\mathrm{d}t} + u_L = 0 \qquad ②$$

将上式与式(11-22)比较,两者在形式上完全一样,仅仅是变量不同而已。由此可得出结论:对于同一电路,无论选择的变量是什么,所列写的齐次微分方程在形式上是相同的。这并不奇怪,因为齐次微分方程仅决定于无源电路的结构和参数,这一结论适用于任意阶电路。

(2) 将参数 $R=4\,\Omega, L=2\,\mathrm{H}, C=2\,\mathrm{F}$ 代入所列写的微分方程,可得

$$4 \frac{\mathrm{d}^2 u_L}{\mathrm{d}t^2} + 8 \frac{\mathrm{d}u_L}{\mathrm{d}t} + u_L = 0$$

特征根为

$$s_{1,2} = \frac{-8 \pm \sqrt{64-16}}{8} = -1 \pm \frac{\sqrt{3}}{2} = -1 \pm 0.866$$

$$u_L = k_1 e^{-0.134t} + k_2 e^{-1.866t}$$

下面求出初始条件 $u_L(0_+)$ 和 $\dfrac{du_L(0_+)}{dt}$。电路的初始状态为

$$u_C(0_+) = u_C(0_-) = E = 10\text{V}$$

$$i_L(0_+) = i_L(0_-) = \frac{E}{R} = 2.5\text{A}$$

图 11-49(b)所示为 $t=0_+$ 时的等效电路,可得

$$u_L(0_+) = 0$$

又由 $t>0$ 时的电路,有

$$i_L R + u_L - u_C = 0$$

将上式两边乘以 L 后再微分可得

$$RL \frac{di_L}{dt} + L \frac{du_L}{dt} - L \frac{du_C}{dt} = 0$$

或

$$Ru_L + L \frac{du_L}{dt} - L \frac{du_C}{dt} = 0$$

于是

$$\frac{du_L(0_+)}{dt} = \frac{du_C(0_+)}{dt} - \frac{R}{L}u_L(0_+) = \frac{du_C(0_+)}{dt}$$

又

$$\frac{du_C(0_+)}{dt} = \frac{1}{C}i_C(0_+) = -\frac{1}{C}i_L(0_+) = -\frac{2.5}{2} = -1.25\text{V/S}$$

将初始条件代入求得的 u_L 表达式,可得

$$\begin{cases} k_1 + k_2 = 0 \\ -0.134k_1 - 1.866k_2 = -1.25 \end{cases}$$

解之,得

$$k_1 = -0.722, \quad k_2 = 0.722$$

故所求响应为

$$u_L = (-0.722e^{-0.134t} + 0.722e^{-1.866t}) \qquad (t>0)$$

此题亦可先求出电感电流 i_L 后,再由 $u_L = L\dfrac{di_L}{dt}$ 求得结果,这一方法的求解过程更为简便一些。

11.5.2 二阶电路的全响应

零输入响应和零状态响应可视为全响应的特例。下面讨论二阶电路的全响应,而不再专门讨论零状态响应。

求二阶电路的全响应可采用下述三种方法:

(1) 直接求解微分方程;

(2) 根据"全响应=零输入响应+零状态响应"求解;

(3) 根据"全响应=自由分量+强制分量"求解。

例 11-19 如图 11-50(a)所示电路,开关在 $t=0$ 时合上,试求电容电压 u_C。已知 $u_C(0_-)=2\text{V}$,$i_L(0_-)=5\text{A}$。

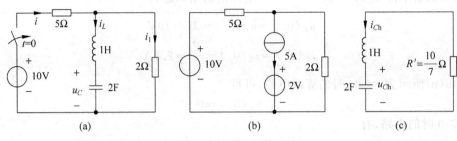

图 11-50 例 11-19 图

解 (1)直接求解微分方程

① 列写电路的微分方程,由 KVL,有

$$5i + \frac{di_L}{dt} + u_C = 10$$

$$2i_1 - u_C - \frac{di_L}{dt} = 0$$

根据 KCL,有

$$i = i_L + i_1$$

从上述三个方程中消去变量 i、i_L 和 i_1(还要用到关系式 $i_L=i_C=C\dfrac{du_C}{dt}$),可得

$$7\frac{d^2u_C}{dt^2} + 10\frac{du_C}{dt} + \frac{7}{2}u_C = 10$$

② 求初始条件。已知 $u_C(0_+)=u_C(0_-)=2\text{V}$,还需求出 $\dfrac{du_C(0_+)}{dt}$,作出 $t=0_+$ 时的等效电路如图 11-50(b)所示。因 $C\dfrac{du_C(0_+)}{dt}=i_C(0_+)$,$i_C(0_+)=i_L(0_+)$,故

$$\frac{du_C(0_+)}{dt} = \frac{1}{C}i_L(0_+) = \frac{1}{2} \times 5 = 2.5\text{V/S}$$

③ 求全响应。特征方程为

$$7s^2 + 10s + \frac{7}{2} = 0$$

特征根为

$$s_{1,2} = \frac{-20 \pm \sqrt{8}}{28}, \quad s_1 = -0.61, \quad s_2 = -0.82$$

齐次方程的通解为

$$u_{Ch} = k_1 e^{-0.61t} + k_2 e^{-0.82t}$$

设微分方程的特解为 $u_{Cp}=A$,代入微分方程,得

$$A = 10 \times \frac{2}{7} = \frac{20}{7}$$

$$u_C = u_{Ch} + u_{Cp} = \left(k_1 e^{-0.61t} + k_2 e^{-0.82t} + \frac{20}{7}\right)\text{V}$$

将初始条件分别代入上式,可求出

$$k_1 = 8.54, \quad k_2 = -9.4$$

则所求响应为

$$u_C = (2.86 + 8.54 e^{-0.61t} - 9.4 e^{-0.82t}) \text{V} \qquad (t \geqslant 0)$$

(2) 用"全响应=暂态分量+强制分量"求解

① 求暂态分量。由于暂态分量是齐次微分方程的通解,而齐次方程对应的是无源电路,因此可将原电路中的电压源置零,得到如图 11-50(c)所示的电路,其中 R' 为原电路中 5Ω 和 2Ω 电阻并联的等值电阻。这一电路的响应与原电路响应的暂态分量具有相同的形式。这是一个 RLC 串联电路,不难得出微分方程为

$$LC \frac{\mathrm{d}^2 u_C}{\mathrm{d}t^2} + R'C \frac{\mathrm{d}u_C}{\mathrm{d}t} + u_C = 0$$

将参数代入,可得

$$2 \frac{\mathrm{d}^2 u_C}{\mathrm{d}t^2} + \frac{20}{7} \frac{\mathrm{d}u_C}{\mathrm{d}t} + u_C = 0$$

特征方程和特征根为

$$2s^2 + \frac{20}{7}s + 1 = 0$$

$$s_1 = -0.61, \quad s_2 = -0.82$$

故原电路响应的暂态分量为

$$u_{Ch} = k_1 e^{-0.61t} + k_2 e^{-0.82t}$$

② 求强制分量。全响应的强制分量是原电路的稳态响应,可求得

$$u_{Cp} = u_C(\infty) = 10 \times \frac{2}{2+5} = \frac{20}{7} \text{V}$$

故

$$u_C = u_{Ch} + u_{Cp} = \left(k_1 e^{-0.61t} + k_2 e^{-0.82t} + \frac{20}{7} \right) \text{V}$$

根据初始条件求出 k_1 和 k_2 后,可得全响应为

$$u_C = (8.54 e^{-0.61t} - 9.4 e^{-0.82t} + 2.86) \text{V} \qquad (t \geqslant 0)$$

还可根据"全响应=零输入响应+零状态响应"求解此例,读者可自行分析。由于二阶电路的求解依赖于微分方程的建立,一个含源电路和它对应的无源电路相比,无源电路微分方程的建立往往容易许多,因此在求二阶电路的全响应时采用"全响应=暂态分量+强制分量"似更简单些。

二阶以上的电路称为高阶电路,若采用时域分析法,高阶电路动态过程的求解方法与二阶电路相似。由于高阶电路微分方程的建立和相应初始条件的确定(特别是各阶导数的初始值)以及高阶微分方程的求解十分不易,因此实际中对高阶电路的分析较少采用经典法,一般是应用第 12 章将要介绍的复频域分析法,即运算法。

练习题

11-12 设 RLC 串联电路的零输入响应处于临界情况,现增大电容 C 的数值,电路的响应将变为过阻尼还是欠阻尼情况?为什么?

11-13 试导出 RLC 并联电路的零输入响应分别为过阻尼、临界阻尼和欠阻尼时参数之间应满足的关系式。

11-14 当 RLC 并联电路的零输入响应处于欠阻尼情况时，调节电阻 R 的参数会对衰减系数 α 和振荡角频率 ω_d 各产生什么影响？

11-15 电路如图 11-51 所示，开关 S 在 $t=0$ 时打开，求换路后的响应 $u_C(t)$ 和 $i_L(t)$。

11-16 在图 11-52 所示电路中，若 $u_C(0_-)=10\text{V}, i_L(0_-)=0$，开关 S 在 $t=0$ 时合上，求换路后的响应 $u_C(t)$ 和 $i_R(t)$。

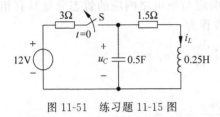 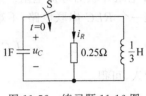

图 11-51　练习题 11-15 图　　　　　　　图 11-52　练习题 11-16 图

11.6　阶跃响应和冲激响应

本节讨论动态电路分析中两类重要的响应——阶跃响应和冲激响应的求解方法。

11.6.1　阶跃响应

电路对单一单位阶跃函数激励的零状态响应称为单位阶跃响应，简称为阶跃响应，并用符号 $S(t)$ 表示。

可采用两种方法求阶跃响应。

1. 阶跃响应可视为单位直流电源激励下的零状态响应

由于单位阶跃函数 $\varepsilon(t)$ 仅在 $t>0$ 时才不等于零，因此一个 $\varepsilon(t)$ 电源相当于一个单位直流电源与一个开关的组合，如图 11-53 所示。这样，求阶跃响应可转化为求单位直流电源激励下的零状态响应。

例 11-20 求图 11-54 所示电路的阶跃响应 u_C。

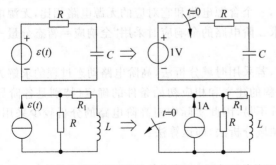 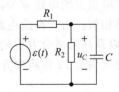

图 11-53　单位阶跃响应可视为单位直流电源与开关的组合　　　图 11-54　例 11-20 图

解 这是一阶电路零状态响应的问题，有

$$S(t)=u_C=u_C(\infty)(1-\text{e}^{\frac{-t}{\tau}})\varepsilon(t)$$

式中，$u_C(\infty)=\dfrac{R_2}{R_1+R_2}$，$\tau=\dfrac{R_1R_2}{R_1+R_2}C$。由于 $u_C(0_-)=0$，故响应 $S(t)$ 的表达式可乘 $\varepsilon(t)$ 表示时间定义域。

2. 比较系数法

在单位激励 $x(t)$ 的作用下，一般 n 阶电路的微分方程为

$$\frac{\mathrm{d}^n y}{\mathrm{d}t^n}+a_1\frac{\mathrm{d}^{n-1}y}{\mathrm{d}t^{n-1}}+\cdots+a_{n-1}\frac{\mathrm{d}y}{\mathrm{d}t}+a_n y=b_0\frac{\mathrm{d}^m x}{\mathrm{d}t^m}+b_1\frac{\mathrm{d}^{m-1}x}{\mathrm{d}t^{m-1}}+\cdots+b_m x \quad (11\text{-}36)$$

若 $x=\varepsilon(t)$ 且电路为零状态时，电路的响应 $y(t)$ 为阶跃响应 $S(t)$。

在写出电路的微分方程式(11-36)后，根据微分方程的类型，设定阶跃响应 $S(t)$ 表达式的形式，再将响应的表达式代入微分方程，利用比较系数的方法，确定 $S(t)$ 中各项的系数。这一方法的实质是用系数比较的办法代替根据初始条件确定齐次微分方程通解中的积分常数以及根据激励的形式由微分方程确定特解的做法。

按照微分方程的类型，阶跃响应的表达式有两种形式。

(1) 在式(11-37)中，若 $n\geqslant m$，则 $S(t)$ 中不含有冲激函数及冲激函数各阶导数的分量。此时，阶跃响应的表达式为

$$S(t)=y_h\varepsilon(t)+A\varepsilon(t) \quad (11\text{-}37)$$

式中，y_h 为齐次方程的通解；A 为待定常数。

例 11-21　某电路的微分方程为

$$\frac{\mathrm{d}^2 y}{\mathrm{d}t^2}+5\frac{\mathrm{d}y}{\mathrm{d}t}+6y=2\frac{\mathrm{d}x}{\mathrm{d}t}+4x$$

求阶跃响应 $S(t)=y(t)$。

解　由于 $n>m(n=2,m=1)$，则 $S(t)$ 的表达式为

$$S(t)=(k_1 e^{s_1 t}+k_2 e^{s_2 t})\varepsilon(t)+A\varepsilon(t)$$

其中特征根为

$$s_1=-2,\quad s_2=-3$$

由于

$$\frac{\mathrm{d}S}{\mathrm{d}t}=(-2k_1 e^{-2t}-3k_2 e^{-3t})\varepsilon(t)+(k_1 e^{-2t}+k_2 e^{-3t})\delta(t)+A\delta(t)$$
$$=(-2k_1 e^{-2t}-3k_2 e^{-3t})\varepsilon(t)+(k_1+k_2+A)\delta(t)$$
$$\frac{\mathrm{d}^2 S}{\mathrm{d}t^2}=(4k_1 e^{-2t}+9k_2 e^{-3t})\varepsilon(t)+(-2k_1 e^{-2t}-3k_2 e^{-3t})\delta(t)+(k_1+k_2+A)\delta'(t)$$
$$=(4k_1 e^{-2t}+9k_2 e^{-3t})\varepsilon(t)+(-2k_1-3k_2)\delta(t)+(k_1+k_2+A)\delta'(t)$$

将 $\dfrac{\mathrm{d}^2 S}{\mathrm{d}t^2}$、$\dfrac{\mathrm{d}S}{\mathrm{d}t}$ 及 S 代入原微分方程，整理后可得

$$6A\varepsilon(t)+(3k_1+2k_2+5A)\delta(t)+(k_1+k_2+A)\delta'(t)=2\delta(t)+4\varepsilon(t)$$

比较该方程两边的系数，可得

$$\left.\begin{array}{r}6A=4\\3k_1+2k_2+5A=2\\k_1+k_2+A=0\end{array}\right\}$$

解之，得

$$A = \frac{2}{3}, \quad k_1 = -\frac{8}{3}, \quad k_2 = \frac{10}{3}$$

故所求为

$$S(t) = \left(-\frac{8}{3}e^{-2t} + \frac{10}{3}e^{-3t} + \frac{2}{3} \right)\varepsilon(t)$$

（2）在式（11-36）中，若 $n < m$，则 $S(t)$ 中含有冲激函数及冲激函数导数的分量。此时，$S(t)$ 的表达式为

$$S(t) = y_h\varepsilon(t) + A\varepsilon(t) + \sum_{j=0}^{m-n-1} B_j\delta^{(j)}(t) \tag{11-38}$$

例 11-22 某电路的微分方程为

$$\frac{d^2 y}{dt^2} + 5\frac{dy}{dt} + 6y = 2\frac{d^3 x}{dt^3} + 6x$$

求电路的阶跃响应。

解 由于 $n < m (n = 2, m = 3)$，则 $S(t)$ 的表达式为

$$S(t) = (k_1 e^{s_1 t} + k_2 e^{s_2 t})\varepsilon(t) + A\varepsilon(t) + B\delta(t)$$

式中，$s_1 = -2, s_2 = -3$。于是有

$$\frac{dS(t)}{dt} = (-2k_1 e^{-2t} - 3k_2 e^{-3t})\varepsilon(t) + (k_1 + k_2 + A)\delta(t) + B\delta'(t)$$

$$\frac{d^2 S(t)}{dt^2} = (4k_1 e^{-2t} + 9k_2 e^{-3t})\varepsilon(t) + (-2k_1 - 3k_2)\delta(t) + (k_1 + k_2 + A)\delta'(t) + B\delta''(t)$$

将 $\dfrac{d^2 S}{dt^2}$、$\dfrac{dS}{dt}$ 及 $S(t)$ 代入原微分方程，整理后可得

$$6A\varepsilon(t) + (3k_1 + 2k_2 + 5A + 6B)\delta(t) + (k_1 + k_2 + A + 5B)\delta'(t) + B\delta''(t) = 2\delta''(t) + 6\varepsilon(t)$$

比较系数后可解出

$$A = 1, \quad B = 2, \quad k_1 = 5, \quad k_2 = -16$$

故所求响应为

$$S(t) = (5e^{-2t} - 16e^{-3t})\varepsilon(t) + \varepsilon(t) + 2\delta(t)$$

11.6.2　冲激响应

电路对单一单位冲激函数激励的零状态响应称为单位冲激响应，简称为冲激响应，并用符号 $h(t)$ 表示。冲激响应是近代电路理论的重要内容之一，极具理论价值。理论上讲，只要获知了电路的冲激响应，便可确定电路在任意波形的输入作用下的零状态响应。

可用三种方法求电路的冲激响应。

1. 将冲激响应转化为零输入响应求解

冲激函数仅在 $0_- \sim 0_+$ 时作用，其余时刻均为零。因此仅含有冲激电源的电路，在 $t > 0$ 后是一个零输入电路。在冲激电源的作用下，电路中储能元件的初值将产生突变，这说明冲激电源的作用在于给电路建立初始状态，故冲激响应可视为由冲激函数电源建立的初始状态所引起的零输入响应。

用求零输入响应的方法求冲激响应的关键在于确定电路在冲激电源作用下所建立的初始状态。求突变值 $u_C(0_+)$ 和 $i_L(0_+)$ 的方法已在 11.3 节中作了介绍，其要点是在冲激电源

作用期间,电容被视为短路,电感被视作开路。求出电容中的冲激电流及电感两端的冲激电压后,再由储能元件伏安特性方程求得 $u_C(0_+)$ 和 $i_L(0_+)$。

例 11-23 求图 11-55(a)所示电路的冲激响应 u_C。已知 $R_1=4\Omega$,$R_2=2\Omega$,$L=1H$,$C=0.5F$。

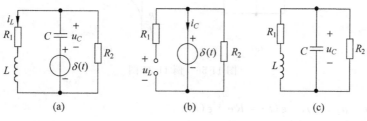

图 11-55 例 11-23 图

解 作出 $t=0_-\sim0_+$ 期间的等效电路如图 11-55(b)所示,可求得(注意参考方向):

$$i_C=-\frac{\delta(t)}{R_2}, \quad u_L=\delta(t)$$

则冲激电压源建立的初始状态为

$$u_C(0_+)=u_C(0_-)+\frac{1}{C}\int_{0_-}^{0_+}i_C\,\mathrm{d}t=-\frac{1}{R_2C}=-1\mathrm{V}$$

$$i_L(0_+)=i_L(0_-)+\frac{1}{L}\int_{0_-}^{0_+}u_L\,\mathrm{d}t=\frac{1}{L}=1\mathrm{A}$$

$t>0$ 的零输入电路如图 11-55(c)所示。原电路的冲激响应便是该电路的零输入响应。列出电路的微分方程为

$$\frac{\mathrm{d}^2u_C}{\mathrm{d}t^2}+5\frac{\mathrm{d}u_C}{\mathrm{d}t}+6u_C=0$$

其解为

$$u_C=(K_1\mathrm{e}^{-2t}+K_2\mathrm{e}^{-3t})\varepsilon(t)$$

根据初始条件可求得

$$K_1=-4, \quad K_2=3$$

则

$$u_C=(-4\mathrm{e}^{-2t}+3\mathrm{e}^{-3t})\varepsilon(t)$$

2. 由阶跃响应求冲激响应

我们知道,单位冲激函数是单位阶跃函数的导数,可以证明冲激响应是阶跃响应的导数,即

$$h(t)=\frac{\mathrm{d}S(t)}{\mathrm{d}t} \tag{11-39}$$

应注意,在由阶跃响应求冲激响应时,务必将 $S(t)$ 的时间定义域用单位阶跃函数 $\varepsilon(t)$ 表示。

例 11-24 如图 11-56(a)所示电路,试求冲激响应 u_L,并画出波形。

解 根据 $h(t)=\frac{\mathrm{d}S(t)}{\mathrm{d}t}$ 求解。求 $S(t)$ 时应将电流源视为单位阶跃函数。由于是一阶电路,阶跃响应 $S(t)=u_L(t)$ 的初值不为零,但终值为零,故

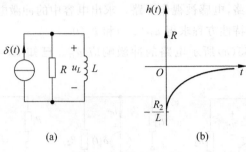

图 11-56 例 11-24 图

$$S(t) = u_L(0_+) e^{-\frac{t}{\tau}} \varepsilon(t) = R e^{-\frac{R}{L}t} \varepsilon(t)$$

$$h(t) = \frac{\mathrm{d}S(t)}{\mathrm{d}t} = R\left(-\frac{R}{L}\right) e^{-\frac{R}{L}t} \varepsilon(t) + R e^{-\frac{R}{L}t} \delta(t) = -\frac{R^2}{L} e^{-\frac{R}{L}t} \varepsilon(t) + R \delta(t)$$

$h(t)$ 的波形如图 11-56(b)所示。

3. 比较系数法

类似于用比较系数法求阶跃响应,在列出电路的微分方程后,可用比较系数法求得冲激响应。

电路微分方程的一般形式是式(11-37),即

$$\frac{\mathrm{d}^n y}{\mathrm{d}t^n} + a_1 \frac{\mathrm{d}^{n-1} y}{\mathrm{d}t^{n-1}} + \cdots + a_n y = b_0 \frac{\mathrm{d}^m x}{\mathrm{d}t^m} + \frac{\mathrm{d}^{m-1} x}{\mathrm{d}t^{m-1}} + \cdots + b_m x$$

若 $x = \delta(t)$ 且电路的原始状态为零状态,则响应 $y(t)$ 为冲激响应。

根据微分方程的形式,冲激响应有两种情况。

(1) 若 $n > m$,则 $h(t)$ 中不含冲激函数及其各阶导数。$h(t)$ 的表达式为

$$h(t) = y_h(t) \varepsilon(t) \tag{11-40}$$

y_h 是齐次微分方程的解。

(2) 若 $n \leqslant m$,则 $h(t)$ 中含有冲激函数及冲激函数的各阶导数,其一般表达式为

$$h(t) = y_h(t) \varepsilon(t) + \sum_{l=0}^{m-n} c_l \delta^{(l)}(t) \tag{11-41}$$

例 11-25 某电路的微分方程为

$$\frac{\mathrm{d}y}{\mathrm{d}t} + 4y = 2\frac{\mathrm{d}^2 x}{\mathrm{d}t^2} + 3x$$

试求该电路的冲激响应 $h(t)$。

解 由于 $n = 1, m = 2$,故由式(11-41)得冲激响应的表达式为

$$h(t) = k e^{-4t} \varepsilon(t) + c_0 \delta(t) + c_1 \delta'(t)$$

而

$$\frac{\mathrm{d}h(t)}{\mathrm{d}t} = -4k e^{-4t} \varepsilon(t) + k e^{-4t} \delta(t) + c_0 \delta'(t) + c_1 \delta''(t)$$

$$= -4k e^{-4t} \varepsilon(t) + k \delta(t) + c_0 \delta'(t) + c_1 \delta''(t)$$

将 $\dfrac{\mathrm{d}h}{\mathrm{d}t}$、$h(t)$ 代入原微分方程,可得

$$(k + 4c_0) \delta(t) + (c_0 + 4c_1) \delta'(t) + c_1 \delta''(t) = 2\delta''(t) + 3\delta(t)$$

比较方程两边各项的系数,解出
$$k = 35, \quad c_0 = -8, \quad c_1 = 2$$
则所求冲激响应为
$$h(t) = 35e^{-4t}\varepsilon(t) - 8\delta(t) + 2\delta'(t)$$

由于冲激响应是阶跃响应的导数,因此,阶跃响应是冲激响应的积分,即
$$h(t) = \frac{dS(t)}{dt} \Leftrightarrow S(t) = \int_{-\infty}^{t} h(t')dt' = \int_{0_-}^{t} h(t')dt'$$

由此可见,由冲激响应求阶跃响应是阶跃响应的又一种求法。

练习题

11-17 电路如图 11-57 所示,求阶跃响应 $u_C(t)$ 和 $u(t)$。

11-18 用下述方法求图 11-58 所示电路的冲激响应 $i_L(t)$。(1)转化为零输入响应求解;(2)由阶跃响应求冲激响应。

11-19 电路的微分方程为 $\dfrac{d^2 y}{dt^2} + \dfrac{dy}{dt} + y = x(t)$,求阶跃响应和冲激响应。

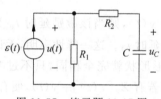
图 11-57 练习题 11-17 图

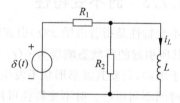
图 11-58 练习题 11-18 图

11.7 线性时不变网络零状态响应的基本特性

线性时不变网络的零状态响应具有许多重要特性,主要有线性特性、时不变特性以及微分和积分特性等,下面分别予以讨论。讨论均针对具有零初始状态的线性时不变网络,且认为电路有唯一解。

11.7.1 线性特性

线性特性说明电路的零状态响应是激励的线性函数。该特性包括齐次性和可加性。齐次性是指当激励扩大 m 倍时,零状态响应为原响应的 m 倍,可表示为
$$Z_0[mx(t)] = mZ_0[x(t)] \tag{11-42}$$
式中,Z_0 为零状态响应算子;$x(t)$ 为电路的激励;$Z_0[x(t)]$ 表示由 $x(t)$ 引起的电路零状态响应。

可加性是电路中有 n 个激励时,零状态响应则为每个激励所产生响应的叠加,可表示为
$$Z_0[x_1(t) + x_2(t)] = Z_0[x_1(t)] + Z_0[x_2(t)] \tag{11-43}$$
综上所述,线性特性的表达式为
$$Z_0[m_1 x_1(t) + m_2 x_2(t)] = m_1 Z_0[x_1(t)] + m_2 Z_0[x_2(t)] \tag{11-44}$$

11.7.2　微分与积分特性

微分特性是指当激励 $x(t)$ 产生的零状态响应为 $y(t)$ 时,由激励 $\dfrac{\mathrm{d}x(t)}{\mathrm{d}t}$ 产生的零状态响应为 $\dfrac{\mathrm{d}y(t)}{\mathrm{d}t}$。即若有 $Z_0[x(t)]=y(t)$,则有

$$Z_0\left[\frac{\mathrm{d}x(t)}{\mathrm{d}t}\right]=\frac{\mathrm{d}}{\mathrm{d}t}\{Z_0[x(t)]\}=\frac{\mathrm{d}y(t)}{\mathrm{d}t} \tag{11-45}$$

积分特性是指当激励 $x(t)$ 产生的零状态响应为 $y(t)$ 时,则由激励 $\displaystyle\int_{0_-}^t x(\xi)\mathrm{d}\xi$ 产生的零状态响应为 $\displaystyle\int_{0_-}^t y(\xi)\mathrm{d}\xi$。积分特性的表达式为

$$Z_0\left[\int_{0_-}^t x(\xi)\mathrm{d}\xi\right]=\int_{0_-}^t Z_0[x(\xi)]\mathrm{d}\xi=\int_{0_-}^t y(\xi)\mathrm{d}\xi \tag{11-46}$$

当电路的激励发生变化,且与原激励为微分或积分关系时,便可用微分或积分特性来求取零状态响应。

11.7.3　时不变特性

时不变特性是指若激励 $x(t)$ 引起的零状态响应为 $y(t)$,则当该激励延时 t_0 为 $x(t-t_0)$ 时,其所引起的零状态响应为 $y(t-t_0)$,即原响应亦延时 t_0。这一特性表明,无论激励何时作用于电路,只要其波形形状不发生改变,响应的波形形状就完全相同,只不过响应波形的起始时间不同而已。时不变特性可用数学式表示,即若有 $Z_0[x(t)]=y(t)$,便有

$$Z_0[x(t-t_0)]=y(t-t_0) \tag{11-47}$$

时不变特性也可表示为

$$Z_0\{\mathcal{T}_{t_0}[x(t)]\}=\mathcal{T}_{t_0}\{Z_0[x(t)]\} \tag{11-48}$$

式中,$\mathcal{T}_{t_0}$ 称为延迟算子,它表示将其作用的函数延迟 t_0 时间。式(11-48)还表明算子 Z_0 和 $\mathcal{T}_{t_0}$ 具有交换性。

例 11-26　已知某电路冲激响应 $h(t)$ 的波形为图 11-59(a)所示,试画出该电路在图 11-59(b)所示激励 $f(t)$ 作用下的响应 $y(t)$ 的波形。

解　激励函数 $f(t)$ 的表达式为

$$f(t)=\delta(t)-\delta(t-1)+2\delta(t-1.5)$$

这表明该电路的激励为三个冲激电源之和。根据时不变特性和线性特性,激励 $-\delta(t-1)$ 和 $2\delta(t-1.5)$ 分别作用于该电路引起的响应为 $-h(t-1)$ 和 $2h(t-1.5)$,如图 11-59(c)所示。于是电路在 $f(t)$ 激励下的响应是三个冲激电源产生的响应之和,即

$$y(t)=h(t)-h(t-1)+2h(t-1.5)$$

由此可得电路响应的波形 $y(t)$ 如图 11-59(d)所示。

例 11-27　电路如图 11-60(a)所示,N_0 为线性时不变无源松弛网络。已知当 $i_{s1}(t)=\delta(t)$ 时,响应 $u_2(t)=50\mathrm{e}^{-10t}\varepsilon(t)\mathrm{V}$。在图 11-60(b)所示电路中,$i_{s2}(t)$ 的波形如图 11-60(c)所示,求零状态响应 $u_1(t)$。

解　由题意,知电路的冲激响应为 $h(t)=u_2(t)=50\mathrm{e}^{-10t}\varepsilon(t)\mathrm{V}$。根据互易定理,$i_{s2}$

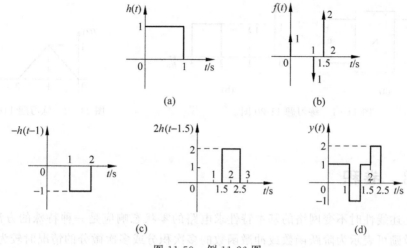

图 11-59　例 11-26 图

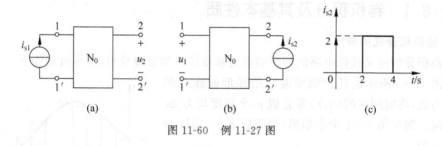

图 11-60　例 11-27 图

产生的零状态响应 u_1 应与其有相同波形的 i_{s1} 产生的零状态响应 u_2 相等。i_{s2} 波形的表达式为

$$i_{s2}(t) = 2\delta(t) + 2[\varepsilon(t-2) - \varepsilon(t-4)]$$

根据积分特性或阶跃响应与冲激响应间的关系,可求得阶跃响应为

$$S(t) = \int_{0_-}^{t} h(\xi)\mathrm{d}\xi = \int_{0_-}^{t} 50\mathrm{e}^{-10\xi}\varepsilon(\xi)\mathrm{d}\xi = 5(1 - \mathrm{e}^{-10t})\varepsilon(t)$$

根据线性特性和时不变特性,可得所求响应为

$$u_1(t) = 2h(t) + 2S(t-2) - 2S(t-4)$$
$$= 100\mathrm{e}^{-10t}\varepsilon(t) + 10[1 - \mathrm{e}^{-10(t-2)}]\varepsilon(t-2) - 10[1 - \mathrm{e}^{10(t-4)}]\varepsilon(t-4)$$

练习题

11-20　电路如图 11-61(a)所示,已知其阶跃响应为 $u_0(t) = \mathrm{e}^{-2t}\varepsilon(t)\mathrm{V}$,求激励 $e_s(t)$ 的波形如图 11-61(b)所示时的电路零状态响应 $u_0(t)$。

11-21　已知某电路的阶跃响应 $y(t) = S(t)$,求该电路在图 11-62 所示波形激励下的零状态响应 $y(t)$。

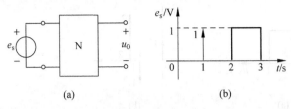

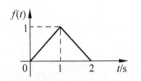

图 11-61　练习题 11-20 图　　　　　　　图 11-62　练习题 11-21 图

11.8　卷积

利用上述线性时不变网络的基本特性求电路的零状态响应是一种特殊的方法,它应用在电路的激励可表示为阶跃函数或冲激函数的多次积分或多次微分的情况时较为方便。当电路的激励为任意波形时,电路的零状态响应可由卷积积分求得。

11.8.1　卷积积分及其基本性质

1. 卷积积分式的导出

卷积积分的定义式以电路的冲激响应为基础按叠加定理导出,推导过程如下。

将图 11-63 所示的任意激励波形用梯形曲线近似表示。为此,将时间区间 $(0,t)$ 等分成 n 个宽度均为 Δt 的小区间。图中第 $k+1$ 个小矩形(用阴影表示)用脉冲函数表示为

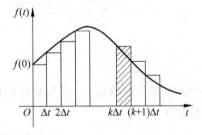

$$G_{k+1} = f(k\Delta t)P_{\Delta t}(t - k\Delta t)\Delta t \qquad (11\text{-}49)$$

注意脉冲函数 $P_{\Delta t}(t - \Delta t)$ 的宽度为 Δt,高度为 $\dfrac{1}{\Delta t}$,第 $k+1$ 个矩形的高度为 $f(k\Delta t)$,这样便容易理解式(11-49)。于是,波形 $f(t)$ 可近似表示为依次延时 Δt 的 n 个矩形脉冲之和,即

图 11-63　将任意波形 $f(t)$ 用梯形曲线近似表示

$$f(t) \approx f_{\Delta}(t) = \sum_{k=0}^{n-1} G_{k+1} = \sum_{k=0}^{n-1} f(k\Delta t)P_{\Delta t}(t - k\Delta t)\Delta t \qquad (11\text{-}50)$$

设由脉冲函数 $P_{\Delta t}(t)$ 引起的电路响应为 $h_{\Delta}(t)$,根据时不变特性,由 $P_{\Delta t}(t - k\Delta t)$ 引起的响应为 $h_{\Delta}(t - k\Delta t)$,于是由 $f(t)$ 引起的电路响应 $y(t)$ 近似为

$$y(t) \approx y_{\Delta}(t) = \sum_{k=0}^{n-1} f(k\Delta t)h_{\Delta}(t - k\Delta t)\Delta t \qquad (11\text{-}51)$$

当 $\Delta t \to 0$ 时,$f_{\Delta}(t)$ 变为 $f(t)$,$y_{\Delta}(t)$ 变成 $y(t)$,即电路在 $f(t)$ 激励下的响应 $y(t)$ 为

$$y(t) = \lim_{\Delta t \to 0} y_{\Delta}(t) = \lim_{\Delta t \to 0} \sum_{k=0}^{n-1} f(k\Delta t)h_{\Delta}(t - k\Delta t)\Delta t \qquad (11\text{-}52)$$

不难看出,若 $\Delta t \to 0$ 则 $n \to \infty$,Δt 变成无穷小量 $\mathrm{d}\tau$,离散变量 $k\Delta t$ 成为连续变量 τ,h_{Δ} 变为冲激响应,同时注意到式(11-52)是在指定的时刻 t 对 k 求和,则依据积分的概念,式(11-52)变成下面的积分式

$$y(t) = \int_0^t f(\tau)h(t-\tau)d\tau \qquad (11-53)$$

该积分式称为卷积积分,简称为卷积。

2. 卷积积分的相关说明

(1) 应特别注意到,在卷积积分式(11-53)中,积分变量是 τ 而不是 t,t 在该式中是一个参变量,它也被作为积分上限。积分式中的 $f(\tau)$ 由激励函数 $f(t)$ 中的变量 t 换为 τ 而得到,$h(t-\tau)$ 由冲激响应 $h(t)$ 中的变量 t 换作 $t-\tau$ 而得到。卷积积分的结果是 t 的函数。

(2) 卷积积分通常记为 $f(t)*h(t)$,读作"$f(t)$ 卷积 $h(t)$",于是式(11-53)可记为

$$y(t) = \int_0^t f(\tau)h(t-\tau)d\tau = f(t)*h(t) \qquad (11-54)$$

(3) 卷积积分式(11-53)通常被用于计算电路对任意激励波形 $f(t)$ 作用下的零状态响应。式(11-53)表明,计算卷积积分除必须知道激励 $f(t)$ 的波形外,还必须求出电路的冲激响应 $h(t)$。

(4) 根据式(11-52),可知卷积积分的物理意义为:线性时不变网络在任意时刻 t 对任意激励的响应,等于激励函数作用期间 $(0,t)$ 内无限多个连续出现的冲激响应之和。

(5) 定积分是在积分区间内被积函数曲线所围的面积,显然卷积积分是在区间 $(0,t)$ 内 $f(t)h(t-\tau)$ 这一乘积所对应的曲线所围的面积,这就是卷积的几何意义。若设 $f(t) = (t)$,$h(t)$ 为全波整流波形,如图 11-64(a)、图 11-64(b)所示,然后作变量代换,将 $f(t)$ 和 $h(t)$ 变为 $f(\tau)$ 和 $h(t-\tau)$,其中 $h(-\tau)$ 是 $h(\tau)$ 对纵轴的镜像,即把 $h(\tau)$ 的波形以纵轴为中心轴旋转 $180°$ 而得,这一旋转过程称为"卷"或称折叠。$h(-\tau)$ 的波形如图 11-64(c)所示。将 $h(-\tau)$ 波形的起点向右平行移动至时刻 t 处,便得 $h(t-\tau)$ 的波形,如图 11-64(d)所示,$h(t-\tau)$ 中的 t 为参变量,随着 t 的增加,$h(t-\tau)$ 波形的位置逐步沿 τ 轴右边方向(τ 轴的正方向)移动,故称 $h(t-\tau)$ 为右行扫描波,简称扫描波。相反,$f(\tau)$ 的位置在坐标系中是不变的,故称为固定波。于是乘积 $f(\tau)h(t-\tau)$ 对应的曲线对 τ 轴所围的面积便是卷积 $f(t)*h(t)$,如图 11-64(d)中的阴影部分所示。

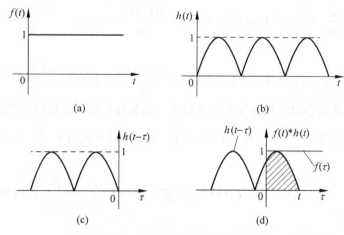

图 11-64 卷积的几何意义的说明图

3. 卷积的基本性质

性质一 卷积满足互换律。设有两个函数 $f_1(t)$ 和 $f_2(t)$,则

$$f_1(t) * f_2(t) = f_2(t) * f_1(t) \tag{11-55}$$

互换律可证明如下:

若令 $\tau = t - \xi$,则 $\xi = t - \tau, \mathrm{d}\tau = -\mathrm{d}\xi$,于是有

$$f_1(t) * f_2(t) = \int_0^t f_1(\tau) f_2(t - \tau) \mathrm{d}\tau$$

$$= -\int_t^0 f_1(t - \xi) f_2(\xi) \mathrm{d}\xi = \int_0^t f_2(\xi) f_1(t - \xi) \mathrm{d}\xi \tag{11-56}$$

因定积分的结果只取决于被积函数和积分的上下限,与积分变量的选择无关,于是式(11-55)可写为

$$f_1(t) * f_2(t) = \int_0^t f_2(\tau) f_1(t - \tau) \mathrm{d}\tau = f_2(t) * f_1(t)$$

卷积积分的互换律得证。

根据卷积的互换律,网络在任意波形激励下的零状态响应既可表示为激励函数 $f(t)$ 卷积冲激响应 $h(t)$,也可表示为冲激响应卷积激励函数,即

$$y(t) = \int_0^t f(\tau) h(t - \tau) \mathrm{d}\tau = \int_0^t h(\tau) f(t - \tau) \mathrm{d}\tau \tag{11-57}$$

或

$$y(t) = f(t) * h(t) = h(t) * f(t) \tag{11-58}$$

互换律在卷积计算中经常被用到。

下面的几条性质只叙述内容,它们的证明读者可参阅有关文献或自行推导。

性质二 卷积积分满足结合律,结合律可表示为

$$f_1(t) * [f_2(t) * f_3(t)] = [f_1(t) * f_2(t)] * f_3(t) \tag{11-59}$$

性质三 卷积积分满足分配律,分配律可表示为

$$f_1(t) * [f_2(t) + f_3(t)] = f_1(t) * f_2(t) + f_1(t) * f_3(t) \tag{11-60}$$

性质四 两函数卷积的导数等于两函数中之一的导数与另一函数的卷积,即

$$\frac{\mathrm{d}}{\mathrm{d}t}[f_1(t) * f_2(t)] = f_1(t) * \frac{\mathrm{d}f_2(t)}{\mathrm{d}t} = f_2(t) * \frac{\mathrm{d}f_1(t)}{\mathrm{d}t} \tag{11-61}$$

推广之,有

$$\frac{\mathrm{d}^n}{\mathrm{d}t^n}[f_1(t) * f_2(t)] = f_1(t) * \frac{\mathrm{d}^n f_2(t)}{\mathrm{d}t^n} = f_2(t) * \frac{\mathrm{d}^n f_1(t)}{\mathrm{d}t^n} \tag{11-62}$$

性质五 两函数卷积的积分等于两函数之一的积分与另一函数的卷积,即

$$\int_{-\infty}^t [f_1(\xi) * f_2(\xi)] \mathrm{d}\xi = f_1(t) * \int_{-\infty}^t f_2(\xi) \mathrm{d}\xi = f_2(t) * \int_{-\infty}^t f_1(\xi) \mathrm{d}\xi \tag{11-63}$$

推广之,有

$$\underbrace{\int_{-\infty}^t \int_{-\infty}^t \cdots \int_{-\infty}^t}_{n} [f_1(\xi) * f_2(\xi)] \underbrace{\mathrm{d}\xi \cdots \mathrm{d}\xi}_{n} = f_1(t) * \underbrace{\int_{-\infty}^t \cdots \int_{-\infty}^t}_{n} f_2(\xi) \underbrace{\mathrm{d} \cdots \mathrm{d}\xi}_{n} \tag{11-64}$$

11.8.2 卷积积分的计算方法

卷积积分可用"扫描图解法"和"解析法"两种方法计算。

1. 扫描图解法

所谓"扫描图解法"是根据卷积的几何意义,计算右行扫描波与固定波的"交积"对 τ 轴的面积。其求解步骤是:

(1) 选取扫描波。根据卷积互换律式(11-55),既可选 $h(t)$,亦可选 $f(t)$ 为扫描波。选取哪一函数做扫描波,由是否便于计算而定,选取原则是希望扫描波比较简单。

(2) 分段写出 $h(t)$ 和 $f(t)$ 的函数表达式。

(3) 作出扫描波对纵轴的镜像。

(4) 随时间 t 的增加,逐步移动扫描波,并分段计算零状态响应。

例 11-28 某电路的冲激响应 $h(t)$ 和输入函数 $f(t)$ 的波形如图 11-65(a)、(b)所示,试用卷积求零状态响应 $y(t)$。

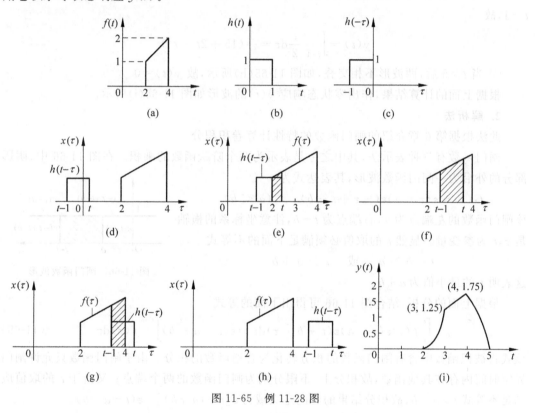

图 11-65 例 11-28 图

解 用扫描图解法计算。

(1) 相比较而言,$h(t)$ 的波形较为简单,故选 $h(t)$ 为扫描波;

(2) 写出 $f(t)$ 和 $h(t)$ 的分段表示式为

$$f(t)=\begin{cases} 0 & (t<2) \\ \dfrac{1}{2}t & (2<t<4) \\ 0 & (t>4) \end{cases} \qquad h(t)=\begin{cases} 0 & (t<0) \\ 1 & (0<t<1) \\ 0 & (t>1) \end{cases}$$

(3) 作出扫描波 $h(\tau)$ 对纵轴的镜像 $h(-\tau)$,如图 11-65(c)所示;

(4) 移动扫描波,根据扫描过程中 $h(t)$ 和 $f(t)$ 的交叠情况分别计算零状态响应。

① 当 $t<2$ 时,扫描波同固定波不相交,如图 11-65(d)所示,故

$$y(t)=f(t)*h(t)=0$$

② 当 $2<t<3$ 时,两波形相交,如图 11-65(e)所示,显然,积分的上限是 t,下限为 2,故

$$y(t)=\int_2^t \frac{\tau}{2}\mathrm{d}\tau=\frac{1}{4}\tau^2\Big|_2^t=\frac{1}{4}(t^2-4)$$

③ 当 $3<t<4$ 时,两波形完全交叠如图 11-65(f)所示。由于 $h(t)$ 波形的宽度为 1,故积分上限为 t,积分下限为 $t-1$,有

$$y(t)=\int_{t-1}^t \frac{\tau}{2}\mathrm{d}\tau=\frac{1}{4}\tau^2\Big|_{t-1}^t=\frac{1}{4}(2t-1)$$

④ 当 $4<t<5$ 时,两函数部分交叠,如图 11-65(g)所示,显然积分的上限是 4,下限是 $t-1$,故

$$y(t)=\int_{t-1}^4 \frac{\tau}{2}\mathrm{d}\tau=\frac{1}{4}(15+2t-t^2)$$

⑤ 当 $t>5$ 后,两波形不相交叠,如图 11-65(h)所示,故 $y(t)=0$。

根据上面的计算结果,作出零状态响应 $y(t)$ 的波形如图 11-65(i)所示。

2. 解析法

此法根据第 6 章介绍的闸门函数的特性计算卷积积分。

闸门函数有三种表示法,其中之一是表示为两个阶跃函数的乘积。在图 11-66 中,阴影部分的外沿为一闸门函数波形,其表达式为

$$G(t)=\varepsilon(\tau-a)\varepsilon(-\tau+t-b) \qquad (a<b)$$

该闸门函数的左端点为 a,右端点为 $t-b$,注意坐标系的横轴是 τ,t 为参变量。显然 t 的取值必须满足下面的不等式

$$t-b>a \quad \text{或} \quad t>a+b$$

这表明 t 的最小值为 $a+b$。

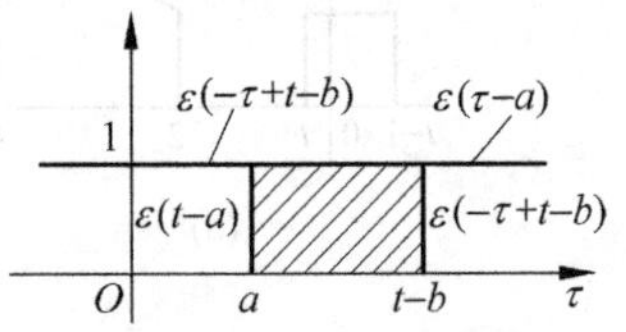

图 11-66 闸门函数波形

根据上面的分析,结合图 11-66 可得出下面的等式

$$\int_0^t f(\tau)\varepsilon(\tau-a)\varepsilon(t-b-\tau)\mathrm{d}\tau=\varepsilon(t-a-b)\int_a^{t-b} f(\tau)\mathrm{d}\tau \qquad (11\text{-}65)$$

该式将被积函数中含有闸门函数的积分转化为普通函数的积分。由于闸门函数只允许闸门界定时间内存在其他函数,故积分上、下限分别为闸门函数的两个端点;又由于 t 的取值应满足不等式 $t>a+b$,故积分结果的时间定义域为 $\varepsilon[t-(a+b)]=\varepsilon(t-a-b)$。

根据式(11-65)便可进行卷积的解析计算。

用解析法计算卷积积分的步骤是:

(1) 用两阶跃函数之差表示的闸门函数写出 $f(t)$ 和 $h(t)$ 在整个时间域上的解析表达式;

(2) 仍选取 $f(t)$ 和 $h(t)$ 中波形简单者为扫描波;将扫描波中的 t 用 $t-\tau$ 代换,将固定波解析式中的 t 换为 τ;

(3) 利用式(11-65)计算卷积积分,求出零状态响应。

例 11-29 试用解析法计算例 11-28。

解 (1) 写出 $f(t)$ 和 $h(t)$ 的解析式为

$$f(t)=\frac{1}{2}t[\varepsilon(t-2)-\varepsilon(t-4)]$$

$$h(t) = [\varepsilon(t) - \varepsilon(t-1)]$$

（2）选 $h(t)$ 为扫描波，则

$$f(\tau) = \frac{1}{2}\tau[\varepsilon(\tau-2) - \varepsilon(\tau-4)]$$

$$h(t-\tau) = [\varepsilon(t-\tau) - \varepsilon(t-\tau-1)]$$

（3）用闸门函数特性计算卷积

$$y(t) = \int_0^t f(\tau)h(t-\tau)\mathrm{d}\tau$$

$$= \int_0^t \frac{1}{2}\tau[\varepsilon(\tau-2) - \varepsilon(\tau-4)][\varepsilon(t-\tau) - \varepsilon(t-\tau-1)]\mathrm{d}t$$

$$= \frac{1}{2}\int_0^t \tau\varepsilon(\tau-2)\varepsilon(t-\tau)\mathrm{d}\tau - \frac{1}{2}\int_0^t \tau\varepsilon(\tau-2)\varepsilon(t-1-\tau)\mathrm{d}\tau -$$

$$\frac{1}{2}\int_0^t \tau\varepsilon(\tau-4)\varepsilon(t-\tau)\mathrm{d}\tau + \frac{1}{2}\int_0^t \tau\varepsilon(\tau-4)\varepsilon(t-1-\tau)\mathrm{d}\tau$$

$$= \frac{1}{2}\varepsilon(t-2)\int_2^t \tau\mathrm{d}\tau - \frac{1}{2}\varepsilon(t-1-2)\int_2^{t-1} \tau\mathrm{d}\tau -$$

$$\frac{1}{2}\varepsilon(t-4)\int_4^t \tau\mathrm{d}\tau + \frac{1}{2}\varepsilon(t-1-4)\int_4^{t-1} \tau\mathrm{d}\tau$$

$$= \frac{1}{4}\varepsilon(t-2)\tau^2\Big|_2^t - \frac{1}{4}\varepsilon(t-3)\tau^2\Big|_2^{t-1} - \frac{1}{4}\varepsilon(t-4)\tau^2\Big|_4^t + \frac{1}{4}\varepsilon(t-5)\tau^2\Big|_4^{t-1}$$

$$= \frac{1}{4}(t^2-4)\varepsilon(t-2) - \frac{1}{4}(t^2-2t-3)\varepsilon(t-3) -$$

$$\frac{1}{4}(t^2-16)\varepsilon(t-4) + \frac{1}{4}(t^2+2t-15)\varepsilon(t-5)$$

将最后的结果用分段函数表示为

$$y(t) = 0 \qquad (t \leqslant 2)$$

$$y(t) = \frac{1}{4}(t^2-4) \qquad (2 \leqslant t \leqslant 3)$$

$$y(t) = \frac{1}{4}(t^2-4) - \frac{1}{4}(t^2-2t-3) = \frac{1}{4}(2t-1) \qquad (3 \leqslant t \leqslant 4)$$

$$y(t) = \frac{1}{4}(t^2-4) - \frac{1}{4}(t^2-2t-3) - \frac{1}{4}(t^2-16)$$

$$= \frac{1}{4}(-t^2+2t+15) \qquad (4 \leqslant t \leqslant 5)$$

$$y(t) = \frac{1}{4}(t^2-4) - \frac{1}{4}(t^2-2t-3) - \frac{1}{4}(t^2-16) + \frac{1}{4}(t^2-2t-15) = 0 \qquad (t \geqslant 5)$$

所得结果与例 11-28 完全相同。

练习题

11-22　某电路的激励 e_s 和冲激响应 $h(t)$ 的波形如图 11-67 所示。（1）用扫描图解法求零状态响应 $y(t)$；（2）用解析法求零状态响应 $y(t)$。

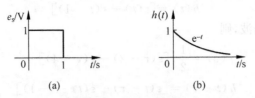

图 11-67 练习题 11-22 图

习题

11-1 以电容电压或电感电流为变量,写出题 11-1 图所示各电路的微分方程。

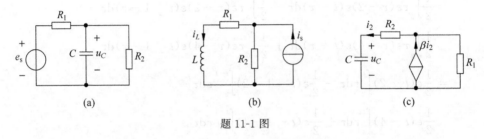

题 11-1 图

11-2 电路如题 11-2 图所示,若在 $t=0$ 时发生换路,试求图中所标示的各电压、电流的初始值。

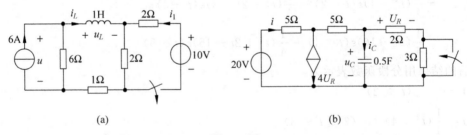

题 11-2 图

11-3 如题 11-3 图所示电路,在换路前电路处于稳定状态,求 S 闭合后电路中所标出电压、电流的初始值和稳态值以及 $\dfrac{\mathrm{d}u_C}{\mathrm{d}t}(0_+)$ 和 $\dfrac{\mathrm{d}i_L}{\mathrm{d}t}(0_+)$。

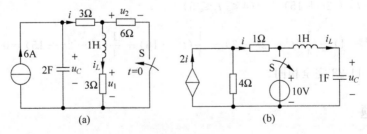

题 11-3 图

11-4 题 11-4 图所示电路在换路前各电容电压均为零。求电路换路后图中所标示的各电压、电流的初值以及 $\dfrac{du_{C1}}{dt}(0_+)$、$\dfrac{du_{C2}}{dt}(0_+)$。

11-5 题 11-5 图所示电路已处于稳态，开关 S 在 $t=0$ 时打开，求题 11-5 图(a)电路中的 $i_{L1}(0_+)$、$i_{L2}(0_+)$、$\dfrac{di_{L1}}{dt}(0_+)$ 和 $\dfrac{di_{L2}(0_+)}{dt}$ 以及题 11-5(b)图电路中的 $i_{L1}(0_+)$、$i_{L2}(0_+)$、$\dfrac{di_{L1}(0_+)}{dt}$ 和 $\dfrac{di_{L2}(0_+)}{dt}$。已知 $E_s=15\text{V}$，$I_s=6\text{A}$，$R_0=1\Omega$，$R_1=R_3=6\Omega$，$R_2=3\Omega$，$L_1=1\text{H}$，$L_2=2\text{H}$。

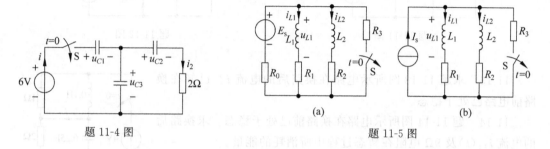

题 11-4 图　　　　　　　　　　　题 11-5 图

11-6 在题 11-6 图所示电路中，$I_s=2\text{A}$，$L_1=1\text{H}$，$L_2=2\text{H}$，$M=0.5\text{H}$，$R_1=1\Omega$，$R_2=1\Omega$。换路前电路已处于稳态。求初值 $i_{L1}(0_+)$ 和 $i_{L2}(0_+)$。

11-7 题 11-7 图所示电路在换路前已处于稳态。求换路后的响应 u_C。

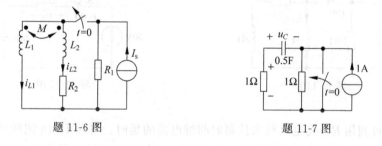

题 11-6 图　　　　　　　　　　　题 11-7 图

11-8 某 RC 放电电路在放电时的最大电流为 0.5A，电阻 R 在放电过程中吸收的能量为 5J。求：(1)放电开始时电容电压的大小；(2)电阻 R 的值；(3)放电 0.1s 时的电容电压值。

11-9 电路如题 11-9 图所示，换路前电路已处于稳态。求换路后电容电压 $u_C(t)$ 及 u_C 下降到人体安全电压 36V 时所需的时间。

11-10 在题 11-10 图所示电路中，电流表的内阻 $R_i=10\Omega$，电压表的内阻 $R_v=10^4\Omega$。在换路前电路已处于稳态。(1)求换路后的电感电流 $i_L(t)$ 及电压表的端电压 $u_v(t)$；(2)若电压表所能承受的最大反向电压为 500V，则采用何措施可使电压表免受损坏？

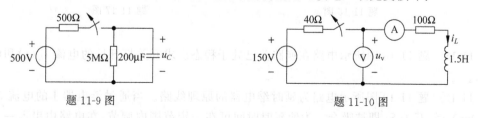

题 11-9 图　　　　　　　　　　　题 11-10 图

11-11　题 11-11 图所示电路在 S 打开前已处于稳态,求 S 打开后的响应 i。

11-12　在题 11-12 图所示电路中,$E=1\mathrm{V},R_1=1\Omega,R_2=2\Omega,L=1\mathrm{H},\alpha=2$。已知换路前电路已处于稳态,求换路后的电流 i_R。

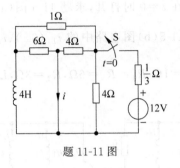

题 11-11 图

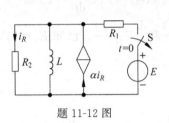

题 11-12 图

11-13　求题 11-13 图所示电路在换路后的电流 i。已知在换路前电路已处于稳态。

11-14　题 11-14 图所示电路在换路前已处于稳态。求换路后的电流 $i_{L1}(t)$ 及 9Ω 电阻在暂态过程中所消耗的能量。

11-15　在题 11-15 图所示电路中,电容原未充电。求换路后的电压 $u_C(t)$ 和 $u_R(t)$,并画出波形。

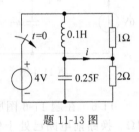

题 11-13 图

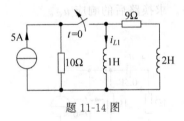

题 11-14 图

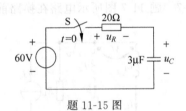

题 11-15 图

11-16　可利用 RC 充电电路来控制时间继电器的延时。将题 11-16 图所示电路中的电容电压 u_C 接至继电器,若要求开关合上 2s 后且 u_C 为 30V 时继电器动作,求电阻 R 的值。

11-17　在题 11-17 图所示电路中,开关断开后 0.2s 时的电容电压为 8V,求电容 C 的值。

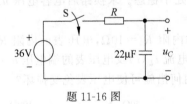

题 11-16 图

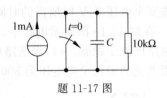

题 11-17 图

11-18　题 11-18 图所示电路在换路前已处于稳态。求开关打开后的电流 $i_L(t)$ 和电压 $u(t)$。

11-19　题 11-19 图所示电路为延时继电器的原理线路。当通过继电器 J 的电流 i_J 达到 10mA 后,开关 S_J 即被吸合。为使延时时间可在一定范围内调节,在电路中串入一个可

调电阻 R。若 $R_J = 500\,\Omega$，$L = 0.5\,\text{H}$，$E_s = 15\,\text{V}$，R 的调节范围为 $0 \sim 500\,\Omega$，试求 i_J 的表达式及继电器的延时调节范围。

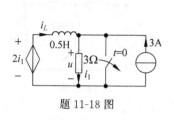

题 11-18 图

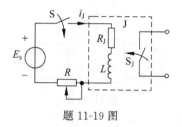

题 11-19 图

11-20 某电路的输入电压 u_i 的波形如题 11-20 图(a)所示。试设计一个线性无源网络，使其输出端口电压 u_o 波形如题 11-20 图(b)所示。

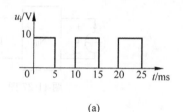

(a)

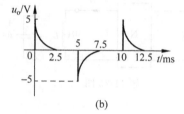

(b)

题 11-20 图

11-21 已知题 11-21 图所示电路的零状态响应为 $u_L = 4\mathrm{e}^{-4t}\varepsilon(t)$，$u = 2(1 - \mathrm{e}^{-4t})\varepsilon(t)$。试确定参数 R_1，R_2 和 L。

11-22 题 11-22 图所示电路在换路前已处于稳态。求 S 闭合后的电压 u，并绘出波形。

11-23 如题 11-23 图所示电路，N_R 为无源电阻网络，当 $i_L(0) = 0$，$i_s(t) = 4\varepsilon(t)\text{A}$ 时，有 $i_L(t) = (2 - 2\mathrm{e}^{-2t})\varepsilon(t)\text{A}$，试求当 $i_L(0) = 5\text{A}$，$i_s(t) = 3\varepsilon(t)\text{A}$ 时的 $i_L(t)$。

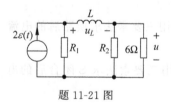

题 11-21 图

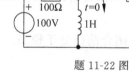

题 11-22 图

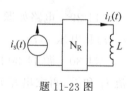

题 11-23 图

11-24 在题 11-24 图所示电路中，N_R 为无源线性电阻网络，$i_s(t)$ 为直流电源，$u_s(t)$ 为正弦电源，电路中电容电压全响应为

$$u_C(t) = 3\mathrm{e}^{-3t} + 2 - 2\sin(314t + 30°)\text{V} \quad (t \geqslant 0)$$

试求：(1) $u_C(t)$ 的零状态响应；(2) 当正弦电源为零时，在同样的初始条件下的全响应 $u_C(t)$。

11-25 题 11-25 图所示电路在换路前已处于稳态。开关 S 在 $t = 0$ 时打开，求：(1) 响应 i_L、i_1 和 i_2；(2) i_L 的零状态响应和零输入响应；(3) i_L 的自由分量和强制分量。

11-26 题 11-26 图所示网络 N 只含线性电阻元件。已知 i_L 的零状态响应为 $i_L = 6(1 - \mathrm{e}^{-0.5t})\varepsilon(t)$。若用 C 替代 L，且 $C = 4\text{F}$，求零状态响应 u_C。

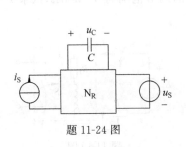

题 11-24 图

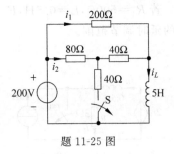

题 11-25 图

11-27　在题 11-27 图所示电路中，N_0 为线性无源电阻网络。当 $u_C(0_-)=12V$，$I_s=0$ 时，响应 $u(t)=4e^{-\frac{1}{3}t}$。求在同样初始状态下 $I_s=3A$ 时的全响应 $i_C(t)$。

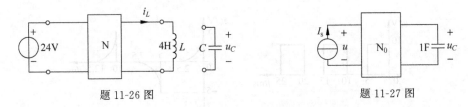

题 11-26 图　　　　　　　　　　　　　　题 11-27 图

11-28　如题 11-28 图(a)所示电路，N_0 为不含独立电源的电阻网络。已知当 $i_s=0$ 时，$U_1=10V$，当 $i_s=3A$ 时，$U_1=16V$。求图(b)所示电路的零状态响应 u_C。

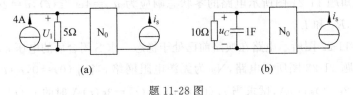

(a)　　　　　　　　　　　　　(b)

题 11-28 图

11-29　电路如题 11-29 图所示，开关闭合前其处于稳态。用三要素法求换路后的电流 $i_L(t)$ 和电压 $u(t)$。

11-30　题 11-30 图所示电路在 S 闭合前已处于稳态。先用三要素法求 S 闭合后的电流 i_1 和 i_2，再求出开关中流过的电流 i_k。

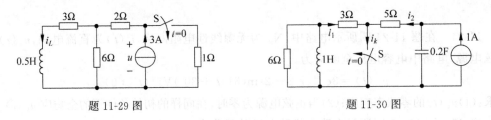

题 11-29 图　　　　　　　　　　　　　　题 11-30 图

11-31　题 11-31 图所示电路在开关 S 打开前已处于稳态。求开关打开后的开关电压 $u_k(t)$。

11-32　在题 11-32 所示的电路中，N 内部只含线性电阻元件。若 1V 的电压源(直流)

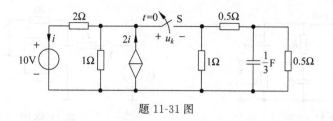

题 11-31 图

于 $t=0$ 时作用于该电路,输出端所得零状态响应为

$$u_0 = \left(\frac{1}{2} + \frac{1}{8}e^{-0.25t}\right)V \qquad (t>0)$$

问若把电路中的电容换以 2H 的电感,输出端的零状态响应 u_0 将为何?

11-33 如题 11-33 图所示电路,开关 S 闭合并已处于稳态。若 $t=0$ 时开关打开,试对 $t>0$ 求开关两端的电压 $u_k(t)$ 。

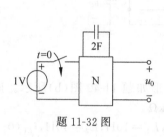

题 11-32 图

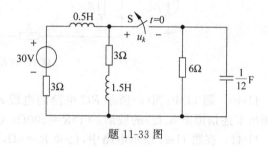

题 11-33 图

11-34 题 11-34 图所示电路在换路前处于稳态。试求 $t=0$ 时 S 闭合后的电流 i 。

11-35 题 11-35 图所示电路已处于稳态,$t=0$ 时 S 合上,求响应 u_0 。

11-36 电路如题 11-36 图所示,开关闭合前其已处于稳定状态。求开关闭合后的电压 $u_{ab}(t), t>0$ 。

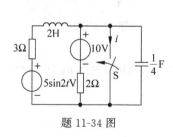

题 11-34 图

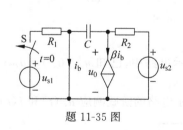

题 11-35 图

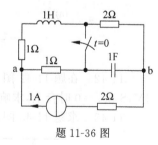

题 11-36 图

11-37 求题 11-37 图所示电路的零状态响应 $u_0(t)$ 。又若在换路后欲使电路立即进入稳定状态,求电路参数之间的关系。

11-38 求题 11-38 图所示电路在开关合上后的零状态响应 $u_C(t)$ 。

11-39 在题 11-39 图所示电路中,$u_s=10V, C=1\mu F, u_C(0_-)=0, R=1k\Omega, R_0=1\Omega$,求开关闭合后的电流 $i(t)$ 。

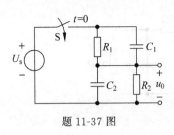

题 11-37 图

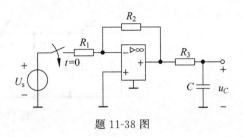

题 11-38 图

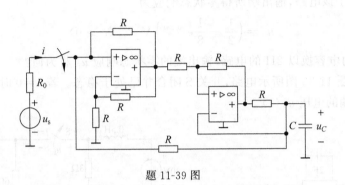

题 11-39 图

11-40　题 11-40 图(a)所示 RC 电路的电源 $e_s(t)$ 的波形如题 11-40 图(b)所示。试大致画出下述情形下 $u_o(t)$ 的波形：(1)$R=100\Omega$；(2)$R=10k\Omega$。

11-41　在题 11-41 所示电路中，已知 $R=8\Omega$，$E_s=32V$，$L_1=10H$，$L_2=40H$，$i_{L1}(0_-)=2A$，$i_{L2}(0_-)=1A$，试求全响应 $i_{L1}(t)$、$i_{L2}(t)$。

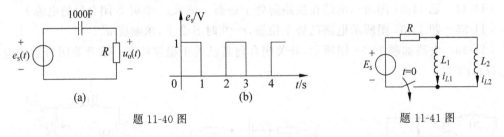

题 11-40 图　　　　　　　　　　　题 11-41 图

11-42　在题 11-42 图所示电路中，已知 $u_{C1}(0_-)=u_{C2}(0_-)=u_{C3}(0_-)=0$，$u_C(0_-)=1V$，S 在 $t=0$ 时合上，求响应 u_C。

11-43　求题 11-43 图所示电路的阶跃响应 $u_C(t)$ 和 $i(t)$。

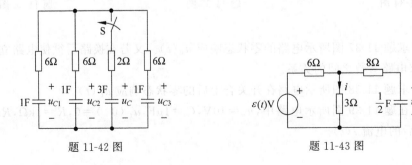

题 11-42 图　　　　　　　　　　　题 11-43 图

11-44　求题 11-44 图所示电路的阶跃响应 $i_L(t)$ 和 $u_1(t)$。

11-45　求题 11-45 图所示电路的阶跃响应 u_C 和 i。

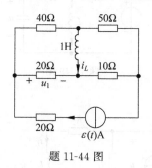

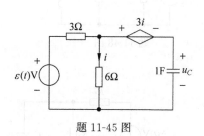

题 11-44 图　　　　　　　　　　　题 11-45 图

11-46　题 11-46 图中 N 为线性时不变无源网络。在阶跃电压源激励下，2-2′端接电阻 $R=2\Omega$ 时，零状态响应 $u_0'=\dfrac{1}{4}(1-\mathrm{e}^{-t})\varepsilon(t)$；换接电容 $C=1\mathrm{F}$ 时，零状态响应 $u_0''=\dfrac{1}{2}(1-\mathrm{e}^{-\frac{t}{4}})\varepsilon(t)$。试求图(b)电路中的零状态响应 u_0。

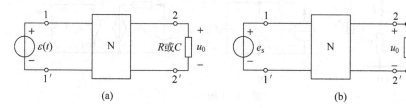

题 11-46 图

11-47　求题 11-47 图所示零状态电路中的 $u_C(0_+)$ 和 $i_L(0_+)$。

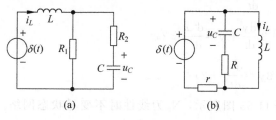

题 11-47 图

11-48　如题 11-48 图所示电路，已知 $u_C(0_-)=-4\mathrm{V}$，$i_L(0_-)=1\mathrm{A}$，求 $u_C(0_+)$、$i_L(0_+)$、$\dfrac{\mathrm{d}u_C}{\mathrm{d}t}(0_+)$、$\dfrac{\mathrm{d}i_L}{\mathrm{d}t}(0_+)$。

11-49　求题 11-49 图所示电路中的 $i_L(0_+)$、$u_C(0_+)$ 及 $\dfrac{\mathrm{d}u_R}{\mathrm{d}t}(0_+)$。

11-50　求题 11-50 图所示电路的冲激响应。

11-51　求题 11-51 图所示电路的阶跃响应和冲激响应。

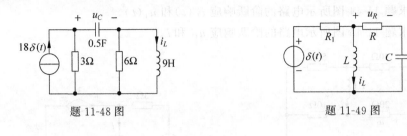

题 11-48 图　　　　　　题 11-49 图

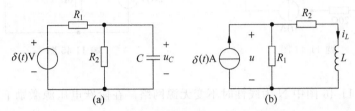

题 11-50 图

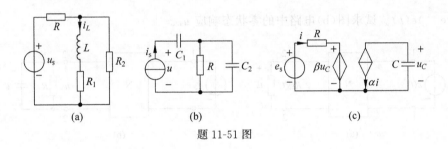

题 11-51 图

11-52　求下列微分方程的阶跃响应和冲激响应。

(1) $\dfrac{d^2y}{dt^2}+\dfrac{dy}{dt}+y=\dfrac{dx}{dt}+x$

(2) $\dfrac{d^3y}{dt^3}+3\dfrac{d^2y}{dt^2}+3\dfrac{dy}{dt}+y=\dfrac{d^2x}{dt^2}+2x$

(3) $\dfrac{d^2y}{dt^2}+4\dfrac{dy}{dt}+3y=\dfrac{d^3x}{dt^3}+2x$

11-53　电路如题 11-53 图所示，N_0 为线性时不变零状态网络。已知图(a)中当 $i_s=\delta(t)$ 时，响应 $u_0(t)=3e^{-6t}\varepsilon(t)$，求图(b)中当 $i_s=2\varepsilon(t)+\delta(t)+3\delta(t-1)$ 时的响应 $u_0'(t)$。

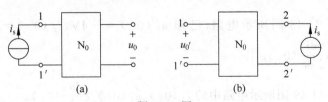

题 11-53 图

11-54　求题 11-54 图所示电路的冲激响应和阶跃响应。

11-55　求题 11-55 图所示电路的冲激响应 $i_L(t)$ 和 $u(t)$。

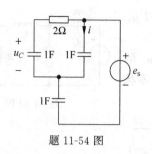

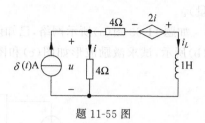

题 11-54 图　　　　　题 11-55 图

11-56　题 11-56 图所示电路可产生强大的瞬间电流。开关 S 位于 a 端时电路已处于稳态,当 $t=0$ 时 S 从 a 合向 b 端,求电流 i_L 及其最大值。已知 $E_s=10^5 \mathrm{V}$, $R=5\times10^{-4}\Omega$, $L=6\times10^{-9}\mathrm{H}$, $C=1500\mu\mathrm{F}$。

11-57　求题 11-57 图所示电路的零输入响应 $u_C(t)$,已知 $u_C(0_-)=10\mathrm{V}$, $i_L(0_-)=2\mathrm{A}$。

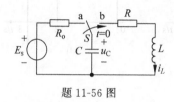

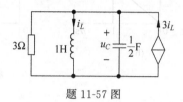

题 11-56 图　　　　　题 11-57 图

11-58　求题 11-58 图所示电路的零状态响应 i_L 和 i_R。

11-59　求题 11-59 图所示电路的零状态响应 i_L、u_C。

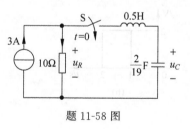

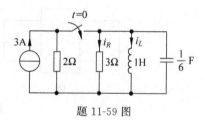

题 11-58 图　　　　　题 11-59 图

11-60　求题 11-60 图所示电路的冲激响应 u_C 和 i_L。

11-61　求题 11-61 图所示含理想运算放大器电路的阶跃响应,已知 $R_1=0.5\Omega$, $R_2=1\Omega$, $C_1=C_2=1\mathrm{F}$。

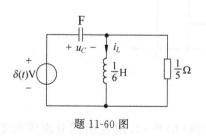

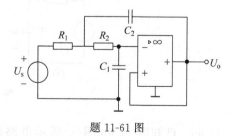

题 11-60 图　　　　　题 11-61 图

11-62 试列出题 11-62 图所示电路的微分方程(以 u_C 为求解变量)。

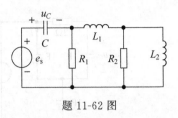

题 11-62 图

11-63 如题 11-63 图(a)所示网络,已知阶跃响应 u_0 的波形如图(b)所示,试求激励波形如图(c)和图(d)时的零状态响应 u_0。

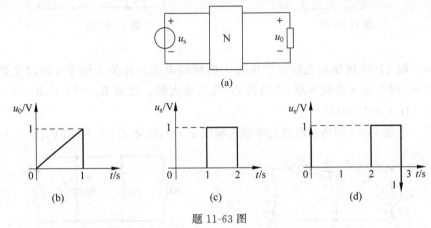

题 11-63 图

11-64 在题 11-64 图(a)所示电路中,N 为线性无源电阻网络。已知激励 u_s 为单位阶跃电压时,电容电压的全响应为 $u_C = (3+5e^{-2t})\mathrm{V}(t>0)$。(1)求零输入响应 u_C;(2)如输入电压 u_s 的波形改为图(b)所示,求零状态响应 u_C。

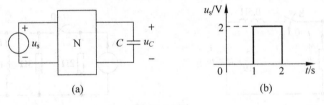

题 11-64 图

11-65 利用线性时不变特性,求题 11-65 图(a)所示网络在图(b)所示波形激励下的零状态响应 u_C。

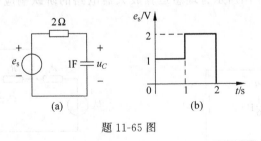

题 11-65 图

11-66 已知题 11-66 图(a)所示电路的激励如图(b)所示,用卷积积分求零状态响应 i。

11-67 电路如题 11-67 图所示。N_0 为线性时不变无源零状态网络。已知当 $u_s = \varepsilon(t)$ 时,响应 $u_0(t) = \dfrac{1}{4}(1 - e^{-2t})\varepsilon(t)$。求当 $u_s = 2e^{-3t}\varepsilon(t)$ 时的响应 $u_0(t)$。

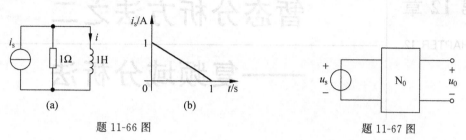

题 11-66 图　　　　　　　　　　题 11-67 图

第 12 章

CHAPTER 12

暂态分析方法之二

——复频域分析法

本章提要

复频域分析法是分析线性时不变动态电路暂态过程的一种强有力的工具,它利用数学中的拉普拉斯变换将时域问题转换为复频域(s 域)问题,把微分方程的建立和求解转换为代数方程的建立和求解,从而简化了分析过程。

本章的主要内容有:拉普拉斯变换及其基本性质;部分分式法求拉氏反变换;运算法;网络函数等。

12.1 拉普拉斯变换

用时域分析法(经典法)进行暂态过程的分析需确定初始条件、列写和求解微分方程。从实用的角度看,经典法只适用于一、二阶电路。随着电路阶数的增加,微分方程的列写、初始条件的求出和微分方程的求解(主要是齐次方程通解的获得)将变得十分烦琐和困难。利用数学中的拉普拉斯变换将时域问题转换为复频域问题,可使动态电路的暂态分析不必确定初始条件、不需列写和求解微分方程而获得所需的响应,这种方法被称为复频域分析法,也称为运算法。下面首先回顾数学中的拉普拉斯变换的相关内容。

12.1.1 拉普拉斯变换对

在数学中,拉普拉斯变换是一种广义的积分变换,常简称为拉氏变换。拉氏正变换和拉氏反变换构成了拉氏变换对。拉氏正变换的定义式为

$$F(s) = \int_{-\infty}^{\infty} f(t) e^{-st} \, dt \tag{12-1}$$

式中,$s = \sigma + j\omega$ 为一复变量,σ 是一正实数,ω 为角频率,故称 s 为复频率。这一定积分将时域中的函数 $f(t)$ 变换为复频域(也称 s 域)中的函数 $F(s)$,其中 $f(t)$ 称为原函数,$F(s)$ 称为象函数。由于积分区间是 $(-\infty, \infty)$,故称式(12-1)为双边拉氏正变换。实用中,$f(t)$ 的作用区间通常为 $(0, \infty)$,这种函数称为单边函数,则式(12-1)可写为

$$F(s) = \int_{0_-}^{\infty} f(t) e^{-st} \, dt \tag{12-2}$$

称上式为单边拉氏正变换,该式中的积分下限为 0_- 是考虑到 $t = 0$ 时 $f(t)$ 中可能含有冲激函数 $\delta(t)$ 或对偶冲激函数 $\delta'(t)$ 等。本书只讨论单边函数的拉氏变换。

由象函数 $F(s)$ 求原函数 $f(t)$ 称为拉氏反变换。拉氏反变换的定义式为

$$f(t) = \frac{1}{2\pi j}\int_{\sigma-j\infty}^{\sigma+j\infty} F(s)e^{j\omega t}\,ds \tag{12-3}$$

拉氏正变换可记为

$$F(s) = \mathcal{L}[f(t)] \tag{12-4}$$

式中，$\mathcal{L}[\ ]$ 表示求方括号中原函数的象函数。

拉氏反变换可记为

$$f(t) = \mathcal{L}^{-1}[F(s)] \tag{12-5}$$

式中，$\mathcal{L}^{-1}[\ ]$ 表示求方括号中象函数的原函数。

式(12-2)与式(12-3)或式(12-4)与式(12-5)构成拉氏变换对。

12.1.2 几种常用函数的象函数

1. 单位阶跃函数的象函数

$$\mathcal{L}[\varepsilon(t)] = \int_{0_-}^{\infty} \varepsilon(t)e^{-st}\,dt = \int_{0_-}^{\infty} e^{-st}\,dt = -\frac{1}{s}e^{-st}\Big|_{0_-}^{\infty} = \frac{1}{s}$$

2. 单位冲激函数的象函数

$$\mathcal{L}[\delta(t)] = \int_{0_-}^{\infty} \delta(t)e^{-st}\,dt = \int_{0_-}^{0_+} \delta(t)\,d(t) = 1$$

3. 指数函数的象函数

$$\mathcal{L}[e^{at}] = \int_{0_-}^{\infty} e^{-at}e^{-st}\,dt = \int_{0_-}^{\infty} e^{(a-s)t}\,dt = \frac{1}{s-a}e^{(a-s)t}\Big|_{0}^{\infty} = \frac{1}{s-a}$$

式中，指数中的系数 a 可正可负，可为实数，亦可为复数。$e^{at}\varepsilon(t)$ 称为单边指数函数。

4. 正弦函数的象函数

$$\begin{aligned}
\mathcal{L}[\sin\omega t] &= \int_{0_-}^{\infty} \sin\omega t\, e^{-st}\,dt = \int_{0_-}^{\infty} \frac{1}{2j}[e^{j\omega t} - e^{-j\omega t}]e^{-st}\,dt \\
&= \frac{1}{2j}\int_{0}^{\infty} [e^{-(s-j\omega)t} - e^{-(s+j\omega)t}]\,dt \\
&= \frac{1}{2j}\left(\frac{1}{s-j\omega} - \frac{1}{s+j\omega}\right) = \frac{\omega}{s^2+\omega^2}
\end{aligned}$$

在上述计算中用到了欧拉公式。

5. 余弦函数的象函数

$$\begin{aligned}
\mathcal{L}[\cos\omega t] &= \int_{0_-}^{\infty} \frac{1}{2}(e^{j\omega t} + e^{-j\omega t})e^{-st}\,dt = \frac{1}{2}\int_{0_-}^{\infty} [e^{-(s-j\omega)t} + e^{-(s+j\omega)t}]\,dt \\
&= \frac{1}{2}\left(\frac{1}{s-j\omega} + \frac{1}{s+j\omega}\right) = \frac{s}{s^2+\omega^2}
\end{aligned}$$

6. 衰减的正弦函数的象函数

$$\begin{aligned}
\mathcal{L}[e^{-at}\sin\omega t] &= \int_{0_-}^{\infty} e^{-at}\sin\omega t \cdot e^{-st}\,dt = \int_{0_-}^{\infty} \frac{1}{2j}[e^{j\omega t} - e^{-j\omega t}]e^{-(a+s)t}\,dt \\
&= \frac{1}{2j}\int_{0_-}^{\infty} \{e^{-[s-(j\omega-a)]t} - e^{-[s+(j\omega+a)]t}\}\,dt \\
&= \frac{1}{2j}\left[\frac{1}{s+(a-j\omega)} - \frac{1}{s+(a+j\omega)}\right] = \frac{\omega}{(s+a)^2+\omega^2}
\end{aligned}$$

式中，$a>0$。

许多常用函数的象函数可通过查表的方法获得。表 12-1 列出了部分较常用函数的拉氏变换式。

表 12-1　拉普拉斯变换简表

原函数 $f(t)$	象函数 $F(s)$	原函数 $f(t)$	象函数 $F(s)$
$\varepsilon(t)$	$\dfrac{1}{s}$	$\cos\omega t$	$\dfrac{s}{s^2+\omega^2}$
$\delta(t)$	1	$e^{-at}\sin\omega t$	$\dfrac{\omega}{(s+a)^2+\omega^2}$
$\delta^{(n)}(t)$	$\dfrac{1}{s_n}$	$e^{-at}\cos$	$\dfrac{s+a}{(s+a)^2+\omega^2}$
e^{at}	$\dfrac{1}{s-a}$	$\sqrt{t}$	$\dfrac{\sqrt{\pi}}{2\sqrt{s^3}}$
$t^n(n=1,2,\cdots)$	$\dfrac{n!}{s^{n+1}}$	$\dfrac{1}{\sqrt{t}}$	$\sqrt{\dfrac{\pi}{s}}$
$t^n e^{at}(n=1,2,\cdots)$	$\dfrac{n!}{(s-a)^{n+1}}$	$t\sin\omega t$	$\dfrac{2\omega s}{(s^2+\omega^2)^2}$
$\sin\omega t$	$\dfrac{\omega}{s^2+\omega^2}$	$t\cos\omega t$	$\dfrac{s^2-\omega^2}{(s^2+\omega^2)^2}$

12.1.3　拉氏反变换

进行拉氏反变换可采用两种方法，即围线积分法和部分分式展开法。围线积分法即按式(12-3)计算，所进行的是复变函数的积分运算，这种计算较为复杂。部分分式展开法运用于象函数为有理函数的情况，它是将象函数分解为多个简单分式之和后再求取原函数。由于电路中的电压和电流的象函数一般为有理函数，因此本书只介绍部分分式展开法。对于具有简单分式形式的象函数，可通过查拉氏变换简表的方法获得原函数。

例 12-1　已知象函数 $F(s)=\dfrac{\sqrt{3}}{(s+1)^2+3}$，求原函数 $f(t)$。

解
$$F(s)=\frac{\sqrt{3}}{(s+1)^2+3}=\frac{\sqrt{3}}{(s+1)^2+(\sqrt{3})^2}$$

查表得
$$f(t)=\mathcal{L}^{(-1)}[F(s)]=e^{-t}\sin\sqrt{3}\,t$$

进行拉氏变换时，习惯约定用小写字母表示原函数，用大写字母表示象函数。例如电压 $u(t)$ 和电流 $i(t)$ 的象函数分别为 $U(s)$ 和 $I(s)$。

练习题

12-1　求下列函数的象函数：
(1) e^{-2t+1}　　(2) $3t^6$　　(3) $2t^3 e^{-6t}$　　(4) $3e^{-2t}\cos 2t$

12-2　求下列函数的原函数：

(1) $\dfrac{3}{2s+3}$　　(2) $\dfrac{2}{s^2+6}$　　(3) $\dfrac{2s}{(s+3)^2+4}$

12.2　拉氏变换的基本性质

本节介绍体现拉氏变换基本性质的若干定理。这里只表述这些定理的内容而不加以证明。

1. 线性定理

拉氏变换具有线性特性,它满足可加性和齐次性。设

$$\mathcal{L}[f_1(t)]=F_1(s), \quad \mathcal{L}[f_2(t)]=F_2(s)$$

则

$$\mathcal{L}[k_1 f_1(t)+k_2 f_2(t)]=k_1 F(s)+k_2 F_2(s) \tag{12-6}$$

式中,k_1 和 k_2 均为常数。

例 12-2　试求 $f(t)=k_1 e^{-at}+k_2 e^{-bt}$ 的象函数。

解　由线性定理,有

$$\mathcal{L}[f(t)]=\mathcal{L}[k_1 e^{at}+k_2 e^{-bt}]=k_1 \mathcal{L}[e^{-at}]+k_2 \mathcal{L}[e^{-bt}]$$

$$=\frac{k_1}{s+a}+\frac{k_2}{s+b}=\frac{k_1(s+b)+k_2(s+a)}{(s+a)(s+b)}$$

2. 微分定理

设 $\mathcal{L}[f(t)]=F(s)$,则微分定理指出

$$\mathcal{L}\left[\frac{\mathrm{d}f(t)}{\mathrm{d}t}\right]=sF(s)-f(0_-) \tag{12-7}$$

推广之,有

$$\mathcal{L}\left[\frac{\mathrm{d}^n f(t)}{\mathrm{d}t^n}\right]=s^n F(s)-\sum_{k=0}^{n-1} s^{n-k-1} f^{(k)}(0_-) \tag{12-8}$$

式中,$f(0_-)$ 为 $f(t)$ 的原始值;$f^{(k)}(0_-)$ 为 $f(t)k$ 次导数的原始值。

例 12-3　设一微分方程为

$$\begin{cases} \dfrac{\mathrm{d}y(t)}{\mathrm{d}t}+2y(t)=3\delta(t) \\ y(0_-)=3 \end{cases}$$

求 $y(t)$。

解　对微分方程两边取拉氏变换,根据微分定理和线性定理,有

$$sY(s)-y(0_-)+2Y(s)=3$$

即

$$(s+2)Y(s)=3+y(0_-)=6$$

则

$$Y(s) = \frac{6}{s+2}$$

取拉氏反变换,得

$$y(t) = 6e^{-2t} \qquad (t > 0)$$

3. 积分定理

设 $\mathcal{L}[f(t)] = F(s)$,则积分定理指出

$$\mathcal{L}\left[\int_{-\infty}^{t} f(x)\mathrm{d}x\right] = \frac{F(s)}{s} + \frac{f^{-1}(0_-)}{s} \tag{12-9}$$

式中

$$f^{-1}(0_-) = \int_{-\infty}^{0_-} f(x)\mathrm{d}x$$

例 12-4 电感的伏安关系式为

$$i_L = \frac{1}{L}\int_{-\infty}^{t} u_L(x)\mathrm{d}x$$

试求 i_L 的拉氏变换式。

解 对题给电感的伏安关系式两边取拉氏变换,按积分定理,有

$$I_L(s) = \frac{1}{L}\left[\frac{U_L(s)}{s} + \frac{u_L^{-1}(0_-)}{s}\right]$$

其中

$$u_L^{-1}(0_-) = \int_{-\infty}^{0_-} u_L(x)\mathrm{d}x = \Psi_L(0_-)$$

$$I_L(s) = \frac{U_L(s)}{sL} + \frac{1}{sL}\Psi_L(0_-) = \frac{1}{sL}U_L(s) + \frac{1}{s}i_L(0_-)$$

从微分定理和积分定理可以看出,在应用拉氏变换时,直接用时域中 0_- 时的值(原始值),而不必考虑 0_+ 时的值(初始值)。这是它的一个突出优点。

4. 初值定理和终值定理

(1) 初值定理

设 $\mathcal{L}[f(t)] = F(s)$,$f(t)$ 的一阶导数 $f'(t)$ 也可进行拉氏变换,极限 $\lim_{s \to \infty} sF(s)$ 存在,则有

$$f(0_+) = \lim_{t \to 0_+} f(t) = \lim_{s \to \infty} sF(s) \tag{12-10}$$

初值定理表明,若已知象函数,便可由式(12-10)求出原函数的初始值。

例 12-5 已知象函数为

$$F(s) = \frac{s}{(s+1)(3s+2)}$$

试求原函数 $f(t)$ 的初值 $f(0_+)$。

解 由初值定理

$$f(0_+) = \lim_{s \to \infty} sF(s) = \lim_{s \to \infty} s\frac{s}{(s+1)(3s+2)}$$

$$= \lim_{s \to \infty} \frac{s^2}{3s^2 + 5s + 2} = \lim_{s \to \infty} \frac{1}{3 + \frac{5}{s} + \frac{2}{s^2}} = \frac{1}{3}$$

（2）终值定理

设 $\mathcal{L}[f(t)]=F(s)$，$f(t)$ 的一阶导数 $f'(t)$ 也可进行拉氏变换，若极限 $\lim\limits_{s\to 0}sF(s)$ 存在，则有

$$f(\infty)=\lim\limits_{t\to\infty}f(t)=\lim\limits_{s\to 0}sF(s) \tag{12-11}$$

终值定理表明，若已知象函数，且 $s\to 0$ 时，$sF(s)$ 的极限存在，便可由式（12-11）求出原函数的终值。

例 12-6 已知某象函数为

$$F(s)=\frac{2}{s(s+4)(2s+3)}$$

试求原函数 $f(t)$ 的终值 $f(\infty)$。

解 由终值定理，有

$$f(\infty)=\lim\limits_{s\to 0}sF(s)=\lim\limits_{s\to 0}s\,\frac{2}{s(s+4)(2s+3)}=\lim\limits_{s\to 0}\frac{2}{(s+4)(2s+3)}=\frac{1}{6}$$

5. 时域延时定理

设 $\mathcal{L}[f(t)\varepsilon(t)]=F(s)$，则时域位移定理指出

$$\mathcal{L}[f(t-t_0)\varepsilon(t-t_0)]=e^{-t_0 s}F(s) \tag{12-12}$$

这表明，若函数的出现时间延迟 t_0，其象函数需乘以 $e^{-t_0 s}$。$e^{-t_0 s}$ 称为延迟因子。

例 12-7 求 $f(t)=e^{-t+2}\varepsilon(t-2)$ 的象函数。

解 因为

$$\mathcal{L}[e^{-t}\varepsilon(t)]=\frac{1}{s+1}$$

根据时域位移定理，有

$$F(s)=\mathcal{L}[f(t)]=\mathcal{L}[e^{-t+2}\varepsilon(t-2)]=\mathcal{L}[e^{-t(t-2)}\varepsilon(t-2)]=e^{-t_0 s}F(s)=e^{-2s}\frac{1}{s+1}$$

例 12-8 求 $f(t)=e^{-t}\varepsilon(t-1)$ 的象函数。

解 要注意 $e^{-t}\varepsilon(t-1)$ 并非是 $e^{-t}\varepsilon(t)$ 延时 1s 后的结果。因为 $e^{-1}\varepsilon(t)$ 延时 1s 出现对应的表达式应为 $e^{-(t-1)}\varepsilon(t-1)$。为利用时域延时定理，需对题给函数加以处理，有

$$f(t)=e^{-t}\varepsilon(t-1)=e^{-1}e^{1}e^{-t}\varepsilon(t-1)=e^{-1}e^{-(t-1)}\varepsilon(t-1)$$

因为

$$\mathcal{L}[e^{-t}\varepsilon(t)]=\frac{1}{s+1}$$

故

$$F(s)=\mathcal{L}[f(t)]=\mathcal{L}[e^{-1}e^{-(t-1)}\varepsilon(t-1)]=e^{-1}e^{-t_0 s}F(s)=e^{-1}e^{-s}\frac{1}{s+1}=\frac{e^{-(s+1)}}{s+1}$$

6. 复频域位移定理

设 $\mathcal{L}^{-1}[F(s)]=f(t)$，则复频域位移定理指出

$$\mathcal{L}^{-1}[F(s-s_0)]=e^{s_0 t}f(t) \tag{12-13}$$

式中，s_0 为任意常数。这表明若象函数位移 s_0，则原函数应乘以因子 $e^{s_0 t}$。$e^{s_0 t}$ 称为位移因子。

例 12-9 已知 $\mathcal{L}[t^n]=\dfrac{n!}{s^{n+1}}$，试求 $F(s)=\dfrac{3}{(s+2)^4}$ 的原函数 $f(t)$。

解 为利用复频域位移定理，将 $F(s)$ 变形为

$$F(s)=\frac{3!}{[s-(-2)]^{3+1}}\times\frac{3}{3!}=\frac{1}{2}\times\frac{3!}{[s-(-2)]^{3+1}}$$

显然 $s_0=-2$，根据式(12-13)，有

$$f(t)=\mathcal{L}^{-1}[F(s)]=\frac{1}{2}\mathrm{e}^{-2t}t^3$$

7. 卷积定理

设 $\mathcal{L}[f_1(t)]=F_1(s)$，$\mathcal{L}[f_2(t)]=F_2(s)$，则卷积定理指出

$$\mathcal{L}[f_1(t)*f_2(t)]=F_1(s)F_2(s) \tag{12-14}$$

这表明利用拉氏变换，可将时域中的卷积积分的运算化为复频域内的乘法运算。

例 12-10 已知某网络的冲激响应为 $h(t)=2\mathrm{e}^{-t}\varepsilon(t)$，求该网络在激励 $f(t)=\varepsilon(t)+3\delta(t)$ 作用下的零状态响应 $y(t)$，$t>0$。

解 $$y(t)=f(t)*h(t)$$

对上式两边取拉氏变换，有

$$Y(s)=\mathcal{L}[f(t)*h(t)]$$

根据卷积定理，得

$$Y(s)=F(s)H(s)=\mathcal{L}[h(t)]\mathcal{L}[f(t)]$$

$$=\frac{2}{s+1}\left(\frac{1}{s}+3\right)=\frac{2(1+3s)}{s(s+1)}=\frac{2}{s}+\frac{4}{s+1}$$

$$y(t)=\mathcal{L}^{-1}[Y(s)]=\mathcal{L}^{-1}\left(\frac{2}{s}+\frac{4}{s+1}\right)=2\varepsilon(t)+4\mathrm{e}^{-t}\varepsilon(t)$$

可以看出，利用卷积定理求零状态响应比直接计算卷积积分要简便许多。

练习题

12-3 已知某象函数为

$$F(s)=\frac{3s^3+2s^2}{2s^3+3s^2+2s+6}$$

求原函数的初值 $f(0_+)$ 和终值 $f(\infty)$。

12-4 求下列函数的象函数：

(1) $2\delta(t)+3\varepsilon(t-1)-2\varepsilon(t-3)$　　(2) $3t^3+2t^2+t$　　(3) $\mathrm{e}^{-2t}\varepsilon(t-1)$

12-5 求下列象函数的原函数：

(1) $\dfrac{\mathrm{e}^{-3s}}{s+1}$　　(2) $\dfrac{2}{(s+3)^3}$

12-6 已知某电路的冲激响应为 $h(t)=3\mathrm{e}^{-t}\varepsilon(t)$，求电路在激励为 $2[\varepsilon(t)-\varepsilon(t-1)]$ 时的零状态响应 $y(t)$ 的象函数 $Y(s)$。

12.3 用部分分式展开法求拉氏反变换

对于电工技术中最常见的有理函数形式的象函数,通常采用部分分式展开法,将其分解为多个简单象函数之和后获取原函数,本节介绍这一方法。

有理函数 $F(s)$ 的一般形式为

$$F(s) = \frac{F_1(s)}{F_2(s)} = \frac{b_m s^m + b_{m-1} s^{m-1} + \cdots + b_1 s + b_0}{a_n s^n + a_{n-1} s^{n-1} + \cdots + a_1 s + a_0} \tag{12-15}$$

式中,$a_i(i=0,1,\cdots,n)$;$b_j(j=0,1,\cdots,m)$ 均为常数。若 $n>m$,则 $F(s)$ 为真分式;若 $n\leqslant m$,则 $F(s)$ 为假分式。假分式可通过代数式除法而化为一个 s 的多项式与一个真分式之和。因此,下面只讨论 $F(s)$ 为真分式(即 $n>m$)时的部分分式展开法。

将式(12-15)的分子、分母均除以 a_n,使分母 s^n 项前的系数为1,便有

$$F(s) = \frac{F_1/a_n}{F_2/a_n} = \frac{B_m s^m + B_{m-1} s^{m-1} + \cdots + B_1 s + B_0}{s^n + A_{n-1} s^{n-1} + \cdots + A_1 s + A_0} = \frac{F_B(s)}{F_A(s)} \tag{12-16}$$

部分分式法的关键是如何将有理函数式(12-16)展开为部分分式。所谓部分分式是指形如 $\dfrac{C_k}{(s-s_0)^k}$ 的真分式,其中 C_k、s_0 为常数($k=1,2,3,\cdots$)。下面分两种情况讨论用部分分式法求拉氏反变换。

12.3.1 $F(s)$只有简单极点时的拉氏反变换

1. $F(s)$只有简单极点时部分分式的形式

若 $F(s)$ 的分母多项式对应的一元 n 次方程 $F_A(s)=0$ 只含有单根,则 $F(s)$ 的部分分式展开式为

$$F(s) = \frac{F_B(s)}{F_A(s)} = \frac{C_1}{s-s_1} + \frac{C_2}{s-s_2} + \cdots + \frac{C_h}{s-s_k} + \cdots + \frac{C_n}{s-s_n}$$

$$= \sum_{k=1}^{n} \frac{C_k}{s-s_k} \tag{12-17}$$

式中,$s_1,s_2,\cdots,s_k,\cdots,s_n$ 为方程 $F_A(s)=0$ 的 n 个单根,它们可为实数,也可为复数。这些单根称为 $F(s)$ 的简单极点(因为当 $s=s_k$ 时,$F(s)\to\infty$)。$C_1,C_2,\cdots,C_k,\cdots,C_n$ 为待定常数。

由于象函数 $\dfrac{C_k}{s-s_k}$ 对应的原函数是 $C_k \mathrm{e}^{s_k t}$,故式(12-17)对应的原函数为

$$f(t) = \mathcal{L}[F(s)] = \sum_{k=1}^{n} C_k \mathrm{e}^{s_k t} \tag{12-18}$$

2. $F(s)$只有简单极点时部分分式中系数 C_k 的确定

式(12-17)中待定常数 C_k 可用两种方法确定。

(1) 确定系数 C_k 的方法之一

若将式(12-17)两边同乘 $(s-s_k)$,则有

$$(s-s_k)\frac{F_B(s)}{F_A(s)} = \frac{C_1}{s-s_1}(s-s_k) + \frac{C_2}{s-s_2}(s-s_k) + \cdots + C_k$$

$$+ \cdots + \frac{C_n}{s-s_n}(s-s_k)$$

若令 $s=s_k$，则上式右边除 C_k 项外，其余各项均为零，有

$$C_k = (s-s_k)\frac{F_B(s)}{F_A(s)}\bigg|_{s=s_k} \tag{12-19}$$

于是 $F(s)$ 的部分分式展开式为

$$F(s) = \sum_{k=1}^{n}\frac{C_k}{s-s_k} = \sum_{k=1}^{n}\left[(s-s_k)\frac{F_B(s)}{F_A(s)}\bigg|_{s=s_k}\right]\frac{1}{s-s_k} \tag{12-20}$$

例 12-11　求 $F(s)=\dfrac{6s+8}{s^2+4s+3}$ 的原函数。

解　$F_B(s)=6s+8$，$F_A(s)=s^2+4s+3$。令 $F_A(s)=(s+1)(s+3)=0$，解出两个单根为

$$s_1 = -1,\quad s_2 = -3$$

即

$$F(s) = \frac{C_1}{s+1} + \frac{C_2}{s+3}$$

由式(12-19)，有

$$C_1 = (s-s_1)\frac{F_B(s)}{F_A(s)}\bigg|_{s=s_1} = \frac{6s+8}{s+3}\bigg|_{s=-1} = 1$$

$$C_2 = (s-s_2)\frac{F_B(s)}{F_A(s)}\bigg|_{s=s_2} = \frac{6s+8}{s+1}\bigg|_{s=-3} = 5$$

故

$$F(s) = \frac{1}{s+1} + \frac{5}{s+3}$$

由式(12-18)，可得原函数为

$$f(t) = e^{-t} + 5e^{-3t}$$

（2）确定系数 C_k 的方法之二

不难看出式(12-19)的分子、分母均为零，对该式应用罗必达法则，有

$$C_k = \lim_{s\to s_k}\frac{(s-s_k)F_B(s)}{F_A(s)}$$

$$= \lim_{s\to s_k}\frac{F_B(s)+(s-s_k)F'_B(s)}{F'_A(s)} = \lim_{s\to s_k}\frac{F_B(s)}{F'_A(s)} = \frac{F_B(s_k)}{F'_A(s_k)} \tag{12-21}$$

式中，$F'_A(s_k)$ 为 $F_A(s)$ 的一阶导数在 $s=s_k$ 处的取值。于是 $F(s)$ 的部分分式展开式为

$$F(s) = \sum_{k=1}^{n}C_k\frac{1}{s-s_k} = \sum_{k=1}^{n}\frac{F_B(s_k)}{F'_A(s_k)}\cdot\frac{1}{s-s_k} \tag{12-22}$$

例 12-12　试用式(12-21)将 $F(s)=\dfrac{6s+8}{s^2+4s+3}$ 展开为部分分式后求原函数。

解　题给的 $F(s)$ 为例 12-11 中的象函数。应用式(12-21)，有

$$C_1 = \frac{F_B(s_1)}{F'_A(s_1)} = \frac{6s+8}{2s+4}\bigg|_{s=s_1=-1} = \frac{6\times(-1)+8}{2\times(-1)+4} = \frac{2}{2} = 1$$

$$C_2 = \frac{F_B(s_2)}{F'_A(s_2)} = \frac{6s+8}{2s+4}\bigg|_{s=s_2=-3} = \frac{6\times(-3)+8}{2\times(-3)+4} = \frac{-10}{-2} = 5$$

与例 12-11 中所得结果相同，则

$$f(t) = \mathcal{L}^{-1}[F(s)] = e^{-t} + 5e^{-3t}$$

例 12-13　求 $F(s)=\dfrac{s}{s^3+2s^2+2s+1}$ 的原函数。

解　$F_B(s)=s$，$F_A(s)=s^3+2s^2+2s+1$。令

$$F_A(s)=s^3+2s^2+2s+1=(s+1)(s^2+s+1)=0$$

可解出三个单根为

$$s_1=-1，\quad s_2=-0.5+\mathrm{j}0.866，\quad s_3=-0.5-\mathrm{j}0.866$$

显然 s_2、s_3 为一对共轭复数。实系数代数方程的复数根均以共轭对的形式出现。则

$$F(s)=\frac{C_1}{s+1}+\frac{C_2}{s+(0.5-\mathrm{j}0.866)}+\frac{C_3}{s+(0.5+\mathrm{j}0.866)}$$

由式(12-21)，可求得系数 C_k 为

$$C_1=\left.\frac{s}{3s^2+4s+2}\right|_{s=-1}=-1$$

$$C_2=\left.\frac{s}{3s^2+4s+2}\right|_{s=-0.5+\mathrm{j}0.866}=0.577\underline{/-30^\circ}$$

$$C_3=\left.\frac{s}{3s^2+4s+2}\right|_{s=-0.5-\mathrm{j}0.866}=0.577\underline{/30^\circ}$$

可见，C_2、C_3 也是一对共轭复数，因此在计算 C_2、C_3 时，只需计算系数 C_2，将 C_2 辐角的符号变号便是 C_3。

$$F(s)=-\frac{1}{s+1}+\frac{0.577\underline{/-30^\circ}}{s+0.5-\mathrm{j}0.866}+\frac{0.577\underline{/30^\circ}}{s+0.5+\mathrm{j}0.866}$$

故

$$\begin{aligned}
f(t)&=\mathcal{L}^{-1}[F(s)]\\
&=-\mathrm{e}^{-t}+0.577\mathrm{e}^{-\mathrm{j}30^\circ}\mathrm{e}^{-(0.5-\mathrm{j}0.866)t}+0.577\mathrm{e}^{\mathrm{j}30^\circ}\mathrm{e}^{-(0.5+\mathrm{j}0.866)t}\\
&=-\mathrm{e}^{-t}+2\times0.577\mathrm{e}^{-0.5t}\times\frac{\mathrm{e}^{-\mathrm{j}(0.866t-30^\circ)}+\mathrm{e}^{\mathrm{j}(0.866t-30^\circ)}}{2}\\
&=-\mathrm{e}^{-t}+1.15\mathrm{e}^{-0.5t}\cos(0.866t-30^\circ)
\end{aligned}$$

复数形式的简单极点是以共轭对的形式出现的，共轭复数的简单极点对应的系数也必是共轭复数。当象函数的简单极点中有一对共轭复数时，原函数中必有一个指数函数与正弦函数(余弦函数)的乘积项与之对应。设某一共轭简单极点为 $\alpha\pm\mathrm{j}\beta$，相应的展开式共轭系数为 $A\underline{/\pm\varphi}$；则原函数中对应的指数函数与余弦函数的乘积项为 $2A\mathrm{e}^{\alpha t}\cos(\beta t\pm\varphi)$。注意

$$\mathcal{L}^{-1}\left[\frac{A\underline{/\varphi}}{s+(\alpha+\mathrm{j}\beta)}+\frac{A\underline{/-\varphi}}{s+(\alpha-\mathrm{j}\beta)}\right]=2A\mathrm{e}^{-\alpha t}\cos(\beta t-\varphi)$$

$$\mathcal{L}^{-1}\left[\frac{A\underline{/-\varphi}}{s+(\alpha+\mathrm{j}\beta)}+\frac{A\underline{/\varphi}}{s+(\alpha-\mathrm{j}\beta)}\right]=2A\mathrm{e}^{-\alpha t}\cos(\beta t+\varphi)$$

这一结果应作为结论记住，以便在实用中简化计算。

12.3.2　$F(s)$ 含有多重极点时的拉氏反变换

1. $F(s)$ 含有多重极点时部分分式的形式

若 $F(s)$ 的分母多项式对应的一元 n 次方程 $F_A(s)=0$ 有 $n-q$ 个单根 $s_1,s_2,\cdots,s_{n-q}$ 和 q 次重根 s_n，则 $F(s)$ 的部分分式展开式为

$$F(s) = \frac{F_B(s)}{F_A(s)} = \frac{C_1}{s - s_1} + \frac{C_2}{s - s_2} + \cdots +$$

$$\frac{C_{n-q}}{s - s_{n-q}} + \frac{k_1}{(s - s_n)} + \frac{k_2}{(s - s_n)^2} + \cdots + \frac{k_q}{(s - s_n)^q}$$

$$= \sum_{j=1}^{n-q} \frac{C_j}{s - s_j} + \sum_{i=1}^{q} \frac{k_i}{(s - s_n)^i} \tag{12-23}$$

式中对应于简单极点 s_i 的部分分式有 $n-q$ 项,其系数为 C_j;对应于多重极点 s_n 的部分分式有 q 项,其系数为 k_i。

由于象函数 $\dfrac{n!}{(s - s_n)^{n+1}}$ 对应的原函数是 $t^n e^{s_n t}$,故式(12-23)对应的原函数为

$$f(t) = \sum_{j=1}^{n-q} C_j e^{s_j t} + \sum_{i=1}^{q} \frac{k_i}{(i-1)!} t^{i-1} e^{s_n t} \tag{12-24}$$

2. $F(s)$ 含有多重极点时部分分式中系数的确定

(1) 系数 C_j 的确定

对应于简单极点 s_j 的系数 C_j 仍用式(12-19)或式(12-21)确定。

(2) 系数 k_i 的确定

对应于多重极点 s_n 的系数 k_i 用下式确定:

$$k_i = \frac{1}{(q-i)!} \lim_{s \to s_n} \left\{ \frac{d^{(q-i)}}{ds^{(q-i)}} \left[(s - s_n)^q \frac{F_B(s)}{F_A(s)} \right] \right\} \tag{12-25}$$

该式的推导过程从略。

式(12-25)表明,对分母为 $(s - s_n)^i$ 的部分分式,其系数 k_i 需用求 $q-i$ 次导数的方法求得。

例 12-14　试求 $F(s) = \dfrac{s-2}{s(s+1)^2}$ 的原函数。

解　$F(s)$ 有一个单根 $s_1 = 0$ 和一个二重根 $s_2 = -1$,则 $F(s)$ 可分解为

$$F(s) = \frac{C_1}{s} + \frac{k_1}{s+1} + \frac{k_2}{(s+1)^2}$$

由式(12-19),有

$$C_1 = s \frac{s-2}{s(s+1)^2} \bigg|_{s_1 = 0} = \frac{s-2}{(s+1)^2} \bigg|_{s_1 = 0} = -2$$

又由式(12-25),有

$$k_1 = \frac{1}{(2-1)!} \lim_{s \to -1} \left\{ \frac{d^{(2-1)}}{ds^{(2-1)}} \left[(s+1)^2 \times \frac{s-2}{s(s+1)^2} \right] \right\} = \lim_{s \to -1} \left[\frac{d}{ds} \left(\frac{s-2}{s} \right) \right] = 2$$

$$k_2 = \frac{1}{(2-2)!} \lim_{s \to -1} \left\{ \frac{d^{(2-2)}}{ds^{(2-2)}} \left[(s+1)^2 \times \frac{s-2}{s(s+1)^2} \right] \right\} = \lim_{s \to -1} \frac{s-2}{s} = 3$$

应注意到　$0! = 1, \dfrac{d^0}{dt^0} = 1$。于是有

$$F(s) = \frac{-2}{s} + \frac{2}{s+1} + \frac{3}{(s+1)^2}$$

$$f(t) = -2 + 2e^{-t} + 3t e^{-t}$$

例 12-15　求象函数 $F(s) = \dfrac{2s^2 + 5}{2s^2 + 7s + 6}$ 的原函数。

解 题给的 $F(s)$ 为一个假分式,需用多项式除法将其化为多项式与真分式之和,可得

$$F(s) = 1 - \frac{7s+1}{2s^2+7s+6}$$

上式真分式分母中 s 最高次方的项为 $2s^2$,其系数不为1,需将真分式的分子、分母均除以2,得

$$F(s) = 1 - \frac{3.5s+0.5}{s^2+3.5s+3} = 1 - \frac{3.5s+0.5}{(s+2)(s+1.5)}$$

$F(s)$ 的部分分式展开式为

$$F(s) = 1 - \left(\frac{C_1}{s+2} + \frac{C_2}{s+1.5} \right)$$

其中

$$C_1 = \frac{3.5s+0.5}{s+1.5}\bigg|_{s=-2} = 13$$

$$C_2 = \frac{3.5s+0.5}{s+2}\bigg|_{s=-1.5} = \frac{-4.75}{0.5} = -9.5$$

即

$$F(s) = 1 - \frac{13}{s+2} + \frac{9.5}{s+1.5}$$

$$f(t) = \mathcal{L}^{-1}[F(s)] = \delta(t) - 13e^{-2t} + 9.5e^{-1.5t}$$

练习题

12-7 用部分分式展开法求下列象函数的原函数:

(1) $F(s) = \frac{4s+6}{s^2+5s+6}$ (2) $F(s) = \frac{2s^2+3s}{(s+1)(s^2+2s+2)}$

12.4 用运算法求解暂态过程

12.4.1 运算法

用经典法解暂态过程的最大不便是需列写电路的微分方程(包括找出必需的初始条件)并求解,尤其是在电路为高阶的情况下。而根据拉氏变换的微分、积分性质及线性性质,可将时域中的微积分方程的求解转化为 s 域中代数方程的求解,如例12-3所作的那样。这种采用拉氏变换求解微积分方程的方法称为运算法。为避开写微分方程,可将动态电路的时域模型转化为复频域(s 域)中的运算模型(也称运算电路)后,再运用合适的网络分析方法进行分析计算,而获得动态过程的解。

12.4.2 基尔霍夫定律及元件伏安关系式的运算形式

1. 基尔霍夫定律的运算形式

(1) KCL 的运算形式

在时域中,KCL方程为

$$\sum i = 0$$

将上式两边取拉氏变换,并应用拉氏变换的线性性质,可得

$$\sum I(s) = 0 \tag{12-26}$$

上式表明,流入或流出电路任一节点的电流象函数之代数和为零。式(12-26)是 KCL 在 s 域中的表达式,称为 KCL 的运算形式。

(2) KVL 的运算形式

在时域中,KVL 方程为

$$\sum u = 0$$

对上式两边取拉氏变换,并应用拉氏变换的线性性质,可得

$$\sum U(s) = 0 \tag{12-27}$$

上式表明,电路任一回路中沿回路参考方向的电压象函数之代数和为零。式(12-27)是 KVL 在 s 域中的表达式,称为 KVL 的运算形式。

显然,s 域中的基尔霍夫定律与时域中的基尔霍夫定律在形式上是相同的。

2. 元件伏安关系式的运算形式

(1) 电阻元件

在时域中,电阻元件的伏安关系式为

$$u_R = R i_R$$

对上式两边取拉氏变换,可得

$$U(s) = R I(s) \tag{12-28}$$

式(12-28)表明电阻元件上电压的象函数等于电阻乘以电流的象函数。式(12-28)称为欧姆定律的运算形式。图 12-1(b)所示为电阻元件在 s 域中的模型。

显然,s 域中的欧姆定律与时域中的欧姆定律具有相同的形式。

图 12-1 时域和 s 域中电阻元件的模型

(2) 电感元件

时域中电感元件的伏安关系式为

$$u_L = L \frac{\mathrm{d}i_L}{\mathrm{d}t}$$

对上式两边取拉氏变换,得

$$U_L(s) = sL I_L(s) - L i_L(0_-) \tag{12-29}$$

上式便是电感元件的伏安关系式在 s 域中的表达式。若电感电流的原始值 $i_L(0_-) = 0$,则式(12-29)为

$$U_L(s) = sL I_L(s) \tag{12-30}$$

将上式与电感元件伏安关系式的相量形式 $\dot{U} = j\omega L \dot{I}$ 比较,可知两者具有相似的形式,s 与 $j\omega$ 相当,sL 与复感抗 $j\omega L$ 相当,故称 sL 为运算感抗。

但要注意对应于式(12-29),电感元件在 s 域中的电路模型如图 12-2(b)所示。该模型由运算感抗 sL 和电压源 $L i_L(0_-)$(称为附加电压源)串联而成,称为电感元件电压源形式

的 s 域模型。注意附加电压源 $Li_L(0_-)$ 的参考方向与电流 $i_L(0_-)$ 的参考方向间为非关联方向。根据电源的等效变换，可将这一戴维宁支路变换为诺顿支路，如图 12-2(c)所示，图中电流源 $\dfrac{1}{s}i_L(0_-)$ 称为附加电流，该电路也称为电感元件电流源形式的 s 域模型。事实上，由式(12-29)可得

$$I_L(s) = \frac{1}{sL}U_L(s) + \frac{1}{s}i_L(0_-) \tag{12-31}$$

式中，$\dfrac{1}{sL}$ 为运算感抗的倒数，称为运算感纳。根据式(12-31)亦可作出图 12-2(c)。

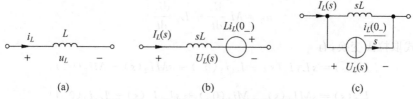

图 12-2　时域和 s 域中电感元件的模型

(3) 电容元件

时域中电容元件的伏安关系式为

$$i_C = C\frac{du_C}{dt}$$

对上式两边取拉氏变换，有

$$I_C(s) = sCU_C(s) - Cu_C(0_-) \tag{12-32}$$

式(12-32)便是电容元件的伏安特性方程在 s 域中的表达式。若电容原始电压 $u_C(0_-) = 0$，则式(12-32)为

$$I_C(s) = sCU_C(s) \tag{12-33}$$

将上式与电容元件伏安关系的相量形式 $\dot{I}_C = j\omega C\dot{U}_C$ 比较，可知两者形式相似，sC 与容纳 ωC 相当，故称 sC 为运算容纳。

对应于式(12-32)，电容元件在 s 域中的电路模型如图 12-3(b)所示。该模型是一个诺顿支路，称为电容元件电流源形式的 s 域模型，且电流源 $Cu_C(0_-)$ 称为附加电流源，其参考方向与电压 $u_C(0_-)$ 的参考方向间为非关联方向。

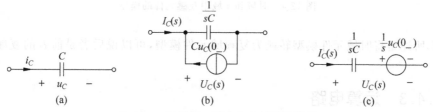

图 12-3　时域和 s 域中电容元件的模型

由式(12-32)可得

$$U_C(s) = \frac{1}{sC}I_C(s) + \frac{1}{s}u_C(0_-) \tag{12-34}$$

式中，$\dfrac{1}{sC}$为运算容纳sC的倒数，称为运算容抗。根据式(12-34)可作出电容元件电压源形式的s域模型如图12-3(c)所示，图中附加电压源$\dfrac{1}{s}u_C(0_-)$的方向与电流$I_C(s)$的方向间为关联参考方向。事实上，根据电源的等效变换，由图12-3(b)不难作出图12-3(c)。

（4）互感元件

时域中互感元件的端口特性方程（与图12-4(a)中的电压、电流的参考方向对应）：

$$\left.\begin{aligned} u_1 &= L_1\frac{\mathrm{d}i_1}{\mathrm{d}t} + M\frac{\mathrm{d}i_2}{\mathrm{d}t} \\ u_2 &= M\frac{\mathrm{d}i_1}{\mathrm{d}t} + L_2\frac{\mathrm{d}i_2}{\mathrm{d}t} \end{aligned}\right\}$$

对上面两式取拉氏变换，有

$$\left.\begin{aligned} U_1(s) &= sL_1I_1(s) - L_1i_1(0_-) + sMI_2(s) - Mi_2(0_-) \\ U_2(s) &= sMI_1(s) - Mi_1(0_-) + sL_2I_2(s) - L_2i_2(0_-) \end{aligned}\right\} \tag{12-35}$$

式(12-35)称为运算形式的互感元件的特性方程，式中sM称为运算互感抗。根据该式，作出互感元件在s域中的电路模型如图12-4(b)所示。时域中互感元件的每一线圈与s域中的一条含四个元件的串联支路对应，这条串联支路中包括了两个附加电压源和一个受控电压源。要特别注意这些电源极性的正确确定。实际中较稳妥的方法是，根据具体电路中互感元件电压、电流的参考方向写出运算形式的互感元件的特性方程后，再作出其s域模型，这样可避免出错。

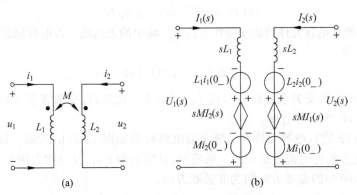

图12-4 时域和s域中互感元件的模型

以上所述是将时域元件模型转换为复频域元件模型，可以说后者是前者的复频域等效电路。

12.4.3 运算电路

将时域电路中的各元件用其对应的s域模型逐一代换，便可得到该时域电路在复频域中的对应电路，称为运算电路。作出运算电路是用拉氏变换求解暂态过程的必要步骤。

如图12-5(a)所示电路，设$i_L(0_-)=I_0$，$u_C(0_-)=U_0$，则按时域元件和复频域元件的一一对应关系，可作出该时域电路的s域模型即运算电路如图12-5(b)所示。

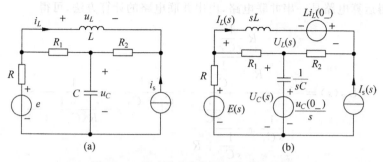

图 12-5　由时域电路作出运算电路示例

12.4.4　用运算法解电路的暂态过程

由于 KCL、KVL 的运算形式与基尔霍夫定律在直流电路中的形式相同,及电感、电容元件的运算感抗、运算容抗的伏安关系式与欧姆定律的形式相当,故在直流电路中采用的所有分析方法均能用于运算电路。这表明能用已熟知的各种网络分析方法求解运算电路,从而得出所求响应的象函数,再根据拉氏反变换求出响应的时域解。于是暂态过程的分析便完全避开了求 $t=0_+$ 时的初始条件(包括响应的各阶导数的初始值)及电路微分方程的建立和求解。这就是运算法在解电路暂态过程中应用的优点。

1. 用运算法解暂态过程的步骤

(1)由给定的换路前的时域电路求电路的原始状态,即求出电容的原始电压 $u_C(0_-)$ 和各电感的原始电流 $i_L(0_-)$;

(2)对换路后的时域电路作出运算电路图;

(3)采用适当的网络分析方法求解运算电路,得出待求响应的象函数;

(4)采用部分分式法对求得的响应之象函数作拉氏反变换,得到电路响应的时域解。

2. 运算法的计算实例

例 12-16　在图 12-6(a)所示电路中,S 闭合前两电容均未充电,试求 S 闭合后的电路响应 u_R 和 i_{C2}。

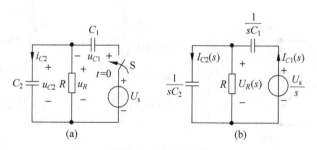

图 12-6　例 12-16 图

解　(1)由题意可知该电路的原始状态为零,即 $u_{C1}(0_-)=u_{C2}(0_-)=0$。

(2)作出运算电路如图 12-6(b)所示。由于两电容的原始电压均为零,故它们的 s 域模型中的附加电源亦均为零;又因为时域电路中的电源是直流电源,故运算电源的电压为 $\dfrac{U_s}{s}$。

(3) 所得运算电路是一串并联电路,由串并联电路的计算方法,可得

$$U_R(s) = \frac{U_s}{s} \cdot \frac{\dfrac{R\dfrac{1}{sC_2}}{R+\dfrac{1}{sC_2}}}{\dfrac{1}{sC_1}+\dfrac{R\dfrac{1}{sC_2}}{\dfrac{1}{sC_2}+R}} = \frac{C_1 U_s}{C_1+C_2} \cdot \frac{1}{s+\dfrac{1}{R(C_1+C_2)}}$$

$$I_{C2}(s) = sC_2 U_R(s) = \frac{C_1 C_2 U_s}{C_1+C_2} \cdot \frac{s}{s+\dfrac{1}{R(C_1+C_2)}}$$

$$= \frac{C_1 C_2 U_s}{C_1+C_2} - \frac{C_1 C_2 U_s}{R(C_1+C_2)^2} \cdot \frac{1}{s+\dfrac{1}{R(C_1+C_2)}}$$

(4) 对响应的象函数作拉氏反变换,得

$$u_R = \mathcal{L}^{-1}[U_R(s)] = \frac{C_1 C_2 U_s}{C_1+C_2} e^{-\frac{1}{R(C_1+C_2)}t} \varepsilon(t)$$

$$i_{C2} = \mathcal{L}^{-1}[I_{C2}(s)] = \frac{C_1 C_2 U_s}{C_1+C_2}\delta(t) - \frac{C_1 C_2 U_s}{R(C_1+C_2)^2} e^{-\frac{1}{R(C_1+C_2)}t} \varepsilon(t)$$

应注意响应的表达式均用 $\varepsilon(t)$ 函数作时间定义域,这是因为所求电路的响应在 $t<0$ 时均为零。

例 12-17 在图 12-7(a)所示电路中,已知 $E_s=1\text{V}$,$R=R_s=1\Omega$,$L_1=L_2=1\text{H}$,$M=0.5\text{H}$,S 在 $t=0$ 时打开,用运算法求响应 u_{L1},$t>0$。

解 求出电路的原始状态为

$$i_{L1}(0_-)=1\text{A}, \quad i_{L2}(0_-)=0$$

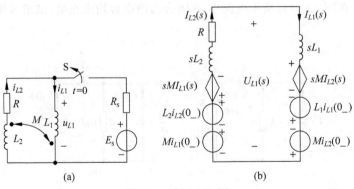

图 12-7 例 12-17 图

作出运算电路如图 12-7(b)所示。注意在运算电路中不可漏掉对应于原始互感电流的附加电压源及取决于互感抗的受控电压源,还应注意正确确定各电压源的极性。为避免出错,较稳妥的方法是先写出互感元件端口特性方程的运算形式后再作运算电路。图中

$$L_2 i_{L2}(0_-)=0, \quad M i_{L2}(0_-)=0$$

且

$$I_{L1}(s) = I_{L2}(s) = I_L(s)$$

于是有

$$I_L(s)(R + sL_1 + sL_2) = L_1 i_{L1}(0_-) + M i_{L2}(0_-) - sM I_L(s) +$$
$$M i_{L1}(0_-) + L_2 i_{L2}(0_-) - sM I_L(s)$$

则

$$I_L(s) = \frac{L_1 i_{L1}(0_-) + M i_{L1}(0_-)}{R + sL_1 + sL_2 + 2sM} = \frac{1.5}{1 + 3s}$$

$$U_{L1}(s) = sL_1 I_L(s) + sM I_L(s) - L_1 i_{L1}(0_-) - M i_{L2}(0_-)$$

$$= (sL_1 + sM) I_L(s) - L_1 i_{L1}(0_-) = \frac{1.5}{1 + 3s} \times 1.5s - 1$$

$$= -\frac{1}{4} - \frac{1}{4} \times \frac{1}{s + \frac{1}{3}}$$

则所求响应为

$$u_{L1} = \mathcal{L}^{-1}[U_{L1}(s)] = -\frac{1}{4}\delta(t) - \frac{1}{4}e^{-\frac{1}{3}t}\varepsilon(t)$$

例 12-18　电路如图 12-8(a)所示,试用运算法求零状态响应 $u_C(t)$。

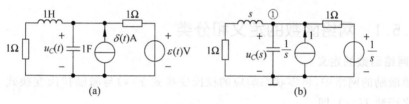

图 12-8　例 12-18 图

解　因是零状态电路,作出运算电路如图 12-8(b)所示。用节点分析法求解,对节点①列写节点法方程,有

$$\left(\frac{1}{s+1} + \frac{1}{1/s} + 1\right) U_C(s) = 1 + \frac{1}{s}$$

可解出

$$U_C(s) = \frac{1 + \frac{1}{s}}{s + 1 + \frac{1}{s + 1}} = \frac{s^2 + 2s + 1}{s(s^2 + 2s + 2)} = \frac{1}{2}\left[\frac{1}{s} + \frac{(s+1) + 1}{(s+1)^2 + 1}\right]$$

作拉氏反变换,可得

$$u_C(t) = \frac{1}{2}[1 + e^{-t}(\cos t + \sin t)]\varepsilon(t) = [0.5 + 0.707e^{-t}\cos(t - 45°)]\varepsilon(t)V$$

练习题

12-8　两电路如图 12-9 所示,作出其运算模型。

12-9　图 12-10 所示电路已处于稳态,开关在 $t = 0$ 时断开,试用运算法求响应 $u_C(t)$。

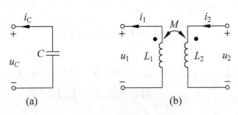

图 12-9　练习题 12-8 图

12-10　用运算法求图 12-11 所示电路的冲激响应 $i_L(t)$。

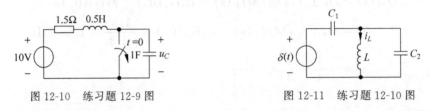

图 12-10　练习题 12-9 图　　　　　图 12-11　练习题 12-10 图

12.5　网络函数

12.5.1　网络函数的定义和分类

1. 网络函数的定义

在单激励的网络中,将零状态响应的拉氏变换式 $Y(s)$ 与激励拉氏变换式 $X(s)$ 之比定义为网络函数 $H(s)$,即

$$H(s) \overset{\text{def}}{=} \frac{Y(s)}{X(s)} \tag{12-36}$$

网络函数体现的是网络的零状态响应与输入间的关系。显而易见,若网络函数为已知,则给定输入后,便可求得网络的零状态响应,即

$$Y(s) = H(s)X(s)$$

由式(12-36)可导出一个重要结论。设网络的输入为单位冲激函数,即 $X(t) = \delta(t)$,则 $X(s) = \mathcal{L}[\delta(t)] = 1$,于是有

$$H(s) = \frac{Y(s)}{X(s)} = \frac{Y(s)}{1} = Y(s) \tag{12-37}$$

而此时的 $Y(s)$ 为冲激响应的拉氏变换式,这表明网络函数等于冲激响应的拉氏变换式。这为求取网络函数提供了一种方法,即可由计算冲激响应获取网络函数。

可以看出,网络函数的定义式实际上是时域中计算零状态响应的卷积积分在 s 域中的一种体现形式。事实上,由卷积积分公式

$$y(t) = x(t) * h(t)$$

将上式两边取拉氏变换,由卷积定理可得

$$Y(s) = X(s)H(s)$$

则

$$H(s) = \frac{Y(s)}{X(s)}$$

2. 网络函数的分类

网络的响应可以是网络中任一端口处的电压或电流,而激励可以是电压源或电流源。这样网络函数可分为两类六种情况。下面结合图 12-12 说明六种网络函数的定义。

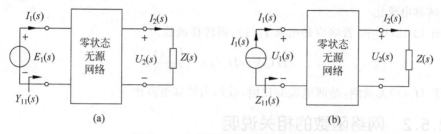

图 12-12　六种网络函数的说明用图

(1) 策动点函数

若网络的响应与激励均在同一端口,则网络函数被称为策动点函数,此时包括两种情况。

① 策动点导纳

在图 12-12(a)中,若响应是激励电压源所在端口的电流,则网络函数为

$$H(s) = Y(s) = \frac{I_1(s)}{E_1(s)} \tag{12-38}$$

由于 $Y(s)$ 具有导纳的量纲,故称为策动点导纳。

可以看出,$Y(s)$ 也是从输入端口看进去的等效运算导纳。

② 策动点阻抗

在图 12-12(b)中,若响应是激励电流源所在端口的电压,则网络函数为

$$H(s) = Z(s) = \frac{U_1(s)}{I_1(s)} \tag{12-39}$$

由于 $Z(s)$ 具有阻抗的量纲,故称为策动点阻抗。可以看出,$Z(s)$ 也是输入端口看进去的等效运算阻抗,与 $Y(s)$ 互为倒数。

(2) 转移函数

若响应和激励分别在不同的端口,则网络函数被称为转移函数,共包括四种情况。

① 转移导纳

在图 12-12(a)中,若响应是电流 $I_2(s)$,则网络函数为

$$H(s) = Y_{21}(s) = \frac{I_2(s)}{E_1(s)} \tag{12-40}$$

由于 $Y_{21}(s)$ 具有导纳的量纲,故称为转移导纳。

② 转移阻抗

在图 12-12(b)中,若响应是电压 $U_2(s)$,则网络函数为

$$H(s) = Z_{21}(s) = \frac{U_2(s)}{I_1(s)} \tag{12-41}$$

由于 $Z_{L1}(s)$ 具有阻抗的量纲,故称为转移阻抗。

③ 转移电压比

在图 12-12(a)中,若响应是电压 $U_2(s)$,则转移函数为

$$H(s) = H_u(s) = \frac{U_2(s)}{E_1(s)} \tag{12-42}$$

由于 $H_u(s)$ 无量纲,是两电压的比值,故称为转移电压比。

④ 转移电流比

在图 12-12(b)中,若响应是电流 $I_2(s)$,则转移函数为

$$H(s) = H_i(s) = \frac{I_2(s)}{I_1(s)} \tag{12-43}$$

由于 $H_i(s)$ 无量纲,是两电流的比值,故称为转移电流比。

12.5.2 网络函数的相关说明

(1) 应注意网络函数的概念只适用于单一激励的零状态网络。

(2) 根据响应和激励的性质及两者所处的端口位置,网络函数可分为两类六种情况。这六种网络函数可用下式统一表示为

$$H(s) = \frac{零状态响应的象函数}{激励的象函数} \tag{12-44}$$

(3) 网络函数实际上是网络冲激响应的象函数,即网络函数与冲激响应构成拉氏变换对。由于冲激响应可视为零输入响应,故网络函数仅取决于网络结构和参数,而与外施激励无关。这说明网络函数体现的是网络的固有特性。

(4) 由于网络函数对应的是零状态网络,故对应的运算电路中电感、电容元件的 s 域模型中的附加电源为零。可以看出,若将运算感抗、容抗中的 s 换为 $j\omega$,则运算电路变为相量形式的电路,$H(s)$ 也随之变为 $H(j\omega)$,故 $H(j\omega)$ 为正弦稳态电路的网络函数。通常将 $H(j\omega)$ 称为频域中的网络函数,而将 $H(s)$ 称为 S 域或复频域中的网络函数。我们可得出一个结论:正弦稳态电路的网络函数 $H(j\omega)$ 可由运算电路得出,即求得 $H(s)$ 后,将其中的 s 用 $j\omega$ 代换便可,反之亦然。

例 12-19 已知某电路在输入 $e_s(t) = 2\varepsilon(t)$V 作用下的零状态响应为 $u_0(t) = 4(1-e^{-5t})\varepsilon(t)$V,求该电路在输入 $e_s(t) = 10\sqrt{2}\sin(5t+30°)$V 作用下的稳态响应 $u_0(t)$。

解 由零状态响应的线性特性可知,该电路的阶跃响应 $S(t)$ 为

$$S(t) = 2(1 - e^{-5t})\varepsilon(t)\text{V}$$

又由阶跃响应与冲激响应 $h(t)$ 间的关系,可得冲激响应为

$$h(t) = \frac{\mathrm{d}S(t)}{\mathrm{d}t} = 10e^{-5t}\varepsilon(t)\text{V}$$

于是电路的网络函数为

$$H(s) = \mathcal{L}^{-1}[h(t)] = \frac{10}{s+5}$$

正弦稳态网络函数为

$$H(j\omega) = \frac{10}{j\omega + 5} = \frac{10}{5+j5} = \frac{2}{1+j}$$

则正弦稳态响应相量为

$$\dot{U}_0 = H(\mathrm{j}\omega)\dot{E}_s = \frac{2}{1+\mathrm{j}} \cdot 10\underline{/30^\circ} = 10\sqrt{2}\underline{/-15^\circ}\,\mathrm{V}$$

于是所求稳态响应为

$$u_0(t) = 20\sin(5t - 15^\circ)\,\mathrm{V}$$

12.5.3 求取网络函数的方法

可用三种方法求取网络函数。

1. 直接由网络函数的定义求

可应用各种网络分析方法求解运算电路,获得所需的电路响应后,再由网络函数的定义式求出网络函数。为计算简便起见,通常取运算电路中的激励为单位电流源或单位电压源。

例 12-20 求图 12-13(a)所示电路的网络函数 $H(s) = \dfrac{U_R(s)}{I(s)}$。已知 $i_s = \mathrm{e}^{-3t}\varepsilon(t)$。

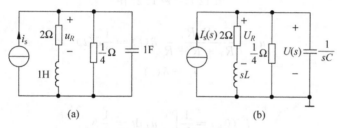

图 12-13 例 12-20 图

解 先将零状态时域电路变为运算电路,如图 12-13(b)所示。由于网络函数与输入无关,可不必理会原时域电路中的电源波形,而令 $I(s)=1$[对应 $i_s(t)=\delta(t)$],由节点分析法可得

$$\left(\frac{1}{2+s} + 4 + s\right)U(s) = I_s(s) = 1$$

则

$$U(s) = \frac{1}{s+4+\dfrac{1}{s+2}} = \frac{s+2}{s^2+6s+9}$$

$$U_R(s) = \frac{2}{2+s}U(s) = \frac{2}{s+2} \times \frac{s+2}{s^2+6s+9} = \frac{2}{s^2+6s+9}$$

$$H(s) = \frac{U_R(s)}{1} = \frac{2}{s^2+6s+9}$$

2. 由时域电路的冲激响应求网络函数

由于网络函数和冲激响应构成拉氏变换对,求网络函数可转化为求冲激响应,冲激响应的象函数便是所求网络函数。

例 12-21 求图 12-14(a)所示电路的转移阻抗 $H(s) = \dfrac{U_C(s)}{I(s)}$。

解 先求电路的冲激响应,将冲激响应转化为零输入响应求解。作出 $0_- \sim 0_+$ 的等效电路如图 12-14(b)所示。求得

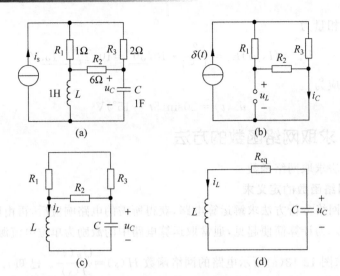

图 12-14 例 12-21 图

$$u_L = \frac{R_2 R_3}{R_1 + R + R_3} \delta(t) = \frac{4}{3} \delta(t)$$

$$i_C = \delta(t)$$

则

$$i_L(0_+) = \frac{1}{L} \int_{0_-}^{0_+} u_L \, \mathrm{d}t = \frac{4}{3} \mathrm{A}$$

$$u_C(0_+) = \frac{1}{C} \int_{0_-}^{0_+} i_C \, \mathrm{d}t = 1 \mathrm{V}$$

零输入电路如图 12-14(c)所示,该电路又可等效为图 12-14(d)所示电路,图中 $R_{eq} = (R_1 + R_3) // R_2$。这是 RLC 串联电路,可求得其零输入响应(即冲激响应)为

$$h(t) = u_C = \left(1 - \frac{1}{3}t\right) \mathrm{e}^{-t} \varepsilon(t)$$

$h(t)$ 的象函数便是所需的网络函数,即

$$H(s) = \frac{U_C(s)}{I(s)} = \mathcal{L}[h(t)] = \mathcal{L}\left[\mathrm{e}^{-t}\varepsilon(t) - \frac{1}{3}t\mathrm{e}^{-t}\varepsilon(t)\right]$$

$$= \frac{1}{s+1} - \frac{1}{3} \times \frac{1}{(s+1)^2} = \frac{3s+2}{3(s+1)^2}$$

3. 由描述电路的微分方程求网络函数

例 12-22 已知描述某网络的微分方程为

$$\frac{\mathrm{d}^2 y(t)}{\mathrm{d}t^2} + 4\frac{\mathrm{d}y(t)}{\mathrm{d}t} + 3y(t) = 2x(t) + \frac{\mathrm{d}x(t)}{\mathrm{d}t}$$

求该网络的网络函数。

解 可用两种方法求出网络函数。

解法一 先用比较系数法求出冲激响应,再对冲激响应取拉氏变换,可得

$$h(t) = \frac{1}{2}(\mathrm{e}^{-t} + \mathrm{e}^{-3t})\varepsilon(t)$$

则网络函数为

$$H(s) = \frac{Y(s)}{X(s)} = \mathcal{L}[h(t)] = \frac{1}{2}\left(\frac{1}{s+1} + \frac{1}{s+3}\right) = \frac{s+2}{s^2+4s+3}$$

解法二 令网络为零状态,对微分方程两边取拉氏变换,可得

$$s^2 Y(s) + 4s Y(s) + 3Y(s) = 2X(s) + s X(s)$$

$$Y(s)(s^2 + 4s + 3) = (s+2)X(s)$$

于是,网络函数为

$$H(s) = \frac{Y(s)}{X(s)} = \frac{s+2}{s^2+4s+3}$$

12.5.4 零点、极点及零极点与网络的稳定性

1. 零点、极点与零极点图

对于线性时不变网络,由于其元件参数均为常数,因此其网络函数必定是 s 的实系数有理函数。网络函数的一般形式可表示为

$$H(s) = \frac{A(s)}{B(s)} = \frac{a_m s^m + a_{m-1} s^{m-1} + \cdots + a_0}{b_n s^n + b_{n-1} s^{n-1} + \cdots + b_0} \tag{12-45}$$

式中,$a_i(i=0,1,\cdots,m)$ 和 $b_j(j=0,1,\cdots,n)$ 均为实数。若将式(12-45)的分子多项式 $A(s)$ 和分母多项式 $B(s)$ 分解因式,则该式又可写为

$$H(s) = K\frac{(s-z_m)(s-z_{m-1})\cdots(s-z)}{(s-p_n)(s-p_{n-1})\cdots(s-p_1)} = K\frac{\displaystyle\prod_{i=1}^{m}(s-z_i)}{\displaystyle\prod_{j=1}^{n}(s-p_j)} \tag{12-46}$$

式中,$K = a_m/b_n$ 为实系数。

在式(12-46)中,当 $s = z_i$ 时,有 $H(z_i) = 0$,称 $z_i(i=1,2,\cdots,m)$ 为网络函数 $H(s)$ 的零点。而当 $s = p_j$ 时,有 $H(p_j) \rightarrow \infty$,称 $p_j(j=1,2,\cdots,n)$ 为网络函数 $H(s)$ 的极点。

按照网络函数的定义,网络的零状态响应的象函数为 $Y(s) = H(s)X(s)$,因此网络函数 $H(s)$ 的零点和极点对零状态响应有着十分重要的影响。事实上,根据网络函数的零点和极点就可以知晓网络零状态响应的行为特性。

网络函数的零点和极点的分布情况可以绘制于 s 复平面上,称为零、极点图,一般在图中用"○"表示零点,用"×"表示极点。

例 12-23 某电路的网络函数为 $H(s) = \dfrac{s^2+3s-4}{s^3+6s^2+16s+16}$,求其零点和极点并画出零、极点图。

解 将 $H(s)$ 的分子和分母多项式作因式分解,可得

$$H(s) = \frac{(s+4)(s-1)}{(s+2)(s^2+4s+8)}$$

$$= \frac{(s+4)(s-1)}{(s+2)(s+2-j2)(s+2+j2)}$$

因此该网络函数有两个零点和三个极点,分别是

$$z_1 = 1, \quad z_2 = -4$$

$$p_1 = -2, \quad p_2 = -2+j2, \quad p_3 = -2-j2$$

其中有一对共轭复数极点。作出零、极点图如图 12-15 所示。

2. 网络函数的极点与网络的固有频率

网络微分方程的特征根也称为网络的固有频率。固有频率只取决于网络的结构和参数,而与激励及初始状态无关。很显然,网络固有频率的个数与网络微分方程的阶数相同,或者说与网络的阶数相同。

网络函数的极点与网络的固有频率密切相关。一般而言,网络函数不为零的极点一定是网络的固有频率。但是某些电路具体的网络函数的极点并非包含了电路全部的固有频率,或说某些固有频率并未以极点的形式体现出来。如图 12-16 所示电路,其网络函数(策动点阻抗)$z_{11}(s)$为

$$z_{11}(s) = \frac{E_1(s)}{I_1(s)} = \frac{1}{1 + 1/s} + \frac{1}{s+1} = 1$$

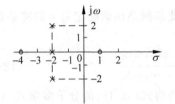

图 12-15　例 12-23 的零、极点图

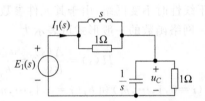

图 12-16　说明极点与固有频率的关系用图

这一网络函数没有极点,这并不表明该电路不存在固有频率。显而易见,这是一个二阶电路,它应有两个固有频率。若以电压 u_C 为求解变量建立微分方程,可得

$$\frac{\mathrm{d}^2 u_C}{\mathrm{d}t^2} + 2\frac{\mathrm{d}u_C}{\mathrm{d}t} + u_C = \frac{\mathrm{d}e_1}{\mathrm{d}t} + e_1$$

其特征方程为 $s^2 + 2s + 1 = 0$,其特征根 $s_{1,2} = -1$,为二重根,这表明该电路有两个相同的固有频率 -1。

当网络函数的极点数目小于电路的阶数时,可通过建立电路的微分方程或求电路其他网络函数之极点的并集来获得全部固有频率。

3. 极点与网络的稳定性

在电路的分析和设计中均涉及稳定性的概念。网络是稳定的,是指当时间趋于无穷大时,网络中各支路的电压、电流均为有限值。反之,若有某些支路的电压或电流随时间的增加而不断增长,则称网络是不稳定的。在不稳定的情况下,网络元件会因过大的电压、电流而遭受损坏。

零输入响应体现的是网络的固有特性,于是网络的稳定性便可由零输入响应予以体现。因为网络函数与冲激响应构成拉氏变换对,而冲激响应又可转化为零输入响应,所以零输入响应的特性与网络函数的极点密切相关,或者说可由极点来讨论和确定网络的稳定性。事实上,单输入-单输出网络的稳定性由网络函数的极点在 s 平面上的位置决定。下面分三种情况进行讨论。

(1) 极点全部位于 s 平面的左半开平面

此时网络函数的极点全部处于右半平面中且不包含位于虚轴上的极点,又可分三种情况。

① 极点均为单阶极点

设网络函数为真分式,其共有 n 个极点且全部为单阶的,第 j 个极点为 $p_j < 0$($j=1$, $2,\cdots,n$),将网络函数展开为部分分式后再作拉氏反变换,可得网络的冲激响应为

$$h(t) = \mathcal{L}^{-1}[H(s)] = \mathcal{L}^{-1}\left[\sum_{j=1}^{n} \frac{C_j}{s-p_j}\right] = \sum_{j=1}^{n} C_j e^{p_j t}$$

此时冲激响应为 n 项衰减的指数函数之和,当 $t \to \infty$ 时,$h(t) \to 0$,网络为稳定的。例如当网络函数只有一个单阶极点时,设 $H(s) = \dfrac{C_1}{s+a}$,$a > 0$,则冲激响应为 $h(t) = C_1 e^{-at}$,极点在 s 平面上的位置及 $h(t)$ 的波形如图 12-17(a)所示。

② 极点中含多重极点

若网络函数有 k 重极点 p_j,则其部分分式展开式中将有形如 $\dfrac{C_{jp}}{(s-p_j)^p}$($p=0,1,\cdots,k$)的项,该项对应的拉氏反变换的结果为 $\dfrac{C_{jp}}{(p-1)!} t^{p-1} e^{p_j t}$,当 $t \to \infty$ 时,此项亦趋于零。例如网络函数只有一个二阶极点时,设 $H(s) = \dfrac{C_1}{(s+a)^2}$,$a > 0$,则冲激响应为 $h(t) = C_1 t e^{-at}$,极点在 s 平面上的位置及 $h(t)$ 的波形如图 12-17(b)所示。

③ 极点中含复数极点

复数极点以共轭对的形式出现。设网络函数极点中的共轭复数极点为 $p_{j,j+1} = -a \pm j\omega_1$($a > 0$,$\omega_1 > 0$),则与之对应的原函数项为 $C_j e^{(-a+j\omega_1)t} + C_{j+1} e^{(-a-j\omega_1)t}$,这是一按衰减的指数规律变化的正弦波,当 $t \to \infty$ 时,该波形的幅值趋于零。例如网络函数仅有一对共轭复数极点时,设 $H(s) = \dfrac{C_1}{s+(a-j\omega_1)} + \dfrac{C_2}{s+(a+j\omega_1)}$,$a > 0$,$\omega_1 > 0$,则冲激响应为 $h(t) = C e^{-at} \cos(\omega_1 t + \varphi)$,极点在 s 平面上的位置及 $h(t)$ 的波形如图 12-17(c)所示。

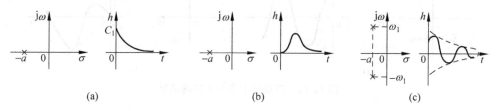

图 12-17 极点位于 s 平面的左半开平面时,网络是稳定的

综上所述,当网络函数的全部极点均位于 s 平面的左半开平面上时,网络的冲激响应为有界的,即网络是稳定的。

(2) 极点位于 s 平面的右半开平面

当网络函数的极点中有极点位于 s 平面的右半开平面上时,网络冲激响应的幅值将随时间的增加而不断增大,因此网络是不稳定的。例如考虑最简单的情况,网络函数只有一个单阶极点,设 $H(s) = \dfrac{C_1}{s-a}$,$a > 0$,则对应的冲激响应为 $h(t) = C_1 e^{at}$,这是一个增长的指数函数,当 $t \to \infty$ 时,$h(t)$ 无界。此种情况下极点在 s 平面上的位置和 $h(t)$ 的波形如图 12-18(a)所示。又如设网络函数有一对共轭复数极点,$H(s) = \dfrac{C_1}{s-a+j\omega_1} + \dfrac{C_2}{s-a-j\omega_1}$,$a > 0$,$\omega_1 > 0$,则

对应的冲激响应为 $h(t)=Ce^{at}\cos(\omega_1 t+\varphi)$，这是一个按增长的指数规律变化的正弦波，当 $t\to\infty$ 时，$h(t)\to\infty$。此时极点在 s 平面上的位置及 $h(t)$ 的波形如图 12-18(b) 所示。

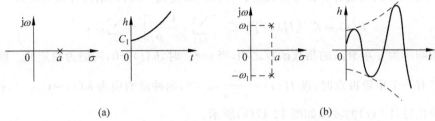

(a)   (b)

图 12-18   当有极点位于 s 平面的右半开平面时，网络是不稳定的

(3) 极点位于虚轴上

当极点位于虚轴上时，极点必是共轭纯虚数，这包括单阶共轭极点和多阶共轭极点两种情况。

① 单阶共轭极点位于虚轴上

若网络函数的极点除了位于虚轴上的共轭极点外，其余的都位于左半开平面上，则由于后者所对应的冲激响应分量均会随时间的增加而逐渐趋于零，而前者所对应的冲激响应分量是等幅的正弦波形，因此网络的冲激响应 $h(t)$ 为有界函数，于是网络是稳定的。

考虑最简单的情况，设网络函数仅有一对共轭纯虚数极点，且 $H(s)=\dfrac{Cs}{s^2+\omega_1^2}$，两个极点为 $p_{1,2}=\pm j\omega_1$，则冲激响应为 $h(t)=C\cos\omega_1 t$。此时极点位于 s 平面上的位置和冲激响应的波形如图 12-19(a) 所示。

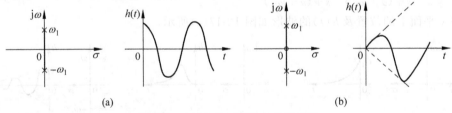

(a)   (b)

图 12-19   极点位于虚轴上时的情况

② 多阶共轭极点位于虚轴上

当网络函数的纯虚数共轭极点为多阶时，由于其对应的冲激响应分量是无界的，因此无论其他的极点位于 s 平面的何处，网络的冲激响应 $h(t)$ 为无界函数，网络是不稳定的。

例如设网络函数有一对二阶的纯虚数共轭极点，$H(s)=\dfrac{2\omega s}{(s^2+\omega_1^2)^2}$，二阶共轭极点为 $p_{1,2}=\pm j\omega_1$，则网络的冲激响应为 $h(t)=t\sin\omega_1 t$，当 $t\to\infty$ 时，有 $h(t)\to\infty$。此时极点位于 s 平面上的位置及冲激响应的波形如图 12-19(b) 所示。

12.5.5   零点、极点与频率响应

频率响应包括幅频特性和相频特性。一般通过正弦稳态电路的网络函数 $H(j\omega)$ 研究频率响应。根据前面的讨论，可知 $H(j\omega)$ 是 s 域中网络函数 $H(s)$ 的特例，若把 $H(s)$ 中的

s 用 $j\omega$ 代换便可得到 $H(j\omega)$。下面分析网络函数的零点和极点对频率响应的影响。

网络函数 $H(s)$ 的分子和分母多项式因式分解后可写为下面的形式

$$H(s) = K\frac{\prod\limits_{i=1}^{m}(s-z_i)}{\prod\limits_{j=1}^{n}(s-p_j)}$$

z_i 和 p_j 分别为零点和极点。在上式中令 $s=j\omega$，则可得到正弦稳态情况下的网络函数 $H(j\omega)$，即

$$H(j\omega) = K\frac{\prod\limits_{i=1}^{m}(j\omega-z_i)}{\prod\limits_{j=1}^{n}(j\omega-p_j)} \tag{12-47}$$

式中的分子、分母因式均为复数。令 $j\omega-z_i = A_i e^{j\varphi_i}$，$j\omega-p_j = B_j e^{j\theta_j}$，在零、极点图上分别作出相应的矢量如图 12-20 所示，其中 A_i 和 B_j 分别为零点 z_i 和极点 p_j 至 $j\omega$ 点所作矢量的长度，φ_i 和 θ_j 分别为相应矢量与水平轴之间的夹角，且逆时针方向为正，反之为负。将上述两矢量的极坐标表达式代入式(12-47)，有

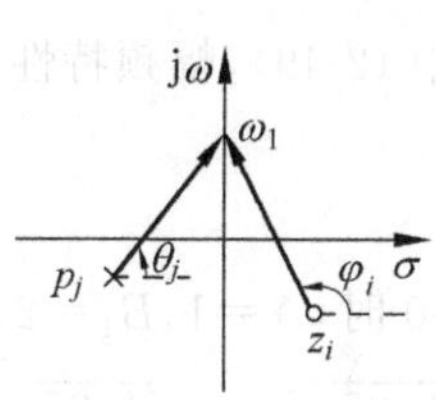

$$H(j\omega) = K\frac{\prod\limits_{i=1}^{m}A_i e^{j\varphi_i}}{\prod\limits_{j=1}^{n}B_j e^{j\theta_j}} = K\frac{\prod\limits_{i=1}^{m}A_i}{\prod\limits_{j=1}^{n}B_j}e^{j\left(\sum\limits_{i=1}^{m}\varphi_i-\sum\limits_{j=1}^{n}\theta_j\right)} \tag{12-48}$$

图 12-20 s 平面上的 $j\omega$-z_i 和 $j\omega$-p_j 矢量

于是可得响应的幅频特性为

$$|H(j\omega)| = K\frac{\prod\limits_{i=1}^{m}A_i}{\prod\limits_{j=1}^{n}B_j} \tag{12-49}$$

相频特性为

$$\measuredangle H(j\omega) = \sum\limits_{i=1}^{m}\varphi_i - \sum\limits_{j=1}^{n}\theta_j \tag{12-50}$$

由式(12-49)可知，幅模 $|H(j\omega)|$ 与各零点至 $j\omega$ 点矢量长度的乘积成正比，与各极点至 $j\omega$ 点矢量长度的乘积成反比。又由式(12-50)可知，辐角 $\measuredangle H(j\omega)$ 为各零点至 $j\omega$ 点的矢量辐角的和与各极点至 $j\omega$ 点的矢量辐角的和之差。

例 12-24 已知某网络函数的零、极点分布如图 12-21(a)所示，且 $|H(j1)| = \dfrac{1}{\sqrt{2}}$，试求该网络函数并定性画出幅频特性和相频特性。

解 由零、极点图可得

$$H(s) = \frac{K(s+1)}{(s+2)[s-(-1+j)][s-(-1-j)]} = \frac{K(s+1)}{(s+2)(s^2+2s+2)}$$

根据题意，当 $s=j\omega=j1$ 时，$|H(j1)| = 1/\sqrt{2}$，即

$$\left|\frac{K(j+1)}{(j+2)(-1+j2+2)}\right| = 1/\sqrt{2}$$

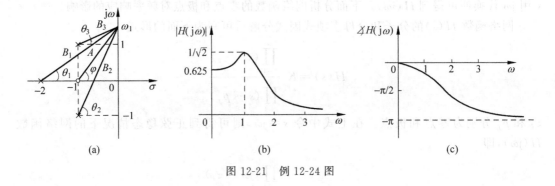

图 12-21　例 12-24 图

可求得 $K = 5/2 = 2.5$，于是所求网络函数为

$$H(s) = \frac{2.5(s+1)}{(s+2)(s^2+2s+2)}$$

又由式(12-49)，幅频特性可表示为

$$|H(j\omega)| = \frac{KA}{B_1 B_2 B_3}$$

当 $\omega = 0$ 时，$A = 1, B_1 = 2, B_2 = \sqrt{2}, B_3 = \sqrt{2}$，于是得 $|H(j0)| = 5/8 = 0.625$；当 $\omega = 0.5$ 时，$A = \sqrt{1.25}, B_1 = \sqrt{4.25}, B_2 = \sqrt{3.25}, B_3 = \sqrt{1.25}$，于是得 $|H(j0.5)| = 0.673$；当 $\omega = 1$ 时，$|H(j1)| = 1/\sqrt{2} = 0.707$；当 $\omega = 2$ 时，$|H(j2)| = 0.280, \cdots$，当 $\omega \to \infty$ 时，$|H(j\infty)| = 0$，由此作出幅频特性如图 12-21(b)所示，由图可见，当 $\omega = 1$ 时，$|H(j\omega)| = 0.707$ 为最大值。

又由式(12-50)，相频特性可表示为

$$\angle H(j\omega) = \varphi - \theta_1 - \theta_2 - \theta_3$$

当 $\omega = 0$ 时，$\angle H(j0) = 0$，当 $\omega = 1$ 时，$\angle H(j1) = \varphi - \theta_1 - \theta_2 - \theta_3 = 45° - 26.56° - 63.4° - 0° = -45°$；当 $\omega = 2$ 时，$\angle H(j2) = \varphi - \theta_1 - \theta_2 - \theta_3 = 63.43° - 45° - 71.57° - 45° = 98.14°$；$\cdots$，当 $\omega \to \infty$，$\angle H(j\infty) = -180°$。由此作出相频特性如图 12-21(c)所示。

12.5.6　零点和零传输

在网络的输入不为零但输出为零时，称为零传输。在正弦稳态的情况下，当网络函数的零点为纯虚数，即 $z_i = j\omega_i$，且电源的角频率 $\omega = \omega_i$ 时，将实现零传输。如在图 12-22 所示电路中，其输出为 u_0，网络函数 $H(s)$ 的两个零点为

$z_1 = \dfrac{-1}{\sqrt{L_1 C_1}}$ 和 $z_2 = \dfrac{-1}{\sqrt{L_2 C_2}}$，则 $H(j\omega)$ 的两个零点为 $z'_1 =$

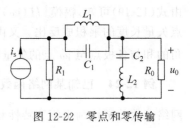

图 12-22　零点和零传输

$j \dfrac{1}{\sqrt{L_1 C_1}}$ 和 $z'_2 = j \dfrac{1}{\sqrt{L_2 C_2}}$。当电路的正弦输入的 i_s 的角频

率为 $\omega_1 = \dfrac{1}{\sqrt{L_1 C_1}}$ 或 $\omega_2 = \dfrac{1}{\sqrt{L_2 C_2}}$ 时，网络函数的幅模 $|H(j\omega)| = 0$，于是有 $u_0 = 0$，这表明实现了零传输。

12.5.7 无源网络综合初步

已知电路的结构、参数与激励,求电路的响应或输出,称为电路分析。与之相反,为实现特定的输出而求相应的电路结构和参数,则称为网络综合或电路设计。网络综合包括有源网络综合和无源网络综合。关于网络综合的理论和方法在相关的专业文献里有全面的介绍,下面仅举例简略说明根据网络函数进行无源网络综合的相关概念和方法。

这里所涉及的无源网络综合是指用线性时不变正电阻、正电容及正电感等元件来构造一个电路,使之具有给定的网络函数。

例 12-25 已知某网络函数(策动点阻抗)为

$$H(s) = Z(s) = \frac{s+1}{s^2 + 2s + 2}$$

试构造相应的电路。

解 先将网络函数变形,将分子、分母同除 $(s+1)$,可得

$$H(s) = Z(s) = \frac{s+1}{s^2 + 2s + 2} = \frac{1}{1 + s + \dfrac{1}{s+1}} = \frac{1}{Y(s)}$$

式中,$Y(s) = 1 + s + \dfrac{1}{s+1}$,于是所需构造的电路由三条支路构成,即一个 1Ω 的电阻与 $1F$ 的电容并联再与一条 1Ω 电阻与 $1H$ 电感串联的支路并联,如图 12-23 所示。

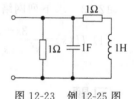

图 12-23 例 12-25 图

例 12-26 已知某网络的电流传输比为

$$H(s) = \frac{I_2(s)}{I_1(s)} = \frac{s+1}{2s + 2s + 1}$$

试构造该网络。

解 由于网络函数是电流传输比,可根据并联电路分流公式的形式将网络函数变形,为此将 $H(s)$ 的分子、分母同除 s,可得

$$H(s) = \frac{1 + 1/s}{2s + 2 + 1/s} = \frac{1 + 1/s}{2s + 1 + 1 + 1/s}$$

由此构造的电路如图 12-24(a)所示。

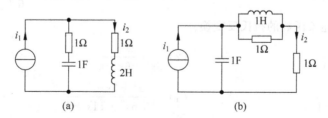

(a) (b)

图 12-24 例 12-26 图

也可将 $H(s)$ 按下述方法变形:先将原有理分式的分子、分母同除 $(s+1)$,可得

$$H(s) = \frac{1}{2s + \dfrac{1}{s+1}}$$

再将上式的分子、分母同除 s，又得

$$H(s) = \frac{1/s}{2 + \dfrac{1}{s(s+1)}} = \frac{1/s}{1 + 1/s + \dfrac{s}{s+1}} = \frac{1/s}{1 + \dfrac{1}{s} + \dfrac{1}{1 + 1/s}}$$

由此构造的电路如图 12-24(b)所示。

练习题

12-11　求图 12-25 所示电路的网络函数 $H_1(s) = \dfrac{I_1(s)}{U_1(s)}$，

$H_2(s) = \dfrac{U_2(s)}{U_1(s)}$。

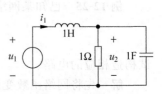

图 12-25　练习题 12-11 图

12-12　某网络的冲激响应为 $h(t) = y(t) = (t\mathrm{e}^{-3t} - 3\mathrm{e}^{-2t})\varepsilon(t)$，
求电路的激励函数为 $x(t) = 10\sqrt{2}\sin(5t + 60°)$ 时的正弦稳态响
应 $y(t)$。

12-13　求下列网络函数的零点和极点，并作出零、极点图。

(1) $H(s) = \dfrac{3s+3}{s^2 + 6s + 8}$　　(2) $H(s) = \dfrac{s^2 + s}{s^3 + 2s^2 + s + 2}$

习题

12-1　求下述函数的拉氏变换。

(1) $\mathrm{e}^{-at}\cos 3t\,\varepsilon(t)$

(2) $(t^2 + 1)\mathrm{e}^{-2t}\varepsilon(t)$

(3) $\mathrm{e}^{-at}\cos(\omega t + \varphi)\varepsilon(t)$

(4) $\mathrm{e}^{-t}\sin(2t + 30°)\varepsilon(t)$

(5) $\delta(t) + 2\delta''(t) + t\mathrm{e}^{-t}\varepsilon(t)$

(6) $\sin(\omega t - 60°)\varepsilon\left(t - \dfrac{\pi}{3}\right)$

(7) $\mathrm{e}^{-t}\varepsilon(t-2)$

(8) $\mathrm{e}^{-2t}\sin(4t - 120°)\varepsilon\left(t - \dfrac{\pi}{6}\right)$

12-2　求下述象函数的拉氏反变换。

(1) $\dfrac{s+2}{s(s^2 - 1)}$

(2) $\dfrac{2s}{3s^2 + 6s + 6}$

(3) $\dfrac{s^3 + 2s}{s^2 + 2s + 1}$

(4) $\dfrac{s^2 + 3s + 5}{s^3 + 6s^2 + 11s + 6}$

(5) $\dfrac{3s+1}{5s^2(s-2)^2}$

(6) $\dfrac{1}{s^2 - 1 + (s+1)^3}$

(7) $\dfrac{s\mathrm{e}^{-3s}}{s^2 + 2}$

(8) $\dfrac{s^2 + 3s + 7}{(s+1)(s^2 + 4s + 8)}$

(9) $\dfrac{1 - \mathrm{e}^{-4s}}{3s^3 + 2s^2}$

(10) $\dfrac{s^2}{(s^2 + s + 2)(s + 3)}$

12-3 计算下述象函数对应的原函数的初值和终值。

(1) $\dfrac{3s+2}{4s^2+3s+2}$　　　　　　(2) $\dfrac{s^2+5}{s^3+4s^2+2s}$

(3) $\dfrac{2s^2+2}{(s+1)(s^2+s+1)}$

12-4 已知 $F(s)=\dfrac{2s+2}{3s^2+6s+6}$，求 $f(0_+)$ 和一阶导数的初始值 $f^{(1)}(0_+)$。

12-5 用拉氏变换法解下述微分方程。

(1) $2\dfrac{\mathrm{d}y}{\mathrm{d}t}+4y=\mathrm{e}^{-t}\varepsilon(t)$　$y(0_-)=2$

(2) $\dfrac{\mathrm{d}^2y}{\mathrm{d}t^2}+3\dfrac{\mathrm{d}y}{\mathrm{d}t}+2y=0$

$y(0_-)=0,\dfrac{\mathrm{d}y(0_-)}{\mathrm{d}t}=1$

(3) $\dfrac{\mathrm{d}^2y}{\mathrm{d}t^2}-3\dfrac{\mathrm{d}y}{\mathrm{d}t}+2y=t\varepsilon(t)$

$y(0_-)=1,\dfrac{\mathrm{d}y(0_-)}{\mathrm{d}t}=2$

12-6 求题 12-6 图所示波形的象函数。

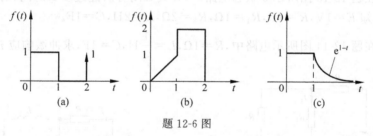

题 12-6 图

12-7～12-18 题均用运算法求解。

12-7 在题 12-7 图所示电路中，开关 S 原先打开，且电路达稳定状态。在 $t=0$ 时将开关闭合，求响应 i。

12-8 如题 12-8 图所示电路，已知 $u_{C1}(0_-)=1\text{V},u_{C2}(0_-)=0,t=0$ 时开关 S 闭合，求响应 i_{C1} 和 i_R，并绘出波形。

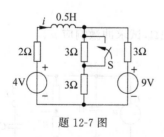

题 12-7 图

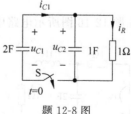

题 12-8 图

12-9 题 12-9 图所示电路中已知 $u_s=[3-3\varepsilon(t)]\text{V}$，求响应 $u_C(t),t\geqslant0$。

12-10 如题 12-10 图所示电路，已知 $i_{L1}(0_-)=i_{L2}(0_-)=0,t=0$ 时 S 闭合，求 i_{L1} 和 i_{L2}。

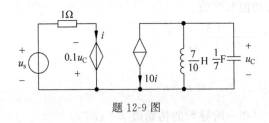

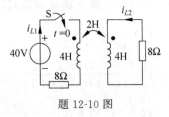

题 12-9 图　　　　　　　　　　　　　题 12-10 图

12-11 题 12-11 图所示电路在 S 断开前已处于稳态。试求 S 断开后的电压 u。

12-12 如题 12-12 图所示电路，已知 $L=\dfrac{1}{4}$H，$C=1$F，$R=\dfrac{1}{5}\Omega$，$e_s=3+2\delta(t-1)+4\varepsilon(t)$，求响应 u。

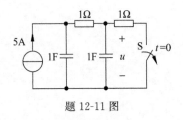

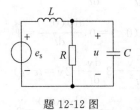

题 12-11 图　　　　　　　　　　　　题 12-12 图

12-13 在题 12-13 图所示零状态电路中，开关 S 闭合后经过多少时间，有 $i=2i_1$，此时 i 为多大? 已知 $E=1$V，$R=1\Omega$，$R_1=1\Omega$，$R_2=2\Omega$，$L=2$H，$C=1$F。

12-14 在题 12-14 图所示电路中，$R=1\Omega$，$L=\dfrac{1}{3}$H，$C=1$F，求冲激响应 i_L。

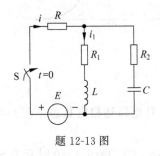

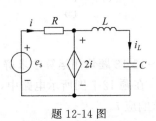

题 12-13 图　　　　　　　　　　　　题 12-14 图

12-15 求题 12-15 图所示电路的冲激响应 u。

12-16 在题 12-16 图所示电路中，$R=\sqrt{\dfrac{L}{C}}=1\Omega$，试求冲激响应 u。

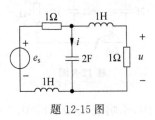

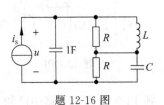

题 12-15 图　　　　　　　　　　　　题 12-16 图

12-17 题 12-17 图所示电路已处于稳态,$t=0$ 时 S 合上,求响应 i。

12-18 题 12-18 图所示电路已处于稳态,求开关闭合后电阻两端的电压 $u_R(t)$。

12-19 求题 12-19 图所示电路的冲激响应 $u_{C2}(t)$。当激励 e_s 为零时,电路具有何种初始状态才可使零输入响应仅含 $s_2=-3$ 的固有频率?

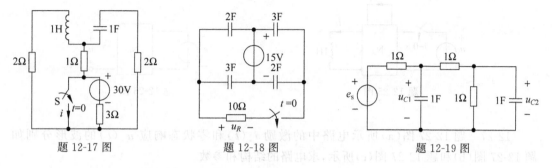

题 12-17 图   题 12-18 图   题 12-19 图

12-20 用运算法求题 12-20 图所示电路的零状态响应 $u(t)$,电流源 $i_s(t)$ 的波形如题 12-20 图(b)所示。

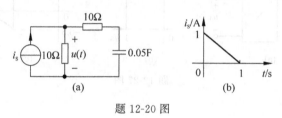

题 12-20 图

12-21 求题 12-12 图所示电路的驱动点阻抗 $Z(s)$ 和转移电压比 $H(s)=\dfrac{U(s)}{E_s(s)}$。

12-22 求题 12-14 图所示电路的驱动点导纳 $Y(s)$ 和转移导纳 $H(s)=\dfrac{I_L(s)}{E(s)}$,并作出驱动点导纳 $Y(s)$ 的零、极点图。

12-23 求题 12-23 图所示电路的网络函数 $H(s)=\dfrac{U(s)}{I_s(s)}$。

12-24 求题 12-24 图所示电路的网络函数 $H(s)=\dfrac{I(s)}{U_s(s)}$,并求阶跃响应 $i(t)$。

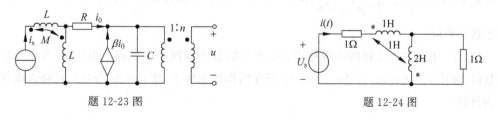

题 12-23 图   题 12-24 图

12-25 在题 12-25 图所示电路中,N_R 为线性时不变电阻网络,$i_L(0_-)=0$。当 $t=0$ 时开关合上,已知 $u_s=10V$ 时,响应 $i_L(t)=2(1-e^{-2t})\varepsilon(t)A$,$i_2(t)=(1+e^{-2t})\varepsilon(t)A$。求 $u_s=e^{-t}V$ 时零状态响应 $i_L(t)$ 和 $i_2(t)$。

12-26 题 12-26 图所示电路中的 N_0 为线性时不变无源网络,已知当 $e_s=\varepsilon(t)$ 时的阶跃响应 $u_0(t)=(0.5e^{-2t}+e^{-3t})\varepsilon(t)$,若使零状态响应 $u_0(t)=2e^{-t}\varepsilon(t)$,求相应的输入 $e_s(t)$。

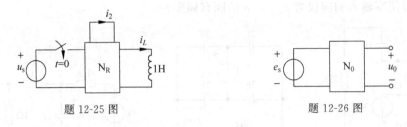

题 12-25 图   题 12-26 图

12-27 题 12-27 图(a)所示电路中的激励 $i_s(t)$ 和零状态响应 $u_0(t)$ 的波形分别如题 12-27 图(b)和题 12-27 图(c)所示,求电路的结构和参数。

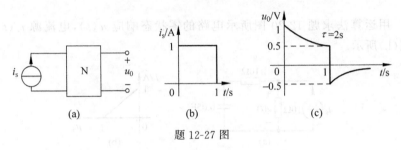

题 12-27 图

12-28 已知输入 $u_s=e^{-t}\varepsilon(t)$,二阶系统的转移函数 $H(s)=\dfrac{s+5}{s^2+5s+6}$,初始条件 $y(0)=2$,$\dfrac{dy(0)}{dt}=1$。求系统的全响应 $y(t)$,零输入响应,零状态响应,自由分量和强制分量。

12-29 在一线性时不变网络的输入端施加一单位阶跃电压,其输出端电压的零状态响应为 $u_0=2e^{-t}-2e^{-3t}$。若在输入端施加正弦电压 $u=10\sqrt{2}\sin(4t+30°)$V,其输出端的正弦稳态响应电压是多少?

12-30 电路如题 12-30 图所示,N 为线性无源松弛网络。已知电路在正弦稳态下的网络函数 $H(j\omega)=\dfrac{\dot{U}_0}{\dot{U}_s}=\dfrac{-\omega^2}{2-\omega^2+j3\omega}$,试求:(1)$u_s=\delta(t)$ 时的冲激响应 u_0;(2)$u_s=e^{-3t}\varepsilon(t)$ 时的零状态响应 u_0。

12-31 在题 12-31 图所示电路中,N_0 为零状态无源网络。当输入电压 u_i 为单位阶跃函数时,响应 $i_0=(-2e^{-t}+4e^{-3t})\varepsilon(t)$;若在同样的条件下,使 $i_0=2e^{-t}\varepsilon(t)$,则输入电压 u_i 应为何值?

12-32 题 12-32 图所示滤波器电路的冲激响应为 $h(t)=u_0(t)=\sqrt{2}e^{-\frac{\sqrt{2}}{2}t}\sin\dfrac{\sqrt{2}}{2}t$,$(t>0)$,试求:(1)参数 L 和 C;(2)若激励 $u_s(t)=8\sqrt{2}\sin(3t+30°)$V,求滤波器的正弦稳态响应;(3)3dB 带宽。

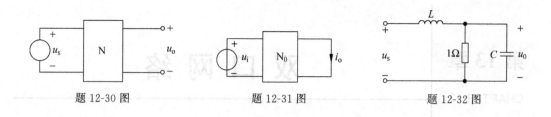

题 12-30 图　　　　　　题 12-31 图　　　　　　题 12-32 图

12-33　已知某网络的策动点导纳函数为

$$H(s) = \frac{s^2 + 5s}{s^2 + 5s + 6}$$

试构造该网络。

第 13 章

CHAPTER 13

双 口 网 络

本章提要

双口网络是典型且常见的多端网络。在工程技术中,通常是从端口特性即端口电压、电流之间关系的角度来研究双口网络的问题。

本章的主要内容有:双口网络的方程和参数;双口网络参数间的关系;双口网络的等效电路;复合双口网络;有载双口网络;回转器与负阻抗变换器等。

13.1 双口网络及其方程

具有多个引出端钮的网络称为多端网络。在许多情况下,人们对多端网络的内部情况并不感兴趣,所关心和研究的是网络的各引出端钮上电压、电流的相互关系,即所谓的端口特性。本章主要讨论常见且在工程实际中有着重要应用的多端网络——双口网络。

13.1.1 多端网络端口的定义

多端网络的引出端钮一般以成对的方式出现。若两个成对的端钮在任何情况下流入一个端钮的电流从另一个端钮流出,这样的一对端钮称为一个端口,这一概念曾在第 2 章予以表述。如图 13-1 所示的四端网络,若在任何时刻均有 $i_1 = -i_3$,则端钮 1 和 3 构成一个端口,否则两者不可称为是一个端口。

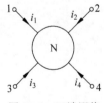

图 13-1 四端网络

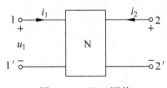

图 13-2 双口网络

13.1.2 双口网络及其端口变量

1. 双口网络

形成两个端口的四端网络为双口网络。显然,双口网络是四端网络的特例。双口网络一般用图 13-2 所示的图形来表示。通常把双口网络中接输入信号的端口称为输入端口,把用于输出信号的端口称作输出端口。

双口网络 N 可以由任意元件构成。本章只讨论松弛的双口网络,即由线性时不变元件构成的且不含独立电源及动态元件的初始储能为零双口网络。

2. 双口网络的端口变量及其参考方向

通常人们所关心的是双口网络的端口特性,即两个端口上电压和电流的关系。把端口的电压、电流称为双口网络的端口变量,这样,双口网络的端口变量一共是四个。

我们约定在今后的讨论中,双口网络在端口处接支路加以考察时,每一端口的电压、电流均采用图 13-2 所示的参考方向,即每一端口的电流均从电压的正极性端流入网络。

13.1.3　双口网络的方程

双口网络的端口特性是用双口网络方程来表示的。在双口网络方程中把四个端口变量中的两个变量表示为另两个变量的函数。譬如可以把图 13-2 中的两个端口电压用两个端口电流来表示,即把两个端口电流当作已知电流源的输出,把两个端口电压作为响应,如图 13-3 所示。由于 N 为线性无独立电源的网络,根据叠加定理,不失一般性,可得到下述 s 域中的方程组:

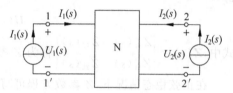

图 13-3　Z 参数方程的导出

$$\begin{cases} U_1(s) = K_1(s)I_1(s) + K_2(s)I_2(s) \\ U_2(s) = K_3(s)I_1(s) + K_4(s)I_2(s) \end{cases} \tag{13-1}$$

该方程组中的系数 K_1、K_2、K_3 和 K_4 均为常数,它们只和 N 的结构、元件参数有关。这些系数均具有阻抗的量纲且是 s 的函数,故式(13-1)又可写为

$$\begin{cases} U_1(s) = Z_{11}(s)I_1(s) + Z_{12}(s)I_2(s) \\ U_2(s) = Z_{21}(s)I_1(s) + Z_{22}(s)I_2(s) \end{cases} \tag{13-2}$$

式中的系数 $Z_{11}(s)$、$Z_{12}(s)$、$Z_{21}(s)$ 和 $Z_{22}(s)$ 称为双口网络的 Z 参数,相应地,式(13-2)被称为双口网络的 Z 参数方程。可以看出,若 Z 参数为已知,则只要知道两个端口的电流,根据式(13-2)便可求出两个端口的电压。

按照类似的方法,将四个端口变量进行不同的组合,可得到六种形式的双口网络方程。这些方程中的系数均称为双口网络的参数,并冠以相应的名称。下面将讨论各种双口网络参数及其求取方法。

13.2　双口网络的参数

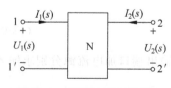

图 13-4　正弦稳态双口网络

有六种形式的双口网络方程,相应地有六种双口网络参数。下面只讨论最常用的四种参数,即 Z 参数、Y 参数、H 参数和 T 参数。不失一般性,我们的讨论针对图 13-4 所示的双口网络进行,并把端口 1-1′称为输入端口,端口 2-2′称为输出端口。

13.2.1 Z 参数

1. Z 参数方程

若选两个端口电压 $U_1(s)$ 和 $U_2(s)$ 为应变量,两个端口电流 $I_1(s)$ 和 $I_2(s)$ 为自变量,则得到的双口网络方程便是 Z 参数方程,即

$$\begin{cases} U_1(s) = Z_{11}(s)I_1(s) + Z_{12}(s)I_2(s) \\ U_2(s) = Z_{21}(s)I_1(s) + Z_{22}(s)U_2(s) \end{cases} \tag{13-3}$$

式(13-3)可写成矩阵形式

$$\begin{bmatrix} U_1(s) \\ U_2(s) \end{bmatrix} = \begin{bmatrix} Z_{11}(s) & Z_{12}(s) \\ Z_{21}(s) & Z_{22}(s) \end{bmatrix} \begin{bmatrix} I_1(s) \\ I_2(s) \end{bmatrix} \tag{13-4}$$

或

$$U(s) = Z(s)I(s) \tag{13-5}$$

式中,$Z(s) = \begin{bmatrix} Z_{11}(s) & Z_{12}(s) \\ Z_{21}(s) & Z_{22}(s) \end{bmatrix}$ 称为 Z 参数矩阵。

在正弦稳态情况下,Z 参数方程可写为相量形式

$$\begin{cases} \dot{U}_1 = Z_{11}\dot{I}_1 + Z_{12}\dot{I}_2 \\ \dot{U}_2 = Z_{21}\dot{I}_1 + Z_{22}\dot{I}_2 \end{cases}$$

2. 确定 Z 参数的方法

根据 Z 参数方程,不难得到确定(计算)双口网络 Z 参数的方法。在式(13-3)中,若令 $I_2(s) = 0$,可得到

$$Z_{11}(s) = \frac{U_1(s)}{I_1(s)} \bigg|_{I_2(s)=0} \tag{13-6}$$

$$Z_{21}(s) = \frac{U_2(s)}{I_1(s)} \bigg|_{I_2(s)=0} \tag{13-7}$$

式(13-6)表明,参数 $Z_{11}(s)$ 是输出端口电流 $I_2(s)$ 为零时的输入端口的电压与电流之比。这说明可在输出端口开路的情况下,用在输入端口加电流源求输入端口电压的方法求得 $Z_{11}(s)$。式(13-7)表明,参数 $Z_{21}(s)$ 是输出端口电流 $I_2(s)$ 为零时的输出端口的电压与输入端口的电流之比。因此,可在输出端口开路的情况下,用在输入端口加电流源求输出端口电压的方法求得 $Z_{21}(s)$。

在式(13-3)中,若令 $I_1(s) = 0$,可得到

$$Z_{12}(s) = \frac{U_1(s)}{I_2(s)} \bigg|_{I_1(s)=0} \tag{13-8}$$

$$Z_{22}(s) = \frac{U_2(s)}{I_2(s)} \bigg|_{I_1(s)=0} \tag{13-9}$$

式(13-8)和式(13-9)表明,可在输入端口开路的情况下,用在输出端口加电流源分别求输入端口电压和输出端口电压的方法求得 $Z_{12}(s)$ 和 $Z_{22}(s)$。

由于 Z 参数均可在双口网络某一个端口开路的情况下予以确定,故又将 Z 参数称为开路阻抗参数。

确定 Z 参数的具体方法如下：

（1）将输出端口开路，在输入端口施加一单位电流源 $I_1(s)=1\mathrm{A}$，求出两个端口的电压 $U_1(s)$ 和 $U_2(s)$，则

$$Z_{11}(s)=\frac{U_1(s)}{I_1(s)}\bigg|_{I_2(s)=0}=U_1(s)\big|_{I_2(s)=0}$$

$$Z_{21}(s)=\frac{U_2(s)}{I_1(s)}\bigg|_{I_2(s)=0}=U_2(s)\big|_{I_2(s)=0}$$

（2）将输入端口开路，在输出端口施加一单位电流源 $I_2(s)=1\mathrm{A}$，求出两个端口的电压 $U_1(s)$ 和 $U_2(s)$，则

$$Z_{12}(s)=\frac{U_1(s)}{I_2(s)}\bigg|_{I_1(s)=0}=U_1(s)\big|_{I_1(s)=0}$$

$$Z_{22}(s)=\frac{U_2(s)}{I_2(s)}\bigg|_{I_1(s)=0}=U_2(s)\big|_{I_1(s)=0}$$

例 13-1 如图 13-5(a)所示双口网络，试确定其 s 域中的 Z 参数，并写出 Z 参数方程。

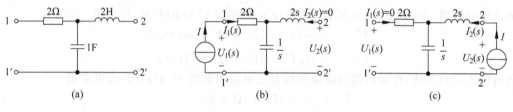

图 13-5 例 13-1 图

解 先将输出端口开路，做出松弛网络的运算模型，在输入端口施加单位电流源如图 13-5(b)所示，可求得

$$U_1(s)\big|_{I_2(s)=0}=\left(2+\frac{1}{s}\right)I_1(s)=\left(2+\frac{1}{s}\right)=Z_{11}(s)$$

$$U_2(s)\big|_{I_2(s)=0}=\frac{1}{s}I_1(s)=\frac{1}{s}=Z_{21}(s)$$

再将输入端口开路，在输出端口施加单位电流源如图 13-5(c)所示，可求得

$$U_1(s)\big|_{I_1(s)=0}=\frac{1}{s}I_2(s)=\frac{1}{s}=Z_{12}(s)$$

$$U_2(s)\big|_{I_1(s)=0}=\left(2s+\frac{1}{s}\right)I_2(s)=\left(2s+\frac{1}{s}\right)=Z_{22}(s)$$

所求 Z 参数方程为

$$\begin{cases}U_1(s)=\left(2+\dfrac{1}{s}\right)I_1(s)+\dfrac{1}{s}I_2(s)\\[2mm]U_2(s)=\dfrac{1}{s}I_1(s)+\left(2s+\dfrac{1}{s}\right)I_2(s)\end{cases}$$

此题也可直接根据电路写出其 Z 参数方程后获得 Z 参数。由运算电路，将两个端口的电压用两个端口的电流表示，可得

$$\begin{cases} U_1(s) = 2I_1(s) + \dfrac{1}{s}\big[I_1(s) + I_2(s)\big] = \Big(2 + \dfrac{1}{s}\Big)I_1(s) + \dfrac{1}{s}I_2(s) \\ U_2(s) = 2sI_2(s) + \dfrac{1}{s}\big[I_1(s) + I_2(s)\big] = \dfrac{1}{s}I_1(s) + \Big(2s + \dfrac{1}{s}\Big)I_2(s) \end{cases}$$

由此得到的 Z 参数方程和 Z 参数与前面相同。在许多情况下,直接写出双口网络的方程而得到相应参数比按定义式求取参数可能要简便。

例 13-2 如图 13-6(a)所示双口网络,试确定其 Z 参数及写出 Z 参数方程的矩阵形式。

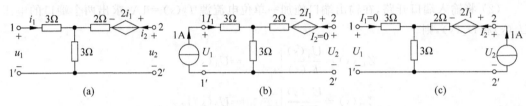

图 13-6 例 13-2 图

解 因是电阻性电路,双口网络参数为实数,所以可在直流稳态下求取 Z 参数。先将输出端口开路,在输入端口施加单位直流电流源如图 13-6(b)所示,可求得

$$U_1\big|_{I_2=0} = (3+3)I_1 = 6I_1 = 6\,\Omega = Z_{11}$$

$$U_2\big|_{I_2=0} = 2I_1 + 3I_1 = 5I_1 = 5\,\Omega = Z_{21}$$

再将输入端口开路,在输出端口施加单位直流电流源如图 13-6(c)所示,可求得

$$U_1\big|_{I_1=0} = 3I_2 = 3\,\Omega = Z_{12}$$

$$U_2\big|_{I_1=0} = 2I_2 + 3I_2 = 5\,\Omega = Z_{22}$$

Z 参数方程的矩阵形式为

$$\begin{bmatrix} u_1 \\ u_2 \end{bmatrix} = \begin{bmatrix} 6 & 3 \\ 5 & 5 \end{bmatrix} \begin{bmatrix} i_1 \\ i_2 \end{bmatrix}$$

和前例相似,可直接由电路写出 Z 参数方程。由图 13-6(a)电路,可得

$$u_1 = 3i_1 + 3(i_1 + i_2) = 6i_1 + 3i_2$$

$$u_2 = 2i_1 + 2i_2 + 3(i_1 + i_2) = 5i_1 + 5i_2$$

3. 互易情况下的 Z 参数

若双口网络为互易网络(即网络中无独立电源,亦无受控电源等耦合元件),根据互易定理,当 $I_1(s)\big|_{I_2(s)=0} = I_2(s)\big|_{I_1(s)=0}$ 时,必定有 $U_2(s)\big|_{I_2(s)=0} = U_1(s)\big|_{I_1(s)=0}$,又由

$$Z_{21}(s) = \frac{U_2(s)}{I_1(s)}\bigg|_{I_2(s)=0}, \qquad Z_{21}(s) = \frac{U_1(s)}{I_2(s)}\bigg|_{I_1(s)=0}$$

有

$$Z_{12}(s) = Z_{21}(s)$$

这表明互易双口网络只有三个独立的 Z 参数,其 Z 参数矩阵为对称矩阵。例 13-1 中的双口网络显然是一个互易网络,其 Z 参数的特点符合上述结论。对非互易网络而言,一般 $Z_{12}(s) \neq Z_{21}(s)$,例如例 13-2 的双口网络。

如果互易双口网络的参数 $Z_{11}(s) = Z_{22}(s)$,则称为对称互易双口网络。对称互易双口网络具有这种特性,即两个端口可不加区别,无论从哪个端口看进去,其电气性能是完全相同的。

13.2.2 *Y* 参数

下面的讨论在正弦稳态下进行,针对的是相量模型,所用的方法及得到的结论同样适用于 s 域或运算模型。

1. *Y* 参数方程

若选取两个端口电流 $\dot{I}_1$ 和 $\dot{I}_2$ 为应变量,两个端口电压为自变量,则得到的双口网络方程为

$$
\left.
\begin{aligned}
\dot{I}_1 &= Y_{11}\dot{U}_1 + Y_{12}\dot{U}_2 \\
\dot{I}_2 &= Y_{21}\dot{U}_1 + Y_{22}\dot{U}_2
\end{aligned}
\right\} \tag{13-10}
$$

方程中的系数 Y_{11}、Y_{12}、Y_{21} 和 Y_{22} 具有导纳的量纲,称为双口网络的 Y 参数,相应地,式(13-10)称为双口网络的 Y 参数方程。式(13-10)的矩阵形式为

$$
\begin{bmatrix} \dot{I}_1 \\ \dot{I}_2 \end{bmatrix} = \begin{bmatrix} Y_{11} & Y_{12} \\ Y_{21} & Y_{22} \end{bmatrix} \begin{bmatrix} \dot{U}_1 \\ \dot{U}_2 \end{bmatrix}
$$

或

$$
\dot{\pmb{I}} = \pmb{Y}\dot{\pmb{U}} \tag{13-11}
$$

式中,$\pmb{Y} = \begin{bmatrix} Y_{11} & Y_{12} \\ Y_{21} & Y_{22} \end{bmatrix}$,称为 Y 参数矩阵。

2. 确定 *Y* 参数的方法

按类似于确定 Z 参数的方法,由式(13-10)可得

$$
\left.
\begin{aligned}
Y_{11} &= \frac{\dot{I}_1}{\dot{U}_1}\bigg|_{\dot{U}_2=0} \\[2mm]
Y_{21} &= \frac{\dot{I}_2}{\dot{U}_1}\bigg|_{\dot{U}_2=0} \\[2mm]
Y_{12} &= \frac{\dot{I}_1}{\dot{U}_2}\bigg|_{\dot{U}_1=0} \\[2mm]
Y_{22} &= \frac{\dot{I}_2}{\dot{U}_2}\bigg|_{\dot{U}_1=0}
\end{aligned}
\right\} \tag{13-12}
$$

此组式子表明,应在输入端口和输出端口分别短路(使 $\dot{U}_1$ 和 $\dot{U}_2$ 分别为零)的情况下求得 Y 参数,因此 Y 参数也称为短路导纳参数。

确定 Y 参数的具体做法如下:

(1) 将输出端口短路,在输入端口施加单位电压源 $\dot{U} = 1\underline{/0°}\,\mathrm{V}$,求出两个端口的电流 $\dot{I}_1$ 和 $\dot{I}_2$,则

$$
Y_{11} = \frac{\dot{I}_1}{\dot{U}_1}\bigg|_{\dot{U}_2=0} = \dot{I}_1\big|_{\dot{U}_2=0}
$$

$$Y_{21} = \frac{\dot{I}_2}{\dot{U}_1}\bigg|_{\dot{U}_2=0} = \dot{I}_2\big|_{\dot{U}_2=0}$$

（2）将输入端口短路，在输出端口施加单位电压源 $\dot{U}_2 = 1\underline{/0°}\,\mathrm{V}$，求出两个端口的电流 $\dot{I}_1$ 和 $\dot{I}_2$，则

$$Y_{12} = \frac{\dot{I}_1}{\dot{U}_2}\bigg|_{\dot{U}_1=0} = \dot{I}_1\big|_{\dot{U}_1=0}$$

$$Y_{22} = \frac{\dot{I}_2}{\dot{U}_2}\bigg|_{\dot{U}_1=0} = \dot{I}_2\big|_{\dot{U}_1=0}$$

例 13-3 求图 13-7(a)所示双口网络的 Y 参数矩阵。

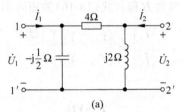

(a)

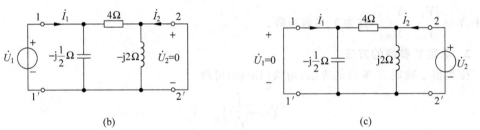

(b)   (c)

图 13-7 例 13-3 图

解 将输出端口短路，在输入端口施加单位电压源 $\dot{U}_1 = 1\underline{/0°}\,\mathrm{V}$，如图 13-7(b)所示，可求得

$$\dot{I}_1\big|_{\dot{U}_2=0} = \frac{\dot{U}_1}{4\ /\!/\ \left(-\mathrm{j}\dfrac{1}{2}\right)} = \left(\frac{1}{4} + \mathrm{j}2\right)\mathrm{A}$$

$$\dot{I}_2\big|_{\dot{U}_2=0} = -\frac{\dot{U}_1}{4} = -\frac{1}{4}\mathrm{A}$$

注意到电流 $\dot{I}_2$ 的参考方向就不难理解 $\dot{I}_2$ 的计算式中的负号。

$$Y_{11} = \frac{\dot{I}_1}{\dot{U}_1}\bigg|_{\dot{U}_2=0} = \dot{I}_1\big|_{\dot{U}_2=0} = \left(\frac{1}{4} + \mathrm{j}2\right)\mathrm{S}$$

$$Y_{21} = \frac{\dot{I}_2}{\dot{U}_1}\bigg|_{\dot{U}_2=0} = \dot{I}_2\big|_{\dot{U}_2=0} = -\frac{1}{4}\mathrm{S}$$

再将输入端口短路,在输出端口施加单位电压源 $\dot{U}_2 = 1\underline{/0°}$ V,如图 13-7(c)所示,可求得

$$\dot{I}_1\big|_{\dot{U}_1=0} = -\frac{\dot{U}_2}{4} = -\frac{1}{4}\text{A}$$

$$\dot{I}_2\big|_{\dot{U}_1=0} = \frac{\dot{U}_2}{4} + \frac{\dot{U}_2}{\text{j}2} = \left(\frac{1}{4} - \text{j}\frac{1}{2}\right)\text{A}$$

$$Y_{12} = \frac{\dot{I}_1}{\dot{U}_2}\bigg|_{\dot{U}_1=0} = \dot{I}_1\big|_{\dot{U}_1=0} = -\frac{1}{4}\text{S}$$

$$Y_{22} = \frac{\dot{I}_2}{\dot{U}_2}\bigg|_{\dot{U}_1=0} = \dot{I}_2\big|_{\dot{U}_1=0} = \left(\frac{1}{4} - \text{j}\frac{1}{2}\right)\text{S}$$

所求 Y 参数矩阵为

$$\boldsymbol{Y} = \begin{bmatrix} Y_{11} & Y_{12} \\ Y_{21} & Y_{22} \end{bmatrix} = \begin{bmatrix} \dfrac{1}{4} + \text{j}2 & -\dfrac{1}{4} \\ -\dfrac{1}{4} & \dfrac{1}{4} - \text{j}\dfrac{1}{2} \end{bmatrix}$$

此题的第二种解法是由电路写出其 Y 参数方程后获得 Y 参数矩阵。由图 13-7(a)所示电路,将两个端口电流用两个端口电压表示,可得

$$\dot{I}_1 = \frac{\dot{U}_1}{-\text{j}\dfrac{1}{2}} + \frac{\dot{U}_1 - \dot{U}_2}{4} = \text{j}2\dot{U}_1 + \frac{1}{4}\dot{U}_1 - \frac{1}{4}\dot{U}_2 = \left(\frac{1}{4} + \text{j}2\right)\dot{U}_1 - \frac{1}{4}\dot{U}_2$$

$$\dot{I}_2 = \frac{\dot{U}_2}{\text{j}2} + \frac{\dot{U}_2 - \dot{U}_1}{4} = -\text{j}\frac{1}{2}\dot{U}_2 + \frac{1}{4}\dot{U}_2 - \frac{1}{4}\dot{U}_1 = -\frac{1}{4}\dot{U}_1 + \left(\frac{1}{4} - \text{j}\frac{1}{2}\right)\dot{U}_2$$

则所得 Y 参数矩阵与前相同。

3. 关于 Y 参数的说明

(1) 对互易双口网络而言,$Y_{12} = Y_{21}$(读者可自行证明),但对非互易双口网络,一般 $Y_{12} \neq Y_{21}$;

(2) 若互易双口网络还有 $Y_{11} = Y_{22}$,则该双口网络也是对称的;

(3) 根据 Z 参数方程和 Y 参数方程,有下述关系式成立:

$$\boldsymbol{Y} = \boldsymbol{Z}^{-1} \tag{13-13}$$

或

$$\boldsymbol{Z} = \boldsymbol{Y}^{-1}$$

这表明 Z 参数矩阵和 Y 参数矩阵互为逆阵。

13.2.3 H 参数(混合参数)

1. H 参数方程(混合参数方程)

若以输入电压和输出电流为应变量,输入电流和输出电压为自变量,得到的双口网络方程为

$$\left.\begin{aligned}\dot{U}_1 &= h_{11}\dot{I}_1 + h_{12}\dot{U}_2 \\ \dot{I}_2 &= h_{21}\dot{I}_1 + h_{22}\dot{U}_2\end{aligned}\right\} \tag{13-14}$$

方程中的系数 h_{11} 具有阻抗的量纲，h_{22} 具有导纳的量纲，而 h_{12} 及 h_{21} 无量纲。由于这些系数具有不同的量纲，故称为混合参数，又称为 H 参数。相应地，式(13-14)称为双口网络的混合参数方程或 H 参数方程。

式(13-14)的矩阵形式为

$$\begin{bmatrix}\dot{U}_1 \\ \dot{I}_2\end{bmatrix} = \begin{bmatrix}h_{11} & h_{22} \\ h_{21} & h_{22}\end{bmatrix}\begin{bmatrix}\dot{I}_1 \\ \dot{U}_2\end{bmatrix} \tag{13-15}$$

令 $\boldsymbol{H} = \begin{bmatrix}h_{11} & h_{22} \\ h_{21} & h_{22}\end{bmatrix}$，称为 H 参数矩阵。

2. 确定 H 参数的方法

由式(13-14)可得

$$\left.\begin{aligned}h_{11} &= \left.\frac{\dot{U}_1}{\dot{I}_1}\right|_{\dot{U}_2=0} \\[6pt] h_{21} &= \left.\frac{\dot{I}_2}{\dot{I}_1}\right|_{\dot{U}_2=0} \\[6pt] h_{12} &= \left.\frac{\dot{U}_1}{\dot{U}_2}\right|_{\dot{I}_1=0} \\[6pt] h_{22} &= \left.\frac{\dot{I}_2}{\dot{U}_2}\right|_{\dot{I}_1=0}\end{aligned}\right\} \tag{13-16}$$

该式表明，可在输出端口短路及输入端口开路的情况下(即分别令 $\dot{U}_2=0$ 及 $\dot{I}_1=0$)，求得双口网络的 H 参数。

确定 H 参数的具体做法如下：

(1) 将输出端口短路，在输入端口施加单位电流源 $\dot{I} = 1\underline{/0^\circ}$ A，求出输入端口电压 $\dot{U}_1$ 和输出端口电流 $\dot{I}_2$，则

$$h_{11} = \left.\frac{\dot{U}_1}{\dot{I}_1}\right|_{\dot{U}_2=0} = \left.\dot{U}_1\right|_{\dot{U}_2=0}$$

$$h_{21} = \left.\frac{\dot{I}_2}{\dot{I}_1}\right|_{\dot{U}_2=0} = \left.\dot{I}_2\right|_{\dot{U}_2=0}$$

(2) 将输入端口开路，在输出端口施加单位电压源 $\dot{U} = 1\underline{/0^\circ}$ V，求出输入端口电压 $\dot{U}_1$ 和输出端口电流 $\dot{I}_2$，则

$$h_{12} = \left.\frac{\dot{U}_1}{\dot{U}_2}\right|_{\dot{I}_1=0} = \left.\dot{U}_1\right|_{\dot{I}_1=0}$$

$$h_{22} = \frac{\dot{I}_2}{\dot{U}_2}\bigg|_{\dot{I}_1=0} = \dot{I}_2\big|_{\dot{I}_1=0}$$

例 13-4　试确定图 13-8(a)所示双口网络的 H 参数矩阵。

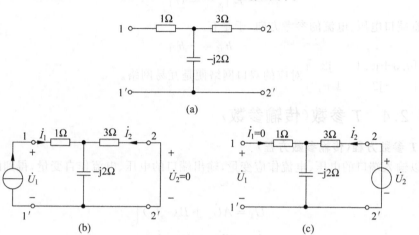

图 13-8　例 13-4 图

解　先将输出端口短路,在输入端口加单位电流源 $\dot{I}_1 = 1\underline{/0°}$A,得到的电路如图 13-8(b)所示。可求出

$$\dot{U}_1\big|_{\dot{U}_2=0} = \left[1 + \frac{3(-j2)}{3-j2}\right]\dot{I}_1 = (1.92 - j1.38)\text{V}$$

$$\dot{I}_2\big|_{\dot{U}_2=0} = -\frac{-j2}{3-j2}\dot{I}_1 = (-0.31 + j0.46)\text{A}$$

$$h_{11} = \frac{\dot{U}_1}{\dot{I}_1}\bigg|_{\dot{U}_2=0} = \dot{U}_1\big|_{\dot{U}_2=0} = (1.92 - j1.38)\Omega$$

$$h_{21} = \frac{\dot{I}_2}{\dot{I}_1}\bigg|_{\dot{U}_2=0} = \dot{I}_2\big|_{\dot{U}_2=0} = -0.31 + j0.46 \quad (\text{无量纲})$$

再将输入端口开路,在输出端口施加单位电压源 $\dot{U} = 1\underline{/0°}$V,如图 13-8(c)所示,可求出

$$\dot{U}_1\big|_{\dot{I}_1=0} = \frac{-j2}{3-j2}\dot{U}_2 = (0.31 - j0.46)\text{V}$$

$$\dot{I}_2\big|_{\dot{I}_1=0} = \frac{1}{3-j2}\dot{U}_2 = (0.23 + j0.15)\text{A}$$

$$h_{12} = \frac{\dot{U}_1}{\dot{U}_1}\bigg|_{\dot{I}_1=0} = \dot{U}_1\big|_{\dot{I}_1=0} = 0.31 - j0.46 \quad (\text{无量纲})$$

$$h_{22} = \frac{\dot{I}_2}{\dot{U}_2}\bigg|_{\dot{I}_1=0} = \dot{I}_2\big|_{\dot{I}_1=0} = (0.23 + j0.15)\text{S}$$

3. 互易情况下的 H 参数

对互易双口网络,根据互易定理,若

$$\dot{I}_1\big|_{\dot{U}_2=0}=\dot{U}_2\big|_{\dot{I}_1=0}$$

必有

$$-\dot{I}_2\big|_{\dot{U}_2=0}=\dot{U}\big|_{\dot{I}_1=0}$$

注意端口电压、电流的参考方向,于是有

$$h_{12}=-h_{21}$$

如 $\boldsymbol{H}=\begin{bmatrix}0.3+\mathrm{j}0.1 & \mathrm{j}2\\ -\mathrm{j}2 & 1+\mathrm{j}2\end{bmatrix}$ 对应的双口网络便是互易网络。

13.2.4 T 参数(传输参数)

1. T 参数方程(传输参数方程)

若以输入端口的电压、电流作应变量,输出端口的电压、电流作自变量,得到的双口网络方程为

$$\left.\begin{array}{l}\dot{U}_1=A\dot{U}_2+B(-\dot{I}_2)\\ \dot{I}_1=C\dot{U}_2+D(-\dot{I}_2)\end{array}\right\} \tag{13-17}$$

方程中的系数 A 和 D 没有量纲,B 具有阻抗的量纲,C 具有导纳的量纲。由于该方程将输入端口变量表示为输出端口变量的函数,说明的是两个端口电量的传输情况,故系数 A、B、C、D 称为双口网络的传输参数(或 T 参数,T 为 Transmission 的缩写),相应地,将式(13-17)称为双口网络的传输参数方程。

式(13-17)中变量 $\dot{I}_2$ 前均有一负号,对应于图 13-4 所示的关联参考方向,这是因为在起初讨论 T 参数时,$\dot{I}_2$ 的参考方向与现在设定的相反。

式(13-17)的矩阵形式为

$$\begin{bmatrix}\dot{U}_1\\ \dot{I}_1\end{bmatrix}=\begin{bmatrix}A & B\\ C & D\end{bmatrix}\begin{bmatrix}\dot{U}_2\\ -\dot{I}_2\end{bmatrix} \tag{13-18}$$

令 $\boldsymbol{T}=\begin{bmatrix}A & B\\ C & D\end{bmatrix}$,称为 T 参数矩阵。

2. 确定 T 参数的方法

由式(13-17)可得

$$\left.\begin{array}{l}A=\dfrac{\dot{U}_1}{\dot{U}_2}\bigg|_{\dot{I}_2=0}\\[3mm] C=\dfrac{\dot{I}_1}{\dot{U}_2}\bigg|_{\dot{I}_2=0}\\[3mm] B=\dfrac{\dot{U}_1}{-\dot{I}_2}\bigg|_{\dot{U}_2=0}\\[3mm] D=\dfrac{\dot{I}_1}{-\dot{I}_2}\bigg|_{\dot{U}_2=0}\end{array}\right\} \tag{13-19}$$

该式表明,可分别在输出端口开路和输出端口短路的情况下(即分别令 $\dot{U}_2 = 0$ 和 $\dot{I}_2 = 0$)确定双口网络的 T 参数。

确定 T 参数的具体做法如下:在输入端口施加一电压源 $\dot{U}_1$($\dot{U}_1$ 不必取具体值),将输出端口开路,求出输入端口电流 $\dot{I}_1 \big|_{\dot{I}_2 = 0}$ 和输出端口电压 $\dot{U}_2 \big|_{\dot{I}_2 = 0}$,然后再将输出端口短路(输入端口仍施加电压 $\dot{U}_1$),求出输入端口电流 $\dot{I}_1 \big|_{\dot{U}_2 = 0}$ 和输出端口电流 $\dot{I}_2 \big|_{\dot{U}_2 = 0}$,再根据式(13-19)求出 T 参数。

注意求 T 参数的方法与求 Z、Y、H 参数方法的区别。

例 13-5 试确定图 13-9(a)所示双口网络的 T 参数矩阵。

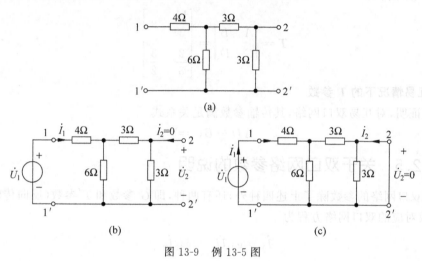

图 13-9　例 13-5 图

解 将输出端口开路,在输入端施加一电压源 $\dot{U}_1$,如图 13-9(b)所示。可求得

$$\dot{I}_1 \big|_{\dot{I}_2 = 0} = \frac{\dot{U}_1}{4 + 6 /\!/ 6} = \frac{1}{7}\dot{U}_1$$

$$\dot{U}_2 \big|_{\dot{I}_2 = 0} = \frac{1}{2} \times \frac{3}{4 + 6 /\!/ 6}\dot{U}_1 = \frac{3}{14}\dot{U}_1$$

$$A = \frac{\dot{U}_1}{\dot{U}_2} \bigg|_{\dot{I}_2 = 0} = \frac{\dot{I}_1}{\frac{3}{14}\dot{U}_1} = \frac{14}{3}$$

$$C = \frac{\dot{I}_1}{\dot{U}_2} \bigg|_{\dot{I}_2 = 0} = \frac{\frac{1}{7}\dot{U}_1}{\frac{3}{14}\dot{U}_1} = \frac{2}{3}\text{S}$$

在输入端口仍施加电源 $\dot{U}_1$,将输出端口短路,如图 13-9(c)所示,可求得

$$\dot{I}_2 \big|_{\dot{U}_2 = 0} = -\frac{\dot{U}_1}{4 + 6 /\!/ 3} \times \frac{6}{6 + 3} = -\frac{1}{9}\dot{U}_1$$

$$\dot{I}_1\big|_{\dot{U}_2=0} = \frac{\dot{U}_1}{4+6 /\!/ 3} = \frac{1}{6}\dot{U}_1$$

$$B = -\frac{\dot{U}_1}{\dot{I}_2}\bigg|_{\dot{U}_2=0} = -\frac{\dot{U}_1}{-\frac{1}{9}\dot{U}_1} = 9\,\Omega$$

$$D = -\frac{\dot{I}_1}{\dot{I}_2}\bigg|_{\dot{U}_2=0} = \frac{-\frac{1}{6}\dot{U}_1}{-\frac{1}{9}\dot{U}_1} = \frac{3}{2}$$

所求 T 参数矩阵为

$$T = \begin{bmatrix} A & B \\ C & D \end{bmatrix} = \begin{bmatrix} \dfrac{14}{3} & 9 \\[2mm] \dfrac{2}{3} & \dfrac{3}{2} \end{bmatrix}$$

3. 互易情况下的 T 参数

可以证明,对互易双口网络,其传输参数满足关系式

$$AD - BC = 1$$

13.2.5 关于双口网络参数的说明

(1) 双口网络的参数除了上述四种外,还有两种,即 G 参数和 T' 参数(反向传输参数)。与 G 参数对应的双口网络方程为

$$\left.\begin{aligned} \dot{I}_1 &= g_{11}\dot{U}_1 + g_{12}\dot{I}_2 \\ \dot{U}_2 &= g_{21}\dot{U}_1 + g_{22}\dot{I}_2 \end{aligned}\right\} \tag{13-20}$$

G 参数矩阵和 H 参数矩阵互为逆阵,即 $G = H^{-1}$ 或 $H = G^{-1}$;与 T' 参数对应的双口网络方程为

$$\left.\begin{aligned} \dot{U}_2 &= A'\dot{U}_1 + B'\dot{I}_1 \\ (-\dot{I}_2) &= C'\dot{U}_1 + D'\dot{I}_1 \end{aligned}\right\} \tag{13-21}$$

T' 参数矩阵和 T 参数矩阵互为逆阵,即 $T' = T^{-1}$ 或 $T = T'^{-1}$。

(2) 应熟记各种双口网络方程。

(3) 注意本书对双口网络两个端口的电压、电流参考方向的约定,各种双口网络方程都是与这一参考方向的约定相对应的。

(4) 某些双口网络的某种或某几种参数可能不存在。图 13-10 便是这方面的两个例子。

(5) 互易双口网络的各种参数中独立参数的个数为三个,而非互易网络独立参数的个数为四个。

(6) 双口网络的互易条件可以用各种参数表示,它们分别是

$$Z_{12} = Z_{21}; \quad Y_{12} = Y_{21}; \quad h_{12} = -h_{21};$$
$$AD - BC = 1; \quad g_{12} = -g_{21}; \quad A'D' - B'C' = 1$$

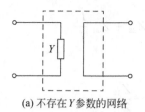
(a) 不存在 Y 参数的网络

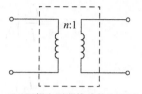
(b) 理想变压器构成的双口网络，不存在 Y 和 Z 参数

图 13-10　不存在某些参数的双口网络示例

13.2.6　用实验方法测取双口网络的参数

双口网络的参数可用实验的方法予以测定。

1. 用实验方法测取 Z 参数

将 Z 参数方程重写如下：

$$\dot{U}_1 = Z_{11}\dot{I}_1 + Z_{12}\dot{I}_2 \tag{13-22a}$$

$$\dot{U}_2 = Z_{21}\dot{I}_1 + Z_{22}\dot{I}_2 \tag{13-22b}$$

若将输出端开路，即 $\dot{I}_2 = 0$，此时的输入端阻抗称为输入开路阻抗，用 Z_{1o} 表示，由式(13-22a)，有

$$Z_{1o} = \frac{\dot{U}_1}{\dot{I}_1}\bigg|_{\dot{I}_2 = 0} = Z_{11} \tag{13-23}$$

将输出端短路，即 $\dot{U}_2 = 0$，此时的输入端阻抗称为输入短路阻抗，用 Z_{1s} 表示，由式(13-22a)，有

$$Z_{1s} = \frac{\dot{U}_1}{\dot{I}_1}\bigg|_{\dot{U}_2 = 0} = Z_{11} + Z_{12}\frac{\dot{I}_2}{\dot{I}_1}$$

又由式(13-22b)，有

$$\frac{\dot{I}_2}{\dot{I}_1}\bigg|_{\dot{U}_2 = 0} = -\frac{Z_{21}}{Z_{22}}$$

于是

$$Z_{1s} = \frac{\dot{U}_1}{\dot{I}_1}\bigg|_{\dot{U}_2 = 0} = Z_{11} - \frac{Z_{12}Z_{21}}{Z_{22}} \tag{13-24}$$

再将输入端开路，即 $\dot{I}_1 = 0$，此时输出端口的阻抗称为输出开路阻抗，用 Z_{2o} 表示，由式(13-22b)，有

$$Z_{2o} = \frac{\dot{U}_2}{\dot{I}_2}\bigg|_{\dot{I}_1 = 0} = Z_{22} \tag{13-25}$$

又将输入端短路，即 $\dot{U}_1 = 0$，此时输出端的阻抗称为输出短路阻抗，用 Z_{2s} 表示，由式(13-22b)，有

$$Z_{2s} = \frac{\dot{U}_2}{\dot{I}_2} \bigg|_{\dot{U}_1 = 0} = Z_{22} + Z_{21} \frac{\dot{I}_1}{\dot{I}_2}$$

又由式(13-22a),有

$$\frac{\dot{I}_1}{\dot{I}_2} \bigg|_{\dot{U}_1 = 0} = -\frac{Z_{12}}{Z_{11}}$$

于是

$$Z_{2s} = \frac{\dot{U}_1}{\dot{I}_1} \bigg|_{\dot{U}_1 = 0} = Z_{22} - \frac{Z_{12} Z_{21}}{Z_{11}} \qquad (13\text{-}26)$$

将式(13-23)～式(13-26)联立,便可求出双口网络的 Z 参数。

若是互易双口网络,由于 $Z_{12} = Z_{21}$,可求出

$$Z_{11} = Z_{1o}, \quad Z_{22} = Z_{2o}$$

$$Z_{12} = Z_{21} = \sqrt{Z_{2o}(Z_{1o} - Z_{1s})}$$

又若双口网络是对称的,由于 $Z_{11} = Z_{22}$,则

$$Z_{11} = Z_{22} = Z_{1o}, \quad Z_{12} = Z_{21} = \sqrt{Z_{1o}(Z_{1o} - Z_{1s})}$$

这表明只需在输出端进行开路及短路实验便可求出 Z 参数。

2. 用实验方法求双口网络的 T 参数

将 T 参数方程重写如下:

$$\left. \begin{array}{l} \dot{U}_1 = A\dot{U}_2 + B(-\dot{I}_2) \\ \dot{I}_1 = C\dot{U}_2 + D(-\dot{I}_2) \end{array} \right\} \qquad (13\text{-}27)$$

将输出端开路,则输入开路阻抗为((13-27)两式相除)

$$Z_{1o} = \frac{\dot{U}_1}{\dot{I}_1} \bigg|_{\dot{I}_2 = 0} = \frac{A}{C} \qquad (13\text{-}28)$$

又将输出端短路,则输入短路阻抗为

$$Z_{1s} = \frac{\dot{U}_1}{\dot{I}_1} \bigg|_{\dot{U}_2 = 0} = \frac{B}{D} \qquad (13\text{-}29)$$

由式(13-27)解出 $\dot{U}_2$ 和 $\dot{I}_2$,得

$$\left. \begin{array}{l} \dot{U}_2 = \dfrac{D}{\Delta T}\dot{U}_1 + \dfrac{B}{\Delta T}(-\dot{I}_1) \\[2mm] \dot{I}_2 = \dfrac{C}{\Delta T}\dot{U}_1 + \dfrac{A}{\Delta T}(-\dot{I}_1) \end{array} \right\}$$

式中,$\Delta T = AD - BC$。将输入端开路,则输出开路阻抗为

$$Z_{2o} = \frac{\dot{U}_2}{\dot{I}_2} \bigg|_{\dot{I}_1 = 0} = \frac{\dfrac{D}{\Delta T}}{\dfrac{C}{\Delta T}} = \frac{D}{C} \qquad (13\text{-}30)$$

又将输入端短路,则输出短路阻抗为

$$Z_{2s} = \frac{\dot{U}_2}{\dot{I}_2}\bigg|_{\dot{U}_1=0} = \frac{\dfrac{B}{\Delta T}}{\dfrac{A}{\Delta T}} = \frac{B}{A} \qquad\qquad (13\text{-}31)$$

将式(13-28)～式(13-31)联立,便可解出 T 参数。

若是互易双口网络,由于 $AD-BC=1$,可求得

$$A = \pm\sqrt{\frac{Z_{1o}}{Z_{2o}-Z_{2s}}}, \quad B = AZ_{2s}$$

$$C = \frac{A}{Z_{1o}}, \quad D = \frac{Z_{2o}}{Z_{1o}}A$$

若双口网络又是对称的,由于 $A=D$,则 $Z_{1o}=Z_{2o}$,$Z_{1s}=Z_{2s}$,于是

$$A = D = \sqrt{\frac{Z_{1o}}{Z_{1o}-Z_{1s}}}, \quad B = AZ_{1s}, \quad C = \frac{A}{Z_{1o}}$$

练习题

13-1 求图 13-11 所示双口网络的 Z 参数和 Y 参数。

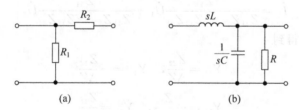

图 13-11 练习题 13-1 图

13-2 求图 13-12 所示双口网络的 Z 参数和 Y 参数。

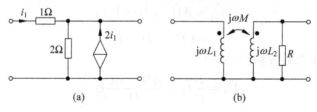

图 13-12 练习题 13-12 图

13-3 求图 13-13 所示双口网络的 H 参数和 T 参数。

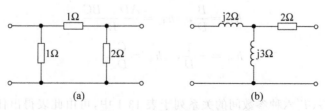

图 13-13 练习题 13-3 图

13.3 双口网络参数间的关系

一般情况下,对一个双口网络可以求出它的六种参数。显然这六种参数之间可以互换,即可由某种参数得到另一种参数。

13.3.1 双口网络各种参数互换的方法

1. 变换网络方程法

这一方法的具体做法是,若已知某种参数,则写出它对应的双口网络方程,然后进行方程变换,使之成为所求参数对应的双口网络方程,再进行系数比较,便可达到目的。比如已知某双口网络的 Z 参数,欲求 Y 参数,则可写出 Z 参数方程:

$$\left.\begin{array}{l} \dot{U}_1 = Z_{11}\dot{I}_1 + Z_{12}\dot{I}_2 \\ \dot{U}_2 = Z_{21}\dot{I}_1 + Z_{22}\dot{I}_2 \end{array}\right\}$$

然后对此方程进行变换,使之转化为 Y 参数方程,也就是由 Z 参数方程解出 $\dot{I}_1$ 和 $\dot{I}_2$。可解得

$$\left.\begin{array}{l} \dot{I}_1 = \dfrac{Z_{22}}{Z_{11}Z_{22} - Z_{12}Z_{21}}\dot{U}_1 - \dfrac{Z_{12}}{Z_{11}Z_{22} - Z_{12}Z_{21}}\dot{U}_2 \\ \dot{I}_2 = \dfrac{-Z_{21}}{Z_{11}Z_{22} - Z_{12}Z_{21}}\dot{U}_1 + \dfrac{Z_{11}}{Z_{11}Z_{22} - Z_{12}Z_{21}}\dot{U}_2 \end{array}\right\}$$

进行系数比较,不难得到

$$Y_{11} = \frac{Z_{22}}{\Delta Z}, \quad Y_{12} = -\frac{Z_{12}}{\Delta Z}$$

$$Y_{21} = -\frac{Z_{21}}{\Delta Z}, \quad Y_{22} = \frac{Z_{11}}{\Delta Z}$$

式中, $\Delta Z = Z_{11}Z_{22} - Z_{12}Z_{21}$。

又如已知双口网络的 T 参数,欲求 H 参数,可写出 T 参数方程:

$$\left.\begin{array}{l} \dot{U}_1 = A\dot{U}_2 + B(-\dot{I}_2) \\ \dot{I}_1 = C\dot{U}_2 + D(-\dot{I}_2) \end{array}\right\}$$

将此方程转化为 H 参数方程:

$$\left.\begin{array}{l} \dot{U}_1 = \dfrac{B}{D}\dot{I}_1 + \dfrac{AD - BC}{D}\dot{U}_2 \\ \dot{I}_2 = -\dfrac{1}{D}\dot{I}_1 + \dfrac{C}{D}\dot{U}_2 \end{array}\right\}$$

则用 T 参数表示的 H 参数为

$$h_{11} = \frac{B}{D}, \quad h_{12} = \frac{AD - BC}{D}$$

$$h_{21} = -\frac{1}{D}, \quad h_{22} = \frac{C}{D}$$

2. 查表法

Z、Y、H、T、G、T' 六种参数间的关系列于表 13-1 中,可由此表得出任意两种参数间的关系。

表 13-1 双口网络的参数互换表

参数	Z	Y	H	T	G	T'	互易条件
Z	$\begin{matrix} Z_{11} & Z_{12} \\ Z_{21} & Z_{22} \end{matrix}$	$\begin{matrix} \dfrac{Y_{22}}{\Delta Y} & -\dfrac{Y_{12}}{\Delta Y} \\[2mm] -\dfrac{Y_{21}}{\Delta Y} & \dfrac{Y_{11}}{\Delta Y} \end{matrix}$	$\begin{matrix} \dfrac{\Delta H}{h_{22}} & \dfrac{h_{12}}{h_{22}} \\[2mm] -\dfrac{h_{21}}{h_{22}} & \dfrac{1}{h_{22}} \end{matrix}$	$\begin{matrix} \dfrac{A}{C} & \dfrac{\Delta T}{C} \\[2mm] \dfrac{1}{C} & \dfrac{D}{C} \end{matrix}$	$\begin{matrix} \dfrac{1}{g_{11}} & -\dfrac{g_{12}}{g_{11}} \\[2mm] \dfrac{g_{21}}{g_{11}} & \dfrac{\Delta G}{g_{11}} \end{matrix}$	$\begin{matrix} \dfrac{D'}{C'} & \dfrac{1}{C'} \\[2mm] \dfrac{\Delta T'}{C'} & \dfrac{A'}{C'} \end{matrix}$	$Z_{12}=Z_{21}$
Y	$\begin{matrix} \dfrac{Z_{22}}{\Delta Z} & -\dfrac{Z_{12}}{\Delta Z} \\[2mm] -\dfrac{Z_{21}}{\Delta Z} & \dfrac{Z_{11}}{\Delta Z} \end{matrix}$	$\begin{matrix} Y_{11} & Y_{12} \\ Y_{21} & Y_{22} \end{matrix}$	$\begin{matrix} \dfrac{1}{h_{11}} & -\dfrac{h_{12}}{h_{11}} \\[2mm] \dfrac{h_{21}}{h_{11}} & \dfrac{\Delta H}{h_{11}} \end{matrix}$	$\begin{matrix} \dfrac{D}{B} & -\dfrac{\Delta T}{B} \\[2mm] -\dfrac{1}{B} & \dfrac{A}{B} \end{matrix}$	$\begin{matrix} \dfrac{\Delta G}{g_{22}} & \dfrac{g_{12}}{g_{22}} \\[2mm] -\dfrac{g_{21}}{g_{22}} & \dfrac{1}{g_{22}} \end{matrix}$	$\begin{matrix} \dfrac{A'}{B'} & -\dfrac{1}{B'} \\[2mm] -\dfrac{\Delta T'}{B'} & \dfrac{D'}{B'} \end{matrix}$	$Y_{12}=Y_{21}$
H	$\begin{matrix} \dfrac{\Delta Z}{Z_{22}} & \dfrac{Z_{12}}{Z_{22}} \\[2mm] -\dfrac{Z_{21}}{Z_{22}} & \dfrac{1}{Z_{22}} \end{matrix}$	$\begin{matrix} \dfrac{1}{Y_{11}} & -\dfrac{Y_{12}}{Y_{11}} \\[2mm] \dfrac{Y_{21}}{Y_{11}} & \dfrac{\Delta Y}{Y_{11}} \end{matrix}$	$\begin{matrix} h_{11} & h_{12} \\ h_{21} & h_{22} \end{matrix}$	$\begin{matrix} \dfrac{B}{D} & \dfrac{\Delta T}{D} \\[2mm] -\dfrac{1}{D} & \dfrac{C}{D} \end{matrix}$	$\begin{matrix} \dfrac{g_{22}}{\Delta G} & -\dfrac{g_{12}}{\Delta G} \\[2mm] -\dfrac{g_{21}}{\Delta G} & \dfrac{g_{11}}{\Delta G} \end{matrix}$	$\begin{matrix} \dfrac{B'}{A'} & \dfrac{1}{A'} \\[2mm] -\dfrac{\Delta T'}{A'} & \dfrac{C'}{A'} \end{matrix}$	$h_{12}=-h_{21}$
T	$\begin{matrix} \dfrac{Z_{11}}{Z_{21}} & \dfrac{\Delta Z}{Z_{21}} \\[2mm] \dfrac{1}{Z_{21}} & \dfrac{Z_{22}}{Z_{21}} \end{matrix}$	$\begin{matrix} -\dfrac{Y_{22}}{Y_{21}} & -\dfrac{1}{Y_{21}} \\[2mm] -\dfrac{\Delta Y}{Y_{21}} & -\dfrac{Y_{11}}{Y_{21}} \end{matrix}$	$\begin{matrix} -\dfrac{\Delta H}{h_{21}} & -\dfrac{h_{11}}{h_{21}} \\[2mm] -\dfrac{h_{22}}{h_{21}} & -\dfrac{1}{h_{21}} \end{matrix}$	$\begin{matrix} A & B \\ C & D \end{matrix}$	$\begin{matrix} \dfrac{1}{g_{21}} & \dfrac{g_{22}}{g_{21}} \\[2mm] \dfrac{g_{11}}{g_{21}} & \dfrac{\Delta G}{g_{21}} \end{matrix}$	$\begin{matrix} \dfrac{D'}{\Delta T'} & \dfrac{B'}{\Delta T'} \\[2mm] \dfrac{C'}{\Delta T'} & \dfrac{A'}{\Delta T'} \end{matrix}$	$\Delta T=1$
G	$\begin{matrix} \dfrac{1}{Z_{11}} & -\dfrac{Z_{12}}{Z_{11}} \\[2mm] \dfrac{Z_{21}}{Z_{11}} & \dfrac{\Delta Z}{Z_{11}} \end{matrix}$	$\begin{matrix} \dfrac{\Delta Y}{Y_{22}} & \dfrac{Y_{12}}{Y_{22}} \\[2mm] -\dfrac{Y_{21}}{Y_{22}} & \dfrac{1}{Y_{22}} \end{matrix}$	$\begin{matrix} \dfrac{h_{22}}{\Delta H} & -\dfrac{h_{12}}{\Delta H} \\[2mm] -\dfrac{h_{21}}{\Delta H} & \dfrac{h_{11}}{\Delta H} \end{matrix}$	$\begin{matrix} \dfrac{C}{A} & -\dfrac{\Delta T}{A} \\[2mm] \dfrac{1}{A} & \dfrac{B}{A} \end{matrix}$	$\begin{matrix} g_{11} & g_{12} \\ g_{21} & g_{22} \end{matrix}$	$\begin{matrix} \dfrac{C'}{D'} & -\dfrac{1}{D'} \\[2mm] \dfrac{\Delta T'}{D'} & \dfrac{B'}{D'} \end{matrix}$	$g_{12}=-g_{21}$
T'	$\begin{matrix} \dfrac{Z_{22}}{Z_{12}} & \dfrac{\Delta Z}{Z_{12}} \\[2mm] \dfrac{1}{Z_{12}} & \dfrac{Z_{11}}{Z_{12}} \end{matrix}$	$\begin{matrix} -\dfrac{Y_{11}}{Y_{12}} & -\dfrac{1}{Y_{12}} \\[2mm] -\dfrac{\Delta Y}{Y_{12}} & -\dfrac{Y_{22}}{Y_{12}} \end{matrix}$	$\begin{matrix} \dfrac{1}{h_{12}} & \dfrac{h_{11}}{h_{12}} \\[2mm] \dfrac{h_{22}}{h_{12}} & \dfrac{\Delta H}{h_{12}} \end{matrix}$	$\begin{matrix} \dfrac{D}{\Delta T} & \dfrac{B}{\Delta T} \\[2mm] \dfrac{C}{\Delta T} & \dfrac{A}{\Delta T} \end{matrix}$	$\begin{matrix} -\dfrac{\Delta G}{g_{12}} & -\dfrac{g_{22}}{g_{12}} \\[2mm] -\dfrac{g_{11}}{g_{12}} & -\dfrac{1}{g_{12}} \end{matrix}$	$\begin{matrix} A' & B' \\ C' & D' \end{matrix}$	$\Delta T'=1$

注：表中的 Δ 代表矩阵的行列式，如 $\Delta Z = \begin{vmatrix} Z_{11} & Z_{12} \\ Z_{21} & Z_{22} \end{vmatrix} = Z_{11}Z_{22}-Z_{12}Z_{21}$

例 13-6 已知某双口网络的 Y 参数矩阵为 $\boldsymbol{Y} = \begin{bmatrix} 8 & -6 \\ -6 & 5 \end{bmatrix}$，求 H 参数矩阵。

解 查表 13-1 可求得

$$h_{11} = \frac{1}{Y_{11}} = \frac{1}{8}$$

$$h_{12} = -\frac{Y_{12}}{Y_{11}} = -\frac{-6}{8} = \frac{3}{4}$$

$$h_{21} = \frac{Y_{21}}{Y_{11}} = \frac{-6}{8} = -\frac{3}{4}$$

$$h_{22} = \frac{\Delta Y}{Y_{11}} = \frac{5 \times 8 - (-6) \times (-6)}{8} = \frac{1}{2}$$

则所求 H 参数矩阵为

$$\boldsymbol{H} = \begin{bmatrix} \dfrac{1}{8} & \dfrac{3}{4} \\ -\dfrac{3}{4} & \dfrac{1}{2} \end{bmatrix}$$

13.3.2 关于进行双口网络参数互换的说明

（1）掌握进行参数互换的"网络方程变换法"是基本要求，这一方法的关键是熟记各种双口网络方程；

（2）在进行参数互换时，应注意某些网络可能有某种或某几种参数不存在的情况，即当参数互换式中的分母为零时，便表示这一参数不存在。

练习题

13-4 已知某双口网络的 Z 参数矩阵为

$$\boldsymbol{Z} = \begin{bmatrix} 3 & 2 \\ -3 & 6 \end{bmatrix}$$

试用网络方程变换法求 Y、H、T 参数矩阵。

13-5 若某双口网络的 T 参数矩阵为

$$\boldsymbol{T} = \begin{bmatrix} 6 & 2 \\ \dfrac{29}{2} & 5 \end{bmatrix}$$

试用查表法求 Z、Y、H 参数矩阵。

13.4 双口网络的等效电路

如同单口网络一样，一个复杂的双口网络可用一个简单的双口网络等效。两个双口网络等效的条件是对应端口的特性完全相同。下面分互易和非互易两种情况讨论双口网络的等效电路。

13.4.1 互易双口网络的等效电路

1. 互易双口网络等效电路的形式

由于互易双口网络的每种参数中只有三个独立参数,因此其等效电路由三个元件构成,形式为Π形网络和 T 形网络,如图 13-14 所示。注意两种等效电路均为三端网络,即有一个端子为两个端口所共用;等效电路中的元件均为阻抗元件或导纳元件,不包括受控源。

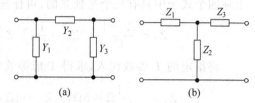

图 13-14 互易双口网络的等效电路

2. 互易双口网络等效电路中参数的求法

T 形和Π形等效电路中的参数可以用双口网络的参数表示,换句话说,已知双口网络的某种参数,便可求出等效电路中的参数。这里的关键是导出双口网络的参数与等效电路的参数之间的关系式。具体做法是,若已知双口网络的某种参数,则先求出等效电路对应的该种双口网络参数,这时双口网络参数是用等效电路参数表示的。然后反过来将等效电路参数用双口网络参数表示,便为所求。譬如已知某双口网络的 Y 参数矩阵,欲求其Π形等效电路,则先求出Π形等效电路的 Y 参数为

$$Y_{11} = Y_1 + Y_2, \quad Y_{12} = Y_{21} = -Y_2, \quad Y_{22} = Y_2 + Y_3$$

由上面三式解出

$$Y_1 = Y_{11} + Y_{12}, \quad Y_2 = -Y_{21} = -Y_{12}, \quad Y_3 = Y_{21} + Y_{22}$$

于是可得双口网络用 Y 参数表示的Π形等效电路如图 13-15(a)所示。

又如已知某双口网络的 Z 参数矩阵,欲求其 T 形等效电路,则求出 T 形等效电路的 Z 参数为

$$Z_{11} = Z_1 + Z_2, \quad Z_{12} = Z_{21} = Z_2, \quad Z_{22} = Z_2 + Z_3$$

由上面三式可解出

$$Z_1 = Z_{11} - Z_{12}, \quad Z_2 = Z_{12} = Z_{21}, \quad Z_3 = Z_{22} - Z_{12}$$

于是双口网络用 Z 参数表示的 T 形等效电路如图 13-15(b)所示。

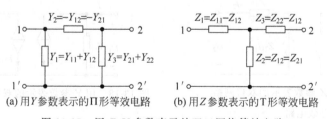

(a)用 Y 参数表示的Π形等效电路 　　(b)用 Z 参数表示的T形等效电路

图 13-15 用 Z、Y 参数表示的双口网络等效电路

例 13-7 已知某互易双口网络的 T 参数矩阵为 $\boldsymbol{T} = \begin{bmatrix} 4 & 7 \\ 1 & 2 \end{bmatrix}$,试求其 T 形等效电路。

解 先导出 T 参数与 T 形等效电路参数间的关系。对图 13-14(b)所示的 T 形电路,求出其 T 参数为

$$A = \frac{Z_1 + Z_3}{Z_2}, \quad B = \frac{Z_1 Z_2 + Z_1 Z_3 + Z_2 Z_3}{Z_2}$$

$$C = \frac{1}{Z_2}, \quad D = \frac{Z_2 + Z_3}{Z_2}$$

上述四个式子中只有三个是独立的,可任选三个联立后解出

$$Z_1 = \frac{A-1}{C}, \quad Z_2 = \frac{1}{C}, \quad Z_3 = \frac{D-1}{C}$$

将给定的 T 参数代入,求得 T 形等效电路参数为

$$Z_1 = \frac{4-1}{1}\Omega = 3\Omega, \quad Z_2 = 1\Omega, \quad Z_3 = 1\Omega$$

所求 T 形等效电路如图 13-16 所示。

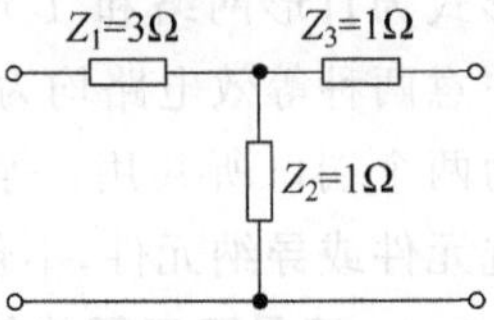

图 13-16　例 13-7 图

13.4.2　非互易双口网络的等效电路

1. 非互易双口网络等效电路的形式

由于非互易双口网络每种参数中的四个参数均是独立的,故其等效电路应由四个元件构成,且其中至少有一个受控源,也可有两个受控源。

2. 非互易双口网络等效电路的导出

非互易双口网络的等效电路一般由双口网络的参数方程导出。

根据等效电路形式的不同,有两种具体做法。

(1) 等效电路中含有两个受控源

可根据双口网络的各种参数方程直接得出其等效电路,此时等效电路中一般含有两个受控源。

如根据 Z 参数方程式可得出等效电路如图 13-17 所示;根据 Y 参数方程式(13-10)得出的等效电路如图 13-18 所示;根据 H 参数方程式(13-14)得出的等效电路如图 13-19 所示。在电子技术中,晶体管通常所采用的便是这种用 H 参数表示的等效电路。

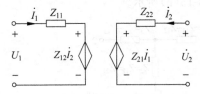

图 13-17　用 Z 参数表示的双口网络
　　　　　的等效电路

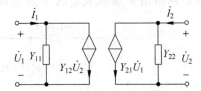

图 13-18　用 Y 参数表示的双口网络的等效电路

(2) 等效电路中只含有一个受控源

将双口网络的各种参数方程经过适当变形,由此做出的等效电路可只含有一个受控源,且电路的形式为 T 形或 Π 形。

如 Z 参数方程经过适当变形后为

$$\dot{U}_1 = Z_{11}\dot{I}_1 + Z_{12}\dot{I}_2 - (Z_{12}\dot{I}_1 - Z_{12}\dot{I}_1) = (Z_{11} - Z_{12})\dot{I}_1 + Z_{12}(\dot{I}_1 + \dot{I}_2)$$

$$\dot{U}_2 = Z_{21}\dot{I}_1 + Z_{22}\dot{I}_2 + (Z_{12}\dot{I}_2 - Z_{12}\dot{I}_2) + (Z_{12}\dot{I}_1 - Z_{12}\dot{I}_1)$$

$$= (Z_{22} - Z_{12})\dot{I}_2 + (Z_{21} - Z_{12})\dot{I}_1 + Z_{12}(\dot{I}_1 + \dot{I}_2)$$

由此得到的只含有一个受控源的等效电路如图 13-20 所示。

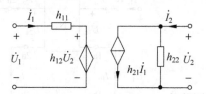

图 13-19　用 H 参数表示的双口网络的等效电路

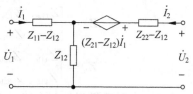

图 13-20　双口网络的含一个受控源的
T 形等效电路

类似地,还可导出用 Y 参数表示的只含一个受控源的 Π 形等效电路。读者可自行推导。

13.4.3　关于双口网络等效电路的说明

(1) 含有受控源的等效电路是双口网络等效电路的一般形式,无论双口网络是互易的还是非互易的,均可做出如图 13-17 或图 13-18 等所示的含受控源的等效电路,只不过在互易的条件下这种等效电路并不是最简形式。事实上,根据图 13-20,若有 $Z_{12} = Z_{21}$(满足互易条件),受控源的输出为零,等效电路便成为图 13-15(b)的形式;

(2) 根据 T 参数方程或 T' 参数方程难以直接做出等效电路。这是因为这两种方程的自变量和应变量均分别是同一端口的电压、电流。若要做出用 T 参数或 T' 参数表示的等效电路,可采用参数互换的方法。

练习题

13-6　已知某双口网络的 Z 参数矩阵为

$$\mathbf{Z} = \begin{bmatrix} 3 & 1 \\ 1 & 6 \end{bmatrix}$$

试做出其 T 形和 Π 形等效电路。

13-7　双口网络如图 13-21 所示,试做出其 T 形等效电路。

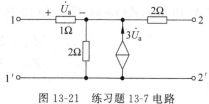

图 13-21　练习题 13-7 电路

13-8　试导出只含有一个受控源且用 Y 参数表示的双口网络的 Π 形等效电路。

13.5　复合双口网络

两个或多个双口网络可采用一定的方式连接起来,构成一个新的双口网络,称为复合双口网络。双口网络之间的连接有串联、关联、级联和串并联等方式。下面分别予以讨论。

13.5.1 双口网络的串联

1. 串联方式及串联双口网络的 Z 参数

两个双口网络 N_a 和 N_b 按图 13-22 所示的方式连接起来，便构成了双口网络的串联。设 N_a 和 N_b 的 Z 参数矩阵分别为

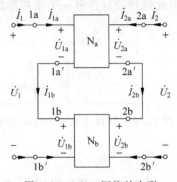

$$\boldsymbol{Z}_a = \begin{bmatrix} Z_{11a} & Z_{12a} \\ Z_{21a} & Z_{22a} \end{bmatrix}$$

$$\boldsymbol{Z}_b = \begin{bmatrix} Z_{11b} & Z_{12b} \\ Z_{21b} & Z_{22b} \end{bmatrix}$$

则 N_a 和 N_b 串联后得到的复合双口网络的 Z 参数矩阵为

$$\boldsymbol{Z} = \boldsymbol{Z}_a + \boldsymbol{Z}_b \tag{13-32}$$

式(13-32)可证明：若串联后，1a-1a′，2a-2a′，1b-1b′，2b-2b′仍为端口，则由图 13-22 可得 N_a 和 N_b 的 Z 参数方程分别为

图 13-22　双口网络的串联

$$\begin{bmatrix} \dot{U}_{1a} \\ \dot{U}_{2a} \end{bmatrix} = \begin{bmatrix} Z_{11a} & Z_{12a} \\ Z_{21a} & Z_{22a} \end{bmatrix} \begin{bmatrix} \dot{I}_{1a} \\ \dot{I}_{2a} \end{bmatrix} \tag{13-33}$$

$$\begin{bmatrix} \dot{U}_{1b} \\ \dot{U}_{2b} \end{bmatrix} = \begin{bmatrix} Z_{11b} & Z_{12b} \\ Z_{21b} & Z_{22b} \end{bmatrix} \begin{bmatrix} \dot{I}_{1b} \\ \dot{I}_{2b} \end{bmatrix} \tag{13-34}$$

该复合双口网络的 Z 参数方程为

$$\begin{bmatrix} \dot{U}_1 \\ \dot{U}_2 \end{bmatrix} = \begin{bmatrix} Z_{11} & Z_{12} \\ Z_{21} & Z_{22} \end{bmatrix} \begin{bmatrix} \dot{I}_1 \\ \dot{I}_2 \end{bmatrix} = \boldsymbol{Z}\boldsymbol{I} \tag{13-35}$$

由图 13-22，有

$$\begin{bmatrix} \dot{U}_1 \\ \dot{U}_2 \end{bmatrix} = \begin{bmatrix} \dot{U}_{1a} + \dot{U}_{1b} \\ \dot{U}_{2a} + \dot{U}_{2b} \end{bmatrix} = \begin{bmatrix} \dot{U}_{1a} \\ \dot{U}_{2a} \end{bmatrix} + \begin{bmatrix} \dot{U}_{1b} \\ \dot{U}_{2b} \end{bmatrix} \tag{13-36}$$

将式(13-33)、式(13-34)代入式(13-36)得

$$\begin{bmatrix} \dot{U}_1 \\ \dot{U}_2 \end{bmatrix} = \begin{bmatrix} Z_{11a} & Z_{12a} \\ Z_{21a} & Z_{22a} \end{bmatrix} \begin{bmatrix} \dot{I}_{1a} \\ \dot{I}_{2a} \end{bmatrix} + \begin{bmatrix} Z_{11b} & Z_{12b} \\ Z_{21b} & Z_{22b} \end{bmatrix} \begin{bmatrix} \dot{I}_{1b} \\ \dot{I}_{2b} \end{bmatrix}$$

但

$$\begin{bmatrix} \dot{I}_{1a} \\ \dot{I}_{2a} \end{bmatrix} = \begin{bmatrix} \dot{I}_{1b} \\ \dot{I}_{2b} \end{bmatrix} = \begin{bmatrix} \dot{I}_1 \\ \dot{I}_2 \end{bmatrix} \tag{13-37}$$

故

$$\begin{bmatrix} \dot{U}_1 \\ \dot{U}_2 \end{bmatrix} = \begin{bmatrix} Z_{11a} + Z_{11b} & Z_{12a} + Z_{12b} \\ Z_{21a} + Z_{21b} & Z_{22a} + Z_{22b} \end{bmatrix} \begin{bmatrix} \dot{I}_1 \\ \dot{I}_2 \end{bmatrix} \tag{13-38}$$

将式(13-38)与式(13-35)比较,得到

$$Z = \begin{bmatrix} Z_{11a} + Z_{11b} & Z_{12a} + Z_{12b} \\ Z_{21a} + Z_{21b} & Z_{22a} + Z_{22b} \end{bmatrix} = \boldsymbol{Z}_a + \boldsymbol{Z}_b$$

2. 串联方式的有效性试验

(1)有效性试验的必要性

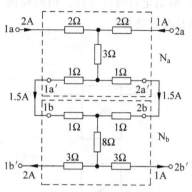

在上述式(13-32)的证明中,有个重要前提,即串联后原有的端口仍旧是端口,这是完全必要的。如在图 13-23 中,流入 1a 端钮的电流是 2A,而流出 1a′端钮的电流是 1.5A,这样 1a 和 1a′两个端钮不构成一个端口,同样,1b 和 1b′,2a 和 2a′,2b 和 2b′均分别不构成端口。对这个复合双口网络而言,$\boldsymbol{Z} \neq \boldsymbol{Z}_a + \boldsymbol{Z}_b$,读者可验证之。因此,在两个双口网络串联后,应检查原有各端口是否还满足端口的定义,这种检查称为有效性试验。

图 13-23 两个双口网络串联后,原有端口不再是端口的示例

(2)有效性试验的方法

进行串联有效性试验的线路如图 13-24 所示。试验的方法说明如下:先进行输入端口的有效性试验,试验线路如图 13-24(a)所示,此时因输出端口均开路,原输入端口必仍为端口。当电压 $\dot{U}_m = 0$ 时,端钮 2a′和 2b 为自然等位点,用导线将这两个端钮连接后,导线中的电流为零,这说明输出端口串联后,网络的各电流不变,原输入端口仍为端口。按类似的方法对输出端口进行有效性试验,试验线路如图 13-24(b)所示,当该图中电压的 $\dot{U}_n = 0$ 时,1a′和 1b 用导线连接后,原输出端口仍为端口。概而言之,只有在图 13-24 中电压 $\dot{U}_m = \dot{U}_n = 0$ 的情况下(此时称满足有效性条件),串联后原端口仍为端口,才有 $\boldsymbol{Z} = \boldsymbol{Z}_a + \boldsymbol{Z}_b$ 成立。

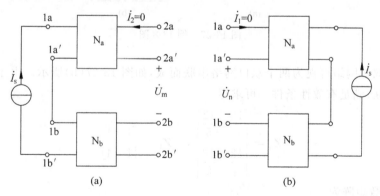

图 13-24 串联双口网络的有效性试验

3. 关于双口网络串联方式的说明

(1)为利用公式 $\boldsymbol{Z} = \boldsymbol{Z}_a + \boldsymbol{Z}_b$,两个双口网络串联时必须进行有效性试验。

(2)利用双口网络串联的概念,可将一个复杂的双口网络视为两个或多个较简单的双口网络的串联,从而简化双口网络参数的计算。

（3）不难证明，两个 T 形三端双口网络按图 13-25 所示方式串联时恒满足有效性条件，不必进行有效性试验。注意两个双口网络连在一起的端钮均是各个三端网络中作为输入、输出端口公共端的端钮。如图 13-26（a）所示的两个三端双口网络的串联便是这种连接方式，恒满足有效性条件。但同样两个三端双口网络按图 13-26（b）所示的方式串联时，便不满足有效条件。

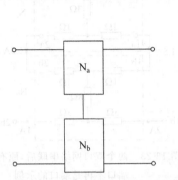

图 13-25 两个三端双口网络的串联

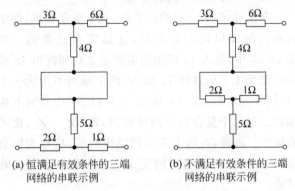

(a) 恒满足有效条件的三端　　(b) 不满足有效条件的三端
　　网络的串联示例　　　　　　　网络的串联示例

图 13-26 三端双口网络的串联

例 13-8 试求图 13-27（a）所示双口网络的 Z 参数矩阵。

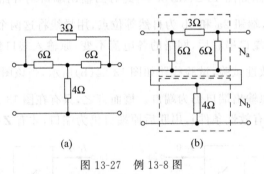

图 13-27 例 13-8 图

解 该双口网络可视为两个双口网络串联而成，如图 13-27（b）所示。由于这是两个三端网络的串联，满足有效性条件。可求得

$$\boldsymbol{Z}_{\mathrm{a}} = \begin{bmatrix} \dfrac{18}{5} & \dfrac{12}{5} \\[2mm] \dfrac{12}{5} & \dfrac{18}{5} \end{bmatrix}, \quad \boldsymbol{Z}_{\mathrm{b}} = \begin{bmatrix} 4 & 4 \\ 4 & 4 \end{bmatrix}$$

则所求 Z 参数矩阵为

$$\boldsymbol{Z} = \boldsymbol{Z}_{\mathrm{a}} + \boldsymbol{Z}_{\mathrm{b}} = \frac{1}{5} \begin{bmatrix} 38 & 32 \\ 32 & 38 \end{bmatrix}$$

13.5.2 双口网络的并联

1. 并联方式及并联双口网络的 Y 参数

两个双口网络按图 13-28 所示的方式连接起来，便构成了双口网络的并联。设 N_{a} 和

N_b 的 Y 参数矩阵分别为 $\boldsymbol{Y}_a$ 和 $\boldsymbol{Y}_b$，若并联后原端口仍为端口，则 N_a 和 N_b 并联后的复合双口网络的 Y 参数矩阵为

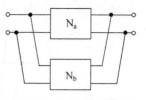

$$\boldsymbol{Y} = \boldsymbol{Y}_a + \boldsymbol{Y}_b \qquad (13\text{-}39)$$

读者可仿照式(13-32)的证明方法对式(13-39)加以证明。

图 13-28 双口网络的并联

2. 并联方式的有效性试验

两个双口网络并联后也必须进行有效性试验，以检查原有的各端口是否仍符合端口的定义。只有满足有效性条件时，才可应用式(13-39)。进行有效性试验的线路如图 13-29 所示。若图中的电压 $\dot{U}_m = \dot{U}_n = 0$，则有效性条件是满足的。

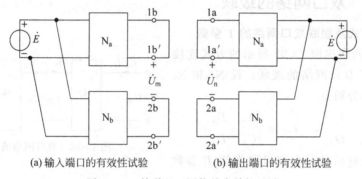

(a) 输入端口的有效性试验　　　　(b) 输出端口的有效性试验

图 13-29 并联双口网络的有效性试验

3. 关于双口网络并联方式的说明

(1) 为利用公式 $\boldsymbol{Y} = \boldsymbol{Y}_a + \boldsymbol{Y}_b$，两个双口网络并联时必须进行有效性试验。

(2) 利用双口网络并联的概念，可将一个复杂的双口网络视为两个或多个较简单的双口网络的并联，从而简化双口网络参数的计算。如图 13-30(a)所示网络，可看作是图 13-30(b)中两个双口网络的并联。

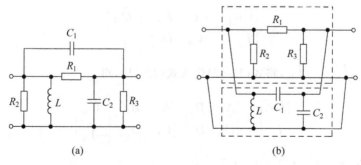

(a)　　　　　　　　　　(b)

图 13-30 一个双口网络可视为两个双口网络并联的示例

(3) 两个 T 形三端网络按图 13-31(a)所示方式并联时，恒满足有效性条件，不必进行有效性试验；但若按图 13-31(b)所示方式并联，则不满足有效性条件。

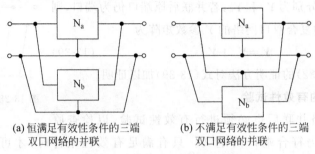

(a) 恒满足有效性条件的三端　　　　(b) 不满足有效性条件的三端
双口网络的并联　　　　　　　　双口网络的并联

图 13-31　三端双口网络的并联

13.5.3　双口网络的级联

1. 级联方式及级联双口网络的 T 参数

两个双口网络按图 13-32 所示的方式连接起来,便构成了双口网络的级联。设 N_a 和 N_b 的 T 参数矩阵分别为

$$T_{1a} = \begin{bmatrix} A_a & B_a \\ C_a & D_a \end{bmatrix}, \quad T_{1b} = \begin{bmatrix} A_b & B_b \\ C_b & D_b \end{bmatrix}$$

则 N_a 和 N_b 级联后的复合双口网络的 T 参数矩阵为

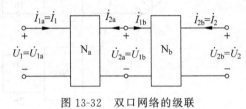

图 13-32　双口网络的级联

$$T = T_a T_b \tag{13-40}$$

式(13-40)可证明如下:

N_a 和 N_b 的 T 参数方程分别为

$$\begin{bmatrix} \dot{U}_{1a} \\ \dot{I}_{1a} \end{bmatrix} = \begin{bmatrix} A_a & B_a \\ C_a & D_a \end{bmatrix} \begin{bmatrix} \dot{U}_{2a} \\ -\dot{I}_{2a} \end{bmatrix} \tag{13-41}$$

$$\begin{bmatrix} \dot{U}_{1b} \\ \dot{I}_{1b} \end{bmatrix} = \begin{bmatrix} A_b & B_b \\ C_b & D_b \end{bmatrix} \begin{bmatrix} \dot{U}_{2b} \\ -\dot{I}_{2b} \end{bmatrix} \tag{13-42}$$

由于 $\dot{U}_{2a} = \dot{U}_{1b}, \dot{I}_{2a} = -\dot{I}_{1b}$,将式(13-42)代入式(13-41),得

$$\begin{bmatrix} \dot{U}_{1a} \\ \dot{I}_{1a} \end{bmatrix} = \begin{bmatrix} A_a & B_a \\ C_a & D_a \end{bmatrix} \begin{bmatrix} A_b & B_b \\ C_b & D_b \end{bmatrix} \begin{bmatrix} \dot{U}_{2b} \\ -\dot{I}_{2b} \end{bmatrix}$$

但 $\begin{bmatrix} \dot{U}_{1a} \\ \dot{I}_{1a} \end{bmatrix} = \begin{bmatrix} \dot{U}_1 \\ \dot{I}_1 \end{bmatrix}$ 及 $\begin{bmatrix} \dot{U}_{2b} \\ -\dot{I}_{2b} \end{bmatrix} = \begin{bmatrix} \dot{U}_2 \\ -\dot{I}_2 \end{bmatrix}$,故有

$$\begin{bmatrix} \dot{U}_1 \\ \dot{I}_1 \end{bmatrix} = \begin{bmatrix} A_a & B_a \\ C_a & D_a \end{bmatrix} \begin{bmatrix} A_b & B_b \\ C_b & D_b \end{bmatrix} \begin{bmatrix} \dot{U}_2 \\ -\dot{I}_2 \end{bmatrix} = T \begin{bmatrix} \dot{U}_2 \\ -\dot{I}_2 \end{bmatrix}$$

式中，$T=\begin{bmatrix} A_a & B_a \\ C_a & D_a \end{bmatrix}\begin{bmatrix} A_b & B_b \\ C_b & D_b \end{bmatrix}=T_{1a}T_{1b}$。

2. 关于双口网络级联方式的说明

（1）双口网络级联后，原各端口仍恒为端口，因此，双口网络的级联不必进行有效性试验，计算公式 $T=T_aT_b$ 恒成立。

（2）利用双口网络级联的概念，可将任一复杂的双口网络视作两个或多个较简单的双口网络的级联。如图 13-33（a）所示网络，可视为两个双口网络的级联及图 13-33（b）中三个双口网络的级联，等等。

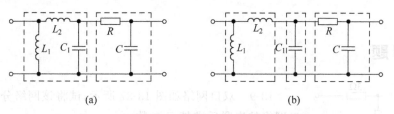

图 13-33　一个双口网络可视为多个双口网络级联的示例

13.5.4　双口网络的串并联

1. 串并联方式及串并联双口网络的 H 参数

图 13-34 所示为双口网络的串并联方式。所谓串并联指的是输入端口采用串联方式，而输出端口采用并联方式。设 N_a 及 N_b 的 H 参数矩阵分别为 H_a 和 H_b，若原端口仍为端口，则串并联复合双口网络的 H 参数矩阵为

$$H=H_a+H_b \tag{13-43}$$

2. 串并联方式的有效性试验

两个双口网络采用串并联方式后，必须进行有效性试验，仅当有效性条件满足时，才可应用公式 $H=H_a+H_b$。进行有效性试验的线路如图 13-35 所示，当图中的电压 $\dot{U}_m=\dot{U}_n=0$ 时，有效性条件得以满足。

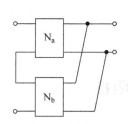

图 13-34　双口网络的串并联

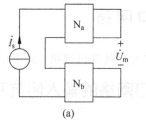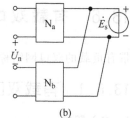

图 13-35　双口网络串并联的有效性试验

3. 关于双口网络串并联方式的说明

（1）两个双口网络串并联时必须进行有效性试验；

（2）两个 T 形三端双口网络按图 13-36（a）所示方式进行串并联时不必进行有效性试验，图 13-36（b）便是这种连接方式的一个具体例子。

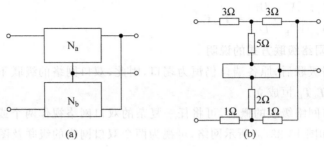

图 13-36　三端双口网络的串并联

练习题

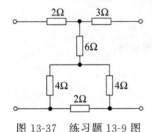

图 13-37　练习题 13-9 图

13-9　双口网络如图 13-37 所示,试将该网络分解为两个双口网络的串联后求其 Z 参数。

13-10　将图 13-38 所示双口网络分解为两个双口网络的并联后求其 Y 参数。

13-11　将图 13-39 所示双口网络视为多个双口网络的级联后求其传输参数。

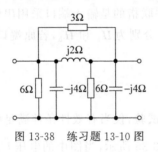

图 13-38　练习题 13-10 图

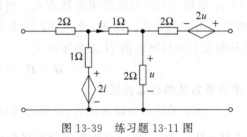

图 13-39　练习题 13-11 图

13.6　有载双口网络

带有负载的双口网络称为有载双口网络,如图 13-40 所示。

13.6.1　有载双口网络的输入阻抗和输出阻抗

1. 输入阻抗

从有载双口网络输入端口看进去的阻抗称为双口网络的输入阻抗。这一输入阻抗可用双口网络的各种参数及负载 Z_L 表示。

(1)用 Z 参数表示的有载双口网络的输入阻抗

由图 13-40,双口网络的输入阻抗为

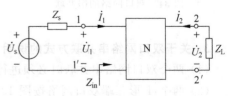

图 13-40　有载双口网络

$$Z_{in} = \frac{\dot{U}_1}{\dot{I}_1}$$

根据方程 $\dot{U}_1 = Z_{11}\dot{I}_1 + Z_{12}\dot{I}_2$，可得

$$\frac{\dot{U}_1}{\dot{I}_1} = Z_{11} + Z_{12}\frac{\dot{I}_2}{\dot{I}_1} \tag{13-44}$$

在图 13-40 中，$\dot{U}_2 = -\dot{I}_2 Z_L$，故方程 $\dot{U}_2 = Z_{21}\dot{I}_1 + Z_{22}\dot{I}_2$ 可写为

$$-Z_L\dot{I}_2 = Z_{21}\dot{I}_1 + Z_{22}\dot{I}_2$$

于是

$$\frac{\dot{I}_2}{\dot{I}_1} = -\frac{Z_{21}}{Z_{22} + Z_L} \tag{13-45}$$

将式(13-45)代入式(13-44)，便得到用 Z 参数表示的输入阻抗为

$$Z_{in} = Z_{11} - \frac{Z_{12}Z_{21}}{Z_{22} + Z_L} \tag{13-46}$$

由此可见，双口网络的输入阻抗既和网络的参数有关，也与负载阻抗有关，这表明双口网络有变换阻抗的作用。

在已知双口网络的 Z 参数时，可利用输入阻抗的概念方便地求解输入或输出端口的电压、电流。

例 13-9 在图 13-41(a)所示电路中，已知 $\dot{E}_s = 12\underline{/0°}$ V，$Z_s = (5-j2)\,\Omega$，$Z_L = (5+j4)\,\Omega$，双口网络 N 的 Z 参数矩阵为

$$\mathbf{Z} = \begin{bmatrix} -4 & -8 \\ -2 & 4 \end{bmatrix}$$

试求电流 $\dot{I}_1$ 和 $\dot{I}_2$。

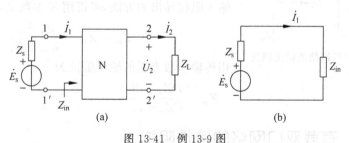

图 13-41 例 13-9 图

解 求输入端口的电流 $\dot{I}_1$ 时，根据双口网络输入阻抗的概念，将 1-1′ 端口右边的网络用一个阻抗 Z_{in} 表示，如图 13-41(b)所示，且

$$Z_{in} = Z_{11} - \frac{Z_{12}Z_{21}}{Z_{22} + Z_L} = -4 - \frac{-8 \times (-2)}{4 + 5 + j4} = (-5.48 + j0.66)\,\Omega$$

$$\dot{I}_1 = \frac{\dot{E}_s}{Z_s + Z_{in}} = \frac{12\underline{/0°}}{5 - j2 - 5.48 + j0.66} = 8.43\underline{/109.7°}\,A$$

再根据 Z 参数方程求输出端口的电流 $\dot{I}_2$。要注意此时 $\dot{I}_2$ 的方向与约定的双口网络输出端口电流的方向相反且 $\dot{U}_2 = Z_L \dot{I}_2$，于是有

$$\dot{U}_2 = Z_{21} \dot{I}_1 + Z_{22}(-\dot{I}_2)$$

或

$$Z_L \dot{I}_2 = Z_{21} \dot{I}_1 - Z_{22} \dot{I}_2$$

$$\dot{I}_2 = \frac{Z_{21}}{Z_{22} + Z_L} \dot{I}_1 = \frac{-2}{4 + j4 + 5} \times 8.43\underline{/109.7°}$$

$$= -1.71\underline{/85.7°} = 1.71\underline{/-94.3°}\text{A}$$

（2）用 T 参数表示的双口网络输入阻抗

根据双口网络的 T 参数方程式(13-17)，可得图 13-40 所示双口网络的输入阻抗为

$$Z_{in} = \frac{\dot{U}_1}{\dot{I}_1} = \frac{A\dot{U}_2 + B(-\dot{I}_2)}{C\dot{U}_2 + D(-\dot{I}_2)}$$

因 $\dot{U}_2 = -\dot{I}_2 Z_L$ 有

$$Z_{in} = \frac{A(-\dot{I}_2 Z_L) + B(-\dot{I}_2)}{C(-\dot{I}_2 Z_L) + D(-\dot{I}_2)} = \frac{AZ_L + B}{CZ_L + D} \tag{13-47}$$

若是对称双口网络，因 $A = D$，则输入阻抗为

$$Z_{in} = \frac{AZ_L + B}{CZ_L + A} \tag{13-48}$$

类似地，可导出由 Y 参数和 H 参数表示的输入阻抗。读者可自行推导。

2. 输出阻抗

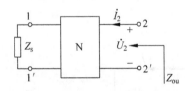

图 13-42　有载双口网络的输出阻抗

有载双口网络的输出阻抗 Z_{ou} 为从输出端口看进去的无源网络的等效阻抗，如图 13-42 所示。按类似于输入阻抗导出的方法，可得用 Z 参数表示的输出阻抗为

$$Z_{ou} = Z_{22} - \frac{Z_{12}Z_{21}}{Z_{11} + Z_s} \tag{13-49}$$

用传输参数表示的输出阻抗为

$$Z_{ou} = \frac{DZ_s + B}{CZ_s + A} \tag{13-50}$$

13.6.2　有载双口网络的特性阻抗

如图 13-43 所示对称双口网络，可选择一个负载阻抗 Z_c，使双口网络的输入阻抗等于该负载阻抗，此时称负载和双口网络匹配，并称 Z_c 为对称双口网络的特性阻抗。

根据式(13-48)，在匹配的情况下，有

$$Z_{in} = \frac{AZ_c + B}{CZ_c + A} = Z_c$$

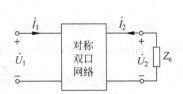

图 13-43　双口网络的负载为
特性阻抗

可解出

$$Z_c = \sqrt{\frac{B}{C}} \qquad (13\text{-}51)$$

这表明特性阻抗仅由对称双口网络的参数决定。

特性阻抗还可用开路阻抗和短路阻抗表示。由

$$Z_{1o} = Z_{2o} = Z_o = \frac{D}{C} = \frac{A}{C}$$

及

$$Z_{1s} = Z_{2s} = Z_s = \frac{B}{A}$$

有

$$Z_o Z_s = \frac{A}{C} \frac{B}{A} = \frac{B}{C} = Z_c^2$$

$$Z_c = \sqrt{Z_o Z_s} \qquad (13\text{-}52)$$

13.6.3 对称双口网络的传播系数

1. 传播系数的定义

在对称双口网络匹配的情况下,由图13-43,负载阻抗上的电压为

$$\dot{U}_2 = -Z_c \dot{I}_2 = -\sqrt{\frac{B}{C}} \dot{I}_2$$

则双口网络的 T 参数方程为

$$\left.\begin{array}{l} \dot{U}_1 = A\dot{U}_2 + B(-\dot{I}_2) = A\dot{U}_2 + B\sqrt{\dfrac{C}{B}}\dot{U}_2 = (A + \sqrt{BC})\dot{U}_2 \\[3mm] \dot{I}_1 = C\dot{U}_2 + D(-\dot{I}_2) = C\left(-\sqrt{\dfrac{B}{C}}\dot{I}_2\right) + A(-\dot{I}_2) = (A + \sqrt{BC})\dot{I}_2 \end{array}\right\} \qquad (13\text{-}53)$$

式(13-53)表明,输入电压与输出电压之比及输入电流与输出电流之比均为同一复常数,即

$$\frac{\dot{U}_1}{\dot{U}_2} = \frac{\dot{I}_1}{\dot{I}_2} = A + \sqrt{BC} = e^{\beta + j\alpha} = e^{\gamma} \qquad (13\text{-}54)$$

式中,$\gamma = \ln(A + \sqrt{BC}) = \beta + j\alpha$,称为对称双口网络的传播系数。显然传播系数 γ 仅由双口网络的参数决定。

2. 传播系数的意义

设对称双口网络的输入电压、电流及输出电压、电流分别为

$$\dot{U}_1 = U_1 e^{j\varphi_{u1}}, \quad \dot{I}_1 = I_1 e^{j\varphi_{i1}}$$

$$\dot{U}_2 = U_2 e^{j\varphi_{u2}}, \quad \dot{I}_2 = I_2 e^{j\varphi_{i2}}$$

则

$$\frac{U_1}{U_2} = \frac{I_1}{I_2} = e^{\beta}$$

$$\alpha = \varphi_{u1} - \varphi_{u2} = \varphi_{i1} - \varphi_{i2}$$

由此可见,传播系数 $\gamma = \beta + j\alpha$ 体现了对称双口网络在匹配情况下输入相量和输出相量的相对关系。换句话说,在已知对称双口网络某一端口电压、电流的情况下,可由传播系数很快得出另一端口的电压和电流。如已知 $\dot{U}_1$ 和 $\dot{I}_1$,则可得

$$U_2 = U_1 e^{-\beta}, \quad \varphi_{u2} = \varphi_{u1} - \alpha$$
$$I_2 = I_1 e^{-\beta}, \quad \varphi_{i2} = \varphi_{i1} - \alpha$$

即

$$\dot{U}_2 = U_1 e^{-\beta} \underline{/\varphi_{u1} - \alpha}, \quad \dot{I}_2 = I_1 e^{-\beta} \underline{/\varphi_{i1} - \alpha}$$

称 α 为相移系数,其单位为 rad;称 β 为衰减系数,其单位为 Np(奈培)或 dB(分贝),这两种单位对应着 β 不同的计算式,即

$$\beta(\text{Np}) = \ln \frac{U_1}{U_2} \tag{13-55}$$

$$\beta(\text{dB}) = 20 \lg \frac{U_1}{U_2} \tag{13-56}$$

由此可得两种单位间的换算公式为

$$1\text{Np} = 8.686\text{dB}$$

或

$$1\text{dB} = 0.115\text{Np}$$

因 1Np 比 1dB 大得多,通常用 dB 作单位。

3. 用传播系数表示对称双口网络方程

先导出传播系数和 T 参数之间的关系。由对称双口网络的互易性,有 $A^2 - BC = 1$,即

$$(A + \sqrt{BC})(A - \sqrt{BC}) = 1$$

将 $e^\gamma = A + \sqrt{BC}$ 代入上式,得到

$$e^{-\gamma} = A - \sqrt{BC}$$

据此可求出

$$A = \frac{e^\gamma + e^{-\gamma}}{2} = \text{ch}\gamma \tag{13-57}$$

又

$$\sqrt{BC} = \frac{1}{2}(e^\gamma - e^{-\gamma}) = \text{sh}\gamma$$

及

$$Z_c = \sqrt{\frac{B}{C}}$$

由上面两式又可求出

$$B = Z_c \text{sh}\gamma$$
$$C = \text{sh}\gamma / Z_c$$

于是用传播系数表示的对称双口网络的 T 参数方程为

$$\left.\begin{array}{l} \dot{U}_1 = \dot{U}_2 \text{ch}\gamma + Z_c \text{sh}\gamma(-\dot{I}_2) \\[2mm] \dot{I}_1 = \dfrac{\dot{U}_2}{Z_c}\text{sh}\gamma + \text{ch}\gamma(-\dot{I}_2) \end{array}\right\} \tag{13-58}$$

4. 关于传播系数的说明

(1) 如同特性阻抗一样,传播系数的概念只适用于对称双口网络;

(2) 在一般情况下,传播系数为一复数,即 $\gamma = \beta + j\alpha$;若是电阻性双口网络,则 $\gamma = \beta$ 为一实数;

(3) 传播系数可用实验的方法予以测定,根据式(13-58),有

$$Z_{1o} = \frac{\dot{U}_1}{\dot{I}_1}\bigg|_{\dot{I}_2=0} = \frac{Z_c}{th\gamma}$$

$$Z_{1s} = \frac{\dot{U}_1}{\dot{I}_1}\bigg|_{\dot{U}_2=0} = Z_c th\gamma$$

$$th\gamma = \sqrt{Z_{1s}/Z_{1o}} \tag{13-59}$$

这表明只需在输出端口做一次短路实验和一次开路实验便可求出传播系数。

例 13-10　试求图 13-44 所示对称双口网络的传播系数。

解　先求出该双口网络的 T 参数。可求得

$$A = D = -5, \quad B = j5, \quad C = -j12$$

则传播系数为

$$\begin{aligned}
\gamma &= \ln(A + \sqrt{BC}) = \ln(-5 + \sqrt{24}) \\
&= \ln(-0.101) = \ln(0.101e^{j\pi}) \\
&= \ln 0.101 + \ln e^{j\pi} = -2.29 + j\pi
\end{aligned}$$

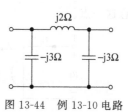

图 13-44　例 13-10 电路

练习题

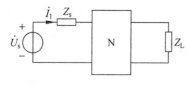

图 13-45　练习题 13-12 电路

13-12　如图 13-45 所示电路,已知 $\dot{U}_s = 100\underline{/0°}$ V,$Z_s = (6+j8)\Omega$,$Z_L = (12+j16)\Omega$,双口网络 N 的传输参数矩阵为

$$T = \begin{bmatrix} 3 & 3+j4 \\ j2 & 6 \end{bmatrix}$$

求电流 $\dot{I}_1$ 及负载阻抗消耗的功率。

13.7　回转器与负阻抗变换器

13.7.1　回转器

1. 回转器的电路符号及其特性方程

理想回转器是一种四端元件或二端口元件,其电路符号如图 13-46 所示。在图示的参考方向下,回转器的端口电压、电流的关系式为

$$\left.\begin{aligned}
u_1 &= -r i_2 \\
u_2 &= r i_1
\end{aligned}\right\} \tag{13-60}$$

或表示为

$$\left.\begin{array}{l} i_1 = g u_2 \\ i_2 = -g u_1 \end{array}\right\} \qquad (13\text{-}61)$$

式中,r 和 g 分别具有电阻和电导的量纲,称为回转电阻和回转电导,简称回转常数。

2. 关于回转器的说明

(1) 在图 13-46 中,上方的箭头是自左指向右,若箭头是自右指向左,如图 13-47 所示,则回转器的特性方程为

$$\left.\begin{array}{l} u_1 = r i_2 \\ u_2 = -r i_1 \end{array}\right\} \qquad (13\text{-}62)$$

或

$$\left.\begin{array}{l} i_1 = -g u_2 \\ i_2 = g u_1 \end{array}\right\} \qquad (13\text{-}63)$$

这表明回转器特性方程中的正、负号与其电路符号中上方箭头的指向有关,实际应用中须注意这一点。

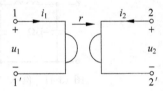

图 13-46　回转器的电路符号之一

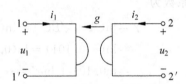

图 13-47　回转器的电路符号之二

(2) 在回转器的电路符号中,上方的箭头上应标注回转常数,标写回转电阻 r 或回转电导 g 均可,且 $g = \dfrac{1}{r}$。

(3) 回转器的特性方程(13-60)和(13-61)的矩阵形式为

$$\begin{bmatrix} u_1 \\ u_2 \end{bmatrix} = \begin{bmatrix} 0 & -r \\ r & 0 \end{bmatrix} \begin{bmatrix} i_1 \\ i_2 \end{bmatrix}$$

$$\begin{bmatrix} i_1 \\ i_2 \end{bmatrix} = \begin{bmatrix} 0 & g \\ -g & 0 \end{bmatrix} \begin{bmatrix} u_1 \\ u_2 \end{bmatrix}$$

这表明回转器的 Z 参数和 Y 参数矩阵分别为

$$\boldsymbol{Z} = \begin{bmatrix} 0 & -r \\ r & 0 \end{bmatrix}, \quad \boldsymbol{Y} = \begin{bmatrix} 0 & g \\ -g & 0 \end{bmatrix}$$

(4) 回转器具有将一个电容元件"回转"为一个电感元件或反之的特性。在图 13-48 所示正弦稳态电路中,由式(13-60)或式(13-61)及 $\dot{I}_2 = -j\omega C \dot{U}_2$,有

$$\dot{U}_1 = -r\dot{I}_2 = jr\omega C\dot{U}_2 = jr^2\omega C\dot{I}_1$$

或

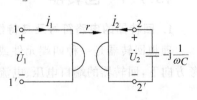

图 13-48　用回转器实现电感

$$\dot{I}_1 = g\dot{U}_2 = -g\frac{1}{\mathrm{j}\omega C}\dot{I}_2 = g^2\frac{1}{\mathrm{j}\omega C}\dot{U}_1$$

则电路的输入阻抗为

$$Z_{\mathrm{in}} = \frac{\dot{U}_1}{\dot{I}_1} = \mathrm{j}r^2\omega C = \mathrm{j}\frac{1}{g^2}\omega C$$

表明从该电路的输入端看,相当于一个电感元件,等效电感值为 $L = r^2 C = \dfrac{1}{g^2}C$。回转器的

这一特性在微电子工业中有着重要的应用,即利用回转器和电容实现电感的集成。

(5) 根据图 13-46 所示的参考方向及特性方程式(13-60),回转器的功率为

$$p = u_1 i_1 + u_2 i_2 = -r i_1 i_2 + r i_1 i_2 = 0$$

表明回转器在任何时刻的功率为零,即它既不消耗功率又不产生功率,为无源线性元件。

(6) 可以证明互易定理不适用于回转器。

13.7.2 负阻抗变换器

1. 负阻抗变换器的符号及其端口特性

负阻抗变换器简称为 NIC(Negative Impedance Converter),亦是一种二端口元件,其符号如图 13-49 所示。在图示参考方向下,NIC 的端口特性方程用传输参数可表示为

$$\begin{bmatrix} \dot{U}_1 \\ \dot{I}_1 \end{bmatrix} = \begin{bmatrix} 1 & 0 \\ 0 & -k \end{bmatrix} \begin{bmatrix} \dot{U}_2 \\ -\dot{I}_2 \end{bmatrix} \tag{13-64}$$

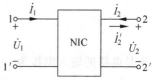

图 13-49　负阻抗变换器的符号

2. 关于负阻抗变换器的说明

(1) 从特性方程式(13-64)可见,经 NIC 变换后,$\dot{U}_2 = \dot{U}_1$,电压的大小和方向均未发生变化,但 $\dot{I}_1 = -k(-\dot{I}_2) = k\dot{I}_2 = -k\dot{I}_2'$,或 $\dot{I}_2' = -\dfrac{1}{k}\dot{I}_1$,即电流经变换后改变了方向,因此式(13-64)定义的 NIC 称为电流反向型的。

(2) 另一种负阻抗变换器称为电压反向型的 NIC,在图 13-49 所示的参考方向下,其端口特性为

$$\begin{bmatrix} \dot{U}_1 \\ \dot{I}_1 \end{bmatrix} = \begin{bmatrix} -k & 0 \\ 0 & 1 \end{bmatrix} \begin{bmatrix} \dot{U}_2 \\ -\dot{I}_2 \end{bmatrix} \tag{13-65}$$

由式(13-65)可见,经变换后,电流的大小和方向均未变化,但电压的极性却发生了改变。

(3) 负阻抗变换器具有把正阻抗变换为负阻抗的性质。对图 13-50 所示的电路,设 NIC 为电压反向型的,则电路的输入阻抗为

$$Z_{\mathrm{in}} = \frac{\dot{U}_1}{\dot{I}_1} = \frac{-k\dot{U}_2}{-\dot{I}_2} = k\frac{\dot{U}_2}{\dot{I}_2}$$

又由图 13-50 所示的参考方向,有 $\dot{U}_2 = -\dot{I}_2 Z_2$,因此有

$$Z_{\mathrm{in}} = -kZ_2$$

由此可见,该电路的输入阻抗是负载阻抗 Z_2 的 k 倍的负值,这也意味着 NIC 具有把正阻抗变换为负阻抗的能力。譬如说,当 Z_2 为电阻 R 时,1-1′ 端口的等效阻抗为负电阻 $-kR$。

例 13-11 在图 13-51 所示电路中,若回转电阻 $r = 10^3\,\Omega$,$R = 10^4\,\Omega$,$C = 10\,\mu\text{F}$,求入端等效电路的元件参数。

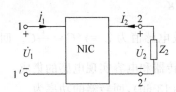

图 13-50 接负载的负阻抗变换器

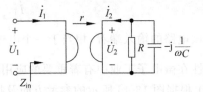

图 13-51 例 13-11 电路

解 回转器的箭头方向由左指向右,则其特性方程为

$$\left.\begin{array}{l} \dot{U}_1 = -r\dot{I}_2 \\ \dot{U}_2 = r\dot{I}_1 \end{array}\right\}$$

负载导纳为

$$Y = \frac{1}{R} + j\omega C = -\frac{\dot{I}_2}{\dot{U}_2}$$

于是电路的输入阻抗为

$$Z_{\text{in}} = \frac{\dot{U}_1}{\dot{I}_1} = \frac{-r\dot{I}_2}{\dot{U}_2/r} = r^2\left[-\frac{\dot{I}_2}{\dot{U}_2}\right] = r^2 Y = \frac{r^2}{R} + j\omega r^2 C = R' + j\omega L$$

将参数代入后求得

$$R' = \frac{r^2}{R} = \frac{1000^2}{10^4} = 100\,\Omega$$

$$L = r^2 C = 1000^2 \times 10 \times 10^{-6} = 10\,\text{H}$$

这表明电路入端的等效电路为 100Ω 的电阻与 10H 电感的串联。

例 13-12 图 13-52 所示电路中虚线框内的部分为一个负阻抗变换器,试求其用传输参数表示的特性方程。若其输出端口接负载阻抗 Z_{L},求电路的输入阻抗 Z_{in}。

解 由理想运放的"虚短"和"虚断"原理,可得

$$\dot{U}_1 = \dot{U}_2$$

$$\dot{I}_1 = \frac{R_2}{R_1}\dot{I}_2 = K\dot{I}_2$$

其中,$K = \dfrac{R_2}{R_1}$。则所求传输参数方程为

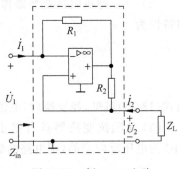

图 13-52 例 13-12 电路

$$\begin{bmatrix} \dot{U}_1 \\ \dot{I}_1 \end{bmatrix} = \begin{bmatrix} 1 & 0 \\ 0 & -K \end{bmatrix} \begin{bmatrix} \dot{U}_2 \\ -\dot{I}_2 \end{bmatrix}$$

当输出端接负载阻抗 Z_L 后,电路的输入阻抗为

$$Z_{in} = \frac{\dot{U}_1}{\dot{I}_1} = \frac{\dot{U}_2}{K\dot{I}_2} = \frac{-Z_L\dot{I}_2}{(R_2/R_1)\dot{I}_2} = -\frac{R_1}{R_2}Z_L$$

练习题

13-13 试导出图 13-46 所示回转器的传输参数方程。

13-14 若图 13-47 所示回转器的 2-2′端口接阻抗 $Z_L=(6+j8)\Omega$,求从回转器的 1-1′端口看进去的阻抗值。

13-15 电路如图 13-53 所示,图中的 NIC 为电压反向型的负阻抗变换器,其端口特性方程为

$$\begin{bmatrix} \dot{U}_1 \\ \dot{I}_1 \end{bmatrix} = \begin{bmatrix} -10 & 0 \\ 0 & 1 \end{bmatrix} \begin{bmatrix} \dot{U}_2 \\ -\dot{I}_1 \end{bmatrix}$$

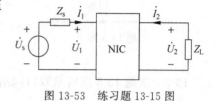

图 13-53 练习题 13-15 图

若 $\dot{U}_s=100\underline{/0°}\text{V}, Z_s=(10+j10)\Omega, Z_L=(2+j2)\Omega$,求电流 $\dot{I}_1$ 和 $\dot{I}_2$。

习题

13-1 求题 13-1 图所示双口网络的 Z 参数。

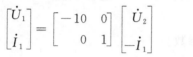

题 13-1 图

13-2 求题 13-2 图所示双口网络的 Y 参数和 Z 参数。

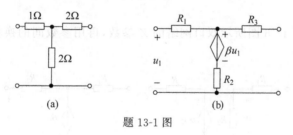

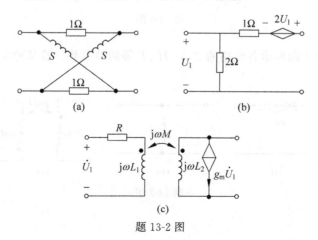

题 13-2 图

13-3 若题 13-3 图所示双口网络的 Z 参数矩阵为

$$Z = \begin{bmatrix} 10 & 8 \\ 5 & 10 \end{bmatrix}$$

求参数 R_1、R_2、R_3 和 r 的值。

13-4 求题 13-4 图所示双口网络的 H 参数。

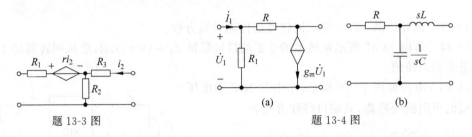

题 13-3 图 　　　　　　　　题 13-4 图

13-5 求题 13-5 图所示双口网络的 T 参数。

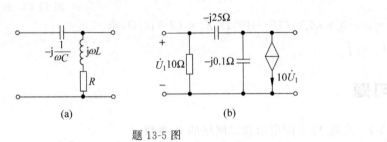

题 13-5 图

13-6 先求出题 13-6 图所示双口网络的 Z 参数,再用参数间的换算关系求出 Y 参数、H 参数和 T 参数。

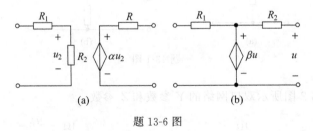

题 13-6 图

13-7 求题 13-7 图所示各电路的 Z、Y、H、T 等四种参数。若某种参数不存在,请予以说明。

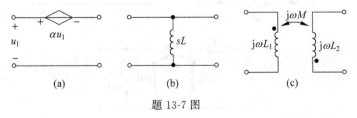

题 13-7 图

13-8 求题 13-8 图所示网络的 T 形和 Π 形等效电路。

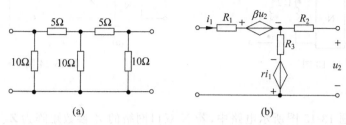

题 13-8 图

13-9 对某双口网络进行测试,测得两个端口的开路入端阻抗分别为 $Z_{K1}=\mathrm{j}30\Omega$, $Z_{K2}=\mathrm{j}8\Omega$,短路入端阻抗 $Z_{s1}=\mathrm{j}25.5\Omega$,试求该双口网络 T 形等效电路。

13-10 将题 13-10 图所示网络化为简单网络的复合连接。(1)求出图(a)、图(b)所示电路的 Y 参数并做出 Π 形等效电路;(2)求出图(c)所示电路的 T 参数。

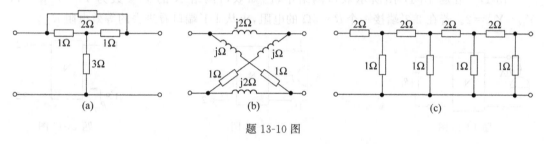

题 13-10 图

13-11 求题 13-11 图所示含理想运算放大器双口网络的 Z 参数矩阵和 T 参数矩阵。

13-12 求题 13-12 图所示双口网络的 Z 参数,已知双口网络 N 的 Z 参数矩阵为 $\boldsymbol{Z}_{\mathrm{N}}=\begin{bmatrix}3 & 2\\ 2 & 2\end{bmatrix}$。

题 13-11 图   题 13-12 图

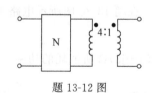

13-13 求题 13-13 图所示双口网络的 Y 参数,若双口网络 N 的 Y 参数矩阵为 $\boldsymbol{Y}_{\mathrm{N}}=\begin{bmatrix}1 & 2\\ 2 & 1\end{bmatrix}$。

13-14 题 13-14 图所示电路中 N 的传输参数矩阵为 $\boldsymbol{T}=\begin{bmatrix}A & B\\ C & D\end{bmatrix}$,试求两个复合双口网络的传输参数矩阵。

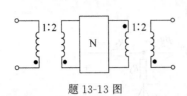

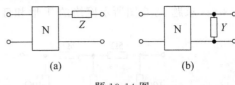

题 13-13 图   题 13-14 图

13-15 在题 13-15 图所示电路中,若 N 双口网络的 Z 参数矩阵为 $\boldsymbol{Z}_N = \begin{bmatrix} 1 & 2 \\ 3 & 1 \end{bmatrix}$,欲使 R_L 获得最大功率,求 R_L 的值及它获得的最大功率。

13-16 题 13-16 图所示双口网络 N 既是互易的也是对称的,在 1-1′端口接电源 $\dot{E}_s = 20\underline{/0°}\text{V}$ 时,测得 2-2′端口间的开路电压为 $\dot{U}_{oc} = 20\underline{/45°}\text{V}$。现将负载 $Z_L = (1+j1)\Omega$ 接至 2-2′间,欲使该负载能从网络中吸取最大平均功率,试决定该双口网络的 Z 参数。

13-17 在题 13-17 图所示双口网络中,已知双口网络 N 的 Y 参数为 $Y_{11} = Y_{22} = 1$,$Y_{12} = Y_{21} = 2$。若在 2-2′端接一个 $R = 5\Omega$ 的电阻,求从 1-1′端口看进去的等效电阻 R_{in}。

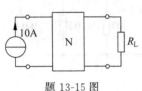

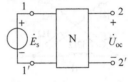

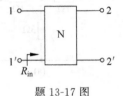

题 13-15 图   题 13-16 图   题 13-17 图

13-18 题 13-18 图中 N 为双口互易网络,已知 $R = 0$ 时,$I_1 = 3.2\text{A}$,$I_2 = 1.6\text{A}$;$R \to \infty$ 时,$U_2 = 24\text{V}$。(1)求该双口网络的 H 参数;(2)当 $R = 5\Omega$ 时,求 I_1 和 I_2。

13-19 在题 13-19 所示正弦稳态电路中,已知电源电压 $\dot{U}_s = 12\underline{/0°}\text{V}$。负载电阻 $R_L = 6\Omega$,无源双口网络 N_0 的 Z 参数为 $Z_{11} = 3\Omega$,$Z_{12} = 2\Omega$,$Z_{21} = -3\Omega$,$Z_{22} = 6\Omega$。求 R_L 消耗的功率及电源发出的功率。

13-20 在题 13-20 图所示电路中,已知 $\boldsymbol{H} = \begin{bmatrix} 2 & \dfrac{1}{2} \\ 5 & \dfrac{2}{5} \end{bmatrix}$,正弦电压源 $\dot{U}_s = 100\underline{/0°}\text{V}$,试求负载 $Z_L = (4+j3)\Omega$ 所消耗的功率。

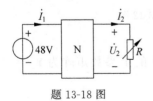

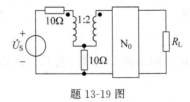

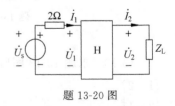

题 13-18 图   题 13-19 图   题 13-20 图

13-21 在题 13-21 图(a)中,N 为对称双口网络。已知 $\dot{U}_1 = 15\underline{/0°}\text{V}$ 时,2-2′端口的开路电压 $\dot{U}_{2o} = 7.5\underline{/0°}\text{V}$,2-2′端口的短路电流 $\dot{I}_{2s} = 1\underline{/180°}\text{A}$。现将 N 的 1-1′端口接戴维南支

路,如题 13-21 图(b)所示,试求图(b)中 2-2′端口的开路电压 $\dot{U}_{oc}$。

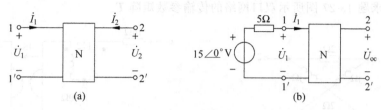

题 13-21 图

13-22 电路如题 13-22 图所示,已知双口网络 N_0 的开路阻抗矩阵为 $Z =$ $\begin{bmatrix} 1+j2 & j2 \\ j2 & 1-j\dfrac{1}{2} \end{bmatrix}$,现在其输入端和输出端分别串联电容和电感如题 13-22 图(b)所示,试求图(b)所示双口网络的 Z 参数矩阵 Z' 及电压传输比 U_2/U_1。

13-23 如题 13-23 图所示级联二端口网络,已知 N_a 的传输参数矩阵为

$$T_a = \begin{bmatrix} 4/3 & 2 \\ 1/6 & 1 \end{bmatrix}$$

N_b 为电阻性对称二端口网络,当 3-3′端短路时,$I_1 = 5.5A$,$I_3 = -2A$。试求(1)N_b 的传输参数矩阵 T_b;(2)若在 3-3′端接一个电阻 R,则 R 为何值时其获得最大功率? 这一最大功率是多少?

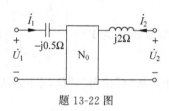

题 13-22 图

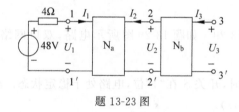

题 13-23 图

13-24 电路如题 13-24 图所示,N_R 为由线性电阻元件组成的对称双口网络,R_2 的值可在 $0 \sim \infty$ 间调节。已知当 $R_2 = \dfrac{1}{3}\Omega$ 时,$U_1 = 2V$,$I_2 = 1.5A$,求当 $R_2 = 0$ 时,U_1 和 I_2 的值。

13-25 在题 13-25 图所示电路中,N 为电抗元件(电感、电容元件)构成的双口网络。当输出端接电阻 R_2,从输入端看进去的阻抗 $Z'_{11} = R_1$;试证明当输入端接电阻 R_1 时,从输出端看进去的阻抗 $Z'_{22} = R_2$。

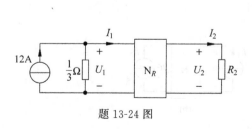

题 13-24 图

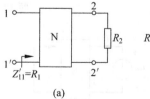

(a)

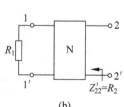

(b)

题 13-25 图

13-26　求题 13-26 图所示双口网络的特性阻抗。

13-27　求题 13-27 图所示双口网络的传输参数矩阵 $\boldsymbol{T}$。

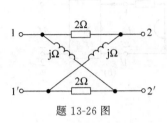

题 13-26 图

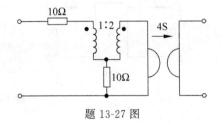

题 13-27 图

13-28　在题 13-28 图所示电路中，N 为对称双口网络。测得图(a)和图(b)电路的输入导纳分别为 Y_a 和 Y_b，试求网络 N 的 Y 参数矩阵。

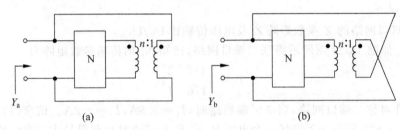

题 13-28 图

13-29　如题 13-29 图所示电路，双口网络 N 的 Y 参数矩阵为 $\boldsymbol{Y}=\begin{bmatrix} \dfrac{1}{3} & -2 \\ -2 & \dfrac{1}{2} \end{bmatrix}$ S。当

$t<0$ 时，开关 S 在"1"位，电路处于稳定状态。$t=0$ 时，开关从"1"投向"2"位，求换路后的响应 $u_R(t)$。

13-30　在题 13-30 图(a)所示电路中，N 为对称互易双口网络。当 $u_{s1}(t)=\delta(t)$V 时，$i_1(t)=e^{-t}\varepsilon(t)$A，$i_2(t)=te^{-2t}\varepsilon(t)$A。在题 13-30(b)中，已知 $i_{s1}(t)=te^{-2t}\varepsilon(t)$A，$i_{s2}(t)=te^{-t}\varepsilon(t)$A，求零状态响应 $u_1(t)$、$u_2(t)$。

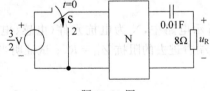

题 13-29 图

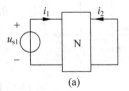

(a)

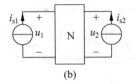

(b)

题 13-30 图

第 14 章

网络图论基础与电路方程的矩阵形式

本章提要

本章首先介绍网络图论的一些基础知识以及基尔霍夫定律和支路方程的矩阵形式,在此基础上,讨论用系统方法如何建立矩阵形式的各种电路分析方程。本章的主要内容有:网络图论的基本概念;有向图的矩阵描述;基尔霍夫定律的矩阵形式;支路特性方程的矩阵形式;用系统法建立矩阵形式的支路分析法方程,节点分析法方程、回路分析法方程和割集分析法方程。

将计算机技术用于电路的辅助分析和设计是现代电路理论的重要进展,而本章的内容和方法则是计算机辅助电路分析和设计的重要理论基础。

14.1 网络图论的基本知识

图论是近代数学的一个分支,也称为拓扑学,它研究图的拓扑性质。在图论中,用"点"代表各种各样的事物,用"线"表示这些事物之间的某种联系,这些"点"和"线"的集合就构成了所谓的"拓扑图",也称为"线图",简称为"图"。图论在诸如电工技术、信号分析与处理、交通运输、物流等学科领域获得了广泛而重要的应用。利用图论的知识来分析实际的网络(不仅仅限于电网络)称为"网络图论"。网络图论的知识不仅为恰当地选取电路变量列写电路方程式提供了方法,同时也为在计算机上采用系统方法建立并求解电路方程提供了可行途径。

14.1.1 电路的图

基尔霍夫定律的一个重要特性是它与元件的特性无关,只取决于电路的结构。若一个电路的结构不变,指定的电压、电流的参考方向也不变,即使任意更换各支路的元件,则列写的 KCL 和 KVL 方程总相同。这样,就应用基尔霍夫定律而言,若将电路中的各支路以有向线段代换,对列写 KCL 和 KVL 方程不会有任何影响。

1. 图的概念

将电路中的各支路抽象为线段后,所得到是一个由点和线构成的几何图形,称为线图,简称为图。图 14-1 给出了一个电路和它对应的图。

图中的线段称为边,仿照电路的习惯也称为支路;图中的点称为顶点,仿照电路的习惯也称为节点。为方便分析研究,图中的边和顶点通常予以编号。图 14-1 中的图有 6 条边和 4 个顶点。

2. 图的一些说明

(1) 图中表示边的线段长、短、曲、直为任意。

(2) 图中的一条边和电路中的一条支路对应。这一支路可以是一个二端元件,也可以是由若干个元件串联而成的路径,甚至可以是由多个元件组合而成的所谓"典型支路"。通常根据分析电路的实际需要定义支路。

(3) 图中的节点和电路中节点的概念有所不同。在图中,每一支路的端点便是节点,而且允许孤立节点的存在。所谓孤立节点是指没有任何支路与其相接的节点。在图 14-2(a) 中,节点⑥就是一孤立节点。

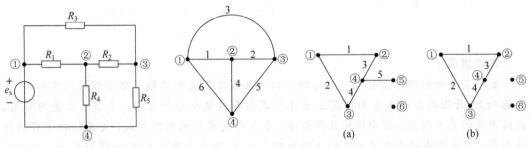

图 14-1 电路和它的图示例   图 14-2 含有孤立节点的图

(4) 在图论中常提到移去(或"拿掉")某一支路,这一支路被移去后,其两个端点应予保留。譬如在图 14-2(a)中移去支路 5 后,节点⑤应予保留而成为一个孤立节点,如图 14-2(b)所示。

(5) 图仅反映电路图各支路及节点的连接关系,并不能反映支路的电气特性。如含理想变压器的电路如图 14-3(a)所示,而图 14-3(b)是它的图,显然在图中理想变压器支路间的电气关系不能表示出来。

3. 有向图和无向图

若图中每一条支路均指定了方向,且这一方向用箭头表示,则称为有向图(也称定向图),否则称为无向图。一般有向图中每一条支路的方向和电路中相应支路电流的参考方向相对应。图 14-4(a)所示电路对应的有向图如图 14-4(b)所示。

若无特别说明,通常支路电压和电流的参考方向约定为关联参考方向。

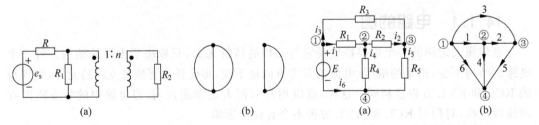

图 14-3 含理想变压器的电路和它的拓扑图   图 14-4 有向图的概念

4. 连通图和非连通图

若图中任意两个节点之间至少有一条由支路构成的通路,则称该图为连通图,或者说该图是连通的。图 14-5(a)便是一连通图。

若图中的某些节点之间不存在任何通路,称该图为非连通图,也称为分离图,或者说该

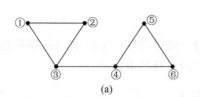 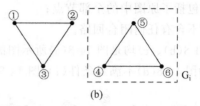

图 14-5 连通图和分离图示例

图是不连通的。分离图至少有两个分离的部分。图 14-5(b)为一分离图。

5. 子图

若图 G_i 是图 G 的一部分时,称图 G_i 为图 G 的一个子图,或说子图 G_i 是图 G 中删去某些节点和支路后所得到的图。如图 14-5(b)中虚线框内的部分就是该分离图的一个子图。如果子图 G_i 中包含了图 G 的所有节点(可不包括所有支路),则称 G_i 为 G 的生成子图。如图 14-2(b)为图 14-2(a)的一个生成子图。若图 G 的子图 G_i 仅有一个节点,则称 G_i 为退化子图。

6. 回路

在第 1 章曾说明了回路的概念,即电路中的一个闭合路径为一回路。这里给出图的回路的严格定义:回路是图的一个连通子图,且该子图的任一节点上都连接着该子图的两条且仅两条支路。显然,闭合路径为回路是一种直观的说法。

7. 平面图和非平面图

若将一个图画在平面上或球面上不会出现支路在非节点处交叉的情况,则称为平面图,否则为非平面图。图 14-6(a)为平面图,而图 14-6(b)为非平面图。

8. 网孔

网孔的概念仅适用于平面图。网孔是一类特殊的回路,即该回路的限定域内或限定域外不含有任何支路。网孔又分为内网孔和外网孔。若回路的限定域内不含有支路,则为内网孔;若回路的限定域外不含有支路,则为外网孔。在图 14-7 中,内网孔有三个,即网孔 m_1,m_2 和 m_3,而外网孔为一个,它由支路 1、4 和 6 构成。电路分析时所指的网孔一般为内网孔。

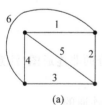 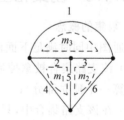

图 14-6 平面图和非平面图   图 14-7 网孔的概念

14.1.2 树

在网络图论中,"树"是非常重要的概念。

1. 树的定义

连通图中同时满足下面三个条件的一个子图称为一棵"树":

(1) 此子图是连通的;

（2）它包括了原图中的全部节点；

（3）它不含有任何闭合回路。

如图 14-8(b)、(c)均是图 14-8(a)所示图的一棵树，但图 14-8(d)、(e)都不是图 14-8(a) 的树。因为图 14-8(d)不满足条件（1），图 14-8(e)不满足条件（3）。

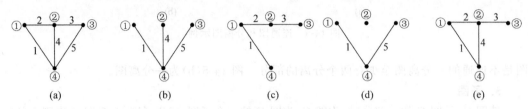

图 14-8　树的概念说明用图

2. 树支和连支

图中构成树的支路称为"树支"，树支以外的支路称为"连支"或"树余"。在一个图中，通常树支用实线表示，连支用虚线表示。所谓树支和连支，均是针对一棵已选定的树而言的。

若图的节点数为 n，支路数为 b，则树支的数目为 $n-1$，连支的数目为 $b-(n-1)=b-n+1$。关于树支数比节点数少 1 可简单地证明如下：由于树包含了图的全部节点又不含有回路，若在去掉一条树支的同时删去一个节点，则在最后只剩下一条树支时，剩余的节点为两个，这表明节点数比树支数多 1。

3. 树的数目

一个图可选出多棵不同的树，例如一个全通图（全通图又称完备图，系指图中任意两节点间有且仅有一条支路相连的图，如图 14-4(b)所示为一全通图）可选出 n^{n-2} 种树，其中 n 为该图的节点数。如一个具有 10 个节点的全通图能选出 $10^{10-2}=10^8$ 即 1 亿种树，这是一个多么庞大的数字！

一个图的树的数目为一定数，且可用公式计算，这一公式将在 14.2 节给出。

14.1.3　割集和基本割集

1. 割集的概念

连通图中同时满足下面两个条件的支路集合称为割集：

（1）该支路集合被拿掉后，原连通图变成一个具有两个分离部分的非连通图（注意孤立节点亦算一个独立部分）；

（2）在该支路集合中，只要有　条支路不移走，则剩下的图仍是连通的。

2. 关于割集的说明

（1）一般而言，一个封闭面所切割的支路集合符合割集的定义，因此可将作封闭面作为选取割集的方法，即表示封闭面的割线所切割的支路集合为一割集。如图 14-9 中的割线 C_1 和 C_2 分别表示两个割集。应注意选取割集时，割线对每一条支路只能切割一次。在图 14-9 中，虚割线切割支路 6 两次，故该割线所切割的四条支路不构成割集，因为这一支路集合不满足第二个条件。

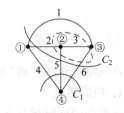

图 14-9　割集的概念说明用图

（2）环绕任一节点的割线为一封闭面,其切割的是连于该节点上的全部支路,这一支路集合必是一个割集。因此可说节点与割集等价。

（3）KCL 可用于电路中的任一节点或封闭面,因此研究割集的一个基本目的是为了应用 KCL。

3. 基本割集

一个图可选出许多割集,这些割集中有许多是不独立的。如在图 14-9 中,连接于节点①、②、③、④的支路集合分别构成四个割集,即 C_1：$\{1,2,4\}$,C_2：$\{2,3,5\}$,C_3：$\{1,3,6\}$,C_4：$\{4,5,6\}$。另外,还可找出两个割集,它们是 C_5：$\{1,2,5,6\}$,C_6：$\{1,3,4,5\}$。不难发现上述割集相互之间并不都是独立的,例如将割集 C_1、C_2 和 C_3 组合(除去这三个割集中的公共支路 1、2 和 3)后便得到割集 C_4,又如将割集 C_1 和 C_4 组合(除去这两个割集中的公共支路 4)后便得到割集 C_5 等。在一个图中有多少个独立的割集,又如何找出这一组独立的割集呢？可由树的概念来解决这个问题。

割集是支路的集合,若该集合中仅含有一条树支,则称为单树支割集。这种单树支割集被称为基本割集,按此法得到的每个割集中均含有一条别的割集所没有的树支,因此这些单树支割集都是独立的割集。

显然一个图的基本割集数等于树支数,若一个图有 n 个节点,则

$$基本割集数＝树支数＝独立节点数＝n-1$$

因此有结论：一个图在选定一棵树后,由树支决定的全部基本割集构成一组独立割集。割集有参考方向,有向图基本割集的参考方向规定为该割集所含树支的正向。

4. 选取基本割集的方法

对一个有向图,可按下述方法选取一组基本割集：

（1）选一棵树；

（2）根据选定的树找出全部单树支割集,并给每一割集标示正向。

显然不同的树各自对应着一组不同的基本割集,一个图的基本割集的组数和树的组数相等。

例 14-1　试选出图 14-10(a)所示定向图的一组基本割集。

解　选支路集合 $\{3,4,5\}$ 为树支(树支和连支分别用实线、虚线表示),则基本割集为三个,即

C_3：　为支路集合 $\{3,1,2,6,7\}$

C_4：　为支路集合 $\{4,6,7\}$

C_5：　为支路集合 $\{5,1,2,7\}$

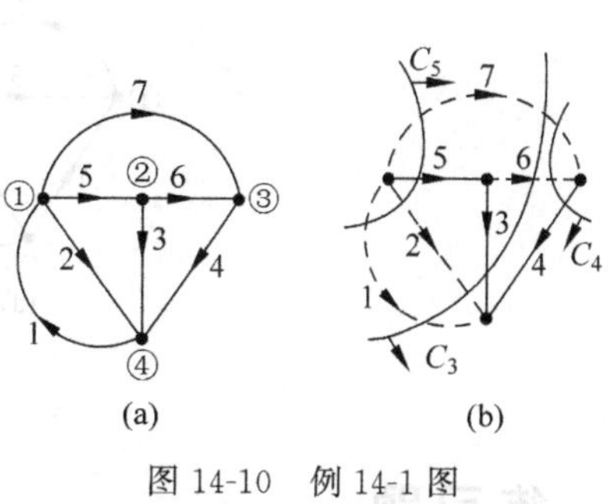

图 14-10　例 14-1 图

注意要标明每一割集的正向(和树支的正向相同),如树支 3 的参考方向是由表示割集 C_3 的封闭面内指向面外,则割集 C_3 的方向选为封闭面的外法线的方向。可将基本割集的编号顺序选得和树支编号顺序一致,这样可清楚地知道每一割集与哪一树支相对应。

14.1.4　基本回路

1. 基本回路

和割集的情形相似,一个图可选出许多回路,但这些回路并不都是独立的。如何选出一组独立的回路呢? 仍由树的概念来解决这个问题。

按照定义,树不含有回路,但又是连通的。若在树上添一条连支便会出现一个由若干树支和该连支构成的回路,这样,每添一条连支便出现一个新的回路,这种单连支回路被称为基本回路。由于每一基本回路中都含有一条其他回路所没有的连支,故基本回路是独立回路。

显然一个图的基本回路数等于连支数。若某图有 n 个节点,b 条支路,则

$$基本回路数=连支数=独立回路数=b-(n-1)$$

一个基本回路的绕行正向规定与确定此回路的连支的方向一致。

2. 选取基本回路的方法

选一个图的一组基本回路,可按下述方法进行:

(1) 选一棵树;

(2) 根据选定的树找出全部的单连支回路,并标明回路的绕行方向。这些回路便是一组基本回路。

显然不同的树各自对应着一组不同的基本回路。

例 14-2　试选出图 14-11(a)所示定向图的一组基本回路。

解　选支路$\{1,3\}$为树支,支路$\{2,4,5\}$为连支。这样基本回路有三个,即

$$l_2:　由支路\{2,3\}构成$$
$$l_4:　由支路\{4,1,3\}构成$$
$$l_5:　由支路\{5,1,3\}构成$$

每一基本回路的绕行正向如图 14-11(b)所示。这里,最好将基本回路的编号顺序选得和连支的编号顺序一致,这样可清楚地知道该回路与哪一连支相对应。

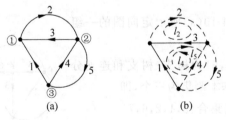

图 14-11　例 14-2 图

练习题

14-1　有向图如图 14-12 所示。(1)试列举出其全部的树;(2)列举出其全部的回路。

14-2　有向图仍如图 14-12 所示。若选支路 1,3,5 为树支,(1)找出对应的基本割集组;(2)找出对应的基本回路组。

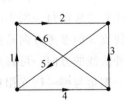

图 14-12　练习题 14-1 图

14.2 有向图的矩阵描述

一个有向图包含有许多重要的信息,例如一个节点连接了哪几条支路,一条支路连接在哪两个节点之间;一个回路由哪些支路构成,一条支路属于哪几个回路等。这些信息可用一些相关的矩阵予以表征。本节介绍有向图的四种矩阵。

14.2.1 关联矩阵

有向图中节点与支路的连接关系用关联矩阵描述。

1. 增广关联矩阵 A_a

在网络图论中,常用到"关联"一词。该词的含义是:若支路 j 与节点 i 相连,便称 j 支路与 i 节点相关联;若 k 支路是构成 l 回路的支路之一,则称 k 支路和 l 回路关联等。

矩阵 $A_a=[a_{ij}]$ 的行是图的节点序列,列为图的支路序列。若某有向图有 n 个节点,b 条支路,则 A_a 为 $n\times b$ 阶矩阵。

对 A_a 中的元素 a_{ij} 作如下规定:

$$a_{ij}=\begin{cases}1, & \text{若 } j \text{ 支路与 } i \text{ 节点关联,且 } j \text{ 支路的正向背离 } i \text{ 节点}\\-1, & \text{若 } j \text{ 支路与 } i \text{ 节点关联,且 } j \text{ 支路的正向指向 } i \text{ 节点}\\0, & \text{若 } j \text{ 支路与 } i \text{ 节点不关联}\end{cases}$$

例 14-3 写出图 14-13 所示有向图的增广关联矩阵 A_a。

解 按对 A_a 中元素 a_{ij} 的规定,写出该图的增广关联矩阵为

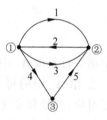

$$A_a=\begin{array}{c}\\n_1\\n_2\\n_3\end{array}\begin{array}{c}b_1 \quad b_2 \quad b_3 \quad b_4 \quad b_5\\\begin{bmatrix}1 & -1 & 1 & 1 & 0\\-1 & 1 & -1 & 0 & -1\\0 & 0 & 0 & -1 & 1\end{bmatrix}\end{array}$$

图 14-13 例 14-3 图

该矩阵的第一行表示节点①与哪些支路相关联,而第一列表示支路 1 与哪些节点相关联。支路 1、3、4 和节点①相关联,且这几条支路的正向背离该节点,所以相应的元素均取 +1;支路 2 和节点①相关联,但该支路的正向指向该节点,因此相应的元素取 −1;支路 5 和节点①不关联,故对应的元素 0。另外两行中元素的取值情况可作出类似的解释。

2. 关联矩阵 A

观察例 14-3 中的 A_a 矩阵可发现,其任一列总含有且仅含有一个"+1"和一个"−1",若把 A_a 中所有的行相加,所得结果恒为零,这表明 A_a 中各行线性相关,即 A_a 的秩 $r(A_a)\leqslant n-1$。删去 A_a 中的任一行,仍保留了原矩阵中的全部信息。称 A_a 中任删一行后所得矩阵为降阶关联矩阵,简称关联矩阵,并用 A 表示,通常写 A 阵时,删去的是图中被选作参考点的节点所对应的那一行。

在例 14-3 中,删去 A_a 中对应节点③的那一行,得关联矩阵为

$$A=\begin{bmatrix}1 & -1 & 1 & 1 & 0\\-1 & 1 & -1 & 0 & -1\end{bmatrix}$$

一般写 A 阵时,可先选定一棵树,并将支路按先连支后树支的顺序排列编号,这样 A 阵可写为分块矩阵

$$A = [A_1 \vdots A_t] \tag{14-1}$$

其中,子矩阵 A_1 的列与连支对应,它是一个 $(n-1) \times (b-n+1)$ 阶矩阵;A_t 的列与树支对应,它是一个 $(n-1) \times (n-1)$ 阶方阵。

3. 列写 A 阵的步骤

由给定的有向图列写 A 阵时,按下列步骤进行:

(1) 对有向图中的各节点、支路编号;

(2) 选择一棵树(也可不选树,是否选树根据需要而定);

(3) 将参考点除外,对剩下的 $n-1$ 个节点按 A 阵中元素的规定写出 A 阵。

例 14-4 一定向图的 A 阵为

$$A = \begin{bmatrix} -1 & 1 & 0 & 1 & 0 & -1 \\ 0 & -1 & 1 & 0 & -1 & 0 \end{bmatrix}$$

试做出该定向图。

解 由给定的 A 阵可知,该定向图有三个节点,六条支路。作定向图的步骤如下:

① 由 A 阵写出 A_a 阵为

$$A_a = \begin{matrix} & b_1 & b_2 & b_3 & b_4 & b_5 & b_6 \\ n_1 & \begin{bmatrix} -1 & 1 & 0 & 1 & 0 & -1 \\ n_2 & 0 & -1 & 1 & 0 & -1 & 0 \\ n_3 & 1 & 0 & -1 & -1 & 1 & 1 \end{bmatrix} \end{matrix}$$

其中第 3 行是按 A_a 中的每一列的元素之和为零这一规律写出的;

② 给 A_a 中的每一行和每一列编号。行号和有向图中的节点号对应,列号和支路号对应;

③ 先做出有向图中的三个节点,而后根据 A_a 阵的列分析,在这三个节点之间联上各支路并标上参考方向。譬如从 A_a 中可知,支路 1 联在节点①和③之间,其正向由节点③指向节点①;支路 3 联在节点②和③之间,且正向由节点②指向节点③等。由此做出的有向图如图 14-14 所示。

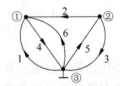

图 14-14 例 14-4 图

4. 关于 A 阵的说明

(1) 若支路按先连支后树支的顺序排列,则关联矩阵 A 可写为分块矩阵的形式,即

$$A = [A_1 \vdots A_t]$$

其中子矩阵 A_1 和 A_t 分别与连支和树支对应。与树支对应的子矩阵 A_t 是一个 $n-1$ 阶的方阵,可以证明

$$\det A_t = \pm 1$$

这说明 A_t 是一个 $n-1$ 阶的非奇异阵,同时也表明关联矩阵 A 是一个满秩阵,其秩为

$$r(A) = n - 1$$

(2) 可用 A 阵计算一个连通图树的总数 NUM(T)。可以证明

$$\text{NUM(T)} = \det(A A^T) \tag{14-2}$$

14.2.2 基本割集矩阵

割集矩阵是描述有向图中割集与支路相互关联情况的矩阵。

割集矩阵包括表示图中全部割集与支路相互关联情况的一般割集矩阵 Q_a 和表示图中基本割集与支路相互关联情况的基本割集矩阵 Q。基本割集是独立的割集。在电路分析中,我们只对独立割集感兴趣,因此只讨论基本割集矩阵 Q。

1. 基本割集矩阵 Q 的构成

矩阵 $Q = [q_{ij}]$ 的行是图的基本割集序列,列是图的支路序列。若某有向图有 n 个节点,b 条支路,则 Q 为 $(n-1) \times b$ 阶矩阵。Q 中的支路通常按先连支后树支的顺序排列。

Q 中的元素 q_{ij} 按如下规定写出:

$$q_{ij} = \begin{cases} 1, & \text{若支路 } j \text{ 与割集 } i \text{ 关联,且两者正向一致} \\ -1, & \text{若支路 } j \text{ 与割集 } i \text{ 关联,且两者正向不一致} \\ 0, & \text{若支路 } j \text{ 与割集 } i \text{ 不关联} \end{cases}$$

2. 列写 Q 阵的步骤

由给定的有向图列写 Q 阵可按下述步骤进行:

(1) 给有向图的各支路编号;选择一树,并由此树决定各基本割集(注意标明各割集的正向)及其编号顺序;

(2) 根据对元素 q_{ij} 的规定,且支路按先连支后树支的顺序排列,写出 Q 矩阵。

例 14-5 试写出图 14-15(a)所示有向图的一个基本割集矩阵。

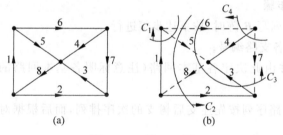

图 14-15 例 14-5 图

解 选支路 $\{1,2,3,4\}$ 为树支,支路 $\{5,6,7,8\}$ 为连支,并由此决定四个基本割集如图 14-15(b)所示。写出基本割集矩阵 Q 为

$$Q = \begin{array}{c} \\ C_1 \\ C_2 \\ C_3 \\ C_4 \end{array} \begin{array}{cccccccc} b_5 & b_6 & b_7 & b_8 & b_1 & b_2 & b_3 & b_4 \\ \left[\begin{array}{cccc|cccc} -1 & -1 & 0 & 0 & 1 & 0 & 0 & 0 \\ 1 & 1 & 0 & -1 & 0 & 1 & 0 & 0 \\ 1 & 1 & -1 & -1 & 0 & 0 & 1 & 0 \\ 0 & -1 & 1 & 0 & 0 & 0 & 0 & 1 \end{array}\right] \end{array}$$

3. 关于 Q 阵的说明

(1) 当支路按先连支后树支的顺序排列时,Q 阵可表示为

$$Q = [E \vdots 1] \tag{14-3}$$

其中 1 阵(单位阵)与树支对应,子矩阵 E 阵与连支对应。由于 1 阵是 $n-1$ 阶,因此 Q 是一

个满秩矩阵,其秩 $r(Q)=n-1$。这也表明以 Q 阵为系数矩阵的方程组是独立方程组。

（2）对一个有向图而言,其基本割集矩阵 Q 和关联矩阵 A 的阶数完全相同。若图的节点数为 n,支路数为 b,则 Q 阵和 A 阵均是 $(n-1)\times b$ 阶矩阵,两者的秩都为 $n-1$。

（3）关联矩阵 A 可视为基本割集矩阵 Q 的特例。事实上,对有向图选择一棵恰当的树后,通常可使得按此树写出的 Q 阵与 A 阵相同,至多是两个矩阵中对应的某些行相差一个符号。

14.2.3 基本回路矩阵

回路矩阵是描述有向图中回路与支路相互关联情况的矩阵。

回路矩阵包括表示图中全部回路与支路相互关联情况的一般回路矩阵 B_a 和表示图中基本回路与支路相互关联情况的基本回路矩阵 B。基本回路是独立的回路。在电路分析中,我们仅对独立回路感兴趣,因此只讨论基本回路矩阵 B。

1. 基本回路矩阵 B 的构成

矩阵 $B=[b_{ij}]$ 的行是图的基本回路序列,列为图的支路序列。若某图有 n 个节点,b 条支路,则 B 为 $(b-n+1)\times b$ 阶矩阵。通常 B 阵的列按先连支后树支的顺序排列。

B 阵中的元素 b_{ij} 按下述规定写出:

$$b_{ij}=\begin{cases}1, & \text{若 } j \text{ 支路与 } i \text{ 回路关联,且两者的正向一致}\\-1, & \text{若 } j \text{ 支路与 } i \text{ 回路关联,且两者的正向相反}\\0, & \text{若 } j \text{ 支路与 } i \text{ 回路不关联}\end{cases}$$

2. 列写 B 阵的步骤

由给定的有向图列写 B 阵时,按下述步骤进行:

（1）给有向图的各支路编号;

（2）选一棵树,并由此决定各基本回路(注意标明各基本回路的绕行正向)及其编号顺序;

（3）对 B 中的支路序列按先连支后树支的次序排列,而后根据对 B 中元素 b_{ij} 的规定写出 B 阵。

例 14-6 写出图 14-16(a)所示有向图的一个基本回路矩阵。

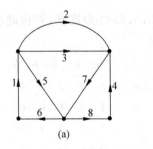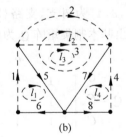

图 14-16 例 14-6 图

解 选支路 $\{5,6,7,8\}$ 为树支,支路 $\{1,2,3,4\}$ 为连支,并由此决定四个基本回路如图 14-16(b)所示。将支路按先连支后树支的顺序排列,写出 B 阵为

$$\boldsymbol{B} = \begin{array}{c} l_1 \\ l_2 \\ l_3 \\ l_4 \end{array} \begin{array}{cccccccc} b_1 & b_2 & b_3 & b_4 & b_5 & b_6 & b_7 & b_8 \\ \left[\begin{array}{cccc:cccc} 1 & 0 & 0 & 0 & 1 & 1 & 0 & 0 \\ 0 & 1 & 0 & 0 & -1 & 0 & 1 & 0 \\ 0 & 0 & 1 & 0 & -1 & 0 & 1 & 0 \\ 0 & 0 & 0 & 1 & 0 & 0 & 1 & 1 \end{array}\right] \end{array}$$

3. 关于 $\boldsymbol{B}$ 阵的说明

当支路按先连支后树支的顺序排列时，$\boldsymbol{B}$ 阵可表示为

$$\boldsymbol{B} = \begin{bmatrix} \boldsymbol{1} & \vdots & \boldsymbol{F} \end{bmatrix} \tag{14-4}$$

其中 $\boldsymbol{1}$ 阵(单位阵)与连支对应，子矩阵 $\boldsymbol{F}$ 与树支对应。由于 $\boldsymbol{1}$ 阵是 $b-n+1$ 阶，因此 $\boldsymbol{B}$ 是一个秩为 $r(\boldsymbol{B})=b-n+1$ 的满秩矩阵，这也表明以 $\boldsymbol{B}$ 阵为系数矩阵的方程组是独立方程组。

14.2.4 网孔矩阵

网孔矩阵是描述图中网孔与支路相互关联情况的矩阵。

前已指出，除外网孔外，图的全部内网孔是一组独立回路。一般所指的网孔为内网孔。

1. 网孔矩阵 $\boldsymbol{M}$ 的构成

矩阵 $\boldsymbol{M}=[m_{ij}]$ 的行是图的网孔序列，列是图的支路序列。若某图有 b 条支路，n 个节点，则 $\boldsymbol{M}$ 阵为 $(b-n+1)\times b$ 阶。

$\boldsymbol{M}$ 中的元素 m_{ij} 按如下规定写出：

$$m_{ij} = \begin{cases} 1, & \text{若 } j \text{ 支路与 } i \text{ 网孔关联，且两者的正向一致} \\ -1, & \text{若 } j \text{ 支路与 } i \text{ 网孔关联，且两者的正向相反} \\ 0, & \text{若 } j \text{ 支路与 } i \text{ 网孔不关联} \end{cases}$$

2. 列写 $\boldsymbol{M}$ 阵的步骤

由给定的有向图写出 $\boldsymbol{M}$ 阵按下述步骤进行：

(1) 给有向图中的各支路编号；

(2) 给每一网孔指定绕行方向(按惯例取为顺时针方向)并给各网孔编号；

(3) 按对 $\boldsymbol{M}$ 中元素 m_{ij} 的规定写出 $\boldsymbol{M}$ 阵。

例 14-7 写出图 14-17 所示有向图的网孔矩阵。

解 选定每一网孔的绕行方向为顺时针方向并给各网孔编号，如图中所示。写出网孔矩阵为

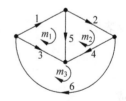

图 14-17　例 14-7 图

$$\boldsymbol{M} = \begin{array}{c} m_1 \\ m_2 \\ m_3 \end{array} \begin{array}{cccccc} b_1 & b_2 & b_3 & b_4 & b_5 & b_6 \\ \left[\begin{array}{cccccc} 1 & 0 & -1 & 0 & 1 & 0 \\ 0 & 1 & 0 & 1 & -1 & 0 \\ 0 & 0 & 1 & -1 & 0 & 1 \end{array}\right] \end{array}$$

3. 关于 $\boldsymbol{M}$ 阵的说明

(1) 网孔的概念只适用于平面图，因此只能针对平面图列写网孔矩阵。

(2) 由于一个图的全部内网孔是相互独立的，因此网孔矩阵 $\boldsymbol{M}$ 的各行也是相互独立的，$\boldsymbol{M}$ 是一个满秩矩阵，其秩等于内网孔数，即 $r(\boldsymbol{M})=b-n+1$。

(3) 网孔可视为基本回路的特例。事实上，在大多数情况下，对有向图选取一棵恰当的树后，将支路按先连支后树支的顺序排列，可使得按此树写出的 $\boldsymbol{M}$ 阵与 $\boldsymbol{B}$ 阵相同，至多是

两个矩阵中对应的某些行相差一个符号。

14.2.5　有向图矩阵间的关系

对任一个有向图可分别写出上述四种矩阵。由于它们均系同一图的数学表示,故这三者之间必然存在内在联系。

1. A 或 Q 与 B 或 M 间的关系

先看一个实例。如图 14-18 所示的有向图,在选取图中所示的一棵树后,可写出

$$A = \begin{bmatrix} 0 & 0 & 1 & 1 & 1 \\ 1 & 0 & -1 & 0 & 0 \\ -1 & 1 & 0 & -1 & 0 \end{bmatrix}$$

$$B = \begin{bmatrix} 1 & 0 & 1 & -1 & 0 \\ 0 & 1 & 0 & 1 & -1 \end{bmatrix}$$

$$Q = \begin{bmatrix} -1 & 0 & 1 & 0 & 0 \\ 1 & -1 & 0 & 1 & 0 \\ 0 & 1 & 0 & 0 & 1 \end{bmatrix}$$

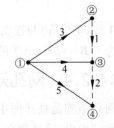

图 14-18　一个定向图及其树

注意上述三个矩阵的支路均按先连支后树支的顺序排列。

分别计算 BA^{T} 和 BQ^{T},有

$$BA^{\mathrm{T}} = \begin{bmatrix} 1 & 0 & 1 & -1 & 0 \\ 0 & 1 & 0 & 1 & -1 \end{bmatrix} \begin{bmatrix} 0 & 1 & -1 \\ 0 & 0 & 1 \\ 1 & -1 & 0 \\ 1 & 0 & -1 \\ 1 & 0 & 0 \end{bmatrix} = \begin{bmatrix} 0 & 0 & 0 \\ 0 & 0 & 0 \end{bmatrix}$$

$$BQ^{\mathrm{T}} = \begin{bmatrix} 1 & 0 & 1 & -1 & 0 \\ 0 & 1 & 0 & 1 & -1 \end{bmatrix} \begin{bmatrix} -1 & 1 & 0 \\ 0 & -1 & 1 \\ 1 & 0 & 0 \\ 0 & 1 & 0 \\ 0 & 0 & 1 \end{bmatrix} = \begin{bmatrix} 0 & 0 & 0 \\ 0 & 0 & 0 \end{bmatrix}$$

这表明

$$\left. \begin{array}{l} BA^{\mathrm{T}} = 0 \\ BQ^{\mathrm{T}} = 0 \end{array} \right\} \tag{14-5}$$

或

$$\left. \begin{array}{l} AB^{\mathrm{T}} = 0 \\ QB^{\mathrm{T}} = 0 \end{array} \right\} \tag{14-6}$$

可以证明这些关系式是普遍成立的。

类似地,有下述关系式成立:

$$\left. \begin{array}{l} MA^{\mathrm{T}} = 0 \\ MQ^{\mathrm{T}} = 0 \end{array} \right\} \tag{14-7}$$

或

$$\left.\begin{array}{r} AM^{\mathrm{T}}=0 \\ QM^{\mathrm{T}}=0 \end{array}\right\} \tag{14-8}$$

2. 一个矩阵用另一个矩阵表示

（1）由 B 写出 Q 或反之

B、Q 矩阵可表示为

$$B=[1 \mid F], \quad Q=[E \mid 1]$$

则

$$BQ^{\mathrm{T}}=[1 \mid F]\begin{bmatrix} E^{\mathrm{T}} \\ \cdots \\ 1 \end{bmatrix}=E^{\mathrm{T}}+F=0$$

所以

$$F=-E^{\mathrm{T}} \tag{14-9}$$

或

$$E=-F^{\mathrm{T}} \tag{14-10}$$

这样 B 和 Q 均可用一个 1 阵和一个子阵 F（或 E 阵）表示。若已知 $B=[1 \mid F]$，则可写出

$$Q=[E \mid 1]=[-F^{\mathrm{T}} \mid 1] \tag{14-11}$$

若已知 $Q=[E \mid 1]$，则可写出

$$B=[1 \mid F]=[1 \mid -E^{\mathrm{T}}] \tag{14-12}$$

（2）由 A 写出 Q 或 B

A 矩阵可表示为

$$A=[A_1 \mid A_{\mathrm{t}}]$$

有

$$AB^{\mathrm{T}}=[A_1 \mid A_{\mathrm{t}}]\begin{bmatrix} 1 \\ \cdots \\ F^{\mathrm{T}} \end{bmatrix}=A_1+A_{\mathrm{t}}F^{\mathrm{T}}=0$$

于是

$$F^{\mathrm{T}}=-A_{\mathrm{t}}^{-1}A_1$$

$$F=[-A_{\mathrm{t}}^{-1}A_1]^{\mathrm{T}} \tag{14-13}$$

$$E=-F^{\mathrm{T}}=A_{\mathrm{t}}^{-1}A_1 \tag{14-14}$$

若已知 $A=[A_1 \mid A_{\mathrm{t}}]$，便可写出

$$Q=[E \mid 1]=[A_{\mathrm{t}}^{-1}A_1 \mid 1]=A_{\mathrm{t}}^{-1}[A_1 \mid A_{\mathrm{t}}]=A_{\mathrm{t}}^{-1}A \tag{14-15}$$

$$B=(1 \mid F)=[1 \mid -[A_{\mathrm{t}}^{-1}A_1]^{\mathrm{T}}] \tag{14-16}$$

练习题

14-3　有向图如图 14-19 所示，选支路 $1,2,3,5$ 为树支，节点 ④为参考点。

（1）写出关联矩阵 A、网孔矩阵 M、基本回路矩阵 B 和基本割集矩阵 Q；

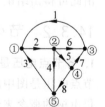

图 14-19　练习题 14-3 图

（2）验证 $\boldsymbol{A}\boldsymbol{M}^{\mathrm{T}}=\boldsymbol{0},\boldsymbol{A}\boldsymbol{B}^{\mathrm{T}}=\boldsymbol{0},\boldsymbol{Q}\boldsymbol{B}^{\mathrm{T}}=\boldsymbol{0}$。

14.3　电路方程中的独立变量

用电路方程法求解电路的关键是建立以一定的电路变量为求解对象的网络(电路)方程(组)。如何选择电路变量直接关系到求解计算工作的效率。

在一个需求解的电路中,各支路电流、电压一般都是未知量,最直接的方法是以每一支路的电流、电压为变量,按 KCL、KVL 和元件特性方程建立方程组求解。对一个稍许复杂的网络照此处理就显得设置的变量太多,所建立的方程组过于庞大,求解过程将十分繁杂。譬如一个有 10 条支路的电路,需设置的变量达 20 个(每一支路的电流、电压均为未知量),相应地需建立一个有 20 个方程式的方程组。对于手算来说,这一方程组的求解过程不仅冗长,而且十分困难。

我们的目的是选择最少但又足够的一组电流或电压作为电路方程的变量,也就是这样的一组变量必须是线性无关的(该组中的任一变量都不能用其他变量表示),且电路中的全部支路电流、电压均可由这一组变量求出。这样的电路变量被称为独立和完备的变量。

根据网络图论中树的概念,可进行独立变量的选择。

14.3.1　树支电压是独立变量

1. 各树支电压是线性无关的

按照树的定义,树中不含有任何回路,因此各树支电压间不存在 KVL 约束。这表明任一树支电压都不能表示为其他树支电压的线性组合,因此各树支电压是线性无关的。如在图 14-20 中,若选树为{1,2,3},则枝支 1 的电压不可能用树支{2,3}的电压来表示,同样,树支 2 或树支 3 的电压亦不能用其他两树支电压表示。

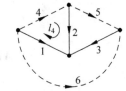

图 14-20　树支电压是独立变量的
　　　　　说明用图

2. 连支电压可由树支电压表示

基本回路是单连支回路,这样在树支电压为已知时,各连支电压可由基本回路按 KVL 求出。这表明连支电压可表示为树支电压的线性组合,只要求得树支电压,便可求出全部的支路电压。如在图 14-20 中,基本回路 l_4 中的连支 4 的电压可由树支{1,2}的电压求出,即

$$u_4 = u_1 - u_2$$

式中各电压的下标和支路的编号一致,且各支路电压、电流为关联参考方向。

由此可得出结论：树支电压是独立和完备的电路变量,可将它作为电路方程的变量。

14.3.2　节点电压是独立变量

1. 各节点电压是线性无关的

节点电压是图中的节点与参考点之间的电压。

仍由树的概念来说明节点电压是独立变量。在选定一棵树后,由于树包括了图的全部节点且不含有回路,因此每一节点均可经过一条唯一的由树支构成的路径到达参考点,由

图 14-21 不难验证这一点。由于树支电压是线性无关的,故
节点电压必是线性无关的。

2. 各支路电压可由节点电压求出

节点电压实际上是节点电位。由于图中的每一支路均
连在两个节点之间,故每一支路的电压就是该支路所连接的
两个节点的电位之差。这表明,若已知每一节点电压,便可
求出全部支路的电压。

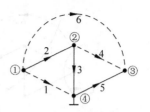

图 14-21　节点电压是独立变量的
说明用图

如在图 14-21 中,节点④为参考点,各节点电压为 u_{n1}、
u_{n2} 和 u_{n3},则各支路电压可表示为

$$u_1 = u_{n1}, \quad u_2 = u_{n1} - u_{n2}, \quad u_3 = u_{n2}$$
$$u_4 = u_{n2} - u_{n3}, \quad u_5 = -u_{n3}, \quad u_6 = u_{n1} - u_{n3}$$

以上分析说明,节点电压是独立的完备的电路变量。

14.3.3 连支电流是独立变量

仍由树的概念来说明连支电流是独立和完备的电路变量。

1. 连支电流是线性无关的

对一个图而言,全部的连支被拿掉后,剩下的树支部分仍是连通的,这表明连支并不构
成割集。换言之,连支电流间不存在 KCL 约束,这表明各连支电流是线性无关的。

2. 树支电流可由连支电流求出

基本割集是单树支割集,若已知各连支电流,则因各割集中仅一个树支电流是未知的,
于是可由基本割集按 KCL 求出全部的树支电流,这表明全部的支路电流均可表示为连支电
流的线性组合。

如在图 14-22 中,若已知连支电流 i_1、i_5 和 i_6,则可由图示的三个基本割集求出各树支
电流。譬如对基本割集 C_2,由 KCL,有

$$i_1 + i_6 - i_2 = 0$$

则该割集中的树支电流为

$$i_2 = i_1 + i_6$$

同理可得另外两个树支电流为

$$i_3 = i_1 - i_5 + i_6, \quad i_4 = i_5 - i_6$$

3. 回路电流

基本回路是单连支回路。可以设想每一连支电流沿相应的基本回路的边沿流通,称为
回路电流。每一树支电流可根据该树支与各基本回路的关联情况由回路电流求出。在
图 14-23 中(该图和图 14-22 相同),各基本回路的绕行方向代之以回路电流的方向(注意每
一回路电流就是连支电流)。不难看出,树支 2 与 l_1 和 l_6 这两个基本回路关联,故这两个
回路电流同时通过树支 2,根据树支 2 和两个回路电流的正向,有

$$i_2 = i_1 + i_6$$

又如树支 3 和所有三个基本回路相关联,则按树支 3 和三个回路电流的正向,有

$$i_3 = i_1 - i_5 + i_6$$

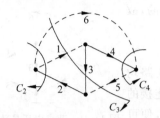

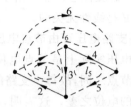

图 14-22 树支电流可由连支电流表示   图 14-23 回路电流的概念说明用图

同理可得

$$i_4 = i_5 - i_6$$

上述结果与前面按基本割集列写 KCL 方程后求得的结果完全相同。

应注意,在由回路电流求树支电流时,树支电流和回路电流应分别写在方程式的两侧,这样,与树支电流正向相同的回路电流取正号,反之取负号。

14.3.4 网孔电流是独立变量

1. 网孔电流

与回路电流类似,可以设想沿每一网孔的边沿均有一电流在流动,这一电流称为网孔电流,如图 14-24 中的 i_{m1}、i_{m2}、i_{m3} 均是网孔电流。前已指出,平面网络的网孔是独立回路,故各网孔电流必是线性无关的。

2. 图中全部支路的电流可由网孔电流求出

若已知图中全部的网孔电流,则每一支路的电流均可根据该支路与各网孔的关联情况而求出。如在图 14-24 中,各支路电流可表示为

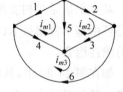

$$i_1 = -i_{m1}, \quad i_2 = i_{m2}, \quad i_3 = i_{m2} - i_{m3}$$
$$i_4 = i_{m3} - i_{m1}, \quad i_5 = i_{m1} - i_{m2}, \quad i_6 = i_{m3}$$

图 14-24 网孔电流的概念
说明用图

观察任一平面网络可发现,每一支路至多与两个网孔关联,这与一个支路可能与多于二个以上基本回路关联的情况是不同的。

平面网络的网孔极易辨认,无须像基本回路那样需经过确定树来选择,且每一支路最多与两个网孔关联,因此网孔电流较回路电流更多地被选为列写电路方程的变量。

14.4 基尔霍夫定律的矩阵表示式

KCL 和 KVL 是电路的基本定律。KCL 和 KVL 方程的列写仅取决于网络的几何结构,与元件的特性无关。前面介绍的各种图的矩阵反映的是网络的几何结构关系,因此可用这些矩阵来表示 KCL 和 KVL。

14.4.1 用 A 阵表示的基尔霍夫定律

1. 用 A 阵表示的 KCL

在图 14-25 中,选节点④为参考点,对另外三个独立节点写出 KCL 方程为

$$
\begin{aligned}
n_1 &: \quad i_1 + i_3 = 0 \\
n_2 &: \quad -i_3 - i_4 + i_5 = 0 \\
n_3 &: \quad i_2 + i_4 = 0
\end{aligned}
$$

将这一方程组写为矩阵形式：

$$
\begin{bmatrix}
1 & 0 & 1 & 0 & 0 \\
0 & 0 & -1 & -1 & 1 \\
0 & 1 & 0 & 1 & 0
\end{bmatrix}
\begin{bmatrix}
i_1 \\ i_2 \\ i_3 \\ i_4 \\ i_5
\end{bmatrix}
=
\begin{bmatrix}
0 \\ 0 \\ 0 \\ 0 \\ 0
\end{bmatrix}
$$

该矩阵方程的系数矩阵为图 14-25 所示定向图的关联矩阵 A，这样，上述 KCL 方程可表为

$$
A I_b = 0 \tag{14-17}
$$

在对电路中的任一节点列写 KCL 方程时，所需明确的是该节点上连接的是哪几条支路，以及这些支路上电流的方向是离开还是指向该节点，而这些正是关联矩阵 A 对应于这一节点的那一行所包含的信息。因此式(14-17)便是用 A 阵表示的 KCL 的一般形式。式中的 $I_b = [i_1, i_2 \cdots]^T$ 为 $b \times 1$ 阶矩阵，称为支路电流列向量。应注意，I_b 中各支路电流的排列顺序必须和 A 阵中支路的排列顺序一致。

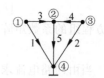

图 14-25　导出用 A 阵表示的基尔霍夫定律用图

2. 用 A 阵表示的 KVL

在图 14-25 中，设各节点电压为 u_{n1}、u_{n2} 和 u_{n3}，则各支路电压和各节点电压间的关系式为

$$
u_1 = u_{n1}, \quad u_2 = u_{n3}, \quad u_3 = u_{n1} - u_{n2}, \quad u_{n4} = -u_{n2} + u_{n3}, \quad u_5 = u_{n2}
$$

将上述关系式表示为矩阵形式：

$$
\begin{bmatrix}
u_1 \\ u_2 \\ u_3 \\ u_4 \\ u_5
\end{bmatrix}
=
\begin{bmatrix}
1 & 0 & 0 \\
0 & 0 & 1 \\
1 & -1 & 0 \\
0 & -1 & 1 \\
0 & 1 & 0
\end{bmatrix}
\begin{bmatrix}
u_{n1} \\ u_{n2} \\ u_{n3}
\end{bmatrix}
$$

该方程组的系数矩阵为 A 阵的转置阵 A^T，因此有

$$
U_b = A^T U_N \tag{14-18}
$$

由于任一支路电压是该支路所连接的两个节点的电位之差，在由节点电压求该支路电压时，只需明确该支路是连接于哪两个节点上，以及该支路电压的参考方向相对于这两个节点是何关系，而这些正是 A 阵中对应于该支路的那一列所包含的信息。因此式(14-18)是用 A 阵表示的 KVL 的一般形式。

式(14-18)中，$U_N = [u_{n1}\ u_{n2} \cdots]^T$ 为 $(n-1) \times 1$ 阶矩阵，称为节点电压列向量，$U_b = [u_1\ u_2 \cdots]^T$ 为 $b \times 1$ 阶矩阵，称为支路电压列向量。

式(14-18)表明支路电压为节点电压的线性组合，两者用 A 阵联系，若已知节点电压列向量，便可由该式求出支路电压列向量。

14.4.2 用 B 阵表示的基尔霍夫定律

1. 用 B 阵表示的 KCL

在图 14-26 中,各支路电流和回路电流间的关系式为

$$i_1 = i_{l1}, \quad i_2 = i_{l2}, \quad i_3 = -i_{l1}$$
$$i_4 = i_{l1} - i_{l2}, \quad i_5 = -i_{l1} + i_{l2}$$

将上述关系式写为矩阵形式:

图 14-26　导出用 B 阵表示的基尔霍夫定律用图

$$
\begin{bmatrix} i_1 \\ i_2 \\ i_3 \\ i_4 \\ i_5 \end{bmatrix} = \begin{bmatrix} 1 & 0 \\ 0 & 1 \\ -1 & 0 \\ 1 & -1 \\ -1 & 1 \end{bmatrix} \begin{bmatrix} i_{l1} \\ i_{l2} \end{bmatrix}
$$

该方程组的系数矩阵为基本回路矩阵的转置阵 $\boldsymbol{B}^{\mathrm{T}}$,因此有

$$\boldsymbol{I}_b = \boldsymbol{B}^{\mathrm{T}} \boldsymbol{I}_l \tag{14-19}$$

当由回路电流求某支路电流时,需要知道该支路与哪些回路相关联以及该支路电流的参考方向与这些相关联的回路绕行方向间的关系,而这些正是 $\boldsymbol{B}$ 矩阵中对应于该支路的那一列所包含的信息。因此式(14-19)便是用 $\boldsymbol{B}$ 阵表示的 KCL 的一般形式,式中的 $\boldsymbol{I}_l = [i_{l1} \ i_{l2} \cdots]^{\mathrm{T}}$ 为 $(b-n+1) \times 1$ 阶矩阵,称为回路电流列向量。

式(14-19)表明支路电流为连支电流的线性组合,两者用 $\boldsymbol{B}$ 阵联系。若已知回路电流列向量,便可由该式求出支路电流列向量。

2. 用 B 阵表示的 KVL

对图 14-26 中的每一基本回路列写 KVL 方程,有

$$\left. \begin{aligned} l_1: \quad & u_1 - u_3 + u_4 - u_5 = 0 \\ l_2: \quad & u_2 - u_4 + u_5 = 0 \end{aligned} \right\}$$

写为矩阵形式,有

$$
\begin{bmatrix} 1 & 0 & -1 & 1 & -1 \\ 0 & 1 & 0 & -1 & 1 \end{bmatrix} \begin{bmatrix} u_1 \\ u_2 \\ u_3 \\ u_4 \\ u_5 \end{bmatrix} = 0
$$

该方程组的系数矩阵为基本回路矩阵 $\boldsymbol{B}$ 阵,因此有

$$\boldsymbol{B} \boldsymbol{U}_b = 0 \tag{14-20}$$

事实上,当对电路中的某回路列写 KVL 方程时,需要明确该回路中含有哪些支路以及每一支路电压的参考方向与该回路绕行方向之间的关系,而这些正是 $\boldsymbol{B}$ 阵中对应于该回路的那一行所包含的信息。因此式(14-20)便是用 $\boldsymbol{B}$ 阵表示的 KVL 的一般形式。

若将 $\boldsymbol{B}$ 阵分块,便有

$$\boldsymbol{B} \boldsymbol{U}_b = [\mathbf{1} \ \vdots \ \boldsymbol{F}] \begin{bmatrix} \boldsymbol{U}_l \\ \cdots \\ \boldsymbol{U}_t \end{bmatrix} = \boldsymbol{U}_l + \boldsymbol{F} \boldsymbol{U}_t = \mathbf{0}$$

即

$$U_l = -FU_t \qquad (14\text{-}21)$$

式中,U_l 为连支电压列向量,U_t 为树支电压列向量。该式表明连支电压为树支电压的线性组合。

14.4.3 用 M 阵表示的基尔霍夫定律

1. 用 M 阵表示的 KCL

在图 14-27 中,支路电流和网孔电流间的关系式为

$$i_1 = i_{m1}, \quad i_2 = i_{m2}, \quad i_3 = i_{m2}$$
$$i_4 = -i_{m1}, \quad i_5 = i_{m1} - i_{m2}$$

写为矩阵形式,有

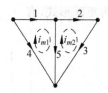

图 14-27 导出用 M
阵表示的
基尔霍夫
定律用图

$$\begin{bmatrix} i_1 \\ i_2 \\ i_3 \\ i_4 \\ i_5 \end{bmatrix} = \begin{bmatrix} 1 & 0 \\ 0 & 1 \\ 0 & 1 \\ -1 & 0 \\ 1 & -1 \end{bmatrix} \begin{bmatrix} i_{m1} \\ i_{m2} \end{bmatrix}$$

该方程组中的系数矩阵为网孔矩阵 M 的转置阵 M^T,因此有

$$I_b = M^T I_M \qquad (14\text{-}22)$$

当由网孔电流求某支路电流时,需要知道该支路与哪两个网孔相关联以及该支路电流的参考方向与此两个网孔绕行方向之间的关系。而这些正是 M 阵中对应于该支路的那一列所包含的信息。因此式(14-22)便是用 M 阵表示的 KCL 的一般形式,式中 $I_M = \begin{bmatrix} i_{m1} & i_{m2} & \cdots \end{bmatrix}^T$ 为 $(b-n+1) \times 1$ 阶矩阵,称为网孔电流列向量。

式(14-22)表明支路电流为网孔电流的线性组合,两者用 M 阵联系。

2. 用 M 阵表示的 KVL

对图 14-27 中的每一网孔列写 KVL 方程,有

$$\left. \begin{array}{l} u_1 - u_4 + u_5 = 0 \\ u_2 + u_3 - u_5 = 0 \end{array} \right\}$$

写为矩阵形式,有

$$\begin{bmatrix} 1 & 0 & 0 & -1 & 1 \\ 0 & 1 & 1 & 0 & -1 \end{bmatrix} \begin{bmatrix} u_1 \\ u_2 \\ u_3 \\ u_4 \\ u_5 \end{bmatrix} = 0$$

该方程组中的系数矩阵为网孔矩阵 M 阵,因此有

$$MU_b = 0 \qquad (14\text{-}23)$$

事实上,当对电路中的某网孔列写 KVL 方程时,需要明确该网孔由哪些支路构成以及这些支路电压的参考方向与该网孔的绕行方向之间的关系。而这些正是 M 阵中对应于该网孔的那一行所包含的信息。因此式(14-23)便是用 M 阵表示 KVL 的一般形式。

14.4.4 用 Q 阵表示的基尔霍夫定律

1. 用 Q 阵表示的 KCL

对图 14-28 中的每一基本割集写出 KCL 方程为

$$
\begin{aligned}
C_3: & \quad i_1 + i_3 = 0 \\
C_4: & \quad -i_1 + i_2 + i_4 = 0 \\
C_5: & \quad -i_2 + i_5 = 0
\end{aligned}\Bigg\}
$$

写为矩阵形式,有

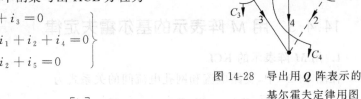

图 14-28 导出用 Q 阵表示的
基尔霍夫定律用图

$$
\begin{bmatrix} 1 & 0 & 1 & 0 & 0 \\ -1 & 1 & 0 & 1 & 0 \\ 0 & -1 & 0 & 0 & 1 \end{bmatrix}
\begin{bmatrix} i_1 \\ i_2 \\ i_3 \\ i_4 \\ i_5 \end{bmatrix} = 0
$$

该方程组中的系数矩阵为基本割集矩阵 Q,因此有

$$QI_b = 0 \tag{14-24}$$

当对电路中的某割集列写 KCL 方程时,需要明确该割集由哪些支路构成,以及这些支路电流的参考方向与该割集的参考方向之间的关系。而这些正是 Q 阵中对应于该割集的那一行所包含的信息。因此式(14-24)便是用 Q 阵表示的 KCL 的一般形式。

若将 Q 阵分块,有

$$QI_b = \begin{bmatrix} E & 1 \end{bmatrix} \begin{bmatrix} I_1 \\ I_t \end{bmatrix} = EI_1 + I_t = 0$$

$$I_t = -EI_1 \tag{14-25}$$

式中,I_t 为树支电流列向量;I_1 为连支电流列向量。式(14-25)表明树支电流是连支电流的线性组合。

2. 用 Q 阵表示的 KVL

在图 14-28 中,各支路电压与树支电压间的关系式为

$$u_1 = u_{t3} - u_{t4}, \quad u_2 = u_{t4} - u_{t5}, \quad u_3 = u_{t3}, \quad u_4 = u_{t4}, \quad u_5 = u_{t5}$$

写为矩阵形式,有

$$
\begin{bmatrix} u_1 \\ u_2 \\ u_3 \\ u_4 \\ u_5 \end{bmatrix} =
\begin{bmatrix} 1 & -1 & 0 \\ 0 & 1 & -1 \\ 1 & 0 & 0 \\ 0 & 1 & 0 \\ 0 & 0 & 1 \end{bmatrix}
\begin{bmatrix} u_{t3} \\ u_{t4} \\ u_{t5} \end{bmatrix}
$$

该方程组的系数矩阵为 Q 阵的转置阵 Q^T,因此有

$$U_b = Q^T U_t \tag{14-26}$$

当由树支电压求某支路电压时,需要明确该支路与哪些割集相关联以及该支路电压的参考方向与这些割集的参考方向之间的关系。而这些正是 Q 阵中对应于该支路的那一列

所包含的信息。因此式（14-26）便是用 Q 阵表示的 KVL 的一般形式，式中 $U_t = [u_{t1} \quad u_{t2} \quad \cdots]^T$ 为 $(n-1) \times 1$ 阶矩阵，称为树支电压列向量。该式表明各支路电压是树支电压的线性组合。

14.4.5 关于基尔霍夫定律矩阵表示式的说明

（1）前述基尔霍夫定律的矩阵表示式可分为下面两组

$$\left.\begin{aligned} A I_b &= 0 \\ Q I_b &= 0 \\ B U_b &= 0 \\ M U_b &= 0 \end{aligned}\right\} \tag{14-27}$$

$$\left.\begin{aligned} U_b &= A^T U_N \\ U_b &= Q^T U_t \\ I_b &= B^T I_l \\ I_b &= M^T I_M \end{aligned}\right\} \tag{14-28}$$

由此可见，这些矩阵表示式可分成两类：一类是式（14-27），它们是 KCL 和 KVL 的直接体现形式；另一类是式（14-28），它们表明的是电路中的各支路电流、电压与独立变量间的关系，可以视为 KCL 和 KVL 的间接体现形式。

（2）在列写矩阵形式的 KCL 和 KVL 时，必须注意各支路以及各有向图变量的排列顺序。如列写方程 $B U_b = 0$ 时，应使 B 和 U_b 中支路的排列顺序对应一致；又如列写方程 $B^T I_l = I_b$ 时，除应使 B 和 I_b 的支路排列顺序对应一致外，还应注意回路电流与回路的对应关系。列写其他矩阵方程时也是如此，不能把顺序搞错。

练习题

14-4 若关联矩阵为 $A = [A_l \mid A_t]$，其中子矩阵 A_l 与连支对应，子矩阵 A_t 与树支对应，试将支路电流列向量 I_b 用关联矩阵 A 和连支电流列向量 I_l 表示。

14.5 典型支路的特性方程及其矩阵形式

第3章曾讨论过电路中的一条典型支路及用视察法建立两种形式的支路特性方程的方法。本节将给出典型支路更一般的形式，即该支路中还包含受控电源，同时介绍用系统法建立典型支路特性方程的方法。

14.5.1 典型支路的一般形式及其特性方程

1. 典型支路的一般形式

电路中的一条典型支路如图 14-29 所示，它由独立电源、受控源和电阻元件复合连接而成。所谓"典型"是指该支路基本包含了电路中一条支路构成所可能具有的情形。例如纯电阻支路是其中的所有电源均为零时的情形，而独立电源的戴维南支路则是电流源和受控电压源均为零时的情形等。

2. 典型支路的特性方程及其矩阵形式

支路特性方程(支路方程)是支路的电压和电流的关系方程。图 14-29 中典型支路的支路电压、电流是 u_k 和 i_k。

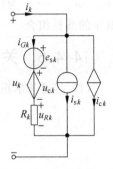

图 14-29　电路中的一条典型支路

支路方程有两种表示形式,即用支路电流表示支路电压,或用支路电压表示支路电流。根据图 14-29 所示典型支路 k 的电压、电流的参考方向,两种形式的支路特性方程为

$$u_k = u_{Rk} + u_{ck} + e_{sk} = R_k(i_k - i_{ck} - i_s) + u_{ck} + e_{sk} \tag{14-29}$$

或

$$i_k = i_{Gk} + i_{ck} + i_{sk} = G_k(u_k - u_{ck} - e_{sk}) + i_{ck} + i_{sk} \tag{14-30}$$

具有 b 条支路的电路可认为是由 b 条典型支路构成的,于是有 b 个上述的支路方程(当然一些方程中的某些项为零)。因此整个电路的支路方程可写成下述矩阵形式

$$\boldsymbol{U}_b = \boldsymbol{R}(\boldsymbol{I}_b - \boldsymbol{J}_c - \boldsymbol{J}_s) + \boldsymbol{U}_c + \boldsymbol{E}_s \tag{14-31}$$

或

$$\boldsymbol{I}_b = \boldsymbol{G}(\boldsymbol{U}_b - \boldsymbol{U}_c - \boldsymbol{E}_s) + \boldsymbol{J}_c + \boldsymbol{J}_s \tag{14-32}$$

式中,$\boldsymbol{U}_b$ 和 $\boldsymbol{I}_b$ 分别为支路电压列向量和支路电流列向量;$\boldsymbol{E}_s$ 为独立电压源的电压列向量;$\boldsymbol{J}_s$ 为独立电流源的电流列向量;$\boldsymbol{U}_c$ 为受控电压源的电压列向量;$\boldsymbol{J}_c$ 为受控电流源的电流列向量。这些向量都是 b 维的。$\boldsymbol{R} = \mathrm{diag}[R_1\ R_2 \cdots R_k \cdots R_b]$ 为支路电阻矩阵;$\boldsymbol{G} = \mathrm{diag}[G_1\ G_2 \cdots G_k \cdots G_b]$ 为支路电导矩阵,其中 $G_k = R_k^{-1}$。$\boldsymbol{R}$ 和 $\boldsymbol{G}$ 均是 b 阶的对角阵,且 $\boldsymbol{G} = \boldsymbol{R}^{-1}$。

下面讨论对电路中受控源的处理。受控源的控制量可以是电路中某条支路的电压或电流,也可是某条支路中某个元件的电压或电流。以后的讨论均认为受控源的控制量是电阻元件上的电压或电流,如若不是,则需将控制量转化为电阻上的电压或电流。

在支路方程式(14-31)和式(14-32)中均含有受控电压源 $\boldsymbol{U}_c$ 和受控电流源 $\boldsymbol{J}_c$,必须将它们用支路电压 $\boldsymbol{U}_b$ 或支路电流 $\boldsymbol{I}_b$ 表示。这一转换过程按下述步骤进行。

(1) 将受控电压源的控制量均转换为电阻的端电压。

受控电压源有两种类型,即电压控制型和电流控制型,于是受控电压源可表示为

$$\boldsymbol{U}_c = \boldsymbol{u}_1 \boldsymbol{U}_R + \boldsymbol{r}_m \boldsymbol{I}_R \tag{14-33}$$

式中,$\boldsymbol{U}_R$、$\boldsymbol{I}_R$ 为电阻元件的电压、电流列向量,均为 $b \times 1$ 阶;$\boldsymbol{u}_1$ 为电压控制电压源的控制系数矩阵,为 $b \times b$ 阶,当电压控制电压源在 k 支路,其控制量在 l 支路时,$\boldsymbol{u}_1$ 中第 k 行,第 l 列的元素为 u_{kl}。$\boldsymbol{r}_m$ 为电流控制电压源的控制系数矩阵,为 $b \times b$ 阶,当电流控制电压源在 k 支路,其控制量在 l 支路时,$\boldsymbol{r}_m$ 中第 k 行、第 l 列的元素为 r_{kl}。

因 $i_{Rk} = R_k^{-1} u_{Rk}$,则 $\boldsymbol{I}_R = \boldsymbol{R}^{-1} \boldsymbol{U}_R$,于是式(14-33)可写为

$$\boldsymbol{U}_c = \boldsymbol{u}_1 \boldsymbol{U}_R + \boldsymbol{r}_m \boldsymbol{R}^{-1} \boldsymbol{U}_R = (\boldsymbol{u}_1 + \boldsymbol{r}_m \boldsymbol{R}^{-1}) \boldsymbol{U}_R = \boldsymbol{C} \boldsymbol{U}_R \tag{14-34}$$

式中

$$\boldsymbol{C} = \boldsymbol{u}_1 + \boldsymbol{r}_m \boldsymbol{R}^{-1}$$

(2) 将受控电流源的控制量均转换为电阻电流。

受控电流源也有电压控制型和电流控制型两种类型,于是受控电流源可表示为

$$J_c = \boldsymbol{\alpha} I_R + \boldsymbol{G}_m U_R \tag{14-35}$$

式中，$\boldsymbol{\alpha}$ 为电流控制电流源的控制系数矩阵，为 $b \times b$ 阶；$\boldsymbol{G}_m$ 为电压控制电流源的控制系数矩阵，为 $b \times b$ 阶。将 $\boldsymbol{U}_R = \boldsymbol{R} \boldsymbol{I}_R$ 代入式(14-35)，得

$$J_c = \boldsymbol{\alpha} I_R + \boldsymbol{G}_m \boldsymbol{R} I_R = (\boldsymbol{\alpha} + \boldsymbol{G}_m \boldsymbol{R}) I_R = \boldsymbol{D} I_R \tag{14-36}$$

式中

$$\boldsymbol{D} = \boldsymbol{\alpha} + \boldsymbol{G}_m \boldsymbol{R}$$

（3）消去支路方程中的变量 $\boldsymbol{U}_R$ 和 $\boldsymbol{I}_R$。

由图 14-29，支路方程又可写为

$$\boldsymbol{I}_b = \boldsymbol{I}_R + \boldsymbol{J}_c + \boldsymbol{J}_s = \boldsymbol{I}_R + \boldsymbol{D} \boldsymbol{I}_R + \boldsymbol{J}_s = (1 + \boldsymbol{D}) \boldsymbol{I}_R + \boldsymbol{J}_s \tag{14-37}$$

由上式可解出

$$\boldsymbol{I}_R = (1 + \boldsymbol{D})^{-1} (\boldsymbol{I}_b - \boldsymbol{J}_s) \tag{14-38}$$

又由图 14-29，支路方程也可写为

$$\boldsymbol{U}_b = \boldsymbol{U}_R + \boldsymbol{U}_c + \boldsymbol{E}_s = \boldsymbol{U}_R + \boldsymbol{C} \boldsymbol{U}_R + \boldsymbol{E}_s = (1 + \boldsymbol{C}) \boldsymbol{U}_R + \boldsymbol{E}_s \tag{14-39}$$

由上式可解出

$$\boldsymbol{U}_R = (1 + \boldsymbol{C})^{-1} (\boldsymbol{U}_b - \boldsymbol{E}_s) \tag{14-40}$$

为得到用 $\boldsymbol{I}_b$ 表示的支路方程，将式(14-38)代入式(14-39)，可得

$$
\begin{aligned}
\boldsymbol{U}_b &= (1 + \boldsymbol{C}) \boldsymbol{U}_R + \boldsymbol{E}_s = (1 + \boldsymbol{C}) \boldsymbol{R} \boldsymbol{I}_R + \boldsymbol{E}_s \\
&= (1 + \boldsymbol{C}) \boldsymbol{R} (1 + \boldsymbol{D})^{-1} (\boldsymbol{I}_b - \boldsymbol{J}_s) + \boldsymbol{E}_s
\end{aligned} \tag{14-41}
$$

为得到用 $\boldsymbol{U}_b$ 表示的支路方程，将式(14-40)代入式(14-37)，可得

$$
\begin{aligned}
\boldsymbol{I}_b &= (1 + \boldsymbol{D}) \boldsymbol{I}_R + \boldsymbol{J}_s = (1 + \boldsymbol{D}) \boldsymbol{R}^{-1} \boldsymbol{U}_R + \boldsymbol{J}_s \\
&= (1 + \boldsymbol{D}) \boldsymbol{R}^{-1} (1 + \boldsymbol{C})^{-1} (\boldsymbol{U}_b - \boldsymbol{E}_s) + \boldsymbol{J}_s \\
&= (1 + \boldsymbol{D}) \boldsymbol{G} (1 + \boldsymbol{C})^{-1} (\boldsymbol{U}_b - \boldsymbol{E}_s) + \boldsymbol{J}_s
\end{aligned} \tag{14-42}
$$

式(14-41)和式(14-42)便为所求。

3. 支路方程的讨论

（1）支路方程可写为较简单的形式。若令

$$\boldsymbol{R}_b = (1 + \boldsymbol{C}) \boldsymbol{R} (1 + \boldsymbol{D})^{-1} \tag{14-43}$$

$$\boldsymbol{G}_b = (1 + \boldsymbol{D}) \boldsymbol{G} (1 + \boldsymbol{C})^{-1} \tag{14-44}$$

$\boldsymbol{R}_b$ 和 $\boldsymbol{G}_b$ 分别称为全支路电阻矩阵和全支路电导矩阵。于是支路方程式(14-41)和式(14-42)可写为

$$\boldsymbol{U}_b = \boldsymbol{R}_b \boldsymbol{I}_b + \boldsymbol{E}_s - \boldsymbol{R}_b \boldsymbol{J}_s \tag{14-45}$$

$$\boldsymbol{I}_b = \boldsymbol{G}_b \boldsymbol{U}_b + \boldsymbol{J}_s - \boldsymbol{G}_b \boldsymbol{E}_s \tag{14-46}$$

（2）若将式(14-43)的两边同时进行求逆矩阵的运算，便有

$$\boldsymbol{R}_b^{-1} = [(1 + \boldsymbol{C}) \boldsymbol{R} (1 + \boldsymbol{D})^{-1}]^{-1} = (1 + \boldsymbol{D}) \boldsymbol{G} (1 + \boldsymbol{C})^{-1} = \boldsymbol{G}_b$$

同样可得 $\boldsymbol{G}_b = \boldsymbol{R}_b^{-1}$。这表明 $\boldsymbol{R}_b$ 和 $\boldsymbol{G}_b$ 互为逆矩阵。

（3）当电路中不含有受控电源时，有 $\boldsymbol{R}_b = \boldsymbol{R}$，$\boldsymbol{G}_b = \boldsymbol{G}$，两者均是对角阵。若电路中含受控电源时，$\boldsymbol{R}_b$ 和 $\boldsymbol{G}_b$ 均为非对角阵。

（4）支路方程式(14-45)中的分量 $\boldsymbol{R}_b \boldsymbol{J}_s$ 的意义是将电路中的与电阻元件并联的独立电流源等效变换为与电阻元件串联的独立电压源，而 $\boldsymbol{R}_b \boldsymbol{J}_s$ 前的"－"号表明等效电压源的电

压参考方向与电流源电流的参考方向相反。

(5) 支路方程式(14-46)中的分量 G_bE_s 是将电路中的与电阻元件串联的独立电压源等效变换为与电阻元件并联的独立电流源,而 G_bE_s 前的"－"号表明等效电流源的电流参考方向与电压源电压的参考方向相反。

(6) 由于全支路电阻矩阵 R_b 与受控电源的控制系数有关,因此 R_bJ_s 中包含了两类等效电压源。一类是本支路的独立电流源对应的等效电压源,另一类是因某支路 k 存在受控电源,而将控制支路 l 中的独立电流源耦合至 k 支路的等效电压源。

(7) 类似地,由于全支路电导矩阵 G_b 与受控电源的控制系数有关,因此 G_bE_s 中包含了两类等效电流源。一类是本支路的独立电压源对应的等效电流源,另一类则是由受控电源耦合出来的等效电流源。

(8) 支路方程式(14-45)、式(14-46)还可简化为

$$U_b = R_bI_b + (E_s - R_bJ_s) = R_bI_b + E_{sb} \qquad (14\text{-}47)$$

$$I_b = G_bU_b + (J_s - G_bE_s) = G_bU_b + J_{sb} \qquad (14\text{-}48)$$

式中

$$E_{sb} = E_s - R_bJ_s \qquad (14\text{-}49)$$

$$J_{sb} = J_s - G_bE_s \qquad (14\text{-}50)$$

E_{sb} 称为支路合成电压源列向量,J_{sb} 称为支路合成电流源列向量。这也表明,每一支路等效电压源的电压为该支路的独立电压源的电压与跟该支路有关的独立电流源对应的等效电压源电压的合成;每一支路等效电流源的电流为该支路的独立电流源的电流与跟该支路有关的独立电压源对应的等效电流源电流的合成。

通常将式(14-47)称为戴维宁形式的支路方程,将式(14-48)称为诺顿形式的支路方程。

(9) 不含无伴电源时的电路称为规范网络,否则称为不规范网络。由于无伴电压源(含受控电压源)的支路电流不能用支路电压表示,而无伴电流源(含受控电流源)的支路电压不能用支路电流表示,因此在写电路的支路方程时,应先通过无伴电源转移的方法消除无伴电源支路,再对规范网络列写支路方程。

14.5.2 系统法列写支路方程

采用系统法列写支路方程时,先写出电路的各种矩阵,再进行矩阵的运算后得到矩阵形式的支路方程。其具体步骤如下:

① 写出四种类型受控电源的控制系数矩阵 u_1、r_m、α 和 G_m,其中

u_1——电压控制电压源的控制系数矩阵,为 $b \times b$ 阶;

r_m——电流控制电压源的控制系数矩阵,为 $b \times b$ 阶;

α——电流控制电流源的控制系数矩阵,为 $b \times b$ 阶;

G_m——电压控制电流源的控制系数矩阵,为 $b \times b$ 阶。

② 写出支路电阻矩阵 R 和支路电导矩阵 G,两者均为 $b \times b$ 阶的对角线矩阵。

③ 进行矩阵的运算,求得矩阵 C 和 D,即

$$C = u_1 + r_mG$$

$$D = \alpha + G_mR$$

④ 计算全支路电阻矩阵 $\boldsymbol{R}_b$ 和全支路电导矩阵 $\boldsymbol{G}_b$,即

$$\boldsymbol{R}_b = (1 + \boldsymbol{C})\boldsymbol{R}(1 + \boldsymbol{D})^{-1}$$

$$\boldsymbol{G}_b = (1 + \boldsymbol{D})\boldsymbol{G}(1 + \boldsymbol{C})^{-1}$$

⑤ 写出支路电压列向量 $\boldsymbol{U}_b$,支路电流列向量 $\boldsymbol{I}_b$,支路电压源列向量 $\boldsymbol{E}_s$,支路电流源列向量 $\boldsymbol{J}_s$。

⑥ 将上述已写出的各矩阵组合,即得矩阵形式的支路方程

$$\boldsymbol{U}_b = \boldsymbol{R}_b \boldsymbol{I}_b + \boldsymbol{E}_s - \boldsymbol{R}_b \boldsymbol{J}_s$$

或

$$\boldsymbol{I}_b = \boldsymbol{G}_b \boldsymbol{U}_b + \boldsymbol{J}_s - \boldsymbol{G}_b \boldsymbol{E}_s$$

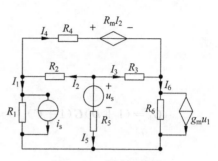

图 14-30 例 14-8 电路

例 14-8 试用系统法写出图 14-30 所示电路两种形式的支路方程的矩阵式。

解 设各支路电压、电流为关联的参考方向。

① 写出各类受控电源的控制系数矩阵为

$$\boldsymbol{u}_1 = 0 \qquad \boldsymbol{\alpha} = 0$$

$$\boldsymbol{r}_m = \begin{bmatrix} 0 & 0 & 0 & 0 & 0 & 0 \\ 0 & 0 & 0 & 0 & 0 & 0 \\ 0 & 0 & 0 & 0 & 0 & 0 \\ 0 & R_m & 0 & 0 & 0 & 0 \\ 0 & 0 & 0 & 0 & 0 & 0 \\ 0 & 0 & 0 & 0 & 0 & 0 \end{bmatrix} \qquad \boldsymbol{G}_m = \begin{bmatrix} 0 & 0 & 0 & 0 & 0 & 0 \\ 0 & 0 & 0 & 0 & 0 & 0 \\ 0 & 0 & 0 & 0 & 0 & 0 \\ 0 & 0 & 0 & 0 & 0 & 0 \\ 0 & 0 & 0 & 0 & 0 & 0 \\ g_m & 0 & 0 & 0 & 0 & 0 \end{bmatrix}$$

② 写出支路电阻矩阵和支路电导矩阵 $\boldsymbol{G}$ 为

$$\boldsymbol{R} = \mathrm{diag}[R_1, R_2, R_3, R_4, R_5, R_6] \qquad \boldsymbol{G} = \mathrm{diag}[G_1, G_2, G_3, G_4, G_5, G_6]$$

③ 求出矩阵 $\boldsymbol{C}$ 和 $\boldsymbol{D}$ 为

$$\boldsymbol{C} = \boldsymbol{u}_1 + \boldsymbol{r}_m \boldsymbol{G} = \boldsymbol{r}_m \boldsymbol{G} = \begin{bmatrix} 0 & 0 & 0 & 0 & 0 & 0 \\ 0 & 0 & 0 & 0 & 0 & 0 \\ 0 & 0 & 0 & 0 & 0 & 0 \\ 0 & R_m G_2 & 0 & 0 & 0 & 0 \\ 0 & 0 & 0 & 0 & 0 & 0 \\ 0 & 0 & 0 & 0 & 0 & 0 \end{bmatrix}$$

$$\boldsymbol{D} = \boldsymbol{\alpha} + \boldsymbol{G}_m \boldsymbol{R} = \boldsymbol{G}_m \boldsymbol{R} = \begin{bmatrix} 0 & 0 & 0 & 0 & 0 & 0 \\ 0 & 0 & 0 & 0 & 0 & 0 \\ 0 & 0 & 0 & 0 & 0 & 0 \\ 0 & 0 & 0 & 0 & 0 & 0 \\ 0 & 0 & 0 & 0 & 0 & 0 \\ g_m l_1 & 0 & 0 & 0 & 0 & 0 \end{bmatrix}$$

④ 计算全支路电阻矩阵 $\boldsymbol{R}_b$ 和全支路电导矩阵 $\boldsymbol{G}_b$,可求得

$$\boldsymbol{R}_b = (1+\boldsymbol{C})\boldsymbol{R}(1+\boldsymbol{D})^{-1} = \begin{bmatrix} R_1 & 0 & 0 & 0 & 0 & 0 \\ 0 & R_2 & 0 & 0 & 0 & 0 \\ 0 & 0 & R_3 & 0 & 0 & 0 \\ 0 & R_m & 0 & R_4 & 0 & 0 \\ 0 & 0 & 0 & 0 & R_5 & 0 \\ -R_1 R_6 g_m & 0 & 0 & 0 & 0 & R_6 \end{bmatrix}$$

$$\boldsymbol{G}_b = (1+\boldsymbol{D})\boldsymbol{G}(1+\boldsymbol{C})^{-1} = \begin{bmatrix} G_1 & 0 & 0 & 0 & 0 & 0 \\ 0 & G_2 & 0 & 0 & 0 & 0 \\ 0 & 0 & G_3 & 0 & 0 & 0 \\ 0 & -R_m G_2 G_4 & 0 & G_4 & 0 & 0 \\ 0 & 0 & 0 & 0 & G_5 & 0 \\ G_6 g_m & 0 & 0 & 0 & 0 & G_6 \end{bmatrix}$$

⑤ 写出支路电压列向量 $\boldsymbol{U}_b$,支路电流列向量 $\boldsymbol{I}_b$,支路电压源列向量 $\boldsymbol{E}_s$,支路电流源列向量 $\boldsymbol{J}_s$ 为

$$\boldsymbol{U}_b = \begin{bmatrix} U_1 & U_2 & U_3 & U_4 & U_5 & U_6 \end{bmatrix}^T \quad \boldsymbol{I}_b = \begin{bmatrix} I_1 & I_2 & I_3 & I_4 & I_5 & I_6 \end{bmatrix}^T$$

$$\boldsymbol{E}_s = \begin{bmatrix} 0 & 0 & 0 & 0 & u_s & 0 \end{bmatrix}^T \quad \boldsymbol{J}_s = \begin{bmatrix} i_s & 0 & 0 & 0 & 0 & 0 \end{bmatrix}^T$$

⑥ 将上述已写出的各矩阵代入矩阵形式的支路特性方程式(14-45)、(14-46)即得两种形式的支路方程

$$\begin{bmatrix} U_1 \\ U_2 \\ U_3 \\ U_4 \\ U_5 \\ U_6 \end{bmatrix} = \begin{bmatrix} R_1 & 0 & 0 & 0 & 0 & 0 \\ 0 & R_2 & 0 & 0 & 0 & 0 \\ 0 & 0 & R_3 & 0 & 0 & 0 \\ 0 & r_m & 0 & R_4 & 0 & 0 \\ 0 & 0 & 0 & 0 & R_5 & 0 \\ -R_1 R_6 g_m & 0 & 0 & 0 & 0 & R_6 \end{bmatrix} \begin{bmatrix} I_1 \\ I_2 \\ I_3 \\ I_4 \\ I_5 \\ I_6 \end{bmatrix} + \begin{bmatrix} 0 \\ 0 \\ 0 \\ 0 \\ u_s \\ 0 \end{bmatrix} - $$

$$\begin{bmatrix} R_1 & 0 & 0 & 0 & 0 & 0 \\ 0 & R_2 & 0 & 0 & 0 & 0 \\ 0 & 0 & R_3 & 0 & 0 & 0 \\ 0 & r_m & 0 & R_4 & 0 & 0 \\ 0 & 0 & 0 & 0 & R_5 & 0 \\ -R_1 R_6 g_m & 0 & 0 & 0 & 0 & R_6 \end{bmatrix} \begin{bmatrix} i_s \\ 0 \\ 0 \\ 0 \\ 0 \\ 0 \end{bmatrix}$$

$$\begin{bmatrix} I_1 \\ I_2 \\ I_3 \\ I_4 \\ I_5 \\ I_6 \end{bmatrix} = \begin{bmatrix} G_1 & 0 & 0 & 0 & 0 & 0 \\ 0 & G_2 & 0 & 0 & 0 & 0 \\ 0 & 0 & G_3 & 0 & 0 & 0 \\ 0 & -r_m G_2 G_4 & 0 & G_4 & 0 & 0 \\ 0 & 0 & 0 & 0 & G_5 & 0 \\ G_6 g_m & 0 & 0 & 0 & 0 & G_6 \end{bmatrix} \begin{bmatrix} U_1 \\ U_2 \\ U_3 \\ U_4 \\ U_5 \\ U_6 \end{bmatrix} + \begin{bmatrix} i_s \\ 0 \\ 0 \\ 0 \\ 0 \\ 0 \end{bmatrix} - $$

$$\begin{bmatrix} G_1 & 0 & 0 & 0 & 0 & 0 \\ 0 & G_2 & 0 & 0 & 0 & 0 \\ 0 & 0 & G_3 & 0 & 0 & 0 \\ 0 & -r_mG_2G_4 & 0 & G_4 & 0 & 0 \\ 0 & 0 & 0 & 0 & G_5 & 0 \\ G_6g_m & 0 & 0 & 0 & 0 & G_6 \end{bmatrix} \begin{bmatrix} 0 \\ 0 \\ 0 \\ 0 \\ u_s \\ 0 \end{bmatrix}$$

练习题

14-5 试用系统法列写出图 14-31 所示电路两种形式的支路特性方程的矩阵式。

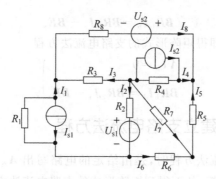

图 14-31 练习题 14-5 电路

14.6 2b 变量分析法的矩阵形式

将用关联矩阵 A 表示的独立节点的 KCL 方程,用基本回路矩阵 B(或网孔矩阵 M)表示的独立回路的 KVL 方程以及矩阵形式的支路方程的矩阵式(两种形式之一)联立,即得矩阵形式的 2b 变量分析法方程为

$$\begin{cases} A\boldsymbol{I}_b = 0 \\ B\boldsymbol{U}_b = 0(\text{或 } M\boldsymbol{U}_b = 0) \\ \boldsymbol{U}_b = \boldsymbol{R}_b\boldsymbol{I}_b + \boldsymbol{E}_s - \boldsymbol{R}_b\boldsymbol{I}_s(\text{或 } \boldsymbol{I}_b = \boldsymbol{G}_b\boldsymbol{U}_b + \boldsymbol{I}_s - \boldsymbol{G}_b\boldsymbol{E}_s) \end{cases} \tag{14-51}$$

根据电路列写出相关矩阵后代入式(14-51)即是建立 2b 变量分析法方程的系统方法。采用系统法在计算机上建立 2b 法方程时,只需将各矩阵填入式(14-51)中各方程的相应位置便可,如同填写表格一样方便,因此也称为列表法。

练习题

14-6 用系统法建立图 14-31 所示电路的 2b 法方程。

14.7 支路分析法方程的矩阵形式

支路分析法包括支路电流分析法和支路电压分析法。

14.7.1 支路电流分析法矩阵形式方程的导出

一个电路的各独立节点的 KCL 方程为

$$\boldsymbol{A}\boldsymbol{I}_b = \boldsymbol{0}$$

各独立回路的 KVL 方程为

$$\boldsymbol{B}\boldsymbol{U}_b = \boldsymbol{0}$$

在 $2b$ 变量分析法方程式(14-51)中,用支路电流表示的支路电压表达式代入 KVL 方程,可得

$$\boldsymbol{B}\boldsymbol{U}_b = \boldsymbol{B}(\boldsymbol{R}_b\boldsymbol{I}_b + \boldsymbol{E}_s - \boldsymbol{R}_b\boldsymbol{J}_s) = \boldsymbol{0}$$

或

$$\boldsymbol{B}\boldsymbol{R}_b\boldsymbol{I}_b = \boldsymbol{B}\boldsymbol{R}_b\boldsymbol{J}_s - \boldsymbol{B}\boldsymbol{E}_s$$

将 KCL 方程和上式联立,即得矩阵形式的支路电流法方程

$$\left.\begin{array}{l} \boldsymbol{A}\boldsymbol{I}_b = \boldsymbol{0} \\ \\ \boldsymbol{B}\boldsymbol{R}_b\boldsymbol{I}_b = \boldsymbol{B}\boldsymbol{R}_b\boldsymbol{J}_s - \boldsymbol{B}\boldsymbol{E}_s \end{array}\right\} \tag{14-52}$$

14.7.2 系统法建立支路电流法方程

用系统法建立支路电流法方程时,是由给定的电路写出 $\boldsymbol{A}$、$\boldsymbol{B}$、$\boldsymbol{E}_s$、$\boldsymbol{J}_s$、$\boldsymbol{R}_b$ 等矩阵,然后按式(14-52)进行矩阵的运算,从而得到矩阵形式的支路电流法方程。

例 14-9 如图 14-32(a)所示电路,试用系统法编写支路电流法方程并求解各支路电流、电压。

解 在此例电路中,无受控源和独立电流源,则支路电流法的矩阵方程为

$$\left.\begin{array}{l} \boldsymbol{A}\boldsymbol{I}_b = \boldsymbol{0} \\ \\ \boldsymbol{B}[\boldsymbol{E}_s + \boldsymbol{R}\boldsymbol{I}_b] = \boldsymbol{0} \end{array}\right\}$$

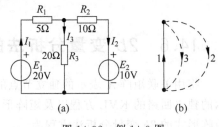

图 14-32 例 14-9 图

(1) 做出有向图,并选一树如图 14-32(b)所示,写出各矩阵:

$$\boldsymbol{I}_b = [I_2 \quad I_3 \quad I_1]^T, \quad \boldsymbol{U}_b = [U_2 \quad U_3 \quad U_1]^T, \quad \boldsymbol{A} = [1 \quad 1 \quad -1]$$

$$\boldsymbol{B} = \begin{bmatrix} 1 & 0 & 1 \\ 0 & 1 & 1 \end{bmatrix}, \quad \boldsymbol{R} = \begin{bmatrix} R_2 & 0 & 0 \\ 0 & R_3 & 0 \\ 0 & 0 & R_1 \end{bmatrix}, \quad \boldsymbol{E}_s = [E_2 \quad 0 \quad -E_1]^T$$

$\boldsymbol{E}_s$ 列向量中 E_2 取正号是因为 E_2 与 I_2 为关联参考方向;而 E_1 前取负号是因为 E_1 和 I_1 为非关联参考方向。对比此图和图 14-29 所示的典型支路,不难得出上述结果。在写出各矩阵时,需注意两点:

① 各支路按先连支后树支的顺序排列;所有矩阵中支路的排列顺序应完全相同,如在此例中,各矩阵的支路均是按支路{2,3,1}的顺序排列的。

② 应正确确定电源列向量中各元素的正、负号。

（2）根据上面写出的各矩阵，组成矩阵方程：

$$\boldsymbol{A}\boldsymbol{I}_b = \boldsymbol{0} \Rightarrow \begin{bmatrix} 1 & 1 & -1 \end{bmatrix} \begin{bmatrix} I_2 \\ I_3 \\ I_1 \end{bmatrix} = \boldsymbol{0} \qquad ①$$

$$\boldsymbol{B}(\boldsymbol{E}_s + \boldsymbol{R}\boldsymbol{I}_R) = \boldsymbol{0} \Rightarrow \boldsymbol{B}\boldsymbol{R}\boldsymbol{I}_b = -\boldsymbol{B}\boldsymbol{E}_s$$

$$\Rightarrow \begin{bmatrix} 1 & 0 & 1 \\ 0 & 1 & 1 \end{bmatrix} \begin{bmatrix} R_2 & 0 & 0 \\ 0 & R_3 & 0 \\ 0 & 0 & R_1 \end{bmatrix} \begin{bmatrix} I_2 \\ I_3 \\ I_1 \end{bmatrix} = - \begin{bmatrix} 1 & 0 & 1 \\ 0 & 1 & 1 \end{bmatrix} \begin{bmatrix} E_2 \\ 0 \\ -E_1 \end{bmatrix}$$

$$\Rightarrow \begin{bmatrix} R_2 & 0 & R_1 \\ 0 & R_3 & R_1 \end{bmatrix} \begin{bmatrix} I_2 \\ I_3 \\ I_1 \end{bmatrix} = \begin{bmatrix} E_1 - E_2 \\ E_1 \end{bmatrix} \qquad ②$$

将①、②两式合并，并将电路参数代入，可得

$$\begin{bmatrix} 1 & 1 & -1 \\ R_2 & 0 & R_1 \\ 0 & R_3 & R_1 \end{bmatrix} \begin{bmatrix} I_2 \\ I_3 \\ I_1 \end{bmatrix} = \begin{bmatrix} 0 \\ E_1 - E_2 \\ E_1 \end{bmatrix} \Rightarrow \begin{bmatrix} 1 & 1 & -1 \\ 10 & 0 & 5 \\ 0 & 20 & 5 \end{bmatrix} \begin{bmatrix} I_2 \\ I_3 \\ I_1 \end{bmatrix} = \begin{bmatrix} 0 \\ 10 \\ 20 \end{bmatrix} \qquad ③$$

（3）用求逆矩阵的方法解矩阵方程，求出支路电流列向量

$$\begin{bmatrix} I_2 \\ I_3 \\ I_1 \end{bmatrix} = \begin{bmatrix} 1 & 1 & -1 \\ 10 & 0 & 5 \\ 0 & 20 & 5 \end{bmatrix}^{-1} \begin{bmatrix} 0 \\ 10 \\ 20 \end{bmatrix} = \begin{bmatrix} 0.429 \\ 0.714 \\ 1.14 \end{bmatrix}$$

即 $I_1 = 1.14\text{A}, I_2 = 0.429\text{A}, I_3 = 0.714\text{A}$。

（4）由支路特性方程，求出支路电压列向量

$$\boldsymbol{U}_b = \boldsymbol{E}_s + \boldsymbol{R}\boldsymbol{I}_b$$

$$\begin{bmatrix} U_2 \\ U_3 \\ U_1 \end{bmatrix} = \begin{bmatrix} E_2 \\ 0 \\ -E_1 \end{bmatrix} + \begin{bmatrix} R_2 & 0 & 0 \\ 0 & R_3 & 0 \\ 0 & 0 & R_1 \end{bmatrix} \begin{bmatrix} I_2 \\ I_3 \\ I_1 \end{bmatrix} = \begin{bmatrix} 1.428 \\ 1.428 \\ -1.428 \end{bmatrix}$$

即 $U_1 = -1.428\text{V}, U_2 = 1.428\text{V}, U_3 = 1.428\text{V}$。

系统法从列写方程到解出结果都是按一种规范的格式按部就班地进行，非常适合应用计算机来处理。事实上，计算机求解电路的过程和本例的解题过程非常相似。至于如何在计算机上建立一个电路的方程并求解，属于"计算机辅助电路分析"的范畴，本书不作讨论。

14.7.3　支路电压法方程的矩阵形式

支路电压法的求解对象是支路电压。在 $2b$ 变量分析法中，将用支路电压表示的支路电流表达式代入 KCL 方程，可得

$$\boldsymbol{A}\boldsymbol{I}_b = \boldsymbol{A}(\boldsymbol{G}_b\boldsymbol{U}_b + \boldsymbol{J}_s - \boldsymbol{G}_b\boldsymbol{E}_s) = \boldsymbol{0}$$

或

$$\boldsymbol{A}\boldsymbol{G}_b\boldsymbol{U}_b = \boldsymbol{A}\boldsymbol{G}_b\boldsymbol{E}_s - \boldsymbol{A}\boldsymbol{J}_s$$

将 KVL 方程和上式联立，即得矩阵形式的支路电压法方程

$$B U_{\mathrm{b}} = 0$$
$$A G_{\mathrm{b}} U_{\mathrm{b}} = A G_{\mathrm{b}} E_{\mathrm{s}} - A J_{\mathrm{s}}$$

(14-53)

练习题

14-7　试用系统法建立图 14-33 所示电路的支路电流法方程。

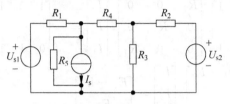

图 14-33　练习题 14-7 电路

14.8　节点分析法方程的矩阵形式

14.8.1　节点分析法矩阵形式方程的导出

电路独立节点的 KCL 方程矩阵形式为

$$A I_{\mathrm{b}} = 0$$

用支路电压表示支路电流的方程为

$$I_{\mathrm{b}} = G_{\mathrm{b}} U_{\mathrm{b}} + J_{\mathrm{s}} - G_{\mathrm{b}} E_{\mathrm{s}}$$

将上式代入 KCL 方程,可得

$$A (G_{\mathrm{b}} U_{\mathrm{b}} + J_{\mathrm{s}} - G_{\mathrm{b}} E_{\mathrm{s}}) = 0$$

又将支路电压和节点电位的关系方程 $U_{\mathrm{b}} = A^{\mathrm{T}} U_{\mathrm{N}}$ 代入上式,可得

$$A G_{\mathrm{b}} A^{\mathrm{T}} U_{\mathrm{N}} = A G_{\mathrm{b}} E_{\mathrm{s}} - A J_{\mathrm{s}}$$

(14-54)

式(14-54)便是矩阵形式的节点电位法方程。若令

$$G_{\mathrm{N}} = A G_{\mathrm{b}} A^{\mathrm{T}}$$

(14-55)

$$J_{\mathrm{N}} = A G_{\mathrm{b}} E_{\mathrm{s}} - A J_{\mathrm{s}}$$

(14-56)

则节点电位法方程式(14-54)可写为

$$G_{\mathrm{N}} U_{\mathrm{N}} = J_{\mathrm{N}}$$

(14-57)

式中,G_{N} 称为节点电导矩阵,其为 $n-1$ 阶方阵;U_{N} 称为节点电位列向量;J_{N} 称为节点电流源电流列向量。U_{N} 和 J_{N} 均为 $(n-1) \times 1$ 阶。

14.8.2　系统法建立节点分析法方程

用系统法编写节点电位法方程时,是由给定的电路写出 A、G_{b}、E_{s}、J_{s} 等矩阵,而后按式(14-54)进行矩阵的运算,从而得到矩阵形式的节点电位法方程。

例 14-10　试用系统法建立图 14-34(a)所示电路的节点电位法方程。

解　(1)给电路中的各节点和支路编号,并选节点④为参考点,在指定各支路的参考方向后,做出电路的有向图如图 14-34(b)所示。

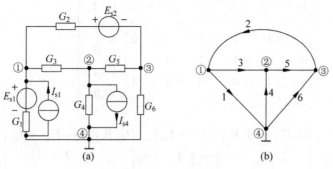

图 14-34 例 14-10 图

（2）根据有向图写出关联矩阵为

$$\boldsymbol{A} = \begin{bmatrix} 1 & -1 & 1 & 0 & 0 & 0 \\ 0 & 0 & -1 & -1 & 1 & 0 \\ 0 & 1 & 0 & 0 & -1 & -1 \end{bmatrix}$$

（3）由电路写出支路电压源电压列向量、支路电流源电流列向量及支路电导矩阵为

$$\boldsymbol{E}_s = \begin{bmatrix} E_{s1} & -E_{s2} & 0 & 0 & 0 & 0 \end{bmatrix}^T$$

$$\boldsymbol{J}_s = \begin{bmatrix} -I_{s1} & 0 & 0 & -I_{s4} & 0 & 0 \end{bmatrix}^T$$

$$\boldsymbol{G}_b = \mathrm{diag} \begin{bmatrix} G_1 & G_2 & G_3 & G_4 & G_5 & G_6 \end{bmatrix}$$

其中，各电压源电压和电流源电流前的正、负号取决于该电压源电压和电流源电流的参考方向是否和支路的参考方向一致，若一致则取正号，不一致则取负号。由于该电路中不含受控电源，故支路电导矩阵为对角线矩阵。

（4）进行矩阵的运算，求得节点电导矩阵和节点电流源电流列向量为

$$\boldsymbol{G}_N = \boldsymbol{A}\boldsymbol{G}_b\boldsymbol{A}^T \begin{bmatrix} 1 & -1 & 1 & 0 & 0 & 0 \\ 0 & 0 & -1 & -1 & 1 & 0 \\ 0 & 1 & 0 & 0 & -1 & -1 \end{bmatrix} \begin{bmatrix} G_1 & & & & & \\ & G_2 & & & & \\ & & G_3 & & & \\ & & & G_4 & & \\ & & & & G_5 & \\ & & & & & G_6 \end{bmatrix} \begin{bmatrix} 1 & 0 & 0 \\ -1 & 0 & 1 \\ 1 & -1 & 0 \\ 0 & -1 & 0 \\ 0 & 1 & -1 \\ 0 & 0 & -1 \end{bmatrix}$$

$$= \begin{bmatrix} G_1 + G_2 + G_3 & -G_3 & -G_2 \\ -G_3 & G_3 + G_4 + G_5 & -G_5 \\ -G_2 & -G_5 & G_2 + G_5 + G_6 \end{bmatrix}$$

$$\boldsymbol{J}_N = \boldsymbol{A}\boldsymbol{G}_b\boldsymbol{E}_s - \boldsymbol{A}\boldsymbol{J}_s$$

$$= \begin{bmatrix} 1 & -1 & 1 & 0 & 0 & 0 \\ 0 & 0 & -1 & -1 & 1 & 0 \\ 0 & 1 & 0 & 0 & -1 & -1 \end{bmatrix} \begin{bmatrix} G_1 & & & & & \\ & G_2 & & & & \\ & & G_3 & & & \\ & & & G_4 & & \\ & & & & G_5 & \\ & & & & & G_6 \end{bmatrix} \begin{bmatrix} E_{s1} \\ -E_{s2} \\ 0 \\ 0 \\ 0 \\ 0 \end{bmatrix} -$$

$$
\begin{bmatrix} 1 & -1 & 1 & 0 & 0 & 0 \\ 0 & 0 & -1 & -1 & 1 & 0 \\ 0 & 1 & 0 & 0 & -1 & -1 \end{bmatrix}\begin{bmatrix} -I_{s1} \\ 0 \\ 0 \\ -I_{s4} \\ 0 \\ 0 \end{bmatrix}
$$

$$
=\begin{bmatrix} G_1 E_{s1}+G_2 E_{s2} \\ 0 \\ -G_2 E_{s2} \end{bmatrix}-\begin{bmatrix} -I_{s1} \\ I_{s4} \\ 0 \end{bmatrix}=\begin{bmatrix} G_1 E_{s1}+G_2 E_{s2}+I_{s1} \\ -I_{s4} \\ -G_2 E_{s2} \end{bmatrix}
$$

(5) 由矩阵运算的结果,构成节点电位法方程 $G_N U_N = J_N$,即

$$
\begin{bmatrix} G_1+G_2+G_3 & -G_3 & -G_2 \\ -G_3 & G_3+G_4+G_5 & -G_5 \\ -G_2 & -G_5 & G_2+G_5+G_6 \end{bmatrix}\begin{bmatrix} U_{N1} \\ U_{N2} \\ U_{N3} \end{bmatrix}=\begin{bmatrix} G_1 E_{s1}+G_2 E_{s2}+I_{s1} \\ -I_{s4} \\ -G_2 E_{s2} \end{bmatrix}
$$

在计算机上建立节点电位法方程的方法和步骤与例 14-10 过程十分相似。通过编制相应的程序,将电路的结构和参数输入计算机,计算机便可完成建立电路方程的工作。

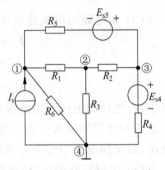

练习题

14-8 试用系统法建立图 14-35 所示电路的节点分析法方程。

图 14-35 练习题 14-8 电路

14.9 回路分析法方程的矩阵形式

在由一棵树确定了电路的基本回路组后,各基本回路的 KVL 方程为

$$
B U_b = 0
$$

将支路方程 $U_b = R_b I_b + E_s - R_b J_s$ 代入上式,并将支路电流和回路电流的关系方程 $I_b = B^T I_l$ 代入,可得

$$
B(R_b B^T I_l + E_s - R_b J_s) = 0
$$

整理后得

$$
B R_b B^T I_l = -B E_s + B R_b J_s \tag{14-58}
$$

该方程便是矩阵形式的回路法方程。若令

$$
R_l = B R_b B^T \tag{14-59}
$$

$$
E_l = -B E_s + B R_b J_s \tag{14-60}
$$

则回路法方程式(14-58)可写为

$$
R_l I_l = E_l \tag{14-61}
$$

式中，R_l 称为回路电阻矩阵，为 $(b-n+1)$ 阶方阵；I_l 称为回路电流列向量；E_l 称为回路电压源电压列向量。I_l 和 E_l 均为 $(b-n+1) \times 1$ 阶。

用系统法编写回路法方程时，是由给定的电路写出 B、R_b、E_s、J_s 等矩阵，而后按式(14-58)进行矩阵的运算，从而获得矩阵形式的回路法方程。

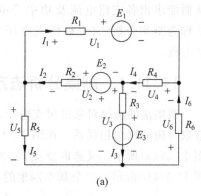

练习题

14-9 电路如图 14-36 所示，在选择支路 1，3，6 为树支后，用系统法建立该电路的回路法方程。

图 14-36 练习题 14-9 电路

14.10 网孔分析法方程的矩阵形式

电路中各网孔的 KVL 方程为

$$MU_b = 0$$

将支路方程 $U_b = R_b I_b + E_s - R_b J_s$ 代入上式，并将支路电流和网孔电流的关系方程 $I_b = M^T I_M$ 代入，有

$$M(R_b M^T I_M + E_s - R_b J_s) = 0$$

整理后得

$$M R_b M^T I_M = -M E_s + M R_b J_s \qquad (14\text{-}62)$$

该方程便是矩阵形式的网孔法方程。若令

$$R_M = M R_b M^T \qquad (14\text{-}63)$$

$$E_M = -M E_s + M R_b J_s \qquad (14\text{-}64)$$

则网孔法方程式(14-62)可写为

$$R_M I_M = E_M \qquad (14\text{-}65)$$

式中，R_M 称为网孔电阻矩阵，其为 $(b-n+1)$ 阶方阵；I_M 称为网孔电流列向量；E_M 称为网孔电压源电压列向量。I_M 和 E_M 均为 $(b-n+1) \times 1$ 阶。

用系统法编写网孔法方程时，是由给定的电路写出 M、R_b、E_s、J_s 等矩阵，而后按式(14-62)进行矩阵的运算，从而获得矩阵形式的网孔法方程。

练习题

14-10 试用系统法建立图 14-36 所示电路的网孔法方程。

14.11 割集分析法方程及其矩阵形式

前已指出，对一个具有 n 个节点的电路在选定了一棵树后，其 $(n-1)$ 个树支电压是一组独立完备的电路变量。若已知该组树支电压变量，便可求得电路的全部支路电压，

从而能求出各支路电流及功率等电量。以树支电压为待求变量建立方程求解电路的方法称为割集分析法(也称树支电压分析法),亦简称割集法,所建立的方程称为割集分析法方程。

14.11.1　割集分析法方程

割集法的求解对象是树支电压,所建立的是基本割集的 KCL 方程。电路中基本割集的选取与树的概念相联系。在图 14-37(a)所示电路中,选取各支路电流、电压的参考方向如图 14-37(a)所示。又选取支路$\{2,3,4\}$为树支,并由此决定三个基本割集 C_2、C_3、C_4,如图 14-37(b)所示。三个基本割集的 KCL 方程为

$$\left.\begin{array}{l} I_1 + I_2 + I_5 - I_6 = 0 \\ I_3 - I_5 + I_6 = 0 \\ I_1 + I_4 + I_5 = 0 \end{array}\right\} \tag{14-66}$$

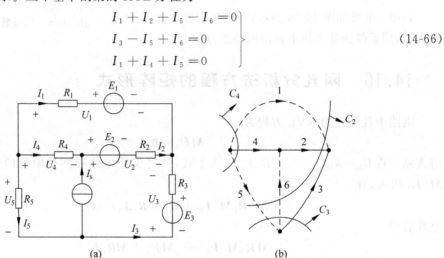

图 14-37　建立割集法方程的用图

写出各支路的特性方程并将各支路电流用树支电压表示,可得

$$\left.\begin{array}{l} I_1 = \dfrac{U_1}{R_1} - \dfrac{E_1}{R_1} = \dfrac{1}{R_1}(U_{t2} + U_{t4}) - \dfrac{1}{R_1}E_1 \\[3mm] I_2 = \dfrac{U_2}{R_2} - \dfrac{E_2}{R_2} = \dfrac{1}{R_2}U_{t2} - \dfrac{1}{R_1}E_2 \\[3mm] I_3 = \dfrac{U_3}{R_3} + \dfrac{E_3}{R_3} = \dfrac{1}{R_3}U_{t3} + \dfrac{1}{R_3}E_3 \\[3mm] I_4 = \dfrac{U_4}{R_4} = \dfrac{1}{R_4}U_{t4} \\[3mm] I_5 = \dfrac{U_5}{R_5} = \dfrac{1}{R_5}(U_{t2} - U_{t3} + U_{t4}) \\[3mm] I_6 = I_s \end{array}\right\} \tag{14-67}$$

将式(14-67)代入式(14-66)并加以整理,将含未知量的项置于方程左边,将已知量的项移至方程右边,可得

$$\left.\begin{aligned}
\left(\frac{1}{R_1}+\frac{1}{R_2}+\frac{1}{R_5}\right)U_{t2}-\frac{1}{R_5}U_{t3}+\left(\frac{1}{R_1}+\frac{1}{R_5}\right)U_{t4}&=\frac{E_1}{R_1}+\frac{E_2}{R_2}+ \\
I_s-\frac{1}{R_5}U_{t2}+\left(\frac{1}{R_3}+\frac{1}{R_5}\right)U_{t3}-\frac{1}{R_5}U_{t4}&=-\frac{E_3}{R_3}-I_s \\
\left(\frac{1}{R_1}+\frac{1}{R_5}\right)U_{t2}-\frac{1}{R_5}U_{t3}+\left(\frac{1}{R_1}+\frac{1}{R_4}+\frac{1}{R_5}\right)U_{t4}&=\frac{E_1}{R_1}
\end{aligned}\right\} \tag{14-68}$$

将该方程组写为矩阵形式

$$\begin{bmatrix} \dfrac{1}{R_1}+\dfrac{1}{R_2}+\dfrac{1}{R_5} & -\dfrac{1}{R_5} & \dfrac{1}{R_1}+\dfrac{1}{R_5} \\[2mm] -\dfrac{1}{R_5} & \dfrac{1}{R_3}+\dfrac{1}{R_5} & -\dfrac{1}{R_5} \\[2mm] \dfrac{1}{R_1}+\dfrac{1}{R_5} & -\dfrac{1}{R_5} & \dfrac{1}{R_1}+\dfrac{1}{R_4}+\dfrac{1}{R_5} \end{bmatrix}\begin{bmatrix} U_{t2} \\ U_{t3} \\ U_{t4} \end{bmatrix}=\begin{bmatrix} \dfrac{E_1}{R_1}+\dfrac{E_2}{R_2}+I_s \\[2mm] -\dfrac{E_3}{R_3}-I_s \\[2mm] \dfrac{E_1}{R_1} \end{bmatrix}$$

上述方程组便是对应图 14-37(a)所示电路的割集法方程。

14.11.2　系统法建立割集法方程

上述列写一个电路的割集法方程的过程是用系统法建立割集法方程之实际步骤的具体体现。

在由一棵树确定了电路的基本割集组后,各基本割集的 KCL 方程为

$$\boldsymbol{Q}\boldsymbol{I}_b=\boldsymbol{0}$$

将支路方程 $\boldsymbol{I}_b=\boldsymbol{G}_b\boldsymbol{U}_b+\boldsymbol{I}_s-\boldsymbol{G}_b\boldsymbol{E}_s$ 代入上式,并将支路电压和割集电压的关系方程 $\boldsymbol{U}_b=\boldsymbol{Q}^T\boldsymbol{U}_t$ 代入,可得

$$\boldsymbol{Q}(\boldsymbol{G}_b\boldsymbol{Q}^T\boldsymbol{U}_t+\boldsymbol{I}_s-\boldsymbol{G}_b\boldsymbol{E}_s)=\boldsymbol{0}$$

整理后得

$$\boldsymbol{Q}\boldsymbol{G}_b\boldsymbol{Q}^T\boldsymbol{U}_t=-\boldsymbol{Q}\boldsymbol{I}_s+\boldsymbol{Q}\boldsymbol{G}_b\boldsymbol{E}_s \tag{14-69}$$

该方程便是矩阵形式的割集法方程。若令

$$\boldsymbol{G}_t=\boldsymbol{Q}\boldsymbol{G}_b\boldsymbol{Q}^T \tag{14-70}$$

$$\boldsymbol{I}_t=-\boldsymbol{Q}\boldsymbol{I}_s+\boldsymbol{Q}\boldsymbol{G}_b\boldsymbol{E}_s \tag{14-71}$$

则回路法方程式(14-69)可写为

$$\boldsymbol{G}_t\boldsymbol{U}_t=\boldsymbol{I}_t \tag{14-72}$$

式中,$\boldsymbol{G}_t$ 称为割集电导矩阵,其为$(n-1)$阶方阵;$\boldsymbol{U}_t$ 称为树支电压列向量;$\boldsymbol{I}_t$ 称为割集电流源电流列向量。$\boldsymbol{U}_t$ 和 $\boldsymbol{I}_t$ 均为$(n-1)\times1$阶。

用系统法编写割集法方程时,是由给定的电路写出 $\boldsymbol{Q}$、$\boldsymbol{G}_b$、$\boldsymbol{E}_s$、$\boldsymbol{I}_s$ 等矩阵,然后,按式(14-69)进行矩阵的运算,从而获得矩阵形式的割集法方程。

14.11.3　视察法建立割集法方程

割集法方程的实质是基本割集的 KCL 方程,割集法方程的数目与独立割集的数目相同,为 $n-1$ 个。每一个割集法方程均和一个独立割集对应。考察并分析式(14-68),可知割集法方程组中第 k 个方程的一般形式为

$$G_{kk}u_{tk} + \sum G_{kj}u_{tj} = i_{ck} \tag{14-70}$$

式中，G_{kk} 为割集 k 中所有支路的电导之和，且恒取正值；G_{kk} 也称为割集 k 的自电导。式中的 G_{kj} 为割集 k 和割集 j 所有共有支路的电导之和。当 k 割集和 j 割集的方向关于公共支路为一致时，G_{kj} 前取正号，否则取负号；G_{kj} 称为 k 割集和 j 割集的互电导。该式右边的 i_{ck} 为割集 k 中所有电流源(含电压源等效的电流源)电流的代数和。当某个电流源电流的参考方向与割集 k 的方向为一致时，该项电流前取负号，否则取正号。

按上述规则和方法，可通过对电路的观察直接写出割集法方程，称为视察法建立割集法方程。

用视察法建立割集法方程并求解电路的具体步骤如下。

① 选取一组基本割集并给出各割集的编号、指定参考方向。通常各割集的参考方向与决定该割集的树支的方向为一致。

② 按上述视察法建立割集法方程的规则，逐一写出对应于各基本割集的电路方程。

③ 求解第②步所建立的割集法方程(组)，求得各树支电压。

④ 由树支电压求各连支电压。

⑤ 再由支路特性方程求出各支路电流及功率等电量。

14.11.4 电路中含受控源时的割集法方程

与第 3 章介绍的各种电路分析法相似，用视察法对含有受控源的电路建立割集法方程时，先将受控源视为独立电源列写方程，再将受控源的控制量用树支电压表示，然后将方程整理为标准形式。

例 14-11 试列写图 14-38(a)所示电路的割集法方程，并用树支电压表示各支路电流。

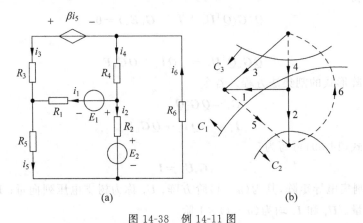

(a)　　　　　(b)

图 14-38 例 14-11 图

解 给出电路中各支路电流的参考方向如图 14-38 中所示。选支路集合 $\{1,2,3\}$ 为树支，对应的一组基本割集 C_1、C_2、C_3 如图 14-38(b)所示。则树支电压为 U_{t1}、U_{t2} 和 U_{t3}。将受控电源视为独立电源后按规则化方法写出该电路的割集法方程为

$$C_1: \left(\frac{1}{R_1} + \frac{1}{R_4} + \frac{1}{R_5} + \frac{1}{R_6}\right)U_{t1} - \left(\frac{1}{R_5} + \frac{1}{R_6}\right)U_{t2} - \left(\frac{1}{R_4} + \frac{1}{R_6}\right)U_{t3} = \frac{E_1}{R_1}$$

$$C_2: \quad -\left(\frac{1}{R_5}+\frac{1}{R_6}\right)U_{t1}+\left(\frac{1}{R_2}+\frac{1}{R_5}+\frac{1}{R_6}\right)U_{t2}+\frac{1}{R_6}U_{t3}=\frac{E_2}{R_2}$$

$$C_3: \quad -\left(\frac{1}{R_4}+\frac{1}{R_6}\right)U_{t1}+\frac{1}{R_6}U_{t3}+\left(\frac{1}{R_3}+\frac{1}{R_4}\frac{1}{R_6}\right)U_{t3}=-\frac{\beta i_5}{R_3}$$

又将受控源的控制量 i_5 用树支电压表示。由电路及 KVL 可得

$$R_5 i_5=-U_{t1}+U_{t2}$$

即

$$i_5=-\frac{1}{R_5}U_{t1}+\frac{1}{R_5}U_{t2}$$

将上式代入所写的割集法方程并对方程进行整理,可得下面矩阵形式的方程:

$$\begin{bmatrix} \dfrac{1}{R_1}+\dfrac{1}{R_4}+\dfrac{1}{R_5}+\dfrac{1}{R_6} & -\left(\dfrac{1}{R_5}+\dfrac{1}{R_6}\right) & -\left(\dfrac{1}{R_4}+\dfrac{1}{R_6}\right) \\ -\left(\dfrac{1}{R_5}+\dfrac{1}{R_6}\right) & \dfrac{1}{R_2}+\dfrac{1}{R_5}+\dfrac{1}{R_6} & \dfrac{1}{R_6} \\ -\left(\dfrac{1}{R_4}+\dfrac{1}{R_6}+\dfrac{\beta}{R_3 R_5}\right) & \dfrac{1}{R_6}+\dfrac{\beta}{R_3 R_5} & \dfrac{1}{R_3}+\dfrac{1}{R_4}+\dfrac{1}{R_6} \end{bmatrix}\begin{bmatrix} U_{t1} \\ U_{t2} \\ U_{t3} \end{bmatrix}=\begin{bmatrix} \dfrac{E_1}{R_1} \\ \dfrac{E_2}{R_2} \\ 0 \end{bmatrix}$$

该方程组就是所需列写的割集法方程。解此方程组求得三个树支电压后,各支路电流便可由树支电压求出。由电路可得下述关系式

$$U_{t1}=R_1 i_1+E_1$$
$$U_{t2}=R_2 i_2+E_2$$
$$U_{t3}=R_3 i_3-\beta i_5=R_3 i_3+\frac{\beta}{R_5}U_{t1}-\frac{\beta}{R_5}U_{t2}$$

$$R_4 i_4=-U_{t1}+U_{t3}$$
$$R_5 i_5=-U_{t1}+U_{t2}$$
$$R_6 i_6=U_{t1}-U_{t2}-U_{t3}$$

于是各支路电流为

$$i_1=\frac{1}{R_1}(U_{t1}-E_1)$$

$$i_2=\frac{1}{R_2}(U_{t2}-E_2)$$

$$i_3=-\frac{\beta}{R_3 R_5}U_{t1}+\frac{\beta}{R_3 R_5}U_{t2}+\frac{1}{R_3}U_{t3}$$

$$i_4=\frac{1}{R_4}(-U_{t1}+U_{t3})$$

$$i_5=\frac{1}{R_5}(-U_{t1}+U_{t2})$$

$$i_6=\frac{1}{R_6}(U_{t1}-U_{t2}-U_{t3})$$

14.11.5　电路中含无伴电压源时的割集法方程

当电路中含无伴电压源支路时,因该支路的电流为未知量,且不能用其支路电压予以表示,因此在用规则化方法列写割集法方程时会遇到困难。对此可有两种解决方法。

1. 虚设电流变量法——增设无伴电压源支路的电流变量

这一方法与节点法相似,即在建立方程时增设无伴电压源支路的电流为新的电路变量并写入方程,同时增补一个用树支电压表示的无伴电压源电压的方程。

2. 选"合适"树法——选一棵树,使无伴电压源支路均为树支

由于基本割集是单树支割集,若将无伴电压源支路选为树支,则该树支电压便是已知电压源的电压(或相差一个负号),于是该割集的方程便无须列写,这样就减少了所建立的电路方程的数目,从而使电路的计算得以简化。除了将无伴电压源支路选入树支外,还应将无伴电流源支路尽量选入连支。

例 14-12　用割集法求图 14-39(a)所示电路中两独立电压源的功率及各支路电流。

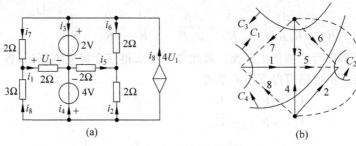

图 14-39　例 14-12 图

解　指定各支路电流参考方向如图 14-39(a)中所示,将两个无伴电压源支路均选为树支,由此确定的树及基本割集如图 14-39(b)所示。树支 3 和树支 4 的电压为已知电压源的电压,即

$$U_3 = 2\text{V}, \quad U_4 = 4\text{V}$$

这样只需列写割集 C_1 和 C_2 的方程。按规则化的方程建立这两个基本割集的方程分别为

$$C_1: \quad \left(\frac{1}{2}+\frac{1}{2}+\frac{1}{3}\right)U_1 - \frac{1}{2}U_3 - \frac{1}{3}U_4 = 0$$

$$C_2: \quad \left(\frac{1}{2}+\frac{1}{2}+\frac{1}{2}\right)U_2 + \frac{1}{2}U_3 - \left(\frac{1}{2}+\frac{1}{2}\right)U_4 = 0$$

将已知的 U_3 和 U_4 代入上述方程,可求得

$$U_1 = \frac{7}{4}\text{V}, \quad U_2 = 2\text{V}$$

由树支电压求得各支路电流为

$$i_1 = \frac{U_1}{2} = \frac{7}{8}\text{A}$$

$$i_2 = \frac{U_2}{2} = 1\text{A}$$

$$i_5 = \frac{1}{2}(U_2 - U_4) = -1\text{A}$$

$$i_6 = -i_2 - i_5 = -2\text{A}$$

$$i_7 = \frac{1}{2}(-U_1 + U_3) = \frac{1}{8}\text{A}$$

$$i_8 = 4U_1 = 7\text{A}$$

$$i_3 = -i_6 - i_7 + i_8 = \frac{39}{8}\text{A}$$

$$i_4 = -i_1 - i_3 + i_5 = -\frac{27}{4}\text{A}$$

两独立电压源的功率为

$$P_{2\text{v}} = 2i_3 = \frac{39}{4}\text{W}$$

$$P_{4\text{v}} = 4i_4 = 4 \times \left(-\frac{27}{4}\right) = -27\text{W}$$

14.11.6 割集分析法的相关说明

（1）割集分析法以树支电压为求解对象，所建立的方程实质是基本割集的 KCL 方程。

（2）当电路中不含无伴电压源（独立的或受控的）支路时，所建立的割集法方程的个数为 $n-1$ 个，这比用支路法时建立的方程数目减少了（$b-n+1$）个，所减少的是独立回路的 KVL 方程。

（3）节点法可视为割集法的特例。由于节点法方程的建立比割集法方程的建立较为容易，因此就这两种分析法而言，对一般电路的求解多采用节点法。

（4）当电路中含有无伴电压源支路时，适宜应用割集法求解，并采用"选合适树法"，即把无伴电压源支路选入树支，这样可减少所列写的方程的数目，从而可简化计算。

练习题

14-11　用系统法建立图 14-40 所示电路的割集法方程（选择支路 1，3，5 为树支）。

14-12　试用割集分析法求图 14-41 所示电路中各支路的电流。

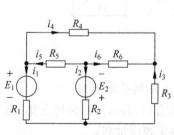

图 14-40　练习题 14-11 电路

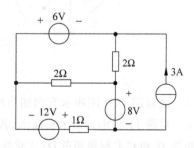

图 14-41　练习题 14-12 电路

习题

14-1 电路如题 14-1 图所示。(1)画出该电路的有向图(将电压源和与其串联的元件一起视为一条支路,将电流源和与其并联的元件也视作一条支路);(2)试对所画有向图任选出 3 棵树。

14-2 有向图如题 14-2 图所示。

(1) 判断下列支路集合中哪些是构成树的树支集。

(a){2,3,5,6,8}　(b){1,2,5,6}　(c){4,5,6,8}　(d){3,4,6,7,8}　(e){3,4,6,7}
(f){2,3,4,8};

(2) 该图有多少个回路? 有几个独立回路?

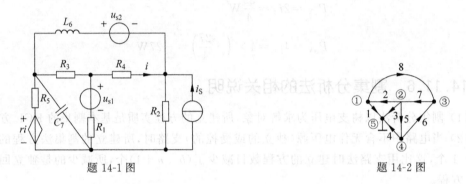

题 14-1 图　　　　　　　　　　　　题 14-2 图

14-3 拓扑图如题 14-3 图所示,试对各图判断下列支路集合是否为割集并说明理由。

(a)图　(1){2,5,7,9,11}　　　(2){3,4,8,9,11}　　　(3){3,4,6,7,9,10}
　　　　(4){2,3,5,7,9,10}　　(5){1,2,3,4,10,11}

(b)图　(1){3,4,6,7,8,10,12}　(2){1,2,3,5,7,8,9}　(3){3,4,5,6}
　　　　(4){1,2,6,8,9,13,14}　(5){1,2,4,5,6}　　(6){4,5,11,12,13,14}

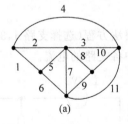
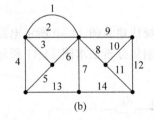

(a)　　　　　　　　　　(b)

题 14-3 图

14-4 试对题 14-2 图所示有向图写出关联矩阵 A 和网孔矩阵 M。

14-5 对题 14-3 图(a)所示有向图,若选取支路集合{1,2,3,7,8}为树支集,试写出其基本回路矩阵 B 和基本割集矩阵 Q(支路按先连支后树支顺序排列)。

14-6 某网络的有向图如题 14-6 图所示。若选支路 3,5,6 为树支,试写出其关联矩阵 A、基本回路矩阵 B 和基本割集矩阵 Q(支路均按先连支后树支的顺序排列)。

14-7　某有向图的关联矩阵为

$$
\begin{array}{cccccccc}
& 1 & 2 & 3 & 4 & 5 & 6 & 7 & 8
\end{array}
$$
$$
\mathbf{A} = \begin{bmatrix}
-1 & -1 & 0 & 0 & 0 & 0 & 0 & 1 \\
0 & 1 & 0 & 1 & 1 & 0 & 1 & 0 \\
1 & 0 & 1 & -1 & 0 & 0 & 0 & 0 \\
0 & 0 & -1 & 0 & -1 & 1 & 0 & 0
\end{bmatrix}
$$

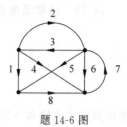
题 14-6 图

试做出该有向图。

14-8　一有向图的基本回路矩阵为

$$
\begin{array}{cccccc}
& 1 & 2 & 3 & 4 & 5 & 6
\end{array}
$$
$$
\mathbf{B} = \begin{bmatrix}
1 & 0 & 0 & 0 & -1 & -1 \\
0 & 1 & 0 & -1 & -1 & 0 \\
0 & 0 & 1 & 1 & 0 & 1
\end{bmatrix}
$$

不作图回答下列问题:

(1) 该图有多少个节点和多少个网孔?

(2) 该图的基本割集有多少个?

(3) 下列支路集合构成回路吗?

(a) $\{1,2,4,6\}$　　(b) $\{2,3,6\}$　　(c) $\{1,3,4,5\}$　　(d) $\{1,4,5,6\}$

14-9　某有向图在选定一棵树后写出的基本割集矩阵为

$$
\mathbf{Q} = \begin{bmatrix}
1 & 0 & -1 & 1 & 0 & 0 \\
0 & -1 & 1 & 0 & 1 & 0 \\
-1 & 1 & 1 & 0 & 0 & 1
\end{bmatrix}
$$

(1) 写出其基本回路矩阵 $\mathbf{B}$;(2) 画出该有向图。

14-10　若支路按先连支后树支的顺序排列,已知关联矩阵 $\mathbf{A}$,试将基本割集矩阵 $\mathbf{Q}$ 用 $\mathbf{A}$ 阵表示。

14-11　在题 14-11 图所示有向图中,选支路 1,2,3 为树支。(1)写出基本回路矩阵 $\mathbf{B}$ 和基本割集矩阵 $\mathbf{Q}$;(2)验证 $\mathbf{Q}\mathbf{B}^{\mathrm{T}}=\mathbf{0}$。

14-12　试说明连支电流是独立的、完备的电路变量。

14-13　题 14-13 图所示为一电路的有向图。(1)该电路有多少个独立的支路电流变量和多少个独立的支路电压变量? (2)试分别为这些支路赋一组电流数据和电压数据后,计算出其他支路的电流和电压;(3)将各支路电压用节点电位表示。

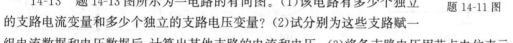
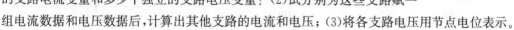
题 14-11 图

14-14　在题 14-14 图所示的某电路的有向图中,选支路 3,5,7,8 为树支。(1)写出该电路的用关联矩阵 $\mathbf{A}$ 表示的 KCL 和 KVL 方程;(2)写出该电路的用基本回路矩阵 $\mathbf{B}$ 表示的 KVL 方程;(3)写出该电路的用基本割集矩阵 $\mathbf{Q}$ 表示的 KCL 方程;(4)验证 $\mathbf{Q}\mathbf{B}^{\mathrm{T}}=\mathbf{0}$。

题 14-13 图

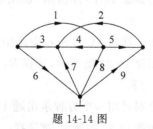
题 14-14 图

14-15 已知某电路的基本割集矩阵 $Q = [E \; | \; 1]$ 中的分块矩阵 E 为

$$E = \begin{bmatrix} 1 & -1 & 0 & 0 \\ -1 & 1 & 1 & 1 \\ 0 & -1 & -1 & -1 \\ 0 & -1 & -1 & 0 \end{bmatrix}$$

现要测量该电路各支路电流,问最少需用多少块电流表? 这些表如何接入电路?

14-16 电路如题 14-16 图所示,试用系统法写出两种形式的支路特性方程的矩阵式。

14-17 试用系统法写出题 14-17 图所示电路的支路电流法方程,进而求出各支路电流及各电压源的功率。

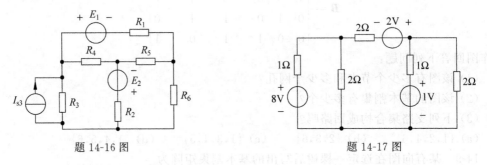

题 14-16 图　　　　　　　　　　题 14-17 图

14-18 题 14-18 图(a)所示电路的有向图如题 14-18 图(b)所示,选树为 $T = \{1,2\}$,用系统法写出矩阵形式的节点法方程。

14-19 电路如题 14-19 图所示,用系统法建立该电路的节点法方程,并求出各支路电流及电流源的功率。

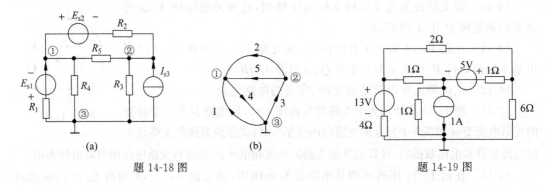

(a)　　　　　　　　(b)

题 14-18 图　　　　　　　　　　题 14-19 图

14-20 电路仍如题 14-18 图所示,选树为 $T = \{2,3\}$,用系统法建立电路的回路法方程。

14-21 电路仍如题 14-19 图所示,试用系统法建立电路的网孔法方程,并求出各电源的功率。

14-22 用割集法求题 14-22 所示电路中的两电压源的功率。

14-23 电路如题 14-23 图所示,选择 R_1、R_2、R_3 和 R_4 所在支路为树支后,用系统法写出该电路的割集法方程。

14-24 设法分别只用一个方程求出题 14-24 图所示电路中的 U 和 I。

14-25 电路如题 14-25 图所示,试选择一树,使得能用一个方程解出 U_1,并求 U_1 的值。

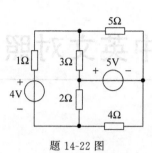

题 14-22 图

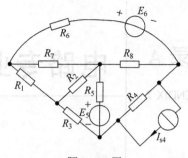

题 14-23 图

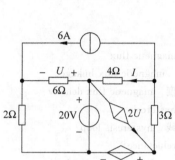

题 14-24 图

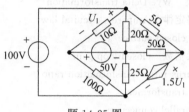

题 14-25 图

S 域模型电路 S-domain equivalent circuit

丫-△变换 Wye-Delta transformation

安培环路定律 Ampere's circuital law

闭合面 closed surface

闭环放大倍数 closed-loop gain

变比 turns ratio/transformation ratio

变压器 transformer

并联 parallel connection

并联谐振 parallel resonance

波长 wavelength

波形 waveform

参考点 reference point

参考方向 reference direction

参考节点 reference node

参考相量 reference phasor

策动点 driving point

常系数微分方程 constant coefficients equation

超前 lead

冲激响应 impulse response

初始条件 initial condition

初始值 initial value

初相位 initial phase angle

传输参数 transmission parameter

传输线 transmission line

串联 series connection

串联谐振 series resonance

磁场强度 magnetic flux intensity

磁导 permeance

磁导率 magnetic permeability

磁感应强度 magnetic induction

磁化曲线 magnetization curve

磁链 magnetic linkage

磁路 magnetic circuit

磁通 magnetic flux

磁通链 magnetic flux linkage

磁通密度 magnetic flux density

磁滞 hysteresis

磁滞回线 hysteresis loop

磁阻 reluctance

代入法 substitution method

带宽 bandwidth

带通滤波器 band-pass filter

带阻滤波器 band-stop filter

戴维宁定理 Thevenin's Theorem

单位阶跃函数 unit step function

单位脉冲函数 unit pulse function

单位斜坡函数 unit ramp function

导纳 admittance

导纳参数 admittance parameters

等效变换 equivalent transformation

等效电路模型 equivalent circuit model

等效电阻 equivalent resistance

低通滤波器 low-pass filter

电磁感应定律 law of electromagnetic induction

电导 conductance

电动势 electromotive force

电感 inductance

电感器 inductor

电荷 electric charge

电抗 reactance

电流 current

电路 electric circuit

电纳 susceptance

电容 capacitance

电容器 capacitor

电位 potential

电位差　potential difference

电压　voltage

电压极性　voltage polarity

电压三角形　voltage triangle

电阻　resistance

电阻器　resistor

叠加定理　superposition theorem

动态电阻　dynamic resistance

端口　port

短路电流　short-circuit current

对称三相电路　symmetrical three-phase circuit

对称三相电源　balanced three-phase sources

对偶电路　dual circuit

对偶元件　dual element

对偶原理　principle duality

多项式　polynomial

二端口网络　two-port network

二端网络　two-terminal network

二阶电路　second-order circuit

反射　reflection

反相　opposite in phase

反相放大器　inverting amplifier

反相输入端　inverting input

方程　equation

方阵　square matrix

非奇异矩阵　nonsingular matrix

非线性电路　nonlinear circuit

非线性时变电路　nonlinear time-varying circuit

非线性元件　nonlinear element

分贝　decibel

分布参数　distributed parameter

分布参数电路　distributed circuit

分流　current division

分压　voltage division

伏安特性　voltage-ampere characteristic

幅频特性　amplitude-frequency characteristic

幅值　amplitude

负极　negative polarity

负序　negative sequence

复功率　complex power

复频率　complex frequency

复平面　complex plane

复数　complex number

副方　secondary coils/windings

傅里叶变换　Fourier transformation

傅里叶系数　Fourier coefficient

感抗　inductive reactance

感纳　inductive susceptance

感性　inductive

高次谐波　higher harmonic

高通滤波器　high-pass filter

割集　cut set

功率　power

功率平衡定理　power-balancing Theorem

功率三角形　power triangle

功率因数　power factor

共轭复数　complex conjugate

共轭匹配　conjugate matching

固有频率　natural frequency

广义欧姆定律　generalized Ohm's law

过渡过程　transient process

过阻尼情况　overdamped case

互导纳　mutual-admittance

互感　mutual inductance

互感电压　mutual voltage

互易定理　reciprocal theorem

换路　switching

回路　loop

回路电流法　loop current method

混合参数　hybrid parameters

积分器　integrator

基波　fundamental harmonic

基波频率　fundamental frequency

基尔霍夫电流定律　Kirchhoff's Current Law(KCL)

基尔霍夫电压定律　Kirchhoff's Voltage Law(KVL)

级联　cascade connection

极点　pole

极坐标形式　polar form

集肤效应　skin effect

集中参数　lumped parameter

集中参数电路　lumped circuit

集中参数元件　lumped element

加法器　summing amplifier

渐近稳定　asymptotic stability

交流电　alternating current(AC)

角频率　angular frequency

阶跃响应　step response

节点　node

节点分析法　nodal analysis

截止频率　cut-off frequency

静态电阻　static resistance

矩形脉冲　rectangular pulse

卷积积分　convolution integration

均方根值　root-mean-square value

开环放大倍数　open-loop gain

开路电压　open-circuit voltage

空心变压器　air-core transformer

拉普拉斯变换　Laplace transformation

拉普拉斯变换对　Laplace pairs

拉普拉斯反变换　inverse Laplace transformation

理想变压器　ideal transformer

理想独立电流源　ideal independent current source

理想独立电压源　ideal independent voltage source

理想受控源　ideal controlled source

励磁电流　exciting current

列向量　column vector

临界情况　critically damped case

零输入响应　zero-input response

零状态响应　zero-state response

流控型电阻　current-controlled resistor

漏磁通　leakage flux

能量　energy

逆矩阵　inverse matrix

诺顿定理　Norton's theorem

欧姆定律　Ohm's law

偶次　even

偶对称　even symmetry

耦合　couple

耦合系数　coupling coefficient

频率　frequency

频率特性　frequency characteristic

频率响应　frequency response

频谱　frequency spectrum

频域　frequency domain

品质因数　quality factor

平均功率　average power

平面电路　planar circuit

谱线　spectrum line

齐次微分方程　homogeneous differential equation

奇次　odd

奇对称　odd symmetry

欠阻尼情况　underdamped case

全耦合变压器　unity-coupled transformer

全响应　complete response

容抗　capacitive reactance

容纳　capacitive susceptance

容性　capacitive

入端电阻　input resistance

三角形连接　delta connection

三相四线制　three-phase four-wire system

时间常数　time constant

时域　time-domain

时域积分　time integration

时域微分　time differentiation

时域延迟　time delay

实部　real part

视在功率　apparent power

输出/响应　output/response

输出电阻　output resistance

输入/激励　input/excitation

衰减　attenuation

衰减系数　damping factor

衰减振荡　damped oscillation

瞬时功率　instantaneous power

瞬时值　instantaneous value

四端网络　four-terminal network/quadripole

特解　particular solution

特勒根定理　Tellegen's theorem

特性阻抗　characteristic impedance

特征方程　characteristic equation

特征根　characteristic root

特征向量　characteristic vector

替代定理　substitution principle

跳变现象　jump phenomenon

铁芯线圈　coil with iron core

通解　general solution

同名端　dotted terminal

同相　in phase

同相放大器　noninverting amplifier

同相输入端　noninverting input

外网孔　outer mesh

网孔　mesh

网孔电流法　mesh current method

网络函数　network function

微分器　differentiator

稳定性　stability

稳态　steady state

稳态响应　steady-state response

无功功率　reactive power

无损　lossless

无源滤波器　passive filter

无源器件　passive element

线电流　line current

线电压　line voltage

线圈　coil

线性电路　linear circuit

线性工作区　linear region

线性非时变电路　linear-time-invariant circuit

线性性质　linearity

相电流　phase current

相电压　phase voltage

相量　phasor

相频特性　phase-frequency characteristic

相平面　phase plane

相位　phase

相位差　phase difference

相序　phase sequence

象函数　transform function

谐波　harmonic wave

谐振角频率　resonant angular frequency

谐振频率　resonant frequency

星形连接　Y connection

行列式　determinant

虚部　imaginary part

选择性　selectivity

压控电流源　voltage-controlled current source(VCCS)

压控电压源　voltage-controlled voltage sources(VCVS)

压控电阻　voltage-controlled resistor

一阶电路　first-order circuit

一阶微分方程　first-order differential equation

有功功率　active power

有向图　oriented graph

有效值　effective value

有源滤波器　active filter

有源器件　active element

右螺旋法则　right-handed screw rule

原方　primary coils/windings

原函数　object function

运算放大器　operational amplifier

匝数　turn

暂态响应　transient response

增益　gain

正极　positive polarity

正弦的　sinusoidal

正弦量　sinusoid

正弦稳态响应　sinusoidal steady-state response

正序　positive/abc sequence

支路　branch

支路电流法　method of branch current

直流　direct current(DC)

指数函数　exponential function

指数形式　exponential form

滞后　lag

中线　neutral line

中性点　neutral point

周期　period

周期性非正弦激励　nonsinusoidal periodic excitation

转移函数　transfer function

转置阵　transposed matrix

状态变量　state variable

状态方程　state equation

状态空间　state space

状态平面　state plane

自导纳　self-admittance

自感　self-inductance

自耦变压器　auto-transformer

自然频率　natural frequency

阻抗　impedance

阻抗参数　impedance parameter

阻抗角　impedance angle

阻抗匹配　impedance matching

阻抗三角形　impedance triangle

最大功率传输定理　maximum power transfer theorem

最大值　maximum

附录 B

APPENDIX B

习题参考答案

第 1 章

1-1 (1) -15W（产生）； (2) 6W（吸收）； (3) $-200\text{e}^{-2t}\,\text{mW}$（产生）

1-2 $P_1 = 600\text{W}$（吸收），$P_2 = -600\text{W}$（发出）

1-3 (1) $P_1 = 60\text{W}$（吸收），$P_2 = 105\text{W}$（吸收）； (2) $I_3 = 0.5\text{A}, I_4 = -1.2\text{A}$

1-4 $I_1 = -3\text{A}, I_2 = -4\text{A}$

1-5 $I_4 = -2\text{A}, I_5 = 3\text{A}$

1-6 (1) $U_3 = -4\text{V}, U_4 = -3\text{V}, U_5 = 1\text{V}, U_7 = 3\text{V}$

(2) $\varphi_1 = 2\text{V}, \varphi_2 = -3\text{V}, \varphi_4 = 1\text{V}, \varphi_5 = 4\text{V}, \varphi_6 = -6\text{V}$

1-7 略。

1-8 (1) -2Ω； (2) 0.5Ω

1-9 $50\text{V}, 10\text{mA}$

1-10 (a) $P_V = 18\text{W}$（吸收），$P_I = -18\text{W}$（发出）

(b) $P_V = -10\text{W}$（发出），$P_I = 2\text{W}$（吸收）

(c) $P_V = -12\text{W}$（发出），$P_I = -6\text{W}$（发出）

1-11 (a) $P_{1\Omega} = 9\text{W}, P_{2\Omega} = 8\text{W}$

(b) $P_{1\Omega} = 64\text{W}, P_{2\Omega} = 8\text{W}$

1-12 $2\text{A}, -30\text{W}$

1-13 (1) $3\text{V}, I = 5.5\text{mA}, I_A = 5.5\text{mA}, I_B = I_C = 0$

(2) $0\text{V}, I = 4\text{mA}, I_A = I_C = 0, I_B = 4\text{mA}$

(3) $5\text{V}, I = 6.5\text{mA}, I_A = 0, I_B = I_C = 3.25\text{mA}$

1-14 8V

1-15 (a) $-3\text{V}, -13.5\text{W}$

(b) $15\text{V}, -27\text{W}$

1-16 $P_u = 30\text{W}, P_i = -30\text{W}$

1-17 $U_1 = -1.5\text{V}, U_2 = 0.5\text{V}, U_3 = 7.5\text{V}$

1-18 $\dfrac{4}{3}\Omega$

1-19 $P_{1\text{A}} = 23\text{W}, P_{2\text{A}} = -74\text{W}, P_{3\text{A}} = 27\text{W}, P_{10\text{V}} = 10\text{W}, P_{3U_1} = -114\text{W}$

第 2 章

2-1 $a_1 = -1/a_2, b_1 = -b_2/a_2$

2-2 (1) $I = 1A, R_1 = 10\Omega, R_2 = 8\Omega$

(2) $R_1 = 2\Omega, R_2 = 1\Omega$

2-3 (1) $2V, 1A, \dfrac{2}{3}A, \dfrac{1}{3}A$

(2) $0V, \dfrac{5}{4}A, 0A, \dfrac{5}{4}A$

(3) $\dfrac{30}{11}V, \dfrac{10}{11}A, \dfrac{10}{11}A, 0A$

2-4 (a) 读数增大; (b) 读数不变; (c) 读数增大

2-5 $R_{ab} = R_1 + \dfrac{R_2(R_3 + R_4 + R_5)}{R_2 + R_3 + R_4 + R_5}, R_{ac} = R_1 + R_7$

$R_{ad} = R_1 + R_6 + \dfrac{R_3(R_2 + R_4 + R_5)}{R_3 + R_2 + R_4 + R_5}, R_{bd} = R_6 + \dfrac{(R_2 + R_3)(R_4 + R_5)}{R_2 + R_3 + R_4 + R_5}$

$R_{ce} = R_7 + \dfrac{(R_2 + R_4)(R_3 + R_5)}{R_2 + R_4 + R_3 + R_5}$

2-6 (a) 10Ω; (b) 0.5Ω; (c) 2Ω

2-7 (1) $200V$; (2) $181.8V$

2-8 $R_1 = 29.28k\Omega, R_2 = 270k\Omega, R_3 = 300k\Omega$

2-9 $9V$

2-10 $I_1 = -3A, I_2 = \dfrac{13}{6}A$

2-11 $2R$ 或 $-4R$

2-12 2.8Ω

2-13 $I_1 = -\dfrac{5}{6}A, I_2 = \dfrac{1}{6}A$

2-14 略。

2-15 (a) 3V 电压源和 2Ω 电阻的串联; (b) 1A 电流源

(c) 3V 电压源和 3Ω 电阻的串联;

2-16 $u_{ab} = -5V, P_{5V} = -75W, P_{5A} = 25W, P_{6V} = 60W, P_{10A} = -110W$

2-17 18V 电压源和 5Ω 电阻的串联

2-18 $U_{oc} = 90V, R_o = 10^5\Omega$

2-19 $R_1 = 1\Omega$

2-20 $3A$

2-21 (a) $P_{120V} = 864W, P_{12A} = -3744W$; (b) $P_{4A} = -374W, P_{30V} = -172.5W$

2-22 (a) 6Ω; (b) 10.5Ω

2-23 (a) 6V 电压源和 7Ω 电阻的串联; (b) 1V 电压源和 3.5Ω 电阻的串联

2-24 $2W$

2-25 $-\dfrac{6}{7}$A

2-26 5Ω

2-27 $\dfrac{9}{4}$A$,-\dfrac{21}{2}$W

2-28 2A

2-29 5V,1A,3V

2-30 (a) $\dfrac{7}{12}\Omega$; (b) $\dfrac{4}{5}\Omega$; (c) $\dfrac{13}{7}\Omega$; (d) $\dfrac{11}{20}\Omega$

第 3 章

3-1 $P_{8V}=-32$W$,P_{2V}=-4$W$,P_{1V}=1$W

3-2 $P_{20V}=-120$W$,P_{6V}=12$W$,P_{2U_1}=-16$W

3-3 9.5A,10A,13A,6.5A,3.5A

3-4 18W,12W,-135W

3-5 0.5A,2A,2.5A,1.5A,1A

3-6 $\dfrac{2}{25}$A

3-7 $(2/27)$W$,-(10/3)$W

3-8 略。

3-9 72.2W,889.2W

3-10 -6W

3-11 6V,2A

3-12 -3A$,-2$A$,1$A$,0$

3-13 -50W

3-14 1A,0.5A,0.5A

3-15 $P_{1A}=0,P_{10V}=-30$W

3-16 $\dfrac{5}{3}$V$,\dfrac{55}{12}$A

3-17 略。

3-18 0.5A

3-19 $P_{2V}=-20$W$,P_{2A}=-4$W

3-20 1A

3-21 $P_{3A}=-18W,P_C=-16$W

第 4 章

4-1 (a) $\dfrac{2}{3}$A; (b) $P_{2V}=-12$W$,P_{2A}=-8$W$,P_{4A}=-16$W$,P_{6V}=-18$W

4-2 2A,4A

4-3 24W,-168W

4-4 $U=-2.25\text{V},I=0.125\text{A}$

4-5 $U_\text{s}=24\text{V}$ 或 -1.6V

4-6 9A

4-7 $i_1=I_1-I_2,i_2=0$

4-8 $288\text{W},128\text{W}$

4-9 4Ω

4-10 -30V

4-11 $\dfrac{2}{3}\Omega,15\text{A}$

4-12 $R_\text{L}=\dfrac{5}{3}\Omega$

4-13 (a) $U_\text{OC}=3.5\text{V},R_\text{O}=\dfrac{15}{8}\Omega$; (b) $U_\text{OC}=4\text{V},R_\text{O}=2\Omega$

4-14 $U_\text{OC}=15\text{V},R_\text{O}=2\Omega$

4-15 $U_\text{OC}=-10\text{V},R_0=5\Omega$

4-16 $\dfrac{2}{3}\text{A}$

4-17 80V

4-18 4W

4-19 -4W

4-20 -1.2A

4-21 $\alpha=\dfrac{R_4+R_5}{R_1}$

4-22 1.5A

4-23 $4\text{A},1\text{A}$

4-24 (a) $3\Omega,\dfrac{64}{3}\text{W}$; (b) $2\Omega,\dfrac{9}{8}\text{W}$

4-25 2Ω

4-26 $10\Omega,140.625\text{W}$

4-27 $1\Omega,3\text{A}$

4-28 -2.4V

4-29 1A

4-30 $52\text{W},78\text{W}$

4-31 4V

4-32 -1.5A

4-33 8A

4-34 2.5A

4-35 $12\Omega,3\text{W}$

第 5 章

5-1 $(R_3+R_4)U_\text{s}/R_4$

5-2 $u_o = u_i$

5-3 $-R_4 u_i / R_1$

5-4 2

5-5 $2\text{V}, -500\Omega$

5-6 -3V

5-7 $720\text{mV}, 180\mu\text{A}$

5-8 $R_1 R_3 / R_2$

5-9 $2(u_{s2} - u_{s1})$

5-10 7.5V

第 6 章

6-1 (a) $\varepsilon(t) + (1-t)\varepsilon(t-1) + (t-2)\varepsilon(t-2)$

(b) $\delta(t) + t\varepsilon(t-1) - t\varepsilon(t-2) + 2\delta(t-2)$

(c) $t\varepsilon(t) + 2(1-t)\varepsilon(t-1) + \left(t - \dfrac{3}{2}\right)\varepsilon(t-2) + \dfrac{1}{2}\varepsilon(t-3)$

6-2 略。

6-3 $2.67\text{V}, 4.5\text{V}$

6-4 (a) $u_o = -\dfrac{1}{RC} \displaystyle\int_{-\infty}^{t} u_i \mathrm{d}t'$; (b) $u_o = -\dfrac{1}{RC}\dfrac{\mathrm{d}u_i}{\mathrm{d}t}$

6-5 (a) $i_C = [-0.5\delta(t) - 0.5\delta(t-1) + \delta(t-2)]\text{A}$

(b) $i_C = \{0.5[-0.5\varepsilon(t) + \varepsilon(t-1)] + 0.5[\varepsilon(t-2) - \varepsilon(t-3)]\}\text{A}$

6-6 $u_C(t) = U_o \varepsilon(-t) + E\varepsilon(t)$

$i_C(t) = C(E - V_o)\delta(t)$

6-7 (1) $u_C = \left[\dfrac{3}{2} - \dfrac{1}{2}(1-t)^2\right][\varepsilon(t) - \varepsilon(t-1)] + \left[\dfrac{3}{2} + \dfrac{1}{2}(t-1)^2\right][\varepsilon(t-1) - \varepsilon(t-2)] +$

$2\varepsilon(t-2)$

(2) $\dfrac{9}{8}\text{J}, 2\text{J}, 2\text{J}$

6-8 1.076V

6-9 (1) $u_L(t) = [\varepsilon(t) - \varepsilon(t-1)] - [\varepsilon(t-1) - \varepsilon(t-3)] + [\varepsilon(t-3) - \varepsilon(t-4)]$

(2) $P_L(t) = t[\varepsilon(t) - \varepsilon(t-1)] + (t-2)[\varepsilon(t-1) - \varepsilon(t-3)] + (t-4)[\varepsilon(t-3) - \varepsilon(t-4)]$

6-10 (1) $i_L = \dfrac{1}{2}t^2[\varepsilon(t) - \varepsilon(t-1)] + \left[1 - \dfrac{1}{2}(2-t)^2\right][\varepsilon(t-1) - \varepsilon(t-3)] +$

$\dfrac{1}{2}(t-4)^2[\varepsilon(t-3) - \varepsilon(t-4)]$;

(2) $\dfrac{1}{8}\text{J}, \dfrac{1}{2}\text{J}, \dfrac{1}{8}\text{J}$

6-11 (a) $(0.5e^{-2t} + 1.5)\text{A}$;

(b) $(4 - 2\cos t)\text{A}$

6-12 略。

6-13 100 个

6-14 (1) 1.6μF； (2) 8V,2V,4/3V,2/3V； (3) $6e^{-3t}$A,$2e^{-3t}$A

6-15 $u_{C1}(0_+)=\dfrac{9}{11}$V $u_{C2}(0_+)=-\dfrac{6}{11}$V $u_{C3}(0_+)=\dfrac{3}{11}$V $u_{C4}(0_+)=-\dfrac{9}{11}$V

6-16 初始电压为 3V 的 0.4F 的电容与$[0.8\delta(t)-4.8e^{-6t}\varepsilon(t)$A]电流源的并联

6-17 (1) 2H； (2) $i_1=\dfrac{2}{3}(1-e^{-2t})\varepsilon(t)$,$i_2=\dfrac{4}{3}(1-e^{-2t})\varepsilon(t)$,$i_3=\dfrac{8}{9}(1-e^{-2t})\varepsilon(t)$

$i_4=\dfrac{4}{9}(1-e^{-2t})\varepsilon(t)$ $u_2=\dfrac{8}{3}e^{-2t}\varepsilon(t)$V $u_3=\dfrac{16}{3}e^{-2t}\varepsilon(t)$V

6-18 $i_1(0_+)=2$A,$i_2(0_+)=1$A,$i_3(0_+)=0.5$A,$i_4(0_+)=-0.5$A,$u_1(t)=0.5\delta(t)$V

6-19 电感 L 与电压源 $e_s(t)$ 的串联电路,其中 $L=\dfrac{L_3(L_1+L_2)}{L_1+L_2+L_3}$,$e_s(t)=\dfrac{L_2L_3}{L_1+L_2+L_3}\dfrac{di_s}{dt}$

第 7 章

7-1 $u(t)=10\sin(314t+36.87°)$V$=10\cos(314t-53.13°)$V

7-2 $T=0.01$s,$f=100$Hz,$\omega=628$rad/s,$\varphi_u=40°$,$\varphi_i=-72°$

7-3 $\varphi=90°$；i 超前于 u

7-4 略。

7-5 (1) i_2 滞后于 u_1 60°,i_1 超前于 u_2 105°

(2) $U_1=6\underline{/30°}$V,$U_2=3\underline{/135°}$V,$I_1=2\underline{/-120°}$mA,$I_2=15\underline{/-30°}$mA

7-6 $u_1=100\sqrt{2}\sin(200t+53.1°)$V,$u_2=220\sin(200t+36.87°)$V,

$u_3=170\sqrt{2}\sin(200t-61.93°)$V

7-7 (1) $u=60\sqrt{2}\sin(\omega t+45°)$； (2) $u=107.78\sin(\omega t+40.5°)$

(3) $i=13.88\sin(2t-36.42°)$； (4) $i=22.7\sin(100t-7.44°)$

7-8 $i_1(t)=5\sqrt{2}\sin(314t+53.1°)$A,$i_2(t)=1.135\sqrt{2}\sin(314t+28.18°)$A,

$i_3(t)=4\sqrt{2}\sin(314t+60°)$A

7-9 (1) $u(t)=1.2\sin(1000t+30°)$V

7-10 43.96mH,14.24J

7-11 $u(t)=9.18\sqrt{2}\sin(1000t-33.7°)$V

7-12 7.24μF,0.35J

7-13 (1) $i(t)=0.255\sqrt{2}\sin(100\pi t-60°)$A； (2) $u(t)=38.2\sqrt{2}\sin(2000\pi t-30°)$V

$u(t)=25.5\sqrt{2}\sin(3000\pi t-30°)$V

7-14 (1)、(5)、(7)式正确

7-15 (1) $C=\dfrac{2}{3}$F, (2) $R=0.173\Omega$ 或 $L=0.3$mH 或 $C=1$F

7-16 20V

7-17 (1) $I=5\underline{/90°}$A, (2) $i(t)=\dfrac{10}{3}\cos\omega t$A；(3) $u(t)=4\sqrt{2}\sin(\omega t-73.7°)$V；

(4) $Z=(7.85-j18.4)\Omega$, (5) $Y=0.0828\underline{/-60.17°}\text{S}$

7-18 $R=4.31\Omega, L=2\text{H}, C=2.77\times10^{-3}\text{F}$

7-19 $12.5\Omega, 0.1295\text{H}$

7-20 (1) $Z=(50-j50)\Omega, \dot{I}=\sqrt{2}\underline{/-135°}\text{A}$; (2) $Z=\infty, \dot{I}=0$;

(3) $Z=(50-j100)\Omega, \dot{I}=0.4\sqrt{5}\underline{/-116.53°}\text{A}$

7-21 (1) $Y=(2+j)\times10^{-2}\text{S}, \dot{U}=400\sqrt{5}\underline{/-26.6°}\text{V}$;

(2) $Y=(2-j1.5)\times10^{-2}\text{S}, \dot{U}=800\underline{/-36.89°}\text{V}$;

(3) $Y=(2-j)\times10^{-2}\text{S}, \dot{U}=400\sqrt{5}\underline{/26.6°}\text{V}$

7-22 (a) $Z=(3-j)\Omega, Y=(0.33+j0.1)\text{S}$

(b) $Z=(-3+j2)\Omega, Y=\left(-\dfrac{3}{13}-j\dfrac{2}{13}\right)\text{S}$

7-23 (1) $(0.794+j1.676)\Omega$, (2) $(0.595-j0.32)\text{S}$

7-24 $i_1=0.878\sin(314t+13.7°)\text{A}, i_2=1.066\sin(314t+39.3°)\text{A}$,

$i_3=0.475\sin(314t-86.7°)\text{A}$

7-25 $\dot{I}=5\underline{/-90°}\text{A}$

7-26 $i_1=10\sin(5000t-15°)\text{A}, i_2=10\sin(5000t+75°)\text{A}$

7-27 $i_1=0.447\sqrt{2}\sin t\text{A}, i_2=0.224\sqrt{2}\sin(1000t+26.57°)\text{A}$

7-28 $\dot{I}_1=1.14\underline{/53.23°}\text{A}, \dot{I}_2=1.106\underline{/55.46°}\text{A}, \dot{I}_3=0.05\underline{/-11.3°}\text{A}$

7-29 $\dot{I}_1=0.45\underline{/8.97°}\text{A}, \dot{I}_2=0.079\underline{/108.43°}\text{A}, \dot{I}_3=0.47\underline{/18.43°}\text{A}$

7-30 $0.784\underline{/-101°}\text{A}$

7-31 $3.38\underline{/37.54°}\text{A}$

7-32 25krad/s

7-33 $\omega=\sqrt{\dfrac{R_1+R_2}{R_2LC}}$

7-34 $5.51\text{k}\Omega$

7-35 $40\text{V}, 30\text{V}, 60\text{V}$

7-36 $(57.74+j100)\Omega$

7-37 $10.22\text{A}, 141\text{V}$

7-38 (1) 15V, (2) 9V

7-39 $0.02\mu\text{F}$

7-40 $380\Omega, 1.21\text{H}, 4.19\mu\text{F}$

7-41 $R\neq0, C=\dfrac{1}{2\omega^2L}$

7-42 (1) $353.55\text{W}, 353.55\text{var}$; (2) $353.55\text{W}, 353.55\text{var}$

7-43 (1) $\widetilde{S}=(172.8+j230.4)\text{VA}$; (2) $\widetilde{S}=(241.8-j418.8)\text{VA}$;

(3) $\widetilde{S}=(294.03-j392.04)\text{VA}$; (4) $\widetilde{S}=(141.2+j141.2)\text{VA}$

7-44　(1) $\tilde{S}=(154-\text{j}72)\text{VA},\cos\varphi=0.91$

(2) $\tilde{S}=(623.5-\text{j}360)\text{VA},\cos\varphi=0.866$

(3) $\tilde{S}=(10.6-\text{j}3.6)\text{VA},\cos\varphi=0.95$

(4) $\tilde{S}=(173.2-\text{j}99.7)\text{VA},\cos\varphi=0.866$

7-45　$400\text{W},\pm300\text{var},\cos\varphi=0.8$

7-46　$300\text{W},-100\text{var},-100\text{var},200\text{var},-200\text{var}$

7-47　$\cos\varphi=0.993,1.735\text{kvar},68.7\text{A}$

7-48　28.4mH

7-49　$80\Omega8,127.39\text{mH},31.8\mu\text{F}$

7-50　$R=50\Omega,X_L=100\Omega,X_C=20\Omega$

7-51　$R_1=625\Omega,X_C=833.3\Omega,X_L=600\Omega$

7-52　-200W

7-53　$Z_1=50\underline{/60^\circ}\,\Omega,Z_2=\text{j}57.74\Omega$

7-54　$R_1=R_2=R_3=5\Omega,X_L=X_C=5\sqrt{3}\,\Omega$

7-55　$(5.3+\text{j}10.6)\Omega$

7-56　$R_1=6\Omega,R_2=4\Omega,L=25\text{mH},C=398\mu\text{F}$

7-57　$\tilde{S}=\text{j}3.75\text{VA},\cos\varphi=0$

7-58　$Z_L=(11.92-\text{j}1.44)\Omega,P_{\max}=3.02\text{W}$

7-59　$(0.4-\text{j}0.2)\Omega,0.25\text{W}$

7-60　$(2-\text{j}2)\Omega,1.5\text{W}$

7-61　$118\mu\text{F}$

7-62　(1) $21.26\text{A},1800\text{W};0.874(滞后)$；　(2) $10.22\Omega,2778\text{W},0.926(滞后)$

7-63　$0.0154\mu\text{F},0.385\text{mH},8\text{mW}$

7-64　(1) $(70+\text{j}71)\Omega,$ (2) 33.75Ω 或 216.1Ω

7-65　$10\underline{/-90^\circ}\text{A}$

7-66　$u_1=4\sin t\,\text{V},u_2=\dfrac{(\sqrt{2}\,)^n}{2^{n-1}}\sin(t+n\times45^\circ)\text{V}$

第 8 章

8-1　$160\Omega,2.56\text{H},15.625\text{nF}$

8-2　$2.26\Omega,28.78\text{mH}$

8-3　$10\times10^{-3}\,\Omega,0.5\times10^{-10}\,\text{H},5\times10^{-3}\,\text{F},Q=100$

8-4　$100\text{k}\Omega,0.1\text{mH},100\text{pF},0.1\text{W},Q=50$

8-5　9.6V

8-6　$8\text{A},Q=1.33$

8-7　(a) 电路先发生并联谐振　(b) 电路先发生串联谐振

8-8 (a) $\dfrac{1}{\sqrt{LC}}$ (b) $\dfrac{1}{RC}\sqrt{\dfrac{R^2C}{L}-1}$ (c) $\dfrac{1}{\sqrt{LC_2}},\dfrac{1}{\sqrt{L(C_1+C_2)}}$

8-9 $\sqrt{\dfrac{1+\alpha}{L}-\dfrac{1}{R^2C^2}}$

8-10 $\dot{I}=10\sqrt{2}\underline{/45°}\text{A},R=10\sqrt{2}\,\Omega,X_L=5\sqrt{2}\,\Omega,X_C=10\sqrt{2}\,\Omega$

8-11 除 $\dot{I}_3=0$,其余各支路电流均为1A

8-12 $R=8\Omega$ 或 $2\Omega,C_2=440\mu\text{F}$ 或 $65\mu\text{F}$

8-13 $17.3\underline{/0°}\text{A},6.04\Omega,11.55\Omega,5.77\underline{/30°}\Omega$

8-14 $L=0.031\text{mH},C_p=12.7\text{pF}$

8-15 $14.1\Omega,\dfrac{X_L}{X_C}=\dfrac{1}{2}$

8-16 $U_S=173\text{V},R_1=17.32\Omega,R_2=17.32\Omega,X_L=20\Omega,X_{C1}=10\Omega,X_{C2}=10\Omega$

8-17 $\left(1-\dfrac{M}{L_2}\right)u_S$

8-18 (1) $u_1=L_1\dfrac{di_{s1}}{dt}-M\dfrac{di_{s2}}{dt},u_1=M\dfrac{di_{s1}}{dt}-L_2\dfrac{di_{s2}}{dt}$;

    (2) $\dot{I}_1=\dfrac{1}{\Delta}(L_2\dot{U}_{S1}+M\dot{U}_{S2}),\dot{I}_2=\dfrac{1}{\Delta}(M\dot{U}_{S1}+L_1\dot{U}_{S2}),\Delta=j\omega(L_1L_2-M^2)$;

    (3) $u_1=L_1\dfrac{di_{S1}}{dt}+(L_1+M)\dfrac{di_{S2}}{dt}$ $u_2=(L_1+M)\dfrac{di_{S1}}{dt}+(L_1+L_2+2M)\dfrac{di_{S2}}{dt}$

8-19 (a) $j2\Omega$; (b) $(0.45-j5.1)\Omega$

8-20 (a) 280V; (b) 82.53V

8-21 $M=25\text{H}$

8-22 $M=35.5\text{mH}$

8-23 $\dot{U}=30.9\underline{/51.87°}\text{V},\dot{I}=4.92\underline{/-38.13°}\text{A},\dot{I}_1=1.97\underline{/-38.13°}\text{A},\dot{I}_2=2.95\underline{/-38.13°}\text{A}$

8-24 $0.135\underline{/-36.9°}\text{A},0.108\underline{/0°}\text{A},0.0811\underline{/-90°}\text{A}$

8-25 $58.33\underline{/90°}\text{V}$

8-26 200V

8-27 $0.167\sin(t+180°)\text{A},0.458\sin t\,\text{A},0.708\sin t\,\text{A}$

8-28 12.9W

8-29 $\dfrac{1}{2\pi\sqrt{L_2C}}$

8-30 $1.5\mu\text{F},4\underline{/0°}\text{A},2\underline{/180°}\text{A},6\underline{/0°}\text{A}$

8-31 0.49H

8-32 $n=\dfrac{1}{3},6.75\text{W}$

8-33 $6.67\underline{/-53.1°}\text{V},8.88\text{W}$

8-34　$\sqrt{2}\underline{/-45°}\text{A},2\sqrt{2}\underline{/-45°}\text{A}$

8-35　$8\Omega,154.88\text{W}$

8-36　$n=4,E_m=4\text{V}$

8-37　$(0.5+\text{j}0.5)\Omega,4\text{W}$

8-38　$n_1=5,n_2=2,0.36\text{W}$

8-39　$400\sqrt{2}\sin(10^6t+90°)\text{V}$

8-40　$n_1^2R_1+n_2^2R_2+(n_1+n_2)^2R_3$

8-41　5.81A

8-42　$3.75\text{A},47.76\text{V}$

8-43　$\dfrac{5}{3}\Omega,\dfrac{5}{3}\text{mH},3\times10^{-4}\text{F},u_o(t)=-120\sqrt{2}\sin1000t\ \text{V}$

第 9 章

9-1　(2) $\dot{U}_{xB}=220\underline{/-60°}\text{V},\dot{U}_{BC}=380\underline{/-90°}\text{V},\dot{U}_{cx}=220\underline{/60°}\text{V}$

9-2　$\dot{I}_A=4.4\underline{/-53.1°}\text{A},\dot{I}_B=4.4\underline{/-173.1°}\text{A},\dot{I}_C=4.4\underline{/66.9°}\text{A},\dot{I}_0=0$

9-3　$\dot{I}_A=22\sqrt{2}\underline{/-75°}\text{A},\dot{I}_1=17.96\underline{/-45°}\text{A}$

9-4　(1) $220\text{V},13.8\text{A}$；(2) 15.94Ω；(3) $23.9\text{A},41.4\text{A}$

9-5　$I_1=59.1\text{A},I_2=67.6\text{A},I_3=26.8\text{A}$

9-6　$\dot{I}_A=50\underline{/-102.5°}\text{A},\dot{I}_B=50\underline{/137.5°}\text{A},\dot{I}_A=50\underline{/17.5°}\text{A}$

9-7　(1) $\dot{I}_A=4.12\underline{/-60.7°}\text{A},\dot{I}_B=0,\dot{I}_C=4.12\underline{/-74.5°}\text{A},\dot{I}_0=3.14\underline{/6.9°}\text{A}$

　　(2) $\dot{I}_A=7.6\underline{/-83.1°}\text{A},\dot{I}_B=7.6\underline{/-143.1°}\text{A},$

　　　$\dot{I}_C=35.16\underline{/66.8°}\text{A},\dot{I}_0=22\underline{/66.9°}\text{A}$

9-8　161V

9-9　$I_A=I_C=I_1/\sqrt{3},I_B=I_1$

9-10　略。

9-11　$R_1=\sqrt{3}X_{c1},X_{c2}=\sqrt{3}R_2$

9-12　$Z=(3+\text{j}4)\Omega$

9-13　4.43A

9-14　(1) 300W；(2) $(300+\text{j}100\sqrt{3})\Omega$

9-15　$C=91.5\mu\text{F},30.39\text{A}(\text{并联 C 前}),16.88\text{A}(\text{并联 C 后})$

9-16　(1) $17.9\text{A},9.05\text{A},5.23\text{A},\cos\varphi=0.667$

　　(2) $114.9\mu\text{F}(\text{欠补偿}),14.9\text{A},7782\text{W}$

9-17　$84.617\text{kW},62.757\text{kvar},105.349\text{kVA}$

9-18　略。

9-19　$6.74\text{A},69.7\text{V},906.7\text{W}$

9-20　$83.7\text{A},627.6\text{V},13462\text{W}$

9-21　$I_1=124.5\text{A}, I_2=0, P=333.3\text{W}$

9-22　(1) $414\text{V}, 0.72$；(2) $\dot{I}_\text{B}=12.41\underline{/-129.45°}\text{A}, 3677.7\text{W}, 3642.3\text{var}$

9-23　(1) $(4+\text{j}3)\Omega$；(2) $22\sqrt{2}\underline{/-135°}\text{A}, 22\sqrt{2}\underline{/105°}\text{A}, 22\sqrt{2}\underline{/-15°}\text{A}$；

　　　(3) $22\sqrt{2}\underline{/135°}\text{A}, 74.31\underline{/96.2°}\text{A}, 46.65\underline{/50.06°}\text{A}, 132\underline{/-90°}\text{A}$

9-24　$P_\text{AB}=-3795\text{W}, P_\text{BC}=-5919\text{W}$

第 10 章

10-1～10-3　略。

10-4　(1) 奇函数,展开式中常数项为零,且不含余弦项；

　　　(2) 偶函数,偶谐波函数,展开式中含直流分量和偶次谐波的余弦项。

10-5　$12.04\text{V}, 29\text{W}$

10-6　$134.2\text{V}, 48.9\text{A}, 1617\text{W}$

10-7　$i(t)=[2.16\sqrt{2}\sin100t+0.299\sqrt{2}\sin(300t-85.2°)+0.094\sqrt{2}\sin(500t-89°)]\text{A}$,

　　　$2.183\text{A}, 234.3\text{W}$

10-8　$1\Omega, 11.5\text{mH}$；$1\Omega, 12.3\text{mH}, 6.96\%$

10-9　$i_1=[20-3.76\sqrt{2}\cos(3t+31.9°)]\text{A}, i_2=[15\sqrt{2}\sin t-7.06\sqrt{2}\cos(3t-58.07°)]\text{A}$

10-10　17W

10-11　$20\text{mH}, 0.11\text{F}$ 或 $0.11\text{H}, 0.02\text{F}$

10-12　$10.14\mu\text{F}, u_0(t)=99.29\sqrt{2}\sin(94.2t+6.81°)\text{V}$

10-13　$u_0=[2+6\cos(2t+45°)]\text{V}, i=6\sqrt{2}\cos2t\ \text{A}$

10-14　$i_\text{L3}=[10-10\sqrt{2}\cos3\omega_1 t]\text{A}, P=1000\text{W}$

10-15　$12.2\text{V}, 25\text{W}$

10-16　$I_1=7.07\text{A}, I_2=7.29\text{A}$

10-17　$3360\text{W}, 17.92\text{A}$

10-18　$i_1=4\sin(2t+45°)\text{A}, u_2=(5+8\sqrt{2}\sin t)\text{V}$

10-19　(1) $1.414\text{A}, 99.88\text{W}$；

　　　(2) $i_t=[1.342\sqrt{2}\sin(\omega t-63.43°)+0.444\sqrt{2}\sin(3\omega t-77.2°)]\text{A}$

10-20　$A_1=24.9\text{A}, A_2=20.1\text{A}$,

　　　$U_1=134.5\text{V}, U_2=99.68\text{V}, U_3=166.3\text{V}, U_4=72.31\text{V}, U_5=60.3\text{V}$

10-21　(1) 938.1V　(2) 916.5V

10-22　(1) $u_\text{O'O}=120\sin3\omega t\ \text{V}$

　　　(2) $i_\text{O'O}=72\sin(3\omega t-36.86°)\text{A}$

　　　(3) $u_\text{AB}=[312\sin(\omega t+30°)+139\sin(5\omega t-30°)]\text{V}$

　　　　　$u_\text{BC}=[312\sin(\omega t-90°)+139\sin(5\omega t+90°)]\text{V}$

　　　　　$u_\text{CA}=[312\sin(\omega t+150°)+139\sin(5\omega t-150°)]\text{V}$

第 11 章

11-1　(a) $R_1 C\dfrac{\text{d}u_C}{\text{d}t}+\left(1+\dfrac{R_1}{R_2}\right)u_C=e_s$

(b) $L \dfrac{\mathrm{d}i_L}{\mathrm{d}t} + (R_1 + R_2) i_L = R_2 i_s$

(c) $C(R_1 + R_2 - \beta R_1) \dfrac{\mathrm{d}u_C}{\mathrm{d}t} + u_C = 0$

11-2 (a) $i_L(0_+) = 4\mathrm{A}, i_1(0_+) = 0.5\mathrm{A}, u(0_+) = 12\mathrm{V}$

(b) $u_R(0_+) = u_C(0_+) = \dfrac{20}{11}\mathrm{V}, i(0_+) = \dfrac{60}{11}\mathrm{A}, i_C(0_+) = -\dfrac{30}{11}\mathrm{A}$

11-3 (a) $u_C(0_+) = 36\mathrm{V}, u_1(0_+) = 18\mathrm{V}, u_2(0_+) = 12\mathrm{V}, i(0_+) = 8\mathrm{A}, i_L(0_+) = 6\mathrm{A},$

$u_C(\infty) = 30\mathrm{V}, u_1(\infty) = 12\mathrm{V}, u_2(\infty) = 12\mathrm{V}, i(\infty) = 6\mathrm{A}, i_L(\infty) = 4\mathrm{A},$

$\dfrac{\mathrm{d}i_L}{\mathrm{d}t}(0_+) = -6\mathrm{A/s}, \dfrac{\mathrm{d}u_C}{\mathrm{d}t}(0_+) = -1\mathrm{V/s}$

11-4 $u_{C1}(0_+) = 4\mathrm{V}, u_{C2}(0_+) = 0, u_{C3}(0_+) = 2\mathrm{V}, i_2(0_+) = 1\mathrm{A}$

$i = [1 + 4\delta(t)]\mathrm{A}, i_1 = 4\delta(t)\mathrm{A},$

$\dfrac{\mathrm{d}u_{C3}}{\mathrm{d}t} = 2\delta(t)\mathrm{V/s}, \dfrac{\mathrm{d}u_{C1}}{\mathrm{d}t} = [1 + 4\delta(t)]\mathrm{V/s}, \dfrac{\mathrm{d}u_{C2}}{\mathrm{d}t}(0_+) = 2\mathrm{V/s}$

11-5 (a) $i_{L1}(0_+) = 1.5\mathrm{A}, i_{L2}(0_+) = 3\mathrm{A}, \dfrac{\mathrm{d}i_{L1}}{\mathrm{d}t}(0_+) = -1.5\mathrm{A/s}, \dfrac{\mathrm{d}i_{L2}}{\mathrm{d}t}(0_+) = 0.75\mathrm{A/s}$

(b) $i_{L1}(0_+) = 2.5\mathrm{A}, i_{L2}(0_+) = 3.5\mathrm{A}$

11-6 $i_{L1}(0_+) = 0.5\mathrm{A}, i_{L2}(0_+) = -0.5\mathrm{A}$

11-7 $u_C(t) = -\mathrm{e}^{-2t}\mathrm{V} \quad t \geqslant 0$

11-8 $500\mathrm{V}, 1000\,\Omega, 41\mathrm{V}$

11-9 $u_C = 500\mathrm{e}^{-\frac{1}{1000}t}\mathrm{V}, 2631\mathrm{s}$

11-10 (1) $i_L = \mathrm{e}^{-6740t}\mathrm{A}, u_v = -10000\mathrm{e}^{-6740t}\mathrm{V}$

(2) 在换路瞬间,电压表的反向电压可达 $10000\mathrm{V}$,为避免电压表损坏,应在换路前断开电压表。

11-11 $i = -\dfrac{16}{3}\mathrm{e}^{-0.5t}\mathrm{A} \quad (t > 0)$

11-12 $i_R = \mathrm{e}^{2t}\mathrm{A} \quad (t > 0)$

11-13 $i = (2\mathrm{e}^{-10t} + 2\mathrm{e}^{-2t})\mathrm{A} \quad (t > 0)$

11-14 $i_{L1}(t) = \dfrac{5}{3}\mathrm{e}^{-3t}\mathrm{A} \quad (t > 0), W_R = \dfrac{25}{6}\mathrm{J}$

11-15 $u_R(t) = 60\mathrm{e}^{-\frac{10^5}{6}t}\mathrm{V} \quad (t > 0), u_C(t) = 60(1 - \mathrm{e}^{-\frac{10^5}{6}t})\mathrm{V} \quad (t \geqslant 0)$

11-16 $R = 5.074 \times 10^4\,\Omega$

11-17 $12.4\,\mu\mathrm{F}$

11-18 $i_{L(t)} = -3(1 - \mathrm{e}^{-2t})\mathrm{A}, u(t) = 9\mathrm{e}^{-2t}\mathrm{V}$

11-19 $i_j(t) = \dfrac{15}{500 + R}(1 - \mathrm{e}^{-\frac{500 + R}{0.5}t})\mathrm{A}, (0.405 \sim 0.549)\mathrm{ms}$

11-20 $R = 2\mathrm{k}\Omega, C = 2.5\,\mu\mathrm{F}$

11-21 $R_1 = 2\,\Omega, R_2 = 3\,\Omega, L = 1\mathrm{H}$

11-22　$u = (100 - 25\mathrm{e}^{-50t})\,\mathrm{V}$　$(t > 0)$

11-23　$i_\mathrm{L} = \dfrac{3}{2} + \dfrac{7}{2}\mathrm{e}^{-2t}$

11-24　(1) $u_\mathrm{C}(t) = [2 - \mathrm{e}^{-3t} - 2\sin(314t + 30°)]\,\mathrm{V}$，(2) $u_\mathrm{C}(t) = (2 + 2\mathrm{e}^{-3t})\,\mathrm{V}$

11-25　(1) $i_1 = \left(1 - \dfrac{1}{4}\mathrm{e}^{-15t}\right)\mathrm{A}$，$i_2 = \left(\dfrac{5}{3} - \dfrac{5}{12}\mathrm{e}^{-15t}\right)\mathrm{A}$，$i_\mathrm{L} = \left(\dfrac{8}{3} - \dfrac{2}{3}\mathrm{e}^{-15t}\right)\mathrm{A}$

　　　　(2) $2\mathrm{e}^{-15t}\,\mathrm{A}$，$\dfrac{8}{3}(1 - \mathrm{e}^{-15t})\,\mathrm{A}$，(3) $-\dfrac{2}{3}\mathrm{e}^{-15t}\,\mathrm{A}$，$\dfrac{8}{3}\,\mathrm{A}$

11-26　$u_\mathrm{C}(t) = 12(1 - \mathrm{e}^{-\frac{t}{8}})\varepsilon(t)\,\mathrm{V}$

11-27　$i_\mathrm{C} = -3\mathrm{e}^{-\frac{t}{3}}\,\mathrm{A}$　$(t > 0)$

11-28　$u_\mathrm{C} = \dfrac{40}{3}(1 - \mathrm{e}^{-\frac{3}{10}t})\varepsilon(t)\,\mathrm{V}$

11-29　$i_\mathrm{L} = \left(\dfrac{2}{5} + \dfrac{8}{5}\mathrm{e}^{-10t}\right)\mathrm{A}$　$t \geq 0$，$u = \left(\dfrac{12}{5} - \dfrac{16}{15}\mathrm{e}^{-10t}\right)\mathrm{V}$　$(t > 0)$

11-30　$i_1 = -\dfrac{2}{3}\mathrm{e}^{-2t}\,\mathrm{A}$，$i_2 = \left(1 + \dfrac{3}{5}\mathrm{e}^{-t}\right)\mathrm{A}$，$i_\mathrm{k} = \left(1 + \dfrac{3}{5}\mathrm{e}^{-t} - \dfrac{2}{3}\mathrm{e}^{-2t}\right)\mathrm{A}$

11-31　$u_\mathrm{k} = \left(-10 + \dfrac{2}{3}\mathrm{e}^{-8t}\right)\mathrm{V}$

11-32　$u_\mathrm{o} = \left(\dfrac{5}{8} - \dfrac{1}{8}\mathrm{e}^{-t}\right)\mathrm{V}$

11-33　$u_\mathrm{k} = [(15 + 0.75\mathrm{e}^{-3t} - \mathrm{Re}^{-2t})\varepsilon(t) + 0.75\delta(t)]\,\mathrm{V}$

11-34　$i = [\sin(2t - 53.1°) - 1.8\mathrm{e}^{-1.5t} + 5]\varepsilon(t) + 1.25\delta(t)$

11-35　$u_\mathrm{o} = U_{s2} - \dfrac{R_2}{R_1}\beta U_{s1}\left[1 - \mathrm{e}^{-\frac{t}{CR_2(1+\beta)}}\right]$　$(t \geq 0)$

11-36　$u_{ab} = [2.5 + \mathrm{e}^{-0.5t} - 0.5\mathrm{e}^{-2t}]\,\mathrm{V}$

11-37　$u_0 = \left[\dfrac{R_2}{R_1 + R_2}U_s + \left(\dfrac{C_1}{C_1 + C_2} - \dfrac{R_2}{R_1 + R_2}\right)U_s\mathrm{e}^{-\frac{t}{\tau}}\right]\mathrm{V}$

　　　　$\tau = \dfrac{R_1 R_2}{R_1 + R_2}(C_1 + C_2)$，$\dfrac{R_1}{R_2} = \dfrac{C_2}{C_1}$

11-38　$u_\mathrm{C} = -\dfrac{R_2}{R_1}U_s(1 - \mathrm{e}^{-\frac{t}{R_3 C}})\varepsilon(t)\,\mathrm{V}$

11-39　$i = 10(1 - \mathrm{e}^{-t})\varepsilon(t)\,\mathrm{A}$

11-40　略。

11-41　$i_{\mathrm{L}1} = \left(\dfrac{14}{5} - \dfrac{4}{5}\mathrm{e}^{-t}\right)\mathrm{A}$，$i_{\mathrm{L}2} = \left(\dfrac{6}{5} - \dfrac{1}{5}\mathrm{e}^{-t}\right)\mathrm{A}$

11-42　$u_\mathrm{C} = \dfrac{1}{2}(1 + \mathrm{e}^{-\frac{t}{6}})\,\mathrm{V}$　$(t \geq 0)$

11-43　$u_\mathrm{C} = \dfrac{1}{3}(1 - \mathrm{e}^{-\frac{t}{5}})\varepsilon(t)\,\mathrm{V}$，$i = \left(\dfrac{1}{9} - \dfrac{1}{45}\mathrm{e}^{-\frac{t}{5}}\right)\varepsilon(t)\,\mathrm{A}$

11-44　$u_1 = \left(\dfrac{40}{3} + \dfrac{5}{3}\mathrm{e}^{-30t}\right)\varepsilon(t)\,\mathrm{V}$，$i_\mathrm{L} = \dfrac{1}{6}(1 - \mathrm{e}^{-30t})\varepsilon(t)\,\mathrm{A}$

11-45 $u_C = \dfrac{1}{3}(1-e^{-t})\varepsilon(t)V, i = \dfrac{1}{9}(1-e^{-t})\varepsilon(t)A$

11-46 $u_o = \dfrac{1}{4}(1-e^{-\frac{t}{2}})\varepsilon(t)V$

11-47   (a) $u_C(0_+)=0, i_L(0_+)=\dfrac{1}{L}$，(b) $u_C(0_+)=\dfrac{1}{C(r+R)}, i_L(0_+)=\dfrac{R}{L(r+R)}$

11-48 $u_C(0_+)=8V, i_L(0_+)=5A, \dfrac{di_L}{dt}(0_+)=-\dfrac{46}{27}A/s, \dfrac{du_C}{dt}(0_+)=\dfrac{44}{9}V/s$

11-49 $u_C(0_+)=\dfrac{1}{C(R+R_1)}V, i_L(0_+)=\dfrac{R}{L(R+R_1)}A,$

         $u_R(0_+)=-\dfrac{R}{(R'+R_1)^2C}-\dfrac{R^2R_1}{L(R+R_1)^2}$

11-50   (a) $u_C=\dfrac{1}{R_1C}e^{-\frac{t}{\tau}}\varepsilon(t)V, \tau=\dfrac{R_1R_2}{R_1+R_2}C$

       (b) $i_L=\dfrac{R_1}{L}e^{-\frac{t}{\tau}}\varepsilon(t)A, u=\left[-\dfrac{R_1^2}{L}e^{-\frac{t}{\tau}}\varepsilon(t)+R_1\delta(t)\right]V, \tau=\dfrac{L}{R_1+R_2}$

11-51   (a) $s(t)=\dfrac{R_2}{k}\left[1-e^{-\frac{kt}{(R+R_2)L}}\right]\varepsilon(t), h(t)=\dfrac{R_2}{(R+R_2)L}e^{-\frac{kt}{(R+R_2)L}}\varepsilon(t),$

         $k=RR_1+RR_2+R_1R_2$

       (b) $s(t)=\left(\dfrac{t}{C_1}+R-Re^{-\frac{t}{RC_2}}\right)\varepsilon(t), h(t)=\left(\dfrac{1}{C_1}+\dfrac{t}{C_2}e^{-\frac{t}{RC_2}}\right)\varepsilon(t)$

       (c) $i: s(t)=\dfrac{1}{R}e^{\frac{\alpha\beta t}{RC}}\varepsilon(t), h(t)=\dfrac{1}{R}\delta(t)+\dfrac{\alpha\beta}{R^2C}e^{\frac{\alpha\beta t}{RC}}\varepsilon(t)$

           $u: s(t)=\dfrac{1}{\beta}(1-e^{\frac{\alpha\beta t}{RC}})\varepsilon(t), h(t)=-\dfrac{\alpha}{RC}e^{\frac{\alpha\beta t}{RC}}\varepsilon(t)$

11-52   (1) $s(t)=\left[1-\dfrac{2}{\sqrt{3}}e^{-\frac{t}{2}}\cos\left(\dfrac{\sqrt{3}}{2}t+30°\right)\right]\varepsilon(t),$

         $h(t)=\left[e^{-\frac{t}{2}}\sin\left(\dfrac{\sqrt{3}}{2}t+30°\right)+\dfrac{1}{\sqrt{3}}e^{-\frac{t}{2}}\cos\left(\dfrac{\sqrt{3}}{2}t+30°\right)\right]\varepsilon(t)$

       (2) $s(t)=\left(2-2e^{-t}-te^{-t}-\dfrac{3}{2}t^2e^{-t}\right)\varepsilon(t), h(t)=\left(e^{-t}-2te^{-t}+\dfrac{3}{2}t^2e^{-t}\right)\varepsilon(t)$

       (3) $s(t)=\left(\dfrac{2}{3}-\dfrac{4}{3}e^{-t}+\dfrac{2}{3}e^{-3t}\right)\varepsilon(t), h(t)=\left(\dfrac{4}{3}e^{-t}-2e^{-3t}\right)\varepsilon(t)$

11-53 $u_o'(t)=(1+2e^{-6t})\varepsilon(t)+9e^{-6(t-1)}\varepsilon(t-1)$

11-54 $u_C: s(t)=\dfrac{1}{3}(1-e^{-\frac{3}{4}t})\varepsilon(t)V, h(t)=\dfrac{1}{4}e^{-\frac{3}{4}t}\varepsilon(t)V$

       $i: s(t)=\left[\dfrac{1}{2}\delta(t)-\dfrac{1}{8}e^{-\frac{3}{4}t}\varepsilon(t)\right]A, h(t)=\left[\dfrac{1}{2}\delta'(t)-\dfrac{1}{8}\delta(t)+\dfrac{3}{32}e^{-\frac{3}{4}t}\varepsilon(t)\right]A$

11-55 $i_L=6e^{-10t}\varepsilon(t)A, u=\left[4\delta(t)-24e^{-10t}\varepsilon(t)\right]V$

11-56 $i_{Lmax}=4.07\times10^7A$

11-57 $u_C=(3e^{-3t}-2e^{-t})V \quad (t\geqslant0)$

11-58 $\quad i_L = \left(\dfrac{10}{3}e^{-t} - \dfrac{10}{3}e^{-19t}\right)A, i_R = \left(3 - \dfrac{10}{3}e^{-t} + \dfrac{10}{3}e^{-10t}\right)A$

11-59 $\quad i_L(t) = (-9e^{-2t} + 6e^{-3t} + 3)\varepsilon(t)A, u_C(t) = (18e^{-2t} - 18e^{-3t})\varepsilon(t)V$

11-60 $\quad u_C = (-4e^{-2t} + 9e^{-3t})\varepsilon(t), i_L = (-12e^{-2t} + 18e^{-3t})\varepsilon(t)$

11-61 $\quad u_o = (-2e^{-t} + e^{-2t} + 1)\varepsilon(t)V$

11-62 $\quad LCR_1 \dfrac{d^2 u_C}{dt^2} + (L + R_1 R_2 C)\dfrac{du_C}{dt} + (R_1 + R_2)u_C = L\dfrac{de_s}{dt} + (R_1 + R_2)e_s - R_1 R_2 i_s$

$\qquad u_C(0_+) = u_C(0_-) = 0, \dfrac{du_C}{dt}(0_+) = \dfrac{1}{C}\left(\dfrac{e_s}{R_1} + \dfrac{e_s}{R_2} - i_s\right)$

11-63 $\quad$ (c) $u_0 = (t-1)[\varepsilon(t-1) - \varepsilon(t-2)] - (t-2)[\varepsilon(t-2) - \varepsilon(t-3)]$

$\qquad$ (d) $u_0 = h(t) + s(t-2) - s(t-3) - h(t-3)$

11-64 $\quad$ (1) $u_C = 8e^{-2t}V \quad t > 0$

$\qquad$ (2) $u_C = \{6[1 - e^{-2(t-1)}]\varepsilon(t-1) - 6[1 - e^{-2(t-2)}]\varepsilon(t-2)\}V$

11-65 $\quad u_C = (1 - e^{-0.5t})\varepsilon(t) + [1 - e^{-0.5(t-1)}]\varepsilon(t-1) + 2[1 - e^{-0.5(t-2)}]\varepsilon(t-2)$

11-66 $\quad 0 \leqslant t \leqslant 1 \quad 2 - t - 2e^{-t}, 1 \leqslant t \quad e^{-(t-1)} - 2e^{-t}$

11-67 $\quad u_0(t) = te^{-2t}\varepsilon(t)V$

第 12 章

12-1 $\quad$ (1) $\dfrac{s+\alpha}{(s+\alpha)^2 + 9}$;

$\qquad$ (2) $\dfrac{s^2 + 4s + 6}{(s+2)^3}$;

$\qquad$ (3) $\dfrac{s\cos\varphi - \omega\sin\varphi + \alpha\cos\varphi}{(s+\alpha)^2 + \omega^2}$;

$\qquad$ (4) $\dfrac{0.5s + 2.232}{s^2 + 2s + 5}$;

$\qquad$ (5) $1 + 2s^2 + \dfrac{1}{(s+1)^2}$;

$\qquad$ (6) $\dfrac{e^{-\frac{\pi}{3}s}}{s^2 + \omega^2}\left[s\sin\dfrac{\pi}{3}(\omega-1) + \omega\cos\dfrac{\pi}{3}(\omega-1)\right]$;

$\qquad$ (7) $\dfrac{e^{-2(1+S)}}{s+1}$;

$\qquad$ (8) $\dfrac{4e^{-\frac{\pi}{6}(s+2)}}{s^2 + 4s + 20}$

12-2 $\quad$ (1) $\left(-2 + \dfrac{1}{2}e^{-t} + \dfrac{3}{2}e^t\right)\varepsilon(t)$;

$\qquad$ (2) $\dfrac{2\sqrt{2}}{3}e^{-t}\cos(t + 45°)\varepsilon(t)$;

$\qquad$ (3) $\delta'(t) - 2\delta(t) + 5e^{-t}\varepsilon(t) - 3te^{-t}\varepsilon(t)$; $\quad$ (4) $\left(\dfrac{3}{2}e^{-t} - 3e^{-2t} + \dfrac{5}{2}e^{-3t}\right)\varepsilon(t)$;

$\qquad$ (5) $\dfrac{1}{5}\left(1 + \dfrac{1}{4}t - e^{2t} + \dfrac{7}{4}te^{2t}\right)\varepsilon(t)$; $\qquad$ (6) $\left(\dfrac{1}{3} - \dfrac{1}{2}e^{-t} + \dfrac{1}{6}e^{-3t}\right)\varepsilon(t)$;

$\qquad$ (7) $\cos\sqrt{2}(t-3)\varepsilon(t-3)$; $\qquad$ (8) $\left(e^{-t} - \dfrac{1}{2}e^{-2t}\sin 2t\right)\varepsilon(t)$;

$\qquad$ (9) $\left(-\dfrac{3}{4} + \dfrac{1}{2}t + \dfrac{3}{4}e^{-\frac{2}{3}t}\right)\varepsilon(t) + \left[-\dfrac{3}{4} + \dfrac{1}{2}(t-4) + \dfrac{3}{4}e^{-\frac{2}{3}(t-4)}\right]\varepsilon(t-4)$;

$\qquad$ (10) $\left[\dfrac{9}{8}e^{-3t} - \dfrac{1}{8}e^{-\frac{1}{2}t}\cos\dfrac{\sqrt{7}}{2}t - \dfrac{11\sqrt{7}}{56}e^{-\frac{1}{2}t}\sin\dfrac{\sqrt{7}}{2}t\right]\varepsilon(t)$

12-3　(1) $f(0_+)=\dfrac{3}{4},f(\infty)=0$;　　　　(2) $f(0_+)=1,f(\infty)=\dfrac{5}{2}$;

　　　(3) $f(0_+)=2,f(\infty)=0$

12-4　$f(0_+)=\dfrac{2}{3},f^{(1)}(0_+)=-\dfrac{2}{3}$

12-5　(1) $y=0.5\mathrm{e}^{-t}+1.5\mathrm{e}^{-2t}$; (2) $y=\mathrm{e}^{-t}-\mathrm{e}^{-2t}$; (3) $y=\dfrac{1}{2}t+5\mathrm{e}^{-t}-\dfrac{13}{4}\mathrm{e}^{-2t}-\dfrac{3}{4}$

12-6　(a) $F(s)=\dfrac{1}{s}-\dfrac{1}{s}\mathrm{e}^{-s}+\mathrm{e}^{-2s}$; (b) $F(s)=\dfrac{1}{s^2}(1-\mathrm{e}^{-s})+\mathrm{e}^{-s}-2\mathrm{e}^{-2s}$;

　　　(c) $F(s)=\dfrac{1}{s}-\dfrac{1}{s}\mathrm{e}^{-s}+\dfrac{1}{s+1}\mathrm{e}^{-s}$

12-7　$i=-\dfrac{1}{7}-\dfrac{5}{14}\mathrm{e}^{-7t}$　$(t\geqslant0)$

12-8　$i_{C1}=\dfrac{4}{9}\mathrm{e}^{-\frac{1}{3}t}\varepsilon(t)+\dfrac{2}{3}\delta(t),i_R=\dfrac{2}{3}\mathrm{e}^{-\frac{1}{3}t}\varepsilon(t)$

12-9　$u_C(t)=(70\mathrm{e}^{-2t}-70\mathrm{e}^{-5t})\mathrm{V}$

12-10　$i_{L1}=\left(5-\dfrac{5}{2}\mathrm{e}^{-4t}-\dfrac{5}{2}\mathrm{e}^{-\frac{4}{3}t}\right)\varepsilon(t),i_{L2}=\left(\dfrac{5}{2}\mathrm{e}^{-4t}+\dfrac{5}{2}\mathrm{e}^{-\frac{4}{3}t}\right)\varepsilon(t)$

12-11　$u=\dfrac{15}{4}+\dfrac{5}{2}t+\dfrac{5}{4}\mathrm{e}^{-2t}$　$(t\geqslant0)$

12-12　$u=\left(4-\dfrac{16}{3}\mathrm{e}^{-t}+\dfrac{4}{3}\mathrm{e}^{-4t}\right)\varepsilon(t)+\left[\dfrac{8}{3}\mathrm{e}^{-(t-1)}-\dfrac{8}{3}\mathrm{e}^{-4(t-1)}\right]\varepsilon(t-1)$

12-13　$t=\dfrac{3}{2}\ln\dfrac{5}{3}\mathrm{s},i=0.4\mathrm{A}$

12-14　$i_L=2\cos\sqrt{3}t\varepsilon(t)$

12-15　$u(t)=\dfrac{1}{2}\left[\mathrm{e}^{-t}-\mathrm{e}^{-2t}\left(\cos\dfrac{\sqrt{3}}{2}t-\dfrac{1}{\sqrt{3}}\sin\dfrac{\sqrt{3}}{2}t\right)\right]\varepsilon(t)\mathrm{V}$

12-16　$u=\mathrm{e}^{-t}\varepsilon(t)$

12-17　$i=[10+2.24\mathrm{e}^{-0.382t}-2.24\mathrm{e}^{-2.62t}]\varepsilon(t)\mathrm{A}$

12-18　$-3\mathrm{e}^{-\frac{1}{50}t}\varepsilon(t)\mathrm{V}$

12-19　$u_{C2}=0.5(\mathrm{e}^{-t}-\mathrm{e}^{-3t})\varepsilon(t)$,

　　　$u_{C1}(0_-)=-u_{C2}(0_-)$

12-20　$u(t)=(15-10t-10\mathrm{e}^{-t})\varepsilon(t)+[5\mathrm{e}^{-(t-1)}+10(t-1)-5]\varepsilon(t-1)$

12-21　$Z(s)=\dfrac{s^2+5s+4}{4s+20},H(s)=\dfrac{4}{s^2+5s+4}$

12-22　$Y(s)=\dfrac{2s^2+2s+1}{2s^3+4s^2+4s+2},H(s)=\dfrac{s}{s^2+s+1}$

12-23　$H(s)=\dfrac{n(L+M)(1+\beta)s}{LCs^2+RCs+1+\beta}$

12-24　$H(s)=\dfrac{2s+1}{s^2+3s+1},i(t)=[1-0.276\mathrm{e}^{-0.382t}-0.724\mathrm{e}^{-2.62t}]\varepsilon(t)$

12-25 $i_L(t)=0.4(e^{-t}-e^{-2t})\varepsilon(t),i_2(t)=0.2(e^{-2t}-e^{-t})\varepsilon(t)$

12-26 $u_s(t)=\left(\dfrac{12}{5}-\dfrac{16}{15}e^{-\frac{5}{3}t}\right)\varepsilon(t)$

12-27 1Ω 的电阻与 $2H$ 的电感并联

12-28 $y(t)=2e^{-t}+3e^{-2t}-3e^{-3t}$, $\quad y_{01}(t)=6e^{-2t}-4e^{-3t}$,

$y_{02}(t)=2e^{-t}-3e^{-2t}+e^{-3t}$, $\quad y_h(t)=3e^{-2t}-3e^{-3t},y_p(t)=2e^{-t}$

12-29 $u_0=7.76\sqrt{2}\sin(4t-9.1°)V$

12-31 $u_i=-3+4e^{t}$

12-32 (1) $L=\sqrt{2}\,H,C=\dfrac{\sqrt{2}}{2}F$

(2) $u_0(t)=0.88\sqrt{2}\sin(3t-122.06°)$

(3) $0<\omega<1rad/s$

12-33 略。

第 13 章

13-1 (a) $Z_{11}=3\Omega,Z_{12}=Z_{21}=2\Omega,Z_{22}=4\Omega$

(b) $Z_{11}=\dfrac{R_1+R_2}{1-\beta},Z_{12}=\dfrac{R_2}{1-\beta},Z_{21}=R_2+\dfrac{R_1+R_2}{1-\beta},Z_{22}=R_2+R_3+\dfrac{\beta R_2}{1-\beta}$

13-2 (a) $Z_{11}=\dfrac{1}{2}(1+S)\Omega,Z_{12}=Z_{21}=\dfrac{1}{2}(-1+S)\Omega,Z_{22}=\dfrac{1}{2}(1+S)\Omega$

(b) $Y_{11}=3.5S,Y_{12}=-1S,Y_{21}=-3S,Y_{22}=1S$; $Z_{11}=2\Omega,Z_{12}=2\Omega,Z_{21}=6\Omega,Z_{22}=7\Omega$

(c) $Z_{11}=\dfrac{R+j\omega L_1}{1+j\omega Mg_m},Z_{12}=\dfrac{j\omega M}{1+j\omega Mg_m},Z_{21}=j\omega M-\dfrac{j\omega L_2 g_m(R+j\omega L_1)}{1+j\omega Mg_m}$

$Z_{22}=j\omega L_2+\dfrac{\omega^2 L_2 Mg_m}{1+j\omega Mg_m}$

13-3 $R_1=R_2=R_3=5\Omega,r=3\Omega$

13-4 (a) $h_{11}=\dfrac{RR_1}{R+R_1},h_{12}=\dfrac{R_1}{R+R_1},h_{21}=\dfrac{R_1(Rg_m-1)}{R+R_1},h_{22}=\dfrac{1+R_1 g_m}{R+R_1}$

(b) $h_{11}=R+\dfrac{SL}{1+S^2 LC},h_{12}=\dfrac{1}{1+S^2 LC},h_{21}=\dfrac{1}{S^2 LC+1},h_{22}=\dfrac{SC}{1+S^2 LC}$

13-5 (a) $A=\dfrac{R+j\left(\omega L-\dfrac{1}{\omega C}\right)}{R+j\omega L},B=-j\dfrac{1}{\omega C},C=\dfrac{1}{R+j\omega L},D=1$

(b) $A=\dfrac{104j}{4j-100},B=\dfrac{10}{4j-100},C=\dfrac{50.4j-4}{4j-100},D=\dfrac{4j+1}{4j-100}$

13-6 (a) $Z_{11}=R_1+R_2,Z_{12}=0,Z_{21}=\alpha R_2,Z_{22}=R$

(b) $Z_{11}=R_1,Z_{12}=\dfrac{\beta R_2}{1-\beta},Z_{21}=0,Z_{22}=\dfrac{R_2}{1-\beta}$

13-7 (a) $A=\dfrac{1}{1-\alpha},B=C=0,D=1$; Z,Y 参数不存在

(b) $Z_{11}=Z_{12}=Z_{21}=Z_{22}=sL$；$Y$ 参数不存在

(c) $Z_{11}=\mathrm{j}\omega L_1$，$Z_{12}=Z_{21}=-\mathrm{j}\omega M$，$Z_{22}=\mathrm{j}\omega L_2$；当 $M=\sqrt{L_1 L_2}$ 时，Y 参数不存在

13-8　略。

13-9　$Z_1=\mathrm{j}24\Omega,Z_2=\mathrm{j}6\Omega,Z_3=\mathrm{j}2\Omega$ 或 $Z_1=\mathrm{j}36\Omega,Z_2=-\mathrm{j}6\Omega,Z_3=\mathrm{j}14\Omega$

13-10　(a) $Y_{11}=Y_{22}=\dfrac{15}{14}\mathrm{S},Y_{12}=Y_{21}=-\dfrac{13}{14}\mathrm{S}$

　　　　(b) $Y_{11}=Y_{22}=(0.25-\mathrm{j}0.5)\mathrm{S},Y_{12}=Y_{21}=0.25\mathrm{S}$

　　　　(c) $A=153,B=112\Omega,C=56\mathrm{S},D=41$

13-11　$\boldsymbol{Z}=\begin{bmatrix}40 & 0\\105 & 40\end{bmatrix}\mathrm{k}\Omega,\boldsymbol{T}=\begin{bmatrix}0.381 & 15.24\mathrm{k}\Omega\\9.52\mu\mathrm{s} & 0.381\end{bmatrix}$

13-12　$Z_{11}=3\Omega,Z_{12}=Z_{21}=\dfrac{1}{2}\Omega,Z_{22}=\dfrac{1}{8}\Omega$

13-13　$Y_{11}=4\mathrm{S},Y_{12}=Y_{21}=-2\mathrm{S},Y_{22}=\dfrac{1}{4}\mathrm{S}$

13-14　(a) $\begin{bmatrix}A & AZ+B\\C & CZ+D\end{bmatrix}$　　(b) $\begin{bmatrix}A+BY & B\\C+DY & D\end{bmatrix}$

13-15　$2\Omega,12.5\mathrm{W}$

13-16　$Z_{11}=1\Omega,Z_{12}=Z_{21}=1\underline{/45°}\Omega,Z_{22}=1\Omega$

13-17　$\dfrac{1}{3}\Omega$

13-18　(1) $h_{11}=15\Omega,h_{12}=-\dfrac{1}{2},h_{21}=\dfrac{1}{2},h_{22}=-\dfrac{1}{12}\mathrm{S}$

　　　　(2) $I_1=3\mathrm{A},I_2=1.2\mathrm{A}$

13-19　$75\mathrm{mW},10.77\mathrm{W}$

13-20　$134.25\mathrm{kW}$

13-21　$5\underline{/0°}\mathrm{V}$

13-22　$Z'=\begin{bmatrix}1+\mathrm{j}1.5 & \mathrm{j}2\\\mathrm{j}2 & 1+\mathrm{j}1.5\end{bmatrix},1.11\underline{/33.67°}\mathrm{V}$

13-23　(1) $T_b=\begin{bmatrix}1.5 & 7.5\\\dfrac{1}{6} & 1.5\end{bmatrix}$　　(2) $6\Omega,6\mathrm{W}$

13-24　$1.875\mathrm{V},6.375\mathrm{A}$

13-25　略。

13-26　$Z_c=(1+\mathrm{j})\Omega$

13-27　$T=\begin{bmatrix}100 & 0.125\\8 & 0\end{bmatrix}$

13-28　$Y=\begin{bmatrix}Y_1 & Y_2\\Y_2 & Y_1\end{bmatrix}$，其中 $Y_1=\dfrac{Y_a+Y_b}{2(n^2+1)},Y_2=\dfrac{Y_a-Y_b}{4n}$

13-29　$-4.8\mathrm{e}^{-10t}\mathrm{V}$

13-30　$u_1 = -0.5\mathrm{e}^{-1.5t}\varepsilon(t)\mathrm{V}, u_2 = (t\mathrm{e}^{-t} + \mathrm{e}^{-2t} - 0.5\mathrm{e}^{-1.5t})\varepsilon(t)\mathrm{V}$

第 14 章

14-1　略。

14-2　(1) (b)、(c)、(f)为树支集

14-3　(a) 图：(2)、(3)、(4)为割集；(b) 图：(1)、(2)、(5)为割集

14-4～14-7　略。

14-8　(1) 4 个节点、3 个网孔；(2) 3 个基本割集；(3) (a)(c)为回路

14-9　略。

14-10　$Q = A_t^{-1}[A_l \mathrel{\vdots} A_t]$

14-11～14-12　略。

14-13　(1) 6 个独立的支路电流变量和 4 个独立的支路电压变量

14-14　略。

14-15　至少需用 4 块电流表,这些表应接入连支

14-16　略。

14-17　$P_{8\mathrm{V}} = -32\mathrm{W}, P_{2\mathrm{V}} = -4\mathrm{W}, P_{1\mathrm{V}} = 1\mathrm{W}$

14-18　略。

14-19　$P_{1\mathrm{A}} = 0.64\mathrm{W}$

14-20　略。

14-21　$P_{13\mathrm{V}} = -30.91\mathrm{W}, P_{1\mathrm{A}} = 0.639\mathrm{W}, P_{5\mathrm{V}} = -6.06\mathrm{W}$

14-22　$-4\mathrm{W}, -7.5\mathrm{W}$

14-23　略。

14-24　6V,2A

14-25　6V

图书资源支持

感谢您一直以来对清华大学出版社图书的支持和爱护。为了配合本书的使用，本书提供配套的资源，有需求的读者请扫描下方的"书圈"微信公众号二维码，在图书专区下载，也可以拨打电话或发送电子邮件咨询。

如果您在使用本书的过程中遇到了什么问题，或者有相关图书出版计划，也请您发邮件告诉我们，以便我们更好地为您服务。

我们的联系方式：

教学资源·教学样书·新书信息

地　　址：北京市海淀区双清路学研大厦 A 座 701

邮　　编：100084

人工智能科学与技术
人工智能|电子通信|自动控制

电　　话：010-83470236　010-83470237

资源下载：http://www.tup.com.cn

资料下载·样书申请

客服邮箱：tupjsj@vip.163.com

QQ：2301891038（请写明您的单位和姓名）

书圈

用微信扫一扫右边的二维码,即可关注清华大学出版社公众号。

参 考 文 献

[1] 邱关源.电路[M].5 版.北京:高等教育出版社,2006.

[2] 周守昌.电路原理(上、下册)[M].2 版.北京:高等教育出版社,2004.

[3] 李瀚荪.电路分析基础[M].5 版.北京:高等教育出版社,2017.

[4] 江辑光,刘秀成.电路原理[M].2 版.北京:清华大学出版社,2007.

[5] 吴大正.电路基础[M].2 版.西安:西安电子科技大学出版社,2000.

[6] 秦曾煌.电工学[M].7 版.北京:高等教育出版社,2009.

[7] 吴锡龙.电路分析[M].北京:高等教育出版社,2004.

[8] 尼尔森,里德尔.电路[M].9 版.冼立勤,译.北京:电子工业出版社,2013.

[9] 狄苏尔,葛守仁.电路基本理论[M].林争辉,译.北京:人民教育出版社,1979.

[10] BOYLESTAD R L. Introductory Circuit Analysis[M]. 9th edi. Upper Saddle River, NJ: Prentice Hall, Inc., 2002.